土木工程类“十二五”规划重点出版项目

地下工程支护结构与设计

徐干成　郑颖人　乔春生　刘保国　编著

中国水利水电出版社
www.waterpub.com.cn

内 容 提 要

本书系统地介绍了地下工程支护结构的基本理论与设计和计算方法，内容包括：岩体力学性质及力学参数预测，围岩压力理论基础知识，支护结构弹塑性解析计算方法和数值计算方法，现代支护结构原理、类型和原则，工程类比、理论分析和现场监控相结合的信息化设计方法，地下工程施工变形预测的人工智能方法以及地下工程中较常采用的半被覆结构、直墙拱结构和油罐结构的设计特点和方法。对于地下工程中较新型的复合式衬砌结构以及锚喷支护结构可靠度设计等内容，本书也作了较详细的介绍。上述这些内容反映了当前地下工程支护结构设计理论与应用的技术水平。

本书可作为高等院校相关专业的教学用书，亦可供从事铁路、交通、水利、矿山、市政、桥梁以及国防工程等行业的科研、设计和施工人员借鉴参考。

图书在版编目（CIP）数据

地下工程支护结构与设计 / 徐干成等编著. -- 北京
: 中国水利水电出版社, 2013.1
土木工程类“十二五”规划重点出版项目
ISBN 978-7-5170-0435-6

Ⅰ. ①地… Ⅱ. ①徐… Ⅲ. ①地下工程—支护工程—结构设计 Ⅳ. ①TU94

中国版本图书馆CIP数据核字(2012)第303294号

书　　名	土木工程类“十二五”规划重点出版项目 **地下工程支护结构与设计**
作　　者	徐干成　郑颖人　乔春生　刘保国　编著
出版发行	中国水利水电出版社 （北京市海淀区玉渊潭南路 1 号 D 座　100038） 网址：www.waterpub.com.cn E-mail：sales@waterpub.com.cn 电话：（010）68367658（发行部）
经　　售	北京科水图书销售中心（零售） 电话：（010）88383994、63202643、68545874 全国各地新华书店和相关出版物销售网点
排　　版	中国水利水电出版社微机排版中心
印　　刷	北京瑞斯通印务发展有限公司
规　　格	184mm×260mm　16 开本　28 印张　664 千字
版　　次	2013 年 1 月第 1 版　2013 年 1 月第 1 次印刷
印　　数	0001—3000 册
定　　价	**52.00** 元

序
Foreword

地下工程支护结构在各类建筑、交通、水利、矿山、市政以及国防和人民防空工程中得到广泛的应用。地下工程支护结构理论的发展已有100多年的历史，在我国也有数十年的历史。

地下工程支护结构计算理论可分为已知地压荷载的传统支护计算理论和以岩石力学原理为基础、新奥法（NATM）隧道设计和修建方法以及有限元、边界元等数值分析为代表的现代支护计算理论。此外，在研究岩土材料本构关系和宏观岩体力学参数的基础上，人们还建立了许多新的力学模型和弹、塑、黏性的计算方法，并利用现场实测为手段，研究建立将现场监控量测信息反馈于设计和施工的新技术。

本书《地下工程支护结构与设计》是编著者在2002年编著出版的《地下工程支护结构》一书基础上，经扩充、修改，并增加了部分地下工程领域设计中的一些较新内容以及作者近年来部分新的研究成果，编纂而成。内容包括：岩体力学性质及力学参数预测，围岩压力理论基础知识，支护结构弹塑性解析计算方法和数值计算方法，工程类比、理论分析和现场监控相结合的信息化设计方法、地下工程施工变形预测的人工智能方法，半被覆结构、直墙拱结构和油罐结构的设计特点和方法，复合式衬砌结构的计算以及锚喷支护结构可靠度设计等内容。上述这些内容反映了地下工程支护结构设计理论与应用的当前技术水平。

本书内容充实、资料丰富、图文并茂、新颖实用，文字简洁朴实，语言流畅，对从事地下工程设计、施工、教学及科研等工作的技术人员是一本具有较高参考价值的科学论著。本书的问世相信对广大土木工程、岩土工程工作者都会有所助益，故乐于为之作序。

中国工程院院士

2012年8月16日于北京

前 言
Preface

长期以来，各种形式的地下工程（铁路隧道、公路隧道、矿山井巷、水工隧洞、国防和人防工事、市政通道、城市地铁及地下商业建筑等）在国内外得到了广泛的应用，地下工程建设技术已积累了丰富的经验，并取得了长足的进步，特别是新奥法（NATM）的出现，给地下工程带来了重大变革。随着科学技术及工业的发展，地下工程将会有更为广泛的新用途，如地下储气库、地下储水库以及地下核废料密闭储藏库等。

地下工程所处的环境条件与地面工程是全然不同的，但长期以来都是沿用适应于地面工程的理论和方法解决在地下工程中所遇到的各类问题，因而常常不能正确地阐明地下工程中出现的各种力学现象和过程，使地下工程长期处于“经验设计和施工”的局面。这种局面与迅速发展的地下工程的现实极不相称，因此，寻求用于解决地下工程问题的新的理论和方法已成为众所努力的共同目标。本书正是为了适应上述要求而编写的。

作者曾于2002年编著出版了《地下工程支护结构》一书，该书分别于2003年和2008年两次重印出版。此次在作者工作单位空军工程设计研究局的大力支持下，对该书进行了重新编写，增加了部分地下工程领域设计计算中的一些较新内容及作者近年来部分新的研究成果，力图反映国内外该领域的当前技术水平。

全书共十五章，由徐干成（主编）、郑颖人负责。第一、七、十、十一、十二、十三、十四章由徐干成编写，第三、四、六章由郑颖人编写，第二、九章由乔春生编写，第五章由徐干成、乔春生编写，第八章由刘保国、徐干成编写，第十五章由郑颖人、徐干成编写。

本书的编著得到了王后裕、朱建德、李成学、颉旭虎、贾治勇、杨进勇等同志的帮助，在此一并致谢。

本书承中国岩石力学与工程学会理事长、中国工程院院士钱七虎先生作序，在此谨致谢忱。

由于编者水平所限，书中不妥和谬误之处，敬请读者批评指正。

作　者

2012年9月10日于北京

目　录

第一章　概　述

第一节　地下工程支护结构理论的发展与现状

地下工程通常包括在地下开挖的各种隧道与洞室。铁路、公路、矿山、水电、国防、城市地铁及城市建设等许多领域，都有大量的地下工程。随着科学技术及工业的发展，地下工程将会有更为广泛的新用途，如地下储气库、地下储热库、地下储水库以及地下核废料密闭储藏库等。

地下工程所处的环境条件与地面工程是全然不同的，但长期以来都是沿用适应于地面工程的理论和方法来解决在地下工程中所遇到的各类问题，因而常常不能正确地阐明地下工程中出现的各种力学现象和过程，使地下工程长期处于“经验设计”和“经验施工”的局面。这种局面与迅速发展的地下工程的现实极不相称，因此人们都在努力寻求用于解决地下工程问题的新的理论和方法。

地下工程支护结构理论的发展至今已有百余年的历史，它与岩土力学的发展有着密切关系。土力学的发展促使着松散地层围岩稳定和围岩压力理论的发展，而岩石力学的发展促使围岩压力和地下工程支护结构理论的进一步飞跃。随着新型支护结构的出现，岩土力学、测试仪器及计算机技术和数值分析方法的发展，地下工程支护结构理论正在逐渐形成一门完善的学科。

地下工程支护结构理论的一个重要问题是如何确定作用在地下结构上的荷载。因此，支护结构理论的发展离不开围岩压力理论的发展，从这方面，支护结构理论的发展大概可分为三个阶段。

20 世纪 20 年代以前，主要是古典的压力理论阶段。这类理论认为，作用在支护结构上的压力是其上覆岩层的重量 γH（γ 是岩层容重；H 是埋深）。可以作为代表的有海姆（A. Haim）、朗肯（W. J. M. Rankine）和金尼克（A. H. Дииик）理论。其不同之处在于，他们对地层水平压力的侧压系数有不同的理解。海姆认为侧压系数为 1，朗肯根据松散体理论认为是 $\tan^2\left(45°-\frac{\varphi}{2}\right)$，而金尼克根据弹性理论认为是 $\frac{\mu}{1-\mu}$（μ 为岩体的泊松比；φ 为岩体的内摩擦角）。由于当时地下工程埋藏深度不大，因而曾一度认为这些理论是正确的。

随着开挖深度的增加，人们越来越多地发现，古典压力理论不符合实际情况，于是又出现了散体压力理论。这类理论认为，当地下工程埋藏深度较大时，作用在支护结构上的压力，不是上覆岩层重量，而只是围岩坍落拱内的松动岩体重量。可以作为代表的有太沙基（K. Terzaghi）和普氏（M. M. Протдъяконов）理论。他们的共同观点认为坍落拱的高度与地下工程跨度和围岩性质有关。不同之处是，前者认为坍落拱为矩形，后者认为是抛

物线形。普氏理论把复杂的岩体之间的联系用一个似摩擦系数描写，显然过于粗糙，在工程实践中也常常出现失败的情况，但由于这个方法比较简单，直到现在普氏理论仍在应用着。

散体压力理论是相应于当时的支护型式和施工水平发展起来的，由于当时的掘进和支护所需的时间较长，支护与围岩不能及时紧密相贴，致使围岩最终往往有一部分破坏、坍落。但是当时没有认识到围岩的坍落并不是形成围岩压力的惟一来源，亦即不是所有的地下空间都存在坍落拱，更没有认识到通过稳定围岩，以充分发挥围岩的自承作用问题。此外，这类理论也没有能科学地确定坍落拱的高度及其形成过程。

50年代以来，岩石力学开始成为一门独立的学科，围岩弹性、弹塑性及黏弹性解答逐渐出现。如史密德（H. Schmid）和温德耳斯（R. Windels）按连续介质力学方法计算圆形衬砌的弹性解；徐干成、郑颖人等利用弹性力学获得了在非均压地层压力作用下围岩与支护共同作用的线弹性解；塔罗勃（J. Talobre）和卡斯特奈（H. Kastner）得出了圆形洞室的弹塑性解；塞拉塔（S. Serata）、柯蒂斯和樱井春辅采用岩土介质的各种流变模型获得了圆形隧道的黏弹性解。同时，锚杆与喷射混凝土一类新型支护的出现和与此相应的一整套新奥地利隧道设计施工方法的兴起，终于形成了以岩石力学原理为基础的、考虑支护与围岩共同作用的地下工程现代支护理论。

现代支护理论与传统支护理论之间的区别主要表现在以下几方面：

（1）对围岩和围岩压力的认识方面：传统支护理论认为围岩压力由洞室塌落的围岩“松散压力”造成，而现代支护理论则认为围岩具有自承能力，围岩作用于支护上的压力不是松散压力，而是阻止围岩变形的形变压力。

（2）在围岩和支护间的相互关系上：传统支护理论把围岩和支护分开考虑，围岩当作荷载，支护作为承载结构，属于“荷载—结构”体系，现代支护理论则将围岩和支护作为一个统一体，二者组成“围岩—支护”体系共同参与工作。

（3）在支护功能和作用原理上：传统支护只是为了承受荷载，现代支护则是为了及时稳定和加固围岩。

（4）在设计计算方法上：传统支护主要是确定作用在支护上的荷载，现代支护设计的作用荷载是岩体地应力，围岩和支护共同承载。

（5）在支护形式和工艺上：锚喷支护的施工方式简单，不需模板，无需回填，在围岩松动之前能及时加固围岩。

现代支护理论的形成与发展，首先是由于锚喷支护等现代支护结构的大量使用，给人们积累了丰富的经验，新奥法（New Austrian Tunnelling Method）是典型的代表。尤其是现场监控量测的应用，至20世纪80年代又将现场监控量测与理论分析结合起来，发展成为一种适应地下工程特点的和当前技术水平的新的设计方法——现场监控设计方法（也称信息化设计方法）。其次是由于岩石力学理论的发展，60年代中期和70年代末期，以有限元法和边界元法为基础的数值解法开始运用到地下工程中来。70年代后期，在解析方面，国内外学者对轴对称问题获得了比较完善的解答，提出了锚喷支护的一些计算与设计方法，在国外则称为收敛—约束法，或特征曲线法。有限元法、边界元法及离散元法等数值解法迅速发展，模拟围岩弹塑性、黏弹塑性及岩体节理面等大型程序已经很多，这些

理论都是以支护与围岩共同作用和需得知地应力及施工条件为前提的，比较能符合地下工程的力学原理。然而，这些计算参数还难以准确获得，如原岩应力、岩体力学参数及施工因素等。另外，对岩土材料的本构模型与围岩的破坏失稳准则人们还认识不足。因此，目前根据共同作用所得计算结果，一般也只作为设计参考依据。

目前，工程中主要使用的工程类比设计法，也正在向着定量化、精确化和科学化方向发展。

地下工程支护结构理论的另一类内容，是岩体中由于节理裂隙切割而形成的不稳定块体失稳，一般应用工程地质和力学计算相结合的分析方法，即岩石块体极限平衡分析法。这种方法主要是在工程地质的基础上，根据极限平衡理论，研究岩块的形状和大小及其塌落条件，以确定支护的参数。

与此同时，在地下工程支护结构设计中应用可靠性理论，推行概率极限状态设计研究方面也取得了重要进展。采用动态可靠度分析法，即利用现场监测信息，从反馈信息的数据推测地下工程稳定可靠度，从而对支护结构进行优化设计，是改善地下工程支护结构设计的合理途径。考虑各主要影响因素及准则本身的随机性，可将判别方法引入可靠度范畴。在计算分析方法研究方面，随机有限元（包括摄动法、纽曼法、最大熵法和响应面法等）、Monte-Carlo 模拟、随机块体理论和随机边界元法等一系列新的地下工程支护结构理论分析方法近年来都有了较大的发展。

地下工程支护结构理论正在不断发展，各种设计方法都需要不断提高和完善，尤其是能较好地反映地下工程特点的现场监控设计方法，更迫切需要在近期内形成比较完善的量测体系与计算体系。从发展趋势看，新奥法开创的理论—经验—量测三者相结合的“信息化设计”体现了地下工程支护结构设计理论的发展方向。

第二节　地下工程的受力特点和支护结构的设计方法

一、地下工程的受力特点

地下工程所处的环境和受力条件与地面工程有很大不同，沿用地面工程的设计理论和方法来解决地下工程问题，显然不能正确地说明地下工程中出现的各种力学现象，当然也不可能由此作出合理的支护设计。

地下工程的受力特点大致可归纳成以下几点：

（1）地下工程是在自然状态下的岩土地质体内开挖的，因而地下工程的这种地质环境对支护结构设计有着决定性意义。地下工程的地质环境包括地质体的形成及其经历，工程地质和水文地质状况，原岩应力场及地质体的物理和力学特性。与地面结构不同，地面结构的荷载比较明确，而且荷载的量级不大。地下工程上的荷载取决于当地的地应力，但地应力不仅很难测准，而且难以进行测试。目前，一般工程都不作地应力量测，这就使地下工程的计算精度受到影响。其次，地面工程中材料的物理力学参数可通过试件测试获得；而地质体力学参数与试件力学参数往往有很大不同，试件力学参数没有代表意义，地质体力学参数一般要通过现场测试，不仅难以进行而且不同地段区别很大，这也使地下工程的计算精度受到影响。因此对地下工程来说，只有正确认识地质环境对支护结构体系的影响，才能正确地进行支护结构的设计。

(2) 地下工程周围的地质体不仅会对支护结构产生荷载，同时它本身又是一种承载体。作用在地质体上的原岩应力是由地质体本身和支护共同来承载的。作用在支护结构上的压力除与原岩应力有关外，还与地质体强度，采用的施工方法与施工时间，支护的形式与尺寸及洞室形状等因素有关。充分发挥地质体自身的承载力是地下支护结构设计的一个根本出发点。但对地面结构来说不存在这一问题，荷载只由结构来承受。

(3) 作用在支护结构上的荷载受到施工方法和施工时机的影响。某些情况下，即使选用的支护尺寸已经足够大，但由于施作时机和施工方法不当，仍然会遭受破坏。因而地下支护结构设计的另一特点是将受到施工因素和时间因素的影响。

(4) 与地面结构不同，地下工程支护结构安全与否，既要考虑到支护结构能否承载，又要考虑围岩会不会失稳。这两种原因都能最终导致支护结构破坏。支护结构的承载力可由支护材料强度来判断，但围岩是否失稳至今没有妥善的判断准则，一般都按经验来确定。

(5) 地下工程支护结构设计的关键问题在于充分发挥围岩自承力。要达到这一点，就必须要求围岩在一定范围内进入塑性。但当岩土地质体进入塑性后，其本构关系是很复杂的。因此，由于本构模型选用不当亦会影响到计算的精度。可见，在力学模型上，地下工程也要比地面工程复杂。

二、支护结构的设计方法

地下工程的受力特点表明，地下工程的计算，无论在原理上或计算参数的选用上都比地面工程复杂得多，尤其是当仿效地面结构，按假设的荷载和岩块试件的力学参数作为计算依据，那是不可能获得精确计算结果的。目前，还没有一种很合理的地下支护结构的计算和设计方法。一般地，地下工程支护结构的设计都是采用以经验为依据的工程类比设计法为主，再辅以量测为手段的现场监控设计法和计算为根据的理论分析设计法。

地下工程支护结构设计是一门经验性很强的学科。长期以来，地下工程都是凭经验进行设计和施工的，这些经验来自大量的工程实践，有一定的科学依据。此外，工程类比设计法本身也在不断地发展，除了日益增多的经验积累之外，还要使经验愈来愈符合理论观点和不断地使经验的处理科学化。如在经验设计法中引用各种量测数据，以及采用统计数学、模糊数学和数值分析等现代手段。

近 40 年来，弹塑性力学、流变学及岩土力学等现代力学和计算机技术的发展，克服了理论分析中数学和力学上的障碍，使理论设计法有了极大的进展。然而，计算参数和计算机理方面的一些障碍仍然存在，理论设计法一般还只能作为设计的参考依据。

最近 20 多年来，由于量测技术和计算技术两方面的互相渗透，现场监控设计方法有了很大进展。现场监控量测是将施工前和施工过程中测得的测试数据反馈于设计和施工，以期获得最佳的设计和施工方法。应当指出，地下工程的设计含义还应包括施工方法和施工参数的选择在内。

现场监控设计有测试的科学依据，又能适应多变的地质条件和各种不同的施工方法，

同时，它能以现场测试数据反算出比较准确的计算参数，或者直接以测试数据为计算参数对围岩与支护的受力状态作出分析，这就克服了理论计算法中计算参数获取的障碍。由此可见，它比理论设计法更能体现地下工程支护结构的特点，比工程类比法有更强的科学依据，这正是监控设计法能够迅速发展的原因。当然，监控设计法也还存在一些问题，除需有较完备的测试仪器和作较多的量测工作外，量测数据的分析和反馈计算成果的判断，仍然依赖于人们的经验。另外，目前还缺少比较完善的反馈理论和反馈计算方法，所以，现场监控设计法还有待于不断发展和完善。

第三节　地下工程支护结构计算的力学模式

按支护结构与围岩相互作用考虑方式的不同，地下工程支护结构计算的力学模式可大致区分为三类：荷载—结构模式、支护结构体系与围岩共同作用的计算模式以及经验类比模式。

一、荷载—结构模式

荷载—结构模式认为围岩对支护结构的作用只是产生作用在结构上的荷载（包括主动的围岩压力和被动的弹性抗力），以计算支护结构在荷载作用下产生的内力和变形的方法称为荷载—结构法。荷载结构模式是仿效地面结构的计算模式，即将荷载作用在结构上，用一般结构力学的方法来进行计算。长期以来，地下支护结构一直沿用这种计算方法，至今仍在使用。传统支护结构原理认为，结构上方的岩层最终要塌落。因此，作用在支护结构上的荷载就是上方塌落岩体的重量。然而，一般情况下岩层由于支护的限制并不会塌落，而是由于围岩向支护方向产生变形而受到支护阻止才使支护产生压力。这种情况下作用在支护结构上的荷载是未知的，应用荷载—结构模式就有困难。所以荷载—结构模式只适用于浅埋情况（图1-1）及围岩塌落而出现松动压力的情况（图1-2）。

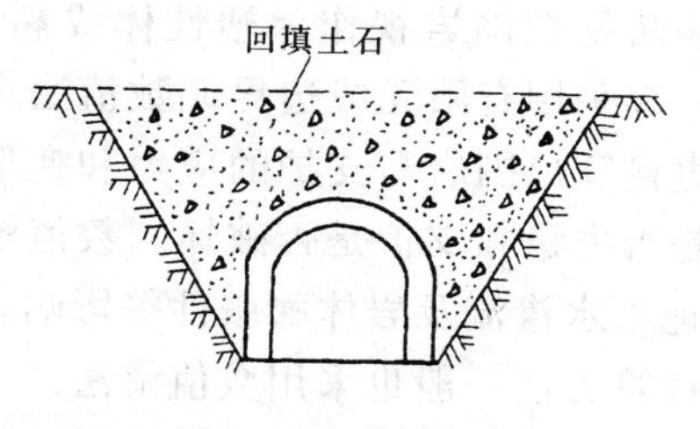

图1-1　浅埋情况

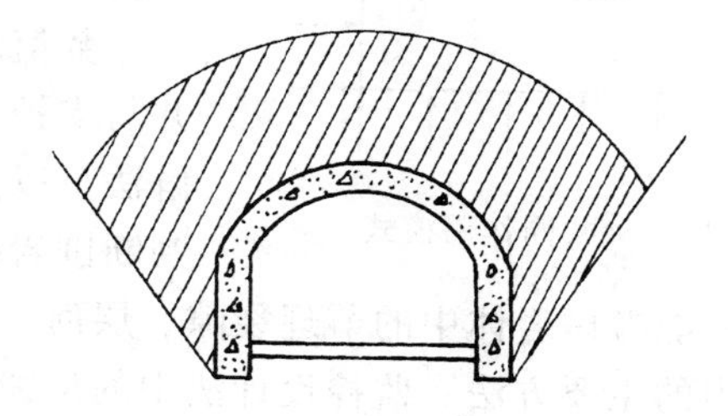

图1-2　围岩塌落情况

荷载—结构模式还可按荷载不同细分成以下几种模式：

（1）主动荷载模式［见图1-3（*a*）］。

（2）主动荷载＋被动荷载模式［见图1-3（*b*）］。

（3）量测压力模式［见图1-3（*c*）］。

前两种模式是考虑岩层重量作用在结构上，这种荷载通常是根据松散压力理论或经验确定的。在没有抗力的土体中采用第一种计算模式，一般情况下采用第二种计算模式。第

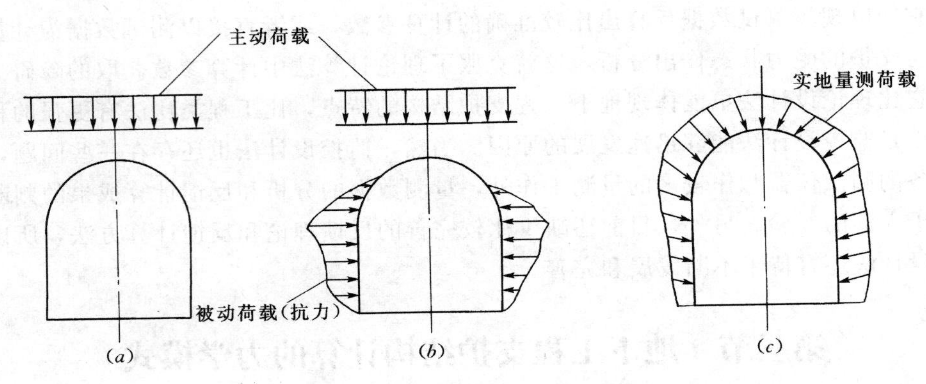

图 1-3 荷载结构模式

二种模式考虑了结构与岩体的相互作用，已经局部地体现了地下工程支护结构的受力特点。为了保证地层抗力的存在，应当使地层与结构之间保持紧密接触。

第三种模式是反馈计算中的一种方法，即根据现场实测获得的围岩压力，以此作为荷载对支护结构进行计算，这种荷载已经反映了结构与围岩的共同作用。

二、支护结构体系与围岩共同作用的计算模式

这类模式主要用于由于围岩变形而引起的压力（见图 1-4），压力值必须通过支护结构与围岩共同作用而求得，这是反映当前现代支护结构原理的一种计算方法，需采用岩石力学方法进行计算。应当指出，支护结构体系不仅是指衬砌与喷层等结构物，而且包含锚杆、钢筋网及钢拱架等支护在内。

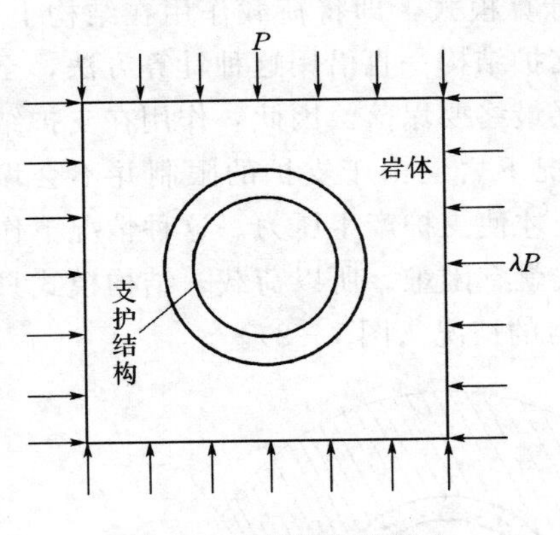

图 1-4 共同作用模式

这类模式的计算方法通常有数值解法和解析解法两类。

数值解法是把围岩视作弹塑性体或黏弹塑性体，并与支护一起采用有限元或边界元数值法求解。数值解法可以直接算出围岩与支护的应力和变形状态，以判断围岩是否失稳和支护是否破坏。数值解法往往有多种功能，能考虑岩体中的节理裂隙、层面、地下水渗流及岩体膨胀性等影响，是目前理论计算法中的主要方法。监控设计法中的反馈计算方法一般也采用数值解法。

解析解法主要适用于一些简单情况下，以及某些简化情况下的近似计算。目前，国内外这类方法已经很多，一般可概括成以下几种：

（1）支护结构体系与围岩共同作用的解析解法，如本章第一节所述，这种方法是利用围岩与支护衬砌之间的位移协调条件，获得简单洞形（如圆形）条件下围岩与衬砌结构的弹性、弹塑性及黏弹性解。

（2）收敛—约束法或特征曲线法（图 1-5）。这种方法的原理是按弹塑—黏性理论等推导公式后在以洞周位移为横坐标、支护反力为纵坐标的坐标平面内绘出表示围岩受力变

形特征的洞周收敛线，并按结构力学原理在同一坐标平面内绘出表示支护结构受力变形特征的支护限制线，得出以上两条曲线的交点，根据交点处表示的支护抗力值进行支护结构设计。

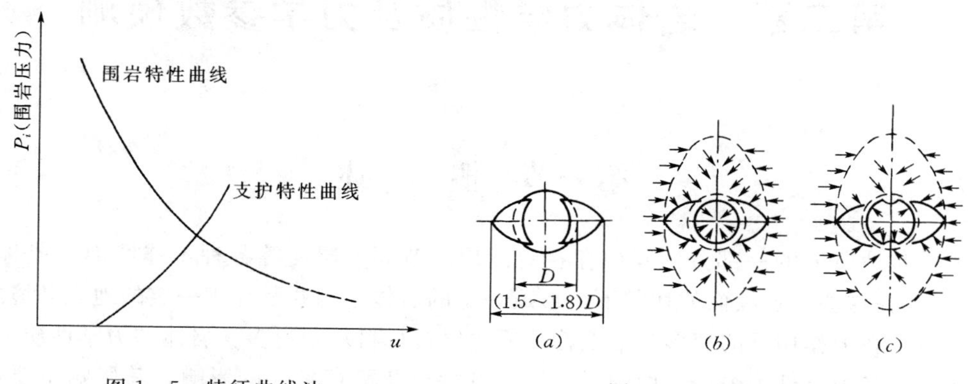

图 1－5　特征曲线法　　　　图 1－6　滑移楔体法

(3) 剪切滑移楔体法。这种方法基于 Robcewicz 提出的"剪切破坏理论"。该理论认为，围岩稳定性的丧失，主要发生在洞室与主应力方向垂直的两侧，并形成剪切滑移楔体。地下洞室开挖在侧压系数 $\lambda<1$ ($\lambda=\sigma_h/\sigma_v$，$\sigma_h$ 为水平初始地应力，σ_v 为铅垂初始地应力) 的条件下，岩体的破坏过程如图 1－6 所示。首先两侧壁的楔形岩块由于剪切而分离，并向洞内移动 [图 1－6 (a)]，而后，上部和下部岩体由于楔形岩块滑移造成跨度加大，上下岩体向洞内挠曲 [图 1－6 (b)]，甚至移动 [图 1－6 (c)]。支护结构的设计按照由锚杆、喷射混凝土及钢拱架提供的支护抗力与塑性滑移楔体的滑移力达成平衡这一条件进行。

上述前两种方法其实质基本上是一致的，都是应用围岩与支护体系共同作用原理，按弹性、弹塑性或黏弹性理论求解，其不同点主要在于前者多采用数解法，后者采用图解法。

剪切滑移楔体法只是一种近似的工程计算法，假定条件很多，数学上推演不严格，但它适用于非轴对称情况，而且在某些条件下可得到工程实践和模型试验的验证。如果计算原则与力学分析基本合理，作为近似计算是可行的。

三、经验类比模式

对地质条件熟悉、幅员和跨度又都不大的几种常用型式的岩石地下工程支护结构，例如矿山巷道和不受动荷载作用的小跨度支护结构，常根据经验类比法直接选定结构的型式及其断面尺寸，并据以绘制结构施工图。

第二章　岩体力学性质及力学参数预测

第一节　概　　述

岩体是地质体的一部分，其中存在着断层、节理、层面等各种不连续面（或称结构面），岩体在这些不连续面的切割下，形成一定的岩体结构并赋存于一定的地质环境之中，因此，岩体在力作用下的变形与强度特征要比岩石材料复杂得多。岩体的力学性质一方面取决于它的受力条件，另一方面则受岩体本身特征及赋存条件的影响，其影响主要包括：①组成岩体的岩石材料性质的影响；②结构面力学性质的影响；③岩体内结构面的发育组合情况——岩体结构类型的影响；④赋存环境的影响，特别是水和地应力的影响。其中，结构面的影响是使岩体力学性质不同于完整岩石材料力学性质的最主要原因。

岩体中的一般微观不连续面可以忽略不计，当作连续介质来研究。若有一定方向的较小裂隙，如结合良好的层理，可以当作各向异性的连续介质。若由于不连续面的存在，不连续面的特性在很大程度上控制岩体特性时，对于这种岩体，我们称之为不连续岩体或裂隙岩体。不连续岩体的力学性能由于有结构面的存在而大大削弱，这要分为两种情况来分析。一种情况是岩体中存在几组结构面，或者结构面密度不大，或者结构面没有贯通，或者结构面虽然贯通，但切割成镶嵌的块体，在这些情况下，在某几个方向，即最不利方位上的岩体力学性能受到很大削弱，但在某些方向上岩体力学性能却影响较小。对于这种情况，在实际岩石工程中，必须注意到结构物力的作用方向与岩体最不利方向的关系。另外一种情况是岩体受结构面切割已经非常破碎，岩体性能无论在哪个方向上都受到不同程度的、极大的削弱，这时就应该将岩体看作是完全碎裂的散体结构来加以处理。

第二节　岩　体　结　构

在工程分析中，岩石常被作为线弹性、均质和各向同性的介质处理，但是这种特定的性状对于认识岩体内部应力、应变的真实性是有限度的。

岩石的物理力学性质随结构的取向不同而产生的方向性特点，称为各向异性。岩石的各向异性是岩石的结构性的反映。岩石具有两种结构性：一是微观结构性，即岩石内部的结构性，它是以组成岩石的矿物结晶程度、颗粒大小、形状和胶结方式为特征的；二是宏观结构性，即岩体的结构性，它是以岩体中存在的各种不连续面为特征的。岩体中不连续面的普遍存在，使岩体具有明显的不连续性或多裂隙性。岩石的不均匀性、各向异性和不连续性，使其具有与一般材料完全不同的性质。这就导致对它进行力学分析时，要比一般材料来得困难。目前要完全考虑这些性质进行分析还缺少成熟的方法，因此在一般情况

下，仍然假定岩体为线弹性的、均质的和各向同性的介质。

岩体是指一定范围内的天然岩石。岩体经受过各种不同构造运动的改造和风化次生作用的演化，所以在岩体中存在着各种不同的地质界面，这种地质界面称为结构面，例如层理面、节理面、裂隙和断层等。由这些结构面所切割和包围的岩块体，称为结构体。因此岩体就是由结构面和结构体两种单元所组成的地质体。国内工程地质界称之为岩体结构。它是一个复杂的地质体。岩体的力学性质是结构面和结构体这两个基本单元体力学性质的综合性质，通常由工程现场岩体的力学试验而获得。

岩体是岩块单元的集合体。这些单元体以结构面为边界，并有规律地按照某一种排列方式组成一个整体，为了便于反映岩体被结构面切割的程度和概括这些单元体组合的规律，人为地提出了“岩体结构”的概念，以区别于只具有微观不连续的岩石，例如层状结构是指在工程范围内一组弱面明显发育的岩体。同时，将结构面组合起来切割而成的单元体称为结构体。岩体结构由结构面和结构体两个单元组成。也就是说，岩体结构是指岩体中结构面和结构体形态和组合的特征。

图 2-1 表示了岩体结构与其组成部分（结构面和结构体）的相互关系。

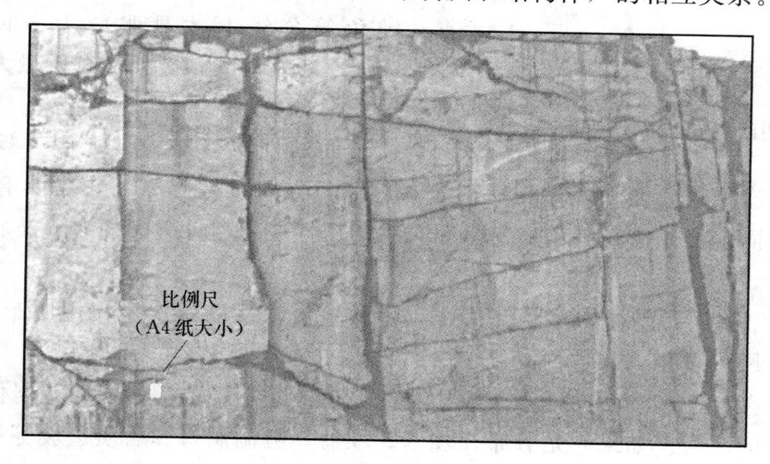

图 2-1　岩石与岩体结构示意图

一、结构面的类型与自然特性

1. 结构面的类型

结构面按其成因可分为原生结构面、构造结构面及次生结构面三种。下面简要地介绍各种结构面的形成和分布规律。

(1) 原生结构面：是指在成岩过程中形成的结构面。它包括沉积结构面、火成结构面和变质结构面。

沉积结构面：沉积结构面是沉积岩层在沉积成岩过程中形成的，如层理、不整合面、软弱夹层或古风化夹层等。沉积结构面是岩层的结合面，有平整光滑面，也有起伏粗糙面，这类结构面都连续分布并能延伸很远。

变质结构面：受变质作用而形成的结构面，有片理和各种片状岩石的夹层，如滑石片

岩、云母片岩、绿泥片岩等。岩体中的片理对岩体强度起控制作用。

火成结构面：火成结构面是指岩浆侵入活动及冷凝过程中形成的原生结构面，如火成岩与围岩的接触面。当接触面因高温混熔而很致密时，对岩体稳定没有多大影响；接触面很破碎时，则属软弱结构面。

(2) 构造结构面：是指岩体受构造应力作用所产生的破裂面或破碎带。它包括构造节理、断层、劈理以及层间错动面等。构造结构面对岩体的稳定性影响很大，在岩体破坏过程中大多都有构造结构面的配合，所以研究构造结构面尤其重要。

分析研究指出，岩体中的断裂与岩石一样，只有剪性与张性两种。凡是剪切断裂必有两组共生；其锐角等分线为最大主应力方向。由于在岩石力学中，压应力为正，拉应力为负。所以当两组断裂直接由压应力形成时，压应力在图示条件下是最大主应力方向；锐角等分线应当是压应力方向［图2-2 (a)］。如果两组断裂直接由张应力形成，张应力在图示条件下是最小主应力，则锐角等分线与张应力方向垂直；钝角等分线上才是张应力方向［图2-2 (b)］。凡是张性断裂，其张裂面平行于最大压应力方向或垂直于最大张应力方向。

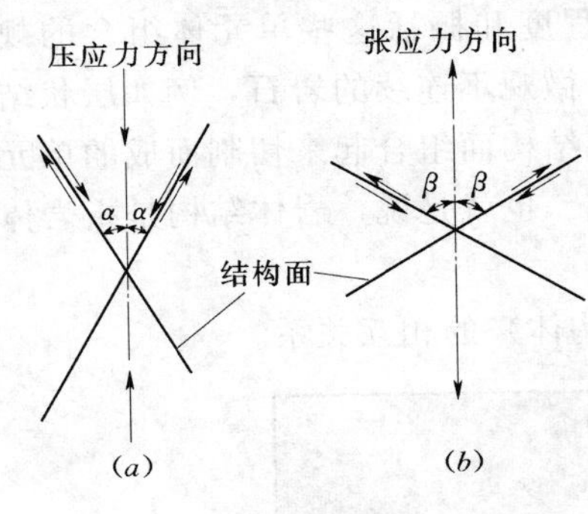

图2-2　剪切断裂力学成因示意图

构造结构面的性质与其力学成因、规模、多次构造变动及次生变化有着密切关系，一般来说，张性结构面粗糙不平，常具有次生物质充填；扭性破裂面表面光滑、平整、多呈闭合状；压性或压扭性破裂面多呈波状起伏，并且具有相当规模。

(3) 次生结构面：是指岩体受卸荷、风化和地下水活动等次生作用所产生的结构面。如卸荷裂隙、风化裂隙以及各种泥化夹层、次生夹泥等。

在上述各种次生结构面中，由于泥质物的充填或蒙上薄的泥膜，对于岩体来说，都是增加了不稳定的因素。如果它是分布在坝基、坝肩，隧洞洞口和岩质边坡等部位，要特别注意。各种结构面的特征示于表2-1。

表2-1　　岩体结构面类型及特征

成因类型	地质类型	主要特征			工程地质评价
		产状	分布	性质	
沉积结构面	1. 层状节理； 2. 软弱夹层； 3. 不整合面，假整合面； 4. 沉积间断面	一般与岩层产状一致，为岩层结构面	海相岩层中此类结构面分布稳定，陆相岩层中呈交错状，易尖灭	层面、软弱夹层等结构面较为平整，不整合面及沉积间断面多由碎屑、泥质物构成且不平整	国内外较大的坝基滑动及滑坡很多由此类结构面所造成
变质结构面	1. 片理； 2. 片岩软弱夹层	与岩层或构造线方向一致	片理短小，分布密集。片岩软弱夹层延展较远，具固定层次	结构面光滑平直，片理在岩体深部往往闭合成隐蔽结构面，片岩软弱夹层含片状矿物，呈鳞片状	在变质较浅的沉积变质岩，如千枚岩等的路堑边坡常见塌方。片岩夹层有时对工程及地下洞室稳定也有影响

续表

成因类型	地质类型	主要特征			工程地质评价
		产状	分布	性质	
火成结构面	1. 侵入体与围岩接触面； 2. 岩脉岩墙接触面； 3. 原生冷凝节理	岩脉受构造结构面控制，而原生节理受岩体接触面控制	接触面延伸较远，比较稳定，而原生节理往往短小密集	接触面有熔合及破裂两种。原生节理一般为张裂面，较粗糙不平	一般不造成大规模的岩体破坏。但有时与构造断裂配合，也可形成岩体的滑移
构造结构面	1. 节理； 2. 断层； 3. 层间错动面； 4. 羽状裂隙劈理	与构造线呈一定关系，层间错动与岩层一致	张性断裂较小。剪切断裂延展较远。压性断裂规模巨大，但有时被横断层切割成不连续状	张性断裂不平整，常有次生充填，呈针状。剪切断裂较平直。具羽状裂隙。压性断层具多种构造，岩层带状分布，往往含断层泥和糜棱岩	对岩体稳定性影响较大，在许多岩体破坏过程中，大多都有构造结构面的配合作用。此外，常造成边坡及地下工程的塌方冒顶
次生结构面	1. 卸荷裂隙； 2. 风化裂隙； 3. 风化夹层； 4. 泥化夹层； 5. 次生夹层	受地形及原结构面控制	分布上往往呈不连续状，透镜体，延展性差。而且主要在地表风化带内发育	一般为泥质物充填	易在天然及人工边坡上造成危害，有时对坝基、坝肩及浅埋隧洞等工程也有影响

2. 结构面的自然特性

为了确定结构面的工程地质性质，必须仔细研究结构面的自然特性，即结构面的等级、结构面的物质组成、结构面的结合状态和空间分布以及密集程度等。现分别叙述如下。

(1) 结构面的等级：随着结构面的规模不同，结构面对岩体稳定性的影响也有所不同。因此，常常按照结构面的规模，把它分为五种等级：Ⅰ、Ⅱ、Ⅲ、Ⅳ、Ⅴ。其中Ⅰ级规模最大，长度为数十公里，直接关系到工程所在的区域稳定性，Ⅴ级规模最小，长度一般在数米以内，对具体工程影响较大。这方面的详细情况见工程地质学专著。

(2) 结构面的物质组成及结合状态：结构面的宽度、结构面上有无蚀变现象以及其中充填物质的成分极为重要，下面分五种情况作一简单讨论：

1) 结构面是闭合的，没有充填物或者只是细小的岩脉混熔，在一般情况下，岩块与岩块之间结合紧密，结构面的强度与面的形态和粗糙度有关。

2) 结构面是张开的，有少量的粉粒碎屑物质充填，表面没有矿化薄膜，结构面的强度取决于粉状碎屑物的性质。

3) 结构面是闭合的，有泥质薄膜。泥质物的含水量、黏粒含量和黏土矿物成分，决定了结构面的强度。

4) 结构面是张开的，有1～2mm厚的矿物薄膜。结构面的强度取决于面的起伏差、泥化程度和黏土矿物的性质。

5) 结构面的次生泥化作用明显，结构面之间的物质是岩屑和泥质物，厚度大于结构面的起伏差而且是连续分布。其强度取决于软弱泥化夹层的性质。

（3）结构面的空间分布与延展性：结构面的延展性是与规模大小相对应的，有的结构面在空间连续分布，延伸相当远的距离切割岩体，对岩体的稳定性影响较大；有的结构面则比较短小或不连贯，这种岩体的强度基本上取决于岩块的强度，稳定性较高。按照结构面的贯通情况，可将结构面分为非贯通性的、半贯通性的和贯通性的三种类型（见图2-3）。

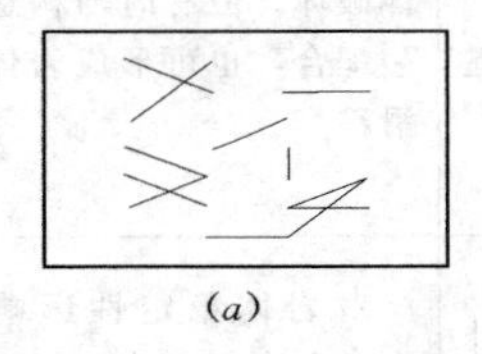

(*a*)

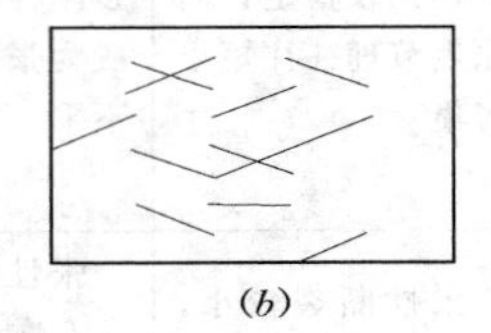

(*b*)

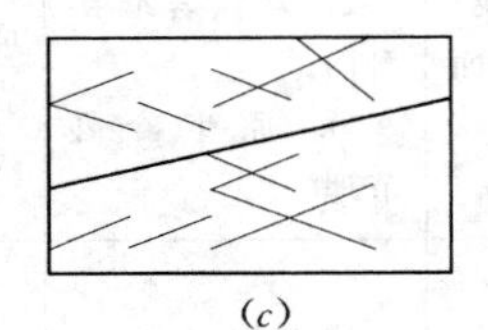

(*c*)

图2-3 岩体内结构面贯通类型

(*a*) 非贯通；(*b*) 半贯通；(*c*) 贯通

（4）结构面的密集程度：它包括两重含义：一是结构面的组数，即不同产状和性质、不同规模的结构面数目；二是单位体积（或间距或长度）内结构面的数量。显然，组数越多岩体越凌乱；数量越多结构体越小。所以结构面的密集度越大，岩体越破碎。岩体中比较常见的Ⅳ级、Ⅴ级结构面，一般比较密集，而Ⅰ级、Ⅱ级结构面比较稀疏。

二、岩体结构类型

1. *岩体结构分类依据*

根据地下工程中应用岩体结构的实践与需要，在划分岩体结构时应考虑以下三方面的因素。

（1）岩体的工程地质特征与节理化程度。前者包括岩性、构造特征、风化程度、渗流影响等；后者包括结构体的形状与大小，结构面的类型等。

（2）结构体积和尺寸与工程规模的对比情况。在确定岩体结构类型时，必须同时考虑所研究的岩石力学问题的规模。因为同样的节理化程度，可以因工程规模不同而产生不同的地压问题，并定位不同的结构类型。以图2-4所示的三种工程来说明。边坡的尺寸与结构体相比，约几十倍以上，岩体应划为块状结构；隧道A的尺寸与结构体相差仅几倍，如果结构面胶结良好，岩体可划为整体结构（均质结构）；如果结构面属于软弱结构面，则岩体可划为镶嵌结构。隧道B尺寸小，甚至小于结构单元体的尺寸，岩体可划为整体结构。可见，工程规模是划分岩体结构的重要依据之一。

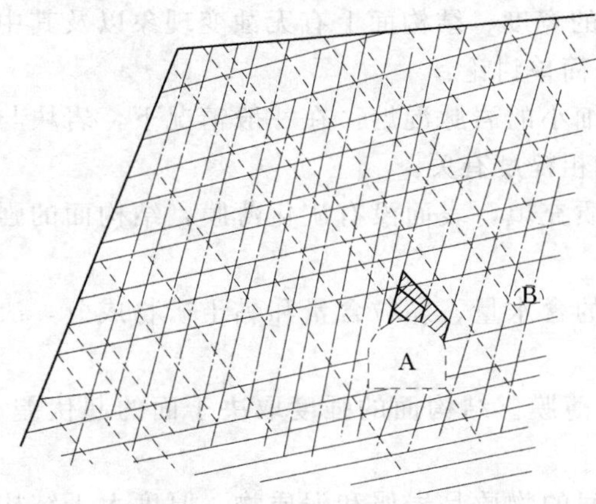

图2-4 工程规模与岩体结构的关系

（3）岩体在工程范围内所产生的力学效应。也就是说岩体属于哪一种力学介质，以及可以用哪种力学理论去解决工程范围内所出现的地压问题。

2. 岩体结构类型

根据结构面的等级和组合方式以及上述划分原则，通常把岩体结构类型分成四个大类与八个亚类（见表2-2），图2-5为岩体结构形式。

表2-2　　岩体结构的基本类型

岩体结构类型		地质背景	结构面特征	结构体特征
整体块状结构	整体结构	岩性单一、构造变形轻微的巨厚层沉积岩、变质岩、火成侵入岩	结构面少，一般不超过三组，延续性极差，多呈闭合状态，无充填或含少量碎屑	巨型块状
	块状结构	岩性较单一，受轻微构造作用的厚沉积岩和变质岩、火成岩	结构面一般2～3组，裂隙延续性极差，多呈闭合状态。层面有一定的结合力	块状、菱形块状
层状结构	层状结构	受构造破坏轻或较轻的中厚层（大于30cm）岩体	结构面2～3组，以层面为主，有时也有软弱夹层或层间错动面，其延续性较好，层间接合力较差	块状、柱状、厚板状
	薄层状结构	层厚小于30cm，在构造作用下发生强裂褶曲和层间错动	层理、片理发达，原生软弱夹层、层间错动和小断层不时出现。结构面多为泥膜、碎屑和泥质充填	板状、薄板状
碎裂结构	镶嵌结构	一般发育于脆硬岩层中，结构面组数较多，密度较大	以规模不大的结构面为主，但组数多，密度大，延续性差，闭合无充填或充填少量碎屑	形状不规则，但菱角显著
	层状碎裂结构	受构造裂隙切割的层状岩体	以层面、软弱夹层、层间错动面为主，构造裂隙甚发达	以碎块状、板状、短柱状为主
	碎裂结构	岩性复杂，构造破碎较强烈，弱风化带	延续性极差的结构面，密度大，相互交切	碎屑和大小不等的岩块。形状多种，不规则
散体结构		构造破碎带、强烈的风化带	裂隙和节理很发育，无规则	岩屑、碎片、碎块、岩粉

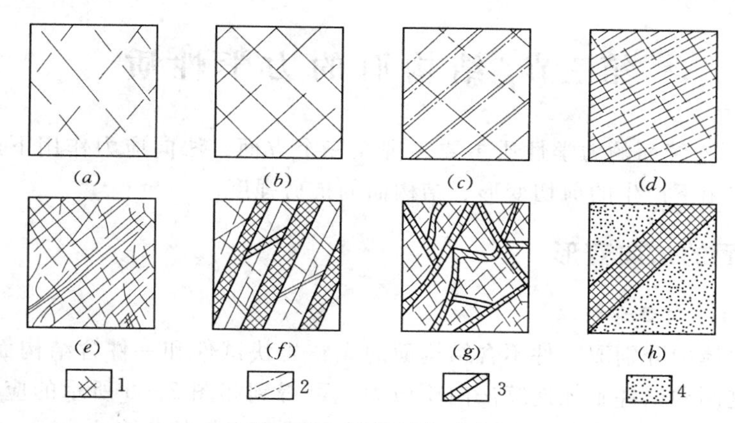

图2-5　岩体结构形式

(a) 整体结构；(b) 块状结构；(c) 层状结构；(d) 薄层状结构；(e) 镶嵌结构；(f) 层状破碎结构；(g) 碎裂结构；(h) 散体结构

1—节理；2—层理；3—断层；4—断层破碎带

岩体结构类型的差异在其变形特征上的反映是很明显的。例如，在整体结构岩体中，因开裂结构面不发育，所以岩体的变形主要是结构体体积的压缩变形和剪切变形所造成的；在碎裂结构的岩体中，因有大量的开裂结构面存在于结构体内，所以岩体的变形既有结构面的变形，也有结构体的变形。而在块状结构的岩体中，岩体的变形主要受贯通性结构面的控制，在外部荷载作用不太大的情况下，结构体的变形可不计。

岩体结构类型的划分，不仅可以反映出岩体质量的好坏，同时也为确定岩体的力学介质类型、揭示岩体变形破坏的规律提供了可靠的根据。

三、岩体的特点

概括起来，岩体具有以下三方面的特点。

(1) 岩体是一种预应力体。这种预应力包括岩体的自重应力、构造应力与地温应力等，它们都是早已赋存在岩体内部的应力场。在地下工程设计中，任何内外荷载使岩体产生的应力都必须叠加到预应力场上来考察。

(2) 岩石是一种多介质的裂隙体。在自然界，岩石有时表现为散体状，有时表现为碎裂状或整体状，因而形成松散体——弱面体——连续体的一个系列。弱面体存在两种极端状态：一种是岩体中弱面很少或几乎没有，则基本上可以看作均质连续体；另一种是岩体内弱面充分发育，将岩体切割成颗粒状，则基本上可视为松散体。通常，弱面体处于上述两种状态之间，或靠近这一端，或靠近那一端。由于岩体的这种多变性，我们将这一由连续到不连续的系列按其力学特性划分为几种力学介质，例如连续介质、砌块体介质、散体介质等。在进行地下工程设计时，必须首先判断岩体所属的力学介质类型，然后分别选用相应的数学力学方法求解，而不应强求一律。

(3) 岩体是地质体的一部分，它的边界条件就是周围的地质体。这说明岩体处于一定的地质物理环境之中，如水、空气与地温等，它们不仅对岩体的物理力学性质有很大影响，而且本身往往是使工程岩体不稳定的重要因素，在设计中也不容忽视。

第三节　结构面的力学性质

结构面或不连续面的力学性质主要表现在三个方面：法向应力作用下产生的法向变形、在剪应力作用下产生的剪切变形、结构面的抗剪强度。

一、结构面的法向变形

1. 结构面的法向变形特征

在同一种岩体中分别取一件不含结构面的完整岩块试件和一件含结构面的岩块试件。然后，分别对这两种试件施加连续法向压应力，可得到如图 2-6 所示的应力—变形关系曲线。如果设不含结构面岩块的变形为 ΔV_r，含结构面岩块的变形为 ΔV_t，则结构面的法向闭合变形 ΔV_j 为 $\Delta V_j=\Delta V_t-\Delta V_r$。

如图 2-6 (*b*) 所示，结构面的法向变形有以下特征。

(1) 开始时随着法向应力的增加，结构面闭合变形迅速增长，$\sigma_n-\Delta V$ 曲线及 $\sigma_n-\Delta V_j$

曲线均呈上凹型。当 σ_n 增到一定值时，$\sigma_n-\Delta V_t$ 曲线变陡，并与 $\sigma_n-\Delta V_r$ 曲线大致平行。说明这时结构面已基本上完全闭合，其变形主要是岩块变形贡献的。而 ΔV_j 则趋于结构面最大闭合量 V_m［图 2-6（b）］。

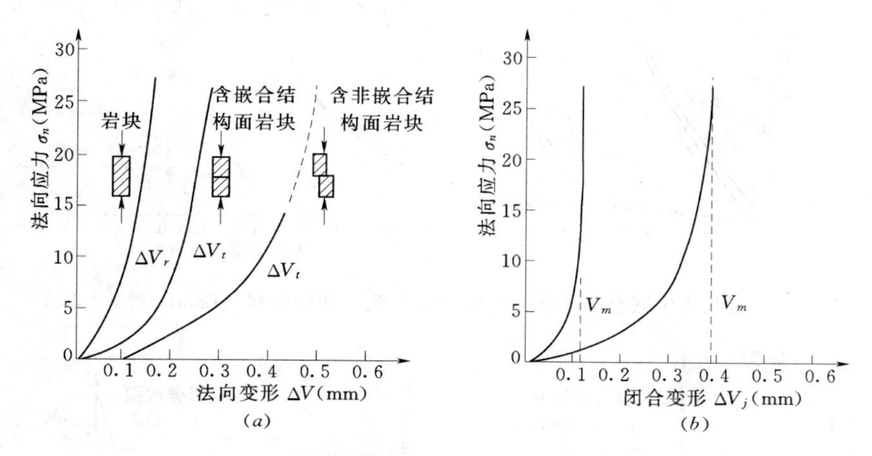

图 2-6　结构面法向应力与变形的关系曲线

（2）从变形上看，在初始压缩阶段，含结构面岩块的变形 ΔV_t，主要是由结构面的闭合造成的。

（3）当法向应力大约在 $\sigma_c/3$ 处开始，含结构面岩块的变形由以结构面的闭合为主转为以岩块的弹性变形为主。

（4）结构面的 $\sigma_n-\Delta V_j$ 曲线大致为一以 $\Delta V_j=V_m$ 为渐近线的非线性曲线（双曲线或指数曲线）。试验研究表明：$\sigma_n-\Delta V_j$ 曲线的形状与结构面的类型及壁岩性质无关，其曲线形状可用初始法向刚度及最大闭合量 V_m 来确定。结构面的初始法向刚度是一个与结构面在地质历史时期的受力历史及初始应力（σ_{n0}）有关的量，其定义为 $\sigma_n-\Delta V_j$ 曲线原点处的切线斜率。

（5）结构面的最大闭合量始终小于结构面的张开度。因为结构面是凹凸不平的，两壁面间无论多高的压力，也不可能达到 100％的接触。试验表明，结构面两壁面一般只能达到 40％～70％左右的接触。

如果分别对不含结构面和含结构面岩块连续施加一定的法向荷载后，逐渐卸荷，则可得到如图 2-7 所示的应力—变形曲线。图 2-8 为几种风化和末风化的不同类型结构面，在三次循环荷载下的 $\sigma_n-\Delta V_j$ 曲线。由这些曲线可知，结构面在循环荷载下的变形有如下特征。

（1）结构面的卸荷变形曲线（$\sigma_n-\Delta V_j$）仍为一以 $\Delta V_j=V_m$ 为渐近线的非线性曲线。卸荷后留下很大的残余变形不能恢复。不能恢复部分称为松胀变形。这种残余变形的大小主要取决于结构面的张开度（e）、粗糙度（JRC）、壁岩强度（JCS）及加、卸载循环次数等因素。

（2）对比岩块和结构面的卸荷曲线可知，结构面的卸荷刚度比岩块的加荷刚度大。

（3）随着循环次数的增加，$\sigma_n-\Delta V_j$ 曲线逐渐变陡，且整体向左移，每次循环下的结构面变形均显示出滞后和非弹性变形（图 2-8）。

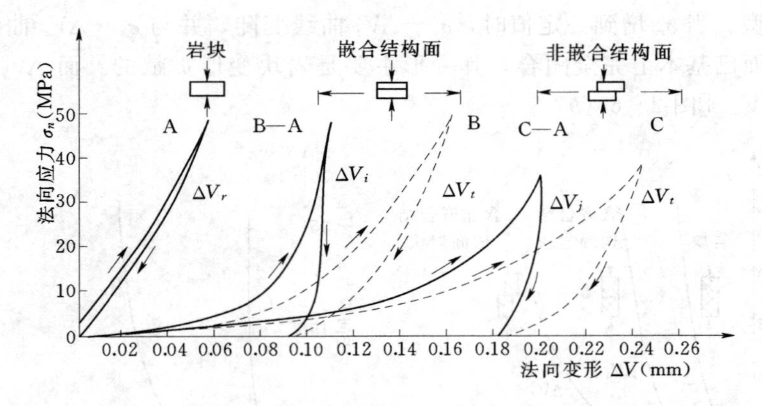

图 2-7　石灰岩中嵌合和非嵌合的结构面加载、卸截曲线（Bandis 等，1983）

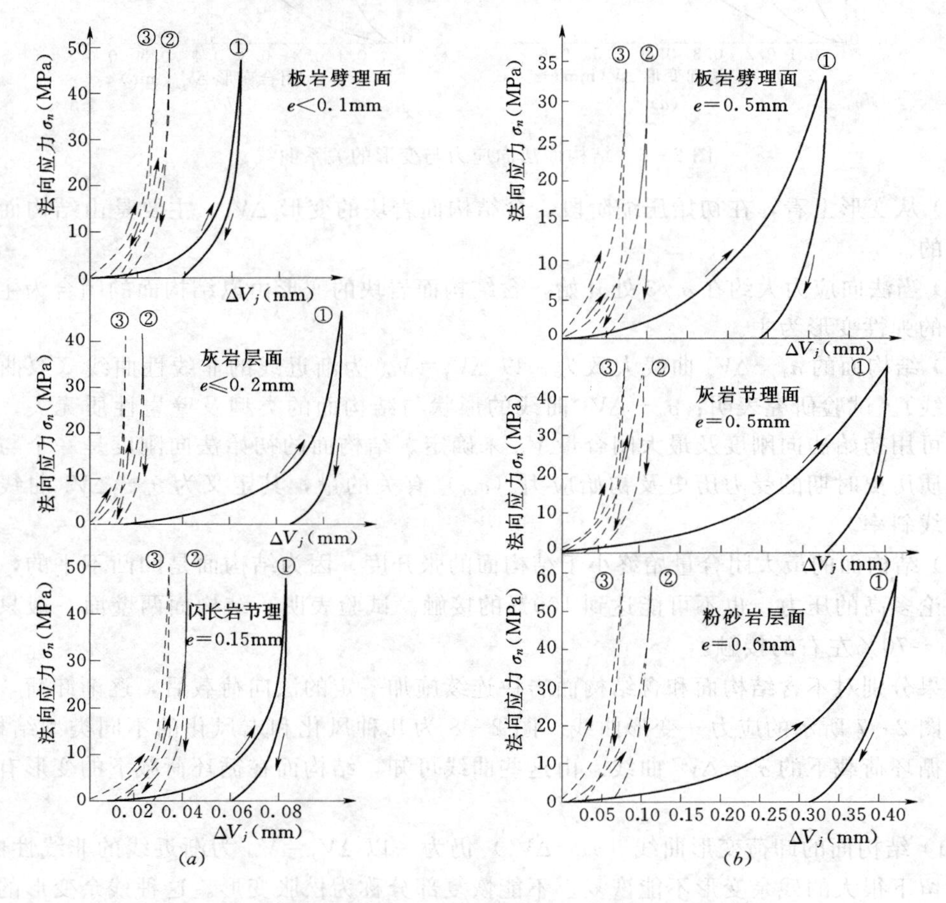

图 2-8　循环荷载条件下结构面的 $\sigma_n-\Delta V_j$ 曲线（Bandis 等，1983）

(a) 末风化结构面；(b) 中风化结构面

(4) 每次循环荷载所得的曲线形状十分相似，且其特征与加载方式和受载历史无关。

2. 结构面的法向变形本构关系

为了反映结构面的变形性质与变形过程，需要研究其应力—变形关系，即结构面的变

形本构方程。但这方面的研究目前仍处于探索阶段，已提出的本构方程都是在试验的基础上总结出来的经验方程，如 Goodman、Bandis 及孙广忠等人提出的方程。

古德曼（Goodman，1974）提出用如下的双曲函数拟合结构面法向应力 σ_n 与闭合变形 ΔV_j 间的本构关系

$$\sigma_n=\left(\frac{\Delta V_j}{V_m-\Delta V_j}+1\right)\sigma_{n0} \tag{2-1}$$

或

$$\Delta V_j=V_m\left(1-\frac{\sigma_{n0}}{\sigma_n}\right) \tag{2-2}$$

式中　σ_{n0}——结构面所受的初始法向应力。

式（2-1）或式（2-2）所描述的曲线如图 2-9 所示，为一以 $\Delta V_j=V_m$ 为渐近线的双曲线。这一曲线与图 2-6 所示的试验曲线相比较，其区别在于 Goodman 方程所给曲线的起点不在原点，而是在 σ_n 轴左边无穷远处。另外出现了一个所谓的初始应力 σ_{n0}。这些虽然与试验曲线有一定的出入，但对于那些具有一定滑错位移的非嵌合性结构面，大致可以用式（2-1）或式（2-2）来描述其法向变形本构关系。

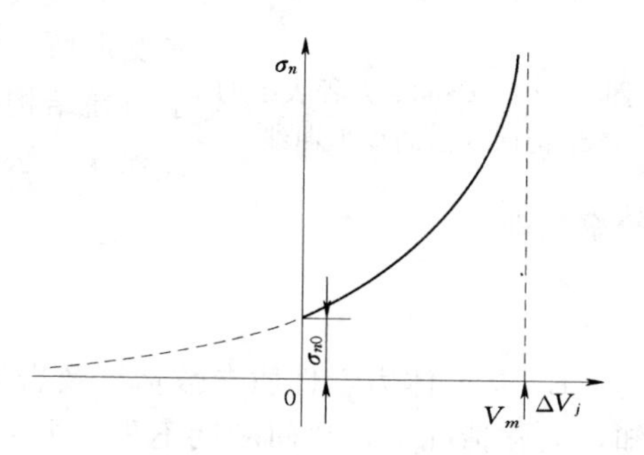

图 2-9　Goodman 方程表示的结构面的法向变形曲线

斑迪斯等（Bandis 等，1983）在研究了大量试验曲线的基础上，提出了如下的本构方程。

$$\sigma_n=\frac{\Delta V_j}{a-b\Delta V_j} \tag{2-3}$$

式中　a，b——系数。

为求 a、b，将上式改写为式（2-4）

$$\sigma_n=\frac{1}{\dfrac{a}{\Delta V_j}-b} \tag{2-4}$$

或

$$\frac{1}{\sigma_n}=\frac{a}{\Delta V_j}-b \tag{2-5}$$

由式（2-3），当 $\sigma_n\to\infty$ 时，则 $\Delta V_j\to V_m=\dfrac{a}{b}$，所以有

$$b=\frac{a}{V_m} \tag{2-6}$$

由初始法向刚度的定义可知

$$K_{n0}=\left(\frac{\partial\sigma_n}{\partial\Delta V_j}\right)_{\Delta V_j\to 0}=\left[\frac{1}{a\left(1-\dfrac{b}{a}\Delta V_j\right)^2}\right]_{\Delta V_j\to 0}=\frac{1}{a} \tag{2-7}$$

即有

$$a=\frac{1}{K_{n0}} \tag{2-8}$$

将式（2-6）和式（2-8）代入式（2-3），得出结构面的法向变形本构方程为

$$\sigma_n=\frac{K_{n0}V_m\Delta V_j}{V_m-\Delta V_j} \tag{2-9}$$

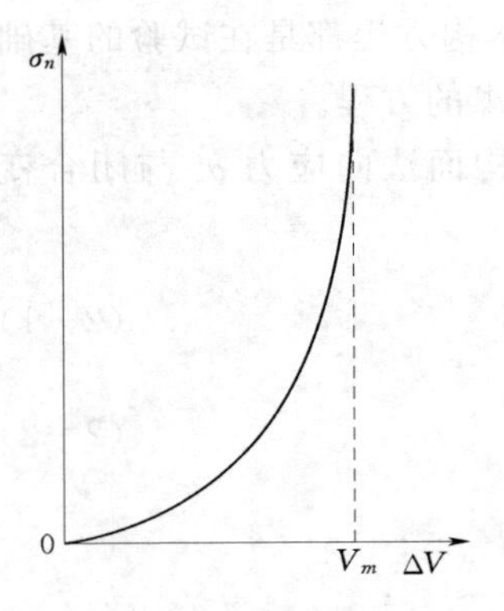

图 2-10　Bandis 方程表示的结构面的法向变形曲线

这一方程所描述的曲线如图 2-10 所示，也为一以 $\Delta V_j=V_m$ 为渐近线的双曲线。显然，这一曲线与试验较为接近。Bandis 方程较适合于描述未经滑错位移的嵌合结构面（如层面）的法向变形特征。

3. 结构面的法向刚度

法向刚度 K_n（normal stiffness）是反映结构面法向变形性质的重要参数，表示在法向应力作用下，结构面产生单位法向变形所需要的应力，它取决于岩石本身的力学性质，更取决于粗糙结构面接触点数、接触面积和结构面两侧微凸体相互咬合程度。法向刚度在数值上等于 $\sigma_n-\Delta V_j$ 曲线上任一点的切线斜率，即

$$K_n=\frac{\partial\sigma_n}{\partial\Delta V_j} \tag{2-10}$$

K_n 是岩体力学性质参数估算及岩体稳定性计算中必不可少的指标之一。由图 2-7 可知，通常情况下，法向刚度不是一个常数，而是与应力水平有关的量。

将式（2-3）代入式（2-10）得

$$K_n=\frac{K_{n0}}{\left(1-\dfrac{\Delta V_j}{V_m}\right)^2} \tag{2-11}$$

由式（2-9）可得

$$\Delta V_j=\frac{\sigma_n V_m}{K_{n0}V_m+\sigma_n} \tag{2-12}$$

将式（2-12）代入式（2-11）得

$$K_n=\frac{K_{n0}}{\left(1-\dfrac{\sigma_n}{K_{n0}V_m+\sigma_n}\right)^2} \tag{2-13}$$

值得注意的是节理刚度的定义与传统定义的区别，上述定义为使节理产生单位变形所需要的应力，而传统定义为产生单位变形所需要的荷载。

二、结构面的剪切变形与强度

1. 结构面的剪切变形

图 2-11 为结构面剪应力 τ 与结构面剪切位移 Δu 间的关系曲线，结构面的剪切变形有如下特征：

（1）结构面的剪切变形曲线均为非线性曲线。同时，按其剪切变形机理可为脆性变形型（图 2-11 中 a 线）和塑性变形型（图 2-11 中 b 线）两类曲线。试验研究表明，有一定宽度的构造破碎带、挤压带、软弱夹层及含有较厚充填物的裂隙、节理、泥化夹层和夹泥层等软弱结构面的 $\tau-\Delta u$ 曲线，多属于塑性变形型。其特点是无明显的峰值强度和

应力降，且峰值强度与残余强度相差很小，曲线的斜率是连续变化的，且具流变性（图 2-11 中 b 线）。而那些无充填且较粗糙的硬性结构面，其 $\tau-\Delta u$ 曲线则属于脆性变形型。特点是开始时剪切变形随应力增加缓慢，曲线较陡。峰值后剪切变形增加较快，有明显的峰值强度和应力降。当应力降至一定值后趋于稳定，残余强度明显低于峰值强度（图 2-11 中 a 线）。

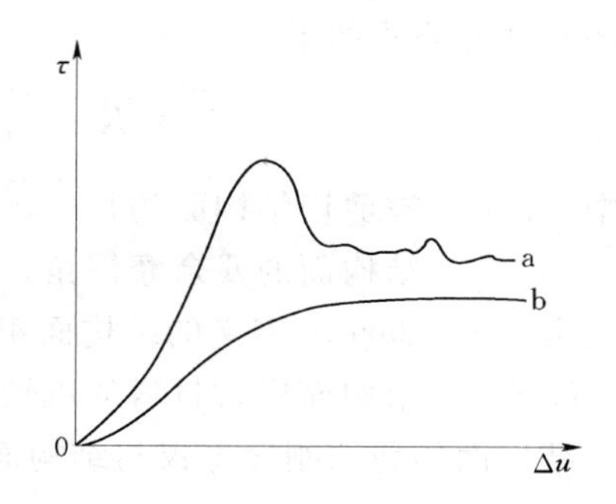

图 2-11　结构面剪切变形的基本类型
a—脆性变形型；b—塑性变形型

（2）结构面的峰值位移受其风化程度的影响。风化后的峰值位移比新鲜的大，这是由于结构面遭受风化后，原有的两壁互锁程度变差，结构面变得相对平直的缘故。

（3）对同类结构面而言，遭受风化的结构面，剪切刚度比未风化的小 1/2～1/4。

（4）结构面的剪切刚度具有明显的尺寸效应。在同一法向应力作用下，其剪切刚度（与结构面的法向刚度类似的参数，表示结构面 $\tau-\Delta u$ 曲线某点的切线斜率，反映结构面在剪应力作用下产生单位剪切变形所需要的剪应力大小。一般情况下，剪切刚度是一个随剪应力水平而变化的量）随被剪切结构面的规模增大而降低。

（5）结构面的剪切刚度随法向应力的增大而增大。

2. 剪切变形本构方程

Kalhaway（1975）通过大量的试验，发现结构面峰值前的 $\tau-\Delta u$ 关系曲线也可用双曲函数来拟合，他提出了如下的方程式

$$\tau=\frac{\Delta u}{m+n\Delta u} \tag{2-14}$$

式中　m，n——双曲线的形状系数，$m=1/K_{s0}$，$n=1/\tau_{ult}$；

K_{s0}——初始剪切刚度（定义为曲线原点处的切线斜率）；

τ_{ult}——水平渐近线在 τ 轴上的截距。

根据式（2-14），结构面的 $\tau-\Delta u$ 曲线为一以 $\tau=\tau_{ult}$ 为渐近线的双曲线。

3. 剪切刚度及其确定方法

剪切刚度 K_s（shear stiffness）是反映结构面剪切变形性质的重要参数，其数值等于峰值前 $\tau-\Delta u$ 曲线上任一点的切线斜率（见图 2-12），即

$$K_s=\frac{\partial\tau}{\partial\Delta u} \tag{2-15}$$

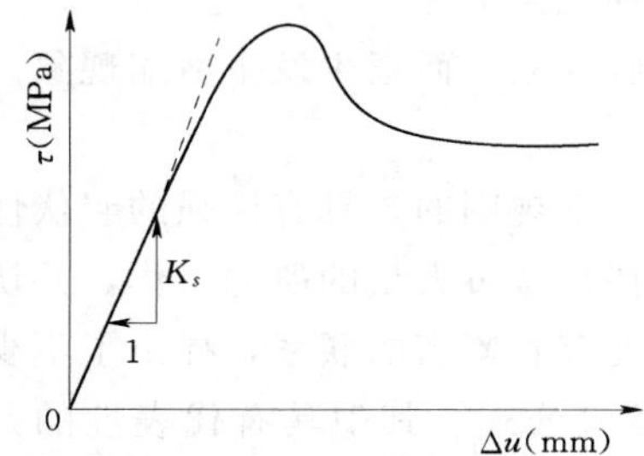

图 2-12　结构面的剪切刚度确定方法示意图

结构面的剪切刚度在岩体力学参数估算及岩体稳定性计算中都是必不可少的指标，且可通过室内和现场剪切试验确定。

Barton（1977）和 Choubey（1977）根据大量的试验资料总结分析，并考虑到尺寸效应，提出了剪切刚度

的经验估算公式如下

$$K_s=\frac{100}{L}\sigma_n\tan\left(JRC\lg\frac{JCS}{\sigma_n}+\varphi_r\right) \tag{2-16}$$

式中　L——被剪切结构面的长度；

φ_r——结构面的残余摩擦角；

JRC——Barton 定义的结构面粗糙度系数，见图 2-16；

JCS——结构面岩石材料的单轴抗压强度。

结构面的剪切刚度不仅与结构面本身形态及性质等特征有关，还与其规模大小及法向应力有关。

几种结构面的法向刚度、剪切刚度及抗剪强度参数见表 2-3。

表 2-3　　结构面的力学参数

结构面特征	法向刚度（MPa/cm）	剪切刚度（MPa/cm）	抗剪强度参数	
			摩擦角（°）	黏聚力（MPa）
充填黏土的断层，岩壁风化	15	5	33	0
充填黏土的断层，岩壁轻微风化	18	8	37	0
新鲜花岗片麻岩不连续结构面	20	10	40	0
玄武岩与角砾岩接触面	20	8	45	0
致密玄武岩水平不连续面	20	7	38	0
玄武岩张开节理面	20	8	45	0
玄武岩不连续面	12.7	4.5		0

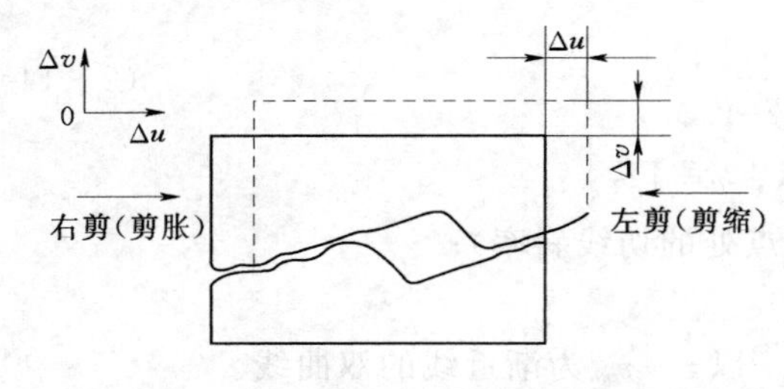

图 2-13　顺节理剪切的剪胀、剪缩现象

4．结构面的剪胀

对粗糙节理剪切时，视剪切方向不同，常常发生剪胀或剪缩现象。所谓剪胀或剪缩，就是在节理剪切过程中，节理法向发生体积膨胀或缩小。如图 2-13 所示节理，朝右剪时发生剪胀，朝左剪时则发生剪缩。这里的剪胀是指剪切变形过程中体积增大的现象，它是由于节理逐渐张开所致，与岩石在压应力作用下发生剪胀的原因有些不同，但都是指体积增大这种现象。

实际节理齿面和间隙状况比较复杂，通常较多发生剪胀现象，而很少发生剪缩现象。

5．未充填结构面的剪切强度

发育于岩体中各种不同地质成因的结构面是凹凸不平、不规则的，具有极强的起伏性和不连续性。国内外很多学者对这一类结构面的抗剪强度特性做过大量的研究工作，并认识到不规则结构面的抗剪强度与结构面的粗糙度和壁面强度有着紧密的联系，提出了不少用于确定不规则、无充填结构面的抗剪强度的经验和半经验公式。其中具有代表性的是 Patton（1966）建议的双直线模型和 Barton 与他的合作者（Barton，1971，1973，1976；Barton and Bandis，1982，1990；Barton and Choubey，1977）根据试验结果提出的经验公

式。通过最近几十年对不规则结构面抗剪强度的内在机理的研究和对大量试验结果的分析，认为对不规则结构面抗剪强度的研究应建立在结构面不规则突起在剪切作用下会产生剪胀作用（通常的爬坡效应）这一认识的基础上，这一观点与土力学中粗粒土在剪切作用下会发生剪胀的观点相一致。

(1) Patton 公式。对于光滑、无充填物的结构面而言，结构面的破坏形式为沿着结构面的滑动，发生滑动破坏时作用于结构面上的法向应力 σ 和剪应力 τ 应满足以下关系

$$\tau=\sigma\tan\varphi_b \tag{2-17}$$

式中 φ_b——结构面的基本摩擦角。

当结构面对剪力的作用方向倾斜某一角度 i 时（图 2-14），结构面的滑动条件为

$$\frac{\tau_i}{\sigma_i}=\tan\varphi_b \tag{2-18}$$

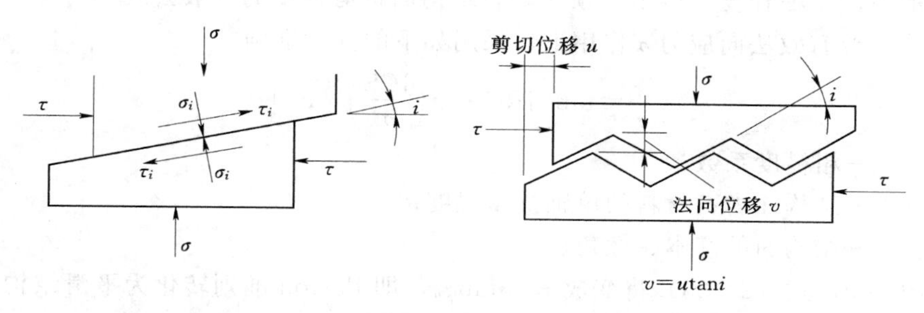

图 2-14 Patton 规则突起面的抗剪试验模型

作用于结构面上的法向力 σ_i 和剪应力 τ_i，可用外界施加的正应力 σ 和水平剪应力 τ 表示为

$$\tau_i=\tau\cos^2 i-\sigma\sin i\cos i \tag{2-19}$$

$$\sigma_i=\tau\sin i\cos i+\sigma\cos^2 i \tag{2-20}$$

将式（2-19）和式（2-20）代入式（2-18）中，消去结构面上的法向应力和剪应力，并假设沿表面滑动的黏聚力为零，得到外界施加的法向应力和水平推力的关系式为

$$\tau=\sigma\tan(\varphi_b+i) \tag{2-21}$$

式中 φ_b+i——视摩擦角；

i——剪胀角。

这一模型认为，不规则结构面在较低的法向应力作用下，会发生沿着不规则突起的“爬坡”现象，伴随着这一位移模式必然产生法向方向的位移，即通常的结构面的扩容或剪胀作用。此时不规则结构面的抗剪强度遵循式（2-21）。但是，当施加的法向力逐渐增加以致超过某一临界值时，结构面上的突起（锯齿）会因剪应力的不断增加发生剪断，此时不规则结构面的抗剪强度遵循下式

$$\tau=C_p+\sigma\tan\varphi_b \tag{2-22}$$

式中 C_p——因粗糙面的突台部分剪断而呈现出的似黏聚力。

Patton 建议的不规则结构面的抗剪强度公式在 $\tau-\sigma$ 平面上是一双直线（图 2-15）。

(2) Barton 准则。上面的讨论是将结构面简化成规则锯齿形这种理想模型下进行的。但自然界岩体中绝大多数结构面的粗糙起伏形态是不规则的，起伏角也不是常致。因此，

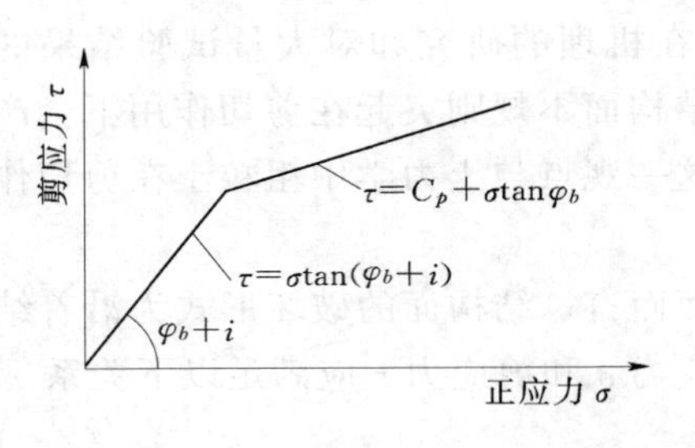

图 2-15 结构面的双直线剪切强度曲线

其强度包络线不是图 2-15 所示的折线，而是曲线形式。对于这种情况，有许多人进行过研究和论述，下面主要介绍 Barton 的研究成果。

Barton 和 Bandis 从探讨峰值抗剪角 $\tan^{-1}(\tau/\sigma)$ 与峰值剪胀角 d_n（指正应力为零的条件下，最粗糙结构面剪切过程中的剪胀角，可使 $d_n=\varphi_b$）间的关系入手，利用粗糙程度不同的八种模拟结构面进行剪切试验，测定了峰值剪应力 τ 和 σ 以及峰值剪胀角，发现峰值剪胀角不仅与凸起体高度有关，且与法向应力和材料单轴抗压强度的相对大小 σ/σ_c 有关。Barton 采用最小二乘法对试验数据进行处理，并考虑结构面的不同粗糙程度，得出了预测岩石结构面抗剪强度的一般公式。

在低或中等有效法向应力 σ 作用下，采用如下的强度准则

$$\frac{\tau}{\sigma}=\tan\left[\mathrm{JRC}\cdot\lg\left(\frac{\mathrm{JCS}}{\sigma}\right)+\varphi_b\right] \tag{2-23}$$

式中 JRC——粗糙度系数；

JCS——结构面岩石材料的单轴抗压强度；

φ_b——结构面的基本摩擦角。

当 $JRC=0$，式（2-23）将变成 $\tau=\sigma\tan\varphi_b$，即 Barton 准则转化为平滑结构面（无黏聚力）的库仑准则。

1977 年，Barton 和 Choubey 根据他们完成的 130 个不同风化程度节理试件直剪试验结果，对上述公式进行了修改，用残余摩擦角 φ_r 代替基本摩擦角 φ_b，即

$$\frac{\tau}{\sigma}=\tan\left[\mathrm{JRC}\cdot\lg\left(\frac{\mathrm{JCS}}{\sigma}\right)+\varphi_r\right] \tag{2-24}$$

Barton 和 Choubey 还建议用下式估算残余摩擦角 φ_r

$$\varphi_r=(\varphi_b-20)+20\left(\frac{r}{R}\right) \tag{2-25}$$

式中 r，R——湿的风化节理面和干燥的未风化节理面的施密特回弹数。

节理粗糙度系数 JRC 可按节理的粗糙程度来决定。Barton 将所有节理面的粗糙程度分为 10 级（见图 2-16），JRC 值为 0～20，而粗糙程度剖面的长度是以 10cm 为准。在这长度范围内量测其起伏粗糙的程度，以确定其属于哪一级。对于小型节理，通过与图 2-16 所示的标准粗糙度的对比确定其粗糙度系数取值没有多大困难，然而，对于现场的大型天然节理，这种方法具有很大难度，必须采用其他替代方法。

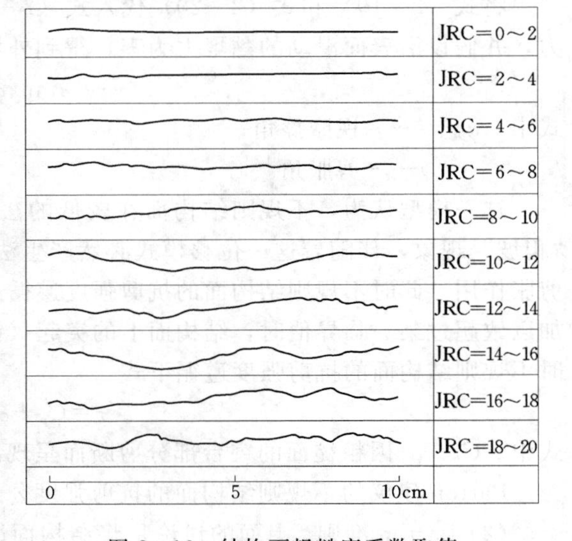

图 2-16 结构面粗糙度系数取值

为此，Barton（1982）建议采用图 2-17 所示方法在现场通过测量节理突台高度推测节理粗糙度系数值。

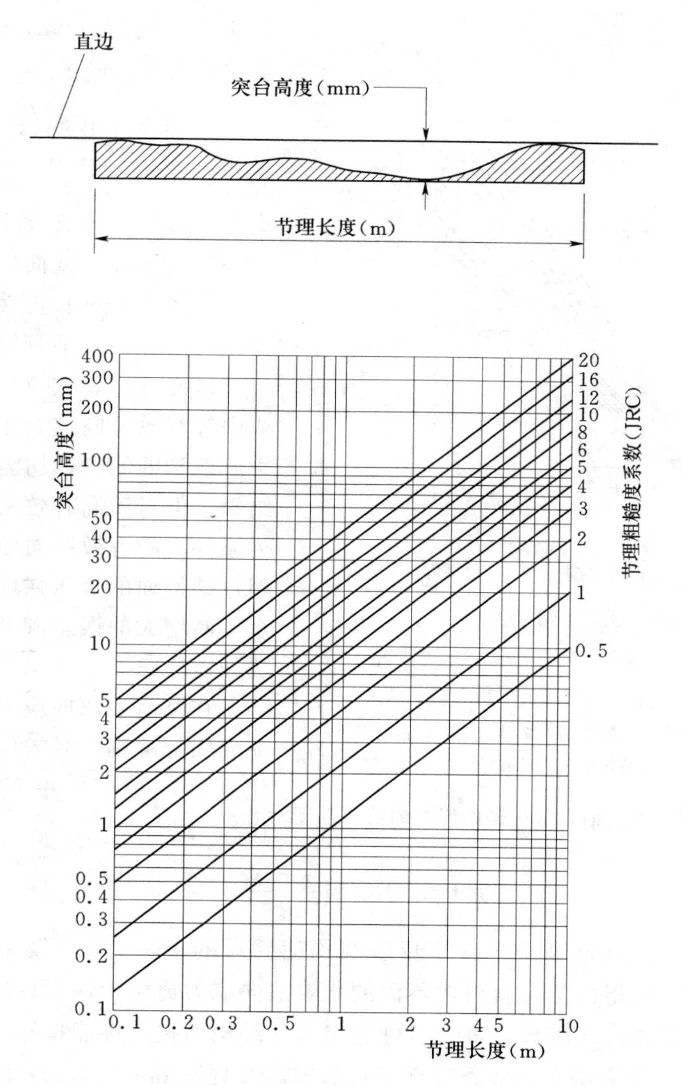

图 2-17　Barton 建议的现场确定节理粗糙度系数的方法

1978 年国际岩石力学学会建议采用施密特回弹仪通过测量节理壁面的回弹硬度估算节理壁面岩石抗压强度，该方法是由 Deere 和 Miller 在 1966 年提出的（见图 2-18）。

1982 年 Barton 和 Bandis 在大量试验和文献调研基础上，提出了反映节理粗糙度系数的经验公式。

$$JRC_n = JRC_0 \left(\frac{L_n}{L_0}\right)^{-0.02JRC_0} \qquad (2-26)$$

式中　JRC_0——长度 $L_0 = 100$mm 节理的粗糙度系数值；

JRC_n——长度为 L_n 的现场实际节理的粗糙度系数值。

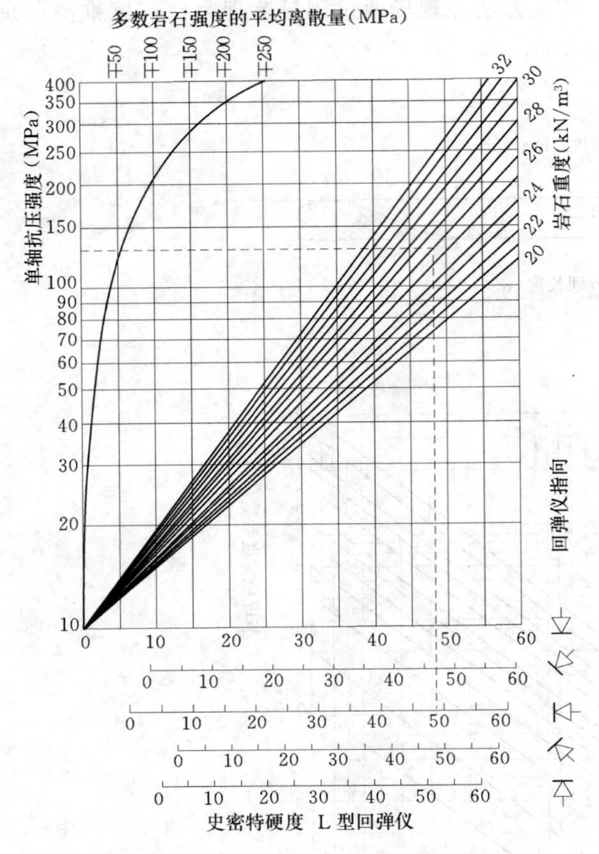

图 2-18　根据回弹硬度估算节理壁面岩石的抗压强度

同样，节理壁面岩石的抗压强度也会随着节理规模的增大而减小，存在一定的尺寸效应，Barton 和 Bandis 建议采用下式进行修正

$$JCS_n = JCS_0\left(\frac{L_n}{L_0}\right)^{-0.03JCS_0} \tag{2-27}$$

式中　JCS_0——长度 $L_0=100\text{mm}$ 节理壁面岩石的抗压强度；

JCS_n——长度为 L_n 的现场实际节理壁面的抗压强度。

研究证实，式（2-24）对于在低或中等有效法向应力作用下的一般过程中所遇到的问题，均能得到比较精确的结果，但对于高有效法向应力或三轴应力条件下的有效法向应力提高到接近或超过结构面的抗压强度时，竟会产生一个不断增大的误差。因而需要按以下方法加以修正。

在高有效法向应力或三轴应力条件下的强度准则，只需以偏应力 $\sigma_1-\sigma_3$ 取代式（2-24）中的单轴抗压强度 JCS，即

$$\frac{\tau}{\sigma}=\tan\left[JRC\lg\left(\frac{\sigma_1-\sigma_3}{\sigma}\right)+\varphi_r\right] \tag{2-28}$$

综上所述，Barton 准则中包含了反映结构面性质的 JRC、JCS 及 φ_b 三项未知指标，只要精确测定此三项指标值，就可按不同的有效法向应力值精确地估算出相应的剪切强度值，从而做出峰值强度包络线，进一步确定出表征结构面抗剪性能指标的黏聚力和内摩擦角值。Barton 用上述方法对 102 条节理进行研究，发现其 $\tan^{-1}$（τ/σ）的总平均值仅较常规试验所得者出入$+0.5°$，这样微小的误差无疑是能满足工程实践要求的。

6. 充填结构面的抗剪强度

（1）充填物质。如果结构面之间被某种物质充填后，充填结构面的抗剪强度是由充填物质本身的抗剪强度、结构面的壁面强度、充填物的厚度以及结构面的起伏程度等因素所决定的。大量的试验资料证明，结构面的抗剪强度随层内黏土含量的增加而降低，随碎屑成分的增加以及颗粒直径的增大而增加。具体到充填物本身，石英之类的岩脉材料可使结构面的抗剪强度增大，充填物中含角砾物质越多，抗剪强度越高；含糜棱岩和黏土愈多，抗剪强度越低。膨胀性的绿泥石、石墨、蛇纹岩等低抗剪强度的充填物会导致抗剪强度的大大下降。如果膨胀受到抑制，则会产生很高的膨胀力，从而减小有效应力，更会使得结

构面强度降低。

(2) 充填厚度。无充填和断续充填结构面的抗剪强度受结构面本身力学性质以及结构面的起伏和粗糙程度影响，当结构面之间被充填后，结构面的抗剪强度特性与充填物质的厚度有着直接的关系。图2-19所示为平直结构面的充填物厚度与结构面抗剪强度的关系，从图中可以看出：当充填物的厚度较薄时，随着厚度的增加，摩擦系数减小，黏聚力随之增加；当充填物的厚度达到某一数值时，摩擦系数和黏聚力都逐渐减小，并趋于某稳定值。充填物的厚度小于这一特定的厚度值时，充填物将变成泥膜；反之则成为薄层。结构面中泥膜会使得抗剪强度不稳定，并且随厚度的减小，强度会迅速升高；而当结构中的薄层厚度逐渐增加时，其强度会稳定在某一数值。

如果结构面起伏不平，需要考虑结构面表面几何形态的影响。通常，将结构面的充填度定义为结构面充填厚度 t 与结构面起伏差 h 之比 t/h。一般情况下，充填度愈小，结构面的抗剪强度愈高；反之，随着充填度的增长，结构面的抗剪强度会降低。Goodman (1966) 在人造锯齿结构面之间放入不同厚度的碎云母充填物进行剪切试验，所得到的结构面抗剪强度随充填度的变化关系，如图2-20所示。当充填度小于1.0时，结构面的强度由结构面的起伏差和充填物本身的强度共同决定；当充填度大于1.0时，充填结构面的抗剪强度主要由充填物的强度来决定；当充填度超过某一数值 ($t/h=2.0$) 时，结构面的抗剪强度接近充填物的抗剪强度。

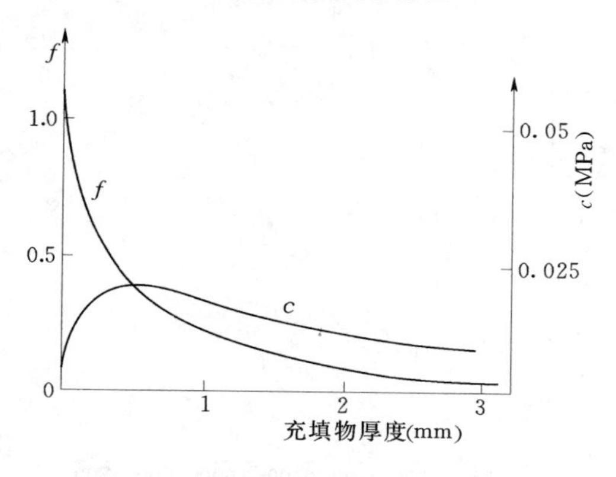

图2-19　平直结构面充填物厚度与抗剪强度的关系

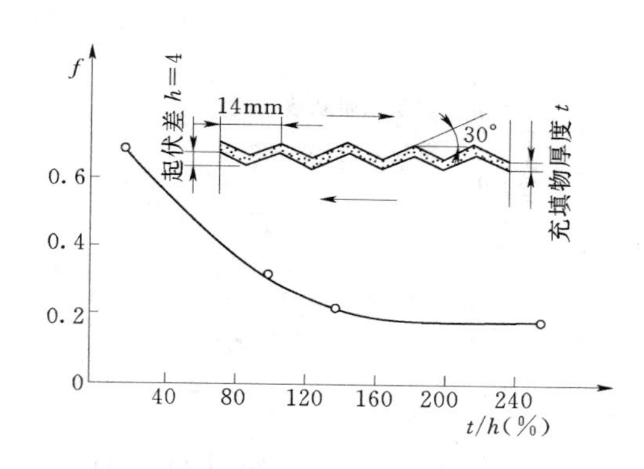

图2-20　充填度对结构面抗剪强度的影响

第四节　岩体的变形特性

岩体，特别是工程尺度范围的岩体，通常被一组或若干组节理裂隙切割成不连续体。由于结构面的成因、尺寸、产状、密度以及力学性质不同，加上岩体所处的应力环境的变化，岩体的力学性质不仅取决于岩石本身的力学性质，在很大程度上还取决于结构面力学性质和结构面的空间组合情况。

一、岩体的应力—应变（变形、位移）关系曲线

在各种载荷作用下岩体的应力（压力）—应变（位移）关系曲线最能明确地描述岩体

的变形性质。载荷类型不同，应力—应变曲线也不同，根据这些曲线可以计算出岩体的弹性模量、各种定义的变形模量、确定岩体的比例极限、弹性极限、屈服极限等。通过试验得到的岩体压力—变形曲线是研究岩体变形性质的重要依据。

分析各种方法得到的大量现场岩体变形试验资料，可将压力—变形曲线归纳为四种基本类型：直线型、上凹型、下凹型、长尾型（见图 2-21）。图中 p 为试验压力，W 为变形。

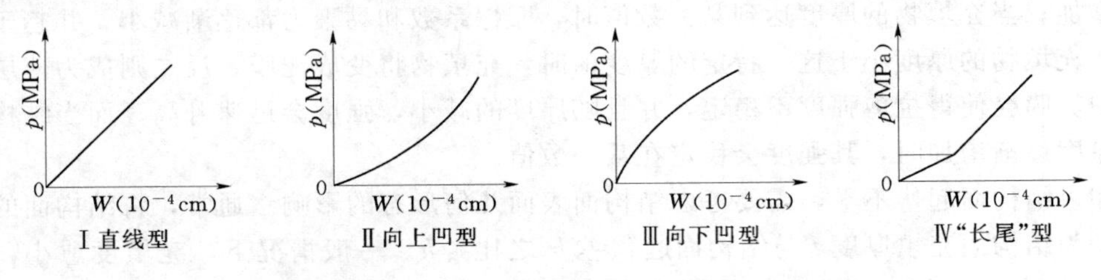

图 2-21　岩体压力—变形曲线的基本类型

1. 直线型

试验加载时压力—变形曲线呈直线，包括两种情况：一种是一次逐级加载试验得到的直线型曲线；另一种是在加载过程中进行反复卸载、加载循环，压力—变形曲线呈现一系列滞回环，其压力—变形曲线的外包线是直线的（图 2-22）。具有直线型压力—变形曲线的有三类岩体。

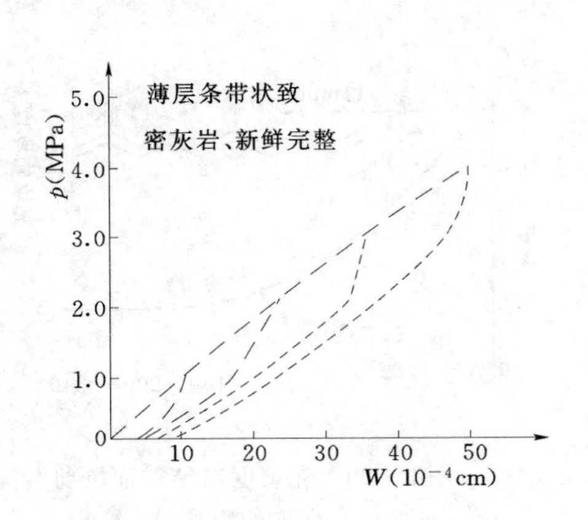

图 2-22　呈直线型的压力—变形曲线（薄层条带状致密灰岩，新鲜完整）

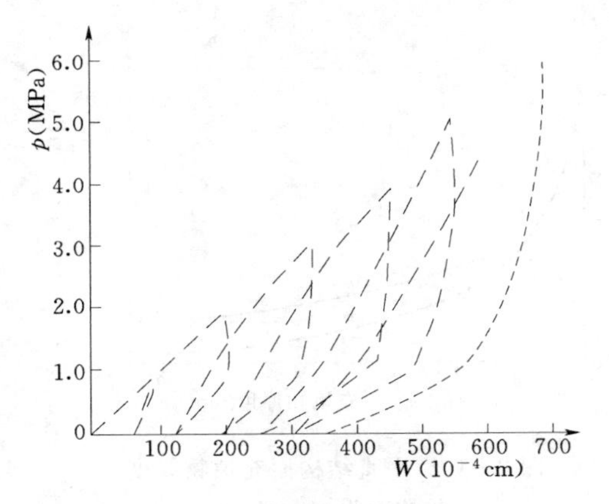

图 2-23　呈直线型的压力—变形曲线（断层破碎带）

（1）完整、坚硬致密、裂隙较少的岩体，其性质比较接近均质弹性体。

（2）被多组节理裂隙切割、结构疏松、破碎的岩体。由于裂隙分布比较均匀，岩体表现为近似的均质体，但是在其循环卸载、加载中，具有明显的滞回环，每次卸载后的残余变形（不可逆变形）比完整岩体的大得多（图 2-23）。

（3）层状岩体或含一组裂隙的岩体，沿层面（或裂隙组）方向加载时，其压力—变形曲线也表现为直线型。

2. 上凹型

加载时压力—变形曲线的切线斜率开始较小，随着压力增加，切线斜率也逐渐增大。

这是具有层理、裂隙等结构面的非均质岩体的特征，它显示出岩体内结构面被逐渐压密、变形模量增大的情形。有两类岩体属这种类型：一类是软硬岩互层层面、或含夹层、裂隙等岩体，垂直于结构面加压可以得到上凹型曲线；另一类是表层性状明显较差、紧接着下面是较坚硬、裂隙较少的岩体，垂直于结构面加压，也表现为上凹型曲线（图 2-24）。

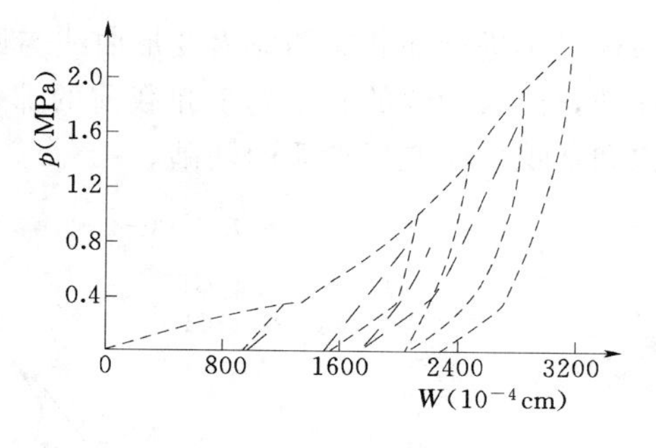

图 2-24　上凹型压力—变形曲线（灰质页岩夹层）

3. 下凹型

加载时压力—变形曲线的切线斜率开始较大，随着压力增加，切线斜率也逐渐减小。主要是具有层理、裂隙、并且其表层较坚硬，随深度增加刚度减弱的岩体，加载压力较小时，主要是较坚硬的表层岩体承受了压力，随着压力增加，下伏刚度较小的岩层也逐渐分担了部分载荷（图 2-25）。

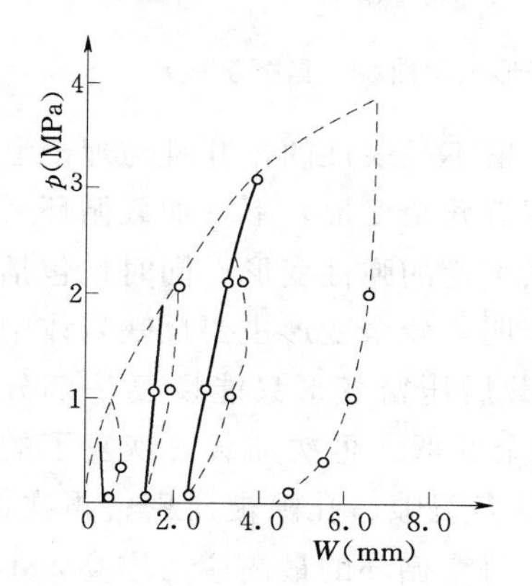

图 2-25　下凹型压力—变形曲线（砂岩—泥岩互层）

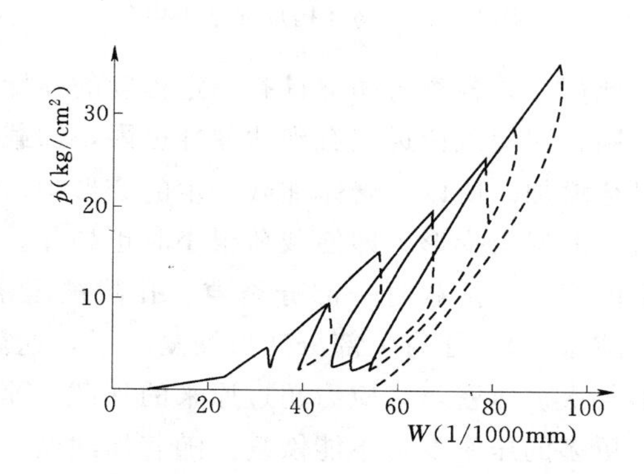

图 2-26　长尾型压力变形曲线（薄层条带灰岩）

4. 长尾型

开始加载时变形较大，压力—变形曲线切线斜率很小，随着压力增加，变形曲线变成较陡的直线（图 2-26）。这是裂隙较多的岩体、或因受到爆破震动影响，或为开挖卸荷后表层松动的岩体，在开始的低压下表层岩体中的裂隙很快被压密，然后岩体的刚度增加，出现了这种长尾型的曲线。

二、岩体变形特点和变形模量

试验显现出岩体变形性质十分复杂，已如前述。为了更好地研究这种复杂性，试验中常常采用反复循环（包括逐级一次循环、逐级多次循环、大循环等）加载的方法，以深入揭露那些不同于一般介质的力学性质。

大量试验资料表明，循环加载中卸载曲线切线的斜率（弹性模量）往往高于其加载时的弹模，卸载后产生一部分不可逆变形（残余变形），就像介质到达塑性阶段后所表现的

那样。再进行加载时的应力变形曲线与原来的曲线不相重，恢复到原来应力以后，再继续加载，曲线切线的斜率趋于卸载前的那样（图 2-27）。这样的岩体应力—变形曲线是研究和认识岩体变形性质的基础。

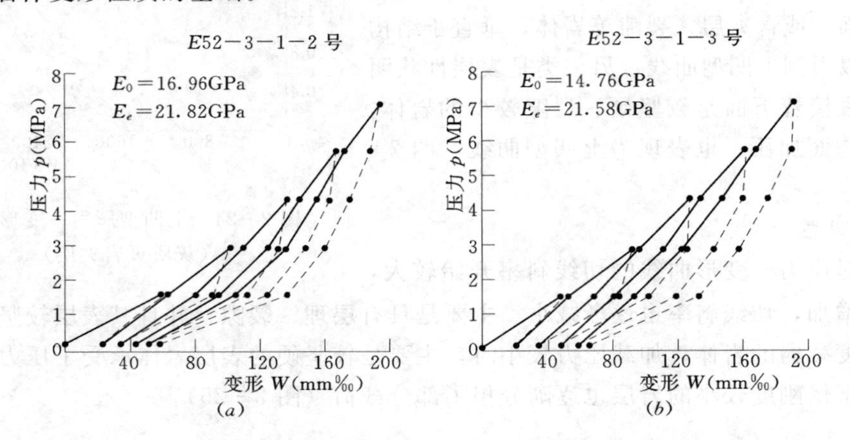

图 2-27　乌江构皮滩地下电站主厂房区岩体变形试验曲线（据董学晟）

由此可见，各类岩体都具有一定程度的弹性，它一般不是线性的，并且与理论上的纯弹性不同，即使载荷远没有到达弹性极限，卸载后也留有残余变形，下一加载循环后残余变形又会增加。所以，岩体加载产生的变形中，既包括可逆的弹性变形，同时也包括一部分不可逆的残余变形，即使载荷很小时也如此。经验表明，残余变形主要反映岩体中裂隙和孔隙的变形：加载时一部分裂隙、孔隙被压密，卸载后压密变形只能恢复一部分（裂隙、孔隙张开），还有一部分变形恢复不了，这就是残余变形。再次加载，恢复了的那部分变形再次被压密，当应力超过原来的加载水平后，更多裂隙、孔隙被压密；再次卸载，就会有更多的压密变形不能恢复。随着加载循环增加和每个循环的最高应力增高，不能恢复的残余变形的总量也不断增加。其在全变形中的比例也会改变（增加或减少）。进一步研究残余变形随着加载循环和应力增加产生的变化，及其与全变形或弹性变形、应力、岩性等各种因素的关系，可更深入地揭示岩体的变形破坏机理。

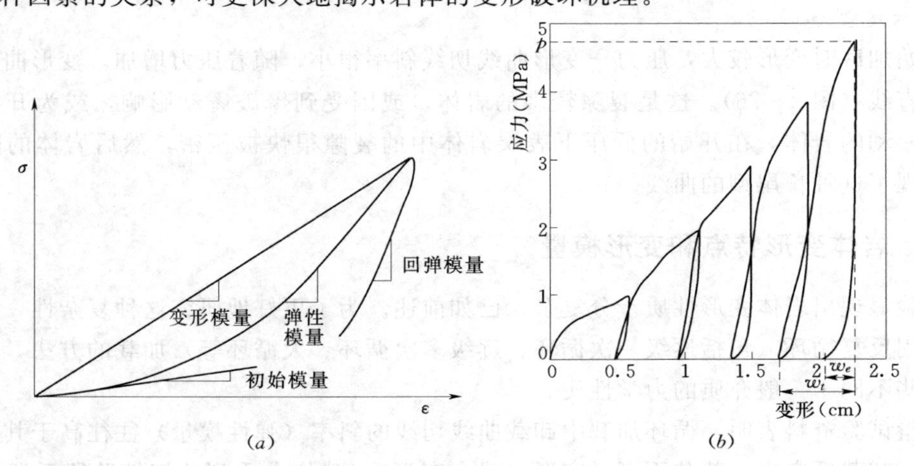

图 2-28　岩体变形模量的类型及定义

即使在峰前段，岩体的变形曲线一般也并非直线，因此，通常如图 2－28 所示，分别用变形模量、弹性模量、初始模量以及回弹模量定义岩体的变形特性，其中，弹性模量为应力与所对应的弹性应变的比值，变形模量为应力与所对应的总应变（包括弹性应变与塑性应变）的比值。

第五节　岩 体 的 强 度

岩体强度是指岩体抵抗外力破坏的能力。它有抗压强度、抗拉强度、抗剪强度之分，但对于裂隙岩体来说，其抗拉能力很小，加上岩体抗拉强度测试技术难度大，所以目前对岩体抗拉强度研究较少，本节主要讨论岩体的抗压强度和抗剪强度。

岩体是由岩块和结构面组成的地质体，因此，其强度必然受到岩块和结构面强度及其组合方式（岩体结构）的控制。一般情况下，岩体的强度不同于岩块的强度，也不同于结构面的强度，如果岩体中结构面不发育，呈完整结构，则岩体强度大致等于岩块强度，如果岩体将沿某一结构面滑动时，则岩体强度完全受该结构面强度的控制。这两种情况比较好处理。本章重点讨论被各种节理、裂隙切割的裂隙（节理化）岩体强度的确定问题。研究表明，裂隙岩体的强度介于岩块强度和结构面强度之间。它一方面受岩石材料性质的影响，另一方面受结构面特性和赋存条件的控制。

岩体性质具有十分显著的尺寸效应，采用类似于岩石力学性质的室内试验研究方法来研究岩体的力学性质将十分困难，因此最好的方法莫过于在现场对实际岩体进行原位试验，比如平板加载试验、环形加载试验等，然而，这些试验往往十分费时，试件制作比较困难，而且费用很高，所以，除一些十分重要的工程之外，一般岩石工程很少进行原位试验。实际上，岩体与岩石在力学性质上的差异主要取决于岩体中结构面的分布形态和结构面的数量及性质，比如层状岩体往往表现为横观各向异性，具有三组近于正交节理的岩体则表现为正交各向异性。然而大多数情况下，岩体中的结构面是随机分布的，结构面对岩体性质的影响非常复杂。下面仅介绍几种最简单情况下的岩体强度特性。

一、结构面对岩体强度的影响

如图 2－29 所示，假设岩体中只含有一个不连续面，显然这种岩体的强度取决于是否沿该不连续面发生剪切滑移，此时作用在不连续面上的剪应力应该满足库仑准则

$$\tau = C_j + \sigma \tan\varphi \tag{2-29}$$

对于平面问题，滑动面上的法向应力和剪切应力可用最大、最小主应力 σ_1 和 σ_3 表示，即

$$\sigma = \frac{1}{2}(\sigma_1 + \sigma_3) + \frac{1}{2}(\sigma_1 - \sigma_3)\cos 2\beta$$

$$\tau = -\frac{1}{2}(\sigma_1 - \sigma_3)\sin 2\beta \tag{2-30}$$

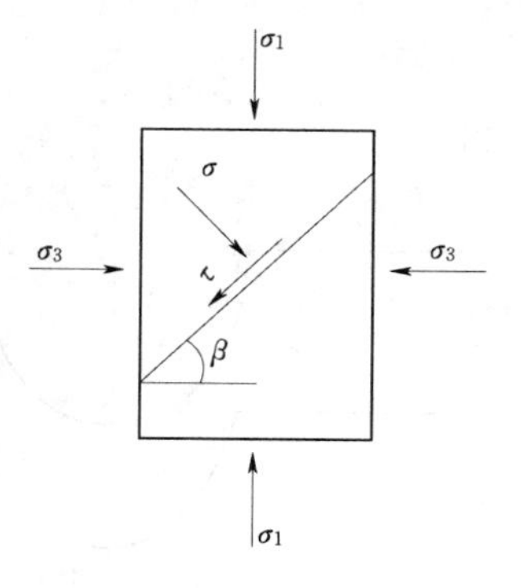

图 2－29　含有一个不连续面的岩体

或把上式改写成

$$\sigma=\sigma_m+\tau_m\cos2\beta$$
$$\tau=-\tau_m\sin2\beta \tag{2-31}$$

其中 $\sigma_m=\frac{1}{2}(\sigma_1+\sigma_3)$，$\tau_m=\frac{1}{2}(\sigma_1-\sigma_3)$

把 σ 和 τ 带入式（2-29）中整理得

$$\tau_m(\sin2\beta+\tan\varphi\cos2\beta)=C_j+\sigma_m\tan\varphi$$

或
$$\tau_m=(\sigma_m+C_j\tan\varphi)\sin\varphi\csc(2\beta-\varphi)$$

再把 σ_m 和 τ_m 代入上式，得

$$\sigma_1[\cos(2\beta-\varphi)-\sin\varphi]-\sigma_3[\cos(2\beta-\varphi)+\sin\varphi]=2C_j\cos\varphi$$

所以
$$\sigma_1-\sigma_3=\frac{2C_j+2\sigma_3\tan\varphi}{(1-\tan\varphi\cot\beta)\sin2\beta} \tag{2-32}$$

或
$$\sigma_1=\frac{2C_j\cot\varphi}{(1-k)\cos(2\beta-\varphi)\sec\varphi-(1+k)} \tag{2-33}$$

式中
$$k=\frac{\sigma_3}{\sigma_1}$$

式（2-32）或式（2-33）都是滑动条件式（2-29）的不同表达形式。由式（2-32）可知，若不连续面的力学参数 C_j 和 φ 不变，那么 $\sigma_1-\sigma_3$ 和 β 的关系为

当 $\beta\to\frac{\pi}{2}$，$\sigma_1-\sigma_3\to\infty$

当 $\beta\to\varphi$，$\sigma_1-\sigma_3\to\infty$

这说明在上述两种情况下，不会发生沿不连续面的滑移，因此，只有当 $\varphi<\beta<\frac{\pi}{2}$ 时，才可能出现沿不连续面剪坏的情形。

由
$$\frac{\partial(\sigma_1-\sigma_3)}{\partial\beta}=0$$

得
$$\beta=\frac{\pi}{4}+\frac{\varphi}{2}$$

此时岩体的强度最小，其值为

$$\sigma_1-\sigma_3=2(C_j+\sigma_3\tan\varphi)[\tan\varphi+(1+\tan^2\varphi)^{\frac{1}{2}}] \tag{2-34}$$

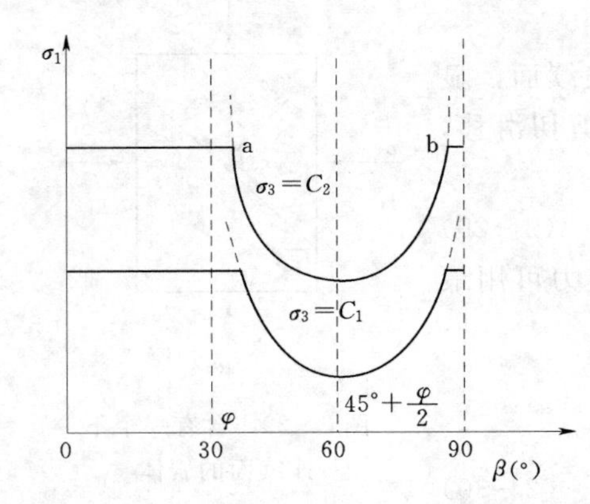

图 2-30　含有一个不连续面岩体的强度与结构面方向之间的关系

图 2-30 表示最大主应力与 β 的关系曲线，图中水平线代表岩石破坏的迹线，它与沿不连续面破坏的曲线相交于 a、b 两点。由图中可见，在 a、b 两点只见岩体沿节理破坏，在此两点之外，岩体破坏只能通过岩石破坏。此时的库仑型破坏准则不再是式（2-32）或式（2-33）。不连续面对岩体强度的影响只是在区间 $\varphi<\beta<\frac{\pi}{2}$ 内，即，

由于不连续面的存在，岩体的强度表现出明显的各向异性特征，这清楚地表明了节理、层理、断层等不连续面对岩体强度的影响。因此，上述方法也被称作 Jaeger 的单弱面理论。

从理论上看，单弱面理论模型也适用于具有平行节理的岩体。然而，试验结果表明，上式不适于描述天然的各向异性岩石，如板岩等呈层状的岩体。这是因为实际试验结果与上述理论解差别较大（见图 2-31）。同时，也应该注意，单弱面理论是一种理想化的力学模型，用于评价实际节理岩体抗压强度各向异性时会产生一定误差。图 2-32 为试验得出的千枚岩抗压强度随层理方向的变化规律，显然与图 2-30 所示的理论曲线差别较大。

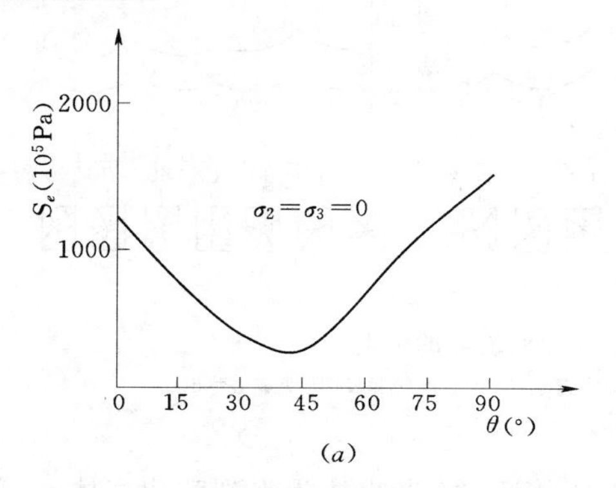

(*a*)

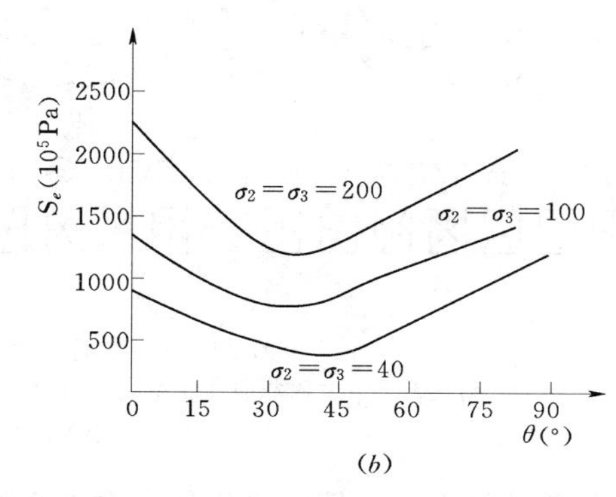

(*b*)

图 2-31 试验得出的层状岩体抗压强度各向异性
(*a*) 结晶片岩；(*b*) 石墨片岩

当岩体中含有几组相交不连续面时，其力学效应可从单个不连续面力学效应引申求解。岩体的强度可根据叠加原理加以确定，即任一方向上岩体的强度由所有不连续面和岩石中强度最小的一方的值所决定。比如，若岩体中存在两组不连续面，仿照单一不连续面的影响，可以推导出含有两组、三组甚至四组不连续面岩体的强度与不连续面方向之间的关系（图 2-33）。可以看出，随着岩体内不连续面组数的增加，岩体的总强度特性越来越趋于各向同性，但强度却大大削弱了。一般认为，把含有四组以上不连续面的岩体按各向同性岩体来处理是合理的。

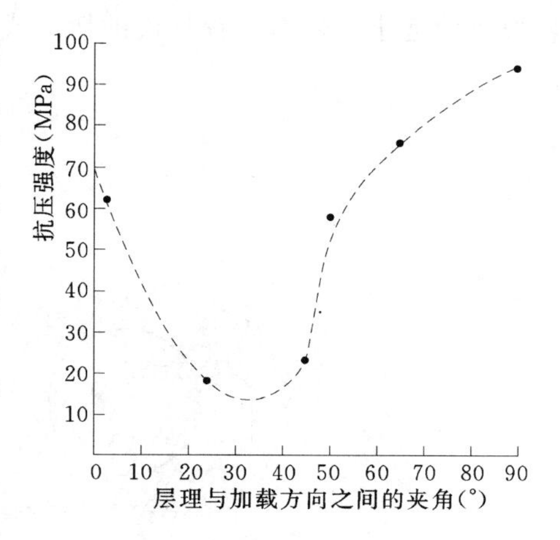

图 2-32 千枚岩抗压强度试验结果

二、裂隙岩体的 Hoek-Brown 强度准则

如前所述，进行岩体结构分类时，必须考虑岩石工程规模与结构体大小之间的相对关系，如图 2-34 所示，所考虑的岩体范围愈小，岩体中所含有的结构面就愈少，因而岩体结构类型也会不同。比如，对于图 2-34 中五种情况，当岩体中不含有任何结构面时，可以作为完整岩石处理，其强度准则可以采用岩石的强度准则；当岩体中含有一组结构面时，对岩块和结构面应分别采用各自的强度准则；当含有两组结构面时，应该采用什么样

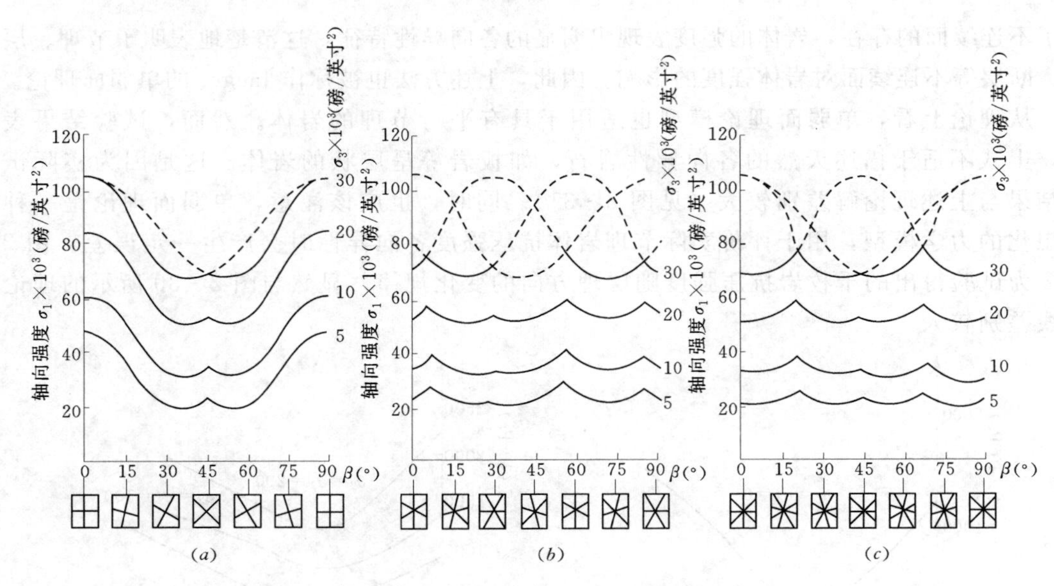

图 2-33 含有多组不连续面岩体的强度

(*a*) 含二个不连续面，互交成 $\alpha=90°$；(*b*) 含有三个不连续面，互交成 $\alpha=60°$；(*c*) 含四个不连续面，互交成 $\alpha=45°$

的强度准则必须十分谨慎；当岩体中含有多组结构面，或者岩体为强裂隙化岩体，可以近似地把岩体看作均质材料，采用下面介绍的 Hoek - Brown 强度准则，即该准则只适用于岩块尺寸远小于岩石工程规模的情况或只适用于裂隙化岩体。

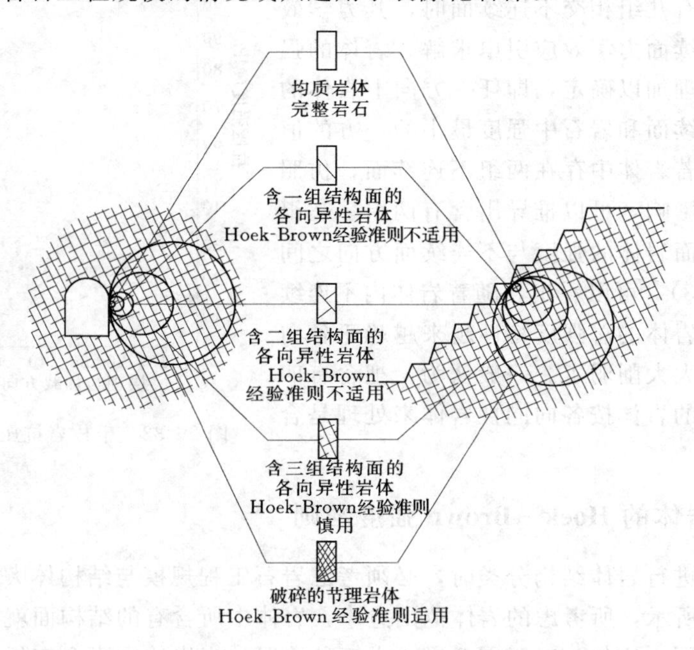

图 2-34 Hoek - Brown 强度准则的适用范围

如前章所述，Hoek 和 Brown 根据大量现场岩体强度试验资料的分析结果，在岩石强

度准则的基础上，经过多次的修改和逐步完善，形成了一个可用于裂隙化岩体的经验性强度准则。这个准则保持了 Hoek－Brown 岩石强度准则的特点和形式，并完善了强度参数的确定方法，该准则已经越来越受到工程界的重视。

裂隙岩体的 Hoek－Brown 准则表述如下

$$\sigma'_1=\sigma'_3+\sigma_{ci}\left(m_b\times\frac{\sigma'_3}{\sigma_c}+s\right)^a \tag{2-35}$$

式中 σ'_1，σ'_3——岩体破坏时的最大有效主应力和最小有效主应力；

σ_{ci}——岩块的单轴抗压强度；

m_b，s，a——岩体力学参数。

参数 s、a 最好通过原位试验确定，当无法进行原位试验时，Hoek 提出了以下几个经验公式用于估算强度准则中的四个力学参数。

$$\frac{m_b}{m_i}=\exp\left(\frac{GSI-100}{28-14D}\right) \tag{2-36}$$

$$S=\exp\left(\frac{GSI-100}{9-3D}\right) \tag{2-37}$$

$$a=\frac{1}{2}+\frac{1}{6}\left(e^{-\frac{GSI}{15}}-e^{-\frac{20}{3}}\right) \tag{2-38}$$

式中 D——岩体受扰动程度的系数；

m_i——完整岩石的力学参数，可通过岩石的单轴抗压和三轴抗压试验确定，若不具备试验条件时，也可由表 2－4 查找参考值。

表 2－4　不同类型岩石的 m_i 值（括弧中的数字为参考值）

岩石类型	级别	组别	岩石结构			
			粗粒	中粒	细粒	极细粒
沉积岩	碎屑岩类		砾岩[①] (21±3) 角砾岩 (19±5)	砂岩 17±4	粉砂岩 7±2 杂砂岩 (18±3)	泥岩 4±2 页岩 (6±2) 泥灰岩 (7±2)
	非碎屑岩类	碳酸盐类	粗晶灰岩 (12±3)	亮晶石灰岩 (10±2)	微晶灰岩 (9±2)	白云岩 (9±3)
		蒸发岩类		石膏 8±2	硬石膏 12±2	
		有机质类				白垩 7±2
变质岩	无片状构造		大理岩 9±3	角页岩 (19±4) 变质砂岩 (19±3)	石英岩 20±3	
	微片状构造		混合岩 (29±3)	角闪岩 26±6		
	薄片状构造[②]		片麻岩 28±5	片岩 12±3	千枚岩 (7±3)	板岩 7±4

续表

岩石类型	级别	组别	岩石结构			
			粗粒	中粒	细粒	极细粒
火成岩	深成岩	浅色	花岗岩 32±3	闪长岩 22±5		
				花冈闪长岩 (29±3)		
		深色	辉长岩 27±3 苏长岩 20±5	粗玄岩 (16±5)		
	浅成岩		斑岩 (20±5)		辉绿岩 (15±5)	橄榄岩 (25±5)
	喷出岩	熔岩		流纹岩 (25±5) 安山岩 25±5	石英安山岩 (25±3) 玄武岩 (25±5)	黑曜岩 (19±3)
		火山碎屑岩	集块岩 (19±3)	角砾岩 (19±5)	凝灰岩 (13±5)	

① 砾岩和角砾岩的 m_i 值可能变化幅度较大，它取决于胶结物的类型和胶结程度，因此，分布范围可能会类似于砂岩与细粒岩石之间。

② 此表中数值为垂直于层面岩石的 m_i 值，平行于弱面的 m_i 值可能会有明显差别。

节理岩体扰动参数 D 主要是考虑爆破破坏和应力松弛对节理岩体的扰动程度。它从非扰动岩体的 $D=0$ 变化到扰动性很强的岩体的 $D=1$。在边坡工程中 D 的建议值可参见表 2-5，之后 Hoek 又给出了表 2-6 所示的建议值。这里需要注意的是，D 表示的是开挖爆破对周边围岩的损伤作用，岩石工程开挖爆破对围岩的损伤范围是有限的，因此，对于损伤范围内的围岩可以考虑爆破扰动效应，对于爆破影响范围之外的其他围岩则不需要考虑。

表 2-5　　岩体扰动参数 D 的建议值（Hoek 等，2002）

节理岩体的描述	D 的建议值
小规模爆破导致岩体引起中等程度破坏	$D=0.7$（爆破良好）
应力释放引起某种岩体扰动	$D=1.0$（爆破效果差）
由于大型生产爆破或者移去上覆岩体而导致大型矿山边坡扰动严重	$D=1.0$（生产爆破）
软岩地区用撬挖或机械开挖方式开挖，因此边坡的破坏程度很低	$D=0.7$（机械开挖）

可以看出岩体的 Hoek-Brown 强度准则是一个非线性强度准则。由式（2-35）可以发现当 $\sigma_3'=0$ 时，可得岩体的单轴抗压强度。

$$\sigma_{cm}=\sigma_{ci}s^a \tag{2-39}$$

式中　σ_{cm}——岩体的单轴抗压强度；

s^a——岩体的强度折减系数，$s^a\leqslant 1$。

上式表示由于岩体中结构面的存在，使岩体的强度小于岩石的强度，它等于岩石的单轴抗压强度乘以折减系数 s^a。

当 $\sigma'_1=0$，$a=0.5$ 时，可得岩体的单轴抗拉强度

$$\sigma_{tm}=\frac{\sigma_{ci}}{2}\left(m_b-\sqrt{m_b^2+4s}\right) \tag{2-40}$$

式中　σ_{tm}——岩体的单轴抗拉强度。

对比式（2－39）和式（2－40）可以发现，岩体的单轴抗压强度远远大于它的单轴抗拉强度。在式（2－35）中，令 $\sigma'_1=\sigma'_3=\sigma_{tm}$，可得以下公式

$$\sigma_{tm}=-\frac{s\sigma_{ci}}{m_b} \tag{2-41}$$

上述条件表示的是双向拉伸，Hoek（1983）指出，对于脆性材料，单轴抗拉强度与双向抗拉强度相等。

GSI（Geological Strength Index）称为地质强度指标，它是 Hoek（1994）和 Hoek，Kaiser，Bawden（1995）提出的反映各种地质条件对岩体强度削弱程度的一个参数，取值范围为从 0（极差岩体）～100（完整岩体），Hoek 建议根据岩体结构特征和节理表面状况通过查表确定 GSI 的大小。经过多次改进后提出采用图 2－35 推测块状岩体的 GSI 值，对于非均质岩体，采用图 2－36 所示表格确定。

表 2－6　　Hoek 建议的扰动系数估算向导

岩 体 外 观	岩 体 描 述	D 的建议值
	对隧道围岩扰动最小的高质量控制爆破或用 TBM 开挖	$D=0$
	在质量较差围岩中采用机械或手工方式开挖，对隧道围岩扰动最小。 如图所示，若不采用临时仰拱，挤压性问题会导致严重的底鼓	$D=0$ $D=0.5$
	在质量极差的硬岩隧道中，爆破引起的局部损伤范围会扩展至隧道围岩内 2～3m 深处	$D=0.8$
	土木工程边坡的小规模爆破使岩体产生中等程度损伤，尤其是如图所示的控制爆破，但应力释放会引起一定的扰动	好的爆破：$D=0.7$ 差的爆破：$D=1.0$
	由于生产规模大、剥离覆盖层引起应力释放，大型露天矿边坡遭受严重扰动	开采爆破：$D=1.0$ 机械开挖：$D=0.7$

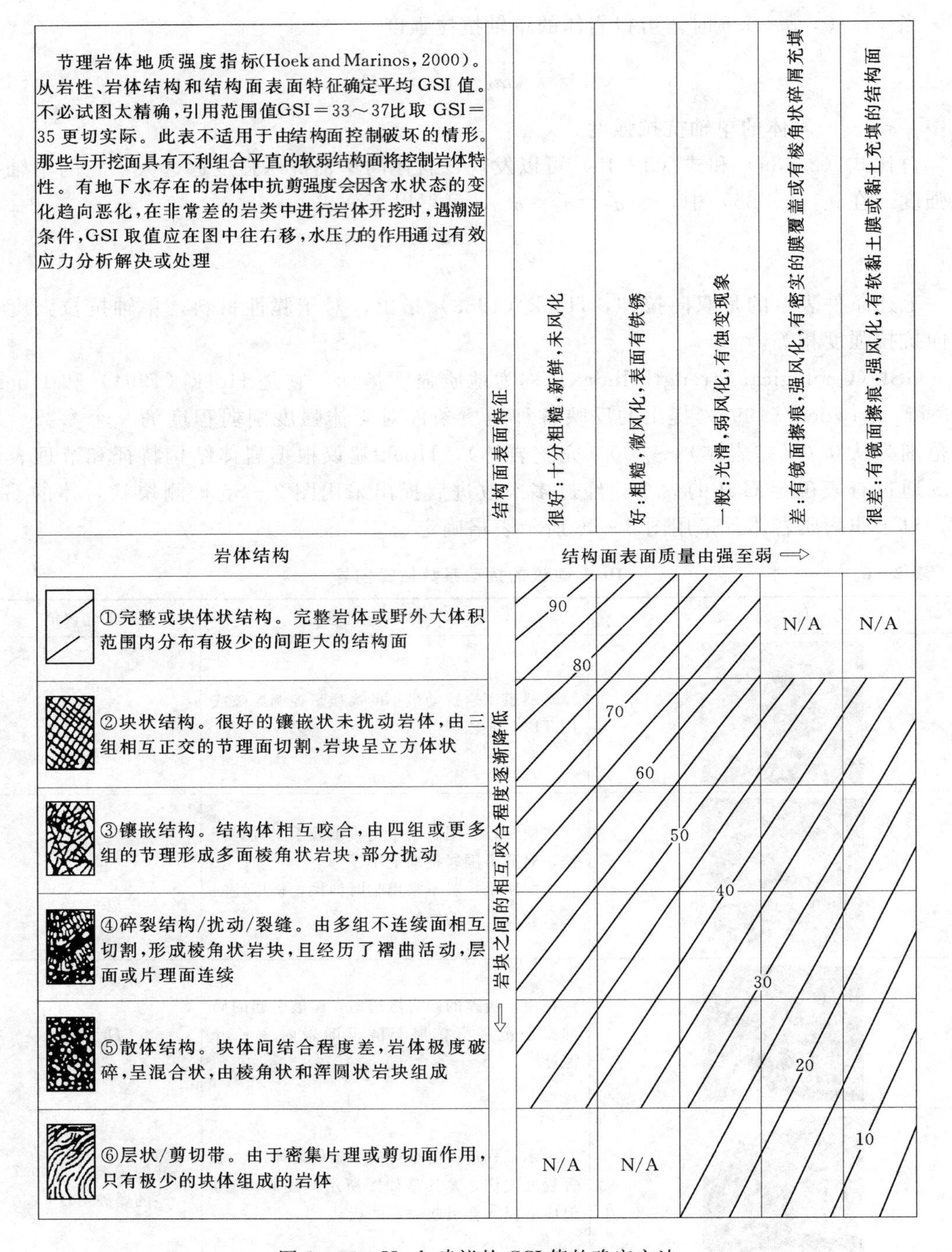

图2-35　Hoek建议的GSI值的确定方法

非均质岩体（如复理层）中的洞室与边坡设计是对地质师和工程师的严峻挑战。由于沉积过程与构造历史导致岩体结构的复杂性，意味着不能根据已广泛使用的岩体分类方法来轻易地对该类岩体进行分类。

复理层包含与造山运动相关的碎屑沉积物的交替。褶皱运动“到来”之前，沉积盆地中沉积循环停止，会有先前邻近山坡剥蚀形成的碎屑物。复理层以砂岩与粉、细砂岩的有规律交替为特征，细粒层包含粉砂岩、粉砂质泥岩和泥岩。砂岩的厚度从几厘米到几米。粉砂岩与页岩形成相同量级的岩层，但层面出现频率较高，主要取决于沉积物的易裂性。

复理层具有不同形式的交替，如以砂岩为主、典型的砂岩与粉砂岩的交替或以粉砂岩为主等，总厚度因剥蚀和逆冲会显著减小。实际上，形成过程常受逆断层与逆冲断层的影响，与正断层作用一起，导致复理层岩体的工程质量降低，而且在工程设计中可以发现会有相同工程规模的层间剪切带存在。

由于构造作用引起强弱岩体的频繁交替，因此确定非均质岩体的 GSI 值显得极为困难。然而，正是由于有大量在该类岩体中工程建设的实例与经验，从而为确定这类岩体的 GSI 值提供了依据。图 2－36 可用于估计非均质岩体的参数，该图由 Marinos 与 Hoek 提出。对应于图 2－36 中的 GSI 值，如何选择非均质岩体的 σ_c 和 m_i 十分重要。由于砂岩层常被粉砂岩或页岩等软弱岩石所分离，砂岩间岩块与岩块间的接触与连接十分有限，应用砂岩来确定岩体的强度显然是不合适的。另外，由于砂岩骨架在岩体中所起的作用，应用粉砂岩或页岩来确定岩体的强度又偏于保守。所以，建议采用坚硬与软弱岩层的加权值来确定岩体强度。

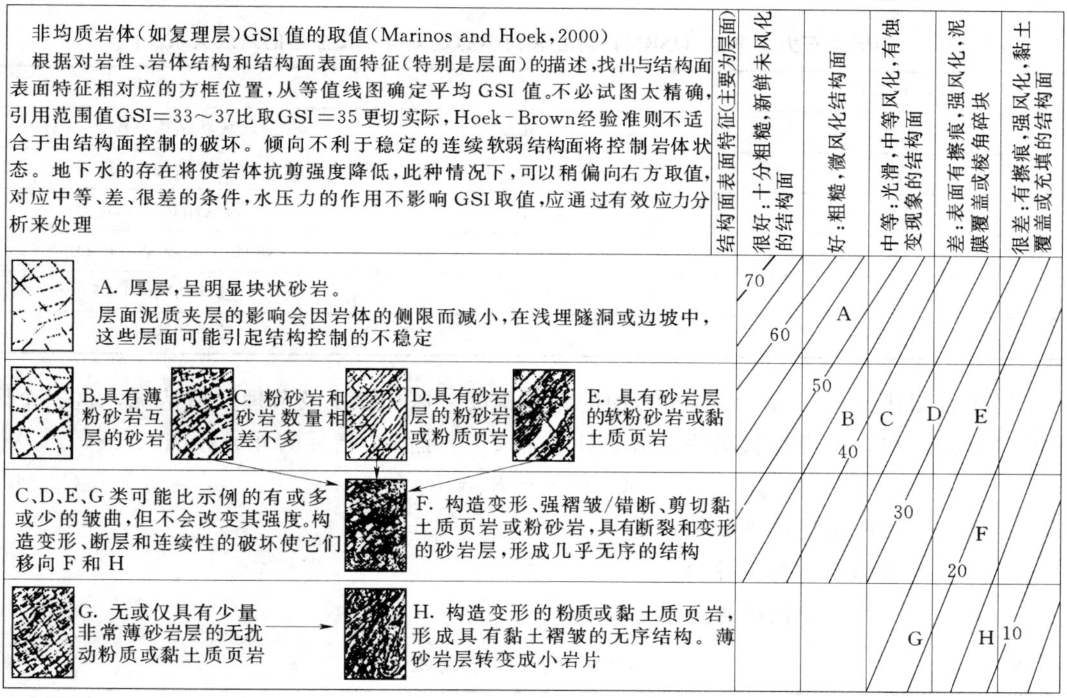

非均质岩体(如复理层)GSI 值的取值(Marinos and Hoek,2000)
根据对岩性、岩体结构和结构面表面特征(特别是层面)的描述,找出与结构面表面特征相对应的方框位置,从等值线图确定平均 GSI 值。不必试图太精确,引用范围值GSI＝33～37比取GSI＝35更切实际,Hoek－Brown经验准则不适合于由结构面控制的破坏。倾向不利于稳定的连续软弱结构面将控制岩体状态。地下水的存在将使岩体抗剪强度降低,此种情况下,可以稍偏向右方取值,对应中等、差、很差的条件,水压力的作用不影响 GSI 取值,应通过有效应力分析来处理
结构面表面特征(主要为层面)
很好:十分粗糙,新鲜未风化的结构面
好:粗糙,微风化结构面
中等:光滑,中等风化,有蚀变现象的结构面
差:表面有擦痕,强风化,泥膜覆盖或棱角碎块
很差:有擦痕,强风化,黏土覆盖或充填的结构面
A. 厚层,呈明显块状砂岩。
层面泥质夹层的影响会因岩体的侧限而减小,在浅埋隧洞或边坡中,这些层面可能引起结构控制的不稳定
B.具有薄粉砂岩互层的砂岩
C. 粉砂岩和砂岩数量相差不多
D.具有砂岩层的粉砂岩或粉质页岩
E. 具有砂岩层的软粉砂岩或黏土质页岩
C、D、E、G 类可能比示例的有或多或少的皱曲,但不会改变其强度。构造变形、断层和连续性的破坏使它们移向 F 和 H
F. 构造变形、强褶皱/错断、剪切黏土质页岩或粉砂岩,具有断裂和变形的砂岩层,形成几乎无序的结构
G. 无或仅具有少量非常薄砂岩层的无扰动粉质或黏土质页岩
H. 构造变形的粉质或黏土质页岩,形成具有黏土褶皱的无序结构。薄砂岩层转变成小岩片
70　60　50　40　30　20　10
A　B　C　D　E　F　G　H

图 2－36　非均质岩体（如复理层）GSI 值的取值

为了精确确定 GSI 值，Sonmez（1999）又提出了一种新的定量计算方法，即把岩体结构和表面状况进行量化。为此，先假设岩体结构评分值 SR（Structure Rating）是单位体积岩体中所含有的结构面个数 J_v 的函数。单位体积岩体中结构面个数由下式计算

$$J_v=\frac{N_x}{L_x}\times\frac{N_y}{L_y}\times\frac{N_z}{L_z} \tag{2-42}$$

式中　J_v——单位体积岩体中所含有的结构面个数，个/m³；

L_x，L_y，L_z——互相正交的三条测线的长度；

N_x，N_y，N_z——互相正交的三条测线上节理的条数。

若假设岩体为各向同性材料，那么式（2-42）可简化成下式

$$J_v=\left(\frac{N}{L}\right)^3 \tag{2-43}$$

式中　N——长度为 L 的测线上遇到的节理条数；

L——测线长度。

计算出 J_v 后，从图 2-37 中可以直接查出岩体结构评分值 SR。表 2-7 是岩体结构分类标准，表 2-8 是国际岩石力学学会对岩块大小的定义和 GSI 关于岩体结构描述的对应关系。

表 2-7　岩体结构（SR）分类标准

块状结构	镶嵌结构	块状结构/扰动	散体结构
100～75	75～50	50～25	25～0

表 2-8　国际岩石力学学会（ISRM）对岩块大小的定义与 GSI 描述的对应关系

ISRM 描述	J_v（条/m³）	GSI 描述
很大	＜1	块状结构（B）
大	1～3	块状结构（B）
中等	3～10	镶嵌结构（VB）
小	10～30	块状结构/扰动（B/D）
很小	30～60	散体结构（D）
碎块	＞60	散体结构（D）

岩体表面状况（SCR）取决于岩面的粗糙程度、风化程度及节理充填情况，这三个因素的评分值之和等于表面状况评分值 SCR。表 2-9 是各个指标的评分标准。

$$\mathrm{SCR}=R_r+R_w+R_f \tag{2-44}$$

式中　R_r——表面粗糙度评分值；

R_w——表面风化程度评分值；

R_f——节理充填情况评分值。

表 2-9　岩体表面状况分类标准

R_r	非常粗糙 6	粗糙 5	不太光滑 3	光滑 1	镜面 0
R_w	无 6	弱风化 5	中等风化 3	强风化 1	0
R_f	无 6	硬＜5mm 4	硬＞5mm 2	软＜5mm 2	软＞5mm 0

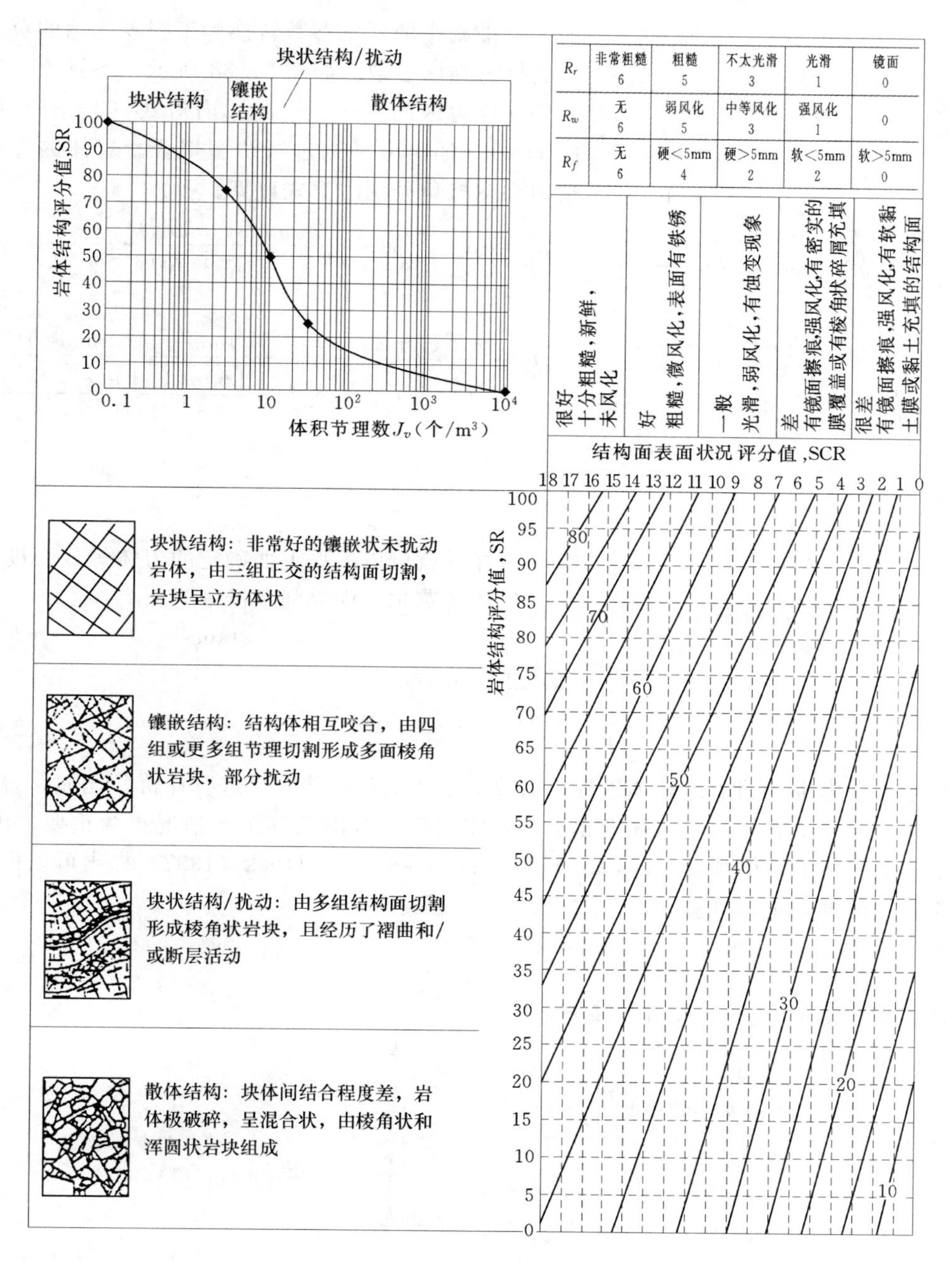

图 2-37　Sonmez 提出的 GSI 定量确定方法

根据岩体结构评分值和表面状况评分值，从图 2-38 中即可查出相应的 GSI 值。

工程上经常使用岩体的莫尔—库仑强度准则，所以经常用岩体的 C、φ 值表示岩体的强度大小，大部分岩土工程计算软件中也都采用莫尔—库仑准则。Hoek-Brown 准则是近几十年发展起来的一个较新的强度准则，在工程中的应用还不是十分广泛。因此，为了把 Hoek-Brown 准则与莫尔—库仑准则进行比较，Hoek 提出了下述方法把 Hoek-

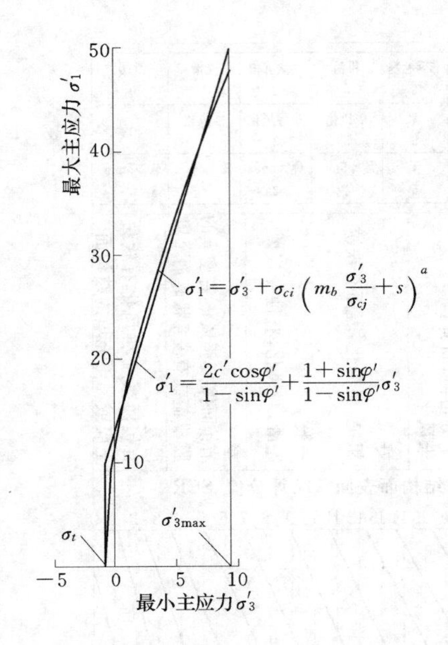

图 2-38　Hoek-Brown 准则与等效莫尔—库仑准则的关系

Brown 准则中的强度参数转换为工程界熟悉的莫尔—库仑抗剪强度参数。如图 2-38 所示，换算方法实质上是在应力区间 $\sigma_t<\sigma'_3<\sigma'_{3\max}$ 内对式（2-35）所示的 Hoek-Brown 准则进行线型拟合。岩体的等效黏聚力和摩擦角分别用下式计算。

$$\varphi'=\sin^{-1}\left[\frac{6am_b(s+m_b\sigma'_{3n})^{a-1}}{2(1+a)(2+a)+6am_b(s+m_b\sigma'_{3n})^{a-1}}\right]\tag{2-45}$$

$$C'=\frac{\sigma_{ci}[(1+2a)s+(1-a)m_b\sigma'_{3n}](s+m_b\sigma'_{3n})^{a-1}}{(1+a)(2+a)\sqrt{1+\frac{[6am_b(s+m_b\sigma'_{3n})^{a-1}]}{(1+a)(2+a)}}}\tag{2-46}$$

其中

$$\sigma'_{3n}=\frac{\sigma'_{3\max}}{\sigma_{ci}}$$

这样，就可以根据上面确定的岩体等效强度参数写出岩体的莫尔—库仑强度准则为

$$\tau=C'+\sigma\tan\varphi'\tag{2-47}$$

或用主应力表示为

$$\sigma'_1=\frac{2C'\cos\varphi'}{1-\sin\varphi'}+\frac{1+\sin\varphi'}{1-\sin\varphi'}\sigma'_3\tag{2-48}$$

如果不考虑围岩的渐进破坏过程，需要对岩体的整体稳定性进行评价，比如，岩柱的稳定性评价时知道岩体的整体强度比了解岩体的破坏范围及其扩展情况更为重要，因此，有必要确定岩体的整体强度（global rock mass strength）。Hoek（1997）提出可以根据莫尔—库仑强度准则进行推算，即由式（2-48）可得

$$\sigma'_{cm}=\frac{2C'\cos\varphi'}{1-\sin\varphi'}\tag{2-49}$$

计算 C'、φ'时，σ'_3 的取值范围为 $\sigma_t<\sigma'_3<\sigma_{ci}/4$，则可以得出

$$\sigma'_{cm}=\sigma_{ci}\frac{[m_b+4s-a(m_b-8s)](\frac{m_b}{4}+s)^{a-1}}{2(1+a)(2+a)}\tag{2-50}$$

采用式（2-45）、式（2-46）计算 C'、φ'时应注意 $\sigma'_{3\max}$ 取值范围的确定必须考虑工程实际情况，针对边坡和隧道工程 Hoek 给出以下建议。

对于隧道工程，通过大量浅埋隧道和深埋隧道的计算分析，得出图 2-39 所示的计算结果，回归分析后总结出以下公式确定 $\sigma'_{3\max}$ 的取值

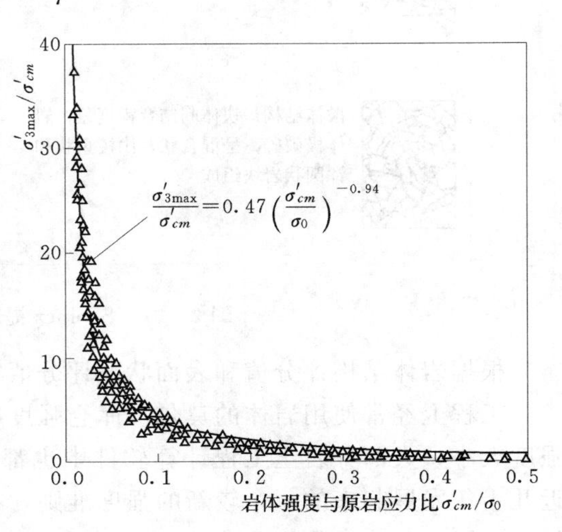

图 2-39　用于隧道工程的 $\sigma'_{3\max}$ 计算公式

$$\frac{\sigma'_{3\max}}{\sigma'_{cm}}=0.47\left(\frac{\sigma'_{cm}}{\gamma H}\right)^{-0.94} \tag{2-51}$$

式中 σ'_{cm}——根据式（2－50）确定的岩体单轴抗压强度；

γ——岩体的容重；

H——隧道埋深。

当水平应力大于垂直方向应力时，用水平应力值代替上式中的 γH。上式适用于所有深埋和浅埋地下工程，但假设隧道破坏区不会扩展至地表。

对于边坡工程，采用毕肖普分析方法分析了各种岩体边坡，得出以下公式

$$\frac{\sigma'_{3\max}}{\sigma'_{cm}}=0.72\left(\frac{\sigma'_{cm}}{\gamma H}\right)^{-0.91} \tag{2-52}$$

式中 H——边坡高度。

Hoek-Brown 准则的适用条件如下。

根据结构面的条数和组数，将岩体分为以下几种情况：

（1）对无结构面的完整岩体，可认为它们在宏观上为均质、各向同性的材料，直接应用 Hoek-Brown 经验准则来确定岩体强度。

（2）对含一、二、三组结构面的岩体，其力学性质表现为各向异性。结构面的强度整体满足库仑公式，而结构面之间岩块的破坏则遵循 Hoek-Brown 经验准则。因此，需在考虑结构面控制效应的前提下来预测岩体强度，而不能直接应用 Hoek-Brown 经验准则。

（3）若岩体被四组或四组以上等规模、等间距、强度基本相同的结构面切割，可将此类节理岩体看作均质、各向同性的破碎材料，此时，可直接应用 Hoek-Brown 经验准则来预测岩体强度，不需任何限制条件。但当岩体中包含一条规模更大、更长的结构面，或结构面中有较多断层泥充填时，则不能直接应用该准则。只能在计算其他几组结构面切割形成的岩体强度后，再用预测含一组结构面岩体强度的方法来进行估算。

（4）另外，据 Serrano 的研究，对泥岩、板岩、页岩等软弱岩体，由于岩块强度与结构面强度接近，即使其中只含一、二或三组结构面，也可将其视为各向同性的均质材料，而直接应用 Hoek-Brown 经验准则来预测岩体强度，且无其他条件限制。常以 $\sigma_c=30\text{MPa}$ 作为划分软硬岩体的界限，但迄今对之争议甚多。事实上，由于目前对软硬程度的划分并无明确的标准，软弱岩体只是一个相对的概念。因此，根据 Hoek-Brown 经验准则的适用范围，可将岩体划分为以下两类。

（1）各向同性均质岩体：包括不含结构面的完整岩体，含四组或四组以上等规模、等间距、强度基本相同的结构面的节理岩体或破碎岩体以及强度较低的软弱岩体，对这类岩体可直接用 Hoek-Brown 经验准则。

（2）各向异性岩体：包括含一、二、三组结构面的岩体，或虽含四组或四组以上结构面、但其中有一组结构面规模较大的岩体，不能直接应用 Hoek-Brown 经验准则。

三、岩体强度预测的经验方法

岩体强度是岩石工程设计的重要参数，而岩体的原位试验又十分费时、费用高昂，难以大量实施，因此，如何利用地质资料及小型试块室内试验资料，对岩体强度做出合理估

算是岩石力学中重要研究课题。在长期的工程实践中，人们通过对大量试验资料的统计分析，总结出了许多估算岩体强度的经验公式。这些经验公式的共同特点是：参数少且容易获取，因此，很容易在工程中应用；每一个经验公式都是在特定的条件下统计出来的，因此原则上只适用于与此条件相近的工程，不能盲目使用。

1. *基于岩体弹性波传播速度的经验公式*

（1）1970 年，Ikeda 提出岩体的单轴抗压强度与岩体纵波波速及岩石的纵波波速的关系

$$\frac{\sigma_{cm}}{\sigma_{ci}}=\left(\frac{V_p^m}{V_p^i}\right)^2 \tag{2-53}$$

式中 σ_{cm}——岩体的单轴抗压强度；

σ_{ci}——岩石的单轴抗压强度；

V_p^m——岩体的纵波波速；

V_p^i——岩石的纵波波速。

上式适合于多数岩体，被广泛应用于日本的隧道工程。但是，当岩体的弹性波速大于完整岩块岩石的弹性波速时，上式出现严重的不一致。

（2）1993 年，Aydan 提出了用岩体的弹性波速 V_p^m 估计软弱岩体单轴抗压强度 σ_{cm} 的计算公式

$$\sigma_{cm}=(5V_p^m-7)^{1.43} \tag{2-54}$$

式中，单轴抗压强度的单位是 MPa，弹性波速的单位为 km/s。当弹性波速小于 1.4km/s 时，上式表明岩体的强度为零。

（3）1996 年，Ito 提出了在泥岩和淤泥岩中开挖隧道时采用以下公式计算岩体的单轴抗压强度

$$\sigma_{cm}=\left(\frac{V_p^m}{1.6}\right)^{6.9} \tag{2-55}$$

式中，单轴抗压强度的单位是 MPa，弹性波速的单位为 km/s。当弹性波速小于 1.4km/s 时，应采用以下公式计算岩体单轴抗压强度

$$\sigma_{cm}=\left(\frac{V_p^m}{1.562}\right)^{6} \tag{2-56}$$

（4）1995 年，Barton 等提出了以下岩体单轴抗压强度的计算公式

$$\sigma_{cm}=10^{\frac{V_p^m+0.28}{3}} \tag{2-57}$$

式中，单轴抗压强度的单位是 MPa，弹性波速的单位为 km/s。

2. *基于围岩分级指标的岩体强度预测方法*

Barton 提出以 Q 指标为基础的隧道围岩分级系统后，经过多年的工程应用和改进，使该系统逐步得到了完善。为了解决工程设计中岩体力学参数的确定问题，Barton 和其他学者又进一步提出了一些利用 Q 指标推测岩体力学参数的经验公式，这些公式为一般岩石工程设计提供了较为便利的岩体力学参数预测手段。在岩体强度预测方面，主要有以下 4 个公式。

（1）Barton 公式。针对全断面隧道掘进机 TBM 施工中围岩强度评价问题，2002 年 Barton 提出了以下经验公式估算围岩抗压强度和变形模量。

$$Q_c = Q\frac{\sigma_{ci}}{100} \tag{2-58}$$

$$\sigma_{cm} = 500\gamma Q_c^{\frac{1}{3}} \tag{2-59}$$

式中 Q——Barton 提出的隧道质量指标，详见第五章；

σ_{ci}——完整岩石的单轴抗压强度，MPa；

γ——岩体的容重，kN/m³；

σ_{cm}——岩体的抗压强度，MPa。

（2）Ramamurthy 公式。2004 年 Ramamurthy 在对其他经验公式分析、对比基础上，提出以下经验公式

$$\sigma_{cm} = \sigma_{ci}\exp[0.6\lg Q - 2] \tag{2-60}$$

式中符号意义同前。

（3）Yudhbir 公式。Yudhbir 在 1983 年提出了以下估算围岩强度的经验公式。

$$\sigma_{cm} = \sigma_{ci}\exp\left[7.65\left(\frac{\text{RMR}-100}{100}\right)\right] \tag{2-61}$$

式中 RMR——Bieniawski 在 1976 年提出的岩体工程分类指标，由岩石强度、RQD、节理间距、节理状态及地下水五个指标之和根据节理产状修正后来确定，详见第五章。

（4）Karamaras 公式。1995 年 Karamaras 和 Bieniawski 提出以下公式估算岩体单轴抗压强度。

$$\sigma_{cm} = \sigma_{ci}\exp[(\text{RMR}-100)/24] \tag{2-62}$$

以 Q 指标和 RMR 为基础的围岩分类系统经过几十年的改进和完善，已经成为国际上最主要的两个围岩分类系统，在世界范围内获得了广泛应用。两个分类指标之间存在以下两种主要的统计关系。

$$\text{RMR} = 9\ln Q + 44 \tag{2-63}$$

$$\text{RMR} = 15\lg Q + 50 \tag{2-64}$$

图 2-40 为上述两个统计关系的对比，由此可见，当 $Q<0.008$ 时，式（2-63）计算得出的 RMR 为负值；当 $Q>600$ 时，式（2-63）计算得出的 RMR 值大于 100，无法全面覆盖 Q 指标的取值范围。与此相比，式（2-64）可以很好地反映 Q 指标的全部取值范围。因此，在实际应用中，采用式（2-64）进行 Q 指标和 RMR 指标的换算更为合理。

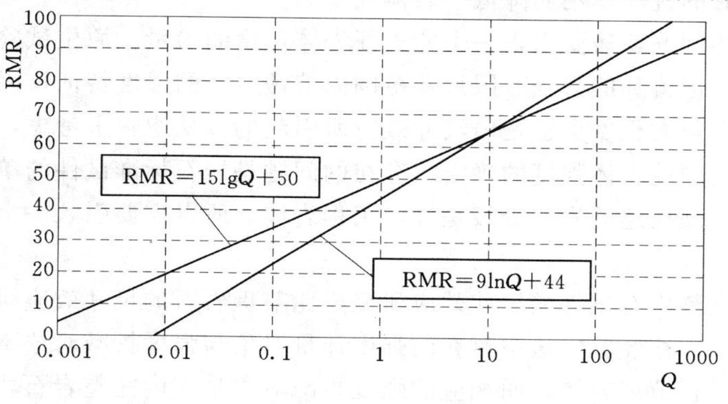

图 2-40 RMR 与 Q 指标的统计关系对比

Barton 公式、Ramamurthy、Kalamaras 公式以及 Yudhbir 公式均属于强度折减法的不同形式，都是根据围岩工程质量指标对完整岩石强度进行折减后获得工程岩体的强度。因此，采用上述公式推测围岩强度需要已知围岩的分级指标 Q 或 RMR 和完整岩石单轴抗压强度。

岩石抗压强度可以通过室内岩石力学试验获得。然而室内试验需要经过采样、试件加工、力学试验等繁杂程序，时间长，而且由于样品的数量和代表性有限，很难对各个区段围岩进行全面测试，难于满足隧道工程要求。采用点荷载试验或回弹试验等快速实用方法确定岩石抗压强度可以弥补室内力学试验的不足。

3. 岩体强度预测的二次折减法

强度系数折减法的基本思想是认为根据试验成果统计分析得到的强度指标不能直接用于岩体工程设计及相关的数值计算，须对其加以折减。强度系数折减法考虑影响岩体强度的各种因素，以不同的折减系数对岩石强度试验值（S_0）加以折减。通常考虑的因素有地质条件（C_g）、尺寸效应（C_d）及外部环境作用（C_e）等，总的岩体强度折减可视为诸影响因素的函数

$$S=S_0\cdot f(C_g,C_d,C_e) \tag{2-65}$$

几大岩体分级系统中，除岩石强度外，只着重考虑了地质条件（节理状况）与外部环境作用（赋存条件）两大类因素，都是从工程尺度上评价岩体结构特征（节理及环境等），再加上实验室岩体结构体（岩石）的强度指标后综合集成的结果，故没有尺寸效应作用或影响的概念。

研究表明，造成节理岩体强度经验估计值高度离散的主要原因包括：

（1）由于工程节理岩体的复杂性，使得基于声波、试件尺寸及模量的间接强度确定方法的适用性受到了质疑，这类方法均应在各自的限定条件内使用，一旦超出限定范围，估计值会产生较大偏差。

（2）基于岩体分级指标的强度预测方法是以完整岩石小试件的强度为基础，通过在现场对岩体中节理组构的主观判断评价后确定分级指标，并以此对岩石强度进行折减，并没有包括可以反映不同大小岩体试件强度差异特性的指标。

（3）原位试验一般是在工程现场对半米见方的原位岩体简单加工后进行的强度测试，这种尺度的原位岩体试验结果必然从某种程度上高估了更大尺寸工程岩体的实际强度，或者是受样品加工时的扰动作用而降低了岩体强度。

为了解决上述问题，需要引入一个能表征岩体尺度的参量。原位试验虽能较好地反映岩体的自然特性，但得到的只是有限尺寸范围内节理岩体的强度特征，因此可以说原位试验结果的分散性在很大程度上也是由尺寸效应所引起的。从逻辑上考虑，应用岩体分级的方法进行等效各向同性岩体强度的确定，存在的问题是岩石标准试件的单轴试验是针对室内岩块，而包括节理描述的岩体分级是针对工程岩体，所以需要引入一个能反映试件尺寸效应的参量。

众所周知，完整岩石试件的尺寸效应研究要比节理岩石的尺寸效应研究容易得多，而且也能很好地解决以往经验方法中存在的强度评价对象与强度折减对象不一致的问题，即强度评价对象是工程节理岩体，而相应的强度折减对象是室内完整岩石块体。

鉴于以上原因，利用“合二为一”的创新思维，在原有基于岩体分级的等效各向同性节理岩体强度估算的经验方法中引入完整岩石试件的尺寸效应作为改进方法的载体，采用节理岩体强度经验估算的“尺寸效应”折减与“节理化”折减的二次强度折减法。即，首先对实验室标准完整岩石试件进行“尺寸效应”的折减，再根据现场地质条件及赋存环境等影响因素通过各岩体分级指标值进行“节理化折减”，最终得出与实际相符的不同尺度大小的节理岩体的强度。

节理岩体的“尺寸效应折减”与“节理化折减”的二次强度折减法可用通式表示为

$$\sigma_{cm}=\sigma_{ci}f(\mathrm{SER})f(\mathrm{JR}) \tag{2-66}$$

式中 σ_{cm}——工程岩体强度；

σ_{ci}——室内完整岩石试件的抗压强度；

$f(\mathrm{SER})$——岩体对岩石试件的尺寸效应折减系数；

$f(\mathrm{JR})$——节理等地质因素对岩体的节理化折减系数。

Hoek-Brown（1980）与 Wagner（1987）分别在对大量无节理完整岩石试验数据分析的基础上，提出了如图 2-41 所示的完整岩石强度尺寸效应曲线，并拟合成下面两个经验公式。

$$\sigma_{ci}=\sigma_{c50}(50/d)^{0.18} \tag{2-67}$$

$$\sigma_{ci}=\sigma_{c50}(50/d)^{0.22} \tag{2-68}$$

式中 σ_{c50}——直径 50mm 试件的单轴抗压强度，MPa；

d——实际试件的等效直径，mm。

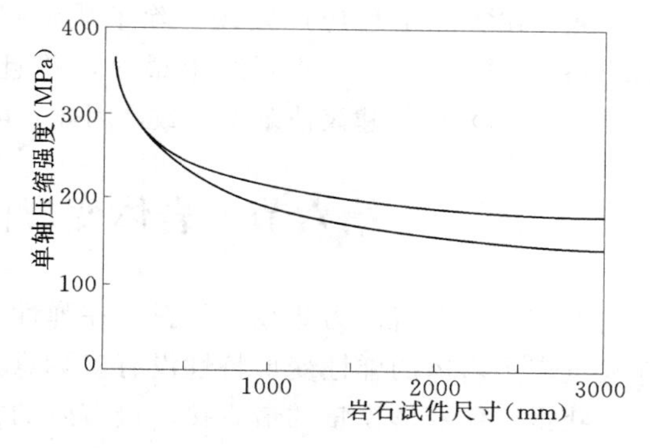

图 2-41 完整岩石强度尺寸效应的经验公式（Barton，1990）

Barton（1990）在 Hoek-Brown 与 Wagner 建议曲线及公式的基础上，提出了改进的大尺度完整岩石的强度折减方法如下。

$$\sigma_{ci}=\sigma_{c50}(50/d)^{0.2} \tag{2-69}$$

从图 2-41 所示的 Hock-Brown 与 Wagner 建议曲线中可以看出，试样在直径达到 2000mm 左右时，试件尺寸对完整岩石强度的影响已不明显，故对实际岩体工程取值时要保证等效直径不小于 2000mm。将式（2-69）改写为以下形式

$$\sigma_{cmi}=\sigma_{c50}(50/d)^{0.2}=\sigma_{c50}f(\mathrm{SER}) \tag{2-70}$$

式中 $f(\mathrm{SER})=(50/d)^{0.2}$——岩体的尺寸效应折减系数；

σ_{cmi}——直径为 d 的完整岩石的单轴抗压强度。

将式（2-70）所示的完整岩石抗压强度尺寸效应折减公式代替式（2-66）中的尺寸效应折减系数和完整岩石抗压强度，则可以得出节理岩体的“尺寸效应折减”与“节理化折减”的二次强度折减法公式

$$\sigma_{cm}=\sigma_{c50}(50/d)^{0.2}f(\mathrm{JR}) \tag{2-71}$$

式中 σ_{c50}——直径 50mm 完整岩石的抗压强度；

d——节理岩体的等效直径，mm；

$(50/d)^{0.2}$——强度的尺寸效应折减系数；

f（JR）——强度的节理化折减系数。

式（2－71）即为岩体强度的二次折减公式。

采用上述的二次折减法预测岩体强度可以同时考虑岩体的节理和试件大小对强度的双重影响，因而应该能够获得更加符合岩体实际的预测结果。考虑二次折减效应后，前述的4个岩体强度预测的经验公式则分别可改写成以下形式。

Barton 公式
$$\sigma_{cm}=5\gamma\left[Q\frac{\sigma_{c50}}{100}\left(\frac{50}{d}\right)^{0.2}\right]^{1/3} \tag{2-72}$$

Ramamurthy 公式
$$\sigma_{cm}=\sigma_{c50}\exp(0.6\lg Q-2)\left(\frac{50}{d}\right)^{0.2} \tag{2-73}$$

Yudhbir 公式
$$\sigma_{cm}=\sigma_{c50}\exp\left[7.65\left(\frac{\text{RMR}-100}{100}\right)\right]\left(\frac{50}{d}\right)^{0.2} \tag{2-74}$$

Kalamaras 公式
$$\sigma_{cm}=\sigma_{c50}\exp\left[\frac{\text{RMR}-100}{24}\right]\left(\frac{50}{d}\right)^{0.2} \tag{2-75}$$

通过在实际工程应用发现，除了质量很差的围岩外，上述的4个改进经验公式中，Yudhbir公式（2－74）预测结果最小，并且，预测结果与《工程岩体分级标准》（GB 50218—1994）中的建议值基本一致，因此，可作为地下工程围岩强度评价的一种辅助方法。

第六节　岩体变形模量预测的经验方法

如前所述，岩体为非线性材料，在弹性变形阶段也表现出明显的非线性特性，采用弹性模量表示岩体的弹性变形特性没有实际意义，工程中通常采用变形模量代替弹性模量。

获得岩体变形模量的最直接、最有效的方法为现场的原位试验，此类试验由于费时、费力，对于大部分岩石地下工程而言，都不具备开展此类试验的条件。因此，采用经验方法预测岩体变形模量便显得尤为重要。采用基于岩体分级指标的经验公式法预测岩体变形模量同样简单而实用，为了检查各个经验公式预测的准确程度，有必要根据实际工程实例进行对比分析，以便遴选出合适的经验公式。

表2－10　　岩体变形模量预测的主要经验公式

公式编号	经验公式	参数取值范围	提出人及提出时间
1	$E_m=2\text{RMR}-100$	RMR＞50	Bieniawski，1978
2	$E_m=10^{(\text{RMR}-10)/40}$	RMR＜50	Serafim，Pereira，1983
3	$E_m=25\lg Q$	$Q>1$	Grimstad，Barton，1993
4	$E_m=10\left(\frac{Q\sigma_{ci}}{100}\right)^{\frac{1}{3}}$	$0.001\leqslant Q\leqslant 1000$	Barton，2002

表2－10是目前国外学者提出的4个主要经验公式，这些经验公式都是根据岩体分级指标Q或RMR预测岩体变形模量，Q指标和RMR指标获取方法简单，在国际上应用十分广泛，所以，上述4个经验公式具有较强的工程实际应用价值。

图2－42为上述4个经验公式的对比，其中，公式1和公式2中的RMR是根据式（2－64）由Q换算得出的。4个公式中仅有公式4适用于Q指标的整个分布区间，其余3个公式只能用于部分区间。图中公式4的预测曲线是按照$\sigma_{ci}=100$MPa绘制的，曲线位置和

形状会随着岩石单轴抗压强度的不同而不同，但基本形状不会发生明显变化。公式 1 和公式 3 均只能用于 $Q>1$ 或者 RMR>50 的质量较好的岩体，二者预测的岩体变形模量随着 Q 值或 RMR 值的增大而增大。当 $Q<1$ 时，公式 2 与公式 4 的预测结果非常接近。由此可见，在上述 4 个经验公式中，公式 4 最方便、实用，可作为地下工程设计初期岩体变形模量预测的辅助手段之一。

公式 4 中的岩石抗压强度 σ_{ci} 并没有考虑岩体强度的尺寸效应，为了使预测结果更能反映岩体真实特性，采用与岩体抗压强度预测中的类似方法，即，考虑完整岩石强度的尺寸效应，对岩石强度进行尺寸效应折减。这样，公式 4 将变为如下形式

$$E_m=10\left[Q\frac{\sigma_{ci}(50/d)^{0.20}}{100}\right]^{1/3} \tag{2-76}$$

式中 d——大尺度岩石试件等效直径。

当试件直径大于 2000mm 时，岩石强度的变化已经很小，通常取 d＝2000mm 较为合理。

Hoek、Diederichs（2005）在对大量实测数据分析基础上，提出了以下经验公式

$$E_m=100000\left(\frac{1-D/2}{1+e^{[(75+25D-GSI)/11]}}\right) \tag{2-77}$$

式中 E_m——岩体的变形模量，MPa；

GSI——地质强度指标；

D——前述的岩体扰动系数，取值标准同前。

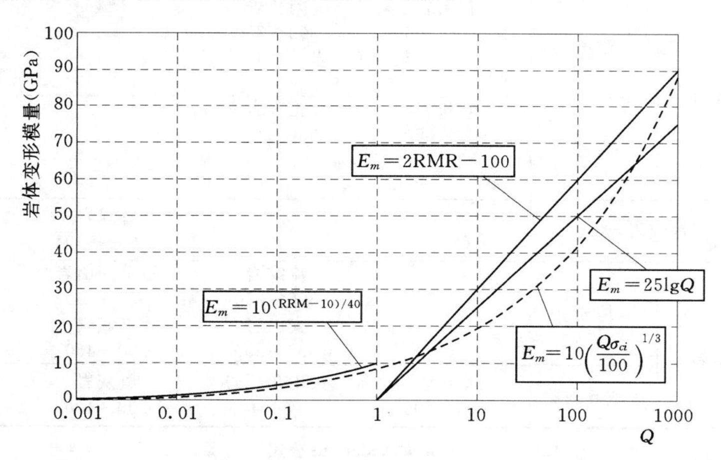

图 2-42 岩体变形模量预测公式对比

之后，Hoek 又将上述公式进一步改写为以下形式

$$E_m=E_i\left[0.02+\frac{1-D/2}{1+e^{(60+15D-GSI)/11)}}\right] \tag{2-78}$$

式中 E_i——完整岩石的弹性模量，若无实测值，可采用以下公式估算

$$E_i=MR\times\sigma_{ci} \tag{2-79}$$

式中 MR——模量比；

σ_{ci}——岩石的单轴抗压强度。

模量比 MR 可从 Deere（1968）和 Palmstrom、Singh（2001）等人提出的表 2-11 中选取。图 2-43 为预测效果对比。

表 2-11　　模量比的建议参考值

岩石类型	级别	组别	岩石结构			
			粗粒	中粒	细粒	极细粒
沉积岩	碎屑岩类		砾岩 300～400 角砾岩 230～350	砂岩 200～350	粉砂岩 350～400 硬砂岩 350	泥岩 200～300 页岩 150～250 泥灰岩 150～200
	非碎屑岩	碳酸盐类	粗晶灰岩 400～600	亮晶石灰岩 600～800	微晶灰岩 800～1000	白云岩 350～500
		蒸发岩类		石膏 (350)	硬石膏 (350)	
		有机质类				白垩 1000
变质岩	无片状构造		大理岩 700～1000	角页岩 400～700 变质砂岩 200～300	石英岩 300～450	
	微状构造		混合岩 350～400	闪岩 400～500	片麻岩 300～750	
	片状构造			片岩 250～1100	千枚岩/云母片岩 300～800	板岩 400～600
火成岩	深成岩	浅色	花岗岩 350～400 花冈闪长岩 400～450	闪长岩 300～350		
		深色	辉长岩 400～500 苏长岩 350～400	粗玄岩 300～400		
	浅成岩		斑岩 (400)		辉绿岩 300～350	橄榄岩 250～300
	火山喷出岩	熔岩		流纹岩 300～350 安山岩 300～500	石英安山岩 350～400 玄武岩 250～450	
		火成碎屑物	集块岩 400～600	火山角砾岩 (500)	凝灰岩 200～400	

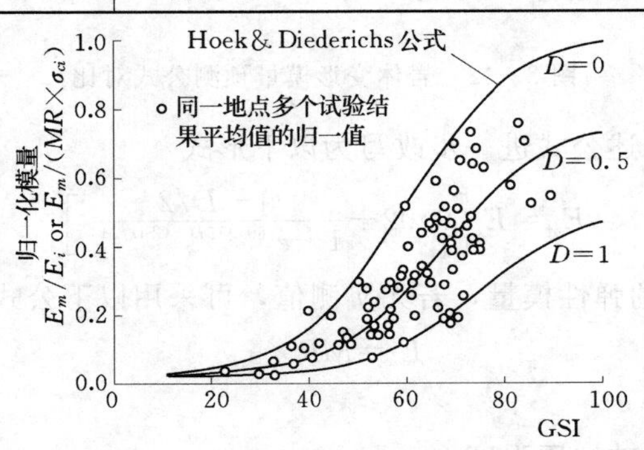

图 2-43　式（2-78）预测结果与试验结果的对比

第三章　围岩压力理论基础知识

第一节　原　岩　应　力

地层本身存在着应力场。未受扰动地层内的应力称为原岩应力，亦称地应力或初始应力。

原岩应力产生的原因及其应力状态，目前都不十分清楚。在初期，都是根据某些学者提出的假设来确定。20 世纪初，瑞典地质学者海姆（Heim）通过观察大型越岭隧道围岩的工作状态，首先提出原岩应力的概念，认为垂直应力与上覆岩层重量有关，水平应力与垂直应力相等。后来，苏联学者金尼克（A. H. Диииик）于 1925 年，根据弹性理论的分析，提出垂直应力 $\sigma_1=\gamma H$，水平应力 $\sigma_2=\sigma_3=\dfrac{\mu\sigma_1}{1-\mu}$，$\gamma$、$\mu$、$H$ 分别代表岩体容重、泊松比和深度。

1958 年瑞典人哈斯特（N. Hast）首先在斯勘地那维亚半岛开创了原岩应力的量测，接着许多国家也先后开展了这项工作。原位量测是目前确定原岩应力的较可靠的方法。此外，工程界还常常结合洞壁位移的量测来反演确定地应力，这也是目前确定地应力的常用方法。

一、重力应力和构造应力

目前，一般把原岩应力分为重力应力和构造应力两类。实际的应力等于两类应力场的叠加。严格说来，还有温差应力和渗水应力，但一般不予考虑。

1. 重力应力

通常，把岩体视作均匀、连续且各向同性的弹性体，因而可引用连续介质力学原理来确定岩体的重力应力。

如图 3-1 所示，在地表以下任一点的深度 H 处，岩体的垂直应力 σ_z 为

$$\sigma_z=10^{-3}\gamma H\ (\text{MPa}) \tag{3-1}$$

式中　γ——岩体容重，kN/m^3；

H——上覆岩体厚度，m。

当埋深较小，且上覆岩层为多层不同岩体时（见图 3-2），σ_z 为

$$\sigma_z=10^{-5}\sum\gamma_i H_i \tag{3-2}$$

式中　γ_i——上覆各层岩体容重；

H_i——上覆各层岩体厚度。

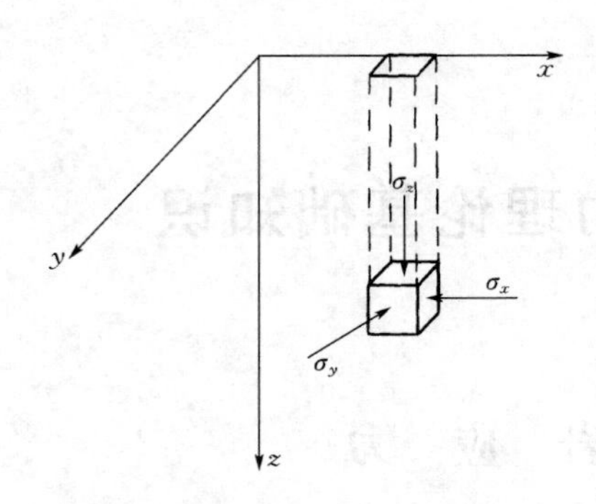

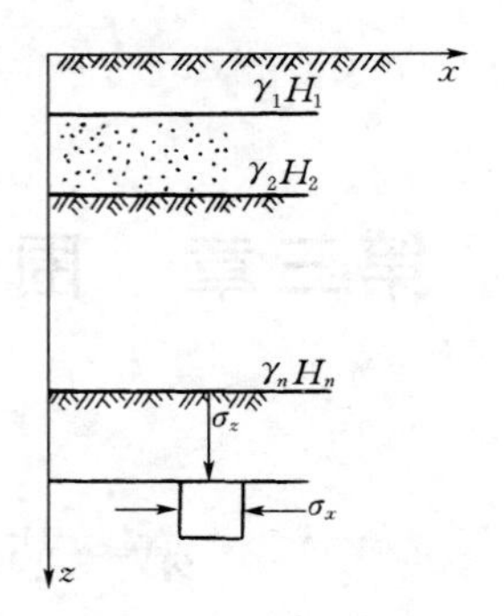

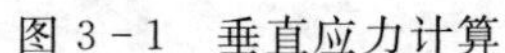
图 3-1　垂直应力计算　　　　图 3-2　多层岩体垂直应力计算

岩体水平应力为

$$\sigma_x=\sigma_y=\lambda\sigma_z \tag{3-3}$$

式中　λ——侧压系数。

在半无限体情况下，没有侧向变形的可能，所以沿任一水平方向，例如 x 方向引起的变形总和等于零，即

$$\varepsilon_x=\frac{\sigma_x}{E}-\mu\frac{\sigma_y}{E}-\mu\frac{\sigma_z}{E}=0 \tag{3-4}$$

式中　E、μ——岩体的弹性模量和泊松比。

又因为 $\sigma_x=\sigma_y$，所以求得

$$\sigma_x=\sigma_y=\frac{\mu}{1-\mu}\sigma_z \tag{3-5}$$

式（3-5）与式（3-3）比较，则得侧压系数 λ 为

$$\lambda=\frac{\mu}{1-\mu} \tag{3-6}$$

这是金尼克的结论。

岩石的泊松比 μ 通常在 0.10～0.35 之间，坚硬岩石的 μ 值小于松软岩石。按式（3-6），λ 值应在 0.10～0.54 之间，而多数在 0.25～0.43 之间。但从实测地应力证明，按此确定 λ 值是不符合实际的。

当 $\mu=0.5$ 时，得到 $\lambda=1$，所以海姆观点是金尼克公式的一个特例，但这一观点也不能得到实践的证实。可见，真实地层中的 λ 值通常要受到构造应力的影响。

2. 构造应力

根据近 30 年来实测与理论分析证明，地应力是一个具有相对稳定的非稳定应力场，即岩体的原始应力状态是空间与时间的函数，这是由于地应力受地质构造运动的影响。不过，对于一般工程问题，除少数构造活动以外，时间上的变化可以不予考虑。

地层中由于过去地质构造运动产生的，和现在正在活动与变化的应力，统称为构造应力。构造应力的成因和分类至今没有一个一致的观点。但通常主要分为古构造应力和新构造应力两类。

古构造应力是地质史上由于构造运动残留于岩体内部的应力，也称为构造残余应力，一般认为这是构成构造应力的主要原因。这种构造应力通常与地质的构造形迹相联系，往

往在构造形迹附近表现很强烈，因而可引用地质力学的一些原理，根据构造形迹来判断地应力的方向与量级。但是有些地区虽有地质构造形迹，然而构造应力不明显或不存在，这是因为在长期的地质年代中应力已经松弛。

新构造应力是现今正在形成某种构造体系和构造型式的应力，也是导致当今地震和最新地壳变形的应力。

地震本身是新构造运动的一种表现。构造应力场通常与地震活动带密切相关。因而，在地下工程选点上要尽量避开这些地带。

二、地壳浅部原岩应力的变化规律

由于地应力的非均匀性，以及受地质、地形、构造和岩石物理力学性质等方面的影响，使得我们在概括原岩应力状态及其变化规律方面遇到很大困难。不过根据目前实测资料，就工程通常所处的深度范围以内（3000m 以内），可大致归纳出如下几点。

1. *地应力是个非稳定应力场*

岩体中原岩应力都是随着空间和时间的变化而变化的。地应力的空间变化程度，就小的范围而言，一个矿山或水利枢纽，都可以发现它的大小和方向从一个地段到另一个地段的变化。一般它的偏差可达到 25%～50%。但就某大地区整体而言，地应力的变化是不大的。兹以华北地区为例，它的地应力场主导方向为北西西到近乎东西向的压应力，但具体地区应力有所变化，如表 3-1 所示。

表 3-1　　　　唐山地震期间地应力变化表

地　点	测量日期（年-月）	最大主应力方向		水平应力（MPa）		最大剪应力 $\tau_{max}=\frac{\sigma_1-\sigma_2}{2}$（MPa）
		地震前	地震后	σ_1	σ_2	
唐山凤凰山	1976-10	近东西向	N47°W	2.5	1.7	0.40
三河弧山	1976-10		N69°W	2.1	0.5	0.80
怀柔坟头村	1976-11		N83°W	4.1	1.1	1.50
顺义吴雄寺	1971-06	N75°W		3.1	1.8	0.65
	1973-01	N73°W		2.6	0.4	1.10
	1976-09		N83°W	3.6	1.7	0.95
	1977-07		N75°W	2.7	2.1	0.30
滦县一号孔	1976-08		N84°W	5.8	3.0	1.40
滦县二号孔	1976-09		N89°W	6.6	3.2	1.70

地应力大小和方向在时间上的变化，就人类工程活动所延续的时间而言是缓慢的，可以不予考虑。但在地震活动区，它的变化还是相当大的。兹以 1976 年 7 月 28 日唐山地区 7.8 级地震为例，从表 3-1 中顺义吴雄寺为例，该测点经过了一个应力积累到释放过程：震前的 1971～1973 年，τ_{max}由 0.65 积累到 1.10MPa；震后的 1976 年 9 月～1977 年 7 月，τ_{max}由 0.95 释放到 0.30MPa。主应力方向的变化如表所示，并且都在主震后一年左右，便恢复到震前的状态。

2. *实测垂直应力（σ_v）基本等于上覆岩层重量（γH）*

H.K. 布林总结全世界有关垂直应力 σ_v 资料证明，在深度为 25～2700m 范围内，σ_v

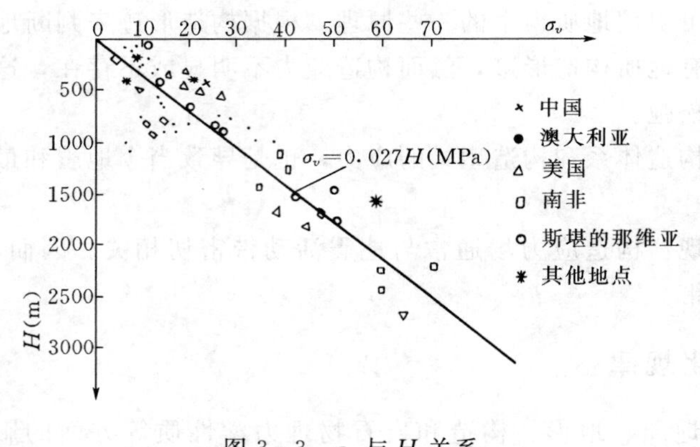

图 3-3　σ_v 与 H 关系

呈线性增长，大致相当于按平均容重 $\gamma=27\text{kN/m}^3$ 计算出来的重力 γH，见图 3-3。在这种情况下，除少数（特别在地壳浅层）偏离较远外，一般分散度不大于 5%。但是，从我国资料来看，$\sigma_v/\gamma H=0.8\sim1.2$（一般以此数据作为 σ_v 与 γH 大体相等指标）的仅有 5%；$\sigma_v/\gamma H<0.8$ 的占 16%，而 $\sigma_v/\gamma H>1.2$ 的占 79%，其中个别达到 20。这些资料大都是在 200m 以内测量得到的，最深的只有 500m。就我国资料而言，似乎无规律可循。但若把它补入图 3-3 中，可见我国的实测资料的分散程度并不特别突出，只是因为测点深度不大，密集在原点附近区域而已。

根据 A. B. 裴伟整理的苏联资料表明，$\sigma_v/\gamma H<0.8$ 的占 4%，0.8～1.2 的占 23%，大于 1.2 的占 73%。其中个别最大的达到 87。这些统计的最大深度为 915m，统计的结果接近于我国统计资料。

3. 水平应力（σ_h）一般大于垂直应力（σ_v）

根据国内外实测资料统计，σ_h 多数大于 σ_v，并且最大水平应力 $\sigma_{h\max}$ 与实测垂直应力 σ_v 的比值，即侧压系数 λ，一般为 0.5～5.5，大部分在 0.8～1.2 之间。最大值有的达到了 30 或更大。

目前也常惯用 2 个水平应力的平均值 $\sigma_{h\cdot av}$ 与垂直应力 σ_v 的比值来表示侧压系数，此值一般为 0.5～5.0，大多数为 0.8～1.5。我国实测资料表明，该值在 0.8～3.0 之间，而大部分为 0.8～1.2 之间，参见表 3-2、表 3-3、表 3-4。

表 3-2　**$\sigma_{h\cdot av}/\sigma_v$（或 σ_h/σ_v）的统计百分率**　%

国家或地区	$\sigma_{h\cdot av}/\sigma_v$			$(\sigma_{h\cdot av}/\sigma_v)_{\max}$
	<0.8	0.8～1.2	>1.2	
中　国	30	40	28	2.09
澳大利亚	0	22	78	2.95
加拿大	0	0	100	2.56
美　国	18	41	41	3.29
挪　威	17	17	66	5.56
瑞　典	0	0	100	4.99
南　非	41	24	35	2.50
前苏联	51	29	20	4.30
其他地区	37.5	37.5	25	1.96

注　表中 $\sigma_{h\cdot av}$ 表示平均水平应力。

表 3-3　　我国水平应力与垂直应力实测资料

测量地点	岩　性	深　度 (m)	水平应力 σ_h (MPa)	垂直应力 σ_v (MPa)	σ_h/σ_v
511 工程二号地下厂房	原状厚层砂岩	98	3.86	2.57	1.50
映秀湾地下厂房	花岗及花岗闪长岩	200	12.36	9.92	1.25
西藏羊桌拥湖电站厂房	泥质页岩和砂岩		0.528	1.545	0.34
二滩电站厂房	花岗岩	100	9.00	21.63	0.41
515 工程	花岗岩	50～60	12.0	40.0	0.30
三峡××坝区	薄层中厚层微结晶泥质条带	128	15.75	6.93	2.30
三峡××坝区	龙洞灰岩	100	8.98	4.38	2.05
太平坝二号洞	黄陵花岗岩—闪长岩		20.5	10.7	1.98
白山工程	混合岩	60	45.6	17.8	2.50
以礼河三级电站	破碎玄武岩	60	1.98	2.22	0.89
以礼河三级电站	火山角砾岩	60	0.816	0.954	0.86
以礼河三级电站	玄武岩	175	1.99	2.38	0.87
以礼河三级电站	火山角砾岩	220	8.87	7.97	1.12
西耳河一级电站	眼球状片麻岩及石英云母片岩夹黑云母眼球片麻岩	60	8.13	6.67	1.30
云南第四电厂	石灰岩	0～70	1.72～2.40	1.28～1.46	1.36

表 3-4　　金川矿区地应力测量结果一览表

时间 (年)	地　点	岩性	深度 (m)	最大主应力及方向 (MPa)	中间主应力及方向 (MPa)	最小主应力及方向 (MPa)
1977	二矿区东部地表 18km 处*	大理岩	8～20	2.4 N27°W		2.3
1978	二矿区东部地表 18km 处	大理岩	11～44	4.2 N20°E		3.5
1975	二矿东主井 1350 中段测点*	大理岩	375	19.8 N3°E		10.8
1976	二矿东副井 1350 中段测点	大理岩	460	50.0 N13°E，倾角6°南东倾	33.4 N76°E，倾角6°北东倾	28.2 S63°E，倾角81°北西倾
1977	龙首矿 1460 中段 12 行穿脉测点	富矿体	240	34.4 N42°W，倾角39°北西倾	21.1 N48°E，近水平	2.6 S41°E，倾角51°南东倾
1978	二矿 1250 中段 38.5 行沿脉巷道测点	特富矿体	480	32.0 N32°E，倾角6°西南倾	21.4 S43°E，倾角67°西北倾	20.6 N60°W，倾角22°南东倾

*　为水平应力量测。

这些资料表明：与重力应力场情况不同，实测得到的 σ_v 多数为最小主应力，少数为最大主应力或中间主应力。例如，斯堪的那维亚半岛的前寒武纪岩体、北美地台的加拿大地盾，前苏联的希宾地块等地，基本上都是最小主应力。在挪威矿山岩体中测到的 σ_v，基

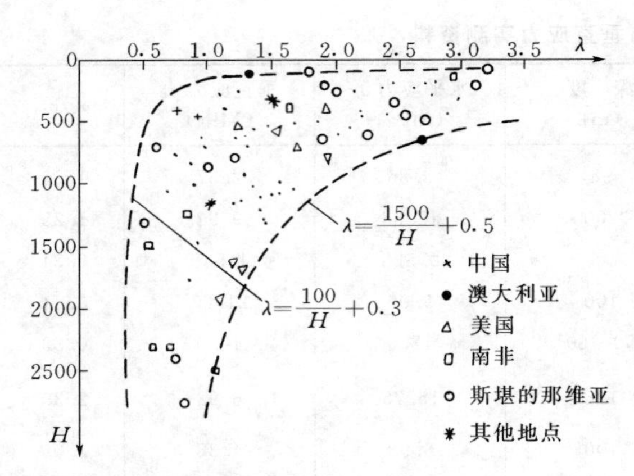

图 3-4　侧压系数与深度关系

本为最大主应力。此外，由于侧向侵蚀的卸载作用，在弧山体部分，以及河谷谷坡附近处，σ_v 常为最大主应力。

4. 平均水平应力（$\sigma_{h\cdot av}$）与垂直应力（σ_v）的比值（λ）与深度关系

$\sigma_{h\cdot av}/\sigma_v$ 的比值λ也是表征地区地应力场特征的指标。该值是随着深度增加而增加的，但在不同地区，也有差异。有人用下列公式表示该值的变化范围（见图 3-4）：

$$\frac{100}{H}+0.30\leqslant\lambda\leqslant\frac{1500}{H}+0.5 \tag{3-7}$$

当 H=500m 时，λ=0.5～3.5；当 H=2000m 时，λ=0.35～1.25。

从已有的资料来看也是这样，在深度不大的情况下（如小于 1000m），λ 值很分散，并且数值较大；随着深度的增加，λ 值的分散度变小，并且向趋于 1 的附近集中，这就是相应于前述海姆静水应力状态。

5. 两个水平应力（σ_{hx}）与（σ_{hy}）的关系

一般不论是在一个大的区域或一个工区范围内，σ_{hx} 和 σ_{hy} 的大小和方向都具有一定变化。一般，σ_{hy}/σ_{hx}=0.2～0.8，而大多数为 0.4～0.7。以我国华北地区为例，σ_{hy}/σ_{hx}=0.19～0.27 的占 17%，0.43～0.64 的占 61%，0.66～0.78 的占 22%。根据不完全统计，中国与欧美的比较，列于表 3-5。

表 3-5　两水平应力分量之间关系

实测国家或地区	统计数目	σ_{hy}/σ_{hx} 的比值（%）				
		1.0～0.75	0.75～0.50	0.50～0.25	0.25～0	合计
斯堪的那维亚等地	51	14	67	13	6	100
北　美	222	22	46	23	9	100
中　国	25	12	56	24	8	100
⋮	⋮	⋮	⋮	⋮	⋮	⋮
中国华北地区	18	6	61	22	11	100

当然，两个水平应力也有显示 $\sigma_{hx}=\sigma_{hy}$ 的情况，这主要在构造简单、层理平缓的地区。但华北地区某一方向的水平应力显示较大，其原因可能是与高度地震活动影响有关。

三、工程设计中选用原岩应力值的一些原则和经验

（1）若有当地实测地应力数值时，工程设计中应以实测值作为工程设计中的计算参数。虽无实测值，但已测得洞壁位移，则可通过试算或反演计算确定原岩应力。

（2）无量测数值时，垂直原岩应力可以自重应力计算。但应当注意，埋深很小时可能会出现偏差。

（3）无量测数据时，侧压系数 λ 应视下列情况确定：

1）有邻近工程的实测数据时，可参考采用邻近工程的数值。

2）无明显构造应力地区，弧山地区以及河谷谷坡附近处取 $\lambda<1$。

3）构造应力地区，距地表较深的区域可取 $\lambda\geqslant1$。

4）黄土地层中 λ 值大约在 0.5～0.6。

5）松散软弱地层中 λ 值大约在 0.5～1。

（4）两个水平方向的应力，当无实测值时可取为相等。

第二节　圆形洞室围岩应力与变形的线弹性分析

一、概述

洞室开挖前，地层处于静止平衡状态，洞室开挖后破坏了这种平衡，洞室周围各点的应力状态发生变化，各点的位移进行调整，从而达到新的平衡。由于开挖，洞室周围地层中应力大小和主应力方向发生了变化，这种现象叫做应力的重分布，但这种应力重分布只限于洞室周围的岩体。通常，我们把洞室周围发生应力重分布的这一部分岩体叫做围岩，而把重分布后的应力状态叫做围岩应力状态，以区别原岩应力状态。如果围岩应力小于岩体弹性极限，那么围岩处于弹性状态。

在研究中，假定满足古典弹性理论的全部假定，即认为岩体连续，完全弹性，均匀、各向同性和微小变形。由于地下洞室在长度方向的尺寸通常总比横截面尺寸大得多，因此当不考虑掘进影响时，还可采用平面变形的假定。

对于裂隙不多的坚硬岩体认为可应用线弹性理论分析；对于裂隙岩体或软弱岩体，如果围岩应力不高；或者当采用紧跟作业面的施工方法及支护向围岩提供很大的抗力时，围岩有可能处于弹性状态，如再略去其各向异性的影响（工程上经常这样假设），那么也可应用线弹性理论分析。此外，线弹性分析还是弹塑性、黏弹性，黏弹塑性及弱面体力学分析的共同基础，因而尽管围岩压力理论中直接引用线弹性分析的地方不多，却是围岩压力理论中十分重要的基本内容。围岩压力理论中，对于最佳洞形断面的选择和岩爆分析，通常都要直接引用线弹性理论分析。

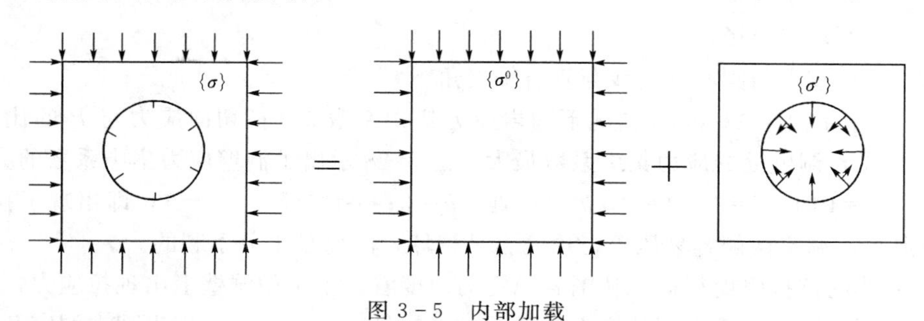

图 3-5　内部加载

计算围岩应力和变形，可采用内部加载方式和外部加载方式。如果开挖前岩体在原岩应力 $\{\sigma^0\}$ 作用下处于平衡状态，开挖后由于洞周卸荷而产生的应力状态为 $\{\sigma'\}$，则实

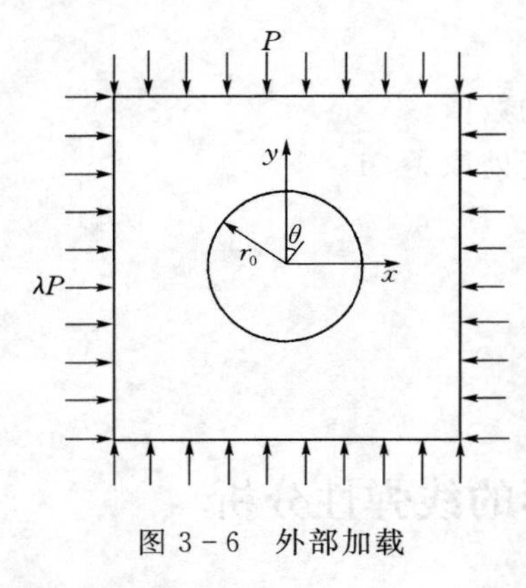

图 3-6　外部加载

际的围岩应力状态 $\{\sigma\}$ 为上述两者之和（见图 3-5），即

$$\{\sigma\}=\{\sigma^0\}+\{\sigma'\} \tag{3-8}$$

这种加载方式称为内部加载。外部加载方式是用无限大平板中的孔口问题来求解围岩应力和变形，在无限大平板的周边上作用有原岩应力 P 和 λP（见图 3-6）。在线弹性分析中，如果计算条件相同，那么上述两种加载方式所获得的计算结果相同，但在外部加载情况下的变位计算中，必须扣除挖洞前的地层压缩量。这是因为洞室开挖问题与一般的平板中的孔口问题不同，洞室开挖都是先受载后开孔的。

二、圆形洞室的围岩应力与变形

圆形洞室的应力一般可按基尔西公式计算（图 3-6）：

$$\left.\begin{aligned}
\sigma_r&=\frac{P}{2}(1+\lambda)\left(1-\frac{r_0^2}{r^2}\right)+\frac{P}{2}(1-\lambda)\left(1-4\,\frac{r_0^2}{r^2}+3\,\frac{r_0^4}{r^4}\right)\cos2\theta\\
\sigma_\theta&=-\frac{P}{2}(1+\lambda)\left(1+\frac{r_0^2}{r^2}\right)-\frac{P}{2}(1-\lambda)\left(1+3\,\frac{r_0^4}{r^4}\right)\cos2\theta\\
\tau_{r\theta}&=\frac{P}{2}(1-\lambda)\left(1+2\,\frac{r_0^2}{r^2}-3\,\frac{r_0^4}{r^4}\right)\sin2\theta
\end{aligned}\right\} \tag{3-9}$$

式中，$\tau_{r\theta}$ 采用弹性力学中规定符号的反号为正。

在轴对称情况下，即 $\lambda=1$，式（3-9）简化为

$$\left.\begin{aligned}
\sigma_r&=P\left(1-\frac{r_0^2}{r_2}\right)\\
\sigma_\theta&=P\left(1+\frac{r_0^2}{r^2}\right)\\
\tau_{r\theta}&=0
\end{aligned}\right\} \tag{3-10}$$

式中　P——垂直原岩应力；

r_0——圆洞半径；

r——所求点半径；

θ——所求点与圆心的连线与垂直轴夹角。

图 3-7 中示出了 $\lambda=0.25$ 情况下围岩应力集中系数 k（指切向应力与 P 的比值）的分布图。显见，洞壁处的应力集中系数最大。图 3-8 示出了洞壁应力集中系数的分布图。由图可见，$\lambda=1$ 时，$k=2$；$\lambda=0$，$\theta=90°$ 处，$k=3$；$\theta=0°$ 处，$k=-1$，即出现了拉应力。可见，λ 愈小，洞室两侧容易压碎，顶底容易拉坏，因而是十分不利的。

由于岩体的抗拉强度很低，从围岩稳定的角度看，不希望洞壁上出现拉应力，所以必须研究洞室开挖边缘上不出现拉应力的条件。已知最大的拉应力一定出现在洞室开挖边缘的顶部和底部，所以我们以 $\theta=0$ 及 $\frac{r_0^2}{r^2}=1$，代入到式（3-9）的第二式中，即有

$$\sigma_\theta=\frac{P}{2}[2(1+\lambda)-4(1-\lambda)]=P(3\lambda-1)$$

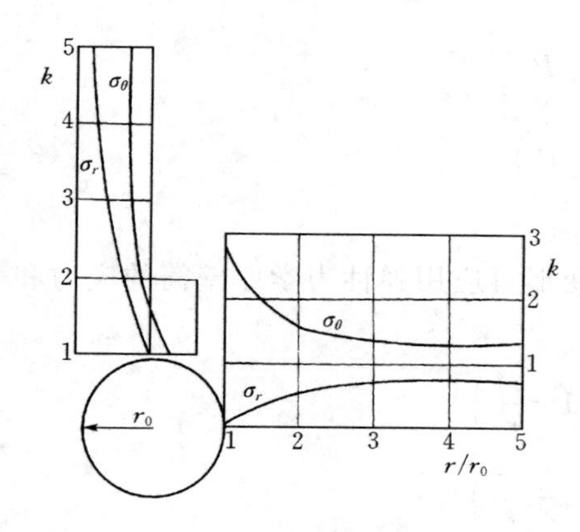

图 3-7　围岩应力集中系数

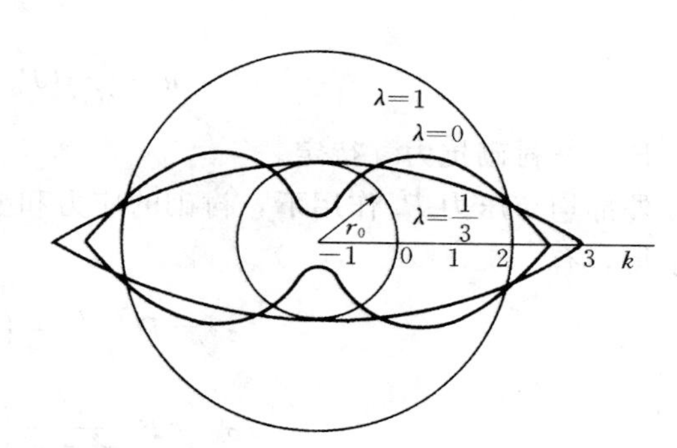

图 3-8　洞壁应力集中系数

由此可见，σ_θ 不出现负值（拉力），就必须使侧压系数 $\lambda>\frac{1}{3}=0.33$，这就是圆形洞室不出现拉应力的条件。

根据弹性力学中的解答，可写出围岩位移式

$$\left.\begin{aligned}u&=\frac{P}{4Gr}\left\{(1+\lambda)r_0^2+(1-\lambda)\left[(\chi+1)r_0^2-\frac{r_0^4}{r^2}\right]\right\}\cos2\theta\\v&=-\frac{P}{4Gr}(1-\lambda)\left[(\chi-1)r_0^2+\frac{r_0^4}{r^2}\right]\sin2\theta\end{aligned}\right\}\quad(3-11)$$

其中
$$G=\frac{E}{2(1+\mu)},\chi=3-4\mu$$

式中　u——径向位移，以向洞内方向为正；

v——切向位移，以反时针为正。

在轴对称情况下，式（3-11）改为

$$\left.\begin{aligned}u&=\frac{Pr_0^2}{2Gr}\\v&=0\end{aligned}\right\}\quad(3-12)$$

必须指出的是，上述公式与弹性力学解答稍有差异，这里没有考虑挖洞前围岩初始应力所产生的位移，即由应力表达式中与 r 无关的常数项所引起的位移，因为那一部分位移在挖洞前已经稳定，它与由开挖而引起的那一部分位移无关。

三、围岩在衬砌抗力作用下的应力与位移

当围岩内构筑衬砌时，则围岩中应力是在衬砌与围岩共同作用下产生的。假设衬砌是立即作用于围岩的理想情况，不考虑衬砌前围岩应力的释放。

1. 二向等压情况下圆形洞室应力、变形及衬砌抗力的计算

二向等压情况下，圆形洞室围岩应力及变形计算可应用上节研究成果，只需把内压 P_i 看作是衬砌抗力即可。因而有围岩应力及变形

$$\left.\begin{aligned}\sigma_r&=P\left(1-\frac{r_0^2}{r^2}\right)+P_i\frac{r_0^2}{r^2}\\\sigma_\theta&=P\left(1+\frac{r_0^2}{r^2}\right)-P_i\frac{r_0^2}{r^2}\end{aligned}\right\}\tag{3-13}$$

$$u=\frac{r_0^2}{2Gr}(P-P_i)\tag{3-14}$$

式中　P_i——衬砌抗力，待定。

在外部均布压力 P_i 作用下，衬砌的应力和变形可应用弹性力学厚壁筒的应力和变形公式求得，有

$$\left.\begin{aligned}\sigma_r^{c_0}&=P_i\frac{r_0^2}{r_0^2-r_1^2}\left(1-\frac{r_1^2}{r^2}\right)\\\sigma_\theta^{c_0}&=P_i\frac{r_0^2}{r_0^2-r_1^2}\left(1+\frac{r_1^2}{r^2}\right)\end{aligned}\right\}\tag{3-15}$$

$$u^{c_0}=\frac{P_i}{2G_c}\frac{r_0^2}{r^2-r_1^2}\left[(\chi_c-1)\frac{r}{2}+\frac{r_0^2}{r}\right]\tag{3-16}$$

其中
$$\chi_c=3-4\mu_c$$

式中　G_c——衬砌材料剪切模量；

χ_c——衬砌材料常数；

μ_c——衬砌材料泊松比；

r_0、r_1——衬砌的外半径和内半径。

当 $r=r_0$ 时，由式（3-16）得

$$P_i=\frac{2G_c(r_0^2-r_1^2)}{r_0[(1-2\mu_c)r_0^2+r_1^2]}u_{r_0}^{c_0}=K_cu_{r_0}^{c_0}\tag{3-17}$$

其中
$$K_c=\frac{2G_c(r_0^2-r_1^2)}{r_0[(1-2\mu_c)r_0^2+r_1^2]}$$

式中　K_c——衬砌刚度系数。

在 $r=r_0$ 情况下，将式（3-17）与式（3-14）相等，即可求得衬砌抗力 P_i，有

$$P_i=\frac{Pr_0K_c}{2G+r_0K_c}\tag{3-18}$$

将式（3-18）代入式（3-13）～式（3-16），即可得以原岩应力 P，及洞形参数表示的围岩应力与变形及衬砌应力与变形的表达式，有

$$\left.\begin{aligned}\sigma_r&=\frac{P}{2}(1+\lambda)\left(1-\gamma\frac{r_0^2}{r^2}\right)\\\sigma_\theta&=(1+\lambda)\left(1+\gamma\frac{r_0^2}{r^2}\right)\end{aligned}\right\}\tag{3-19}$$

$$u=\frac{(1+\lambda)Pr_0^2}{4Gr}r\tag{3-20}$$

$$\left.\begin{aligned}\sigma_r^{c_0}&=2A_1+\frac{A_0}{r^2}\\\sigma_\theta^{c_0}&=2A_1-\frac{A_2}{r^2}\end{aligned}\right\}\tag{3-21}$$

$$u^{c_0}=\frac{1}{2G_c}\left[(\chi_c-1)A_1r-A_2\ \frac{1}{r}\right] \tag{3-22}$$

其中

$$\gamma=\frac{2G}{2G+K_cr_0}$$

$$\left.\begin{aligned}A_1&=\frac{P}{4}(1+\lambda)(1-\gamma)\frac{r_0^2}{r_0^2-r_1^2}\\A_2&=-\frac{P}{2}(1+\lambda)(1-\gamma)\frac{r_0^2r_1^2}{r_0^2-r_1^2}\end{aligned}\right\} \tag{3-23}$$

2. 二向不等压情况下圆形洞室应力、变形及衬砌抗力的计算

今将作用的压力分解为两部分：一部分是均布的；另一部分为非均布的（图 3-9)。均布压力$\overline{P}=\frac{1}{2}$（$1+\lambda$）P 作用下圆形洞室应力、变形与衬砌抗力的计算可参看式（3-13）～式（3-23)，其中 P 换成$\overline{P}$。

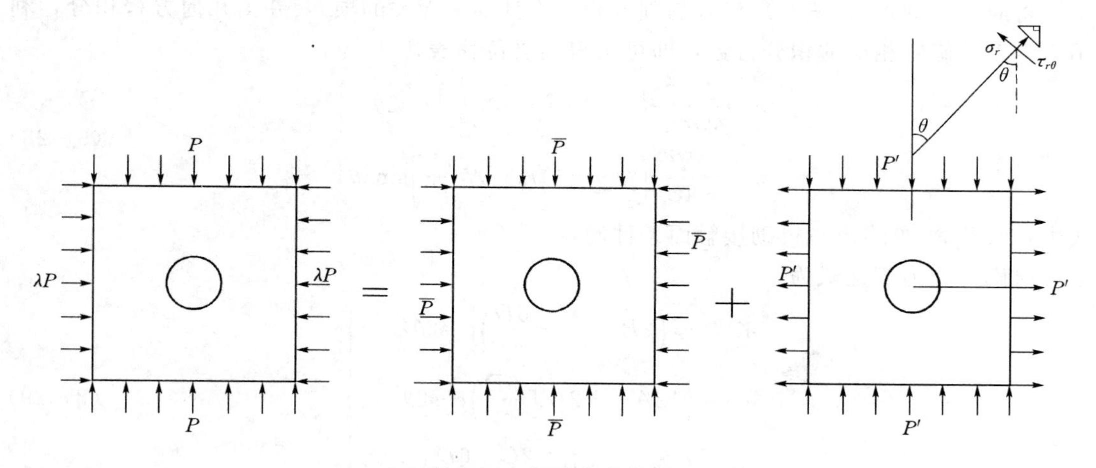

图 3-9　原岩应力分解

非均布部分为一向受均布压力 P'，另一向受均布拉力 P'作用下圆形洞室应力与变形的计算。这里 $P'=\frac{1}{2}(1-\lambda)P$。按弹性力学中无衬砌时的解答，无论是围岩或衬砌，其基本应力表达式如下

$$\left.\begin{aligned}\sigma_r&=-\left(2B+\frac{4C}{r^4}+\frac{6D}{r^4}\right)\cos2\theta\\\sigma_\theta&=\left(12Ar^2+2B+\frac{6D}{r^4}\right)\cos2\theta\\-\tau_{r\theta}&=\left(6Ar^2+2P'-\frac{2C}{r^2}-\frac{6D}{r^4}\right)\sin2\theta\end{aligned}\right\} \tag{3-24}$$

其中积分常数由围岩和衬砌的不同边界条件求得。

对于围岩，当 $r\to\infty$时，有

$$\left.\begin{aligned}\sigma_r&=P'\cos2\theta\\\tau_{r\theta}&=P'\sin2\theta\end{aligned}\right\} \tag{3-25}$$

因此，显然有 $A=0$ 及 $B=-\frac{P'}{2}$，因而围岩应力的表达式可改写为

$$\left.\begin{aligned}\sigma_r&=\left(1-2\beta\frac{r_0^2}{r^2}-3\delta\frac{r_0^4}{r^4}\right)P'\cos2\theta\\ \sigma_\theta&=-\left(1-3\delta\frac{r_0^4}{r^4}\right)P'\cos2\theta\\ -\tau_{r\theta}&=-\left(1+\beta\frac{r_0^2}{r^2}+3\delta\frac{r_0^4}{r^4}\right)P'\sin2\theta\end{aligned}\right\}\tag{3-26}$$

引进 β 及 δ 只是为了以后表达的简洁方便，有

$$\left.\begin{aligned}C&=\frac{1}{2}\beta r_0^2P'\\ D&=\frac{1}{2}\delta r_0^4P'\end{aligned}\right\}\tag{3-27}$$

将应力表达式（3-26）代入物理方程（不计与 r 无关的项），并由几何方程积分，利用边界条件确定相应的积分常数，即可求得围岩位移表达式

$$\left.\begin{aligned}u&=\frac{P'}{4Gr}\left[\beta(\chi+1)r_0^2+2\delta\frac{r_0^4}{r^2}\right]\cos2\theta\\ v&=-\frac{P'}{4Gr}\left[\beta(\chi-1)r_0^2-2\delta\frac{r_0^4}{r^2}\right]\sin2\theta\end{aligned}\right\}\tag{3-28}$$

式中：常数 δ、β 均由与衬砌接触面条件确定。

衬砌的应力表达式为

$$\left.\begin{aligned}\sigma_r^{c_0}&=-\left(2B+\frac{4C}{r^2}+\frac{6D}{r^4}\right)\cos2\theta\\ \sigma_\theta^{c_0}&=\left(12Ar^2+2B+\frac{6D}{r^4}\right)\cos2\theta\\ -\tau_{r\theta}^{c_0}&=\left(6Ar^2+2B-\frac{2C}{r^2}-\frac{6D}{r^4}\right)\sin2\theta\end{aligned}\right\}\tag{3-29}$$

仿前，将应力表达式（3-29）代入物理方程，并由几何方程积分，可求得衬砌位移表达式：

$$\left.\begin{aligned}u^{c_0}&=\frac{1}{2G_c}[(\chi_c-3)Ar^3-2Br+(\chi_c+1)Cr^{-1}+2Dr^{-3}]\cos2\theta\\ v^{c_0}&=\frac{1}{2G_c}[(\chi_c+3)Ar^3+2Br-(\chi_c-1)Cr^{-1}+2Dr^{-3}]\sin2\theta\end{aligned}\right\}\tag{3-30}$$

式（3-26）～式（3-30）中积分常数 β、δ、A、B、C、D 由围岩与衬砌的边界条件确定。若不计衬砌与围岩接触面上的摩擦力，而仅考虑径向应力及位移协调一致，则有下述边界条件

$$\left.\begin{aligned}&r=r_0\text{ 处},\sigma_r=\sigma_r^{c_0},u_{r_0}=u_{r_0}^{c_0}\\ &\tau_{r\theta}=\tau_{r\theta}^{c_0}=0\end{aligned}\right\}\tag{3-31}$$

$$r=r_1\text{ 处},\sigma_r^{c_0}=0,\tau_{r\theta}^{c_0}=0\tag{3-32}$$

将式（3-26）～式（3-30）代入边界条件式（3-31）和式（3-32），得 6 个联系

δ、β、A、B、C、D 的独立方程，足以求得 6 个常数。联立解之，得

$$\left.\begin{aligned}\beta&=2\,\frac{GH+G_c(r_0^2-r_1^2)^3}{GH+G_c(3\chi+1)(r_0^2-r_1^2)^3}\\ \delta&=-\frac{GH+G_c(\chi+1)(r_0^2-r_1^2)^3}{GH+G_c(3\chi+1)(r_0^2-r_1^2)^3}\end{aligned}\right\}\tag{3-33}$$

其中

$$H=r_0^6(\chi_c+3)+3r_0^4r_1^2(3\chi_c+1)+3r_0^2r_1^4(\chi_c+3)+r_1^6(3\chi_c+1)\tag{3-34}$$

$$\left.\begin{aligned}A&=\frac{P'}{2}(1+\delta)\frac{r_0^2(r_0^2+3r_0^2)}{(r_0^2-r_1^2)^3}\\ B&=-\frac{3P'}{2}(1+\delta)\frac{r_0^2(r_0^4+r_0^2r_1^2+2r_1^4)}{(r_0^2-r_1^2)^3}\\ C&=\frac{3P'}{2}(1+\delta)\frac{r_0^2r_1^2(2r_0^4+r_0^2r_1^2+r_1^4)}{(r_0^2-r_1^2)^3}\\ D&=-\frac{P'}{2}(1+\delta)\frac{r_0^2r_1^4(3r_0^4+r_0^2r_1^2)}{(r_0^2-r_1^2)^3}\end{aligned}\right\}\tag{3-35}$$

将式（3-26）、式（3-27）、式（3-28）、式（3-29）、式（3-30）与式（3-19）、式（3-20）、式(3-21)、式（3-22）分别叠加，并将$\overline{P}$换成$\frac{1}{2}$（$1-\lambda$）P，即得二向不等压情况下围岩应力与变形以及衬砌应力与变形的表达式。

对于围岩

$$\left.\begin{aligned}\sigma_r&=\frac{P}{2}\left[(1+\lambda)\left(1-\gamma\frac{r_0^2}{r^2}\right)+(1-\lambda)\left(1-2\beta\frac{r_0^2}{r^2}-3\delta\frac{r_0^4}{r^4}\right)\cos2\theta\right]\\ \sigma_\theta&=\frac{P}{2}\left\{\left[(1+\lambda)\left(1+\gamma\frac{r_0^2}{r^2}\right)-(1-\lambda)\right]\left(1-3\delta\frac{r_0^4}{r^4}\right)\cos2\theta\right\}\\ \tau_{r\theta}&=\frac{P}{2}(1-\lambda)\left(1+\beta\frac{r_0^2}{r^2}+3\delta\frac{r_0^4}{r^4}\right)\sin2\theta\end{aligned}\right\}\tag{3-36}$$

$$\left.\begin{aligned}u&=\frac{P}{8Gr}\left\{(1+\lambda)2\gamma r_0^2+(1-\lambda)\left[\beta(\chi+1)r_0^2+2\delta\frac{r_0^4}{r^2}\right]\cos2\theta\right\}\\ v&=-\frac{P}{8Gr}(1-\lambda)\left[\beta(\chi-1)r_0^2-2\delta\frac{r_0^4}{r^2}\right]\sin2\theta\end{aligned}\right\}\tag{3-37}$$

对于衬砌

$$\left.\begin{aligned}\sigma_r^{c_0}&=2A_1+\frac{A_2}{r^2}-\left(2B+\frac{4C}{r^2}+\frac{6D}{r^4}\right)\cos2\theta\\ \sigma_\theta^{c_0}&=2A-\frac{A_2}{r^2}+\left(12Ar^2+2B+\frac{6D}{r^4}\right)\cos2\theta\\ \tau_{r\theta}^{c_0}&=-\left(6Ar^2+2B-\frac{2C}{r^2}-\frac{6D}{r^4}\right)\sin2\theta\end{aligned}\right\}\tag{3-38}$$

$$\left.\begin{aligned}u^{c_0}&=\frac{1}{2G_c}\left\{(\chi_c-1)A_1r-\frac{A_2}{r}+\left[(\chi_c-3)Ar^3-2Br\right.\right.\\ &\qquad\left.\left.+(\chi_c+1)C\frac{1}{r}+\frac{2D}{r^3}\right]\cos2\theta\right\}\\ v^{c_0}&=\frac{1}{2G_c}\left[(\chi_c+3)Ar^3+2Br-(\chi_c-1)C\frac{1}{r}+\frac{2D}{r^3}\right]\sin2\theta\end{aligned}\right\}\tag{3-39}$$

当 $r=r_0$ 时，有

$$P_i=\sigma_{r_0}=\sigma_{r_0}^{c_0}=\frac{P}{2}[(1+\lambda)(1-\gamma)+(1-\lambda)(1-2\beta-3\delta)\cos2\theta] \quad (3-40)$$

此即二向不等压情况下（不计衬砌与围岩之间摩擦力）的衬砌抗力。式（3-36）～式（3-40）中各系数同前。

上述的所有表达式，实际上均包括无衬砌时的情况。从式（3-22）、式（3-33）可知，当无衬砌时，即 $G_c=0$，则有

$$\gamma=1,\beta=2,\delta=-1 \quad (3-41)$$

代入式（3-36）、式（3-37），即得无衬砌时围岩应力及位移表达式（3-9）、式（3-11），而代入式（3-38）～式（3-40），则有

$$\sigma_r^{c_0}=\sigma_\theta^{c_0}=\tau_{r\theta}^{c_0}=u^{c_0}=v^{c_0}=P_i=0 \quad (3-42)$$

若衬砌与围岩是密贴的，在接触面上不仅径向应力及位移协调一致，而且剪切应力及切向位移也完全相等，则边界条件为

$$\left.\begin{array}{l} r=r_0\text{ 处，}\sigma_r=\sigma_r^{c_0},\ u_{r_0}=u_{r_0}^{c_0} \\ \tau_{r\theta}=\tau_{r\theta}^{c_0},\ v_{r_0}=v_{r_0}^{c_0} \\ r=r_1\text{ 处，}\sigma_r^{c_0}=0,\ \tau_{r\theta}^{c_0}=0 \end{array}\right\} \quad (3-43)$$

与此相应的围岩与衬砌的应力、位移和衬砌抗力也可仿上求得。

四、洞室掘进过程中开挖面附近的围岩应力

洞室掘进过程中，由于开挖面的约束，使开挖面附近的围岩位移不能立即全部释放。因此，开挖面附近的围岩应力和变形将随着洞室纵轴方向变化，这种现象称为开挖面的“空间效应”或简称“开挖面效应”，开挖面附近的围岩应力属于三维应力问题。由于三维问题的复杂性，目前求解开挖面附近的应力和位移多数采用数值解法，应用较广泛的是采用有限元法及边界积分方程方法。图 3-10 中示出两种断面洞室的开挖面效应，图中表明，离开挖面的距离愈大，开挖面效应愈小，一般认为离开挖面的距离超过洞径 1～1.5 倍，开挖面效应就消失，图中曲线是根据三维有限元分析得出的。实测数据表明，上述计

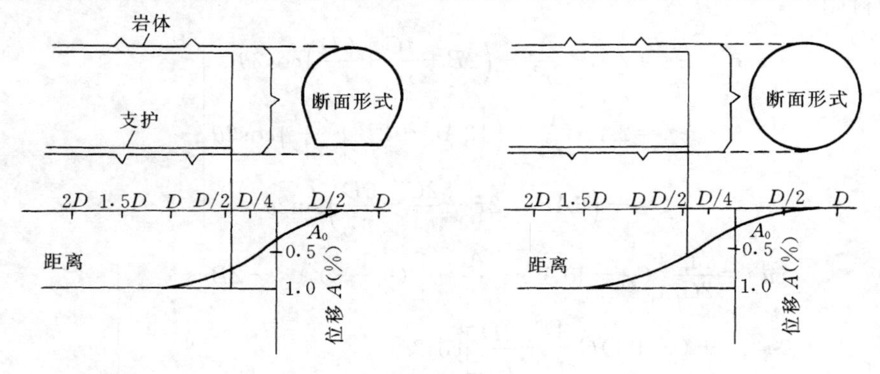

图 3-10 开挖面的“空间效应”

$A=u_r/u_{r_0}$（u_r—洞壁实际位移；u_{r_0}—洞壁总释放位移）

算结果与实测结果是大体一致的。由此可见，当采用紧跟开挖面支护的施工方法时，围岩压力必须受施工方法的影响。

计算开挖面附近的围岩位移和应力，通常可采用等效初始应力的方法，即认为释放的一部分初始应力引起洞壁位移和二次应力，未释放的一部分初始应力不引起洞壁位移和保留原有应力。

释放的等效初始应力，可根据洞壁的位移确定。释放的等效初始应力为 AP，A 为释放荷载系数，它可由图 3-10 中查得，亦可由式（3-44）给出。

$$A=\frac{u_1}{u_{r_0}}=\left\{A_0+(1-A_0)\left[1-\exp\left(-\frac{L}{g}\right)\right]\right\} \tag{3-44}$$

其中

$$g=\frac{1-A_0}{\left(\frac{\mathrm{d}A}{\mathrm{d}L}\right)_{L=0}}$$

式中　u_1——所求截面的洞壁径向位移；

$u_{r_0}=\frac{Pr_0}{2G}$——无支护时洞壁的径向总位移（即在无开挖面效应处无支护情况下的洞壁位移）；

A_0——开挖面上的释放荷载系数；

L——所求截面与开挖面的距离；

g——可由数值计算得到，一般 $g\approx 0.7r_0$。

如果假定掘进速度以等速 V_a 推进，则式（3-44）还可写成

$$A=\left\{A_0+(1-A_0)\left[1-\exp\left(-\frac{t}{T_a}\right)\right]\right\} \tag{3-45}$$

式中　t——所求截面与开挖面的时距。

$$T_a=\frac{g}{V_a}$$

当求开挖面附近洞壁位移及支护抗力时，只需将等效初始应力 AP 代以前述式中的 P 即可获得。而求开挖面附近围岩应力时，除需将 AP 代以式（3-46）P 外，还需加上未释放的原岩应力（$1-A$）P 引起的应力

$$\left.\begin{aligned}\sigma_r&=\frac{P}{2}(1+\lambda)+\frac{P}{2}(1-\lambda)\cos2\theta\\ \sigma_\theta&=\frac{P}{2}(1+\lambda)-\frac{P}{2}(1-\lambda)\cos2\theta\\ \tau_{r\theta}&=\frac{P}{2}(1-\lambda)\sin2\theta\end{aligned}\right\} \tag{3-46}$$

第三节　非圆形洞室的围岩应力

求解非圆形洞室的围岩应力需采用平面弹性力学问题中的复变函数解法，其推演过程参见有关书籍，本节只给出计算结果。

一、半圆直墙拱形洞室

图 3-11 是应用较广的一种洞形，图 3-12～图 3-16 给出了半圆直墙拱形洞室在上覆岩体自重作用下的洞周应力分布。从这些图中可以看出以下几点：

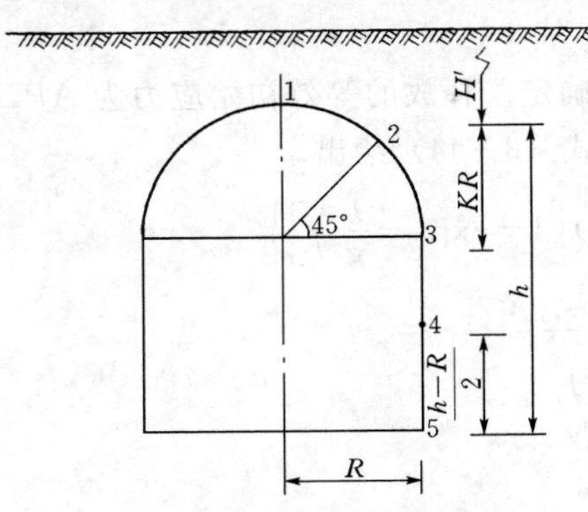

图 3-11　半圆直墙拱形洞室

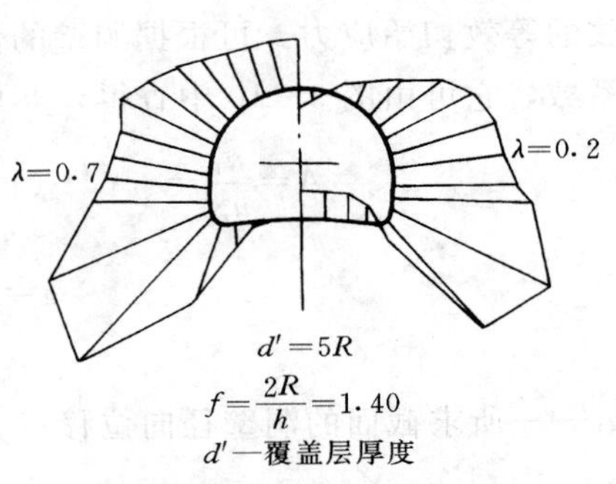

图 3-12　洞周切向应力分布（1）

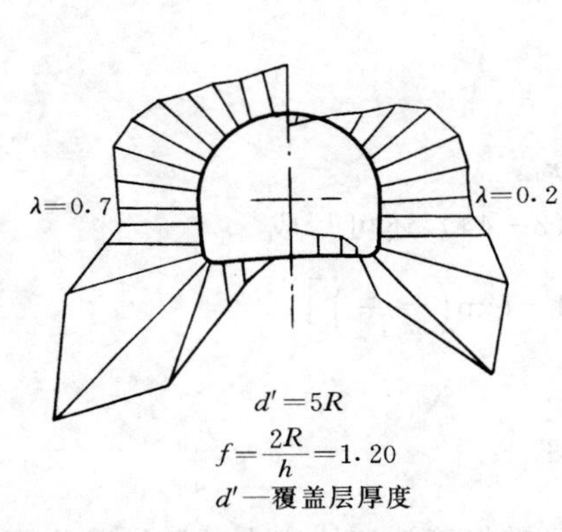

图 3-13　洞周切向应力分布（2）

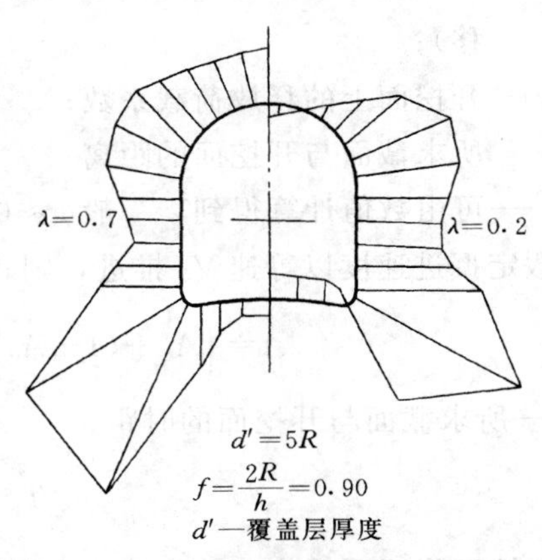

图 3-14　洞周切向应力分布（3）

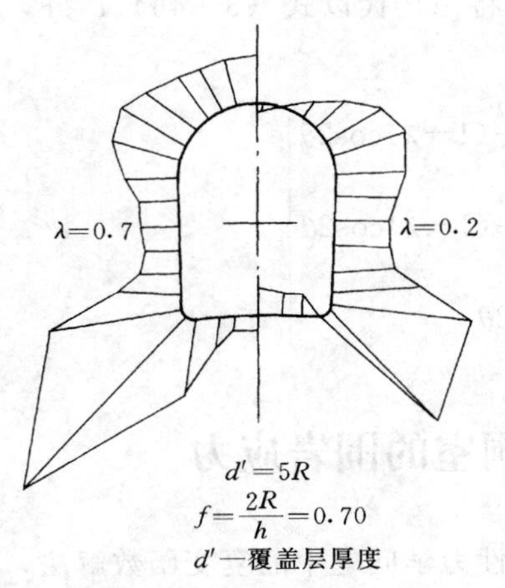

图 3-15　洞周切向应力分布（4）

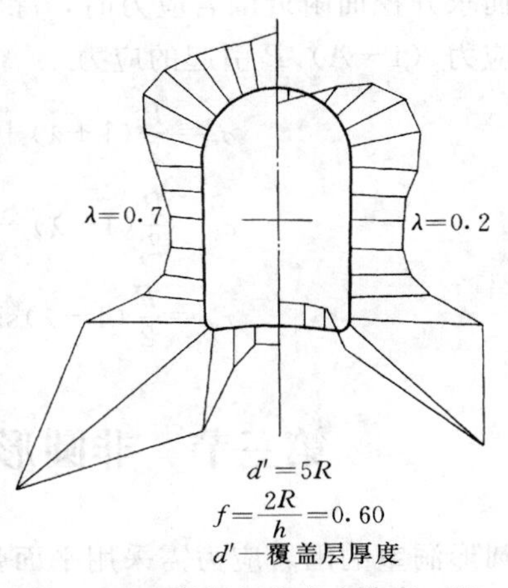

图 3-16　洞周切向应力分布（5）

(1) λ 是个重要的参数，当 λ 值较小时，如 $\lambda=0.2$，洞顶及洞底出现拉应力；当 λ 值由小变大时，洞顶及洞底中拉应力趋于减小，直至出现压应力，且压应力随着 λ 值的增加而增加；而两侧的压应力则趋于减小。可见与圆形洞室相似，h 值愈小，围岩受力愈不利。

(2) 随着跨高比 $f=\dfrac{2R}{h}$ 的减小，洞顶及洞底中部拉应力趋于减小，压应力趋于增大；而洞室两侧，压应力趋于减小。$\lambda<1$ 时，跨高比减小对围岩受力有利，地层中 $\lambda>1$ 也是常见情况。因此跨高比很小的洞室（即细高洞室），围岩受力不利。

(3) 随着跨高比的依次减小，只是相应地增大了洞壁高度，而洞顶及洞底的形状并无变化。与此相应，洞顶及洞底应力值的变化幅度远小于洞壁部分的幅度。可见，局部地改变某区段曲线，对该区段上的应力分量影响较大，而对其他区段上的影响不大。

为了计算方便起见，下面给出埋深 H' 与侧压系数 λ 为任意值时，洞室周边某些点（图 3－11）的切向应力 σ_θ 计算公式，有

$$\sigma_\theta=\gamma_0(\alpha+\beta\lambda)(H'+KR) \tag{3-47}$$

式中　γ_0——围岩容重；

H'——洞顶以上覆盖层厚度；

R——洞室半跨；

α、β、K——计算系数，见表 3－6。

表 3－6　　**α、β、K 系数表**

跨高比 $=\frac{2R}{h}$ ＼ 点号/系数	1		2		3		4		5		K
	α	β	α	β	α	β	α	β	α	β	
2.00	−0.9280	2.5400	1.7524	−0.0770	5.4252	−0.2106	5.4252	−0.2106	5.4252	−0.2106	0.6161
1.40	−0.9714	2.9163	1.4335	0.5339	2.7482	−0.8982	3.1439	−0.6553	3.6359	0.3412	0.8284
1.20	−0.9762	3.0536	1.1530	0.8783	2.3131	−0.8975	2.5824	−0.7284	3.5037	0.7096	0.9509
1.00	−0.9758	3.2138	0.8131	1.2639	2.1908	−0.9001	2.1704	−0.7654	3.4704	1.8451	1.1145
0.90	−0.9737	3.3255	0.6212	1.4994	2.2502	−0.8898	1.9628	−0.7835	3.5827	1.3652	1.2327
0.80	−0.9687	3.4274	0.4458	1.7531	2.3569	−0.8224	1.8105	−0.7932	2.4990	4.0506	1.3676
0.70	−0.9622	3.5595	0.2674	2.0586	2.4112	−0.5884	1.6639	−0.8027	1.2286	4.7732	1.5443
0.60	−0.9540	3.7312	0.0755	2.4482	2.1890	−0.0169	1.5173	−0.8114	0.2020	4.6026	1.7921

注　1. 系数 α、β 是在用边界均布荷载代替自重荷载情况下算得的。
2. 计算符号，以受压为正，受拉为负。

二、椭圆形洞室

如图 3－17 所示，以 a、b 表示椭圆的水平轴与垂直轴，K 为垂直轴 b 与水平轴 a 之比。当边界上作用有均布载荷 P 和 λP 时，可以导出椭圆形洞室周边的切向围岩应力为

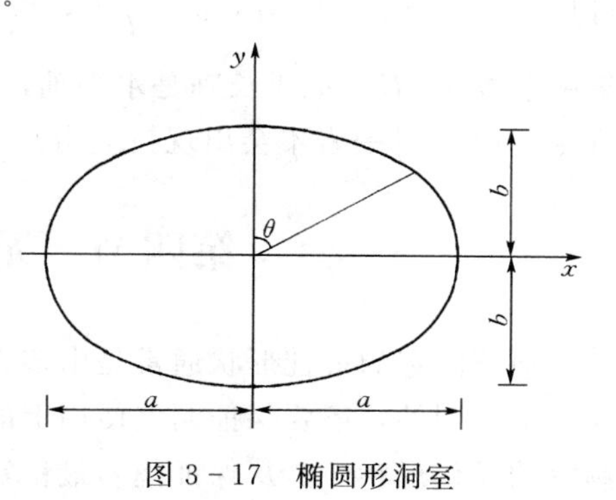

图 3－17　椭圆形洞室

$$\sigma_\theta=P\frac{K^2\sin^2\theta+2K\sin^2\theta-\cos^2\theta}{\cos^2\theta+K^2\sin^2\theta}$$

$$+\lambda P\frac{\cos^2\theta+2K\cos^2\theta-K^2\sin^2\theta}{\cos^2\theta+K^2\sin^2\theta} \tag{3-48}$$

为了方便起见，表 3-7 给出了椭圆形洞室顶底和两侧点的应力集中系数。

表 3-7　　椭圆形洞室周边应力值

λ	θ (°)	$b:a=K$								
		2/1	1.75/1	1.50/1	1.25/1	1/1	1/1.25	1/1.50	1/1.75	1/2
1.00	0	4.00	3.50	3.00	2.50	2.00	1.60	1.33	1.14	1.00
	90	1.00	1.14	1.33	1.60	2.00	2.50	3.00	3.50	4.00
0.75	0	2.75	2.37	2.00	1.62	1.25	0.95	0.75	0.60	0.50
	90	1.25	1.39	1.58	1.85	2.25	2.75	3.25	3.75	4.25
0.50	0	1.50	1.25	1.00	0.75	0.50	0.30	0.16	0.07	0
	90	1.50	1.64	1.83	2.10	2.50	3.00	3.50	4.00	4.50
0.25	0	0.25	0.12	0	−0.12	−0.25	−0.35	−0.42	−0.47	−0.50
	90	1.75	1.89	2.08	2.35	2.75	3.25	3.75	4.25	4.75
0	0	−1.00	−1.00	−1.00	−1.00	−1.00	−1.00	−1.00	−1.00	−1.00
	90	2.00	2.14	2.60	2.60	3.00	3.50	4.00	4.50	5.00

注　表中符号：b 为垂直轴长度，a 为水平轴长度；压应力为正，拉应力为负；表中数值均乘以 $\gamma_0 H'$（γ_0 为岩石容重；H'为埋置深度）。

当 $\lambda=0$ 时，即仅在 y 轴方向有垂直荷载 P 时，此时有

$$\sigma_\theta=P\frac{K^2\sin^2\theta+2K\sin^2\theta-\cos^2\theta}{\cos^2\theta+K^2\sin^2\theta} \tag{3-49}$$

可见在洞室两侧，$\theta=90°$处，$\sigma_\theta=P\left(1+\frac{2}{K}\right)$，应力集中系数为 $1+\frac{2}{K}$。当长轴在水平轴方向时，$K<1$，这时两侧点会出现较高的应力集中。洞顶 $\theta=0°$处，$\sigma_\theta=-P$，不论 K 多大，它是个常数。

当 $\lambda=1$ 时，即原岩应力呈轴对称分布时，有

$$\sigma_\theta=\frac{2KP}{\cos^2\theta+K^2\sin^2\theta} \tag{3-50}$$

可见洞室两侧 $\theta=90°$处，$\sigma_\theta=\frac{2}{K}P$，应力集中系数为$\frac{2}{K}$；在洞顶 $\theta=0°$处，$\sigma_\theta=2KP$，应力集中系数为 $2K$。如果长轴是水平轴，$K<1$，则两侧应力集中高于洞顶，反之亦然。此外可见，$\lambda=1$ 时围岩不会出现拉应力。

第四节　无衬砌洞室的最佳形状

地下洞室的最佳形状通常是由多方面的因素决定的，它除了能保证围岩最稳定和衬砌受力最有利外，还要保证洞室使用上的要求，施工上方便和开挖量少。本节所述的无衬砌洞室的最佳形状，是从保证围岩最稳定的角度出发的。这一问题长期以来一直被工程技术

人员所重视，因为它可以较小的代价获得较大的经济效益，而且实用上也适用于有衬砌的洞室。

从上节的研究，我们已经可以得出一些结论，例如曲线形洞室断面要比直线形好，无折角的断面要比有折角的断面好，因为前者出现的拉应力数值和应力集中系数低，这就有利于围岩的稳定。

20 世纪 50 年代末，我国于学馥教授提出了轴比论，他提出在二维应力场中，使围岩保持稳定的最佳洞形是具有一定轴比的椭圆。1978 年瑞合资（R. Richards）和贝觉克门（G. S. Bjorkman）又从理论计算方面解决了这一问题。

从围岩稳定的观点选择最佳洞形，就是要寻找具有最小应力集中的洞形，这种洞形称为谐洞。模型试验表明，围岩破坏都是从应力集中系数最大的地方开始和出现，所以我们只需引用弹性理论分析，尽量使围岩最大应力集中系数降低到最小，由此就可获得最佳洞形。

瑞合资和贝觉克门指出，如果洞形周边的应力等于原岩应力的应力张量的第一不变量，并保持沿洞周各点的应力不变，那么就能得到最小的应力集中，因而这种洞形也就是谐洞。

对于边界有均布荷载的二维应力场［图 3－18（a）］，这一解答是简单的，只要将式(3－48)对 θ 微分，并令其为零，即

$\frac{d\sigma_\theta}{d\theta}=0$，有

$$4K(K+1)\sin\theta\cos\theta-4\lambda K^2(K+1)\sin\theta \mathrm{sos}\theta=0 \qquad (3-51)$$

由此得

$$K=\frac{1}{\lambda} \qquad (3-52)$$

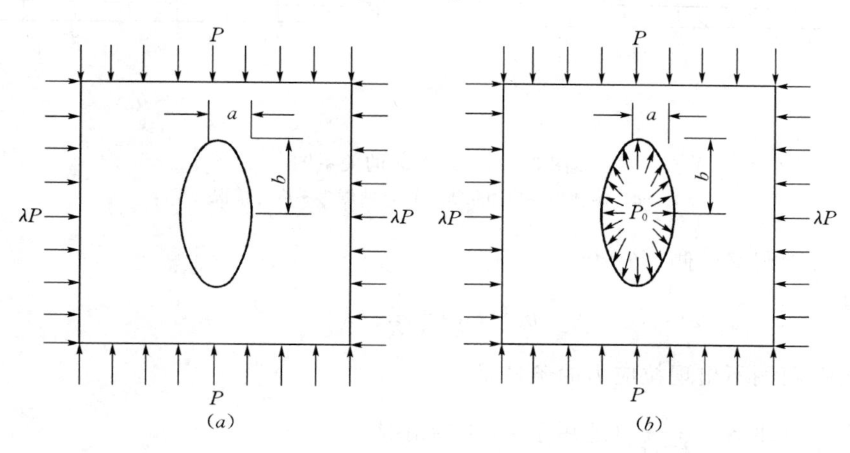

图 3－18　均布地应力场中的椭圆形洞室

当椭圆轴比满足式（3－52）时为最稳定轴比，这时洞室周围各点上均有

$$\sigma_\theta=\sigma_1+\sigma_3=P+\lambda P \qquad (3-53)$$

即为原岩应力的应力张量第一不变量。因此具有式（3－52）轴比的椭圆洞室即为谐洞。

在轴比论中，我们称式（3－52）的轴比为等应力轴比，其特点是洞室周边各点的应

力相等，出现的最大应力值最小，并且不出现拉应力。因此，具有这种轴比的椭圆能保证围岩最稳定。

当椭圆形洞室内具有均布的内压力 P_0 时［图 3-18（b）］，同样可导出最稳定洞形的轴比（或等应力轴比）为

$$\frac{b}{a}=\frac{P-P_0}{\lambda P-P_0} \tag{3-54}$$

如果按等应力轴比率来选定洞室断面，难以满足使用要求或者施工不便和开挖不够经济，还可采用零应力轴比率来选择洞形，即使洞周不出现拉应力，围岩处于受压状态。

由式（3-48），对于洞室顶部（$\theta=0°$）处，有

$$\sigma_\theta=P(\lambda+2\lambda K-1) \tag{3-55}$$

因此，保证洞顶不出现拉应力的条件为

$\lambda\geqslant\frac{1}{1+2K}$　即 $K\geqslant\frac{1-\lambda}{2\lambda}$（适用 $\lambda<1$ 的情况）

轴比 K 与 λ 的关系，用图 3-19（a）表示时，在曲线上方为压应力的范围，曲线下方为拉应力范围。

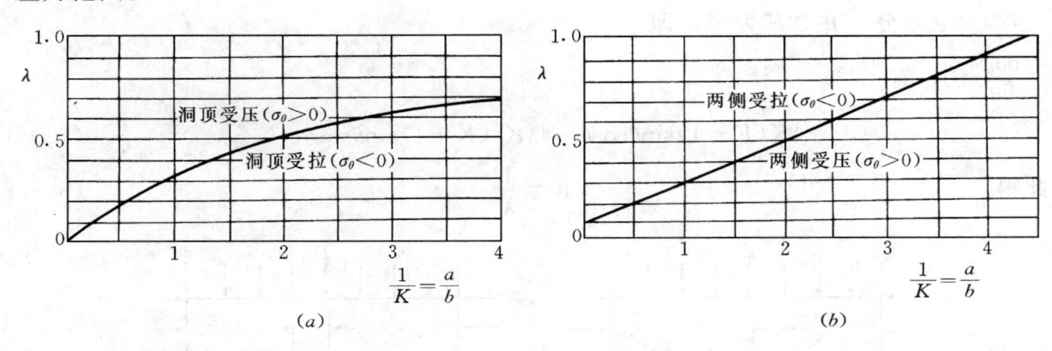

图 3-19　K 与 λ 的关系图

（a）洞顶为零应力情况；（b）两侧为零应力情况

同样，对于洞室两侧（$\theta=90°$）处有

$$\sigma_\theta=P\left(1+\frac{2}{K}-\lambda\right) \tag{3-56}$$

保证洞壁两侧不出现拉应力的条件是：

$\lambda\leqslant1+\frac{2}{K}$，即 $K\leqslant\frac{2}{\lambda-1}$（适用于 $\lambda>1$ 的情况）

K 与 λ 的关系用图 3-19（b）表示时，在曲线上方为拉应力范围，曲线下方为压应力范围。

【例 3-1】　某工地一点之原岩应力状态，如图 3-20 所示，σ_1、σ_2、σ_3 分别在 x、y、z 方向上，并且 $\sigma_1:\sigma_2:\sigma_3=4:3:2$，求椭圆的稳定轴比。

（1）当洞室长轴沿 x 轴方向布置，洞室最稳定的轴比为

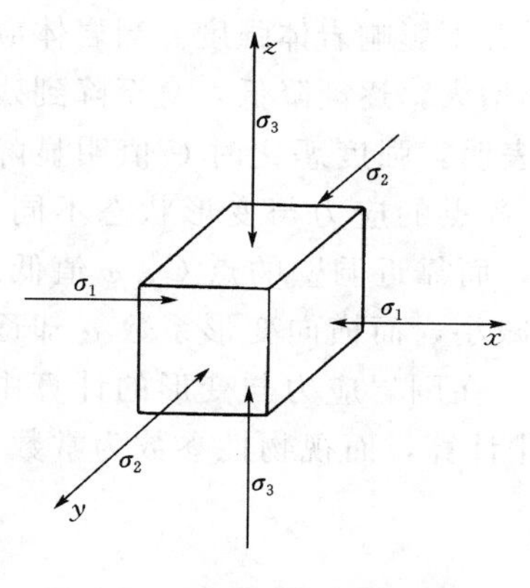

图 3-20　某点原岩应力状态

$$\frac{b}{a}=\frac{\sigma_{0z}}{\sigma_{0y}}=\frac{\sigma_3}{\sigma_2}=\frac{2}{3}$$

即洞室宽：高为3：2。

（2）当洞室长轴沿 y 轴布置，最稳定轴比为

$$\frac{b}{a}=\frac{\sigma_{0z}}{\sigma_{0x}}=\frac{\sigma_3}{\sigma_1}=\frac{1}{2}$$

即洞室宽：高为2：1。

（3）当洞室长轴沿 z 轴方向布置，即洞室为垂直方向（竖井），最稳定轴比为

$$\frac{b}{a}=\frac{\sigma_{0y}}{\sigma_{0x}}=\frac{\sigma_2}{\sigma_1}=\frac{3}{4}$$

即两水平轴之比为4：3。

第五节　围岩应力的弹塑性分析

一、概述

地下洞室开挖后围岩应力重分布，如果围岩应力处处小于岩体强度，围岩仍处于弹性状态。反之，当围岩局部区域的应力超过岩体强度，则岩体物性状态改变，围岩进入塑性或破坏状态。围岩的塑性或破坏状态有两种情况：一是围岩局部区域的拉应力达到了抗拉强度；产生局部受拉分离破坏；二是局部区域的剪应力达到岩体抗剪强度，从而使这部分围岩进入塑性状态，但其余部分围岩仍然处于弹性状态。

在 $\lambda<1$ 的情况下，设计人员常通过改变洞室形状和轴比来消除围岩中的拉应力，所以一般情况下，围岩主要是受压剪破坏。

围岩内塑性区的出现，一方面使应力不断地向围岩深部转移，另一方面又不断地向洞室方向变形并逐渐解除塑性区的应力。塔罗勃（J. Talober）、卡斯特奈（H. Kastner）等给出了弹塑性围岩中的应力图形（图3-21）。与开挖前的初始应力相比，围岩中的塑性区应力可分为两部分：塑性区外圈是应力高于初始应力的区域，它与围岩弹性区中应力升高部分合在一起称作围岩承载区；塑性区内圈应力低于初始应力的区域称作松动区。松动区内应力和强度都有明显下降，裂隙扩张增多，容积扩大，出现了明显的塑性滑移，这时没有足够的支护抗力就不能使围岩维持平衡状态。

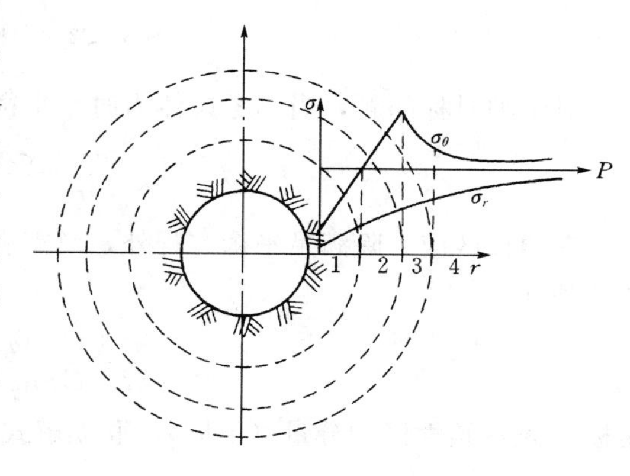

图 3-21　弹塑性围岩应力状态图
1～2—塑性区；3～4—弹性区；1—松动区；
2～3—承载区；4—初始应力区

塑性区内应力逐渐解除显然不同于未破坏岩体的应力卸载。前者是伴随塑性变形被

迫产生的，它是强度降低的体现，而后者则是应力的消失，并不影响岩体强度。当岩体应力达到岩体极限强度后，强度并未完全丧失，而是随着变形增大，逐渐降低，直至降到残余强度为止。这种形式的破坏称为强度恶化或弱化。试验表明，强度恶化时 C 值明显降低，而 φ 值则降低不多。在围岩塑性区中，沿塑性区深度各点的应力与变形状态不同，C、φ 值也相应不同，靠近弹塑性区交界面的点 C、φ 值高，而靠近洞壁的点 C、φ 值低。与此同时，塑性区中随着塑性变形增大，变形模量 E 逐渐减小，而横向变形系数 μ 却逐渐增大，所以塑性区 E 和 μ 也随塑性区深度而变化。因此，在围岩应力与变形的计算中应考虑塑性区物性参数 C、φ、E、μ 值的变化。即使为简化计算，而视物性参数为常数，那么也应选取一个合适的平均值作为计算参数。

二、轴对称条件下围岩应力的弹塑性分析

轴对称条件下，应力及变形均仅是 r 的函数，而与 θ 无关，且塑性区为一等厚圆，我们在塑性区中假设 C、φ 值为常数。解题的基本原理是使塑性区满足塑性条件与塑性平衡方程，使弹性区满足平衡方程和弹性条件，在弹性区与塑性区交界处既满足弹性条件又满足塑性条件。计算简图如图 3-22 所示。

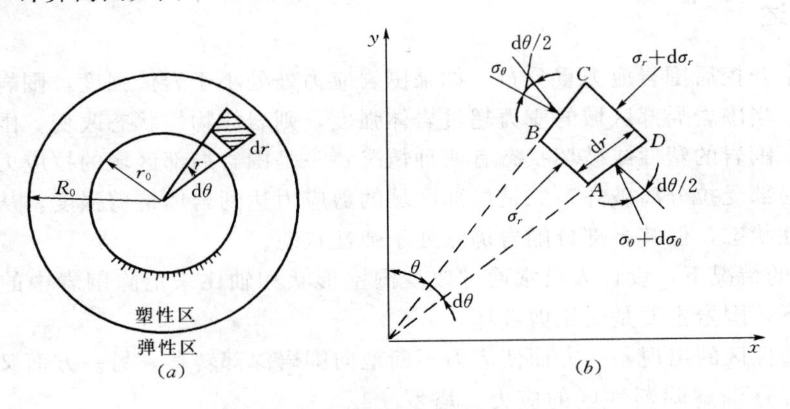

图 3-22　塑性区计算简图

对于轴对称问题，当不考虑体力时，平衡方程为

$$\frac{\partial\sigma_r}{\partial r}+\frac{\sigma_r-\sigma_\theta}{r}=0 \tag{3-57}$$

在塑性区应力除满足平衡方程外，尚需满足塑性条件。这里我们取莫尔—库仑准则为塑性条件

$$\frac{\sigma_r^p+C\cot\varphi}{\sigma_\theta^p+C\cot\varphi}=\frac{1-\sin\varphi}{1+\sin\varphi} \tag{3-58}$$

角标 p 表示塑性区的分量（下同）。联立解式（3-57）及式（3-58），得

$$\ln(\sigma_r^p+C\cot\varphi)=\frac{2\sin\varphi}{1-\sin\varphi}\ln r+C_1 \tag{3-59}$$

式中　C_1——积分常数，由边界条件确定。

当有支护时，支护与围岩界面（$r=r_0$）上的应力边界条件为 $\sigma_r^p=P_i$，P_i 为支护抗

力，解得积分常数

$$C_1=\ln(P_i+C\cot\varphi)-\frac{2\sin\varphi}{1-\sin\varphi}\ln r_0 \tag{3-60}$$

代入式（3-59）及式（3-58），即得塑性区应力，有

$$\left.\begin{aligned}\sigma_r^p&=(P_i+C\cot\varphi)\left(\frac{r}{r_0}\right)^{\frac{2\sin\varphi}{1-\sin\varphi}}-C\cot\varphi\\\sigma_\theta^p&=(P_i+C\cot\varphi)\left(\frac{1+\sin\varphi}{1-\sin\varphi}\right)\left(\frac{r}{r_0}\right)^{\frac{2\sin\varphi}{1-\sin\varphi}}-C\cot\varphi\end{aligned}\right\} \tag{3-61}$$

由式（3-61）可见，塑性应力将随着 C、φ 及 P_i 的增大而增大，而与原岩应力 P 无关。为求得塑性区半径，需应用塑性区和弹性区交界面上的应力协调条件。若令塑性区半径为 R_0，则当 $r=R_0$ 时，有（见图 3-23）

$$\sigma_r^e=\sigma_r^p=\sigma_{R_0}，\ \sigma_\theta^e=\sigma_\theta^p \tag{3-62}$$

式中 e——弹性区的分量。

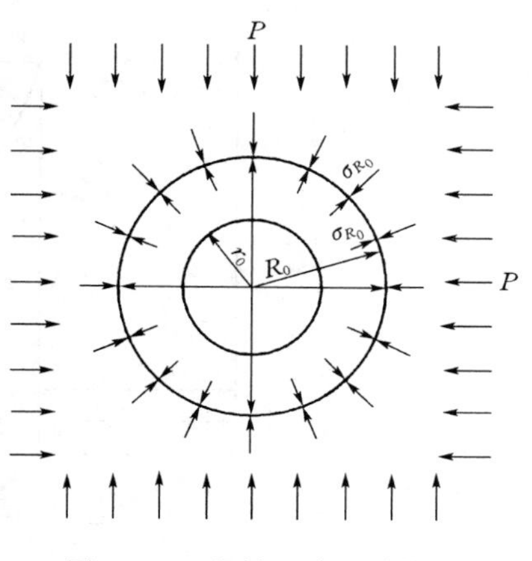

图 3-23 塑性区半径计算图

对于弹性区（$r\geqslant R_0$），围岩的应力及变形为

$$\left.\begin{aligned}\sigma_r^e&=P\left(1-\frac{R_0^2}{r^2}\right)+\sigma_{R_0}\frac{R_0^2}{r^2}=P\left(1-\gamma'\frac{R_0^2}{r^2}\right)\\\sigma_\theta^e&=P\left(1+\frac{R_0^2}{r^2}\right)-\sigma_{R_0}\frac{R_0^2}{r^2}=P\left(1+\gamma'\frac{R_0^2}{r^2}\right)\end{aligned}\right\} \tag{3-63}$$

$$\left.\begin{aligned}u^e&=\frac{(P-\sigma_{R_0})R_0^2}{2Gr}=\gamma'\frac{PR_0^2}{2Gr}\\\gamma'&=1-\frac{\sigma_{R_0}}{P}\end{aligned}\right\} \tag{3-64}$$

式中 σ_{R_0}——弹塑性区交界面上的径向应力。

将式（3-63）中第一、二式相加，得

$$\sigma_r^e+\sigma_\theta^e=2P \tag{3-65}$$

因而在弹塑性界面（$r=R_0$）上也有

$$\sigma_r^p+\sigma_\theta^p=2P \tag{3-66}$$

将式（3-66）代入塑性条件式（3-58）中，整理后即得 $r=R_0$ 处的应力

$$\left.\begin{aligned}\sigma_r&=P(1-\sin\varphi)-C\cos\varphi=\sigma_{R_0}\\\sigma_\theta&=P(1+\sin\varphi)+C\cos\varphi=2P-\sigma_{R_0}\end{aligned}\right\} \tag{3-67}$$

式（3-67）表明弹塑性界面上应力是一个取决于 P、C、φ 值的函数，而与 P_i 无关。

将 $r=R_0$ 代入式（3-61），并考虑式（3-67），得塑性区半径 R_0 与 P_i 的关系式

$$P_i=(P+C\cot\varphi)(1-\sin\varphi)\left(\frac{r_0}{R_0}\right)^{\frac{2\sin\varphi}{1-\sin\varphi}}-C\cot\varphi \tag{3-68}$$

或

$$R_0=r_0\left[\frac{(P+C\cot\varphi)(1-\sin\varphi)}{P_i+C\cot\varphi}\right]^{\frac{1-\sin\varphi}{2\sin\varphi}} \tag{3-69}$$

式（3-68）和式（3-69）就是修正了的芬纳（R. Fenner）公式。它描述了支护抗力 P_i 与 R_0 的关系。从公式可知，P_i 越小，则 R_0 越大；反之，R_0 越大，则为维持极限平衡状态所需要的支护抗力 P_i 就越小。图 3-24 示出了 P_i—R_0 曲线。由图可见，在围岩稳定的前提下，扩大塑性区半径 R_0，就可降低为维持极限平衡状态所需的支护抗力 P_i，也就是说，这种情况下充分发挥了围岩的自承作用。但是必须指出，围岩的这种作用是有限的，当 P_i 降低到一定值后，塑性区再扩大，围岩就要出现松动塌落，刚出现松动塌落时的围岩压力称为最小围岩压力 $P_{i\min}$，过此点围岩压力就要大大增加，上述 P_i-R_0 曲线就不再适用。

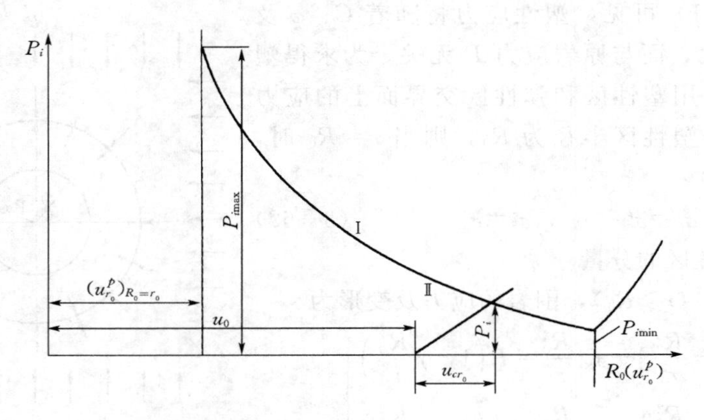

图 3-24 P_i—R_0 曲线

Ⅰ—$P_i-u_{r_0}^p$ 或 P_i-R_0 曲线；Ⅱ—$P_i-u_{cr_0}$ 曲线；

$(u_{r_0}^p)_{R_0=r_0}$—刚出现塑性区时洞壁径向位移

芬纳在推演过程中，曾一度假设 $C=0$，因此所得结果与上述修正公式稍有差异，其式为

$$P_i=[C\cot\varphi+P(1-\sin\varphi)]\left(\frac{r_0}{R_0}\right)^{\frac{2\sin\varphi}{1-\sin\varphi}}-C\cot\varphi \tag{3-70}$$

或

$$R_0=r_0\left[\frac{C\cot\varphi+P(1-\sin\varphi)}{P_i+C\cot\varphi}\right]^{\frac{1-\sin\varphi}{2\sin\varphi}} \tag{3-71}$$

比较式（3-68）及式（3-70），可见在同样的 R_0 情况下，按芬纳公式所算得的 P_i 值将比按修正后的芬纳公式增大值为

$$C\cos\varphi\left(\frac{r_0}{R_0}\right)^{\frac{2\sin\varphi}{1-\sin\varphi}} \tag{3-72}$$

C 值越大，增大越多，而 φ 的情况则相反。

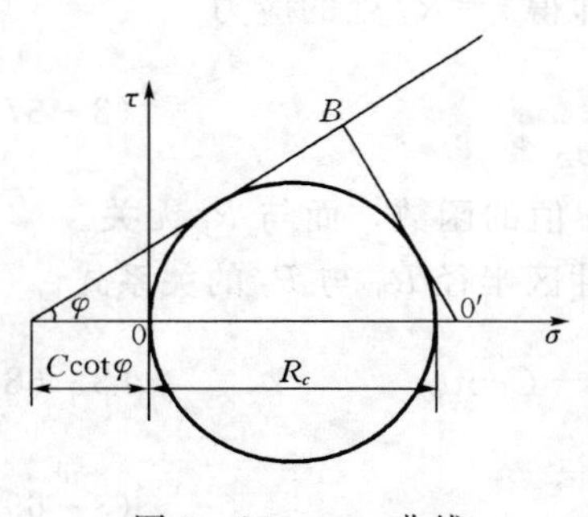

图 3-25 τ—σ 曲线

若令

$$R_c=\frac{2C}{\tan\left(45°-\frac{\varphi}{2}\right)}$$

$$\xi=\frac{1+\sin\varphi}{1-\sin\varphi} \tag{3-73}$$

式中 R_c——围岩单轴抗压强度（见图 3-25）。

则塑性区围岩应力、支护抗力及塑性区半径的表达式

(3-61)、式(3-68)或式(3-69)变换为

$$\sigma_r^p=\left(P_i+\frac{R_c}{\xi-1}\right)\left(\frac{r}{r_0}\right)^{\xi-1}-\frac{R_c}{\xi-1} \tag{3-74}$$

$$\sigma_\theta^p=\left(P_i+\frac{R_c}{\xi-1}\right)\xi\left(\frac{r}{r_0}\right)^{\xi-1}-\frac{R_c}{\xi-1}$$

$$P_i=\frac{2}{\xi^2-1}[R_c+P(\xi-1)]^{\xi-1}-\frac{R_c}{\xi-1} \tag{3-75}$$

或

$$R_0=r_0\left[\frac{2}{\xi+1}\times\frac{R_c+P(\xi-1)}{R_c+P_i(\xi-1)}\right]^{\frac{1}{\xi-1}} \tag{3-76}$$

按照我们前面对松动区的定义，假设松动区边界上切向应力为原岩应力，即 $\sigma_\theta=P$，由式(3-61)求得

$$\sigma_\theta=(P_i+C\cot\varphi)\left(\frac{1+\sin\varphi}{1-\sin\varphi}\right)\left(\frac{R}{r_0}\right)^{\frac{2\sin\varphi}{1-\sin\varphi}}-C\cot\varphi=P \tag{3-77}$$

即得松动区半径

$$\begin{aligned}R&=r_0\left[\frac{(P+C\cot\varphi)(1-\sin\varphi)}{(P_i+C\cot\varphi)(1+\sin\varphi)}\right]^{\frac{1-\sin\varphi}{2\sin\varphi}}\\&=R_0\left(\frac{1}{1+\sin\varphi}\right)^{\frac{1-\sin\varphi}{2\sin\varphi}}\end{aligned} \tag{3-78}$$

可见松动区半径与塑性区半径存在着一定关系。

三、$\lambda\neq1$ 时圆形洞室塑性区边界的近似计算

通常，塑性区边界是判断围岩稳定性一项重要内容。但在实际问题中，多为非轴对称问题，目前尚无精确的解析解答，一般采用近似计算方法。其原理如下：首先按弹性理论求得围岩应力，然后将此应力值代入塑性条件，将满足塑性条件的点联起来，即为塑性区边界线，并认为边界线内即是塑性区。尽管这种近似计算方法缺少理论依据，但其结果还是可供实用的，一般算得的塑性区范围约小于按弹塑性有限元法算得的塑性区的10%～30%。这种方法在数值解中亦广为应用，它可适用于任何洞形和 λ 值。

按式(3-9)求出围岩弹性应力 σ_θ^e、σ_r^e 和 $\tau_{r\theta}^e$，代入到下面塑性条件中

$$\sin\varphi=\frac{\sqrt{(\sigma_\theta^e-\sigma_r^e)^2+(2\tau_{r\theta}^e)^2}}{\sigma_\theta^e+\sigma_r^e+2C\cot\varphi} \tag{3-79}$$

由此获得塑性区边界方程如下

$$\begin{aligned}&\cos^2 2\theta+\frac{2}{\omega}\left[\frac{1+\lambda}{4(1-\lambda)}(1-2a^2+3a^4)-\frac{\left(1+\lambda+\dfrac{2\chi}{P}\right)\sin^2\varphi}{2(1-\lambda)}\right]\\&\times\cos2\theta-\frac{1}{\omega}\frac{(1+\lambda)^2a^2}{4(1-\lambda)^2}-\frac{1}{\omega}\frac{(1+2a^2-3a^4)^2}{4a^2}\\&+\frac{1}{\omega}\frac{\left(1+\lambda+\dfrac{2\chi}{P}\right)\sin^2\varphi}{4a^2(1-\lambda)^2}=0\end{aligned} \tag{3-80}$$

其中
$$\omega=a^2\sin^2\varphi+2-3a^2$$
$$\chi=C\cot\varphi,\ a=\frac{r_0}{R_0}$$

式中　R_0——所求点塑性区半径。

式（3-80）表示给定λ后$\frac{r_0}{R_0}$与θ的关系式，给一个θ，即能求相应的R_0值，当计算点足够时，可给出塑性区边界图。

【例 3-2】　当$\varphi=30°$，$C=2.5\text{MPa}$，$P=15\text{MPa}$，侧压力系数$\lambda=0$、0.3、0.5、0.75、1时，按卡斯特奈方法，其计算结果示于图3-26。

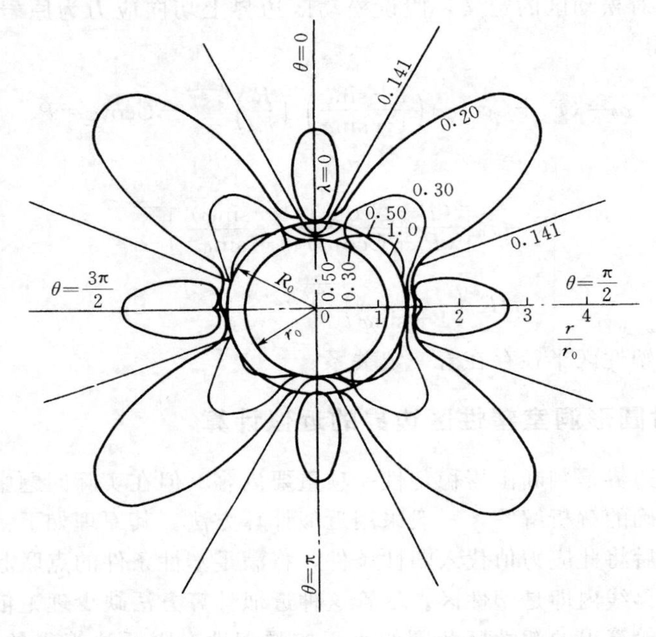

图3-26　用卡斯特奈方法算得的塑性区边界线

由图3-26可见，围岩塑性区形状随侧压力系数λ值而有明显变化。当$\lambda=1$时，塑性区围绕着开挖洞室成环形分布；$\lambda=0.5$时，塑性区位于洞室两侧呈镰刀形，$\lambda=0.3$时，塑性区开始向45°方向扩展；$\lambda=0.2$时，呈舌状，并沿45°方向斜伸到岩层中相当远的地方，所以围岩剪切破坏，一般都先从侧壁开始。在两侧距洞壁一定距离出现弹性核，即不论λ为何值，核内各点围岩均处于弹性状态，尽管侧向围岩是塑性区高度集中的地方，但λ值较低时，塑性区不再向侧向扩展，而是逐渐转向45°方向扩展。

塑性区除受λ影响外，还受洞室形状、围岩抗剪强度（抗压强度）和原岩应力大小的影响。图3-27表示了不同λ值时，在不同的岩体抗压强度R_c和初始应力P的比值下，圆形洞室的塑性区形状。当$\frac{R_c}{P}=k>1$时，图中用阴影线部分表示。由图可见，对圆形洞室而言，当λ值不变时，k值大时，塑性区容易在两侧出现；相反，比值k小时，塑性区易于向45°方向延伸，而且塑性区范围较大。

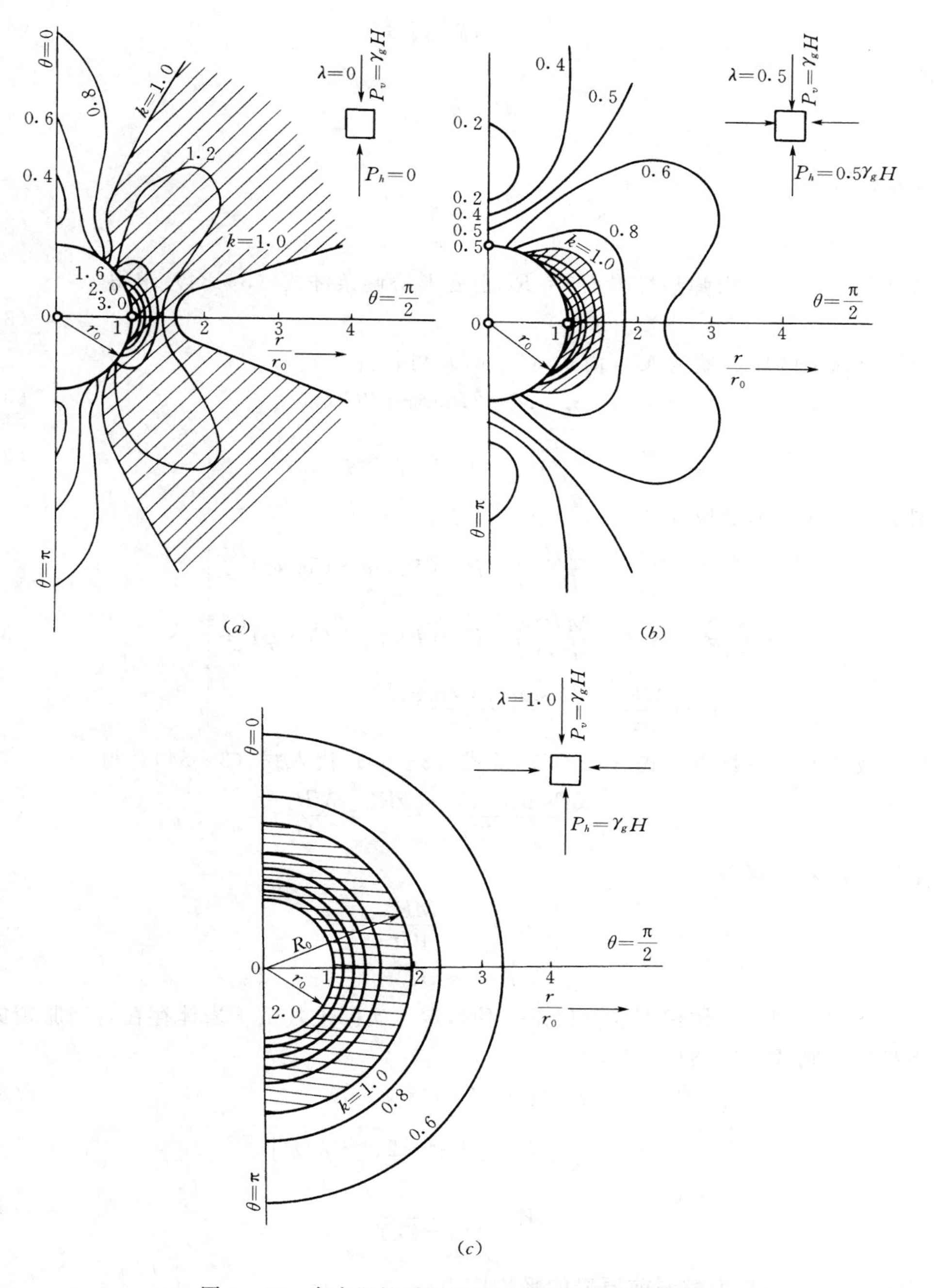

图 3-27　完全塑性时圆形洞室周围的塑性区边界

第六节　围岩塑性位移的计算

为求得塑性区位移 u^p，通常假定小变形情况下塑性区体积不变，即

$$\varepsilon=\varepsilon_r^p+\varepsilon_\theta^p+\varepsilon_z^p=0 \tag{3-81}$$

将几何方程代入，得

$$\frac{\partial u^p}{\partial r}+\frac{u^p}{r}=0 \tag{3-82}$$

该微分方程解为

$$u^p=\frac{A}{r} \tag{3-83}$$

其中 A 为待定常数，由弹塑性界面 $r=R_0$ 上变形协调条件式（3-84）求得

$$u^e=u^p \tag{3-84}$$

令弹塑性界面上的应力差为 M，由式（3-67）可得

$$\sigma_\theta-\sigma_r=M=2P\sin\varphi+2C\cos\varphi \tag{3-85}$$

则

$$\gamma'=1-\frac{\sigma_{R_0}}{P}=\sin\varphi+\frac{C}{P}\cos\varphi=\frac{2M}{P} \tag{3-86}$$

因而围岩弹性区应力及位移［式（3-63）］为

$$\left.\begin{aligned}\sigma_r^e&=P\left(1-\frac{M}{2P}\frac{R_0^2}{r^2}\right)=P-(P\sin\varphi+C\cos\varphi)\frac{R_0^2}{r^2}\\ \sigma_\theta^e&=P\left(1+\frac{M}{2P}\frac{R_0^2}{r^2}\right)=P+(P\sin\varphi+C\cos\varphi)\frac{R_0^2}{r^2}\\ u^e&=\frac{MR_0^2}{4Gr}=\frac{(P\sin\varphi+C\cos\varphi)R_0^2}{2Gr}\end{aligned}\right\} \tag{3-87}$$

将弹性区及塑性区位移表达式（3-87）及式（3-83）代入式（3-84），得

$$A=\frac{(P\sin\varphi+C\cos\varphi)R_0^2}{2G}=\frac{MR_0^2}{4G} \tag{3-88}$$

因而塑性区围岩位移为

$$u^p=u=\frac{MR_0^2}{4Gr} \tag{3-89}$$

$$(r_0\leqslant r\leqslant R_0)$$

应该指出，塑性区体积不变仅仅是一种假定，实际上，由于岩体存在着剪胀现象，塑性区将扩容，则式（3-81）应写为

$$\varepsilon^p=\varepsilon_r^p+\varepsilon_\theta^p+\varepsilon_z^p=\sigma_m/K \tag{3-90}$$

其中

$$\sigma_m=\frac{1}{3}[\sigma_\theta^p+\sigma_z^p+\sigma_r^p-2(1+\mu)P]$$

$$K=\frac{E}{3(1-2\mu)} \tag{3-91}$$

σ_m 式中的 $\frac{2}{3}(1+\mu)P$ 为挖洞前原岩的平均应力。

按上述条件，求解结果为

$$u_r=\frac{MR_0^2}{2Gr}(1-\mu)+\frac{r(1-2\mu)}{2G}(P+C\cot\varphi)\times\left[(1-\sin\varphi)\left(\frac{r}{R_0}\right)^{\frac{2\sin\varphi}{1-\sin\varphi}}-1\right] \tag{3-92}$$

当 $\mu=0.5$ 时，则式（3-92）化为式（3-89），因为这时体积不变。

若令式（3-69）或式（3-70）中 $P_i=0$，即得无支护情况下塑性区半径，并可相应地求得无支护时围岩的应力和变形。由式（3-87）可知，弹塑性界面（$r=R_0$）上的应力值仅取决于 P 和 C、φ 值，而与支护抗力 P_i 无关，支护抗力 P_i 只能改变塑性区大小而不能改变弹塑性界面上的围岩应力。

当 $R_0=r_0$ 时，即塑性区为零时，有

$$P_{i\max}=P(1-\sin\varphi)-C\cos\varphi \tag{3-93}$$

可见最大支护抗力就是弹塑性界面上的应力，其值要比原岩应力 P 小。

图 3-28 给出了无支护和有支护时围岩塑性区应力变化情况。从图可见，在围岩周边加上支护抗力 P_i 后，使洞周从双向应力状态转入三向应力状态，从而在维持极限平衡状态情况下，使切向应力增大了 $\dfrac{1+\sin\varphi}{1-\sin\varphi}P_i$ 的数值，这在图中表现为莫尔圆内移。

将 $r=r_0$ 的塑性位移 $u_{r_0}^p$ 值代入式（3-68），即得支护抗力 P_i 与洞周围岩塑性位移 $u_{r_0}^p$ 关系式

$$P_i=-C\cot\varphi+(P+C\cot\varphi)(1-\sin\varphi)\left(\frac{Mr_0}{4Gu_{r_0}^p}\right)^{\frac{\sin\varphi}{1-\sin\varphi}} \tag{3-94}$$

由式（3-94）可知，支护抗力 P_i 随着洞壁塑性位移增大而逐渐减小，直至达到 $P_{i\min}$，如图 3-24 所示，表明洞壁塑性位移增大是与塑性区增大相对应的。

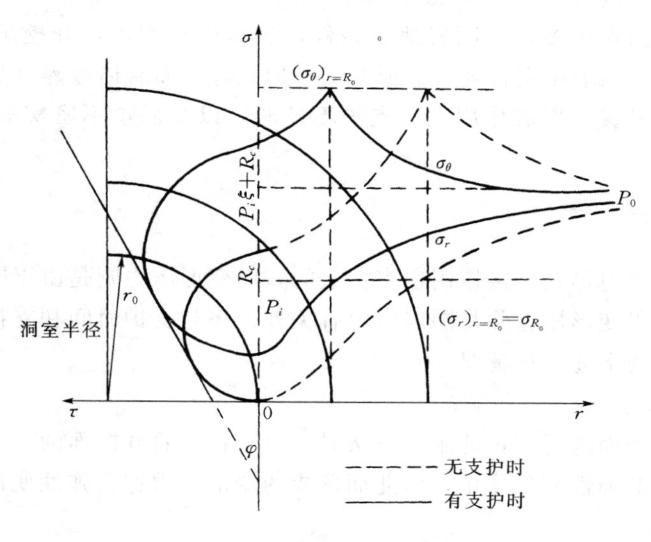

图 3-28　塑性区应力变化图

第七节　围岩压力的分类

围岩压力是指引起地下开挖空间周围岩体和支护变形、破坏的作用力，它包括由地应力（即原岩应力）引起的围岩应力以及围岩变形受阻而作用在支护结构上的总作用力，围岩压力也称地压。由围岩压力引起的围岩与支护的变形、流动和破坏等现象称为围岩压力

显现或地压显现。因此，从广义方面理解，围岩压力既包括围岩有支护情况，也包括围岩无支护情况；既包括在普通的传统支护上所显示的性态，也包括在锚喷和压力灌浆等现代支护方法中所显示的性态。从狭义方面理解，围岩压力是指围岩作用在衬砌上的压力。

目前，国内外对围岩压力尚无统一的分类方法。1962 年，卡斯特奈根据围岩压力成因，把围岩压力分为松散压力、真正地层压力和膨胀压力三类。自 20 世纪 70 年代中期起，在我国一些教科书和文章中也提出了类似的分类方法。分类的依据除考虑围岩压力的成因外，还考虑了围岩压力的特征，应用较广的分法是把围岩压力分成松动压力、变形压力、冲击压力和膨胀压力四类。

一、松动压力

由于开挖而松动或塌落的岩体以重力形式直接作用在支护上的压力称为松动压力。这种压力直接表现为荷载的形式，顶压大，侧压小。松动压力通常由下述三种情况形成：

（1）在整体稳定的岩体中，可能出现个别松动掉块的岩石对支护造成的落石压力。

（2）在松散软弱的岩体中，洞室顶部和两侧片帮冒落对支护造成的散体压力。

（3）在节理发育的裂隙岩体中，围岩某些部位的岩体沿弱面发生剪切破坏或拉坏，形成了局部塌落的松动压力。

造成松动压力因素很多，如围岩地质条件，岩体破碎程度，开挖施工方法，爆破作用，支护设置早晚，回填密实程度，洞形和支护形式等。而岩体破碎、与临空面组合成不稳定岩块体、洞顶平缓、爆破作用大、支护不及时，以及回填不密实等都容易造成松动压力。

二、变形压力

松动压力是以重力形式直接作用在支护上的，而变形压力则是由于围岩变形受到支护的抑制产生的，所以变形压力除与围岩应力有关外，还与支护时间和支护刚度等有关。按其成因可进一步分为下述几种情况。

1. 弹性变形压力

当采用紧跟开挖面进行支护的施工方法时，由于存在着开挖面的“空间效应”而使支护受到一部分围岩的弹性变形作用，由此而形成的变形压力称为弹性变形压力。

2. 塑性变形压力

由于围岩塑性变形（有时还包括一部分弹性变形）而使支护受到的压力称为塑性变形压力，这是最常见的一种围岩变形压力。

3. 流变压力

围岩产生显著的随时间增长而增加的变形或流动，流变压力是由岩体变形、流动引起的，有显著的时间效应，它能使围岩鼓出、闭合，甚至完全封闭。

变形压力是由围岩变形表现出来的压力，所以变形压力的大小，既决定于原岩应力大小、岩体力学性质，也决定于支护结构刚度和支护时间。

三、膨胀压力

岩体具有吸水膨胀崩解的特性，其膨胀、崩解、体积增大可以是物理性的，也可以是化学性的。由于围岩膨胀崩解而引起的压力称为膨胀压力。膨胀压力与变形压力的基本区别在于它是由吸水膨胀引起的，从现象上看，它与流变压力有相似之处，但两者的机理完全不同，因此对它们的处理方法也各不相同。

岩体的膨胀性，既决定于其含蒙脱石、伊利矿和高岭土的含量，也取决于外界水的渗入和地下水的活动特征。岩层中蒙脱石含量愈高，有水源供给，膨胀性愈大。

四、冲击压力

冲击压力又称岩爆，它是在围岩积累了大量的弹性变形能之后突然释放出来时所产生的压力。

由于冲击压力是岩体能量的积累与释放问题，所以它与岩体弹性模量直接相关。弹性模量较大的岩体在高地应力作用下，易于积累大量的弹性变形能，一旦遇到适宜条件，它就会突然猛烈地大量释放。

第八节　变形压力的计算

作用在支护结构上的变形压力，在工程设计中实际采用的主要是塑性变形压力，本节只限于讲述这种变形压力。弹性变形压力已在本章第二节中作过叙述。

一、塑性变形压力 P_i 的计算

塑性变形压力是按围岩与支护共同作用原理求出的，应用了洞壁上围岩与支护的应力和变形的协调条件。此外，亦可根据图 3-24 中围岩变形特性曲线与支护变形特性曲线相交而求得。

如果不考虑支护与围岩间回填层的压缩，那么围岩洞壁的位移应当是在支护外壁的位移 $u_{r_0}^{c_0}$ 和支护前围岩洞壁已释放了的位移 u_0 之和（见图 3-24），即

$$u_{r_0}^{p}=u_{r_0}^{c_0}+u_0 \tag{3-95}$$

由此可把式（3-94）写成 P_i 与支护外壁的位移 $u_{r_0}^{c_0}$ 的关系式

$$P_i=-C\cot\varphi+(P+C\cot\varphi)(1-\sin\varphi)\left[\frac{Mr_0}{4G(u_{r_0}^{c_0}+u_0)}\right]^{\frac{\sin\varphi}{1-\sin\varphi}} \tag{3-96}$$

式（3-96）中，u_0 与支护的施工条件有关，它可由实际量测，经验估算或计算方法确定。但式（3-96）中仍然有两个未知数，因此，必须根据支护受力情况再建立一个方程才能求出解答。

按弹性力学中的厚壁筒理论，有

$$P_i=\frac{2G_c}{r_0}\left(\frac{r_0^2+r_1^2}{r_0^2-r_1^2}-\frac{\mu_c}{1-\mu_c}\right)u_{r_0}^{c_0}=K_c u_{r_0}^{c_0} \tag{3-97}$$

经变换

$$K_c=\frac{2G_c(r_0^2-r_1^2)}{r_0[(1-2\mu_c)r_0^2+r_1^2]} \tag{3-98}$$

式中　G_c，μ_c——支护的剪切模量和泊松比。

由式（3-97）与式（3-96）即能解出 P_i 和 $u_{r_0}^{c_0}$，再由式（3-71）解出 R_0，则弹性区和塑性区的应力和变位都能求得。

支护的应力和位移也可由厚壁筒公式给出

$$\left.\begin{aligned}\sigma_r^{c_0}&=P_i\frac{r_0^2}{r_0^2-r_1^2}\left(1-\frac{r_1^2}{r^2}\right)\\\sigma_\theta^{c_0}&=P_i\frac{r_0^2}{r_0^2-r_1^2}\left(1+\frac{r_1^2}{r^2}\right)\\u^{c_0}&=\frac{P_i}{2G_c}\frac{r_0^2}{r_0^2-r_i^2}\left[(\chi_c-1)\frac{r}{2}+\frac{r_0^2}{r}\right]\end{aligned}\right\}\tag{3-99}$$

其中
$$\chi_c=3-4\mu_c$$

如果将 P_i 变换如下，则式（3-99）还可表达成以 R_0 表示的关系式

$$P_i=K_cu_{r_0}^{c_0}=K_c(u_{r_0}^p-u_0)=K_c\left(\frac{MR_0^2}{4Gr_0}-u_0\right)\tag{3-100}$$

$$\left.\begin{aligned}\sigma_r^{c_0}&=\left(\frac{MR_0^2}{4Gr_0}-u_0\right)\frac{K_cr_0^2}{r_0^2-r_1^2}\left(1-\frac{r_0^2}{r^2}\right)\\\sigma_\theta^{c_0}&=\left(\frac{MR_0^2}{4Gr_0}-u_0\right)\frac{K_cr_0^2}{r_0^2-r_1^2}\left(1+\frac{r_0^2}{r^2}\right)\\u^{c_0}&=\frac{1}{2G_c}\left(\frac{MR_0^2}{4Gr_0}-u_0\right)\frac{K_cr_0^2}{r_0^2-r_1^2}\left[(\chi_c-1)\frac{r}{2}+\frac{r_0^2}{r}\right]\end{aligned}\right\}\tag{3-101}$$

应用式（3-71）得

$$R_0=r_0\left[\frac{(P_i+C\cot\varphi)(1-\sin\varphi)}{\left(\frac{MR_0^2}{4Gr_0}-u_0\right)K_c+C\cot\varphi}\right]^{\frac{1-\sin\varphi}{2\sin\varphi}}\tag{3-102}$$

求出 R_0 后，就可直接得到围岩弹性区、塑性区及支护的应力和变形。

【例 3-3】　图 3-29 给出了某土质洞室洞周塑性区半径与支护设置早晚（以支护前洞周围岩已释放的位移为表征）及支护厚跨比（表征着支护刚度）的关系。该洞室埋深 30m，毛洞跨度 6.6m，土体容重 $\gamma=18\text{kN/m}^3$，黏结力 $C=0.1\text{MPa}$，内摩擦角 $\varphi=30°$，土体平均变形模量 $E=100\text{MPa}$，泊松比 $\mu=0.3$，支护材料变形模量 $E_c=2\times10^4\text{MPa}$，泊松比 $\mu_c=0.167$。

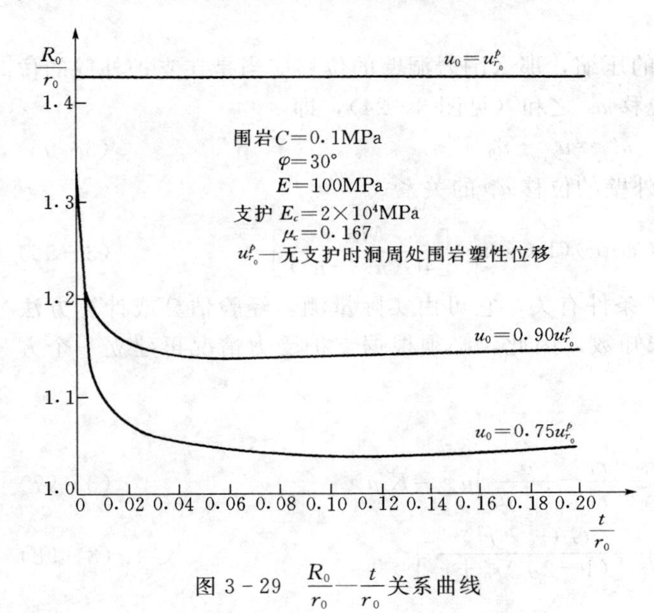

图 3-29　$\frac{R_0}{r_0}-\frac{t}{r_0}$ 关系曲线

如果不支护，围岩塑性区半径可由式（3-102）中令 $K_c=0$ 算得，有

$$R_0 = 1.43 r_0 = 4.72\text{m}$$

因而塑性区厚度达 1.42m，相应的洞周土体位移 $u_{r_0}^p = 3.13\text{cm}$。支护设置时，测得洞周位移 $u_0 = 1.65\text{cm} = 0.75 u_{r_0}^p$。支护厚度 $t = 8\text{cm}$。由式（3－102）算得塑性区半径 $R_0 = 1.07 r_0$。可见即使厚度仅为 8cm 的支护即能有效减少塑性区范围，从而保证洞室的稳定性。

从图中可以看出：

（1）从不设置支护到设置极薄的支护，塑性区显著减少，因而支护的设置（即使厚度极小）对保证洞室稳定性是非常有利的。当支护有一定厚度后，继续增加支护厚度，塑性区减小不明显。可见试图通过增加支护厚度来改善洞室稳定性的做法，其效果是不显著的（除非由于支护强度不够而危及洞室稳定性时）。

（2）支护设置得越早，即支护前洞周围岩位移 u_0 越小，则洞室塑性区越小，反之，支护设置越晚，即支护前洞周围岩位移 u_0 越大，则塑性区越大。可见及早设置支护对保证洞室稳定性要比增加支护厚度有利得多。

然而塑性区的存在并不意味着洞室失稳、破坏，在洞室是稳定的前提下，适当迟缓支护使洞周塑性区有一定发展，以充分发挥围岩的自承能力，减少支护能力，从而减薄支护厚度，达到既保证洞室稳定性又降低工程造价的目的。但围岩塑性区的发展切忌进入松动破坏，一旦围岩出现松动破坏，围岩压力将大大增加，并有可能危及洞室稳定。

二、最小围岩压力 $P_{i\min}$ 的计算

由图 3－24 可见，必须使所求 P_i 满足

$$P_{i\max} \geqslant P_i \geqslant P_{i\min} \tag{3-103}$$

而且只有知道 $P_{i\min}$ 才能确定最佳的支护结构或最佳支护时间。

最小围岩压力 $P_{i\min}$ 和围岩允许位移 $u_{r_0\max}$ 两者是等价的（见图 3－30）。目前，无论确定 $P_{i\min}$ 或 $u_{r_0\max}$ 都没有较好的计算方法。对于 $\lambda=1$ 的情况，我们提出一种估算方法。

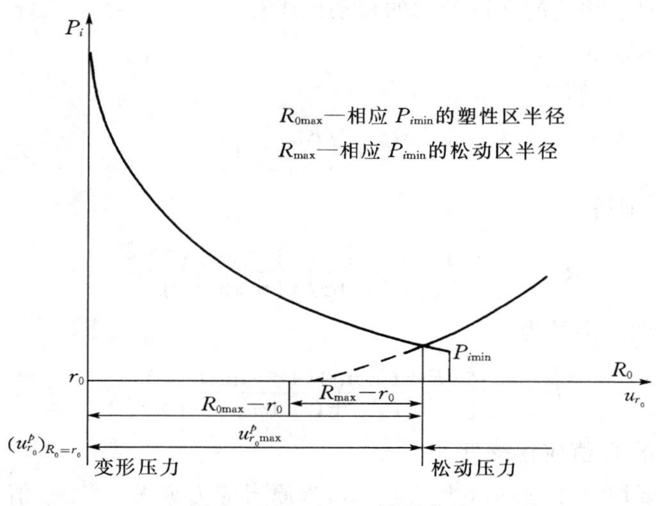

图 3－30　p_i—u_{r_0} 关系曲线

当围岩塑性区内的塑性滑移发展到一定程度，位于松动区的围岩可能由于重力而形成松动压力，这时围岩压力将不取决于前述的 $P_i-u_{r_0}^p$ 曲线。围岩的松动塌落与支护提供的抗力有关，即支护的时间有关，如果支护愈早，提供的抗力就愈大，围岩就能稳定。反之，支护迟，提供的支护抗力愈小，不足以维持围岩的稳定，松动区中的岩体就会在重力作用下松动塌落，所以要维持围岩稳定，既要维持围岩的极限平衡，还要维持松动区内滑移体的重力平衡（图 3－31）。如果为维持滑移体重力平衡所需的支护抗力小于维持围岩极限平衡状态所需的支护抗力，那么只需要松动区还保持在极限平衡状态之中，松动区内滑移体就不会松动塌落。反之，则会松动塌落。由此，我们可把维持松动区内滑移体平衡所需的抗力等于维持极限平衡状态的抗力，作为围岩出现松动塌落和确定 $P_{i\min}$ 的条件。

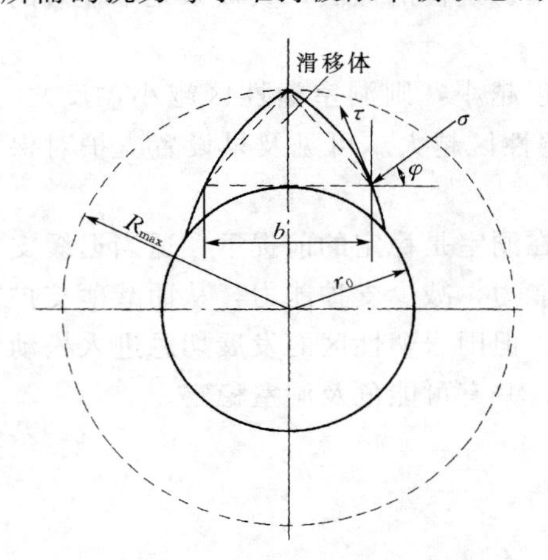

图 3－31　松动区滑移体示意图

按岩体力学知道，$\lambda=1$ 情况下，围岩松动区内的滑裂面为一对对数螺线（图 3－31）。假设松动区内强度已大大下降，可认为滑移岩体已无丝毫自承作用，以致松动区内滑移体的全部重量要由支护抗力 $P_{i\min}$ 来承受，由此有

$$P_{i\min}b=G \tag{3-104}$$

如果考虑到实际情况下，真正作用在支护结构上的压力应当是重力与变形压力的叠加，则式（3－104）应写为

$$P_{i\min}b=2G \tag{3-105}$$

式中　G——滑移体的重量；

b——滑移体的底宽。

滑移体重量可近似取（见图 3－31）下式

$$G=\frac{\gamma b(R_{\max}-r_0)}{2} \tag{3-106}$$

式中　$R_{\max}$——与 $P_{i\min}$ 相应的允许最大的松动区半径；

γ——岩体容重。

代入式（3－105），得

$$P_{i\min}=\gamma r_0\left(\frac{R_{\max}}{r_0}-1\right) \tag{3-107}$$

按式（3－78）即得

$$R_{\max}=\left[\left(\frac{P+C\cot\varphi}{P_{i\min}+C\cot\varphi}\right)\left(\frac{1-\sin\varphi}{1+\sin\varphi}\right)\right]^{\frac{1-\sin\varphi}{2\sin\varphi}}r_0 \tag{3-108}$$

与此相应的最大塑性区半径为

$$R_{0\max}=\left[\frac{(P+C\cot\varphi)(1-\sin\varphi)}{P_{i\min}+C\cot\varphi}\right]^{\frac{1-\sin\varphi}{2\sin\varphi}}r_0 \tag{3-109}$$

计算 $R_{\max}$ 时，采用的 C 值应再降低。

$P_{i\min}$ 的大小主要取决于松动区半径 $R_{\max}$，当原岩应力愈大，C、φ 值愈低和 C、φ 值损失愈多时，则 $R_{\max}$ 和 $P_{i\min}$ 就愈大。此外，还与岩体构造状况，施工爆破情况、外界条件

等有关，因为这些都会影响围岩 C 值的降低。

合理的设计要求衬砌上的实际围岩压力稍大于 $P_{i\min}$，否则支护是不经济或不安全的。通常通过调节支护刚度和支护时间（即调节 u_0），以期使支护结构经济合理。

【例 3-4】 某土质洞室，埋深 30m，毛洞跨度 6.6m，土体容重 $\gamma=18\text{kN/m}^3$，平均黏结力 $C=0.1\text{MPa}$，内摩擦角 $\varphi=30°$，土体塑性区平均剪切变形模量 $G=33.33\text{MPa}$；支护厚度 0.06m，支护材料变形模量 $E_c=2\times10^4\text{MPa}$，泊松比 $\mu_c=0.167$。支护前洞壁位移 $u_0=1.65\text{cm}$。求 P_i 和 $P_{i\min}$。

由题知，$P=0.54\text{MPa}$，$M=0.7132\text{MPa}$，$K_c=114.04\text{MPa}$，则有

$$P_i=-C\cot\varphi+(P+C\cot\varphi)(1-\sin\varphi)\left[\frac{Mr_0}{4G\left(\frac{P_i}{K}+u_0\right)}\right]^{\frac{\sin\varphi}{1-\sin\varphi}}$$

得

$$P_i=0.192\text{MPa}$$

如 C 值不变，解得

$$P_{i\min}=0.0094\text{MPa}$$

如 C 值下降 70%，则解得

$$P_{i\min}=0.0292\text{MPa}$$

第九节 松动压力的计算

松动压力主要出现在松散地层中，由于围岩片帮冒顶所形成，其次出现在裂隙岩体中，由于岩石和围岩的局部塌落所形成。危石塌落是由于岩体节理面和软弱面与洞室临空面的不稳定组合，在岩体自重作用下产生的，由此而形成的松动压力由块体极限平衡方法计算。

本节介绍松散地层中，由于围岩片帮冒顶所形成的松动压力的计算。目前，对这类松动压力的计算有两种不同的处理方法：一种是基于洞顶上面松散地层的应力传递；另一种是基于无应力体（坍塌体）的设想，即假定洞顶上面围岩有一个有界的破裂区，并以它的全部重量直接加荷于洞室支护上。

一、基于洞顶上面松散岩体应力传递的计算方法

应力传递本质上属于挖洞后原岩应力的转移。在松散地层中挖洞后，由于洞顶下沉及下沉岩柱两侧摩擦力的存在，使顶部岩体卸载，而两侧岩层加载。这种情况犹如散粒体谷仓壁上的应力转移现象。在基于这一假定的计算方法中，目前应用较广泛的是岩柱理论和太沙基公式。

1. *岩柱理论*

对于埋置深度极浅的洞室，或采用明挖法施工时，通常采用岩柱理论进行计算，即认为作用在洞室支护上的压力等于上覆岩层的全部重量，即

$$P=\gamma H \tag{3-110}$$

式中 P——作用在洞室顶部的围岩压力；

γ——岩体容重；

H——洞室埋置深度。

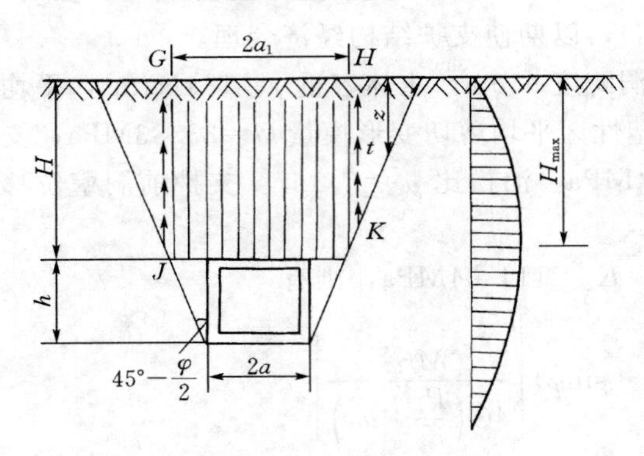

图 3-32　考虑摩擦力和黏结力的岩柱计算简图

按式（3-110），围岩压力与洞室跨度大小无关，而仅与洞室埋置深度有关。但实践表明，埋置深度稍大时，按此式算得的围岩压力大于实际压力，因此必须考虑岩柱的应力传递。

如图 3-32 所示，考虑到洞室两侧的岩体也可能下滑，需将可能滑动的岩柱宽度比洞室宽度适当增大，取

$$a_1 = a + h\tan\left(45° - \frac{\varphi}{2}\right) \tag{3-111}$$

侧向滑裂面与垂直线的夹角，按挡土墙理论为$\left(45° - \frac{\varphi}{2}\right)$。由此认为作用在洞室支护上的围岩压力等于岩柱 JKHG 的重量减去两侧滑动面上的摩擦力和黏聚力。

如图 3-32 所示，作用在岩柱侧面距地面深度 z 处夹制力（摩擦力和黏聚力）为

$$t = C + e_z\tan\varphi \tag{3-112}$$

式中　e_z——距地面深度 z 处的主动土压力。

按朗肯公式
$$e_z = \gamma z\tan^2\left(45° - \frac{\varphi}{2}\right) - 2C\tan\left(45° - \frac{\varphi}{2}\right) \tag{3-113}$$

将式（3-112）沿深度积分得岩柱侧面的总夹制力（摩擦力和黏聚力）为

$$T = \int_0^H (C + e_z\tan\varphi)\mathrm{d}z = \frac{1}{2}\gamma H^2 k_1 + CH(1 - 2k_2) \tag{3-114}$$

其中
$$k_1 = \tan^2\left(45° - \frac{\varphi}{2}\right)\tan\varphi$$

$$k_2 = \tan\left(45° - \frac{\varphi}{2}\right)\tan\varphi$$

因此作用在洞室顶部的围岩压力 P 为

$$P = \frac{G - 2T}{2a_1} = \gamma H\left[1 - \frac{H}{2a_1}k_1 - \frac{C}{a_1\gamma}(1 - 2k_2)\right] = k\gamma H \tag{3-115}$$

其中
$$k = \left[1 - \frac{H}{2a_1}k_1 - \frac{C}{a_1\gamma}(1 - 2k_2)\right]$$

将公式对 H 求导，并令其为零，得到最大围岩压力的埋置深度 H_{max} 为

$$H_{max} = \frac{a_1}{k_1}\left[1 - \frac{C}{a_1\gamma}(1 - 2k_2)\right] \tag{3-116}$$

实践证明，当 $H \geqslant 2H_{max}$ 时，洞室顶部仍有围岩压力存在，而按式（3-115）计算则为零，因此式（3-115）只适用于 $H \leqslant H_{max}$ 的浅埋情况。而且按式（3-115），当 $\varphi > 30°$ 时，φ 越大，围岩压力也越大，这也与实际情况不符。

【例 3-5】 拟在亚砂土中修筑明挖式的矩形洞室，覆土为 3m 和 15m 两种情况。土壤物理指标 $\gamma=16\text{kN/m}^3$，$\varphi=30°$，$C=0$，结构跨度为 6m，高度 $h=4\text{m}$。按岩柱理论和考虑摩擦力的岩柱理论计算顶部围岩压力，结果列于表 3-8。

表 3-8　顶部围岩压力计算结果

计算理论	埋置深度（m）	
	3	15
岩柱理论	48kPa	240kPa
考虑应力传递的岩柱理论	45kPa	180kPa

2. 太沙基公式

太沙基认为，洞室开挖后，岩体将沿 OAB 曲面滑动，作用在洞室顶部的压力等于滑动岩体的重量减去滑移面上摩擦力的垂直分量。为推导简单起见，太沙基又进一步假定岩体沿垂直面 AC 滑动，而且假定滑动体中任意水平面上的垂直压力 σ_v 为均布。按图 3-33，取地面下埋置深度 z 处，滑动体的体宽为 $2a_1$，厚为 $\mathrm{d}z$ 的单元体，由垂直方向平衡条件得

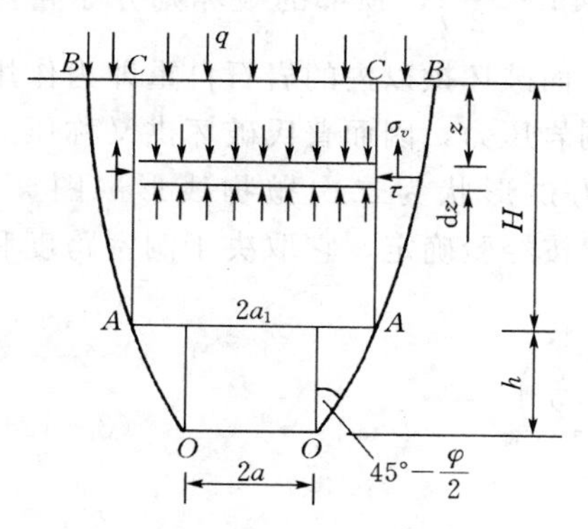

图 3-33　太沙基计算简图

$$2\gamma a_1\mathrm{d}z=2a_1\mathrm{d}\sigma_v+2C\mathrm{d}z+2\lambda\sigma_v\tan\varphi\mathrm{d}z \tag{3-117}$$

简化后写为

$$\frac{\mathrm{d}\sigma_v}{\mathrm{d}z}=\gamma-\frac{C}{a_1}-\lambda\sigma_v\frac{\tan\varphi}{a_1} \tag{3-118}$$

并由边界条件 $z=0$ 处，$\sigma_v=q$ 及 $z=H$ 处，$\sigma_v=P$，解方程（3-118），即可获得洞室顶部的围岩压力 P 为

$$P=\frac{\gamma a_1-C}{\lambda\tan\varphi}\left[1-\exp\left(-\frac{\lambda H\tan\varphi}{a_1}\right)\right]+q\exp\left(-\frac{\lambda H\tan\varphi}{a_1}\right) \tag{3-119}$$

$$a_1=a+h\tan\left(45°-\frac{\varphi}{2}\right)$$

式中　γ——围岩容重；

λ——静止侧压力系数，太沙基取 $\lambda=1$；

q——地面荷载。

式（3-119）表明，洞室埋深较浅时，松动压力与埋深有关；埋深大时，公式中指数项趋于零，即

$$P=\frac{\gamma a_1-C}{\lambda\tan\varphi} \tag{3-120}$$

而与埋深无关。

实践表明，浅埋时利用式（3-119）所算得的围岩压力与实际相差较小，而深埋时则误差较大，因为实际上深埋时，上覆岩体的破裂面已不再是沿着整个岩柱的侧面，而是形成一个封闭的拱形曲面，即所谓形成平衡拱，因而将太沙基公式应用到深埋的洞室必然有较大的误差。

二、基于有界破裂区的计算方法

这一计算方法是将破裂区内的岩体自重作为洞室支护上的荷载。为了确定破裂区的范

围，必须首先对破裂区的边界线作出假定，如认为是抛物线、半椭圆形等，此外还有采用弹塑性区的分界面作为破裂区的边界线。普氏压力拱理论、康姆瑞尔（O. Kommerell）的岩体破碎理论，以及卡柯弹塑性理论都属于这一类计算方法，其中以普氏压力拱理论在我国应用最广。

普氏认为，洞室开挖后，顶部岩体失去稳定，产生坍塌，并形成自然拱，随之，洞室两侧由于应力集中而逐渐破坏，因此，顶部坍塌进一步扩大形成塌落拱。如图 3－34 所示，如果洞室开挖后及时支护，按照挡土墙原理，侧面岩石的破裂面与垂直轴的夹角为$\left(45°-\frac{\varphi}{2}\right)$，顶部的破坏则介于自然拱和塌落拱之间，而破坏拱以内的岩石自重即为作用在洞室支护上的围岩压力，因而普氏破坏拱又称压力拱。普氏假定压力拱形状为二次抛物线形（图 3－34），压力拱高 h_1 按经验确定，它取决于洞室跨度和岩石性质。普氏采用下式确定压力拱高 h_1

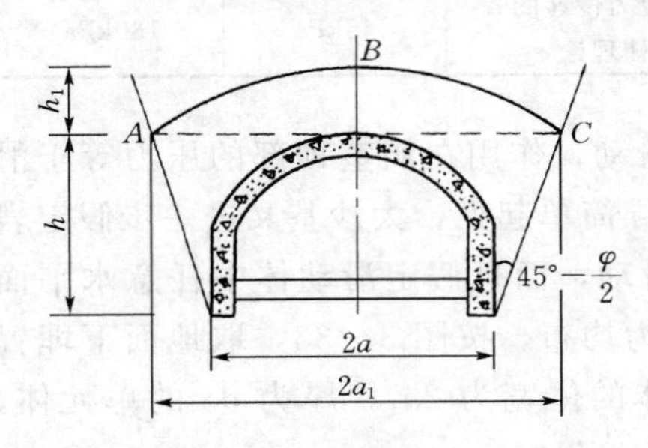

图 3－34　深埋洞室的压力拱

$$h_1=\frac{a_1}{f_i}=\frac{a+h\tan\left(45°-\frac{\varphi}{2}\right)}{f_i} \tag{3-121}$$

式中　f_i——岩石坚固性系数，又称普氏系数。

普氏根据不同的岩性给出了相应的普氏系数，或按$\frac{R_c}{10}$（R_c 为岩石抗压强度，MPa）确定普氏系数。由于实际工程中，决定围岩稳定的因素并非上述两项指标，因此工程部门大多按各自的经验确定 f_i 值。由于 f_i 值实质上是经验性的，所以目前国内不少部门直接按围岩分类凭工程经验给出 h_1 值。

围岩压力 P 为

$$P=\gamma h_1 \tag{3-122}$$

式中　γ——围岩容重；

　　h_1——压力拱高。

三、侧向围岩压力的计算

在岩体已经松动的情况下，通常按挡土墙理论来计算侧向围岩压力。对于浅埋洞室采用式（3－123）[见图 3－35（a）]

$$e=\gamma(H+y)\tan^2\left(45°-\frac{\varphi}{2}\right) \tag{3-123}$$

对于深埋洞室采用如图 3－35（b）

$$e=\gamma(h_1+y)\tan^2\left(45°-\frac{\varphi}{2}\right) \tag{3-124}$$

式中　y——计算点至结构顶部的垂直距离。

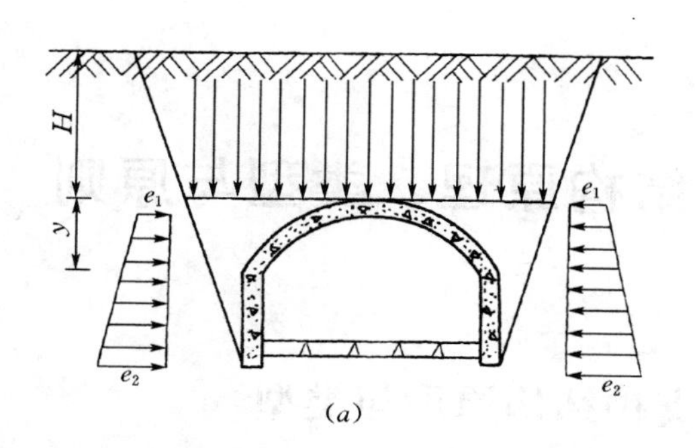

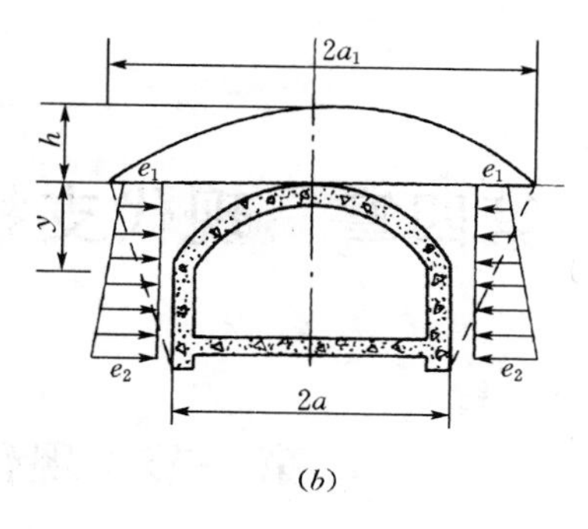

图 3-35　侧向围岩压力

(a) 浅埋洞室上的侧向围岩压力；(b) 深埋洞室上的侧向围岩压力

四、深浅埋的分界线

通常认为，洞室埋置较浅时，上覆岩层整体塌落，松动压力主要与应力传递有关；洞室埋置较深时，上覆岩体局部塌落，松动压力与局部塌落的范围有关。但如何确定洞室深埋与浅埋界线尚无定论，目前一般认为当埋深满足如下条件时，洞室可作深埋处理：

$$H \geqslant (2\sim6)a \quad (a\text{为洞室的半跨})$$

如我国 2001 年颁布的《锚杆喷射混凝土支护技术规范》(GB50086—2001) 规定：

Ⅲ级围岩（中等稳定围岩）：$H\geqslant(1\sim2)a$（$2a\leqslant10$m，无地下水）

Ⅳ级围岩（不稳定围岩）：$H\geqslant(2\sim4)a$（$2a\leqslant10$m，无地下水）

Ⅴ级围岩（极不稳定围岩）：$H\geqslant(4\sim6)a$（$2a\leqslant5$m，无地下水）

或 $H\geqslant(2\sim2.5)h_1$（h_1 为普氏压力拱高度）

第四章 现代支护结构原理、类型与原则

第一节 现代支护结构原理与类型

一、现代支护结构原理

随着岩石力学的发展和锚喷支护的应用，逐渐形成了以岩石力学理论为基础的，支护与围岩共同作用的现代支护结构原理，应用这一原理就能充分发挥围岩的自承力，从而能获得极大经济效果。当前国际上广泛流行的新奥地利隧道设计施工方法，就是基于现代支护结构原理基础之上的。归纳起来，现代支护结构原理包含的主要内容有以下几方面。

（1）现代支护结构原理是建立在围岩与支护共同作用的基础上，即把围岩与支护看成是由两种材料组成的复合体。按一般结构观点，亦即把围岩通过岩石支承环作用使之成为结构的一部分。显然，这完全不同于传统支护结构的观点，认为围岩只产生荷载而不能承载，支护只是被动地承受已知荷载而起不到稳定围岩和改变围岩压力的作用。

（2）充分发挥围岩自承能力是现代支护结构原理的一个基本观点，并由此降低围岩压力以改善支护的受力性能。

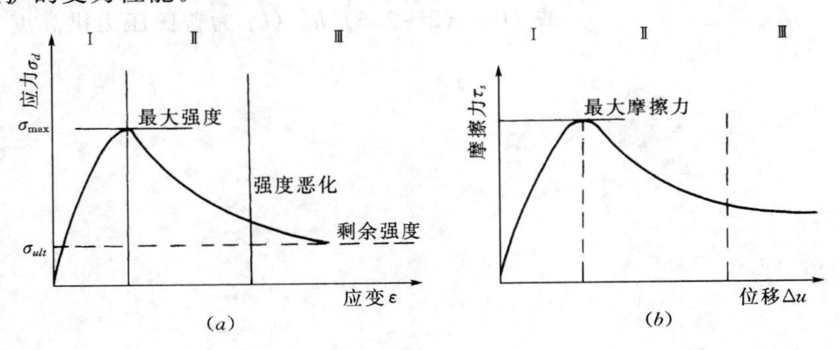

图 4-1 岩石应力—应变和摩擦力—位移曲线

（*a*）岩体单轴压缩试验的应力应变关系；（*b*）岩体节理面位移与摩擦力的关系

Ⅰ—弹性区；Ⅱ—强度下降区；Ⅲ—松动区

发挥围岩的自承能力，一方面不能让围岩进入松动状态，以保持围岩的自承力；另一方面允许围岩进入一定程度的塑性，以使围岩自承力得以最大限度的发挥。当围岩洞壁位移接近允许变形值 $u_{r_0\max}$时，围岩压力就达到最小值。围岩刚进入塑性时能发挥最大自承力这一点可由图 4-1 加以说明。无论是岩石的应力应变曲线［见图 4-1（*a*）］还是岩体节理面的摩擦力与位移的关系曲线［见图 4-1（*b*）］都具有同样的规律，即起初随着应

变或位移的增大，岩石或岩体的强度逐渐获得发挥，而进入塑性后，又随着应变或位移的增大，强度逐渐丧失。可见，围岩刚进入塑性时，发挥的自承力最大。

按上所述，现代支护结构原理一方面要求采用快速支护，紧跟作业面支护，预先支护等手段限制围岩进入松动；另一方面却要求采用分次支护，柔性支护，调节仰拱施作时间等手段允许围岩进入一定程度的塑性，以充分发挥围岩的自承能力。

（3）现代支护原理的另一个支护原则是尽量发挥支护材料本身的承载力。采用柔性薄型支护，分次支护或封闭支护，以及深入到围岩内部进行加固的锚杆支护，都具有充分发挥材料承载力的效用。喷层柔性大且与围岩紧密黏结，因此喷层主要是受压或剪破坏，它比受挠破坏的传统支护更能发挥混凝土承载能力。我国铁道科学院铁建所曾进行过模拟试验，表明双层混凝土支护比同厚度单层支护承载力高，一般能提高20%～30%。所以分次喷层方法，也能起到提高承载力作用。

（4）根据地下工程的特点和当前技术水平，现代支护原理主张凭借现场监控测试手段，指导设计和施工，并由此确定最佳的支护结构型式，参数和最佳的施工方法与施工时机。因此，现场监控量测和监控设计是现代支护原理中的一项重要内容。

（5）现代支护原理要求按岩体的不同地质、力学特征，选用不同的支护方式，力学模型和相应的计算方法以及不同的施工方法，如稳定地层、松散软弱地层，塑性流变地层，膨胀地层都应当分别采用不同的设计原则和施工方法。而对于作用在支护结构上的变形地压，松动地压及不稳定块体的荷载等亦都应当采用不同的计算方法。

二、支护结构类型

支护结构的作用在于：保持洞室断面的使用净空，防止岩质的进一步恶化，承受可能出现的各种荷载，保证支护的安全。有些支护还要求向围岩提供足够的抗力、维持围岩的稳定。现代支护一般都具有这一作用。

按支护的作用机理，目前采用的支护大致可归纳为如下三类。

1. 刚性支护结构

这类支护结构通常具有足够大的刚性和断面尺寸，一般用来承受强大的松动地压。这类支护通常采用现浇混凝土，有的采用石砌块或混凝土砌块。从构造上看，它有贴壁式结构和离壁式结构。贴壁式结构保持围岩和衬砌紧密接触，中间有回填层，但其防水和防潮的效果较差。离壁式结构围岩没有直接接触的保护和承载结构，一般容易出现事故。

2. 柔性支护结构

柔性支护结构是根据现代支护原理而提出来的，它既能及时地进行支护，限制围岩过大变形而出现松动，又能允许围岩出现一定的变形，所以它是适应现代支护原理的支护型式。锚喷支护是一种主要的柔性支护类型，其他如预制的薄型混凝土支护，硬塑性材料支护及钢支撑等亦均属于柔性支护。

锚喷支护是指锚杆支护、喷射混凝土支护以及它们与其他支护结构的组合。

国内广泛应用的锚喷支护类型有如下6种：

（1）锚杆支护。

（2）喷射混凝土支护。

（3）锚杆喷射混凝土支护。

（4）钢筋网喷射混凝土支护。

（5）锚杆钢架喷射混凝土支护。

（6）锚杆钢筋网喷射混凝土支护。

主要的锚杆类型有以下5种。

（1）端头锚固式（内锚头式）

- 机械式内锚头锚杆（索）
  - 楔缝式锚杆（图4-2）
  - 楔头式锚杆（图4-3）
  - 胀壳式锚杆（索）（图4-4）
- 黏结式内锚头锚杆（索）
  - 水泥砂浆内锚头锚杆（索）
  - 快硬水泥卷内锚头锚杆
  - 树脂内锚头锚杆（图4-5）

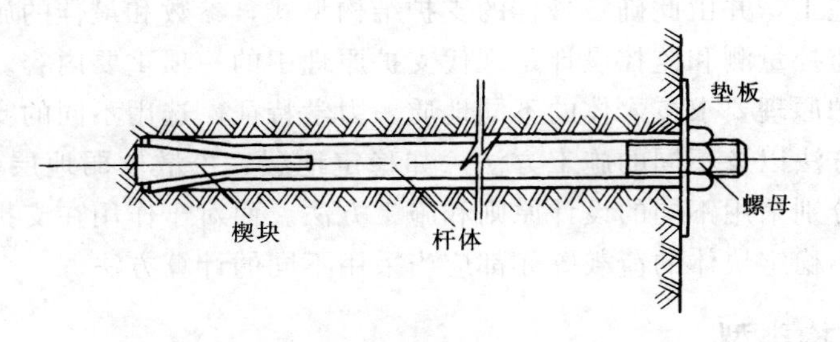

图4-2　楔缝式锚杆

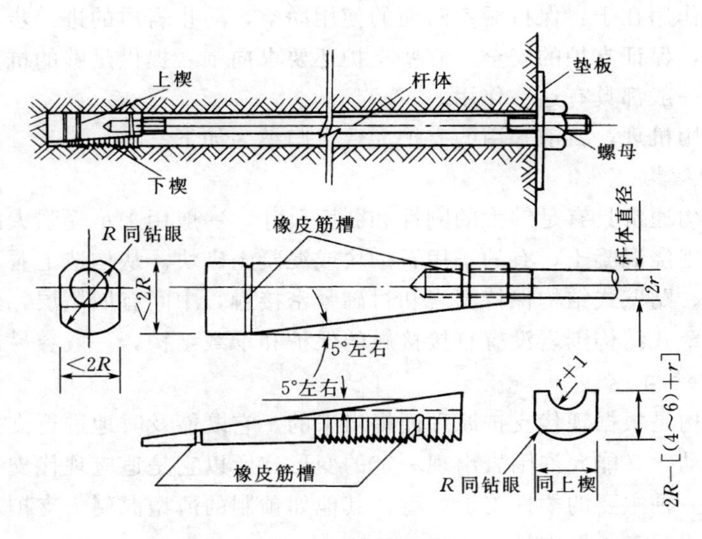

图4-3　楔头式锚杆

（2）全黏结式
- 水泥浆全黏结式锚杆
- 水泥砂浆全黏结式锚杆（砂浆锚杆）（图4-6）
- 树脂全黏结式锚杆

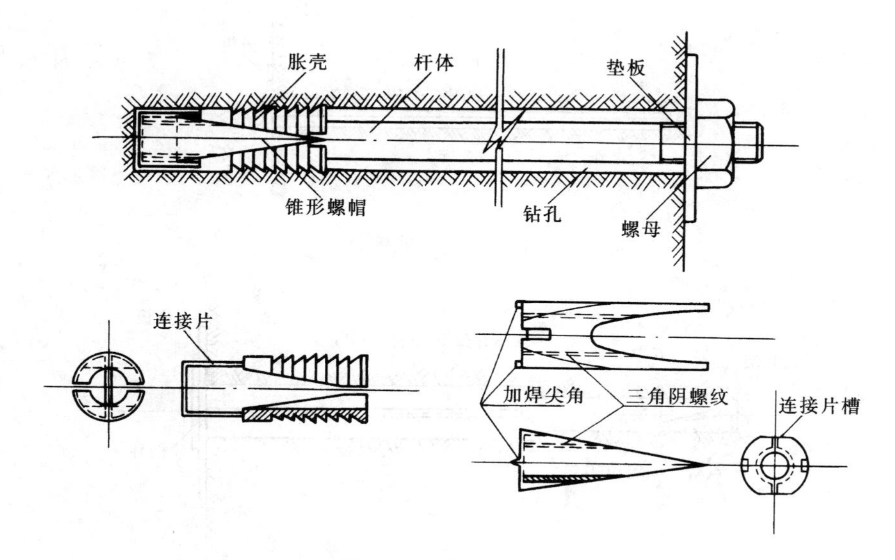

图 4-4　胀壳式锚杆

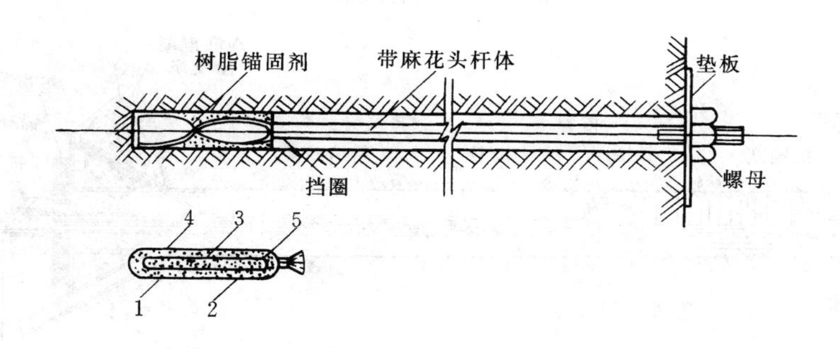

图 4-5　树脂内锚头锚杆

1—不饱和聚酯+加速剂+填料；2—纤维纸或塑料袋；
3—固化剂+填料；4—玻璃管；5—堵头（树脂胶泥封口）

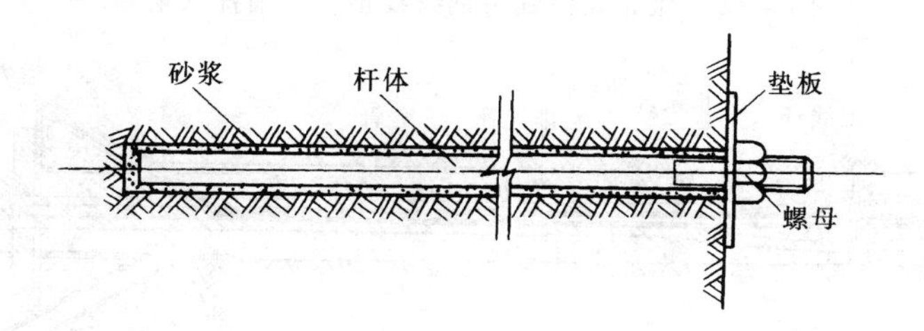

图 4-6　砂浆锚杆

（3）摩擦式 {缝管式锚杆（图 4-7）；楔管式锚杆（图 4-8）}

（4）预应力式 {先张拉后灌浆预应力锚杆（索）（图 4-9）；先灌浆后张拉预应力锚杆（索）（图 4-10）}

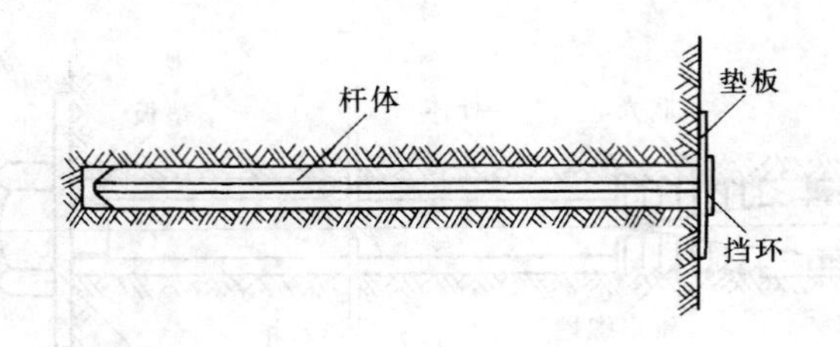

图 4－7　缝管式锚杆

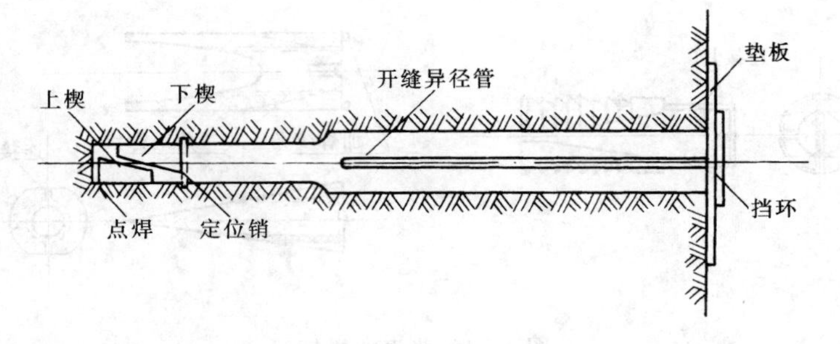

图 4－8　楔管式锚杆

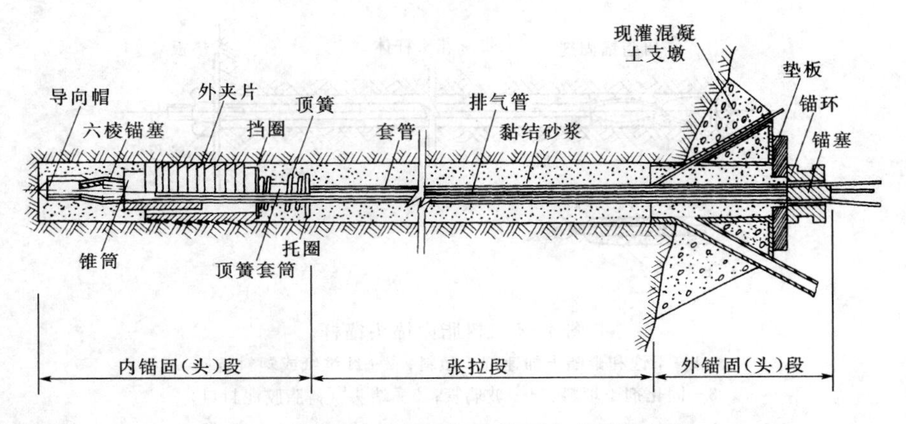

图 4－9　胀壳式内锚头钢绞线预应力锚杆（索）

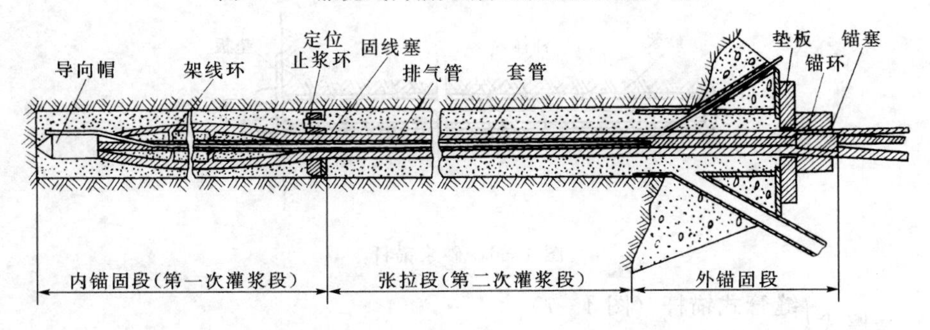

图 4－10　砂浆黏结式内锚头预应力锚杆（索）

（5）混合式。同时具有上述 4 种型式中 2 种以上功能的锚杆（索）。

喷射混凝土的类型有 3 种：

（1）普通喷射混凝土。普通喷射混凝土由水泥、砂、石和水按一定比例混合组成，具

有强度高、黏结力强、密度大及抗渗性好等特点。普通喷射混凝土28d抗拉、抗弯、抗冲切、与钢筋握固力以及与岩面、旧混凝土黏结强度，列于表4－1～表4－6。

表4－1　喷射混凝土抗拉强度（28d）

水泥品种	配比（水泥：砂：石）	速凝剂掺量（%）	抗压强度（MPa）	抗拉强度（MPa）	抗拉：抗压（%）
525普硅	1：2：2	2.5～3	20.1～26.7	1.3～2.0	6～8

表4－2　喷射混凝土抗弯强度（28d）

水泥品种	配比（水泥：砂：石）	速凝剂掺量（%）	抗压强度（MPa）	抗弯强度（MPa）	抗弯：抗压（%）
525普硅	1：2：2	2.5～3	22.1～24.5	4.0～4.1	16～19

表4－3　喷射混凝土抗冲切强度（28d）

水泥品种	配比（水泥：砂：石）	速凝剂掺量（%）	抗压强度（MPa）	抗冲切强度（MPa）	抗冲切：抗压（%）
525普硅	1：2：2	2.5～3	24.5～25.2	3.7	15

表4－4　喷射混凝土与钢筋握裹强度（28d）

水泥品种	配比（水泥：砂：石）	速凝剂掺量（%）	抗压强度（MPa）	与钢筋握裹强度（MPa）
525普硅	1：1.5：2.5	3	20.0～24.5	2.5～6.9

表4－5　喷射混凝土与岩面黏结力强度（28d）

水泥品种	配比（水泥：砂：石）	速凝剂掺量（%）	围岩类别	抗压强度（MPa）	与围岩黏结强度（MPa）
525普硅	1：2：2	2.5～3	Ⅲ～Ⅰ	22.1～24.5	0.05～1.2

表4－6　喷射混凝土与旧混凝土黏结强度（28d）

水泥品种		配比（水泥：砂：石）	速凝剂掺量（%）	抗压强度（MPa）	与旧混凝土黏结强度（MPa）
普硅	425	1：2：2	3～5	约20.0	0.5～0.7
	525				1.5～2.0

（2）水泥裹砂石造壳喷射混凝土。该种喷射混凝土的特点是使用一定的施工工艺，使砂、石表面裹一层低水灰比（0.15～0.35）的水泥浆壳，形成造壳混凝土，可克服普通喷射混凝土回弹量大、粉尘大、原材料混合不均匀及质量不够稳定的缺点。

（3）钢纤维喷射混凝土。钢纤维的掺量（占混合料重）一般为3%～5%。钢纤维混凝土具有较高韧性、耐磨性和抗拉强度。钢纤维混凝土支护适用于塑性流变岩体及承受动荷载影响的巷道或高速水流冲刷的隧洞。

3. 复合式支护结构

复合式支护结构是柔性支护与刚性支护的组合。通常初期支护是柔性支护，一般采用锚喷支护，最终支护是刚性支护，一般采用现浇混凝土支护或高强钢架。复合式支护是一种新兴的支护结构型式，主要用于软弱地层，尤其是适用于塑性流变地层。近年来，复合式支护结构常用于一些重要工程或者内部需要装饰的工程，以提高支护结构的安全度或改善美化程度。

在塑性流变地层中，围岩的变形和地压都很大，而且作用持续时间很长。如果开挖后立即施加刚性支护，那么结构就会立即破坏。若采用一般的锚喷支护，通常也不足以承载，达到一定变形和地压后，锚喷支护破坏。复合式支护是根据支护结构原理中需要先柔后刚的思想，先采用柔性支护让围岩释放掉大部分变形和地压，然后再施加刚性支护承受余下的围岩变形和地压，以维持围岩稳定，可见复合支护结构中的初期支护和最终支护一般都是承载结构。

第二节　锚喷支护的工艺特点和力学特点

一、锚喷支护的工艺特点

锚喷支护自从50年代问世以来，随同现代支护结构原理，尤其是新奥地利隧道施工方法的进展，已在世界各地矿山、建筑、铁道、水工及军工等部门广为应用。我国矿山井巷工程采用锚喷支护每年计有千余公里，其他铁路隧道、公路隧道、水工隧洞、民用与军用洞库等地下工程中，锚喷支护的应用也日益增多。

锚喷支护获得如此广泛的应用，是由于它在一定条件下具有技术先进、经济合理、质量可靠、适用范围广等一系列显著优点。它可以在不同岩类、不同跨度、不同用途的地下工程中，采用静载或动载时作临时支护、永久支护、结构补强以及冒落修复等之用。此外，还能与其他结构形式结合组成复合支护。

锚喷支护之所以比传统支护优越，主要是由于锚喷支护在工艺上的特点，使得它能充分发挥围岩的自承能力和支护材料的承载能力，适应现代支护结构原理对支护的要求。

由于工艺上的原因，锚喷支护可在各种条件下进行施作，因此能够做到及时迅速，以阻止围岩出现松动塌落。尤其是当前早强砂浆锚杆，树脂锚杆的出现，以及超前锚杆的使用更能够有效地阻止围岩松动。喷混凝土本身又是一种早强（掺加了少量速凝剂）和全面密贴的支护，能很好保证支护的及时性和有效性。由此可见，锚喷支护从主动加固围岩的观点出发，在防止围岩出现有害松动方面，要比现浇支护优越得多。

锚喷支护属柔性薄型支护，容易调节围岩变形，发挥围岩自承能力。虽然喷混凝土本身属于脆性材料，但由于工艺上的原因，它可以做到喷得很薄，而且还可通过分次喷层的方法进一步发挥喷层的柔性。锚杆支护也是柔性支护。试验表明由锚杆加固的岩体，可以允许有较大变形而不破坏。因此锚喷支护具有比传统支护更好的调控围岩变形的作用。

锚喷支护的另一个优点是能充分发挥支护材料的承载能力。由于喷层柔性大且与围岩紧密黏结，因此喷层主要是受压或剪破坏，它比受弯破坏的传统支护更能发挥混凝土承载

能力。同时，采用分次喷层施工方法，也能起到提高承载力的作用。我国铁道科学院铁建所曾进行过模型试验，表明双层混凝土支护比同厚度单层支护承载力高。锚杆主要通过受拉来改善围岩受力状态，而钢材又具有高的抗拉能力。可见，即使承受同样的荷载，锚喷支护消耗的材料也要比传统支护少。

除上述外，喷层还有把松动的壁面黏结在一起与填平裂隙凹穴的作用，因而能减小围岩松动和应力集中。同时喷层又是一种良好的隔水和防风化的良好材料，能及时封闭围岩。尽管传统支护也有这一特性，但由于喷混凝土施作及时，因而它对膨胀、潮解、风化、蚀变岩体比传统支护有更好的防水、防风化的效果。

综上所述，锚喷支护的工艺特点使它具有支护及时性，柔性、围岩与支护的密贴性，封闭性，施工的灵活性等特点，从而充分发挥围岩的自承作用和材料的承载作用。

二、锚喷支护的力学作用

锚喷支护的力学作用，当前流行着两种分析方法：一种是从结构观点出发，如把喷层与部分围岩组合在一起，视作组合梁或承载拱，或把锚杆看作是固定在围岩中的悬吊杆等。另一种是从围岩与支护的共同作用观点出发，它不仅是把支护看作是承受来自围岩的压力，并反过来也给围岩以压力，由此改善围岩的受力状态（即所谓支承作用）；施作锚喷支护后，还可提高围岩的强度指标，从而提高围岩的承载能力（即所谓加固作用）。这两种作用都能起到稳定围岩的作用。一般情况下，传统支护没有这两种作用，只是一种被动地承受松动荷载的支撑结构。

上述两种观点都能说明锚喷支护的力学作用，但显然后一种观点更能反映支护与围岩共同作用的机理。

喷射混凝土的作用与效果见表 4－7。

表 4－7　　喷射混凝土的作用与效果

喷射混凝土的作用与效果	概　念　图
(1) 支承围岩：由于喷层能与围岩密贴和黏结，并给围岩表面以抗力和剪力，从而使围岩处于三向受力的有利状态，防止围岩强度恶化。此外，喷层本身的抗冲击能阻止不稳定块体的塌滑	N　N
(2) "卸载"作用：由于喷层属柔性，能有控制地使围岩在不出现有害变形的前提下，进入一定程度的塑性，从而使围岩"卸载"。同时，喷层的柔性也能使喷层中的弯曲应力减小，有利于混凝土承载力的发挥	承载图
(3) 填平补强围岩：喷射混凝土可射入围岩张开的裂隙，填充表面凹穴，使裂隙分割的岩块层面黏连在一起，保持岩块间的咬合、镶嵌作用，提高其间的黏结力、摩阻力，有利于防止围岩松动，并避免或缓和围岩应力集中	黏结　剪切　黏结　剪切

续表

喷射混凝土的作用与效果	概　念　图
(4) 覆盖围岩表面：喷层直接粘贴岩面，形成防风化和止水的防护层，并阻止节理裂隙中充填物流失	裂隙水 潮气
(5) 分配外力：通过喷层把外力传给锚杆、网架等，使支护结构受力均匀分担	τ　τ

除表 4-7 外，喷混凝土还能起到止水、防止泥化、微颗粒涌出以及围岩受外界影响而强度恶化等作用和效果。

1. 锚杆的作用

锚杆的力学作用效果归纳起来有如下几方面。

(1) 加固围岩作用。围岩多数处于受剪破坏状态，由于锚杆的抗剪能力从而提高了围岩锚固区的 C、φ 值，尤其是在节理发育的岩体中，加固作用更为明显。克拉夫钦柯曾对配置锚杆的相似材料试件做过一些试验，将锚杆分别配置在模拟的软弱岩石、中等强度岩石及坚固岩石中，使试件受压。图 4-11 示出了试验结果，证明配置锚杆后的试件强度提高，而且在软岩中提高的效果更为明显。

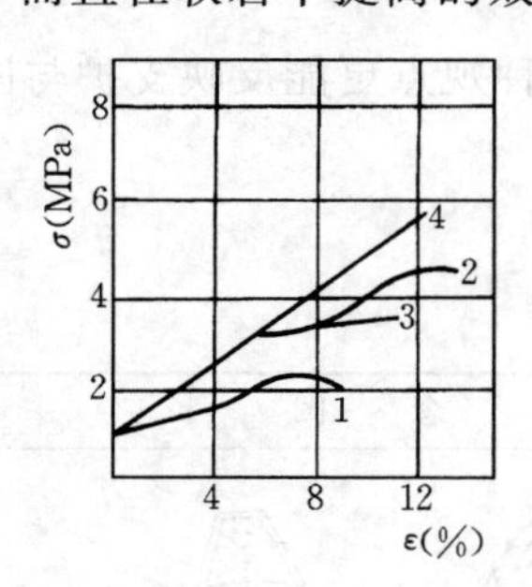

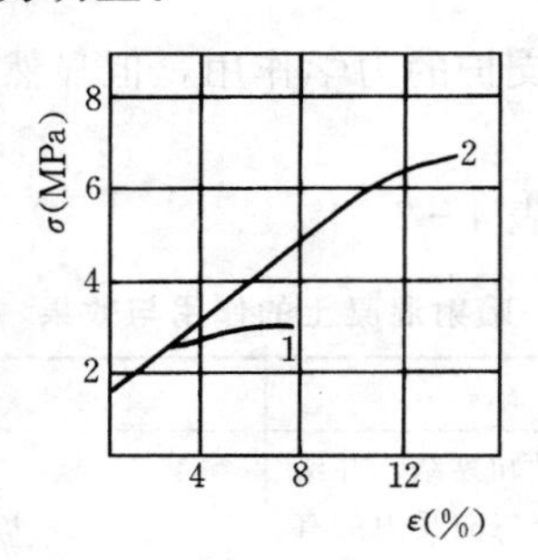

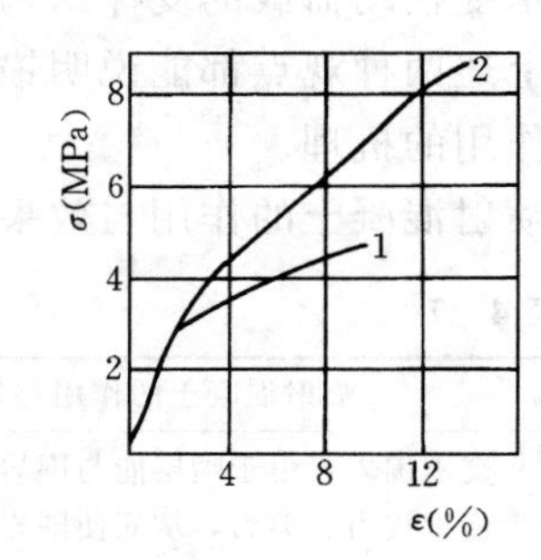

图 4-11　岩石试件配置锚杆的强度试验

1—无锚杆；2—2 根锚杆；3—1 根锚杆；4—3 根锚杆

国内重庆大学土木工程学院（原重庆建筑工程学院）等单位还进行了地下洞室锚喷支护的模型试验。试验表明，随着洞周锚杆含钢量的增大，模型的初始破坏荷载及最大试验荷载都增大（表 4-8），表明锚喷支护对围岩的加固作用是很大的。

表 4-8　　地下洞室锚喷支护试验

模型编号	洞室直径 (mm)	锚杆				喷层厚度 (mm)	初始破坏荷载 (MPa)	最大试验荷载 (MPa)
		间距 (mm×mm)	长度 (mm)	直径 (mm)	用钢量			
A25	100	15×15	25	0.5	0.0218		3.6	5.0
B351	100	20×20	35	0.5	0.0172	4	3.8	4.4

续表

模型编号	洞室直径（mm）	锚杆				喷层厚度（mm）	初始破坏荷载（MPa）	最大试验荷载（MPa）
		间距（mm×mm）	长度（mm）	直径（mm）	用钢量			
B35	100	20×20	35	0.5	0.0172		2.8	3.6
C45	100	26×26	45	0.5	0.0131		2.8	3.6
D00	100						3.2	3.6

（2）加固不稳定块体。局部锚杆一般是用于加固不稳定块体，如利用锚杆的悬吊作用，阻止拱顶不稳定块体的塌落［图4－12（*a*）］，利用锚杆的抗剪作用阻止边墙不稳定块体的滑落。显然，锚杆加固软弱结构面的作用是极为卓越的。

（3）形成沿开挖面的受力环区，将开挖面处的高应力延伸到岩体深处［图4－12（*b*）］。

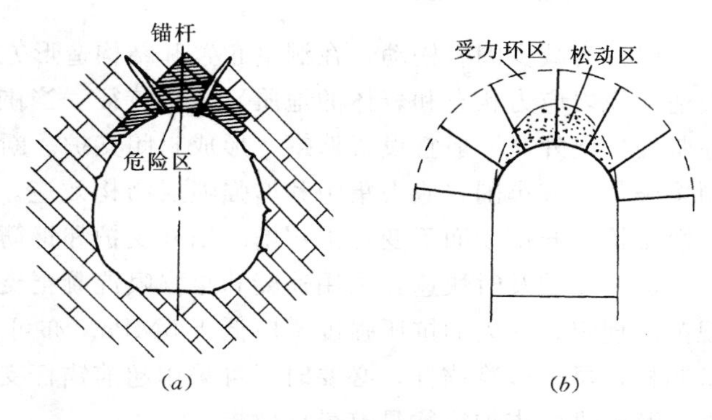

图4－12　锚杆加固不稳定块体

（4）改善“岩石—混凝土结构体系”的承重效果，起到锁定岩石共同受力的作用。

（5）限制围岩位移，部分减少开挖过程中引起的松动。

（6）梁作用。在层状岩体中，其作用如叠合梁一样，由于锚杆使层间紧密，使之能传递剪力，而具有组合梁的效果。

2. 钢拱架的作用

钢拱架的作用主要有以下几方面。

（1）在围岩强度低和在松散、颗粒状的地层条件下，或在外界压力较大时，可在洞室开挖面的拱部或沿洞室的全断面上安装钢拱架，它与喷射混凝土、锚杆、钢筋网一起，构成钢筋混凝土支护结构——初次支护，以提高支护结构的强度和刚度，稳定围岩，防止位移。

（2）作为顶部保护。

（3）作为喷射混凝土的环形构造钢筋，提高喷射混凝土的承载力。

（4）作为保证横截面几何形状的模板。

3. 钢筋网的作用

在受力效果上，单纯的钢筋网，不能与钢筋混凝土中的钢筋相比，这是由于钢筋网不能承受很大的弯曲拉应力。因此，钢筋网只可视为防止喷射混凝土因塌落、收缩、振动和位移而导致裂缝，以及作为改善喷混凝土受力分析的构造钢筋。当支护结构由钢拱架、钢筋网和喷混凝土构成时，可将钢筋网的部分视为受力钢筋。

第三节　锚喷支护的设计与施工原则

为了充分利用围岩的自承力和支护材料的承载力，必须要有一套相应的洞室设计和施

工的方法，新奥法施工所采取的一些基本原则正是反映了这点。不过，随着岩石力学和支护结构理论的发展，以及经验的积累，这些原则也是在发展的。下面所述的锚喷支护设计施工原则，虽然还不能完全以定量的关系反映出来，然而它对于指导锚喷支护的设计和施工却是十分重要的。此外，锚喷支护的合理设计与施工原则应当从各方面体现现代支护原理，以期达到经济上合理和技术上可靠的目的。

一、采取各种措施，确保围岩不出现有害松动

（1）为减少围岩松动，在洞室布置和结构造形方面应尽量合理。洞室轴线与洞形选择应适应原岩应力状态和岩体的地质、力学特征。当围岩压力来自四周时宜选用圆形断面。除坚硬岩层外，一般宜设置仰拱，形成封闭支护。断面轮廓尽可能平整圆滑，施工采用控制爆破，以减小围岩应力集中和增强喷层结构效应。当围岩地质条件沿洞室轴向变化时，一般维持原开挖断面不变，采用增减锚杆支护和钢筋网数量的方法加以调节。

（2）支护及时快速，采用速凝和早强喷混凝土支护。我国《锚杆喷射混凝土支护技术规范》规定，一天的抗压强度不应低于5MPa。亦可采用早强的锚杆，如树脂锚杆、摩擦型锚杆，早强砂浆锚杆，必要时还可采用超前锚杆支护或钢架。在抑制围岩变形和松动方面，及时进行支护往往具有最佳效果。

（3）利用开挖面的“空间效应”，抑制围岩变形。目前在松软地层中广泛采用紧跟开挖面支护方法就是基于这一道理，因而施工中要求把支护工作面与开挖工作面的距离限制在一定范围之内。

（4）尽可能地减少施工和其他外界因素（主要是水和潮气）对围岩的影响，如采用控制爆破，机械开挖。破碎软弱岩体应尽量少采用普通爆破开挖；风化、潮解，膨胀等围层要及早封闭；有地下水的裂隙岩体，则要注意防止过大的渗透压力。

二、调节控制围岩变形，在不进入有害松动条件下，要求围岩有一定程度的塑性变形，以便最大限度地发挥围岩自承能力

（1）采用两次喷层或两次锚固方法是调控围岩变形的一种重要手段。在初次喷混凝土或锚固时，由于喷层薄、支护少，就能有控制地允许围岩出现较大的变形。当第二次锚喷时，又能迅速降低变形量，以免出现过量变形而使围岩丧失稳定。当围岩变形量很大时，则必须再加大支护可塑性来调控围岩变形。实际上，锚杆本身是一种良好的可缩性支护，在所有支护构件中，只有锚杆支护能不受围岩变形影响而保持支护的抗力。中国矿业大学等单位曾作了锚固体强度的模型试验。模型尺寸采用15cm×15cm×15cm和30cm×30cm×20cm两种，试模内装入试验地点的经破碎后的岩石，碎石压实再置入15cm或10cm长的螺杆（模拟锚杆）后经施压进行观察。通过对5种材料的模型试验，发现锚固体不同于混凝土、料石等脆性材料，在横向和纵向发生明显变形后，仍能承受荷载；如将褐色泥岩置于15cm×15cm×15cm的模型中施压至0.7MN，其应力约为30MPa，变形为10～15mm，尚能继续施压，表明锚固体是一种良好可塑性支护，既具有较高的抗压能力，又允许有较大的变形。喷层可采用纵向变形缝来提高可塑性（见图4－13），由此使围岩径向位移所引起的周边缩短只限于纵向变形缝缩窄，而不破坏喷层的完整性，待围岩运动停

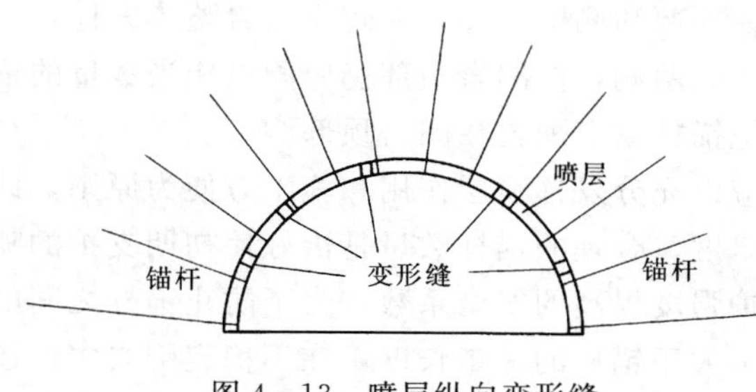

图 4-13　喷层纵向变形缝

止后，再用喷混凝土将纵缝封住，并进行复喷。这种喷层具有调控围岩大变形的能力。

(2) 调节支护封底时间也是调控围岩变形的一种手段。作仰拱前，围岩可有较大变形，但一旦设置了仰拱，变形就迅速完成（见图 4-14），对于破碎软弱岩层，尤其是对一些缺乏经验的施工队伍来说，要求封底时间不能太晚，一般应在复喷前或复喷时进行。

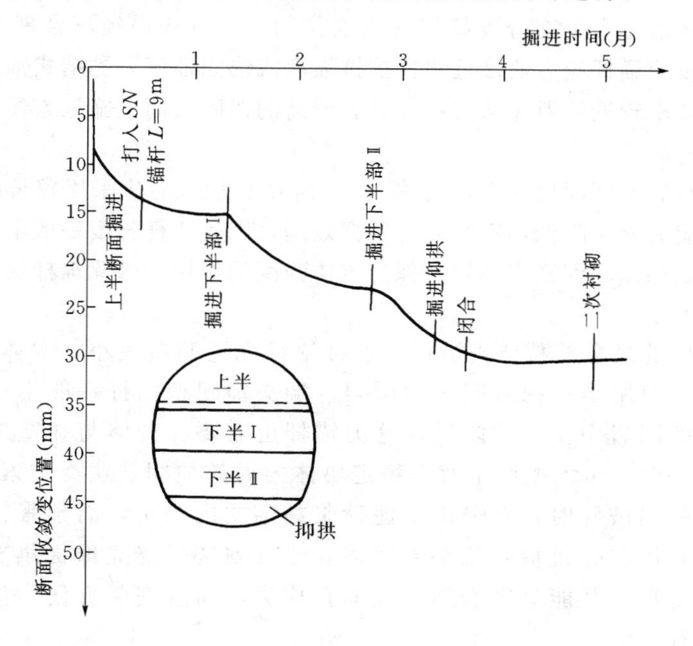

图 4-14　阿尔贝格隧道施工过程

(3) 原则上可通过延迟支护的时间来调控围岩变形，但一般不采用这种手段，因为支护晚，容易出现有害松动。

三、保证锚喷支护与围岩形成共同体

由于计算模型中，把支护和围岩视作统一共同体，因此要求围岩、喷层和锚杆之间具有良好黏结和接触，以造成三者共同受力的条件。例如喷层与岩石、喷层与喷层、喷层与钢筋网、岩石与锚杆间都要求有良好连接。当前，喷层与岩石的黏结力和锚杆锚固力都是施工质量的检验项目。锚杆的锚固力应力求能与锚杆承载力相当，以充分发挥锚杆强度作用。从这一角度看，采用全长黏结式螺纹锚杆效果最佳。

四、选用锚喷支护参数的原则

(1) 锚杆应当采用局部布置与系统布置相结合的原则。为防止危石和局部滑塌，应重点加固节理面和软弱夹层，重点加固部位放在顶部和侧壁上部。为防止围岩整体失稳，当原岩的最大主应力位于垂直方向时，应重点加固两侧，但围岩顶部仍应配以相当数量的锚杆。而当最大主应力位于水平方向时，则应把锚杆重点配置在围岩顶部。

锚杆数量多少及锚杆间距的选定，一般应以充分发挥喷层作用和施工方便为原则，即通过锚杆数量的变化使喷层始终具有有利的厚度。合理的锚杆数量是恰好使初期支护的喷层刚好达到稳定状态，而复喷厚度就作为支护强度提高的安全系数。为了防止锚杆之间的岩体发生塌落，通常还要求锚杆纵横向间距不大于锚杆的一半长度，在不稳定围岩中，还不得大于规定的最大间距。此外，锚杆的纵向间距最好与一次掘进的长度相应，以便于施工。

锚杆长度的选取应当是充分发挥锚杆强度作用，并以获得经济合理的锚固效果为原则。因此应当尽量使锚杆应力值接近锚杆抗拉强度或锚固强度。黏结式锚杆沿长度的应力分布不均，利用效率较低，但黏结式锚杆具有较高的锚固力而且施工方便，所以使用这类锚杆通常是有利的。

当原岩应力和洞室断面尺寸大，岩体 C、φ 值和 E 值低时应采用较长的锚杆。锚杆过长，锚杆的平均应力就会降低，不能充分发挥效用，因此锚杆长度一般不宜超出塑性区范围。锚杆过短，也难以起到稳定围岩和保护岩体强度的作用，因此锚杆的最小长度一般不应小于围岩松动区厚度。

目前应用最广的是全长黏结式锚杆，这种锚杆无论洞室大小，岩体软硬均可应用。早强水泥锚杆，一般用于自稳时间短的围岩；端头锚固型锚杆一般用于局部加固围岩及中等强度以上的围岩中。为了防锈，这类锚杆也需要在杆体与孔壁之间注满水泥砂浆。预应力锚索一般用于大型洞室及不稳定块体的局部加固，这类锚索当预张拉力大，或锚固部位岩体软弱破碎时，宜采用水泥砂浆黏结式内锚头，而预张拉力小且锚于中硬以上岩体时宜采用胀壳机械式锚头。摩擦式锚杆安装后能立即提供支承拉力，有利于及时控制围岩变形，并能对围岩施加三向预应力，而且安装方便，目前主要用于服务期短的矿山工程。

锚杆直径的选取通常视工程规模和围岩性质由经验确定，一般全长黏结型锚杆在 ϕ14～22之间。端头型锚杆可按表 4－9 选取。

表 4－9　端头型锚杆直径

锚固型式	机械锚固			树脂锚杆	快硬水泥卷锚杆
	楔缝式	胀壳式	倒楔式		
杆体直径（mm）	20～25	14～22	14～22	16～22	16～22

在选取锚杆的钢材类型和直径大小时，还应当充分考虑到尽量发挥锚杆的效用，力求使锚杆杆体的承载力与锚杆的拉力相当，并要考虑与锚杆杆体与砂浆的握裹力及砂浆与围岩间的摩擦力相适应。

（2）合理的喷层厚度应当充分发挥柔性薄型支护的优越性，即要求围岩有一定塑性位移，以降低围岩压力和喷层的受弯作用。同时，喷层还应维持围岩稳定和保证喷层本身不

致破坏。因此，设计中将存在着一个最佳的喷层厚度，过厚的喷层显然是不合理的。

按上所述，无论是喷层初次厚度还是总厚度都不宜过大。根据使用经验，通常初次喷层厚度宜在3～10cm之间，喷层总厚度不宜超过10～20cm，只有大断面洞室才允许适当增大喷层厚度。喷层最小厚度一般为5cm，破碎软弱岩层中（如断层破碎带）喷层的最小厚度及钢筋网喷层的最小厚度为10cm。

图4-15中示出在相同条件下取不同喷层厚度的有限元分析结果。图中曲线①为不同喷层厚度时切向压应力的变化，曲线②为不同喷层厚度对洞周位移的影响。可以看出，喷层应力随喷层厚度的增大而略有下降，但这种变化是微小的，喷层厚度由4cm增至30cm，应力仅降低15%。同样，喷层厚度对限制围岩变形也不总是有明显效果的。从图可见，对于较小断面洞室，其适宜的喷层厚度为8～15cm。一般喷层厚度不宜大于20cm。

(3) 钢架支护适用于围岩自稳时间很短，在喷层或锚杆的支护作用发挥以前就要求工作面稳定时或为了抑制围岩大的变形，需增强支护抗力时。一般宜采用轻型钢架。可根据围岩变形量大小，采用刚性钢架或可缩性钢架。

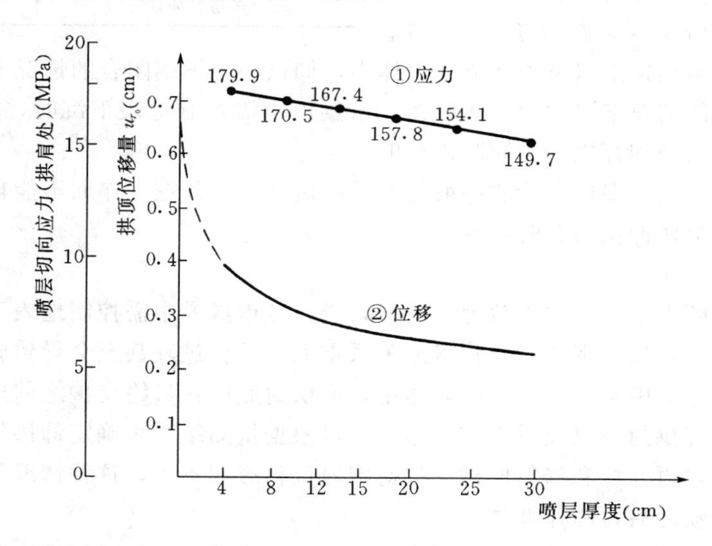

图4-15 不同喷层厚度的支护效果

五、锚喷支护的合理施工方法

锚喷支护的施工方法与围岩自承力的利用关系十分密切。因而开挖方法，开挖次序，开挖段的掘进长度，初次支护时间，复喷时间和仰拱闭合时间等都严重影响支护效果。上述各项施工因素的合理确定应以经济上合理，施工技术上可能与方便为原则。

开挖的一般原则是采用尽可能不扰动周边围岩的开挖方式和方法，以最大限度地利用围岩本身的自承能力。开挖方法必须在充分调查围岩自稳性及开挖工作面的自稳性，地表下沉容许值的基础上，按其经济性和施工条件而选定。与传统开挖方法相比，适应锚喷支护的开挖方法有开挖断面分块大及开挖方法大幅度变更情况少这两个特点。实际采用的一般是全断面开挖法和台阶开挖法，个别情况下采用侧导坑法等其他方法。

1. 全断面法

全断面法原则上是将设计断面一次开挖出来，适应在稳定围岩中采用的开挖方法。这种开挖方法对围岩扰动小，开挖快，效益高。如考虑使断面早期闭合，采用全断面开挖亦是有利的开挖方法。

2. 台阶法

洞室断面沿水平面分段开挖时，分割面叫台阶，分割面的纵向长度叫台阶长度。台阶法按台阶长度可分成如表 4－10 所示的几类。

表 4－10　台阶法类别及台阶长度

类　别	台阶长度
长台阶法	50m 以上
短台阶法	一般为 10～35m
超短台阶法（紧跟台阶法）	2m～洞室跨度
多层台阶法	

（1）长台阶法能在上半和下半断面开展平行作业，适用于围岩比较稳定，不必设置仰拱的情况。

（2）短台阶法。短台阶法适用于一般不稳定围岩中采用。采用这种方法要考虑作业的互相干扰，也要考虑台阶的最短长度。

（3）超短台阶法（紧跟台阶法）。超短台阶法适用于极不稳定围岩及塑性流变岩体中，仰拱必须早期闭合的情况下，或在土砂洞室中制止洞顶下沉情况下采用的方法。在城市隧道中需控制地表下沉时，亦可采用此法。在这种情况下，出渣和开挖都是同时进行的。

（4）多层台阶法。多层台阶法一般是在采用短台阶法开挖工作面不能自稳时采用。由于台阶分层多，会使仰拱闭合时间推迟，变形加大。

3. 侧导坑法

在比较大的断面中，围岩承载力不足时，或在城市隧道中需控制地表下沉时采用。

仰拱闭合时间对软弱围岩中修建隧道关系重大，闭合过晚甚至会导致施工失败。一般规定，在极不稳定的围岩及塑性流变岩体中，仰拱封底应在最终支护之前进行。尤其是变形量大的围岩，仰拱封底以及早为宜。通常，可根据量测结果来确定仰拱闭合时间。如果在最终支护之后，再开挖和修筑仰拱，如对围岩位移影响不大，这种情况下，为施工方便起见，亦可在复喷之后再施作仰拱。

支护施工顺序及初次支护时间与围岩自稳时间（指开挖放炮时间至围岩发生局部坍塌之间的时间）关系密切。如果围岩自稳时间较长，一般采用先锚后喷顺序，但若自稳时间短，则应改用喷—锚—喷施工顺序。初次喷层时间还要求满足在自稳时间内至少完成一半以上的喷层作业。

最终支护时间视不同设计方法而异，但应遵照下述原则：除塑性流变和膨胀性岩体外，初期支护应当作为永久支护的一部分，因此不允许初期支护喷层完全破裂（但允许有微小裂缝）。为达到这一目的，目前有两种作法：一种是在初期支护喷层作用下，维持围岩稳定，待围岩变形基本稳定后进行复喷工作。如果初期支护喷层强度不足，则应增设锚杆维持喷层强度，这时复喷目的只是为了增加支护安全度。由于要待围岩稳定后再进行复喷，两次喷混凝土相隔时间较长，一般长达 3～6 月（图 4－14）。另一种是待围岩变形发展到初期支护喷层临近破裂时（如规定围岩变形量达到喷层破裂时变形量的 80%时）进行复喷，根据实测确定的围岩变形量与时间的关系曲线，即可推算初期支护的喷层与复喷的相隔时间。

六、按照现场监控测试数据指导设计施工

由于锚喷支护理论目前还不够成熟，因而常依靠现场监控测试来掌握施工动态，修正设计、指导施工、对支护效果作出正确估价。主要监控测试工作包括围岩变形量测、断面收敛量测、锚杆应力量测。对于大断面洞室还要测量喷层上的接触应力和喷层内的切向应力。围岩变形量测主要用来判断围岩松动范围和围岩应力状态。断面收敛量测主要用来评定围岩变化动态，围岩稳定状态和混凝土复喷时间等。通过上述两种监测，加上锚杆应力的量测，还能用来指导锚杆根数和长度选择。喷层接触应力和内应力量测，则能用来检验喷层厚度是否选择恰当。目前正在逐渐形成一种新的现场监控设计法就是体现这一原则。

七、应当对不同类型围岩采用不同的支护方式

对于坚硬裂隙岩体中的大断面洞室，通常应以施加或不施加预应力的长锚杆或锚索为主，喷混凝土与钢筋网为辅。在长锚杆之间还要辅以较短的中间锚杆，以支承长锚杆间的岩石。

锚杆锚固重点应位于洞室顶部和侧壁上部，锚杆数量、长度、直径的选用及其配置要考虑能承受危石或塌落区岩体的重量。选用锚杆长度应考虑锚入比较稳固的岩体中。因此一般要求锚杆长度超过围岩拉裂区、塌落区和危石的顶点。

锚杆锚入方向，在层状岩体中应与层面正交，在非层状岩体中的拱形断面应与岩体主结构面成较大角度布置，若主结构面不明显时，可与断面周边轮廓垂直布置。

破碎软弱岩体的特点是围岩出现松动早，来压快，容易形成大塌方。针对这些特点，一定要早支护，早封闭，设仰拱，加强支护，除两侧重点加固外，顶部也必须有良好的加固，一般必须采用锚杆—喷层—钢筋网联合支护，对一些缺乏经验和训练施工队伍，更应当着重从安全观点出发来考虑设计和施工，此后根据现场监控的数据，酌情降低设计的安全系数和放松对施工的要求。

塑性流变岩体是指开挖后，塑性变形量大且延续时间长的岩体。对这类岩体，一般认为锚喷支护作为初期支护是合适的，最终支护应视具体情况采用喷混凝土支护或其他类型支护，目前应用较多的是模注被覆。

塑性流变岩体中的锚喷支护设计，应遵守下列原则：

（1）采用圆形或椭圆形断面。

（2）分期支护。

（3）仰拱封底。

（4）监控量测。

（5）设计断面尺寸预留周边收敛量。

膨胀潮解岩体中，岩体遇水（或空气中水分）膨胀或潮解，所以对这类岩体首先应当封闭围岩和采用排水措施。

当膨胀岩体只位于围岩的局部区域时可只作局部处理。但若普及全部围岩，则需采用封闭式圆形支护，并配置钢筋网。如果膨胀压力很大，还可考虑作双层支护，预留膨胀空间，即先作一层锚喷支护，然后留下一定的空隙，再作一层钢筋网喷混凝土支护或传统支护。这种做法已在我国矿巷中取得了一定成效。

第五章　锚喷支护工程类比设计

目前，国内一些锚喷支护设计规范都明确规定，锚喷支护设计应采用工程类比法为主，必要时辅以监控量测法和理论验算法。尤其是对在中硬以上岩类地层中修建中小跨度的地下工程，一般按工程类比法就可最终确定锚喷支护的类型与参数。此外，当需要进行监控法设计和理论法设计时，工程类比设计仍是工程设计的重要依据。

第一节　工程类比设计的原则与方法

工程类比设计法通常有直接对比法和间接类比法两种。直接对比法一般是以围岩的岩体强度和岩体完整性、地下水影响程度、洞室埋深、可能受到的地应力、工程的形状与尺寸、施工的方法、施工的质量以及使用要求等方面因素，将设计的工程与上述条件基本相同的已建工程进行对比，由此确定锚喷支护的类型与参数。间接类比法一般是根据现行锚喷支护技术规范，按其围岩类别表及锚喷支护设计参数确定拟建工程的锚喷支护类型与参数。

按照现代支护理论概念，锚喷支护参数应当是广义的，既包括支护类型、支护数量和尺寸，又应包括工程开挖程序、方法及各作业的施作时机等。不过目前国内所有的锚喷支护技术规范都尚未发展到这一步，而在锚喷支护设计参数表中只给出支护的具体类型与具体数量尺寸参数。

各锚喷支护规范在编写设计规定和锚喷支护设计参数表时，通常遵循的原则如下。

（1）锚喷支护设计参数表的制定是基于国内大量锚喷工程的实践，它以工程实例为依据，并经过综合分析，主要按围岩类别与洞跨给出相应支护类型与参数。

（2）根据不同的围岩压力特点，对拱、墙等不同部位采用不同的支护参数。一般中等稳定以上的围岩，主要为局部失稳破坏而承受松散地压。所以，支护参数的选定应贯彻“拱是重点、拱墙有别”的原则；而对不稳定的围岩，主要承受变形地压，所以拱墙宜采用相同的支护参数。

（3）力求体现锚喷支护灵活性的特点及围岩局部破坏局部加固、整体加固与局部加强的等强度支护原则。对不同的岩体和不同的部位分别采用不同的支护类型与参数。例如在同一级围岩类别中相同跨度的洞室，可根据岩体结构类型、结构面倾角及岩层走向与洞轴线交角不同而不同。如缓倾角的层状岩体或软硬互层的层状岩体，宜在拱部采用锚喷支护，而边墙采用喷混凝土支护。又如岩层走向与洞轴线夹角较小，且为陡倾角岩层时，则必须在易向洞内顺层滑落的边墙上采用锚喷支护。因此，现行规范锚喷支护参数表中，对同一级的围岩类别和洞跨，给出多种锚喷支护类型和参数，以便酌情选用。

对于局部不稳定块体的局部不稳定部位，规范规定应采用局部加固，如增设局部加固锚杆，不必因为围岩局部失稳而降低围岩类别或者为此配置或加强系统锚杆。

(4) 锚喷支护参数表中，考虑了各种设计方法的配合，虽然参数表中给出的支护参数是根据工程类比确定的，但要确定最终支护参数，有的还要借助于监控设计和理论设计。

(5) 考虑不同的工程对象，对重要工程宜采用支护参数表中的上限值，而一般工程宜采用下限值。

(6) 支护参数由锚喷支护设计参数表与规范中的有关条文共同确定。例如对不稳定围岩，要求锚杆有一定的密度，通常在条文中规定了锚杆的最大间距。

应用工程类比法确定支护参数的设计程序，一般分为初步设计阶段和施工设计阶段。初步设计阶段的工作，是根据选定的洞轴线和掌握的地质资料，粗略初步划定围岩类别，然后结合工程尺寸，按照锚喷支护设计参数表，初定支护类型与参数，并由此计算工程量，上报工程概算经费。

施工阶段设计工作，在对围岩地质条件有比较细致和深入的了解后进行。通常视围岩地质条件，工程规模及各工程部门的设计习惯，在不同时间进行此项工作。当事先开挖导洞时，可根据导洞获得的地质资料，确定施工阶段详细分段划定围岩级别及进行施工阶段的锚喷支护参数设计。当采用全断面开挖时，对Ⅰ～Ⅲ级围岩，一般可在开挖后进行施工阶段的详细划分围岩级别和锚喷支护参数设计；对Ⅳ、Ⅴ级围岩，一般分为两次支护，需在洞室开挖前，先确定一个初期支护参数，然后根据监控量测数据和紧跟开挖面地质详勘的结果，修正初期支护类型和参数，确定最终支护类型与参数。

施工阶段围岩级别的确定，应组织地质勘察、设计、施工技术人员共同深入现场，按围岩分级表的要求，逐段分析围岩稳定性并加以素描，以洞室的地质展示图及参数设计图的成果形式表达出来，在图上分段标明所划定的围岩级别和选用的支护类型与参数。在Ⅰ～Ⅲ级围岩中，对局部不稳定块体尤应着重查清，标出出露位置、大小和滑塌方向，注明加固具体方案及绘制有关图纸，并编制施工说明书。说明书中要写明施工注意事项，诸如喷射混凝土前要进行岩面冲洗，渗漏水处理，危石清除，局部锚杆的定位、定向和定长度等。

第二节　锚喷支护设计的围岩分级技术

围岩分级旨在整理和传授岩石中开挖地下工程的经验。是将分散的实践经验加以定量化的合理骨架，以及应用前人经验进行支护设计的桥梁。

一、围岩分级的一些原则问题

1. 围岩分级的服务对象

围岩分级是工程类比设计的重要依据。围岩分级可视其不同目的而有不同的分级方法。本章所述只是服务于锚喷支护设计的围岩分级方法。分类目的主要为了便于用工程类比方法获得地下工程锚喷支护设计参数。

2. 围岩分级的方法

根据围岩分级中所考虑的因素多少及其分级指标的表达形式不同，现有围岩分级大致可分如下4种：

(1) 单因素岩石力学指标分级。在修建地下工程的初期，由于人们对地下工程与地质条件的关系认识不足，因此当时的围岩分级多以岩石强度为指标作为分级的依据，有的还以岩石的其他力学指标，如弹模作为分级指标。这种分级单纯以岩石力学指标为依据，没有反映岩体完整性、地下水等影响，所以不能全面反映围岩的稳定性。普氏分级是这种分级的代表，这种分级以前在我国应用极广。至今有些设计单位还在应用。

(2) 多因素综合指标分级。这种分级方法主要以一定勘察手段，或对开挖后围岩稳定状态进行测试或观察所获得的资料为指标的分级方法。这种指标虽然是单一的，但反映的因素却是综合的。如围岩的弹性波速度是反映岩性和岩体完整性的综合指标，既可反映岩石的软硬，又可表达岩体的破碎程度。这种分级的优点是很简便，又有定量数据，所以曾在国外获得较广的应用，尤其是采用以声波指标作为围岩分级的依据。但实际上，多因素综合指标也不能全面反映围岩稳定性因素，例如声波速度指标就不能反映结构面产状与洞轴线关系，以及结构面与临空面的不利组合等。因而近年来人们主张不以综合指标作为分级的惟一指标，而作为分级中的一个指标。

(3) 多因素定性和定量指标相结合的分级。多因素定性与定量指标相结合的分级方法是目前国内外实际中应用最多的一种分级方法。如早间期太沙基的分级，我国铁路隧道规范中的围岩分级，我国军用物资洞库锚喷支护技术规定中的围岩分级，我国水工隧洞规范中的围岩分级，我国国家标准《锚杆喷射混凝土支护技术规范》的围岩分级，都属于这种分级。

这种分级方法能够全面考虑各种因素，比较适应当前的技术状况，所以应用最为广泛。

(4) 多因数组合指标分级认为岩体稳定性的好坏是多种因素的函数。先分别选取几个支配作用的定量指标作为它的参数，即使有些参数无法按测试定量给出，那么也要按经验赋予其定量值。然后将这些参数按其一定函数关系式进行组合，从而得到一个组合指标，并以此作为围岩分级的依据。按其组合的函数关系不同，通常有乘积法和和差法两种组合方法。前者是将各参数相乘，后者是将各种参数相加（即所谓记分法）。

这种方法也能较全面地考虑各个因素，而且最终获得一个定量指标，便于应用。所以从理论上说是较先进的，也是今后发展的方向。但目前还缺少这方面的经验，同时亦还存在一些问题，如有的分级所取的定量参数不能全面地反映各种稳定因素；有些定量参数仍是按人们的经验确定，而不是按测试确定；以及各种定量参数的组合也还不够科学化、合理化，所以有待进一步积累经验和研究改进。

这类分级方法中有代表性的是巴顿（Barton）的隧道质量指标Q分级，中国科学院地质研究所谷德振岩体质量系数分级等。我国《国防工程锚喷支护技术暂行规定》的围岩分级，除可采用按定性和定量指标相结合的方法分级外。亦可按多因素组合指标分级。

3. 围岩稳定性分级与围岩岩体质量分级的含义

一般认为，服务于工程设计的围岩分级是按其稳定性分级的。实际上，围岩的稳定性不仅取决于自然的地质因素，而且还与工程规模，洞室形状及施工条件等人为因素有关。所以现在这种根据地质因素划分围岩类别的方法实质上是岩体质量分级，它仅与岩体质量有关，而与工程状况和施工状况无关。不过严格来说，当前的围岩分级也不完全等同于岩体质量分级。例如分级中考虑了节理面与洞轴线的关系，结构面与临空面的组合等因素，它既与自然条件有关，也与人为条件有关。习惯上，我们还是把目前的围岩分级称为按稳定性分级，而实际上，围岩分级中一般是没有包含工程因素和施工因素在内的。

4. 围岩分级的要求

作为工程设计用的围岩分级一般应尽量满足如下要求。

(1) 形式简单，含义明确，便于实际应用，一般以分五六级为宜。

(2) 分级参数要包括影响围岩稳定性的主要参数，它们的指标应能在现场或室内快速、简便获得。

(3) 评价标准应尽量科学化，定量化，并简明实用。

(4) 锚喷支护围岩稳定性分级，应能较好地为锚喷支护的工程类比设计，监控设计及理论设计服务。分级应当适应锚喷支护参数表以及监控测试方法与控制数据，并便于提供计算模型和计算参数。

(5) 既能适应勘察阶段初步划分围岩级别，又能适应施工阶段详细划分围岩级别，前者是在地面地质工作的基础上进行的，后者则在导洞打通后或洞室开挖后进行的。围岩分级应当适用于两个阶段只是在不同阶段所作的地质工作可以有所不同。

二、围岩分级基本因素的考虑

围岩分级中通常须考虑岩体完整性、结构面产状、岩石强度、地下水和原岩应力状况等地质因素。下面分别予以叙述。

1. 岩体的完整性

岩体完整性是影响围岩稳定性的首要因素，而岩体完整性通常取决于岩体结构类型、地质构造影响与结构面发育等情况。

(1) 岩体结构类型。岩体是由不同地质成因的岩石组成的。从地质成因来说，岩体可概括为块状岩体与层状岩体。块状岩体指块状火成岩与变质岩；层状岩体指沉积岩，沉积变质岩、喷出火成岩等具有原生产层的岩体。块状岩体块度大小及层状岩体的厚薄，块间或层间的黏结状况能很好地反映岩体的完整性，所以通常在一些分级中把岩体结构类型作为岩体完整性的主要指标。如我国《锚杆喷射混凝土支护技术规范》中的围岩分级，按岩体块度大小，层厚及其结合状况，分为整体结构，块状结构，散块状结构，碎裂镶嵌结构与碎裂状结构，散体状结构；层间的结合良好的，较好的和不良的厚层；中厚层和薄层结构以及软硬互层结构。块状岩体的块度大小划分及岩体完整性的各指标的表示方法见表5-1及表5-2。

表 5-1　　岩体结构与块度尺寸关系

岩体结构类型	块度尺寸（以结构面平均间距表示，m）			
	国标锚喷围岩分级	军用物资库围岩分级	坑道工程围岩分级	中科院地质所岩体结构分级
整体状	>0.8	>0.8	≥1	>1
块　状	0.4～0.8	>0.4	0.3～1	0.5～1
层　状	0.2～0.4	>0.4	0.3～1	0.3～0.7
碎裂状	0.2～0.4	0.2～0.4	<0.3	0.1
散体状	<0.2	<0.2	<0.2	0.01

表 5-2　　岩体完整性的各指标的表示方法

岩体完整性	体积节理数 J_V（条数/m³）	<0.1（巨块状）	1～3（块状）	3～10（中等块状）	10～30（小块状）	>30（碎裂状）
	完整性系数 K_v	0.9～1.0（极完整）	0.75～0.9（完整）	0.5～0.75（中等完整）	0.2～0.5（完整性差）	<0.2（破碎）
	岩石质量指标 RQD（%）	90～100（优）	75～90（良）	50～75（中）	25～50（差）	<25（劣）
	岩体的块度模数 MK	≥4（极完整）	3～4（完整）	2～3（中等岩体）	1～2（破碎岩体）	<1（极破碎岩体）

表 5-2 中，岩体体积节理数 J_V 可按式（5-1）计算。

$$\left.\begin{aligned} J_V &= J_{V_1}+J_{V_2}+\cdots+J_{V_n} \\ \text{或}\quad J_V &= \frac{N_1}{L_1}+\frac{N_2}{L_2}+\cdots+\frac{N_n}{L_n} \end{aligned}\right\} \tag{5-1}$$

式中　J_{V_1}、J_{V_2}、…、J_{Vn}——每组结构面在单位长度上的条数；

L_1、L_2、…、L_n——垂直每组结构面走向方向测线的长度；

N_1、N_2、…、N_n——测线上每组结构面的总条数。

岩石质量指标可用岩芯采取率予以反映，是表示岩体完整性的一个定量指标，计算公式为

$$RQD(\%)=\frac{10\text{cm 以上岩芯累计长度}}{\text{岩芯钻进总长度}}\times\% \tag{5-2}$$

岩体完整性系数是用岩体与岩石纵波速度比的平方来表示，即

$$K_v=\left(\frac{V_{mp}}{V_{rp}}\right)^2 \tag{5-3}$$

式中　V_{mp}——岩体声波纵波速度；

V_{rp}——岩石声波纵波速度。

（2）地质构造影响程度。结构面的发育情况与区域性褶皱、断裂等地质背景有着密切联系，所以分级中一般要考虑地质构造的影响程度。一般按其影响程度大多可分为影响轻微、较重、严重、很严重四级，见表 5-3。

（3）结构面产状与发育情况。结构面产状发育情况包括节理裂隙或层面的密度（间距）、组数、贯通程度、闭合程度、充填情况和粗糙程度等。结构面的定性指标通常有如下几种：

表 5-3　　岩体受地质构造影响的分级

受地质构造影响程度	地质构造作用特征
轻微	地质构造变动小，结构面不发育
较重	地质构造变动较大，位于断裂（层）或褶曲轴的邻近地段，可有小断层，结构面发育
严重	地质构造变动强烈，位于褶曲部或断裂影响带内，软岩多见扭曲及拖拉现象，结构面发育
极严重	位于断裂破碎带内，岩体破碎呈块石、碎石、角砾状，有的甚至呈粉末泥土状，结构面极发育

1）结构面的成因及其发展历史，一般分为原生结构面、构造结构面与次生结构面。

2）结构面的产状，指结构面长度、宽度、方向与间距等。结构面按其贯通情况可分为贯通的、断续交错的和不贯通的。结构面方向主要是考虑与洞轴线的关系及结构面与临空面的组合关系。表 5-4 列出了洞轴线与主结构面产状的不同交角关系对围岩稳定性的影响。分类中尤应注意软弱结构面的数量、规模与产状。软弱结构面与洞轴线的不利交角关系及软弱结构面临空面的不利组合，是形成不稳定块体造成围岩失稳的重要因素。

表 5-4　　洞轴线与主结构面产状的不同交角关系对围岩稳定性的影响

主结构面走向与洞轴线夹角	70°～90°		30°～70°		0°～30°		0°～90°
洞内部位 \ 稳定状况 \ 主结构面倾角	45°～90°	20°～45°	45°～90°	20°～45°	45°～90°	20°～45°	0°～20°
洞顶	最有利	一般	有利	一般	一般	不利	最不利
侧墙	一般	有利	不利	一般	最不利	一般	最有利

3）结构面的结合情况，如结构面的闭合程度，充填情况和粗糙程度。结构面按闭合程度可分为紧闭的（＜0.01mm），闭合的（0.1～0.05mm），微张的（0.5～1mm）与张开的（＞1mm）等几种，按充填情况可分为未填充，充填岩屑，充填泥土和胶结等几种情况。按粗糙起伏度可分为明显台阶状、粗糙波浪状、光滑波浪状和平整光滑状等。

表 5-5　　岩层面产状要素影响折减系数 K_j 值

层面走向与洞轴线夹角	层面倾角	层面间距（m）			
		≥1	1～0.3	0.3～0.1	＜0.1
90°～60°	＜30°	1	0.8	0.7	0.6
	30°～60°	1	0.9	0.9	0.8
	60°～90°	1	1.0	1.0	1.0
60°～30°	＜30°	1	0.8	0.7	0.6
	30°～60°	0.9	0.7	0.6	0.5
	60°～90°	1	0.9	0.8	0.7
＜30°	＜30°	0.9	0.8	0.7	0.6
	30°～60°	0.8	0.7	0.6	0.5
	60°～90°	0.9	0.8	0.7	0.6

有些国家分级中，将这些定性分析以定量的形式表达。如《国防工程锚喷支护技术暂行规定》中的岩层面产状要素影响折减系数（表 5-5）及节理裂隙面性质折减系数（表 5-6）。

表 5-6　　节理裂隙面性质折减系数 f 值表

张开、闭合及粗粒度性质		充填性质					
		石英或方解石	无充填未触变	泥膜或水锈	碎屑或岩粉	石膏硬土岩粉等	泥质
张开（缝宽＞1mm）	平滑	1	0.9	0.8	0.7	0.6	0.5
	粗糙	1	1	0.9	0.8	0.7	0.6
闭合（缝宽＜1mm）	平滑	1	1	0.8	—	—	—
	粗糙	1	1	0.9	—	—	—

2. 岩性

岩性指标是多方面的，在围岩分级中主要是指岩石强度或坚固性。由于岩块强度可由室内试验获得，因此围岩分级中一般采用岩石单轴抗压饱和强度 R_c 作为强度指标。该指标既考虑了地下水对岩石的软化，又兼顾考虑了岩石的风化情况，同时，它与其他力学指标有较好的互换性，而且试验方法简单可靠。对小型工程可考虑采用以点荷载强度代替单轴抗压强度，通常，点荷载强度取岩石单轴抗压强度的 1/24 左右。

实际上，与围岩稳定性直接有关的因素是岩体强度，但岩体强度一般不容易测试，因此，在围岩分级中常引入岩体准抗压强度的概念，以近似代替岩体强度。准抗压强度用岩体完整性系数 K_v 与岩石单轴饱和抗压强度 R_c 的乘积表示。岩体完整性系数除可按式（5-3）确定外，从定性上则可认为主要取决于岩体结构类型。因此，相同的岩石抗压强度相对于不同岩体结构类型，其准抗压强度是不同的。目前，我国围岩分级中，常采用岩体准抗压强度作为分级指标，考虑到岩体完整性系数与岩体结构类型相应，多数围岩分级也采用岩体结构类型与岩石单轴抗压强度的不同组合来划分围岩级别。如我国锚喷支护规范的围岩分级，按单轴抗压强度将岩石分为 A、B、C、D、E 五级，见表 5-7。

表 5-7　　岩石强度等级划分

岩石强度等级	单轴饱和抗压强度（MPa）	代表性岩石
A	＞60	花岗岩、闪长岩、安山岩、玄武岩、流纹岩、晶质凝灰岩等岩浆岩类；片麻岩、片岩、大理岩、石英岩等变质岩，硅质、铁质胶结的砾岩、砂岩。硅质页岩石灰岩白云岩等沉积岩
B	30～60	
C	20～30	巨厚层红色砂岩、砂砾岩
D	6～30（整体状 6～20）	泥质页岩、泥灰岩、黏土岩、泥质砂岩和砾岩，绿泥石片岩，千枚岩部分凝灰岩
E	＜6	

3. 地下水影响

地下水对围岩稳定有很大影响，是造成围岩失稳的重要原因之一。地下水对围岩稳定性的影响是随着岩质的软弱而有显著差别的，对中等和软弱围岩影响较大，特别在黏性的松散岩体、软岩或断层破碎带、岩脉破碎带、全强风化带中地下水对其稳定性作用更为显著，地下水的渗压作用往往会造成涌水塌方。而对于稳定围岩，由于岩体坚硬，软弱结构面较少，一般不考虑地下水的影响。但若有软弱结构面时，有时要求对软弱结构面进行加

固处理。

围岩中地下水的规模可分为四类：

渗——裂隙渗水。

滴——雨季时有水滴。

流——以裂隙泉形式，流量小于10L/min。

涌——涌水，有一定压力，流量大于10L/min。

地下水对围岩的影响，一般按其水量多少，岩石软硬及节理多少程度等来确定，如表5-8给出的地下水影响系数，就是按这一原则来确定的。

表5-8　　地下水影响系数 K_w

毛洞开挖后围岩出水情况	R_cK_v 值（MPa）		
	>30	30～15	<15
表面渗水、局部滴水，无水压	1	0.9	0.8
淋雨状滴水或涌泉状流水，水压<0.1 MPa	0.9	0.8	0.7
淋雨状滴水或涌泉状流水，水压>0.1 MPa	0.9	0.7	0.6～0.4

4. 原岩应力影响

在埋深与构造应力不大的坚硬岩体中开挖洞室，原岩应力一般不会有明显影响，但在高地应力地区，软岩与在埋深大的洞室和巷道中，则原岩应力会对围岩稳定性产生明显影响。原岩应力影响因素包括：原岩应力数值、方向与各主应力间的比值。但对于围岩分级，一般可以岩体强度应力比 S_m 来表征原岩应力的影响

$$S_m=\frac{K_vR_c}{\sigma_{\max}} \tag{5-4}$$

式中　$\sigma_{\max}$——垂直洞轴线的垂直地应力或水平地应力，两者中取大值，无实测数据时取 $\sigma_{\max}=10^{-5}\gamma H$；

R_c——完整岩石单轴饱和抗压强度，MPa；

γ——岩体容重，kN/m³；

H——覆盖层厚度，m；

K_v——岩体完整性系数。

围岩分级中，通常对稳定围岩不予考虑，对中等稳定围岩取极限值2，而对不稳定围岩取极限值为1。

在国外，常采用岩块强度应力比，即

$$S_r=\frac{R_c}{\sigma_{\max}}=\frac{S_m}{K_v} \tag{5-5}$$

其极限值，对中等稳定围岩一般为4，不稳定围岩为2。

5. 单一综合指标

在围岩分级中，除了上述定性和定量指标外，还有一些综合指标，它能同时反映上述多种因素。例如声波纵波速度、RQD、围岩自稳时间及围岩变形量值等。在我国的围岩分级中，应用较广的是岩体声波纵波速度。声波速度能综合反映岩体完整性与强度，并能

沿洞轴全长测量，而且测试简易、快速，目前在国内外应用较广。因而国内几个锚喷支护的围岩分级中都采用了这一指标与其他因素相结合进行分级。

三、国外的两个围岩分级方法

1. 南非的节理岩体 RMR 分级方法

该法是由南非科学和工业研究委员会（Council for Scientific and Industrial Research，简称 CSIR）的 Bieniawski 在 1976 年提出后经过多次修改，逐渐趋于完善的一种综合分级方法。RMR 分级系统考虑以下 5 个基本分级参数：①完整岩石材料的强度；②岩石质量指标（RQD）；③节理间距；④节理状况；⑤地下水状况。

“节理”一词指所有的不连续结构面，它可能是节理、断层、层理面以及其他弱面。节理状况这个参数考虑了节理宽度或开口宽度、连续性、表面粗糙度、节理面的状况（软或硬）以及所含的充填物等因素。

根据观察到的隧道涌水量、裂隙水压力与岩体主应力之比，或用对地下水条件的某个一般性的定性观测结果，来考虑地下水流对开挖体稳定性的影响。

RMR 分级系统采用对各个参数评分的方法，对上述的每一个分级参数按照表 5－9 所示评分标准逐一给出评分值，其中，结构面状态评分标准详见表 5－10，各个参数的评分值之和即为岩体的 RMR 总评分值。然后，再按节理方位的不同对 RMR 值做适当修正（修正标准见表 5－11）。表 5－12 列出了各种不同总评分值的岩体级别、岩性描述及地下开挖体不加支护而能保持稳定的时间和岩体强度参数。表 5－11 的解释见表 5－13。隧洞未支护跨度的稳定时间与 RMR 指标的关系见图 5－1，据此，只要确定了岩体的评分值，就可以确定在要求期限内岩体能够保证稳定的最大跨度值，或者在给定跨度情况下，不支护时岩体能够稳定的时间。

表 5－9　　节理岩体的 RMR 分级系统评分标准

1	完整岩石的强度（MPa）	点荷载强度	＞10	4～10	2～4	1～2	此低值区最好采用单轴抗压强度		
		单轴抗压强度	＞250	100～250	50～100	25～50	5～25	1～5	＜1
	评　分		15	12	7	4	2	1	0
2	RQD 值（%）		90～100	75～90	50～75	25～50	＜25		
	评　分		20	17	13	8	3		
3	节理间距（cm）		＞200	60～200	20～60	6～20	＜6		
	评　分		20	15	10	8	5		
4	节　理　状　态		很粗糙，不连通，未张开，两壁岩石未风化	稍粗糙，裂开宽度＜1mm，两壁轻度风化	稍粗糙，裂开宽度＜1mm，两壁强风化	夹泥厚度小于 5mm，或裂开宽度 1～5mm，节理连通	夹泥厚度大于 5mm，或裂开宽度大于 5mm，节理连通		
	评　分		30	25	20	10	0		

续表

5	地下水状况	隧洞中每10m长段涌水量（L/min）		<10	10～25	25～125	>125
		节理水压力/最大主应力值	0	0.1	0.1～0.2	0.2～0.5	>0.5
		隧洞干燥程度	完全干燥	潮湿	湿润	滴水	涌水
	评　分		15	10	7	4	0

表5-10　　结构面状态评分标准

参数	评分标准				
结构面长度（延展性）（m）	<1	1～3	3～10	10～20	>20
评分	6	4	2	1	0
张开度（mm）	无	<0.1	0.1～1.0	1～5	>5
评分	6	5	4	1	0
粗糙度	很粗糙	粗糙	微粗糙	光滑	摩擦镜面
评分	6	5	3	1	0
充填物	无	坚硬充填物，厚度小于5mm	坚硬充填物，厚度大于5mm	软弱充填物，厚度小于5mm	软弱充填物，厚度大于5mm
评分	6	4	2	1	0
风化程度	未风化	微风化	弱风化	强风化	分解
评分	6	5	3	1	0

表5-11　　按节理产状修正评分值

节理走向和倾向		非常有利	有　利	一　般	不　利	非常不利
评分修正值	隧道	0	−2	−5	−10	−12
	地基	0	−2	−7	−15	−25
	边坡	0	−5	−25	−50	−60

表5-12　　RMR岩体分级级别的含义

分级级别	Ⅰ	Ⅱ	Ⅲ	Ⅳ	Ⅴ
质量描述	很好的岩体	好岩体	一般岩体	差岩体	很差的岩体
RMR评分值	100～81	80～61	60～41	40～21	<20
平均稳定时间	15m跨度20a	10m跨度1a	5m跨度1星期	2.5m跨度10h	1m跨度30min
岩体黏聚力（kPa）	>400	300～400	200～300	100～200	<100
岩体内摩擦角（°）	>45	35～45	25～35	15～25	<15

表5-13　　节理走向和倾角对隧道开挖的影响

走向垂直于隧道轴线				走向平行于隧道轴线		倾角0°～20°不论什么走向
沿倾向掘进		反倾向掘进				
倾角45°～90°	倾角20°～45°	倾角45°～90°	倾角20°～45°	倾角45°～90°	倾角20°～45°	
非常有利	有利	一般	不利	非常有利	一般	不利

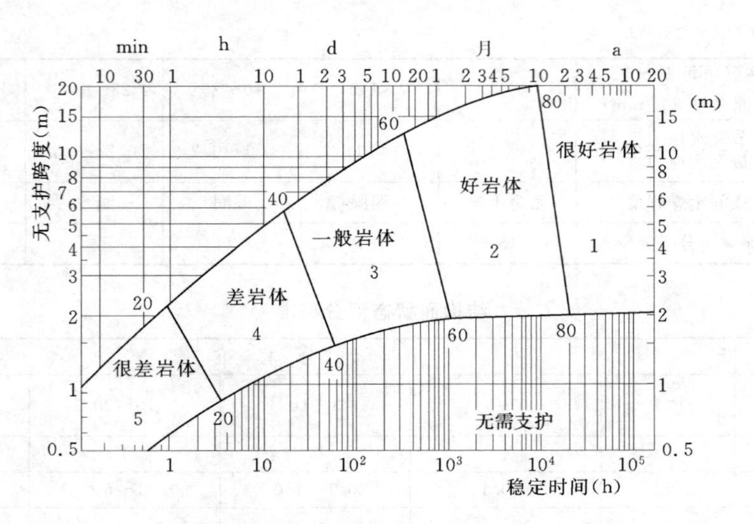

图 5-1 地下开挖体未支护跨度的稳定时间与 RMR 指标的关系

RMR 岩体分级方法十分重视岩体中结构面的影响，因此对岩体质量的评价比较符合工程实际情况。但是在地应力比较高的地区，最大主应力作用在节理表面上的角度对围岩稳定性的影响程度，往往比节理数量更重要，这时应力控制着岩体的变形与破坏，而 RMR 分级方法在进行岩体评分时却未予以考虑，使 RMR 分级法的适用范围受到一定的限制。

2. 隧道质量指标 Q 分级方法

挪威岩土工程研究所（Norwegian Geotechnical Institute）的 Barton、Lien 和 Lunde 等人，根据过去的地下开挖工程稳定性的大量实例，提出了确定岩体隧道开挖质量指标 Q 的方法，Q 指标按下式由 6 个分级指标通过计算确定

$$Q=\left(\frac{\mathrm{RQD}}{J_n}\right)\times\left(\frac{J_r}{J_a}\right)\times\left(\frac{J_w}{\mathrm{SRF}}\right) \tag{5-6}$$

式中 RQD——Deere 的岩石质量指标；

J_n——节理组数；

J_r——节理粗糙度系数；

J_a——节理蚀变影响系数；

J_w——节理水折减系数；

SRF——应力折减系数。

第 1 项比值（RQD/J_n）代表岩体结构的影响，可作为块度或粒度的粗略量度。第 2 项比值（J_r/J_a）表示节理壁或节理充填物的粗糙度和摩擦特性，这个比值对于直接接触的未蚀变粗糙节理是比较有利的。可以预期，这类节理面的强度将接近于峰值强度，一旦发生剪切错动，这个节埋势必发生急剧的扩容，因而对隧道稳定性特别有利。当节理带有黏土质矿物覆盖层和含有充填薄层时，其强度显著降低。然而，如果出现了微小的剪切位移后，节理壁彼此接触到一起，则这种接触可能成为防止隧道最终破坏的重要因素。第 3 项比值（J_w/SRF）由两个应力参数组成。一个是 SRF，它表示开挖体通过断层带和含黏土岩层时所受的松散载荷、坚固岩石中的应力以及不坚固的塑性岩石中的挤压载荷，可把

SRF 看成一个综合应力参数。参数 J_w 是水压的一个量度。由于水压力使有效正应力降低，故水压对节理的抗剪强度起不利的作用。此外，在节理含黏土充填物的情况下，地下水可能起软化和冲刷作用。比值（J_w/SRF）代表一个复杂的经验因数，称为“主动应力”。

为了把隧道质量指标与开挖体的形态和支护要求联系起来，又规定了一个附加参数，称为开挖体的“当量尺寸”De，这个参数是将开挖体的跨度、直径或侧帮高度除以所谓的开挖体“支护比”ESR 而得来的，即

$$De=\frac{\text{开挖体的跨度、直径或高度(m)}}{\text{开挖体的支护比(ESR)}} \tag{5-7}$$

开挖体支护比与开挖体的用途和它所允许的不稳定程度两者有关。对于 ESR，Barton 建议采用表 5-14 中数据。

表 5-14　　开挖体支护比取值

序号	开挖工程类别	开挖体支护比
A	临时性矿山巷道	3～5
B	永久性矿山巷道、水电站引水涵洞（不包括高水头涵洞）、大型开挖体的导洞、平巷和风巷	1.6
C	地下储藏室、地下污水处理工厂、次要公路及铁路隧道、调压室、隧道联络道	1.3
D	地下电站、主要公路及铁路隧道、民防设施、隧道入口及交叉点	1.0
E	地下核电站、地铁车站、地下运动场和公共设施以及地下厂房	0.8

隧道质量指标 Q 与开挖体不支护而能保持稳定的当量尺寸 De 之间的关系如图 5-2 所示。根据 Q 指标的大小把岩体分成 9 级，分别描述为异常差，极差，很差，差，一般，好，很好，极好，异常好，详细分级标准示于表 5-15。

表 5-15　　隧道质量指标 Q 详细分级标准

项目及详细分级	数　值	备　注
1. 岩石质量指标	RQD（%）	1. 在实测或报告中，若 RQD≤10（包括 0）时，则 Q 名义上取 10； 2. RQD 隔 5 选取就足够精确，例如取 100，95，90…
A 很差	0～25	
B 差	25～50	
C 一般	50～75	
D 好	75～90	
E 很好	90～100	
2. 节理组数	J_n	1. 对于巷道交叉口，取 $3J_n$； 2. 对于巷道入口处，取 $2J_n$
A 整体性岩体，含少量节理或不含节理	0.5～1.0	
B 一组节理	2	
C 一组节理，再加些紊乱的节理	3	
D 两组节理	4	
E 两组节理，再加些紊乱的节理	6	
F 三组节理	9	
G 三组节理，再加些紊乱的节理	12	
H 四组或四组以上的节理，随机分布特别发育的节理，岩体被分成“方糖”块，等等	15	
I 粉碎状岩石，泥状物	20	

续表

项目及详细分级	数　值		备　注
3. 节理粗糙度	J_r		
a 节理壁完全接触			
b 节理面在剪切错动 10cm 以前是接触的			
A 不连续的节理	4		
B 粗糙或不规则的波状节理	3		
C 光滑的波状节理	2		1. 若有关的节理组平均间距大于 3m，J_r 按左行数值再加 1.0； 2. 对于具有线理且带擦痕的平面状节理，若线理指向最小强度方向，则可取 $J_r=0.5$
D 带擦痕面的波状节理	1.5		
E 粗糙或不规则的平面状节理	1.5		
F 光滑的平面状节理	1.0		
G 带擦痕面的平面状节理	0.5		
c 剪切错动时岩壁不接触			
H 节理中含有足够厚的黏土矿物，足以阻止节理壁接触	1.0		
I 节理含砂、砾石或岩粉夹层，其厚度足以阻止节理壁接触	1.0		
4. 节理蚀变影响系数	J_a	φ_r	
a 节理完全闭合			
A 节理壁紧密接触，坚硬、无软化、充填物不透水	0.75	—	
B 节理壁无蚀变，表面只有污染物	1.0	25°～35°	
C 节理壁轻微蚀变，不含软矿物覆盖层，砂砾和无黏土的解体岩石等	2.0	25°～30°	
D 含有粉砂质或砂质黏土覆盖层和少量黏土细粒（非软化的）	3.0	20°～25°	
E 含有软化或摩擦力低的黏土矿物覆盖层，如高岭土和云母，它可以是绿泥石、滑石和石墨等，以及少量的膨胀型黏土（不连续的覆盖层，厚度 1～2mm	4.0	8°～16°	
b 节理壁在剪切错动 10cm 前是接触的			如果存在蚀变产物，则残余摩擦角 φ_r 可作为蚀变产物的矿物学性质的一种近似标准
F 含砂砾和无黏土的解体岩石等	4.0	25°～30°	
G 含有高度固结的，非软化的黏土矿物充填物（连续的厚度小于 5mm）	6.0	16°～24°	
H 含有中等（或轻度）固结的软化的黏土矿物充填物（连续的厚度小于 5mm）	8.0	12°～16°	
J 含膨胀型黏土充填物，如蒙脱石（连续的厚度小于 5mm），J_a 值取决于膨胀型黏土颗粒所占的百分数以及含水量	8.0～12.0	6°～12°	
c 剪切错动时节理壁不接触			
K，L，M 含有解体岩石或岩粉以及黏土的夹层（见关于黏土条件的第 G、H 和 J 款）	6.0，8.0 或 8.0～12.0	6°～24°	

续表

项目及详细分级	数值			备注
N 由粉砂质黏土和少量黏土微粒构成的夹层（非软化的）	5.0	—		如果存在蚀变产物，则残余摩擦角 φ_r 可作为蚀变产物的矿物学性质的一种近似标准
O，P，R 含有厚而连续的黏土夹层（见关于黏土条件的 G、H 和 J 款）	10，13或 13～20	6°～24°		
5. 节理水折减系数	J_w	水压力的近似值（kg/cm²）		
A 隧道干燥或只有极少量的渗水，即局部地区渗流量小于 5L/min	1.0	<1.0		1. C～F 款的数值均为粗略值，如采取疏干措施，J_w 可取大些； 2. 由结冰引起的特殊问题表中没有考虑
B 中等流量或中等压力，偶尔发生节理充填物被冲刷现象	0.66	1.0～2.5		
C 节理无充填物，岩石坚固，流量大或水压高	0.5	2.5～10.0		
D 流量大或水压高，大量充填物均被冲出	0.33	2.5～10.0		
E 爆破时，流量特大或压力特高，但随时间增长而减弱	0.2～0.1	>10		
F 持续不衰减的特大流量，或特高水压	0.1～0.05	>10		
6. 应力折减系数	SRF			
a 软弱区穿切开挖体，当隧道掘进时 SRF 开挖体可能引起岩体松动				
A 含黏土或化学分解的岩石的软弱区多处出现，围岩十分松软（深浅不限）	10.0			
B 含黏土或化学分解的岩石的单一软弱区（开挖深度<50m）	5.0			
C 含黏土或化学分解的岩石的单一软弱区（隧道深度>50m）	2.5			
D 岩石坚固，不含黏土，但多处出现剪切带，围岩松散（深度不限）	7.5			
E 不含黏土的坚固岩石中单一的剪切带（开挖深度<50m）	5.0			
F 不含黏土的坚固岩石中单一的剪切带（开挖深度>50m）	2.5			
G 含松软的张开节理，节理很发育或像“方糖”块（深度不限）	5.0			
b 坚固岩石，岩石应力问题	σ_c/σ_1	σ_θ/σ_c	SRF	
H 低应力，接近地表	>200	<0.01	2.5	
J 中等应力	200～10	0.3～0.4	1.0	

续表

项目及详细分级	数　值			备　注
K 高应力，岩体结构非常紧密（一般有利于稳定，但对侧帮稳定可能不利）	10～5	0.3～0.4	0.5～2	1. 如果有关的剪切带仅影响到开挖体，而不与之交叉，则 SRF 值减少 25%～50%； 2. 对于各向应力差别较大的原岩应力场（若已测出的话），当 $5\ll\sigma_1/\sigma_3\ll10$ 时，σ_c 减为 $0.75\sigma_c$；当 $\sigma_1/\sigma_3>10$ 时，σ_c 减为 $0.6\sigma_c$。这里 σ_c 表示单轴抗压强度，σ_θ 为根据弹性理论计算的最大切向应力，σ_1、σ_3 分别为最大和最小主应力； 3. 洞室埋深小于其跨度的情况很少，建议将 SRF 从 2.5 增至 5（见 H 款）
L 轻微岩爆（整体岩石）	5～3	0.5～0.65	5～10	
M 严重岩爆（整体岩石）	3～2	0.65～1	50～200	
N 块状岩体中的严重岩爆（应变型岩爆）和直接动变形	<2	>1	200～400	
c 挤压性岩石，在很高的应力影像下不坚固岩石的塑性流动	σ_θ/σ_c	SRF		
O 挤压性轻微的岩石压力	1～5	5～10		
P 挤压性很大的岩石压力	>5	10～20		
d 膨胀性岩石，化学膨胀活性取决于水的存在与否	SRF			
R 膨胀性轻微的岩石压力	5～10			
S 膨胀性很大的岩石压力	10～20			

注　在估算岩体质量（Q）的过程中，除遵照表内备注栏的说明以外，尚须遵守下列原则。

1. 如果无法得到钻孔岩芯，则 RQD 值可由单位体积的节理数来估算。在单位体积中，对每组节理按每米长度计算其节理数，然后相加。对于不含黏土的岩体，可用简单的关系式将节理数换算成 RQD 值，如下：

$$RQD=115-3.3J_V\ (\text{近似值})$$

式中　J_V—每立方米的节理总数。

2. 代表节理组数的参数 J_n 常常受页理、片理、板岩劈理或层理等的影响。如果这类平行的“节理”很发育，显然可视之为一个节理组，但如果明显可见的“节理”很稀疏，或者岩芯中由于这些“节理”偶尔出现个别断裂，则在计算 J_n 值时，视它们为“紊乱的节理”（或“随机节理”）似乎更为合适。
3. 代表抗剪强度的参数 J_r 和 J_n 应与给定区域中最软弱的主要节理组或黏土充填的不连续面联系起来。但是，如果这些 J_r/J_n 值最小的节理组或不连续面的方位对稳定是有利的，这时，方位比较不利的第二组节理或不连续面有时可能更为重要，在这种情况下，计算 Q 值时要用后者的较大的 J_r/J_n 值。事实上，J_r/J_n 值应当与最可能首先破坏的岩面有关。
4. 当岩体含黏土时，必须计算出适用于松散荷载的因数 SRF。这时，完整岩石的强度并不重要。但是，如果节理很少，又完全不含黏土，则完整岩石的强度可能变成最弱的环节。稳定性完全取决于（岩体应力/岩体强度）之比。各向应力差别极大的应力场对于稳定性是不利的因素，这种应力场已在表中第 2 点关于应力折减因素的备注栏中作了粗略考虑。
5. 如果现实的或将来的现场条件均使岩体处于水饱和状态，则完整岩石的抗压和抗拉强度（和）应在饱和状态下进行测定。若岩体受潮或在饱和后即行变坏，则估计这类岩体的强度时应当更加保守一些。

RMR 岩体分级方法和 Q 隧道质量指标分级方法都考虑了足够的信息，足以对影响地下工程围岩稳定性的各种因素做出切实的综合评价，而且使用都很简便，可用于大多数岩石工程。前者较为重视岩体结构面的方位和倾角，但未考虑到岩体的应力。后者虽然不包括节理方位，但在评价节理粗糙度和蚀变影响因素时，却考虑了最不利节理组的特性，粗糙度和蚀变影响均代表了岩体的抗剪强度。二者都认为结构面方位和倾角的影响都远比通常预想的要小。RMR 和 Q 之间的统计关系为

$$RMR=15\lg Q+50 \tag{5-8}$$

由于 RMR 分级原是为解决坚硬节理岩体中浅埋隧道工程而发展起来的，所以，在处理那些造成挤压、膨胀和涌水的极其软弱的岩体问题时效果不好，应改用 Q 指标法。

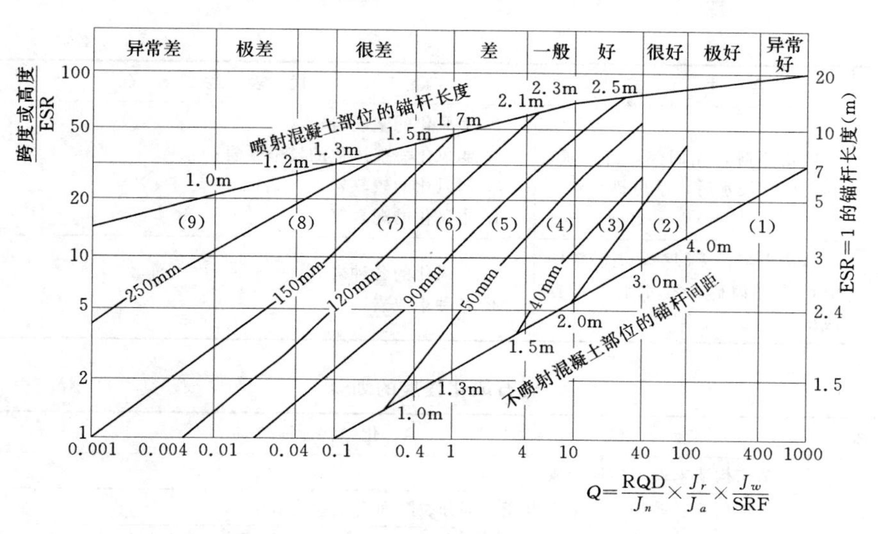

图 5-2 不支护的地下开挖体最大当量尺寸与 Q 指标之间的关系

(1)—不支护；(2)—局部锚杆；(3)—系统锚杆；(4)—系统锚杆及 40～100mm 厚的无纤维喷射混凝土；(5)—50～90mm 厚的纤维喷射混凝土及锚杆；(6)—90～120mm 厚的纤维喷射混凝土及锚杆；(7)—120～150mm 厚的纤维喷射混凝土及锚杆；(8)—150mm 以上的纤维喷射混凝土、钢拱架、锚杆；(9)—模注混凝土

四、国内的几个围岩分级系统

1. 国家标准《工程岩体分级标准》(GB 50218—1994)

我国工程岩体分级标准中规定，工程岩体分级采用定性与定量相结合的方法，先确定岩体基本质量，再结合具体工程的特点确定岩体级别。

岩体基本质量由岩石坚硬程度和岩体完整程度两个因素确定。岩石坚硬程度按照表 5-16 所示标准定性划分，其中的岩石风化程度按表 5-17 确定。岩体完整程度按表 5-18 进行定性划分，其中的结构面结合程度按表 5-19 确定。

表 5-16　岩石坚硬程度的定性划分

名称		定性鉴定	代表性岩石
硬质岩	坚硬岩	锤击声清脆，有回弹，震手，难击碎；浸水后，大多无吸水反应	未风化—微风化； 花岗岩、正长岩、闪长岩、辉绿岩、玄武岩、安山岩、片麻岩、石英片岩、硅质板岩、石英岩、硅质胶结的砾岩、石英砂岩、硅质石灰岩等
	较坚硬岩	锤击声较清脆，有轻微回弹，稍震手，较难击碎； 浸水后，有轻微吸水反应	1. 弱风化的坚硬岩； 2. 未风化—微风化的； 熔结凝灰岩、大理岩、板岩、白云岩、石灰岩、钙质胶结的砂岩等
软质岩	较软岩	锤击声不清脆，无回弹，较易击碎；浸水后，指甲可刻出印痕	1. 强风化的坚硬岩； 2. 弱风化的较坚硬岩； 3. 未风化—微风化的； 凝灰岩、千枚岩、砂质泥岩、泥灰岩、泥质砂岩、粉砂岩、页岩等

续表

名称		定性鉴定	代表性岩石
软质岩	软岩	锤击声哑，无回弹，有凹痕，易击碎；浸水后，手可扒开	1. 强风化的坚硬岩； 2. 弱风化—强风化的较坚硬岩； 3. 弱风化的较软岩； 4. 未风化的泥岩等
	极软岩	锤击声哑，无回弹，有较深凹痕，手可捏碎；浸水后，可捏成团	1. 全风化的各种岩石； 2. 各种半成岩

表 5－17　　岩石风化程度的划分

名　称	风化特征
未风化	结构构造未变，岩质新鲜
微风化	结构构造、矿物色泽基本未变，部分裂隙面有铁锰质渲染
弱风化	结构构造部分破坏，矿物色泽较明显变化，裂隙面出现风化矿物或存在风化夹层
强风化	结构构造大部分破坏，矿物色泽明显变化，长石、云母等多风化成次生矿物
全风化	结构构造全部破坏，矿物成分除石英外，大部分风化成土状

表 5－18　　岩体完整程度的定性划分

名　称	结构面发育程度		主要结构面的结合程度	主要结构面类型	相应结构类型
	组数	平均间距（m）			
完整	1～2	>1.0	好或一般	节理、裂隙、层面	整体状或巨厚层结构
较完整	1～2	>1.0	差	节理、裂隙、层面	块状或厚层状结构
	2～3	1.0～0.4	好或一般		块状结构
较破碎	2～3	1.0～0.4	差	节理、裂隙、层面、小断层	裂隙块状或中厚层结构
	>3	0.4～0.2	好		镶嵌碎裂结构
			一般		中、薄层状结构
破碎	>3	0.4～0.2	差	各种类型结构面	裂隙块状结构
		<0.2	一般或差		碎裂状结构
极破碎	无序		很差		散体状结构

注　平均间距指主要结构面（1～2 组）间距的平均值。

表 5－19　　结构面结合程度的划分

名　称	结构面特征
结合好	张开度小于 1mm，无充填物；
结合好	张开度 1～3mm，为硅质或铁质胶结； 张开度大于 3mm，结构面粗糙，为硅质胶结
结合一般	张开度 1～3mm，为钙质或泥质胶结； 张开度大于 3mm，结构面粗糙，为铁质或钙质胶结
结合差	张开度 1～3mm，结构面平直，为泥质或泥质和钙质胶结； 张开度大于 3mm，多为泥质或岩屑充填
结合很差	泥质充填或泥夹岩屑充填，充填物厚度大于起伏差

岩石坚硬程度的定量指标，采用岩石单轴饱和抗压强度（R_c）表示。R_c 应采用实测值。当无条件取得实测值时，也可采用实测的岩石点荷载强度指数［$I_{s(50)}$］的换算值，并按式 5－9 换算。

$$R_c = 22.82 I_{s(50)}^{0.75} \tag{5-9}$$

岩石饱和单轴抗压强度与定性划分的岩石坚硬程度的对应关系见表 5－20。

表 5－20　R_c 与定性划分的岩石坚硬程度的对应关系

R_c(MPa)	＞60	60～30	30～15	15～5	＜5
坚硬程度	坚硬岩	较坚硬岩	较软岩	软岩	极软岩

岩体完整程度的定量指标采用岩体完整性指数（K_v）表示。K_v 应采用实测值。岩体完整性指数 K_v 根据弹性波速度确定

$$K_v = \frac{V_{pm}^2}{V_{pr}^2} \tag{5-10}$$

式中　V_{pm}——岩体弹性波纵波速度，km/s；

　　V_{pr}——岩石弹性波纵波速度，km/s。

当现场缺乏弹性波测试条件时，可选择有代表性露头或开挖面，对不同的工程地质岩组进行节理裂隙统计，根据统计结果计算岩体体积节理数 J_v（条/m³）

$$J_v = S_1 + S_2 + \cdots + S_n + S_k \tag{5-11}$$

式中　S_n——第 n 组节理每米长测线上的条数；

　　S_k——每立方米岩体非成组节理条数。

J_v 与 K_v 的对照关系见表 5－21，K_v 与岩体完整性程度定性划分的对应关系，见表 5－22。

表 5－21　J_v 与 K_v 对照表

J_v(条/m³)	＜3	3～10	10～20	20～35	＞35
K_v	＞0.75	0.75～0.55	0.55～0.35	0.35～0.15	＜0.15

表 5－22　K_v 与定性划分的岩体完整程度的对应关系

K_v	＞0.75	0.75～0.55	0.55～0.35	0.35～0.15	＜0.15
完整程度	完整	较完整	较破碎	破碎	极破碎

岩体基本质量指标 BQ 按下式计算

$$BQ = 90 + 3R_c + 250K_v \tag{5-12}$$

式中　BQ——岩体基本质量指标；

　　R_c——岩石单轴饱和抗压强度的兆帕数值。

注意，适用本式时，应遵守下列限制条件：

当 $R_c > 90K_v + 30$ 时，应以 $R_c = 90K_v + 30$ 和 K_v 代入计算 BQ 值；

当 $K_v > 0.04R_c + 0.4$ 时，应以 $K_v = 0.04R_c + 0.4$ 和 R_c 代入计算 BQ 值。

按计算所得的 BQ 值，按照表 5－23 所示标准进行岩体基本质量分级。

表 5-23　　　岩体基本质量分级

基本质量分级	岩体基本质量的定性特征	岩体基本质量指标（BQ）
Ⅰ	坚硬岩，岩体完整	＞550
Ⅱ	坚硬岩，岩体较完整； 较坚硬岩，岩体完整	550～451
Ⅲ	坚硬岩，岩体较破碎； 较坚硬岩或软硬岩互层，岩体较完整； 较软岩，岩体完整	450～351
Ⅳ	坚硬岩，岩体破碎； 较坚硬岩，岩体较破碎—破碎； 较软岩或软硬岩互层，且以软岩为主，岩体较完整—较破碎； 软岩，岩体完整—较完整	350～251
Ⅴ	较软岩，岩体破碎； 软岩，岩体较破碎—破碎； 全部极软岩及全部极破碎岩	＜250

结合工程情况，计算岩体基本质量指标修正值［BQ］，并仍按表 5-22 确定工程的岩体级别。

岩体基本质量指标修正值［BQ］可按下式计算

$$[BQ]=BQ-100(K_1+K_2+K_3) \tag{5-13}$$

式中　K_1——地下水影响修正系数；

K_2——主要软弱结构面产状影响修正系数；

K_3——初始应力状态影响修正系数。

K_1，K_2，K_3 值，可分别按表 5-24、表 5-25、表 5-26 确定。无表中所列情况时，修正系数取零。表 5-26 中的极高应力与高应力的区别主要体现在岩体在开挖过程中出现的现象不同方面，如表 5-27 所示。［BQ］出现负值时，应按特殊问题处理。

表 5-24　　　**地下水影响修正系数 K_1**

地下水出水状态 \ BQ	＞450	450～351	350～251	＜250
潮湿或点滴状出水	0	0.1	0.2～0.3	0.4～0.6
淋雨状或涌流状出水，水压≤0.1MPa 或单位出水量≤10L/(min·m)	0.1	0.2～0.3	0.4～0.6	0.7～0.9
淋雨状或涌流状出水，水压＞0.1MPa 或单位出水量＞10L/(min·m)	0.2	0.4～0.6	0.7～0.9	1.0

表 5-25　　　**主要软弱结构面产状影响修正系数 K_2**

结构面产状及其与洞轴线的组合关系	结构面走向与洞轴线夹角＜30° 结构面倾角 30°～75°	结构面走向与洞轴线夹角＞60° 结构面倾角＞75°	其他组合
K_2	0.4～0.6	0～0.2	0.2～0.4

表 5-26　　初始应力状态影响修正系数 K_3

初始应力状态 \ BQ	>550	550～451	450～351	350～251	<250
极高应力区	1.0	1.0	1.0～1.5	1.0～1.5	1.0
高应力区	0.5	0.5	0.5	0.5～1.0	0.5～1.0

表 5-27　　高地应力地区岩体在开挖过程中出现的主要现象

应力情况	主要现象	Rc/σ_{max}
极高应力	1. 硬质岩：开挖过程中时有岩爆发生，有岩块弹出，洞壁岩体发生剥离，新生裂缝多，成洞性差；基坑有剥离现象，成形性差； 2. 软质岩：岩芯常有饼化现象，开挖过程中洞壁岩体有剥离，位移极为显著，甚至发生大位移，持续时间长，不易成洞；基坑发生显著隆起或剥离，不易成形	<4
高应力	1. 硬质岩：开挖过程中可能出现岩爆，洞壁岩体有剥离和掉块现象，新生裂缝较多，或成洞较差；基坑时有剥离现象，成形性一般尚好； 2. 软质岩：岩芯时有饼化现象，开挖过程中洞壁岩体位移显著，持续时间较长，成洞性差；基坑有隆起现象，成形性较差	4～7

注　σ_{max}为垂直洞轴线方向的最大初始应力。

工程岩体基本级别一旦确定以后，可按表 5-28 选用岩体的物理力学参数以及按表 5-28 选用岩体结构面抗剪断峰值强度参数。

表 5-28　　岩体物理力学参数

岩体基本质量级别	重力密度 (kN/m³)	抗剪断峰值强度		变形模量 E (GPa)	泊松比 υ
		内摩擦角 φ (°)	黏聚力 C (MPa)		
Ⅰ	>26.5	>60	>2.1	>33	<0.2
Ⅱ		60～50	2.1～1.5	33～20	0.2～0.25
Ⅲ	26.5～24.5	50～39	1.5～0.7	20～6	0.25～0.3
Ⅳ	24.5～22.5	39～27	0.7～0.2	6～1.3	0.3～0.35
Ⅴ	<22.5	<27	<0.2	<1.3	>0.35

表 5-29　　结构面抗剪断峰值强度

岩体级别	两侧岩体的坚硬程度及结构面的结合程度	内摩擦角 φ (°)	黏聚力 C (MPa)
Ⅰ	坚硬岩，结合好	>37	>0.22
Ⅱ	坚硬—较坚硬岩，结合一般； 较软岩，结合好	37～29	0.22～0.12
Ⅲ	坚硬—较坚硬岩，结合差； 较软岩—软岩，结合一般	29～19	0.12～0.08
Ⅳ	较坚硬—较软岩，结合差—结合很差； 软岩、结合差； 软质岩的泥化面	19～13	0.08～0.05
Ⅴ	较坚硬岩及全部软质岩，结合很差； 软质岩泥化层本身	<13	<0.05

对跨度等于或小于20m的地下工程岩体自稳能力可按表5-30初步评价，当实际自稳能力与表中相应级别的自稳能力不相符时，应对岩体级别作相应调整。

表5-30　地下工程岩体自稳能力

岩体级别	自稳能力
Ⅰ	跨度<20m，可长期稳定，偶有掉块，无塌方
Ⅱ	跨度10～20m，可基本稳定，局部可发生掉块或小塌方； 跨度<10m，可长期稳定，偶有掉块
Ⅲ	跨度10～20m，可稳定数日至一个月，可发生小至中塌方； 跨度5～10m，可稳定数月，可发生局部块体位移及小至中塌方； 跨度<5m，可基本稳定
Ⅳ	跨度>5m，一般无自稳能力，数日至数月内可发生松动变形、小塌方、进而发展为中至大塌方。埋深小时，以拱部松动破坏为主，埋深大时，有明显塑性流动变形和挤压破坏； 跨度<5m，可稳定数日至一个月
Ⅴ	无自稳能力

注　小塌方：塌方高度<3m，或塌方体积<30m³。
中塌方：塌方高度3～6m，或塌方体积30～100m³。
大塌方：塌方高度>6m，或塌方体积>100m³。

2. 国家规范《锚杆喷射混凝土支护技术规范》(GB 50086—2001) 中的围岩分级方法

本分类适用于矿山、铁路、水电、建工和军工等部门的地下工程锚喷支护设计。具体围岩分类见表5-31。

表5-31　锚杆喷射混凝土支护技术规范围岩分级表

围岩级别	主要工程地质特征							毛洞稳定情况
	岩体结构	构造影响程度：结构面发育情况和组合状态	岩石强度指标		岩体声波指标		岩体强度应力比	
			单轴饱和抗压强度(MPa)	点荷载强度(MPa)	岩体纵波速度(km/s)	岩体完整性指标		
Ⅰ	整体状及层间结合良好的厚层状结构	构造影响轻微，偶有小断层，结构面不发育，仅有2～3组，平均间距大于0.8m，以原生和构造节理为主，多数闭合，无泥质充填，不贯通。层间结合良好，一般不出现不稳定块体	>60	>2.5	>5	>0.75		毛洞跨度5～10m时，长期稳定，无碎块掉落
Ⅱ	同Ⅰ级围岩结构	同Ⅰ级围岩特征	30～60	1.25～2.5	3.7～5.2	>0.75		毛洞跨度5～10m时，围岩能较长时间(数月至数年)维持稳定，仅出现局部小块掉落
	块状结构和层间结合较好的中厚层或厚层状结构	构造影响较重，有少量断层，结构面较发育，一般为3组，平均间距0.4～0.8m，以原生和构造节理为主，多数闭合，偶有泥质充填。贯通性较差，有少量软弱结构面。层间结合较好，偶有层间错动和层面张开现象	>60	>2.5	3.7～5.2	>0.5		

续表

<table>
<tr><td rowspan="3">围岩级别</td><td colspan="7">主 要 工 程 地 质 特 征</td><td rowspan="3">毛洞稳定情况</td></tr>
<tr><td rowspan="2">岩体结构</td><td rowspan="2">构造影响程度：结构面发育情况和组合状态</td><td colspan="2">岩石强度指标</td><td colspan="2">岩体声波指标</td><td rowspan="2">岩体强度应力比</td></tr>
<tr><td>单轴饱和抗压强度（MPa）</td><td>点荷载强度（MPa）</td><td>岩体纵波速度（km/s）</td><td>岩体完整性指标</td></tr>
<tr><td rowspan="4">Ⅲ</td><td>同Ⅰ级围岩结构</td><td>同Ⅰ级围岩特征</td><td>20～30</td><td>0.85～1.25</td><td>3.0～4.5</td><td>>0.75</td><td>>2</td><td rowspan="4">毛洞跨度 5～10m 时，围岩能维持一个月以上的稳定，主要出现局部掉块、塌落</td></tr>
<tr><td>同Ⅱ级围岩块状结构和层间结合较好的中厚层或厚层结构</td><td>同Ⅱ级围岩块状结构和层间结合较好的中厚层或厚层状结构围岩特征</td><td>30～60</td><td>1.25～2.5</td><td>3.0～4.5</td><td>0.5～0.75</td><td>>2</td></tr>
<tr><td>层间结合良好的薄层和软硬岩互层结构</td><td>构造影响较重。结构面发育，一般为3组，平均间距0.2～0.4m，以构造节理为主。节理面多闭合，少有泥质充填。岩层为薄层或以硬岩为主的软硬岩互层，层间结合良好，少见软弱夹层，层间错动和层面张开现象</td><td>>60（软岩，>20）</td><td>>2.5</td><td>3.0～4.5</td><td>0.3～0.5</td><td>>2</td></tr>
<tr><td>碎裂镶嵌结构</td><td>构造影响严重，结构面发育，一般为3组以上，平均间距0.2～0.4m，以构造节理为主，节理面多数闭合，少数有泥质充填，块体间牢固咬合</td><td>>60</td><td>>2.5</td><td>3.0～4.5</td><td>0.3～0.5</td><td>>2</td></tr>
<tr><td rowspan="2">Ⅳ</td><td>同Ⅱ级围岩块状结构和层间结合较好的中厚层或厚层状结构</td><td>同Ⅱ级围岩块状结构和层间结合较好的中厚层或厚层状结构特征</td><td>10～30</td><td>0.42～1.25</td><td>2.0～3.5</td><td>0.5～0.75</td><td>>1</td><td rowspan="2">毛洞跨度5m时，围岩能维持数日到一个月的稳定，主要失稳形式为冒落或片帮</td></tr>
<tr><td>散块状结构</td><td>构造影响严重，一般为风化卸荷带。结构面发育，一般为3组，平均间距0.4～0.8m，以构造节理、卸荷、风化裂隙为主，贯通性好，多数张开，夹泥，夹泥厚度一般大于结构面的起伏高度，咬合力弱，构成较多的不稳定块体</td><td>>30</td><td>>1.25</td><td>>2.0</td><td>>0.15</td><td>>1</td></tr>
</table>

续表

围岩级别	主要工程地质特征							毛洞稳定情况
	岩体结构	构造影响程度：结构面发育情况和组合状态	岩石强度指标		岩体声波指标		岩体强度应力比	
			单轴饱和抗压强度（MPa）	点荷载强度（MPa）	岩体纵波速度（km/s）	岩体完整性指标		
Ⅳ	层间结合不良的薄层、中厚层和软硬岩互层结构	构造影响严重，结构面发育，一般为3组以上，平均间距0.2～0.4m，以构造、风化节理为主，大部分微张（0.5～1.0mm），部分张开（>1.0mm），有泥质充填。层间结合不良，多数夹泥，层间错动明显	>30（软岩，>10）	>1.25	2.0～3.5	0.2～0.4	>1	毛洞跨度5m时围岩能维持数日到一个月的稳定，主要失稳形式为冒落或片帮
	碎裂状结构	构造影响严重，多数为断层影响带或强风化带。结构面发育，一般为3组以上，平均间距0.2～0.4m，大部分微张（0.5～1.0mm），部分张开（>1.0mm）有泥质充填，形成许多碎块体	>30	>1.25	2.0～3.5	0.2～0.4	>1	
Ⅴ	散体状结构	构造影响很严重，多数为破碎带，全强风化带，破碎带交汇部位。构造及风化节理密集，节理面及其组合杂乱，形成大量碎块体。块体间多为泥质充填，甚至呈石夹土状或土夹石状			<2.0			毛洞跨度5m时围岩稳定时间很短，约数小时至数日

注　1. 围岩按定性分级与定量指标分级有差别时，一般应以低者为准。
2. 本表声波指标以孔测法测试值为准。如果用其他测试方法时，可通过对比试验，进行换算。
3. 层状岩体按单层厚度划分：厚层>0.5m；中厚层为0.1～0.5m，薄层<0.1m。
4. 一般条件下，确定围岩级别时，应以岩石单轴湿饱和抗压强度为准；当洞跨小于5m，服务年限小于10年的工程，确定围岩级别时，可采用点荷载强度指标代替岩块单轴饱和抗压强度指标，可不做岩体声波指标测试。
5. 测定岩石强度，做单轴抗压强度测定后，可不做点荷载强度测定。

3. 总参工程兵《坑道工程》围岩分级方法

本分级适用于埋深小于300m的一般岩石坑道。有较大构造地应力、偏压大、区域不稳定和山体不稳定的坑道不适用。有特殊变形破坏特性的岩石和土质坑道，须通过试验按其他有关规定确定围岩级别。具体分级见表5-32～表5-37。坑道岩体质量指标R_m和准围岩强度与地应力比S按式（5-14）得到

$$\left.\begin{aligned} R_m &= R_c \times K_v \times K_w \times K_j \\ S &= R_m(\text{或} R_s)/\sigma_{\max} \\ R_s &= 1.53 \times V_{mp}^{2.26} \times K_w \times K_j \end{aligned}\right\} \qquad (5-14)$$

表 5-32　　坑道工程围岩定量分级标准

围岩级别	坑道岩体质量指标 R_m 或声波参数岩体质量指标 R_s	准围岩强度与地应力比 S
Ⅰ	＞60	＞4
Ⅱ	60～30	＞4
Ⅲ	30～15	＞2
Ⅳ	15～5	＞1
Ⅴ	＜5	—

式中：R_c 为完整岩石单轴饱和抗压强度，MPa，当 R_c 大于表 5-33 中与岩体完整性系数对应值时，取表列数值；K_v 为岩体完整性系数；K_w 为地下水状态影响修正系数（表 5-8）；K_j 为主要软弱结构面产状与洞轴线组合关系影响修正系数（表5-5）；R_s 为声波参数岩体质量指标。

表 5-33　　完整性系数不同的岩体计算 R_m 时允许取的 R_c 最大值

岩体完整性系数 K_v	＞0.45	0.45～0.25	＜0.25～0.10	0.10
计算 R_m 用允许最大 R_c 值（MPa）	100	80	60	40

表 5-34　　坑道工程初步围岩分级表

<table>
<tr><th rowspan="2">岩质类型</th><th rowspan="2" colspan="2">岩体结构特征</th><th colspan="2">围岩分级</th></tr>
<tr><th>级别范围</th><th>分级说明</th></tr>
<tr><td rowspan="9">A
硬质岩
(R_c＞30MPa)</td><td colspan="2">整体状结构</td><td>Ⅰ～Ⅱ</td><td>坚硬岩定Ⅰ级，中硬岩定Ⅱ级</td></tr>
<tr><td colspan="2">块状结构</td><td>Ⅱ～Ⅲ</td><td>坚硬岩定Ⅱ级，中硬岩定Ⅲ级</td></tr>
<tr><td rowspan="2">层状结构</td><td>单一层状结构</td><td>Ⅱ～Ⅲ</td><td>一般坚硬岩定Ⅱ级，中硬岩定Ⅲ级；陡倾岩层，且岩层走向与洞轴线近于平行可定Ⅲ级</td></tr>
<tr><td>互层或薄层状结构</td><td>Ⅲ～Ⅳ</td><td>一般定Ⅲ级；陡倾岩层，且岩层走向与洞轴线近于平行时定Ⅳ级</td></tr>
<tr><td rowspan="2">碎裂结构</td><td>镶嵌碎裂结构</td><td>Ⅲ～Ⅳ</td><td>一般定Ⅲ级；推测夹泥裂隙较多或有地下水时定Ⅳ级</td></tr>
<tr><td>层状及夹泥碎裂结构</td><td>Ⅳ～Ⅴ</td><td>推测无地下水时定Ⅳ级，有地下水时定Ⅴ级</td></tr>
<tr><td rowspan="2">散体结构</td><td>散块状结构</td><td>Ⅳ～Ⅴ</td><td>一般定Ⅳ级，推测夹泥裂隙很多或有地下水时定Ⅴ级</td></tr>
<tr><td>散体状结构</td><td>Ⅴ</td><td>推测有地下水时应作为特殊岩级</td></tr>
<tr><td rowspan="5">B
软质岩
(R_c=5～30MPa)</td><td colspan="2">整体状结构</td><td>Ⅲ～Ⅳ</td><td>较软岩一般定Ⅲ级，推测有地下水时定Ⅳ级；软岩一般定Ⅳ级，推测有地下水时定Ⅴ级</td></tr>
<tr><td colspan="2">块状结构</td><td>Ⅳ～Ⅴ</td><td>一般定Ⅵ级，推测有地下水时定Ⅴ级</td></tr>
<tr><td colspan="2">层状结构</td><td>Ⅳ～Ⅴ</td><td>以较软岩为主时一般定Ⅳ级；以软岩为主，无地下水时可定Ⅳ级，推测有地下水时定Ⅴ级</td></tr>
<tr><td colspan="2">碎裂结构</td><td>Ⅳ～Ⅴ</td><td>一般定Ⅴ级；推测无地下水的较软岩可定Ⅳ级</td></tr>
<tr><td colspan="2">散体状结构</td><td>Ⅴ</td><td>推测有地下水时应作为特殊岩级</td></tr>
<tr><td rowspan="2">C
特殊岩级和土</td><td>特软岩
R_c＜5MPa</td><td>无意义</td><td>V_c</td><td>Ⅴ类中的特软岩级</td></tr>
<tr><td>其他特殊岩级和土</td><td>无意义</td><td>—</td><td>通过试验确定</td></tr>
</table>

表 5-35　　坑道工程详细围岩分级表（硬质岩）

岩质类型：定性鉴定	岩质类型：R_c值(MPa)	岩体结构类型：定性鉴定		岩体结构类型：K_v值	岩体基本质量指标 BQ	坑道岩体质量指标 R_m或R_s值	准围岩强度地应力比 S值	毛洞围岩稳定性	围岩分级：级	围岩分级：亚级	围岩分级：备注	介质类型
A硬质岩	>30	整体状结构		>0.76	>550	>60	>4	稳定，一般无不稳定块体、无塌方、无塑性挤出变形和岩爆	Ⅰ	Ⅰ	—	均匀、连续、弹性介质（$S<2$时按弹塑性介质）
					451~550	30~60	>4	基本稳定，局部可能有不稳定块体，无塑性挤出变形和岩爆	Ⅱ	Ⅱ$_A^1$	—	
					<450	<30	>2	基本稳定，局部可能有不稳定块体，应力集中部位可能发生岩爆或塑性挤出变形	Ⅲ	Ⅲ$_A^1$	—	
		块状结构		0.46~0.75	451~550	30~60	>4	基本稳定，局部可能有不稳定块体，无塑性挤出变形和岩爆	Ⅱ	Ⅱ$_A^2$	—	均匀弹性或块裂介质
					351~450	15~30	>2	稳定性一般，局部可有不稳定岩体，应力集中部位可能发生岩爆或塑性挤出变形	Ⅲ	Ⅲ$_A^2$	R_m或R_s<15时降为Ⅳ级	
		层状结构		0.23~0.75	451~550	30~60	>4	同Ⅱ$_A^2$但不稳定块体主要受夹泥层面或软弱夹层控制	Ⅱ	Ⅱ$_A^2$	—	碎裂或松散介质
					351~450	15~30	>2	同Ⅱ$_A^2$但不稳定块体主要受夹泥层面或软弱夹层控制	Ⅲ	Ⅲ$_A^2$	—	
					251~350	<15	>1	稳定性差，可能有较大不稳定岩体，可发生塑性挤出变形	Ⅳ	Ⅳ$_A^3$	R_m或R_s<5时降为Ⅴ级	
		碎裂结构	镶嵌碎裂	0.23~0.45	>350	>15	>2	同Ⅲ$_A^2$，破坏形式及规模有随机性	Ⅲ	Ⅲ$_A^4$	—	碎裂或松散介质
			层状碎裂或夹泥碎裂	0.11~0.22	>250	>5	>1	稳定性差，不及时支护可能发生整体塌落破坏，应力集中部位可有较大塑性挤出变形和松弛范围	Ⅳ	Ⅳ$_A^4$	—	
					<250	<5	不限	不稳定，不支护无自稳能力或自稳时间很差（一般几小时到几天），破坏形式以拱顶、侧墙整体塌落为主，有较大塑性变形	Ⅴ	Ⅴ$_A^4$	有承压水时应作为特殊岩级	
		散体结构	散块状结构	0.15~0.45	>300	>10	>1	不稳定，不支护很短时间即可失稳，破坏形式以拱顶大块体塌落或侧墙、掌子面滑移为主，一般无塑性挤出变形	Ⅳ	Ⅳ$_A^5$	—	块裂介质
					<300	<10	不限		Ⅴ	Ⅴ$_A^5$	—	
			散体状结构	<0.15	<250	<5	不限	很不稳定，不支护无自稳能力，小跨度也能自稳几天或几小时，破坏形式以拱、墙整体塌落为主，及时支护会有较大塑性挤出变形	Ⅴ	Ⅴ$_A^5$	有地下水时应作为特殊岩级	松散介质

表 5－36　　坑道工程详细围岩分级表（软质岩和特殊岩级）

岩质类型		岩体结构类型		岩体基本质量指标 BQ	坑道岩体质量指标 R_m 或 R_s 值	准围岩强度地应力比 S 值	毛洞围岩稳定性	围岩分级			介质类型
定性鉴定	R_c 值(MPa)	定性鉴定	K_v 值					级	亚级	备注	
B软质岩	5～30	整体状结构	>0.75	>350	>15	≥2	基本稳定或一般，应力集中部位可能发生塑性变形	Ⅲ	Ⅲ_B^1	$S<2$ 时降为Ⅳ	弹性或弹塑性介质
				<350	<15	≥1	稳定性差，应力集中部位可发生大塑性变形	Ⅳ	Ⅳ_B^1	$S<1$ 时降为Ⅴ	
		块状结构	0.45～0.75	>250	>5	≥1	稳定性差，局部有不稳定岩体，应力集中部位可发生塑性挤出变形	Ⅳ	Ⅳ_B^2		块裂介质或弹塑性介质
				<250	<5	不限	不稳定，不及时支护围岩短时间可能塌方或有较大塑性变性，并有明显流变特性	Ⅴ	Ⅴ_B^2	—	
		层状结构		>250	>5	≥1	同 Ⅳ_B^2	Ⅳ	Ⅳ_B^3	$S<1$ 时降为Ⅴ	
				<250	<5	不限	同 Ⅴ_B^2	Ⅴ	Ⅴ_B^3		
		碎裂结构	0.2～0.45	>250	>5	≥1	不稳定，不及时支护围岩很快松弛，失稳，破坏形式以拱顶，侧墙整体坍落为主，侧墙亦往往有较大塑性挤出变形	Ⅳ	Ⅳ_B^3	$S<1$ 时降为Ⅴ	松散介质或黏弹塑性介质
		碎裂结构	0.2～0.45	<250	<5	不限	不稳定。不支护自稳时间仅数小时或更短，破坏形式除整体坍落外，侧墙挤出、底鼓均可发生。有时显流变特性，变形值大，持续时间长	Ⅴ	Ⅴ_B^4	有地下水时应作为特殊岩类处理	松散介质或黏弹塑性介质
		散体状结构	<0.2						Ⅴ_B^5		
C特殊岩级和土	特殊岩 <5	无意义		<250	<5	不限	稳定性同上。变形往往以黏弹塑性为主。变形值很大（可达几十厘米），持续时间长	Ⅴ	Ⅴc	—	黏弹塑性介质
	其他特殊岩级和土	无意义		通过试验确定							

表 5－35 和表 5－36 中的岩体基本质量指标 BQ 按式（5－12）计算。

非层状岩体和无地下水时亦可用岩体声波速度作为分级定量指标，分级标准见表 5－37。

表 5－37　　岩体声波速度围岩分级定量指标

围岩级别		Ⅰ	Ⅱ	Ⅲ	Ⅳ	Ⅴ
岩体声波纵波速度（10^3m/s）	硬质岩	>5.10	3.75～5.10	2.75～3.75	1.70～2.75	<1.70
	软质岩	—	—	2.50～3.50	1.50～2.50	<1.50

4. 总后勤部基建营房部《军用物质洞库锚喷支护技术规定》中的围岩分级方法

本分级主要为军用物资洞库锚喷支护设计服务，同时也适当考虑了其他军用锚喷洞库

（室）工程的要求，主要对象是指跨度8～25m、高跨比小于1.25的洞室，洞室所遇围岩大多数为坚硬岩体。

表5-38　　物资洞库锚喷支护围岩分级表

围岩级别	主要工程地质特征						毛洞围岩稳定情况
	岩体结构	构造影响程度及结构面发育情况	岩石单轴饱和抗压强度 R_c（MPa）	声波指标：岩体纵波速度 V_{mp}（km/s）	声波指标：岩体完整性指标 K_v	岩体体积节理数 J_v（条数/m³）	
Ⅰ	整体状结构均质、巨块状火成岩、变质岩、厚层沉积岩	构造影响轻微。很少有断层，结构面不发育或稍发育，以原生、构造节理裂隙为主。一般为2组，平均间距大于0.8m，多闭合型。层状岩体层间结合良好。一般无软弱结构面组合成的不稳定结构体	＞60	＞5.0	＞0.75	＜5	稳定 长期稳定，一般无碎块掉落（毛洞跨度8～12m）
Ⅱ	同Ⅰ级围岩整体状结构	同Ⅰ级围岩整体状结构特征	30～60	3.5～5.5	＞0.75	＜5	基本稳定 围岩较长时间能维持稳定，仅出现局部小块掉落（毛洞跨度8～12m）
	块状结构均质、块状火成岩变质岩	构造影响较重。无强烈挤压，少有断层。结构面较发育，以原生、构造节理裂隙为主，一般为2～3组，平均间距大于0.4m，有少量软弱结构面和贯通的微张节理（＜1mm），少有充填。结构面的产状及组合关系可产生少量不稳定结构体	＞60		0.50～0.75	4～12	
	层状结构厚层或中厚层沉积岩，沉积变质岩	构造影响较重。地层一般呈单斜构造，少有断层，结构面较发育，以构造节理裂隙为主，一般为2～3组，平均间距大于0.4m，偶有软弱夹层，层间结合一般，很少有分离现象。可少见层间错动和微张裂隙（≤1mm），少有充填，有少量不稳定结构体	＞60		0.50～0.75	4～12	
Ⅲ	同Ⅰ级围岩整体状结构	同Ⅰ级围岩整体状结构特征	20～30	3.0～4.5	＞0.75	＜5	中等稳定 围岩能维持一个月以上稳定，可出现局部岩块掉落（毛洞跨度8～12m）
	同Ⅱ级围岩块状结构	同Ⅱ级围岩块状结构特征	30～60		0.50～0.75	4～12	
	同Ⅱ级围岩层状结构	同Ⅱ级围岩层状结构特征，还应包括层间结合良好的薄层状岩体及硬软岩层相间的沉积岩	30～60		0.50～0.75	4～12	

续表

围岩级别	主要工程地质特征						毛洞围岩稳定情况
	岩体结构	构造影响程度及结构面发育情况	岩石单轴饱和抗压强度 R_c (MPa)	声波指标		岩体体积节理数 J_v (条数/m^3)	
				岩体纵波速度 V_{mp} (km/s)	岩体完整性指标 K_v		
Ⅲ	碎裂镶嵌结构构造影响严重的破碎岩体	构造影响严重。一般位于脆硬岩体中的压碎岩带或侵入岩的挤压破碎带内、分布有一定的局限性、结构面发育，以构造节理裂隙为主，一般为3组以上，平均间距0.2～0.4m，裂隙面粗糙、闭合无充填。由于碎块间彼此镶嵌咬合牢固，呈现出较好的稳定性	＞60	3.0～4.5	0.35～0.50	10～24	中等稳定 围岩能维持一个月以上稳定，可出现局部岩块掉落（毛洞跨度8～12m）
	同Ⅰ级围岩整体状结构	同Ⅰ级围岩整体状结构特征	6～20		＞0.75	＜5	
	同Ⅱ级围岩块状结构	同Ⅱ级围岩块状结构特征	6～30		0.50～0.75	4～12	
	同Ⅱ级围岩层状结构	同Ⅱ级围岩层状结构特征，还应包括层间结合差的软硬岩层相间的沉积岩	6～30		0.50～0.75	4～12	
Ⅳ	碎裂状结构 构造影响严重的破碎岩体	构造影响严重。位于褶曲轴部和断层破碎带及其影响带内。结构面发育，以构造、风化节理裂隙为主，一般为3组以上，平均间距0.2～0.4m，大部微张（＜1mm），部分张开（＞1mm），部分为黏土充填，形成许多分离体。层间结合差或很差的中厚层与薄层岩体	＞30	2.0～3.5	0.20～0.40	10～24	稳定性较差 围岩能维持数日到几个月的稳定，仅出现局部掉落和片帮（毛洞跨度4～8m）
	同Ⅳ级围岩碎裂状结构	同Ⅳ级围岩碎裂状结构特征	＜30		0.20～0.40	10～24	
Ⅴ	散体状结构 构造影响很严重或风化断层破碎带，风化带	构造影响很严重。节理裂隙、结构面很发育，属于断层破碎带交叉，构造及风化节理裂隙密集地带。裂隙面及其组合杂乱并多充填黏性土，形成大量的大小不一的分离岩块，甚至呈石夹土或土夹石状	变化范围较大	＜2.0	—	—	不稳定 开挖后短时间内即有较大塌落，随即出现洞体失稳（毛洞跨度4～8m）
		易风化、解体、剥落的松软岩体	变化范围较大	—	—	—	—

注　1. 首先按岩体结构、构造影响程度及结构面发育情况、岩石强度等因素确定围岩级别。并以声波指标（无声波指示时采用岩体体积裂隙数）验证。当两者确有差别时，一般仍应以前者为准。

2. 一般地下水活动对Ⅰ、Ⅱ级围岩稳定性基本无影响，可不考虑围岩级别降级。但对充泥的软弱结构面有一定影响，应按其危害程度进行工程处理。对Ⅲ、Ⅳ级围岩应根据地下水类型、水量大小、软弱结构面多少及其危害程度酌情降级。

3. 当主结构面（尤其是薄层与中厚层岩体）呈缓倾角（倾角0～20°）时，洞顶应采用以锚为主的支护型式；当主结构面走向与洞轴线近似平行（夹角0～30°），且倾角为45°～90°时，侧壁应采用以锚为主的支护型式。

4. 声波指标以孔测法的测试值为准。

5. 层状岩体的单层厚度划分：厚层：＞0.5m，中厚层：0.1～0.5m，薄层：＜0.1m。

5. 我国铁路隧道围岩分级

我国铁路隧道围岩分级分为施工前围岩分级和施工中围岩分级的修正两步划分方式，采用定量和定性相结合的方法确定围岩级别，如表5-39。各级围岩的物理力学指标标准值，无试验资料时可按表5-40选用。围岩分级的基本因素包括：岩石坚硬程度（表5-41）、岩体完整程度（表5-42）。隧道围岩的基本分级标准及修正见表5-43～表5-47。

表5-39　　铁路隧道围岩分级

围岩级别	围岩主要工程地质条件		围岩开挖后的稳定状态（单线）	围岩弹性纵波速度 v_p（km/s）
	主要工程地质特征	结构特征和完整状态		
Ⅰ	极硬岩（单轴饱和抗压强度 R_c>60MPa）：受地质构造影响轻微，节理不发育，无软弱面（或夹层）；层状岩层为巨厚层或厚层，层间结合良好，岩体完整	呈巨块状整体结构	围岩稳定，无坍塌，可能产生岩爆	>4.5
Ⅱ	硬质岩（R_c>30MPa）：受地质构造影响较重，节理较发育，有少量软弱面（或夹层）和贯通微张节理，但其产状及组合关系不致产生滑动；层状岩层为中厚层或厚层，层间结合一般，很少有分离现象，或为硬质岩石偶夹软质岩石	呈巨块或大块状结构	暴露时间长，可能会出现局部小坍塌；侧壁稳定；层间结合差的平缓岩层，顶板易塌落	3.5～4.5
Ⅲ	硬质岩（R_c>30MPa）：受地质构造影响严重，节理发育，有层状软弱面（或夹层），但其产状及组合关系尚不致产生滑动；层状岩层为薄层或中层，层间结合差，多有分离现象；硬、软质岩石互层	呈块（石）碎（石）状镶嵌结构	拱部无支护时可产生小坍塌，侧壁基本稳定，爆破震动过大易塌	2.5～4.0
	较软岩（R_c=15～30MPa）：受地质构造影响较重，节理较发育；层状岩层为薄层、中厚层或厚层，层间结合一般	呈大块状结构		
Ⅳ	硬质岩（R_c>30MPa）：受地质构造影响极严重，节理很发育；层状软弱面（或夹层）已基本破坏	呈碎石状压碎结构	拱部无支护时，可产生较大的坍塌，侧壁有时失去稳定	1.5～3.0
	软质岩（R_c≈5～30MPa）：受地质构造影响严重，节理发育	呈块（石）碎（石）状镶嵌结构		
	土体：1. 具压密或成岩作用的黏性土、粉土及砂类土； 2. 黄土（Q_1、Q_2）； 3. 一般钙质、铁质胶结的碎石土、卵石土、大块石土	1和2呈大块状压密结构，3呈巨块状整体结构		
Ⅴ	岩体：软岩，岩体破碎至极破碎； 全部极软岩及全部极破碎岩（包括受构造影响严重的破碎带）	呈角砾碎石状松散结构	围岩易坍塌，处理不当会出现不坍塌；侧壁经常小坍塌；浅埋时易出现地表下沉（陷）或塌至地表	1.0～2.0
	土体： 一般第四系坚硬、硬塑黏性土，稍密及以上、稍湿或潮湿的碎石土、卵石土、圆砾土、角砾土、粉土及黄土（Q_3、Q_4）	非黏性土呈松散结构，黏性土及黄土呈松软结构		

续表

围岩级别	围岩主要工程地质条件		围岩开挖后的稳定状态（单线）	围岩弹性纵波速度 v_p（km/s）
	主要工程地质特征	结构特征和完整状态		
Ⅵ	岩体：受构造影响严重呈碎石、角砾及粉末、泥土状的断层带	黏性土呈易蠕动的松软结构，砂性土呈潮湿松散结构	围岩极易坍塌变形，有水时土砂常与水一齐涌出；浅埋时易塌至地表	＜1.0（饱和状态的土＜1.5）
	土体：软塑状黏性土、饱和的粉土、砂类土等			

注 1. 表中“围岩级别”和“围岩主要工程地质条件”栏，不包括膨胀性围岩、多年冻土等特殊岩土。
2. 关于隧道围岩分级的基本因素和围岩基本分级及其修正，可按本规范附录 A 的方法确定。
3. 层状岩层的层厚划分：
巨厚层：厚度大于 1.0m；
厚　层：厚度大于 0.5m，且小于等于 1.0m；
中厚层：厚度大于 0.1m，且小于等于 0.5m；
薄　层：厚度小于或等于 0.1m。

表 5－40　各级围岩的物理力学指标

围岩级别	重度 γ (kN/m³)	弹性反力系数 K (MPa/m)	变形模量 E (GPa)	泊松比 γ	内摩擦角 φ (°)	黏聚力 C (MPa)	计算摩擦角 φ_c (°)
Ⅰ	26～28	1800～2800	＞33	＜0.2	＞60	＞2.1	＞78
Ⅱ	25～27	1200～1800	20～33	0.2～0.25	50～60	1.5～2.1	70～78
Ⅲ	23～25	500～1200	6～20	0.25～0.3	39～50	0.7～1.5	60～70
Ⅳ	20～23	200～500	1.3～6	0.3～0.35	27～39	0.2～0.7	50～60
Ⅴ	17～20	100～200	1～2	0.35～0.45	20～27	0.05～0.2	40～50
Ⅵ	15～17	＜100	＜1	0.4～0.5	＜22	＜0.1	30～40

注 1. 本表数值不包括黄土地层。
2. 选用计算摩擦角时，不再计内摩擦角和黏聚力。

表 5－41　岩石坚硬程度的划分

岩石类别		单轴饱和抗压强度 R_c (MPa)	代表性岩石
硬质岩	极硬岩	$R_c>60$	未风化或微风化的花岗岩、片麻岩、闪长岩、石英岩、硅质灰岩、钙质胶结的砂岩或砾岩等
	硬　岩	$30<R_c\leqslant60$	弱风化的极硬岩；未风化或微风化的熔结凝灰岩、大理岩、板岩、白云岩、灰岩、钙质胶结的砂岩、结晶颗粒较粗的岩浆岩等
软质岩	较软岩	$15<R_c\leqslant30$	强风化的极硬岩；弱风化的硬岩；未风化或微风化的云母片岩、千枚岩、砂质泥岩、钙泥质胶结的粉砂岩和砾岩、泥灰岩、泥岩、凝灰岩等
	软　岩	$5<R_c\leqslant15$	强风化的极硬岩；弱风化至强风化的硬岩；弱风化的较软岩和未风化或微风化的泥质岩类；泥岩、煤、泥质胶结的砂岩和砾岩等
	极软岩	$R_c\leqslant5$	全风化的各类岩石和成岩作用差的岩石

表 5-42　　岩体完整程度的分级

完整程度	结构面特征	结构类型	岩体完整性指数 K_v
完　整	结构面1～2组，以构造型节理或层面为主，密闭型	巨块状整体结构	$K_v>0.75$
较完整	结构面2～3组，以构造型节理、层面为主，裂隙多呈密闭型，部分为微张型，少有充填物	块状结构	$0.75\geqslant K_v>0.55$
较破碎	结构面一般为3组，以节理及风化裂隙为主，在断层附近受构造影响较大，裂隙以微张型和张开型为主，多有充填物	层状结构、块石、碎石状结构	$0.55\geqslant K_v>0.35$
破　碎	结构面大于3组，多以风化型裂隙为主，在断层附近受构造作用影响大，裂隙宽度以张开型为主，多有充填物	碎石角砾状结构	$0.35\geqslant K_v>0.15$
极破碎	结构面杂乱无序，在断层附近受断层作用影响大，宽张裂隙全为泥质或泥夹岩屑充填，充填物厚度大	散体状结构	$K_v\leqslant 0.15$

表 5-43　　围岩基本分级

级别	岩体特征	土体特征	围岩弹性纵波速度 v_p (km/s)
Ⅰ	极硬岩，岩体完整	—	>4.5
Ⅱ	极硬岩，岩体较完整； 硬岩，岩体完整	—	3.5～4.5
Ⅲ	极硬岩，岩体较破碎； 硬岩或软硬岩互层，岩体较完整； 较软岩，岩体完整	—	2.5～4.0
Ⅳ	极硬岩，岩体破碎； 硬岩，岩体较破碎或破碎； 较软岩或软硬岩互层，且以软岩为主，岩体较完整或较破碎； 软岩，岩体完整或较完整	具压密或成岩作用的黏性土、粉土及砂类土，一般钙质、铁质胶结的粗角砾土、粗圆砾土、碎石土、卵石土、大块石土，黄土（Q_1、Q_2）	1.5～3.0
Ⅴ	软岩，岩体破碎至极破碎； 全部极软岩及全部极破碎岩（包括受构造影响严重的破碎带）	一般第四系坚硬、硬塑黏性土，稍密及以上、稍湿、潮湿的碎（卵）石土、粗圆砾土、细圆砾土、粗角砾土、细角砾土。粉土及黄土（Q_3、Q_4）	1.0～2.0
Ⅵ	受构造影响很严重呈碎石、角砾及粉末、泥土状的断层带	软塑状黏性土、饱和的粉土、砂类土等	<1.0（饱和状态的土<1.5）

表 5-44　　地下水状态的分级

级　别	状　态	渗水量 [L/(min·10m)]
Ⅰ	干燥或湿润	<10
Ⅱ	偶有渗水	10～25
Ⅲ	经常渗水	25～125

表 5-45　地下水影响的修正

地下水状态分级 \ 围岩基本分级	Ⅰ	Ⅱ	Ⅲ	Ⅳ	Ⅴ	Ⅵ
Ⅰ	Ⅰ	Ⅱ	Ⅲ	Ⅳ	Ⅴ	—
Ⅱ	Ⅰ	Ⅱ	Ⅳ	Ⅴ	Ⅵ	—
Ⅲ	Ⅱ	Ⅲ	Ⅳ	Ⅴ	Ⅵ	—

表 5-46　初始地应力场评估基准

初始地应力状态	主　要　现　象	评估基准 R_c/σ_{max}
极高应力	硬质岩：开挖过程中时有岩爆发生，有岩块弹出，洞壁岩体发生剥离，新生裂缝多，成洞性差	<4
	软质岩：岩芯常有饼化现象，开挖过程中洞壁岩体有剥离，位移极为显著，甚至发生大位移，持续时间长，不易成洞	
高应力	硬质岩：开挖过程中可能出现岩爆，洞壁岩体有剥离和掉块现象，新生裂缝较多，成洞性较差	4～7
	软质岩：岩芯时有饼化现象，开挖过程中洞壁岩体位移显著，持续时间较长，成洞性差	

表 5-47　初始地应力影响的修正

初始地应力状态 \ 修正级别 \ 围岩基本分级	Ⅰ	Ⅱ	Ⅲ	Ⅳ	Ⅴ
极高应力	Ⅰ	Ⅱ	Ⅲ或Ⅳ①	Ⅴ	Ⅵ
高应力	Ⅰ	Ⅱ	Ⅲ	Ⅳ或Ⅴ②	Ⅵ

注　1. 围岩岩体为较破碎的极硬岩、较完整的硬岩时，定为Ⅲ级；围岩岩体为完整的较软岩、较完整的软硬互层时，定为Ⅳ级。
2. 围岩岩体为破碎的极硬岩、较破碎及破碎的硬岩时，定为Ⅳ级；围岩岩体为完整及较完整软岩、较完整及较破碎的软软岩时，定为Ⅴ级。

隧道洞身埋藏较浅，应根据围岩受地表的影响情况进行围岩级别修正。当围岩为风化层时应按风化层的围岩基本分级考虑；围岩仅受地表影响时，应较相应围岩降低 1～2 级。

6. 我国水利水电工程围岩工程地质分级

我国水利水电工程围岩工程地质分级分为初步分级和详细分级。初步分级适用于规划阶段、可研阶段以及深埋洞室施工之前的围岩工程地质分级，详细分级主要用于初步设计、招标和施工图设计阶段的围岩工程地质分级。根据分级结果，评价围岩的稳定性，并作为确定支护类型的依据，其标准应符合表 5-48 的规定。

表 5-48　　水利水电工程围岩稳定性评价

围岩级别	围岩稳定性评价	支护类型
Ⅰ	稳定。围岩可长期稳定，一般无不稳定块体	不支护或局部锚杆或喷薄层混凝土。大跨度时，喷混凝土、系统锚杆加钢筋网
Ⅱ	基本稳定。围岩整体稳定，不会产生塑性变形，局部可能产生掉块	
Ⅲ	局部稳定性差。围岩强度不足，局部会产生塑性变形，不支护可能产生塌方或变形破坏。完整的较软岩，可能暂时稳定	喷混凝土、系统锚杆加钢筋网。采用TBM掘进时，需及时支护。跨度＞20m时，宜采用锚索或刚性支护
Ⅳ	不稳定。围岩自稳时间很短，规模较大的各种变形和破坏都可能发生	喷混凝土、系统锚杆加钢筋网，刚性支护，并浇筑混凝土衬砌。不适宜于开敞式TBM施工
Ⅴ	极不稳定。围岩不能自稳，变形破坏严重	

围岩初步分级以岩石强度、岩体完整程度、岩体结构类型为基本依据，以岩层走向与洞轴线的关系、水文地质条件为辅助依据，并应符合表 5-49 的规定。

表 5-49　　围岩初步分级

围岩级别	岩质类型	岩体完整程度	岩体结构类型	围岩分级说明
Ⅰ、Ⅱ	硬质岩	完整	整体或巨厚层状结构	坚硬岩定Ⅰ级，中硬岩定Ⅱ级
Ⅱ、Ⅲ		较完整	块状结构、次块状结构	坚硬岩定Ⅱ级，中硬岩定Ⅲ级，薄层状结构定Ⅲ级
Ⅱ、Ⅲ			厚层或中厚层状结构、层（片理）面结合牢固的薄层状结构	
Ⅲ、Ⅳ			互层状结构	洞轴线与岩层走向夹角小于30°时，定Ⅳ级
Ⅲ、Ⅳ		完整性差	薄层状结构	岩质均一且无软弱夹层时可定Ⅲ级
Ⅲ			镶嵌结构	—
Ⅳ、Ⅴ		较破碎	碎裂结构	有地下水活动时定Ⅴ级
Ⅴ		破碎	碎块或碎屑状散体结构	—
Ⅲ、Ⅳ	软质岩	完整	整体或巨厚层状结构	较软岩定Ⅲ级，软岩定Ⅳ级
Ⅳ、Ⅴ		较完整	块状或次块状结构	较软岩定Ⅳ级，软岩定Ⅴ级
			厚层、中厚层或互层状结构	
		完整性差	薄层状结构	较软岩无夹层时可定Ⅳ级
		较破碎	碎裂结构	较软岩可定Ⅳ级
		破碎	碎块或碎屑状散体结构	—

岩质类型的划分，应符合表 5-50 的规定。

表 5-50　　岩质类型的划分

岩质类型	硬质岩		软质岩		
	坚硬岩	中硬岩	较软岩	软岩	极软岩
岩石饱和单轴抗压强度 R_c (MPa)	$R_c>60$	$60\geqslant R_c>30$	$30\geqslant R_c>15$	$15\geqslant R_c>5$	$R_c\leqslant 5$

岩体完整程度根据结构面组数、结构面间距确定，并应符表 5-51 的规定。

表 5-51 岩体完整程度的划分

间距（cm） \ 组数	1～2	2～3	3～5	>5 或无序
>100	完整	完整	较完整	较完整
50～100	完整	较完整	较完整	差
30～50	较完整	较完整	差	较破碎
10～30	较完整	差	较破碎	破碎
<10	差	较破碎	破碎	破碎

岩体结构类型划分应符合表 5-52 的规定。对于深埋洞室，当可能发生岩爆或塑性变形时，围岩级别宜降低一级。

表 5-52 岩体结构类型划分

类型	亚类	岩体结构特征
块状结构	整体结构	岩体完整，呈巨块状，结构面不发育，间距大于 100cm
	块状结构	岩体较完整，呈块状，结构面轻度发育，间距一般 50～100cm
	次块状结构	岩体较完整，呈次块状，结构面中等发育，间距一般 30～50cm
层状结构	巨厚层状结构	岩体完整，呈巨厚状，层面不发育，间距大于 100cm
	厚层状结构	岩体较完整，呈厚层状，层面轻度发育，间距一般 50～100cm
	中厚层状结构	岩体较完整，呈中厚层状，层面中等发育，间距一般 30～50cm
	互层结构	岩体较完整或完整性差，呈互层状，层面较发育或发育，间距一般 10～30cm
	薄层结构	岩体完整性差，呈薄层状，层面发育，间距一般小于 10cm
镶嵌结构		岩体完整性差，岩块镶嵌紧密，结构面较发育到很发育，间距一般 10～30cm
碎裂结构	块裂结构	岩体完整性差，岩块间有岩屑和泥质物充填，嵌合中等紧密—较松弛，结构面较发育到很发育，间距一般 10～30cm
	碎裂结构	岩体破碎，结构面很发育，间距一般小于 10cm
散体结构	碎块状结构	岩体破碎，岩块夹岩屑或泥质物
	碎屑状结构	岩体破碎，岩屑或泥质物夹岩块

围岩工程地质详细分级应以控制围岩稳定的岩石强度、岩体完整程度、结构面状态、地下水和主要结构面产状五项因素之和的总评分为基本判据，围岩强度应力比为限定判据，并应符合表 5-53 的规定。

表 5-53 地下工程围岩详细分级

围岩级别	围岩总评分 T	围岩强度应力比 S
Ⅰ	>85	>4
Ⅱ	$85 \geqslant T > 65$	>4
Ⅲ	$65 \geqslant T > 45$	>2
Ⅳ	$45 \geqslant T > 25$	>2
Ⅴ	$T \leqslant 25$	—

注 Ⅱ、Ⅲ、Ⅳ级围岩，当围岩强度应力比小于本表规定时，围岩类别宜相应降低一级。

围岩强度应力比 S_m 按照前面的式（5-4）计算。围岩详细分级中五项因素的评分应分别符合表 5-54～表 5-58 的规定。

表 5-54　岩石强度评分

岩质类型	硬质岩		软质岩	
	坚硬岩	中硬岩	较软岩	软岩
饱和单轴抗压强度 R_c (MPa)	$R_c>60$	$60\geqslant R_c>30$	$30\geqslant R_c>15$	$R_c\leqslant 15$
岩石强度评分 A	30～20	20～10	10～5	5～0

注　1. 岩石饱和单轴抗压强度大于 100MPa 时，岩石强度的评分为 30。
2. 岩石饱和单轴抗压强度小于 5MPa 时，岩石强度的评分为 0。

表 5-55　岩体完整程度评分

岩体完整程度		完整	较完整	完整性差	较破碎	破碎
岩体完整性系数 K_v		$K_v>0.75$	$0.75\geqslant K_v>0.55$	$0.55\geqslant K_v>0.35$	$0.35\geqslant K_v>0.15$	$K_v\leqslant 0.15$
岩体完整性评分 B	硬质岩	40～30	30～22	22～14	14～6	<6
	软质岩	25～19	19～14	14～9	9～4	<4

注　1. 当 $60\text{MPa}\geqslant R_c>30\text{MPa}$，岩体完整程度与结构面状态评分之和>65 时，按 65 评分。
2. 当 $30\text{MPa}\geqslant R_c>15\text{MPa}$，岩体完整程度与结构面状态评分之和>55 时，按 55 评分。
3. 当 $15\text{MPa}\geqslant R_c>5\text{MPa}$，岩体完整程度与结构面状态评分之和>40 时，按 40 评分。
4. 当 $R_c\leqslant 5\text{MPa}$，岩体完整程度与结构面状态不参加评分。

表 5-56　结构面状态评分

结构面状态	宽度 W (mm)	$W<0.5$		$0.5\leqslant W<5.0$									$W\geqslant 5.0$		
	充填物	—		无充填			岩屑			泥质			岩屑	泥质	无充填
	起伏粗糙状况	起伏粗糙	平直光滑	起伏粗糙	起伏光滑或平直粗糙	平直光滑	起伏粗糙	起伏光滑或平直粗糙	平直光滑	起伏粗糙	起伏光滑或平直粗糙	平直光滑	—	—	—
结构面状态评分 C	硬质岩	27	21	24	21	15	21	17	12	15	12	9	12	6	0～3
	较软岩	27	21	24	21	15	21	17	12	15	12	9	12	6	
	软岩	18	14	17	14	8	14	11	8	10	8	6	8	4	0～2

注　1. 结构面的延伸长度小于 3m 时，硬质岩、较软岩的结构面状态评分另加 3 分，软岩加 2 分；结构面延伸长度大于 10m 时，硬质岩、较软岩减 3 分，软岩减 2 分。
2. 结构面状态最低分为 0。

表 5-57　地下水评分

活动状态			渗水到滴水	线状流水	涌水
水量 Q[L/(min·10m 洞长)] 或压力水头 H(m)			$Q\leqslant 25$ 或 $H\leqslant 10$	$25<Q\leqslant 125$ 或 $10<H\leqslant 100$	$Q>125$ 或 $H>100$
基本因素评分 T'	$T'>85$	地下水评分 D	0	0～-2	-2～-6
	$85\geqslant T'>65$		0～-2	-2～-6	-6～-10
	$65\geqslant T'>45$		-2～-6	-6～-10	-10～-14
	$45\geqslant T'>25$		-6～-10	-10～-14	-14～-18
	$T'\leqslant 25$		-10～-14	-14～-18	-18～-20

注　1. 基本因素评分 T' 是前述岩石强度评分 A、岩体完整性评分 B 和结构面状态评分 C 的和。
2. 干燥状态取 0 分。

表 5-58　　主要结构面产状评分

结构面走向与洞轴线夹角 β		$90°\geqslant\beta\geqslant60°$				$60°>\beta\geqslant30°$				$\beta<30°$			
结构面倾角 α (°)		$\alpha>70°$	$70°\geqslant\alpha>45°$	$45°\geqslant\alpha>20°$	$\alpha\leqslant20°$	$\alpha>70°$	$70°\geqslant\alpha>45°$	$45°\geqslant\alpha>20°$	$\alpha\leqslant20°$	$\alpha>70°$	$70°\geqslant\alpha>45°$	$45°\geqslant\alpha>20°$	$\alpha\leqslant20°$
结构面产状评分 E	洞顶	0	−2	−5	−10	−2	−5	−10	−12	−5	−10	−12	−12
	边墙	−2	−5	−2	0	−5	−10	−2	0	−10	−12	−5	0

注　按岩体完整程度分级为完整性差、较破碎和破碎的围岩不进行主要结构面产状评分的修正。

对过沟段、极高地应力区（>30MPa）、特殊岩土及喀斯特化岩体的地下洞室围岩稳定性以及地下洞室施工期的临时支护措施需专门研究，对钙（泥）质弱胶结的干燥砂砾石、黄土等土质围岩的稳定性和支护措施需要开展针对性的评价研究。跨度大于 20m 的地下洞室围岩的分级还宜采用其他有关国家标准综合评定，对国际合作的工程还可采用国际通用的围岩分级进行对比使用。

7. 国防地下工程围岩分级

国防地下工程围岩分级方法是以国家标准——《工程岩体分级标准》（GB 50218—1994）为基础制定的适合国防地下工程特点的围岩分级方法，评价方法和分级方式以及分级指标均与国标相同，但定量评价指标的确定改用国际上通用的评分方式。这样即解决了某些定量评价指标测试困难或测试时间长等问题，又提高了分级指标的直观性。

首先采用定性与定量相结合的方式确定岩体的基本质量，并根据岩体的基本质量指标和分级标准初步确定岩体级别。然后，考虑地下水、主要软弱结构面产状以及初始地应力三个修正因素的影响，修正岩体基本质量指标值，按修正后的岩体基本质量指标值，结合岩体的定性特征综合评判、确定围岩的详细级别。

岩石坚硬程度的定性划分、岩石风化程度的定性划分、岩体完整程度的定性划分标准以及结构面结合程度的定性划分均与国标相同，分别见表 5-16、表 5-17、表 5-18 及表 5-19。岩石坚硬程度的定量评价指标 R_1 根据岩石饱和单轴抗压强度 R_c 的大小范围按照表 5-59 中所列评分标准进行确定。岩石单轴饱和抗压强度（R_c）一般应采用饱和单轴抗压试验获得的实测值，若无条件开展单轴抗压试验时，也可采用实测的岩石点荷载强度指数［$I_{s(50)}$］的换算值，但岩石点荷载强度指数应按照《工程岩体试验方法标准》（GB/T 50266—1999）中规定通过试验测定。

表 5-59　　岩石坚硬程度的定量评价及评分标准

岩　质　类　别	坚硬岩	软坚硬岩	较软岩	软岩	极软岩
岩石饱和单轴抗压强度 R_c(MPa)	>60	60～30	30～15	15～5	<5
评分 R_1	30～20	20～10	10～5	5～2	2～0

注　1. 岩石饱和单轴抗压强度大于 100MPa 时，岩石坚硬程度的评分值为 30。
　　2. 岩石饱和单轴抗压强度小于 2MPa 时，岩石坚硬程度的评分值为 0。

岩体完整程度的定量评价指标（R_i）应根据结构面平均间距（J_s）、岩体体积节理数（J_v）、结构面的长度或连通性（J_l）、张开度（J_a）、粗糙程度（J_r）、充填情况（J_f）及

风化程度（J_w）七个指标的评分值之和综合确定，这七个定量评价指标的评分值应通过实测或现场观察按照表5-60所示评分标准分别确定。当无实测或观察条件时，也可用实测获得的岩体完整性指数（K_v），按表5-61确定对应的R_i值。

表5-60　　岩体完整性程度定量评价标准

参　数	评　分　标　准				
结构面平均间距 J_s(cm)	>100	100～40	40～20	20～10	<10
评分 R_2	20～16	16～12	12～8	8～4	4～0
岩体单位体积内节理数 J_v(条/m³)	<3	3～10	10～20	20～35	>35
评分 R_3	20～16	16～12	12～8	8～4	4～0
结构面长度（连通性）J_l	<1m	1～3m	3～10m	10～20m	>20m
评分 R_4	6	4	2	1	0
结构面的张开度 J_a(mm)	0	<0.1mm	0.1～1.0mm	1～5mm	>5mm
评分 R_5	6	5	4	1	0
结构面的粗糙度 J_r	很粗糙	粗糙	平直	光滑	摩擦镜面
评分 R_6	6	5	3	1	0
结构面内的充填情况 J_f	无	坚硬充填物厚度小于5mm	坚硬充填物厚度大于5mm	软弱充填物厚度小于5mm	软弱充填物厚度大于5mm
评分 R_7	6	4	2	1	0
结构面壁岩石风化强度 J_w	未风化	微风化	弱风化	强风化	全风化
评分 R_8	6	5	3	1	0

注　1. 结构面平均间距大于200cm时，结构面平均间距评分值为20。
2. 结构面平均间距小于6cm时，结构面平均间距评分值为0。
3. 岩体单位体积内节理数大于50条时，岩体单位体积内节理数评分值为0。
4. 岩体单位体积内节理数小于1条时，岩体单位体积内节理数评分值为20。

表5-61　　R_i 与 K_v 对照表

岩体完整程度	完整	较完整	较破碎	破碎	极破碎
R_i	70～56	56～42	42～28	28～14	≤14
K_v	>0.75	0.75～0.55	0.55～0.35	0.35～0.15	≤0.15

岩体基本质量指标（R）根据分级因素的定量指标评分值计算确定，为岩石坚硬程度评分值（R_1）与岩体完整程度评分值（R_i）之和。根据岩体基本质量指标（R）大小按照表5-62确定岩体基本质量分级。

表5-62　　岩体基本质量分级

级　别	基本质量指标 R	岩　体　特　征
Ⅰ	$R>85$	坚硬岩，岩体完整
Ⅱ	$85\geqslant R>65$	坚硬岩，岩体较完整； 较坚硬岩，岩体完整

续表

级　别	基本质量指标 R	岩　体　特　征
Ⅲ	$65\geqslant R>45$	坚硬岩，岩体较破碎； 较坚硬岩或软硬岩互层，岩体较完整； 较软岩，岩体完整
Ⅳ	$45\geqslant R>25$	坚硬岩，岩体破碎； 较坚硬岩，岩体较破碎—破碎； 较软岩或软硬岩互层，且以软岩为主，岩体较完整—较破碎； 软岩，岩体完整—较完整
Ⅴ	$R\leqslant 25$	较软岩，岩体破碎； 软岩，岩体较破碎—破碎； 全部极软岩及全部极破碎岩（包括受构造影响严重的破碎带）

对国防地下工程围岩进行详细定级时，应在岩体基本质量分级的基础上，考虑地下水状态、初始地应力状态、工程轴线或走向线的方位与主要软弱结构面产状的组合关系三个修正因素的影响。三个修正因素影响修正评分值分别按照表 5 - 63、表 5 - 64 以及表 5 - 65 所示标准确定。

表 5 - 63　　主要软弱结构面产状影响评分修正 R_9

结构面走向与洞轴线夹角		90°～60°				60°～30°				<30°			
结构面倾角		>70°	70°～45°	45°～20°	<20°	>70°	70°～45°	45°～20°	<20°	>70°	70°～45°	45°～20°	<20°
结构面产状评分	洞顶	0	−2	−5	−10	−2	−5	−10	−12	−5	−10	−12	−12
	边墙	−2	−5	−2	0	−5	−10	−2	0	−10	−12	−5	0

表 5 - 64　　地下水影响评分修正 R_{10}

地下水出水状态	基本质量指标			
	$85\geqslant R>65$	$65\geqslant R>45$	$45\geqslant R>25$	$R\leqslant 25$
潮湿或点滴状出水	0	−2～−4	−5～−7	−8～−12
淋雨状或涌流状出水，水压<0.1MPa 或单位出水量<10L/min·m	−2～−4	−5～−7	−8～−12	−13～−16
淋雨状或涌流状出水，水压>0.1MPa 或单位出水量>10L/min·m	−5～−7	−8～−12	−13～−16	−17～−20

表 5 - 65　　初始地应力状态影响评分修正 R_{11}

岩体基本质量指标	$R>85$	$85\geqslant R>65$	$65\geqslant R>45$	$45\geqslant R>25$	$R\leqslant 25$
极高应力区	−20	−15～−12	−20～−30	−20～−30	−20
高应力区	−10	−10	−10	−10～−20	−10～−20

岩体中的应力情况可根据岩体（围岩）钻探和开挖过程中出现的主要现象，如岩芯饼化或岩爆现象，按表 5-66 近似估算。

表 5-66　　高初始地应力地区围岩在开挖过程中出现的主要现象

应力情况	主　要　现　象	R_c/σ_{max}
极高应力	1. 硬质岩：开挖过程中有岩爆发生，有岩块弹出，洞壁岩体发生剥离，新生裂缝多，成洞性差； 2. 软质岩：岩芯常用饼化现象，开挖过程中洞壁岩体有剥离，位移极为显著，甚至发生大位移，持续时间长，不易成洞	<4
高应力	1. 硬质岩：开挖过程中可能出现岩爆，洞壁岩体有剥离和掉块现象，新生裂缝较多，成洞性差； 2. 软质岩：岩芯时有饼化现象，开挖过程中洞壁岩体位移显著，持续时间较长，成洞性差	4～7

注　σ_{max}为垂直洞轴线方向的最大初始地应力。

岩体详细分级时应根据修正后的岩体基本质量指标，按表 5-62 确定工程岩体的详细级别。各级围岩的自稳能力可按表 5-29 判断。

五、地下工程施工期间围岩快速分级方法

岩体具有十分复杂的结构，施工期间的地质工作对于更加准确地评价围岩工程性质，确定合理的开挖方式和支护参数等具有重要作用。然而，按照前述的各种围岩分级标准进行施工期间的围岩分级会遇到参数测试困难、分级时间长影响施工等一些难以克服的困难，如何实现快速、准确、可靠的围岩分级目标，有效指导施工便成为保证施工安全和工程质量以及加快施工速度的关键。因此，按照围岩分级标准，结合地下工程施工特点和围岩特征，制定施工期间的围岩快速分级方法具有现实意义。

1. 围岩快速分级基本架构

施工期间围岩级别的划分就是对开挖揭露出来的围岩级别进行鉴定，检查是否与原设计中确定的级别相符，如有出入，应及时进行调整，并根据围岩级别的变化对原设计作必要的修改。围岩级别的鉴定涉及到地下工程施工的各个方面，不仅关系到施工单位的切身利益，而且也关系到工程建设成本和工程质量好坏，是一项政策性和技术性都很强的工作，必须认真负责、实事求是地进行。围岩快速分级方法的制定，应保证分级结果符合规范要求。考虑到不同行业的差别，下面以国防地下工程为例介绍施工期间围岩级别鉴定的快速方法。

根据定性描述对围岩质量进行评价的定性分级方法虽然具有使用灵活的特点，但是对分级人员素质要求较高，必须具有丰富的工程经验和工程地质方面的专业知识与现场工作经验。大部分指标采用定性描述时，往往会导致模糊的评价，当技术人员经验不足时，可能会得出完全不同的结果。同时，定性描述也难于克服人为因素对分级结果的影响。因此，地下工程围岩快速分级方法采用定性与定量相结合的方式进行围岩分级。

为了更好体现国防地下工程围岩分级标准的精神，保证分级结果的准确与可靠，定性描述条款直接采用分级标准中的描述，无需另外制定，但实施前应对分级人员进行适当培训。

围岩快速分级必须充分考虑地下工程施工的具体特点，尽可能减少对施工的影响，避免在洞内进行复杂的测试和计算，因此，在制定时将充分考虑简单、实用、准确、快速的特点，采用简便方法测量所需的分级指标，或者采用相近指标代替原标准中的规定指标。

2. 围岩快速分级指标及其评价标准

（1）影响岩体工程质量的主要因素。围岩分级就是对岩体的工程质量进行评价，以便根据岩体质量确定地下工程施工方法和支护参数。因此在确定围岩分级指标时，必须考虑影响岩体工程质量的主要因素及其作用。

1）岩石（岩块）的强度。岩体是由岩块和结构面所组成，因此岩体的性质主要取决于岩石和结构面的性质，其中岩石的强度反映岩石的坚硬程度，岩石的强度越大，岩石越坚硬，承载能力越大，是影响岩体工程性质的主要因素。

2）岩体中节理、裂隙等结构面的发育程度。岩体与岩石的主要差别在于岩体中含有大量的结构面（如节理、裂隙、层理、断层等），结构面的存在破坏了岩体的完整性，结构面越密集，岩体越破碎，岩体的强度越小、稳定性越差。因此，国内外大部分分级方法中都将岩体的完整性作为一个主要因素。结构面的发育程度可以采用节理间距、结构面组数、单位体积岩体中含有的结构面数量等量化指标来表示。

3）结构面的性质和状态。结构面的性质主要指它的抗剪强度和抗拉强度，通常结构面越粗糙，其抗剪强度越大。结构面的状态表示结构面的延展性、连续性、是否含有充填物以及充填物的类型和厚度，含有较厚泥质充填物的结构面的抗剪强度较没有充填物时明显减小。

4）岩体的风化程度。新鲜未风化的岩体强度远远大于强风化岩体的强度，风化程度对岩体强度的影响十分明显，因此，在围岩分级中应该适当考虑其作用。

5）地下水对围岩质量的影响。水对岩体性质的影响比较复杂，一般情况下，软岩遇水后易发生软化，强度降低，硬岩则不太明显。水对结构面的性质影响较大，当结构面中含有泥质充填物时，含水后抗剪强度将会大大降低，结构面中水压的作用将使法向应力减小，从而导致抗剪能力的降低。

6）结构面的产状与隧洞轴线的关系。围岩中主要结构面的产状（倾向和倾角）对隧洞围岩稳定性的影响取决于隧洞轴线与结构面产状之间的相互关系，当隧洞轴线平行于结构面走向时，若结构面倾角较陡，则对围岩稳定非常不利。

（2）围岩快速分级指标。根据影响围岩工程质量的主要因素分析结果，可以初步确定分级指标的名称和数量，即一般情况下应该将主要因素作为围岩分级的评价指标。然而考虑到地下工程施工的具体特点和洞内开挖掌子面附近的具体条件，在确定分级指标时还应该考虑以下几个方面的因素：

1）所有指标应能在现场通过简单方法获取，无需通过复杂仪器测试或复杂试验获得，以便保证快速得出分级结果，减少对施工的影响。

2）所有指标应直观形象，其含义易于理解，便于现场工程技术人员掌握使用。

3）分级方式简单，无需复杂计算，在现场即可迅速得出分级结果。

4）分级指标应尽可能与分级标准保持一致，但是可以采用不同评价方式，这样不仅可以使分级结果与分级标准更好地保持一致，而且更便于现场获取。

基于以上要求，确定了采用以下9个指标作为围岩快速分级指标：

1）掌子面状态。掌子面状态用来描述掌子面是否稳定和是否需要支护，如果发现有掉块或塌方，则说明不能自稳，需要支护或超前支护，是对掌子面稳定程度的一种直观表示。

2）岩石的坚硬程度。测量完整岩石的抗压强度是为了了解岩石的坚硬程度，施工现场不具备开展此类试验的条件，应采用替代方法评价岩石坚硬程度。采用地质锤敲击掌子面揭露出来的岩面，根据敲击效果可以间接评价岩石的坚硬程度，这也是地质工程师经常采用的方法。

3）岩石的风化变质程度。风化变质程度用来反映岩石的新鲜程度，是影响围岩质量的重要因素之一。

4）岩体结构类型。岩体结构类型表示岩体被结构面切割后岩块的形状特征及其组合关系，也是评价岩体完整性的一种常用指标。

5）节理间距。节理间距反映岩体中结构面的密集程度，是岩体破碎程度的直观表示，在现场也易于测量。与分级标准中的要求一样，必须测量三个互相正交方向的测线，每条测线长度不得小于5m。

6）主要结构面状态。结构面的粗糙度、贯通性、风化程度、张开程度以及充填物类型及厚度等对结构面的抗剪强度有直接影响，是评价岩体基本质量的主要因素。

7）主要结构面产状。主要结构面对围岩稳定性的影响主要考虑结构面产状（倾向和倾角与隧道轴线之间的关系）的影响，以判断对隧洞施工不利的结构面。采用分级标准中相同的方法考虑其影响，即作为一个修正因素，按照表5-63中标准确定评分值。

8）地下水。通过现场观察了解围岩中地下水的大小，以便分析地下水对围岩工程性质的影响。采用与分级标准中相同的方法考虑其影响，即作为一个修正因素，按照表5-64中标准确定评分值。

9）地应力。采用与分级标准中相同的方法考虑其影响，即作为一个修正因素，按照表5-65中标准确定评分值。由于地应力的确定比较困难，如果工程所在地区地应力不大时，施工阶段可不考虑地应力影响的修正。大部分条件下，国防地下工程的埋深有限，地应力对岩体基本质量的影响有限。对于高应力地区，可以另行考虑。

上述9个指标虽然与《国防地下工程围岩分级标准》使用的分级指标不完全相同，但基本上包含了标准中的所有指标，应能够反映其分级的基本精神。另外增加的两个指标：掌子面状态和岩体结构类型，主要是为了更好地用于施工现场。实际上在规范中有关各级围岩的定性描述中，也包括了围岩稳定性和结构特点的内容。因此，上述9个分级指标都属于《国防地下工程围岩分级标准》中采用的指标，仅仅是对每个指标的评价方式不同而已。

(3) 围岩快速分级指标的量化方法。为了克服定性描述的不确定性和模糊性，快速分

级方法也采用国内外大多数分级系统的作法——评分法对各个分级指标进行量化，制定一套相应的评分标准，由分级人员根据现场掌子面的具体条件，按照评分标准对各个分级指标逐一评分，给出各个分级指标的评分值。

各个指标的评分标准原则上应该根据大量实际工程的统计资料分析来确定，各个分级指标的评分值与其重要性有关，越重要的指标，其分值越大。表 5－67 是参照国内外其他分级标准，并结合工程经验，经过多次修改后形成的各个分级指标的评分标准，表中 6 项指标的评分值之和即为工程岩体的基本质量指标 R。三个修正因素的评分值分别根据表 5－63、表 5－64、表 5－65 所示标准进行确定，上述 9 个指标的评分值之和即为工程岩体的质量指标。

表 5－67　　围岩基本质量快速评分表

掌子面观察项目	开挖地点的围岩状态				
A 掌子面稳定状态	能自己稳定	自稳，但正面局部掉块	需留核心土	需超前支护和采取大规模支护措施	其他
评分	15～12	12～8	8～4	4～1	1～0
B 岩石坚硬程度	锤击反弹、强烈锤击沿裂隙裂开	锤击易裂开、呈小片、薄片状	锤击易崩裂	不能锤击，用指甲可崩成碎片	土砂状
评分	15～12	12～8	8～4	4～1	1～0
C 岩石风化变质程度	未风化、新鲜	微风化，沿裂隙变色风化，强度稍稍降低	弱分化，整体变色风化，强度大大降低	强风化，部分土砂化、黏土化	全风化，整体土砂化、黏土化
评分	10～8	8～6	6～3	3～0	0
D 岩体结构类型	整体状结构、巨厚层状结构	块状结构、厚、中厚层状结构	裂隙块状结构、镶嵌碎裂结构、中薄层状结构	裂隙块状结构、碎裂状结构	散体状结构
评分	15～10	10～7	7～4	4～2	2～0
E 节理间距（cm）	＞100	100～50	50～20	20～8	＜8
评分	20～15	15～12	12～8	8～4	4～0
F 主要结构面状态	非常粗糙未风化闭合	粗糙微风化张开度＜1mm	平直强风化张开度＜1mm	平滑强风化充填物厚度＜5mm 或张开度 1～5mm	平直光滑软弱充填物厚度＞5mm 或张开度＞5mm
评分	25～20	20～15	15～10	10～5	5～0

（4）围岩定性分级方法。为了保证分级结果的准确与可靠，还需要依据标准中的定性描述对围岩进行定性分级。表 5－68 是为了便于现场使用，根据前述的国防地下工程围岩分级标准制定的定性描述评价表。地下水、结构面产状、地应力的影响没有反映在表中，在使用时可根据三者的具体情况参照定量评价方式进行适当折减。

表 5-68　　　　　　　　　　围岩定性分级表

围岩级别	岩石坚硬程度	岩体完整程度	岩体结构类型	围岩自稳能力	评分区间	评分
Ⅰ	坚硬岩	岩体完整	巨整体状或巨厚层状结构	跨度 20m，可长期稳定，偶有掉块，无塌方	100～86	
Ⅱ	坚硬岩	岩体较完整	块状或厚层状结构	跨度 10～20m，可基本稳定，局部可发生掉块或小塌方； 跨度 10m，可长期稳定，偶有掉块	85～66	
	较坚硬岩	岩体完整	块状整体结构			
Ⅲ	坚硬岩 较坚硬岩或 较软硬岩层	岩体较破碎 岩体较完整	巨块（石）碎（石）状镶嵌结构 块状体或 中厚层结构	跨度 10～20m，可稳定数日～1个月，可发生小—中塌方； 跨度 5～10m，可稳定数月，可发生局部块体位移及小—中塌方； 跨度 5m，可基本稳定	65～46	
Ⅳ	坚硬岩	岩体破碎	碎裂结构	跨度 5m，一般无自稳能力，数日至数月内可发生松动变形、小塌方、进而发展为中—大塌方。埋深小时，以拱部松动破坏为主，埋深大时，有明显塑性流动变形和挤压破坏； 跨度小于 5m，可稳定数日至 1 个月	45～26	
	较坚硬岩	岩体 较破碎—破碎	镶嵌碎裂结构			
	较软岩或软硬岩互层，且以软岩为主	岩体较完整—较破碎	中薄层状结构			
Ⅴ	较软岩 软岩 极破碎各类岩体	岩体破碎 岩体较破碎—破碎 极破碎各类岩体	裂隙块状结构 碎裂状结构 散体状结构 碎、裂状、松散结构	无自稳能力，跨度 5m 或更小时，可稳定数日	25～0	

3. *围岩快速分级实施办法*

为了减少人为因素影响，提高分级的准确性和客观性，由施工单位、监理单位、监控量测单位、设计单位以及总监办等单位各派出一名有地下工程施工经验的地质工程师组成专家组负责施工期间的围岩分级与鉴定。具体分级步骤如下：

（1）各个专家根据隧道开挖掌子面围岩具体条件，通过必要的观察和测试，获得相关数据后，分别按照表 5-67 所示标准进行定量评分，六个分级指标的评分值之和作为围岩的基本质量分级指标 R。

（2）根据掌子面围岩中主要软弱结构面产状和地下水情况，按照表 5-63、表 5-64 所示标准评定结构面产状和地下水影响修正值。如果工程所在地区属于高应力地区，还应按照表 5-65 所示标准评定地应力影响修正值。

（3）计算修正后的岩体基本质量指标 R'。

（4）按照表 5-68 所示的定性描述条文进行打分，获得工程岩体质量评价的定性分级指标。

（5）将上述两个量化指标的平均值作为各个专家给出的最终分级指标。

（6）将所有专家的分级指标的平均值作为最终的分级指标。

（7）按照表 5-62 所示标准确定围岩级别。

在具体实施过程中，还需要注意以下事项：

（1）参加围岩分级的专家数量不应少于 3 名。

（2）所有专家必须在开挖掌子面用地质锤、钢卷尺、地质罗盘等工具对围岩进行实际测量，并根据测量结果进行评分。也可以请一名有经验的专家在现场进行测量，测量结果共享。

（3）节理裂隙条数统计应采用三条正交测线测量结果的平均值，每条测线长度不应小于 5m。

（4）除了对正前方开挖掌子面进行观察和测量外，还应该注意对顶板及两侧墙围岩的观察和量测，以便更加全面地掌握围岩的地质特征。

快速分级方法以在现场能通过简单方法和手段快速、准确、合理地评价围岩质量为原则，采用多名专家评价后取平均的方式，能最大限度地避免人为因素对评价结果的影响。表 5-67 中的定量评价指标评分标准还需要通过大量工程验证逐步加以完善。

六、围岩分级的发展方向

由于岩体结构对稳定性的重大影响，从岩石分类在向对岩体的分类转变。由于围岩诸因素的错综复杂影响，围岩分级将从按单一因素（如强度、弹性波速度、岩石质量指标等）分级转变为综合的多因素分级。对分级的分析，从定性分析过渡到采用多种手段获取定量指标的定量与定性相结合的分级。在分级研究方面，从单纯的现象学分级研究向与采用数理统计和模糊数学的数学研究相结合的方面发展。

我国 20 世纪 50～70 年代初应用普氏分类期间，从理论上把围岩的坚固性放在了首位。自 70 年代初从铁路隧道围岩分类起，将隧道围岩的结构特征和完整状态放在了首位。但在北美广泛应用的太沙基分类本身就是以岩体构造和岩性特征为代表的分类法。因此，我国从以岩石坚固性为主的分级向以岩体完整性为主的分级方向发展。

第三节　锚喷支护的类型及参数表

通常，工程类比法是根据锚喷支护规范中的锚喷支护类型及参数表给出，而锚喷支护类型与参数则是由围岩类别及工程跨度来确定。但实际上，影响围岩稳定的工程因素，除跨度外尚有洞形及施工因素等影响。这些影响因素虽然一般没有在锚喷支护参数表中给出，但却是作为条件加以限制的。如规范中规定锚喷支护工程应当采用控制爆破，对于高边墙洞室，边墙锚喷支护参数应作适当变更等等，所以实际上是考虑了这些因素的。

锚喷支护参数表中的跨度分级，一般按各部门的工程要求给出，多数以5m或4m跨度分级。

按照现代支护理论概念，锚喷支护参数应当是广义的、既包括支护类型、支护参数，又应包括开挖方法，仰拱施作时间和最终支护时间等。不过我国目前的锚喷支护规范还没有达到这一水平，只是规定了最终支护的施作时间，而在锚喷支护参数表中只给出了锚喷支护类型与参数。

在确定锚喷支护类型与参数时，应当体现如下原则：

(1) 根据不同的围岩压力的特点，对拱墙采用相应的支护参数。如对稳定和中等稳定围岩，主要承受松动压力，所以支护参数的选定应贯彻“拱是重点，拱、墙有别”的原则。对不稳定围岩，它主要承受变形地压，所以拱、墙应采用相同的支护参数。

(2) 力求体现使用锚喷支护类型的灵活性及允许进行局部加固围岩的特点。对不同的岩体和围岩的不同部位采用不同的支护类型与参数。例如同一级围岩中相同跨度洞室的支护类型与参数，可因岩体结构类型、结构面倾角、岩层走向与洞轴线交角不同而不同。例如缓倾角层状岩体或软硬互层的层状岩体，宜在拱部采用锚喷支护，而在边墙采用喷混凝土支护；如岩层走向与洞轴线夹角较小，且为陡倾角岩层时，则在容易向洞内顺层滑落的边墙上必须采用锚喷支护。因此，在同一级围岩分类和洞跨中，有时在锚喷支护参数表中相应给出多种锚喷支护类型与参数，以便视情况选用任一种支护类型与参数。

对于局部不稳定块体和局部不稳定部位，原则上应采用局部加固。如用锚杆进行局部加固，而不必配置系统锚杆或降低围岩级别。

(3) 锚喷支护参数表中给出的锚喷支护参数是根据工程类比确定的。但确定最终支护参数有的还要借助于监控设计与理论设计。对不稳定围岩，锚喷支护参数表中给出的数值只是供监控设计中选初参数用。对稳定围岩中的大跨度洞室，表中的锚喷支护参数作为理论验算中的推荐值。最终设计值还需经过修正设计后才能确定。

(4) 锚喷支护表中的锚喷参数，一般是根据本部门以往修建工程的设计参数，经统计和分析研究后确定的。各国锚喷支护的设计规范，其提供的锚喷支护参数可能有较大不同。如我国采用的锚杆长度一般短于国外采用的锚杆长度。这是由于人们对锚杆机理的不同认识，采用的施工机具和工程习惯不同等原因所致。一般来说，在稳定岩体中，锚杆主要作用是加固不稳定块体，为了使锚杆穿过较多的节理面，锚杆宁可长一点，疏一点；在不稳定岩体中，锚杆长度应当超过松动区，同时还要有一定密度，除要求锚杆间距不大于锚杆长度1/2外，还要求锚杆间距小于规定的锚杆间距。

表5-69、表5-70、表5-71、表5-72及表5-73分别列出了我国国家标准《锚杆喷射混凝土支护技术规范》、《军用物资洞库锚喷支护技术规定》(试行)、《军用立式油罐洞室锚喷支护技术规定》(试行)、《防护工程防核武器结构设计规范》以及《铁路隧道设计规范》中的锚喷支护参数表。

表 5-69　　隧洞和斜井的锚喷支护类型和设计参数

围岩级别 \ 毛洞跨度 B(m)	B≤5	5<B≤10	10<B≤15	15<B≤20	20<B≤25
Ⅰ	不支护	50mm 厚喷射混凝土	(1) 80～100mm 厚喷射混凝土；(2) 50mm 厚喷射混凝土，设置 2.0～2.5m 长的锚杆	100～150mm 厚喷射混凝土，设置 2.5～3.0m 长的锚杆，必要时，配置钢筋网	120～150mm 厚钢筋网喷射混凝土，设置 3.0～4.0m 长的锚杆
Ⅱ	50mm 厚喷射混凝土	(1) 80～100mm 厚喷射混凝土；(2) 50mm 厚喷射混凝土，设置 1.5～2.0m 长的锚杆	(1) 120～150mm 厚喷射混凝土，必要时，配置钢筋网；(2) 80～120mm 厚喷射混凝土，设置 2.0～3.0m 长的锚杆，必要时，配置钢筋网	120～150mm 厚钢筋网喷射混凝土，设置 3.0～4.0m 长的锚杆	150～200mm 厚钢筋网喷射混凝土，设置 5.0～6.0m 长的锚杆，必要时，设置长度大于 6.0m 的预应力或非预应力锚杆
Ⅲ	(1) 80～100mm 厚喷射混凝土；(2) 50mm 厚喷射混凝土，设置 1.5～2.0m 长的锚杆	(1) 120～150mm 厚喷射混凝土，必要时，配置钢筋网；(2) 80～100mm 厚喷射混凝土，设置 2.0～2.5m 长的锚杆，必要时，配置钢筋网	100～150mm 厚钢筋网喷射混凝土，设置 3.0～4.0m 长的锚杆	150～200mm 厚钢筋网喷射混凝土，设置 4.0～5.0m 长的锚杆必要时，设置长度大于 5.0m 的预应力或非预应力锚杆	
Ⅳ	80～100mm 厚喷射混凝土，设置 1.5～2.0m 长的锚杆	100～150mm 厚钢筋网喷射混凝土，设置 2.0～2.5m 长的锚杆，必要时，采用仰拱	150～200mm 厚钢筋网喷射混凝土，设置 3.0～4.0m 长的锚杆，必要时，采用仰拱并设置长度大于 4.0m 的锚杆		
Ⅴ	120～150mm 厚钢筋网喷射混凝土，设置 1.5～2.0m 长的锚杆，必要时，采用仰拱	150～200mm 厚钢筋网喷射混凝土，设置 2.0～3.0m 长的锚杆，采用仰拱，必要时，加设钢架			

注　1. 表中的支护类型和参数，是指隧洞和倾角小于 30 度的斜井的永久支护，包括初期支护与后期支护的类型和参数。

2. 服务年限小于 10 年及洞跨小于 3.5m 的隧洞和斜井，表中的支护参数，可根据工程具体情况，适当减小。

3. 复合衬砌的隧洞和斜井，初期支护采用表中的参数时，应根据工程的具体情况，予以减小。

4. 陡倾斜岩层中的隧洞或斜井易失稳的一侧边墙和缓倾斜岩层中的隧洞或斜井顶部，应采用表中第（2）种支护类型和参数，其他情况下，两种支护类型和参数均可采用。

5. 对于高度大于 15.0m 的侧边墙，应进行稳定性验算，并根据验算结果，确定锚喷支护参数。

表 5－70　　军用物资洞库锚喷支护设计参数表

围岩级别	不同毛洞跨度锚喷支护参数									
	$L_{毛}\leqslant 8m$		$8m<L_{毛}\leqslant 12m$		$12m<L_{毛}\leqslant 16m$		$16m<L_{毛}\leqslant 20m$		$20m<L_{毛}\leqslant 25m$	
	拱顶	边墙	拱顶	边墙	拱顶	边墙	拱顶	边墙	拱顶	边墙
Ⅰ	50mm 喷混凝土	30～50mm 喷混凝土	50～80mm 喷混凝土	30～50mm 喷混凝土	80～100mm 喷混凝土，必要时配 $\phi18$～20，长 2～2.5m 系统锚杆	50mm 喷混凝土	100～150mm 喷混凝土，配 $\phi18$～20，长 2.5～3m 系统锚杆	50～80mm 喷混凝土	120～150mm 喷混凝土，配 $\phi18$～22，长 3～4m 系统锚杆和网	80～100mm 喷混凝土
Ⅱ	50～80mm 喷混凝土	30～50mm 喷混凝土	80～100mm 喷混凝土	30～50mm 喷混凝土	100～120mm 喷混凝土，必要时配 $\phi18$～20，长 2～2.5m 系统锚杆	50～80mm 喷混凝土	120～150mm 喷混凝土，配 $\phi18$～20，长 2.5～3m 系统锚杆和网	80～100mm 喷混凝土	150～200mm 喷混凝土，配 $\phi18$～22，长 3～4m 系统锚杆和网	100～120mm 喷混凝土
Ⅲ	80～100mm 喷混凝土。必须时配 $\phi18$，长 2～2.5m 系统锚杆	50～80mm 喷混凝土	100～120mm 喷混凝土，必要时配 $\phi18$，长 2～2.5m 系统锚杆	50～80mm 喷混凝土，必要时配 $\phi18$，长 2～2.5m 系统锚杆	120～150mm 喷混凝土，配 $\phi18$～20 长 2.5～3m 系统锚杆，必要时加网筋	80～100mm 喷混凝土，必要时配系统锚杆和网，参数同拱顶	150～200mm 喷混凝土，配 $\phi18$～22，长 2.5～3.5m 系统锚杆和网	100～150mm 喷混凝土，配系统锚杆和网，参数同拱顶	待定	待定
Ⅳ	100～120mm 喷混凝土，配 $\phi18$，长 2～2.5m 系统锚杆，必要时加网		120～150mm 喷混凝土，配 $\phi18$～20，长 2～3m 系统锚杆和网		150～200mm 喷混凝土，配 $\phi18$～22，长 2.5～3.5m 系统锚杆和网	100～120mm 喷混凝土，配系统锚杆和网，参数同拱顶	待定		待定	
Ⅴ	150～200mm 喷混凝土，配 $\phi18$～20，长 2.5～3m 系统锚杆和网，必要时设仰拱		待定		待定	待定	待定		待定	

表 5－71

军用立式油罐洞室锚喷支护设计表

单罐容量（m^3）	700		1000		2000		3000		5000	
毛洞尺寸（直径×拱部中心高）（m）	ϕ12×13		ϕ13.5×14		ϕ16.5×17		ϕ19×18		ϕ23×20	
支护参数 / 围岩级别	拱部	周墙	拱部	周墙	拱部	周墙	拱部	周墙	拱部	周墙
Ⅰ	5cm 喷射混凝土，局部不稳定块体以悬吊锚杆加固	3～5cm 喷射混凝土，局部不稳定悬吊锚杆加固	5～8cm 喷射混凝土，局部不稳定悬吊锚杆加固	3～5cm 喷射混凝土，局部不稳定悬吊锚杆加固	8～10cm 喷射混凝土，局部不稳定悬吊锚杆加固	5cm 喷射混凝土，局部不稳定悬吊锚杆加固	10～12cm 喷射混凝土，局部不稳定悬吊锚杆加固	5～8cm 喷射混凝土，必要时配 ϕ18～20×2.5～3m 系统锚杆	12～15cm 喷射混凝土，配 ϕ18～ϕ22×3～3.5m 系统锚杆，必要时加网筋	8～10cm 喷射混凝土，局部不稳定块体以悬吊杆加固
Ⅱ	5～8cm 喷射混凝土，局部不稳定块体以悬吊杆加固	5cm 喷射混凝土，局部不稳定块体以悬吊杆加固	8～10cm 喷射混凝土，局部不稳定块体以悬吊杆加固	5cm 喷射混凝土，局部不稳定块体以悬吊杆加固	10～12cm 喷射混凝土，局部不稳定块体以悬吊杆加固	5cm 喷射混凝土，局部不稳定块体以悬吊杆加固	10～12cm 喷射混凝土，必要时配 ϕ18～ϕ20×2.5～3m 系统锚杆	5～8cm 喷射混凝土，局部不稳定块体以悬吊杆加固	12～15cm 喷射混凝土，配 ϕ18～ϕ22×3～3.5m 系统锚杆	8～10cm 喷射混凝土，局部不稳定块体以悬吊杆加固
Ⅲ	8～10cm 喷射混凝土，必要时配 ϕ18×2～2.5m 系统锚杆	5～8cm 喷射混凝土，局部不稳定块体以锚杆加固	8～10cm 喷射混凝土，必要时配 ϕ18×2～2.5m 系统锚杆	5～8cm 喷射混凝土，局部不稳定块体以锚杆加固	10～12cm 喷射混凝土，配 ϕ18～ϕ20×2～2.5m 系统锚杆	8～10cm 喷射混凝土，必要时配 ϕ18～ϕ20×2～2.5m 系统锚杆	12～15cm 喷射混凝土，配 ϕ18～ϕ22×2.5～3m 系统锚杆	8～10cm 喷射混凝土，配 ϕ18～ϕ20×2.5～3m 系统锚杆	15～20cm 喷射混凝土，配 ϕ18～ϕ22×3～3.5m 系统锚杆，加网筋	10～12cm 喷射混凝土，配 ϕ18～ϕ22×3～3.5m 系统锚杆，必要时加网筋
Ⅳ	10～12cm 喷射混凝土，配 ϕ18×2～2.5m 系统锚杆，必要时加网筋		12～15cm 喷射混凝土，配 ϕ18～ϕ22×2～3m 系统锚杆，加网筋		15～20cm 喷射混凝土，配 ϕ18～ϕ22×2.5～3.5m 系统锚杆，加网筋		待　定		待　定	

注　1. 油罐洞室毛洞幅员按采用金属罐的外形尺寸和内衬结构设计的尺寸确定，本表所列 2000～5000m^3 油罐毛洞尺寸，系根据总后基建房部批准的定型图，700～1000m^3 的尺寸的油罐洞室尺寸，系根据一般常用的金属罐。
2. 单罐容量 10000m^3（毛洞尺寸为 ϕ31.3×22.5m）的洞室，因军内尚无锚喷工程实例，故暂未将支护设计参数列入表中。
3. 系统砂浆锚杆间排距一般为杆体长度的一半；钢筋网间距一般为 20cm×20cm～30cm×30cm。
4. 加固局部不稳定块体的锚杆。其数量、直径和长度，应视不稳定块体的规模、程度由计算确定。

表 5-72（1）　　重要工程锚喷支护参数表

围岩级别	毛洞跨度（m）	初期支护参数						后期支护参数			
		喷射混凝土（mm）	锚杆			钢筋网		喷射混凝土厚度（mm）	钢筋网		整体被覆厚度（mm）
			直径（mm）	长度（m）	间距（m）	直径（mm）	间距（mm）		直径（mm）	间距（mm）	
Ⅰ	<4	50	—	—	—	—	—	—	—	—	—
	4～8	50～80	—	—	—	—	—	—	—	—	—
	8～12	80～120	—	—	—	—	—	—	—	—	—
	12～16	100～140	16	1.6～2.0	1.5	—	—	—	—	—	—
	16～20	140～180	18	2.0～2.4	1.5	—	—	—	—	—	—
	20～24	160～200	20	2.4～2.8	1.5	6～8	300	—	—	—	—
Ⅱ	<4	50～80	—	—	—	—	—	—	—	—	—
	4～8	60～100	16	1.2～1.6	1.2	—	—	—	—	—	—
	8～12	100～140	18	1.6～2.0	1.2	—	—	—	—	—	—
	12～16	120～160	18	2.0～2.4	1.2	6～8	300	—	—	—	—
	16～20	160～200	20	2.4～2.8	1.2	8～10	250	—	—	—	—
	20～24	200～240	22	2.8～3.2	1.2	10～12	200	—	—	—	—
Ⅲ	<4	60～100	16	1.2～1.6	1.0	—	—	—	—	—	—
	4～8	100～140	18	1.6～2.6	1.0	—	—	—	—	—	—
	8～12	80～120	18	2.6～3.6	1.0	—	—	50～70	6～8	300	—
	12～16	120～160	20	3.2～3.6	1.0	—	—	50～70	8～10	250	—
	16～20	160～200	22	3.6～4.0	1.0	—	—	50～70	10～12	200	—
Ⅳ	<4	80～120	16	2.0～2.5	0.8	6～8	300	—	—	—	—
	4～8	80～120	18	2.5～3.0	0.8	—	—	50～70	8～10	250	—
								—	—	—	200（混凝土）
	8～12	100～140	20	3.0～3.6	0.8	10～12	200	70～100	10～12	200	—
								—	—	—	300（混凝土）
	12～16	140～180	22	3.6～4.0	0.8	12～14	200	70～100	12～14	200	—
								—	—	—	300(钢筋混凝土)
Ⅴ	<4	80～120	18	2.5～3.0	0.75	—	—	50～70	8～10	200	—
								—	—	—	200(钢筋混凝土)
	4～8	120～160	20	3.0～3.5	0.75	10～12	200	70～100	10～12	200	—
								—	—	—	300(钢筋混凝土)
	8～12	160～200	22	3.5～4.0	0.75	12～14	200	—	—	—	400(钢筋混凝土)

注　1. 粗框内的参数即为永久支护参数，其余部分永久支护参数应为初期支护与后期支护参数之和。

2. 后期支护参数中，锚喷或整体被覆视围岩等条件选一种即可。

表 5-72（2）　　普通工程锚喷支护参数表

围岩级别	毛洞跨度（m）	初期支护参数						后期支护参数		
		喷射混凝土（mm）	锚杆			钢筋网		喷射混凝土（mm）	钢筋网	
			直径（mm）	长度（m）	间距（m）	直径（mm）	间距（mm）		直径（mm）	间距（mm）
Ⅰ	<2.0	20～30（砂浆）	—	—	—	—	—	—	—	—
	2.0～3.5	20～30（砂浆）	—	—	—	—	—	—	—	—
	3.5～5.0	20～30（砂浆）	—	—	—	—	—	—	—	—
	5.0～8.0	50～70	—	—	—	—	—	—	—	—
	8.0～12.0	70～100	—	—	—	—	—	—	—	—
Ⅱ	<2.0	20～30（砂浆）	—	—	—	—	—	—	—	—
	2.0～3.5	50	—	—	—	—	—	—	—	—
	3.5～5.0	50～70	—	—	—	—	—	—	—	—
	5.0～8.0	70～100	—	—	—	—	—	—	—	—
		50～70	14	1.2～1.4	1.2	—	—	—	—	—
	8.0～12.0	100～120	—	—	—	—	—	—	—	—
		70～100	16	1.4～1.8	1.2	—	—	—	—	—
Ⅲ	<2.0	50	—	—	—	—	—	—	—	—
	2.0～3.5	50～70	—	—	—	—	—	—	—	—
	3.5～5.0	70～100	—	—	—	—	—	—	—	—
		50～70	14	1.4～1.8	1.0	—	—	—	—	—
	5.0～8.0	70～100	16	1.8～2.6	1.0	—	—	—	—	—
	8.0～12.0	100～150	16	2.6～3.6	1.0	6	300	—	—	—
Ⅳ	<2.0	50～70	—	—	—	6	300	—	—	—
	2.0～3.5	70～100	—	—	—	6	300	—	—	—
	3.5～5.0	70～100	16	1.8～2.2	1.0	6	300	—	—	—
	5.0～8.0	50～70	18	2.2～2.8	1.0	—	—	50	6	200
	8.0～12.0	70～100	20	2.8～3.6	1.0	—	—	50～100	8	200
Ⅴ	<2.0	70～100	—	—	—	6	300	—	—	—
	2.0～3.5	50～70	16	1.8～2.2	1.0	—	—	50	6	300
	3.5～5.0	70～100	18	2.2～2.8	1.0	—	—	50	6	200
	5.0～8.0	70～100	20	2.8～3.2	0.8	—	—	50～100	8	200
	8.0～12.0	100～150	22	3.2～3.6	0.8	—	—	50～100	10	200

注　粗框内的参数即为永久支护参数，其余部分永久支护参数应为初期支护与后期支护参数之和。

表 5-73（1）　　铁路隧道喷锚衬砌的设计参数

围岩级别	单线隧道	双线隧道
Ⅰ	喷射混凝土厚度 5cm	喷射混凝土厚度 8cm，必要时设置锚杆，锚杆长 1.5～2.0m，间距 1.2～1.5m
Ⅱ	喷射混凝土厚度 8cm，必要时设置锚杆，锚杆长 1.5～2.0m，间距 1.2～1.5m	喷射混凝土厚度 10cm，锚杆长 2.0～2.5m，间距 1.0～1.2m，必要时设置局部钢筋网

注　1. 边墙喷射混凝土厚度可略低于表列数值，当边墙围岩稳定，可不设置锚杆和钢筋网。
2. 钢筋网的网格间距宜为 15～30cm，钢筋网保护层厚度不应小于 3cm。

表 5-73（2）　　单线铁路隧道复合式衬砌的设计参数

围岩级别	初期支护							二次衬砌厚度（cm）	
	喷射混凝土厚度（cm）		锚杆			钢筋网	钢架	拱墙	仰拱
	拱、墙	仰拱	位置	长度（m）	间距（m）				
Ⅱ	5	—	—	—	—	—	—	25	—
Ⅲ	7	—	局部设置	2.0	1.2～1.5	—	—	25	—
Ⅳ	10	—	拱、墙	2.0～2.5	1.0～1.2	必要时设置 @25×25	—	30	40
Ⅴ	15～22	15～22	拱、墙	2.5～3.0	0.8～1.0	拱、墙、仰拱 @20×20	必要时设置	35	40
Ⅵ	通过试验确定								

表 5-73（3）　　双线铁路隧道复合式衬砌的设计参数

围岩级别	初期支护							二次衬砌厚度（cm）	
	喷射混凝土厚度（cm）		锚杆			钢筋网	钢架	拱、墙	仰拱
	拱、墙	仰拱	位置	长度（m）	间距（m）				
Ⅱ	5～8	—	局部设置	2.0～2.5	1.5	—	—	30	—
Ⅲ	8～10	—	拱、墙	2.0～2.5	1.2～1.5	必要时设置 @25×25	—	35	45
Ⅳ	15～22	15～22	拱、墙	2.5～3.0	1.0～1.2	拱、墙、仰拱 @25×25	必要时设置	40	45
Ⅴ	20～25	20～25	拱、墙	3.0～3.5	0.8～1.0	拱、墙、仰拱 @20×20	拱、墙、仰拱	45	45
Ⅵ	通过试验确定								

注　1. 采用钢架时，宜选用格栅钢架，钢架设置间距宜为 0.5～1.5m。

2. 对于Ⅳ、Ⅴ级围岩，可视情况采用钢筋束支护，喷射混凝土厚度可取小值。

3. 钢架与围岩之间的喷射混凝土保护层厚度不应小于 40mm；临空一侧的混凝土保护层厚度不应小于 20mm。

我国公路隧道复合式衬砌的支护参数见表 5-74，我国水工隧洞锚喷支护参数见表 5-75。

表 5-74（1）　　两车道公路隧道复合式衬砌的设计参数

围岩级别	初期支护							二次衬砌厚度（cm）	
	喷射混凝土厚度（cm）		锚杆（m）			钢筋网	钢架	拱、墙混凝土	仰拱混凝土
	拱部边墙	仰拱	位置	长度	间距				
Ⅰ	5	—	局部	2.0	—	—	—	30	—
Ⅱ	5～8	—	局部	2.0～2.5	—	—	—	30	—

续表

围岩级别	初期支护							二次衬砌厚度（cm）	
	喷射混凝土厚度（cm）		锚杆（m）			钢筋网	钢架	拱、墙混凝土	仰拱混凝土
	拱部边墙	仰拱	位置	长度	间距				
Ⅲ	8～12	—	拱、墙	2.0～3.0	1.0～1.5	局部@25×25	—	35	—
Ⅳ	12～15	—	拱、墙	2.5～3.0	1.0～1.2	拱、墙@25×25	拱、墙	35	35
Ⅴ	15～25	—	拱、墙	3.0～4.0	0.8～1.2	拱、墙@20×20	拱、墙、仰拱	45	45
Ⅵ	通过试验计算确定								

表 5－74（2）　三车道公路隧道复合式衬砌的支护参数

围岩级别	初期支护							二次衬砌厚度（cm）	
	喷射混凝土厚度（cm）		锚杆（m）			钢筋网	钢架	拱、墙混凝土	仰拱混凝土
	拱部边墙	仰拱	位置	长度	间距				
Ⅰ	8	—	局部	2.5	—	局部	—	35	—
Ⅱ	8～10	—	局部	2.5～3.5	—	局部	—	40	—
Ⅲ	10～15	—	拱、墙	3.0～3.5	1.0～1.5	拱、墙@25×25	拱、墙	45	45
Ⅳ	15～20	—	拱、墙	3.0～4.0	0.8～1.0	拱、墙@20×20	拱、墙、仰拱	C50，钢筋混凝土	50
Ⅴ	20～30	—	拱、墙	3.5～5.0	0.5～1.0	拱、墙（双层）@20×20	拱、墙、仰拱	60，钢筋混凝土	60，钢筋混凝土
Ⅵ	通过试验确定								

注　有地下水时，可取大值；无地下水时，可取小值。采用钢架时，宜选用格栅钢架。

表 5－75　我国水工隧洞锚喷支护参数

围岩级别	洞室开挖直径或跨度（m）					
	$D<5$	$5<D<10$	$10<D<15$	$15<D<20$	$20<D<25$	$25<D<30$
Ⅰ	不支护	不支护或50mm喷射混凝土	（1）50～80mm喷射混凝土；（2）50mm喷射混凝土，布置长2.0～2.5m、间距1.0～1.5m锚杆	100～120mm喷射混凝土，布置长2.5～3.5m、间距1.25～1.50m锚杆。必要时设置钢筋网	120～150mm钢筋网喷射混凝土，布置长3.0～4.0m、间距1.5～2.0m锚杆	150mm钢筋网喷射混凝土，相间布置长4.0m锚杆和长5.0m张拉锚杆、间距1.5～2.0m

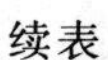
续表

围岩级别	洞室开挖直径或跨度（m）					
	$D<5$	$5<D<10$	$10<D<15$	$15<D<20$	$20<D<25$	$25<D<30$
Ⅱ	不支护或50mm喷射混凝土	（1）80～100mm喷射混凝土；（2）50mm喷射混凝土，布置长2.0～2.5m、间距1.0～1.25m锚杆	（1）100～120mm钢筋网喷射混凝土；（2）80～100mm喷射混凝土，布置长2.0～3.0m、间距1.0～1.5m锚杆，必要时设置钢筋网	120～150mm钢筋网喷射混凝土，布置长3.5～4.5m、间距1.5～2.0m锚杆	150～200mm钢筋网喷射混凝土，布置长3.5～5.5m、间距1.5～2.0m锚杆，原位监测变形较大时修改支护参数	
Ⅲ	（1）80～100mm喷射混凝土；（2）50mm喷射混凝土布置长1.5～2.0m、间距0.75～1.0m锚杆	（1）120mm钢筋网喷射混凝土；（2）80～100mm钢筋网喷射混凝土，布置长2.0～3.0m、间距1.0～1.5m锚杆	100～150mm钢筋网喷混凝土，布置长3.0～4.0m、间距1.5～2.0m锚杆，原位监测变形较大时进行二次支护	150～200mm钢筋网喷射混凝土，布置长3.5～5.0m，间距1.5～2.5m锚杆，原位监测变形较大时进行二次支护		
Ⅳ	80～100mm钢筋网喷射混凝土，布置长1.5～2.0m、间距1.0～1.5m锚杆	150mm钢筋网喷射混凝土，布置长2.0～3.0m、间距1.0～1.5m锚杆，原位监测变形较大部位进行二次支护	200mm钢筋网喷射混凝土，布置长4.0～5.0m、间距1.0～1.5m锚杆，原位监测变形较大部位进行二次支护，必要时设置钢拱架或格栅拱架			
Ⅴ	150mm钢筋网喷射混凝土，布置长1.5～2.0m、间距0.75～1.25m锚杆，原位监测变形较大部位进行二次支护	200mm钢筋网喷射混凝土，布置长2.5～4.0m、间距1.0～1.25m锚杆，必要时设置钢拱架或格栅拱架，原位监测变形较大部位进行二次支护				

注　1. Ⅳ、Ⅴ级围岩为辅助工程措施，即施工安全支护。

2. 本表不适用于埋深小于2倍跨度（直径）的地下洞室和特殊土、喀斯特洞穴发育地质的地下洞室。

3. 二次支护可以是锚喷支护或现浇钢筋混凝土支护。

日本山岭隧道的标准支护参数见表5-76。

表 5-76　　日本山岭隧道的标准支护参数

围岩级别	进尺（m）	锚杆 长度（m） 上断面	锚杆 长度（m） 台阶下	锚杆 横向间距（m）	锚杆 横向间距 m²/片	锚杆 纵向间距（m）	钢支撑 上断面	钢支撑 台阶下	喷射混凝土厚度（cm）	衬砌厚度（cm） 拱部/边墙	衬砌厚度（cm） 仰拱
B	2.5 (2.0)	4	4	3.0 (2.0)	3.8	2.5 (2.0)	—	—	10*	40	
CⅠ	2.0 (1.5)	6**	4	1.5 (2.0)	2.9	2.0 (1.5)	— (H154)	— (—)	15* (15)	40	55
CⅡ	1.5 (1.2)	6**	4	1.3 (1.6)	1.8	1.5 (1.2)	H154	H154	15	40	55
DⅠ	1.2 (1.0)	6**	6	1.3 (1.6)	1.4	1.2 (1.0)	H154	H154	20	50	70

注　1.（）表示不采用 TBM 超前导洞。

2. 喷射混凝土为高强度喷射混凝土，带 * 的表示上半断面采用钢纤维喷射混凝土。

3. 带 ** 的锚杆强度为 2901kN，不带任何标记的锚杆强度为 180kN。

4. 型钢全部为高等级的类型。

第六章　均质地层中锚喷支护的解析计算与设计

第一节　轴对称条件下锚喷支护的计算

20 世纪 60 年代末，奥地利学者 Robcewicz 等人利用围岩塑性分析的成果，提出了锚喷支护的计算原理。1978 年在法国又提出了收敛—约束法，从现场量测和理论计算两个方面来解决锚喷支护的计算和设计问题。但当时解析计算的公式和图解分析方法还很不完善，直至近年来才渐趋完善。在我国，70 年代末以来，围岩压力理论和锚喷支护计算有了较大发展，轴对称情况下的计算公式已经比较完善。80 年代后，不少单位又提出了砂浆锚杆的各种计算公式，把我国锚喷支护解析计算水平又提高了一步。

一、轴对称条件下喷层上围岩压力的计算

轴对称条件下（即侧压系数 $\lambda=1$，洞室为圆形），无锚杆时喷层上围岩压力的计算已在第三章中作了介绍。当洞室周围锚有均布的径向锚杆时，无论是点锚式锚杆，还是全长黏结式锚杆，都能通过承拉，限制围岩径向位移来改善围岩应力状态，而且通过锚杆承剪提高锚固区的 C、φ 值。

1. 点锚式锚杆

点锚式锚杆可视为锚杆两端作用有集中力，假设集中力分布于锚固区锚杆内外端两个同心圆上（图 6-1），由此在洞壁上产生支护的附加抗力为 P_a，而锚杆内端分布力为 $\frac{r_0}{r_c}P_a$（r_c 为锚杆内端半径）。平衡方程及塑性方程为

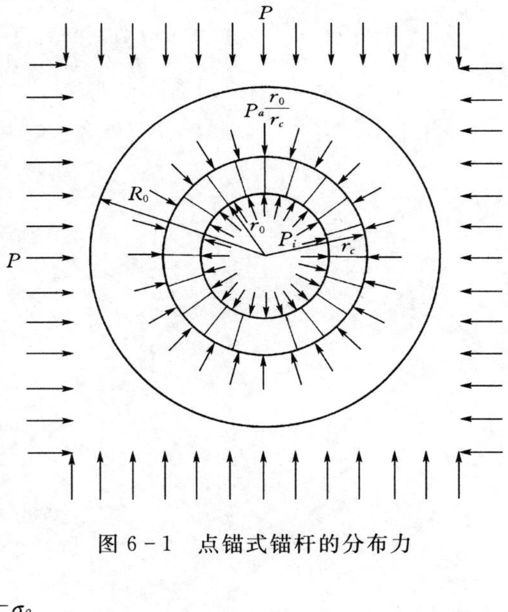

图 6-1　点锚式锚杆的分布力

$$\frac{d\sigma_r}{r}-\frac{\sigma_r-\sigma_\theta}{r}=0 \tag{6-1}$$

$$\frac{\sigma_r+C_1\cot\varphi}{\sigma_\theta+C_1\cot\varphi}=\frac{1-\sin\varphi_1}{1+\sin\varphi_1} \tag{6-2}$$

式中　C_1、φ_1——加锚后围岩的 C、φ 值，一般可取 $\varphi_1=\varphi$，C_1 按 C 和由锚杆抗剪力折算而得。

由式（6－1）、式（6－2）得

$$\ln(\sigma_r+C_1\cot\varphi_1)=\frac{2\sin\varphi_1}{1-\sin\varphi_1}\ln r+C' \tag{6-3}$$

由 $r=r_0$ 时，$\sigma_r=P_a+P_i$ 得积分常数

$$C'=\ln(P_a+P_i+C_1\cot\varphi_1)-\frac{2\sin\varphi_1}{1-\sin\varphi_1}\ln r_0 \tag{6-4}$$

将式（6－4）代入式（6－3）有

$$\sigma_r=(P_a+P_i+C_1\cot\varphi_1)\left(\frac{r}{r_0}\right)^{\frac{2\sin\varphi_1}{1-\sin\varphi_1}}-C_1\cot\varphi_1 \tag{6-5}$$

令锚杆内端点的径向应力为 σ_c 并位于塑性区内，则弹塑性界面上有

$$\sigma_r=(\sigma_c+C_1\cot\varphi_1)\left(\frac{R_0^a}{r_0}\right)^{\frac{2\sin\varphi_1}{1-\sin\varphi_1}}-C_1\cot\varphi_1=P(1-\sin\varphi_1)-C_1\cos\varphi_1 \tag{6-6}$$

式中　R_0^a——有锚杆时的塑性区半径。

由此得

$$\sigma_c=(P+C_1\cot\varphi_1)(1-\sin\varphi_1)\left(\frac{r_c}{R_0^a}\right)^{\frac{2\sin\varphi_1}{1-\sin\varphi_1}}-C_1\cot\varphi_1 \tag{6-7}$$

此外，由式（6－5）并考虑锚杆内端的分布力，则

$$\sigma_c=(P_a+P_i+C_1\cot\varphi_1)\left(\frac{r_c}{r_0}\right)^{\frac{2\sin\varphi_1}{1-\sin\varphi_1}}-C_1\cot\varphi_1-\frac{r_0}{r_c}P_a \tag{6-8}$$

按式（6－7）与式（6－8）得有锚杆时的塑性区半径 R_0^a

$$R_0^a=r_c\left[\frac{(P+C_1\cot\varphi_1)(1-\sin\varphi_1)}{(P_i+P_a+C_1\cot\varphi_1)\left(\frac{r_c}{r_0}\right)^{\frac{2\sin\varphi_1}{1-\sin\varphi_1}}-\frac{r_0}{r_c}P_a}\right]^{\frac{1-\sin\varphi_1}{2\sin\varphi_1}} \tag{6-9}$$

当锚杆内端位于塑性区内，且在松动区之外时，有锚杆时的最大松动区半径为

$$R_{\max}^a=r_c\left[\frac{(P+C_1\cot\varphi_1)(1-\sin\varphi_1)}{(P_{i\min}+P_a+C_1\cot\varphi_1)(1+\sin\varphi_1)}\right]^{\frac{1-\sin\varphi_1}{2\sin\varphi_1}} \tag{6-10}$$

当锚杆内端位于松动区时，则有

$$\begin{aligned}R_{\max}^a&=R_0\left(\frac{1}{1+\sin\varphi_1}\right)^{\frac{1-\sin\varphi_1}{2\sin\varphi_1}}\\&=r_0\left[\frac{(P+C_1\cot\varphi_1)(1-\sin\varphi_1)}{\left[(P_{i\min}+P_a+C_1\cot\varphi_1)\left(\frac{r_c}{r_0}\right)^{\frac{2\sin\varphi_1}{1-\sin\varphi_1}}-\frac{r_0}{r_c}P_a\right](1+\sin\varphi_1)}\right]^{\frac{1-\sin\varphi_1}{2\sin\varphi_1}}\end{aligned} \tag{6-11}$$

有锚杆时的洞壁位移 $u_{r_0}^a$ 及围岩位移 u_r^a 为

$$\left.\begin{aligned}u_{r_0}^a&=\frac{M(R_0^a)^2}{4Gr_0}\\u_r^a&=\frac{M(R_0^a)^2}{4Gr}\end{aligned}\right\} \tag{6-12}$$

对于点锚式锚杆，可按锚杆与围岩共同变形理论获得锚杆轴力

$$Q=\frac{(u'-u'')E_aA_s}{r_c-r_0} \tag{6-13}$$

$$u'=\frac{M(R_0^a)^2}{4Gr_0}-u_0^a$$

$$u''=\frac{M(R_0^a)^2}{4Gr_c}-\frac{r_0}{r_c}u_0^a$$

式中　u'——锚杆外端位移；

u''——锚杆内端位移；

u_0^a——锚固前洞壁位移值；

E_a、A_s——锚杆弹模与一根锚杆的横截面积。

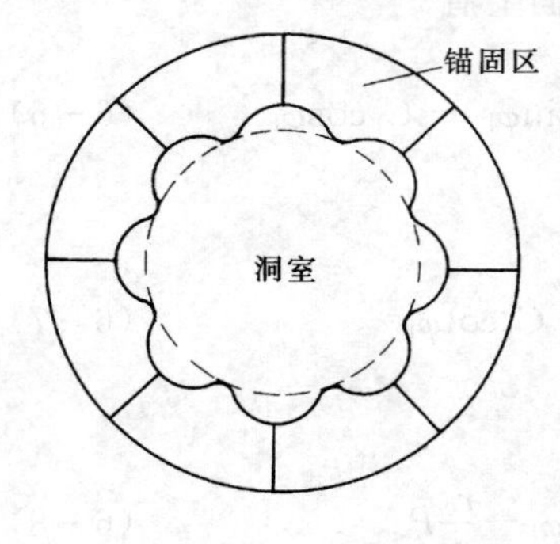

图 6-2　加锚区与非加锚区洞壁位移比较

因为锚杆是集中加载，其围岩变位实际上是不均匀的，如图 6-2 所示。在加锚处的洞壁位移量最小，如锚杆设有托板，则锚端还会有局部承压变形，因此在计算锚杆拉力时应乘以一个小于 1 的系数，即

$$Q=k\frac{u'-u''}{r_c-r_0}E_aA_s \tag{6-14}$$

式中　k 与岩质和锚杆间距有关，岩石好时可取 1，岩质差时取$\frac{4}{5}\sim\frac{1}{2}$。

由 Q 即能算出 P_a，即

$$P_a=\frac{Q}{ei} \tag{6-15}$$

式中　e、i——锚杆的横向和纵向间距。

当锚杆有预拉力 Q_1 作用时，则

$$P_a=\frac{Q+Q_1}{ei} \tag{6-16}$$

显然，上述式子要求锚杆拉力小于锚杆锚固力。

计算时，需要通过试算求出 P_a、P_i 及 R_0^a，并按下式求出洞壁位移

$$u_{r_0}^a=\frac{M(R_0^a)^2}{4Gr_0}=u'+u_0^a \tag{6-17}$$

及锚杆拉力

$$Q+Q_1=k\frac{u'-u''}{r_c-r_0}E_aA_s+Q_1 \tag{6-18}$$

2. 全长黏结式锚杆

如图 6-3 所示，全长黏结式锚杆通过砂浆对锚杆的剪力传递而使锚杆处于受拉状态。对一般软岩，可认为锚杆与围岩具有共同位移，而略去围岩与锚杆间相对变形。显然，锚杆轴力沿全长不是均布的。由图可见，锚杆中存在一中性点，该点剪应力为零，两端锚杆受有不同方向的剪力。中性点上锚杆拉应力（轴

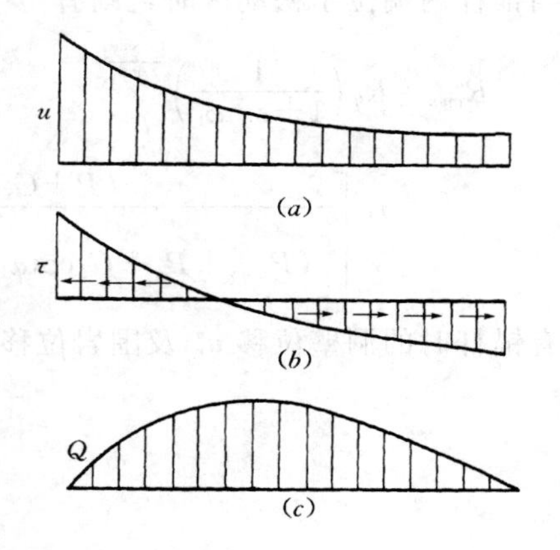

图 6-3　黏结式锚杆内力及位移分布

力）最大，在锚杆两端点为零。可见全长黏结式锚杆的受力状况不同于点锚式锚杆。

考虑锚杆上任意点的位移为

$$u_r^a=\left[\frac{M(R_0^a)^2}{4G}-r_0u_0^a\right]\frac{1}{r} \tag{6-19}$$

当 $r_0\leqslant r\leqslant\rho$（中性点半径）时，锚杆轴力 Q_1 为

$$\begin{aligned}Q_1&=-\int\left[\frac{M(R_0^a)^2}{4G}-r_0u_0^a\right]E_aA_s\left(\frac{\mathrm{d}^2\frac{1}{r}}{\mathrm{d}r^2}\right)\mathrm{d}r+C'\\&=-\left[\frac{M(R_0^a)^2}{4G}-r_0u_0^a\right]E_aA_s\left(\frac{1}{r^2}\right)+C'\end{aligned}$$

当 $r=r_0$ 时，$Q=0$，故

$$C'=\left[\frac{M(R_0^a)^2}{4G}-r_0u_0^a\right]E_aA_s\frac{1}{r_0^2}$$

$$Q_1=\left[\frac{M(R_0^a)^2}{4G}-r_0u_0^a\right]E_aA_s\left(\frac{1}{r_0^2}-\frac{1}{r^2}\right) \tag{6-20}$$

当 $\rho<r<r_0$ 时，其轴力 Q_2 为

$$Q_2=\left[\frac{M(R_0^a)^2}{4G}-r_0u_0^a\right]E_aA_s\left(\frac{1}{r^2}-\frac{1}{r_c^2}\right) \tag{6-21}$$

当 $r=\rho$ 时，$Q_1=Q_2$，则有

$$\frac{1}{r_0^2}-\frac{1}{\rho^2}=\frac{1}{\rho^2}-\frac{1}{r_c^2},\quad \rho=\sqrt{\frac{2r_c^2r_0^2}{r_0^2+r_c^2}} \tag{6-22}$$

式中　ρ——锚杆最大轴力处的半径，此处剪力为零。

由此算得锚杆最大轴力为

$$\begin{aligned}Q_{\max}&=k\left[\frac{M(R_0^a)^2}{4G}-r_0u_0^a\right]E_aA_s\left(\frac{1}{r_0^2}-\frac{1}{\rho^2}\right)\\&=k\left[\frac{M(R_0^a)^2}{4G}-r_0u_0^a\right]E_aA_s\left(\frac{1}{\rho^2}-\frac{1}{r_c^2}\right)\\&=\frac{k}{2}\left[\frac{M(R_0^a)^2}{4G}-r_0u_0^a\right]E_aA_s\left(\frac{1}{r_0^2}-\frac{1}{r_c^2}\right)\end{aligned} \tag{6-23}$$

点锚式锚杆中，式（6－13）还可写成（$r_0\neq r_c$ 时）

$$Q=k\left[\frac{M(R_0^a)^2}{4G}-r_0u_0^a\right]E_aA_s\left(\frac{1}{r_0r_c}\right) \tag{6-24}$$

为使计算简化，可用 $Q_{\max}$ 或与点锚式锚杆等效的轴力 Q' 来代替 Q，由此可将黏结式锚杆按点锚式锚杆进行计算。Q' 按上述两种锚杆轴力图的面积等效求得，即

$$Q'(r_c-r_0)=\int_{r_0}^{\rho}Q_1\mathrm{d}r+\int_{\rho}^{r_c}Q_2\mathrm{d}r$$

由此得

$$Q'=k\left[\frac{M(R_0^a)^2}{4G}-r_0u_0^a\right]\frac{E_aA_s}{r_c-r_0}\left(\frac{\rho-r_0}{r_0^2}+\frac{\rho-r_c}{r_c^2}+\frac{2}{\rho}-\frac{1}{r_0}-\frac{1}{r_c}\right) \tag{6-25}$$

二、锚杆支护的计算与设计

1. 锚杆的计算与设计

为让锚杆充分发挥作用，应使锚杆应力 σ 尽量接近钢材设计抗拉强度 f_y，并有一定安全度，即

$$K_1\sigma=\frac{K_1Q}{A_s}=f_y \tag{6-26}$$

锚杆抗拉安全系数 K_1 应在 1～1.5 之间。

按本法计算，锚杆有一最佳长度，在这一长度时将使喷层受力最小。为防止锚杆和围岩一起塌落，锚杆长度必须大于松动区厚度，而且有一定安全度，即要求

$$r_c>R^a$$

$$R^a=r_c\left[\left(\frac{P+C_1\cot\varphi_1}{P_i+P_a+C_1\cot\varphi_1}\right)\left(\frac{1-\sin\varphi_1}{1+\sin\varphi_1}\right)\right]^{\frac{1-\sin\varphi_1}{2\sin\varphi_1}} \tag{6-27}$$

锚杆间距 e、i 应满足下列要求

$$\frac{e}{r_c-r_0}\leqslant\frac{1}{2},\quad \frac{i}{r_c-r_0}\leqslant\frac{1}{2}$$

此条件能保持锚杆有一定实际的加固区厚度，并防止锚杆间的围岩发生塌落（图 6-4）。此外，e，i 的合理选择还应使喷层具有适当的厚度，这样才能充分发挥喷层的作用。

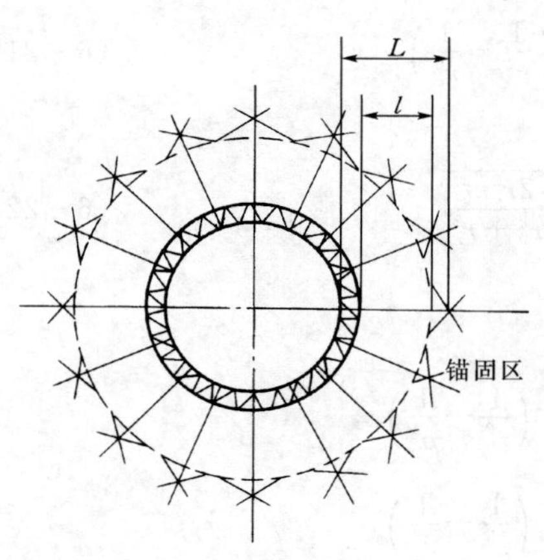

图 6-4　锚杆加固区与锚杆有效长度关系

2. 喷层的计算与设计

喷层除作为结构要起到承载作用外，还要求向围岩提供足够的反力，以维持围岩的稳定。为了验证围岩稳定，需要计算最小抗力 $P_{i\min}$ 以及围岩稳定安全系数 K_2。松动区内滑移体的重力 G 为［由式（3-105）及式（3-106）］

$$2G=\gamma b(R^a_{\max}-r_0)=P_{i\min}b \tag{6-28}$$

以及由式（6-10）即能求出 $P_{i\min}$，由此得

$$K_2=\frac{P_i}{P_{i\min}}$$

要求 K_2 值应在 2～4.5 之间。

作为喷层强度校核，要求喷层内壁切向应力小于喷混凝土抗压强度。按厚壁筒理论有

$$\sigma_\theta=P_i\frac{2a^2}{a^2-1}\leqslant f_c \tag{6-29}$$

式中　$a=\frac{r_0}{r_1}$；

f_c——喷混凝土轴心抗压强度；

r_1——喷混凝土内壁半径。

由此可算喷层厚度 t

$$t=K_3 r_1\left[\frac{1}{\sqrt{1-\frac{2P_i}{f_c}}}-1\right] \tag{6-30}$$

式中　K_3——喷层的安全系数。

三、一些计算参数的确定

1. 岩性参数的确定

鉴于塑性区中C、φ、E等值都是沿围岩的深度变化的，因而计算时应采用C、φ、E的平均值，即计算中用的C、φ、E值应低于实测值。目前这方面的研究还不多。按经验，计算用的E值可为实测值的（0.5～0.7）倍；C值为实测值的（0.3～0.7）倍；φ值可与实测值相近。计算用的C、φ值亦可参照有关锚喷支护规定中提供的数值确定。表6-1中列出了国家标准GB 50086—2001中建议的岩体物理力学参数值。

表6-1　岩体物理力学参数

围岩级别	重力密度γ（kN/m³）	抗剪断峰值强度		变形模量E（GPa）	泊松比ν
		内摩擦角φ（°）	黏聚力C（MPa）		
Ⅰ	26.50	＞60	＞2.1	＞33.0	＞0.20
Ⅱ		60～50	2.1～1.5	33.0～20.0	0.20～0.25
Ⅲ	26.54～24.50	50～39	1.5～0.7	20.0～6.0	0.25～0.30
Ⅳ	24.50～22.50	39～27	0.7～0.2	6.0～1.3	0.30～0.35
Ⅴ	＜22.50	＜27	＜0.2	＜1.3	＜0.35

锚固区的C、φ值可取$\varphi_1=\varphi$，C_1值为

$$C_1=C+\frac{\tau_a A_s}{ei} \tag{6-31}$$

式中　τ_a——锚杆抗剪强度。

2. 围岩初始位移u_0的确定

围岩的初始位移u_0是喷层支护前围岩已释放的位移值，按理说，该值是指施作喷混凝土时围岩的位移值，但由于计算中喷层是按封闭圆环计算的，因而应取封底时围岩位移值u'_0作为u_0值，如图6-5所示，u'_0与u_0相差不大。u_0值原则上应按实测值确定，亦可按经验确定，相应于某一种施工方法有一个大致的u_0值。

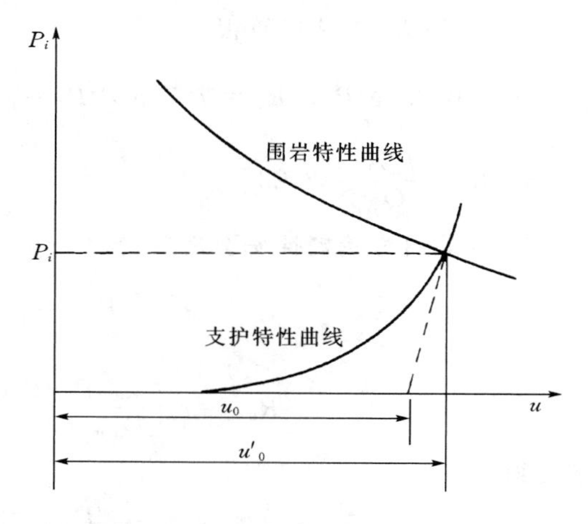

图6-5　围岩初始位移u_0的确定

锚固前洞壁位移u_0^a原则上亦应按实测确定，取某断面锚固施作即将完成时的位移作为u_0^a值，一般可取$u_0^a=(0.5～0.8)u_0$。

四、算例

均质围岩中圆形洞室的锚喷支护计算，其有关计算参数如下：$P=15\text{MPa}$，$C=0.2\text{MPa}$，$\varphi=30°$，$E=2\times10^3\text{MPa}$，$u_0=0.1\text{m}$，$u_0^a=0.08\text{m}$，$r_0=3.5\text{m}$，$r_1=3.35\text{m}$，$r_c=5.5\text{m}$，$e=0.5\text{m}$，$i=1\text{m}$，$A_s=3.14\text{cm}^2$，$k=2/3$，$E_a=2.1\times10^5\text{MPa}$，$\tau_a=312\text{MPa}$，$E_c=2.1\times10^4\text{MPa}$，$\mu_c=0.167$，$f_c=11\text{MPa}$。

1. 确定围岩塑性区加锚后的 C_1、φ_1 值

$$\varphi_1=\varphi=30°$$

$$C_1=C+\frac{\tau_a A_s}{ei}=0.2+\frac{312\times3.14}{50\times100}=0.40\text{MPa}$$

2. 计算 P_i、P_a、R_0^a、Q' 及 $u_{r_0}^a$

$$\frac{M}{4G}=\frac{3}{2E}(P\sin\varphi_1+C_1\cos\varphi_1)=5.88\times10^{-3}$$

$$R_0^a=r_0\frac{(P+C_1\cot\varphi_1)(1-\sin\varphi_1)}{P_i+P_a+C_1\cot\varphi_1}$$

$$P_i=K_c u_{r_0}^a=K_c(u_{r_0}^a-u_0)$$

$$=K_c\left[\frac{M(R_0^a)^2}{4Gr_0}-u_0\right]$$

$$P_a=\frac{Q'}{ei}$$

$$\rho=\sqrt{\frac{2r_0^2r_c^2}{r_0^2+r_c^2}}=4.176\text{m}$$

$$Q'=k\left[\frac{M(R_0^a)^2}{4G}-r_0u_0^a\right]\frac{E_aA_s}{r_c-r_0}\left(\frac{\rho-r_0}{r_0^2}+\frac{\rho-r_c}{r_c^2}+\frac{2}{\rho}-\frac{1}{r_0}-\frac{1}{r_c}\right)$$

$$K_c=\frac{2G_c(r_0^2-r_1^2)}{r_0(1-2\mu_c)r_0^2+r_1^2}=270(\text{MPa/m})$$

将 P_i、P_a 及 R_0^a 三式试算得

$P_i=0.338\text{MPa}$，$R_0^a=7.72\text{m}$，$P_a=0.067\text{MPa}$，$Q'=33.81\text{MN}$，$u_{r_0}^a=\dfrac{M(R_0^a)^2}{4Gr_0}=0.1\text{m}$，$K_1=\dfrac{f_{st}A_s}{Q'}=2.23$

3. 计算围岩稳定性安全度

$$P_{i\min}=\gamma r_0\left(\frac{R_{\max}^a}{r_0}-1\right)$$

$$R_{\max}^a=r_0\left[\frac{P+C_1\cot\varphi_1}{P_{i\min}+P_a+C_1\cot\varphi_1}\frac{1-\sin\varphi_1}{1+\sin\varphi_1}\right]^{\frac{1-\sin\varphi_1}{2\sin\varphi_1}}$$

解之得

$$P_{i\min}=0.044\text{MPa}$$

$$R_{\max}^a=5.33\text{m}$$

$$K_2=\frac{P_i}{P_{i\min}}=7.68$$

4. 验算喷层厚度 t

$$t=\left(\frac{1}{\sqrt{1-\frac{2P_i}{f_c}}}-1\right)r_1=10.8\text{cm}<15\text{cm}$$

第二节　轴对称条件下锚喷支护计算的图解方法

收敛—约束法或称特征曲线法，一般都采用图解的方法。实际上，这种方法是绘制岩体变形特征曲线和支护变形特征曲线，而两条曲线的交点就是问题的解。这两条曲线的图形都是按解析计算公式给出的，因而它与解析计算法并无实质上的不同。

一、围岩收敛曲线的几种形式

通常，我们把围岩变形特征曲线称为围岩收敛曲线。下面我们列出几种不同状况下的收敛曲线方程，这些方程有的在前面章节中导出过，有的未曾导出，但这里不作详细推导。

1. 弹性收敛方程

洞壁位移

$$u_{r_0}=\frac{1}{2G}(P-P_i)r_0 \qquad (6-32)$$

其收敛曲线如图 6-6 所示，它只适用于围岩处于弹性状态。

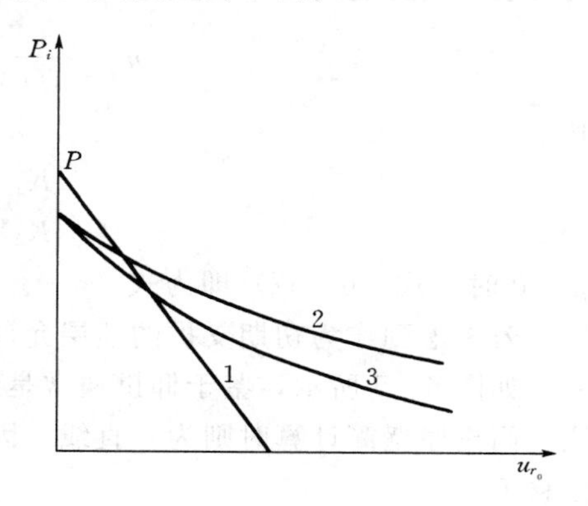

图 6-6　围岩弹塑性收敛曲线

1—弹性线；2—修正芬纳线；3—考虑扩容的弹塑性线

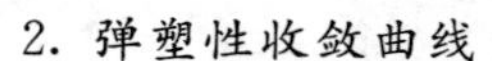

2. 弹塑性收敛曲线

(1) 不考虑塑性区体积扩容的方程。

一般都采用修正的芬纳公式，并写成如下形式

$$u_{r_0}=\frac{Mr_0}{4G}\left[\frac{(1-\sin\varphi)(P+C\cot\varphi)}{P_i+C\cot\varphi}\right]^{\frac{1-\sin\varphi}{2\sin\varphi}} \qquad (6-33)$$

由于塑性区 C、φ 值是变化的，代以不同的 C、φ 值就可得到不同的收敛线。通常采用平均的 C、φ 值来确定收敛线（图 6-6）。

(2) 考虑体积扩容的收敛曲线方程。

$$u_{r_0}=\frac{M(1-\mu)r_0}{2G}\left[\frac{(P+C\cot\varphi)(1-\sin\varphi)}{P_i+C\cot\varphi}\right]^{\frac{1-\sin\varphi}{2\sin\varphi}}+\frac{r_0}{2G}(1-2\mu)(P_i-P) \qquad (6-34)$$

当 $\mu=0.5$ 时，则上式成为式 (6-33)。

也可采用引入一个塑性区体积扩容系数 n 来求解洞壁位移（n 表示塑性区体积变化的百分率）。按 n 的定义，可导出下式

$$u_{r_0}=\frac{Mr_0}{4G}\left[\frac{(P+C\cot\varphi)(1-\sin\varphi)}{P_i+C\cot\varphi}\right]^{\frac{1-\sin\varphi}{2\sin\varphi}}$$

$$+\frac{nr_0}{2}\left\{\left[\frac{(P+C\cot\varphi)(1-\sin\varphi)}{P_i+C\cot\varphi}\right]^{\frac{1-\sin\varphi}{2\sin\varphi}}-1\right\} \tag{6-35}$$

n 一般可取 0.5%～1%，当 $n=0$ 时，上式变成式（6-33）。

二、支护约束曲线的几种形式

支护变形特征曲线通常称支护约束线或支护限制线。下面分别论述喷层、锚杆与锚喷支护的约束线。

1. 喷混凝土约束线方程

一般采用厚壁筒理论

$$u_{r_0}=\frac{r_0[r_1^2+(1-2\mu_c)r_0^2]}{2G_c(r_0^2-r_1^2)}P_i=\frac{P_i}{K_c} \tag{6-36}$$

当喷层内同时受内压 q_0 时，则有

$$u_{r_0}=\frac{r_0}{2G_c(r_0^2-r_1^2)}(K_1P_i-K_2q_0) \tag{6-37}$$

其中

$$K_1=r_1^2+(1-2\mu_c)r_0^2$$
$$K_2=2r_1^2(1-\mu_c)$$

$q_0=0$ 时，式（6-37）即为式（6-36）。

若考虑到作为初期支护的喷层允许进入到塑性阶段，则宜改用弹塑性约束线方程。

如图 6-5 所示，鉴于仰拱通常是最后才施作，所以封底前喷层的实际约束线为一曲线，而按厚壁筒计算时则为一直线。因此支护前洞壁的初始位移值 u_0 应取仰拱封底时的位移值。

2. 锚杆约束线方程

目前常用的锚杆约束线是建立在锚杆与围岩共同变形基础上的，认为锚杆特征线与喷层相似，其斜率反映刚度。按上节所述可导得锚杆的刚度 K_a 为

$$\frac{1}{K_a}=\frac{E_aA_s}{kr_cei} \tag{6-38}$$

$$u_{r_0}^a=K_aP_a=\frac{kr_cei}{A_sE_a}P_a \tag{6-39}$$

上式适用于点锚式锚杆，对全长黏结式锚杆采用式（6-40）

$$u_{r_0}=\left[\frac{k(\rho-r_0)ei}{E_aA_sr_0}\frac{1}{\frac{\rho-r_0}{r_0^2}-\frac{r_0-\rho}{r_c^2}+\frac{2}{\rho}-\frac{1}{r_0}-\frac{1}{r_c}}\right]P_a \tag{6-40}$$

式中　P_a——锚杆的附加支护抗力。

3. 锚喷联合支护约束线方程

对于锚喷联合支护，有人采用两种支护刚度叠加得到下式

$$\frac{1}{K}=\frac{1}{K_c}+\frac{1}{K_a} \tag{6-41}$$

式中　K_c——喷层刚度；

　　K_a——锚杆刚度。

不过，锚喷施作有先后，尤其是仰拱封底总是锚杆施作完成后再进行，因而联合支护的约束线如图 6-7 所示。只要仰拱封底在最后进行，无论是先喷后锚还是先锚后喷的施工方式，图 6-7 中 u_{01}^{a} 都要小于 u_{02}。

$$u_{r01}=\frac{1}{K_a}P_i+u_{01}^{a}=u_{02} \tag{6-42}$$

$$u_{r02}=\left(\frac{1}{K_a}+\frac{1}{K_c}\right)P_i+u_{02} \tag{6-43}$$

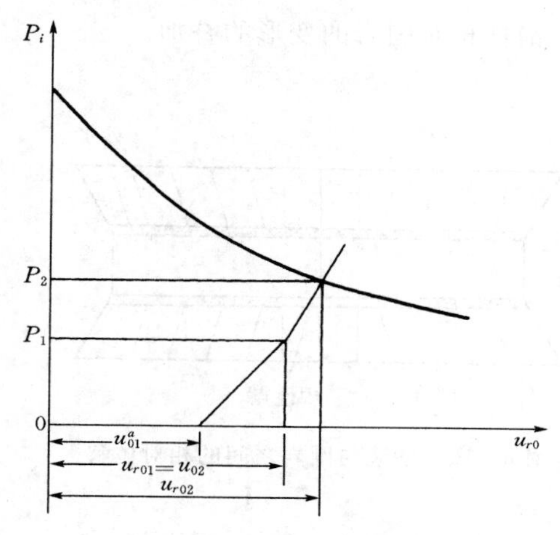

图 6-7　锚喷联合支护的约束线

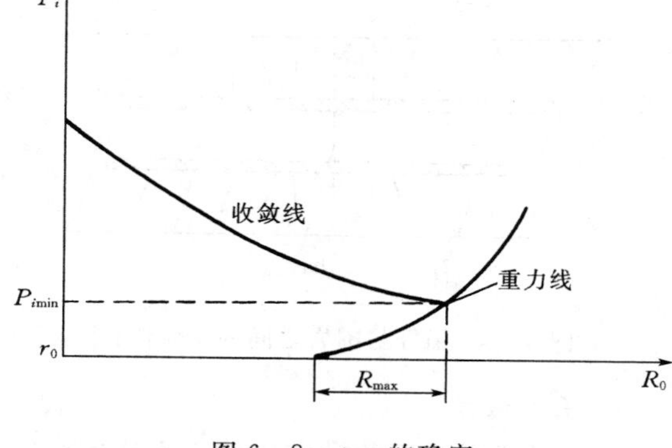

图 6-8　p_{imin}的确定

三、围岩最小压力 P_{imin} 的确定

最小围岩压力由围岩收敛线与围岩重力线相交确定（图 6-8）。如前所述，重力线方程为

$$P_{imin}=\gamma r_0\left(\frac{R_{max}^{a}}{r_0}-1\right) \tag{6-44}$$

第三节　特软地层中锚喷支护的解析计算

实践证明，特软地层中采用点锚式锚杆很难见效，因而一般都采用砂浆锚杆。在一般软弱地层中，锚杆与围岩之间的相对滑移是不大的，可以略去。但在特软围岩中，锚杆与围岩之间的相对滑移通常不能略去，因而锚杆的力学模式及锚喷支护计算方法也与上述不同。

一、特软地层中砂浆锚杆的力学分析

当锚杆与围岩共同变形时，由前述不难得到锚杆各点相对于中性点的位移为

$$\left.\begin{aligned}u&=\frac{A}{\rho}-\frac{A}{r}\quad(\rho\leqslant r\leqslant r_c)\\u&=\frac{A}{r}-\frac{A}{\rho}\quad(r_0\leqslant r\leqslant\rho)\end{aligned}\right\} \tag{6-45}$$

其中
$$A=\frac{(P\sin\varphi_1+C_1\cos\varphi_1)(R_0^a)^2}{2G}-r_0u_0^a$$

此外，在特软围岩中还存在不能忽略的锚杆与围岩之间的相对位移，如图 6－9 所示。因此使得锚杆各点的绝对位移小于同点围岩的绝对位移，其值为

$$u=\frac{A}{r}-\Delta u \tag{6-46}$$

式中　Δu——锚杆和围岩之间的相对位移。

锚杆的变形可认为是锚杆随围岩的共同变形与锚杆相对围岩的变形的叠加。

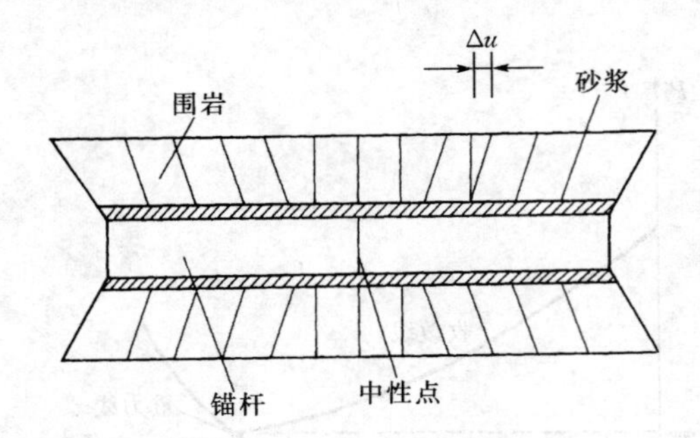

图 6－9　锚杆与围岩之间的相对位移

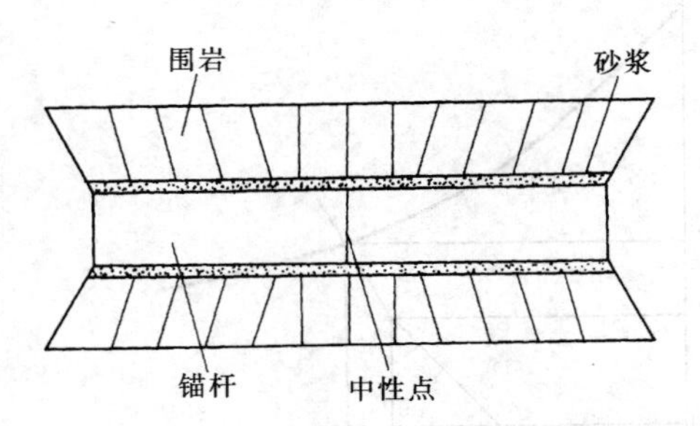

图 6－10　砂浆与围岩之间的相对位移

1. 基本假设

(1) 只考虑锚杆的轴向拉伸，不考虑横向变形。

(2) 认为锚杆和砂浆之间不产生相对滑移，相对位移只发生在砂浆与围岩之间(图6－10)。

(3) 锚杆周边剪力与锚杆对围岩的相对位移成正比。

(4) 锚杆均匀分布在洞室横断面上，锚杆处于弹性工作状态。

2. 受力分析

取锚杆上某一微段进行分析（图 6－11)，按假设 (3) 有下式

$$\tau=K\Delta u \tag{6-47}$$

式中　K——锚杆与围岩之间的抗剪刚度。

根据该微段的平衡条件有

$$A_s\sigma+\tau f\mathrm{d}r-(\sigma+\mathrm{d}\sigma)A_s=0$$

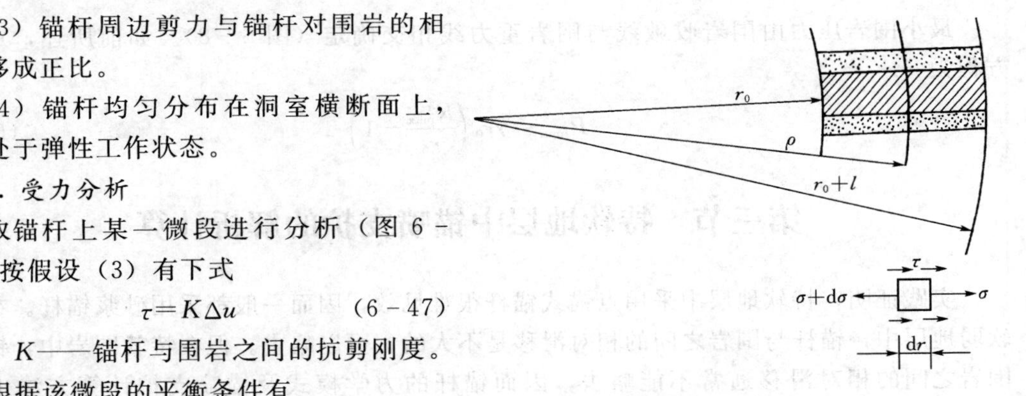

图 6－11　锚杆微段受力分析

$$\tau=\frac{A_s}{f}\frac{\mathrm{d}\sigma}{\mathrm{d}r} \tag{6-48}$$

式中　A_s、f——锚杆的横截面积和周长。

锚杆的拉伸位移为

$$u=\frac{A}{\rho}-\left(\frac{A}{r}-\Delta u\right) \tag{6-49}$$

由于
$$\sigma=E_a\varepsilon_a=E_a\frac{\mathrm{d}u}{\mathrm{d}r}$$
将式（6-49）代入有
$$\sigma=E_a\left(\frac{A}{r^2}+\frac{A_s}{Kf}\frac{\mathrm{d}^2\sigma}{\mathrm{d}r^2}\right)$$
令
$$N^2=\frac{Kf}{A_sE_a},\quad M=-\frac{AKf}{A_s}$$
则有
$$\frac{\mathrm{d}^2\sigma}{\mathrm{d}r^2}-N^2\sigma=\frac{M}{r^2}\tag{6-50}$$
式（6-50）的通解为
$$\sigma=C_1\mathrm{e}^{Nr}+C_2\mathrm{e}^{-Nr}+C_1(r)\mathrm{e}^{Nr}+C_2(r)\mathrm{e}^{-Nr}\tag{6-51}$$
其中
$$\left.\begin{aligned}C_1(r)&=-\frac{M}{2N}\frac{1}{r}-\frac{M}{2}\ln r-\frac{M}{2}\sum_{n=1}^{\infty}\frac{(-Nr)^n}{n!n(n+1)}\\C_2(r)&=\frac{M}{2N}\frac{1}{r}-\frac{M}{2}\ln r-\frac{M}{2}\sum_{n=1}^{\infty}\frac{(Nr)^n}{n!n(n+1)}\end{aligned}\right\}\tag{6-52}$$
由 $\sigma|_{r=r_0}=0$ 及 $\sigma|_{r=r_c}=0$ 可确定 C_1、C_2 为
$$C_1=\frac{C_2(r_0)-C_2(r_c)+C_1(r_c)\mathrm{e}^{2Nr_c}-C_1(r_0)\mathrm{e}^{2Nr_0}}{\mathrm{e}^{2Nr_c}-\mathrm{e}^{2Nr_0}}$$
$$C_2=\frac{C_1(r_0)-C_1(r_c)+C_2(r_0)\mathrm{e}^{-2Nr_0}-C_2(r_c)\mathrm{e}^{-2Nr_c}}{\mathrm{e}^{-2Nr_c}-\mathrm{e}^{-2Nr_0}}$$
将式（6-51）代入式（6-48）有
$$\tau=\frac{A_sN}{f}\{[C_1+C_1(r)]\mathrm{e}^{Nr}-[C_2+C_2(r)]\mathrm{e}^{-Nr}\}$$

3. 中性点半径求解

由锚杆中性点处应力最大条件$\frac{\mathrm{d}\sigma}{\mathrm{d}r}=0$ 得
$$[C_1+C_1(r)]\mathrm{e}^{2Nr}-[C_2+C_2(r)]=0$$
设
$$f(r)=[C_1+C_1(r)]\mathrm{e}^{2Nr}-[C_2+C_2(r)]$$
$$f'(r)=2N^2\mathrm{e}^{2Nr}[C_1+C_1(r)]+M\frac{1}{r^2}\mathrm{e}^{Nr}$$

则牛顿迭代格式为
$$R_{i+1}=R_i-\frac{f(r)}{f'(r)}\tag{6-53}$$
在计算中取 R_i 的初值为 $r_0+\frac{r_c-r_0}{2}$，则由式（6-53）很快得到中性点半径 ρ。

二、锚杆支护的计算

锚杆支护的计算与第一节完全类似，将砂浆锚杆按点锚式锚杆计算，只是以中性点轴力 $Q_{\max}$ 代替 Q，而不是以等效轴力 Q' 代替 Q。$Q_{\max}$ 按式（6-51）求得 $\sigma_{\max}$ 后得到下式

$$Q_{\max}=\sigma_{\max}A_s$$
$$=\{[C_1+C_1(\rho)]e^{Nr}+[C_2+C_2(\rho)]e^{-Nr}\}A_s \tag{6-54}$$

式中　$C_1(\rho)$、$C_2(\rho)$——令式（6-52）中 $r=\rho$ 求得。

由此得

$$P_a=\frac{Q_{\max}}{ei} \tag{6-55}$$

第四节　非轴对称情况下锚喷支护的解析计算与设计

在非轴对称情况下，如 $\lambda<0.8$ 时，围岩的塑性区位于洞室两侧。Robcewicz 又通过实地调查，认为在喷层两侧出现剪切破坏，而且剪切破坏是沿着围岩两侧破裂楔体的滑移线方向发展的，如图 6-12（a）所示。这一破坏形态后来又被大量砂箱模型试验所证实，这就是喷层剪切破坏理论。不过，也有人认为，即使在这种情况下喷层仍然是由于四周受压而引起剪切破坏，而与破裂楔体的滑移线方向无关。其原因是柔性大，容易调整压力，使四周压力比较均匀，故应采用压剪破坏原理［图 6-12（b）］。

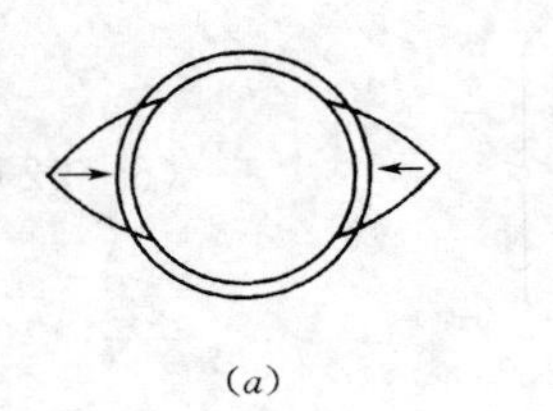

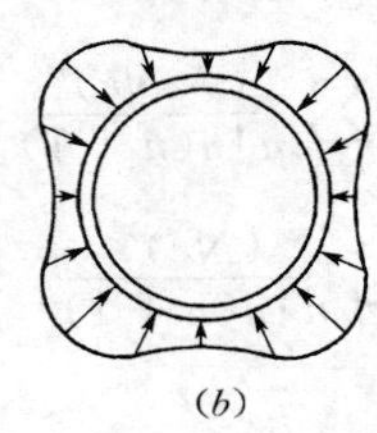

(a)　　(b)

图 6-12　喷层破坏形态

（a）喷层剪切破坏；（b）喷层压剪破坏

Robcewicz 提出的破坏剪切理论，未给出最小围岩压力 $P_{i\min}$，下面对 Robcewicz 提出的计算方法作了修正，并根据模型材料的破坏试验数据，给出围岩进入松动破坏和确定最小围岩压力 $P_{i\min}$ 的判据。

一、围岩的塑性滑移线方程

根据莫尔圆理论，塑性区中出现的塑性滑移线与最小主应力迹线成 $45°+\frac{\varphi}{2}$角，亦即与坐标轴成 α 夹角，当轴对称情况时（图 6-13）

$$\alpha=45°+\frac{\varphi}{2} \tag{6-56}$$

如图 6-13，当坐标有一个 $d\theta$ 的变化，径向也有 dr 的变化，θ 由 $\rho\to\theta$，r 由 $r_0\to r$，故有

$$dr=rd\theta\cot(45°+\frac{\varphi}{2})$$

$$\int_{r_0}^{r}\frac{dr}{r}=\cot\alpha\int_{\rho}^{\theta}d\theta$$

$$\ln r-\ln r_0=(\theta-\rho)\cot\alpha$$

$$r=r_0e^{(\theta-\rho)\cot\alpha} \tag{6-57}$$

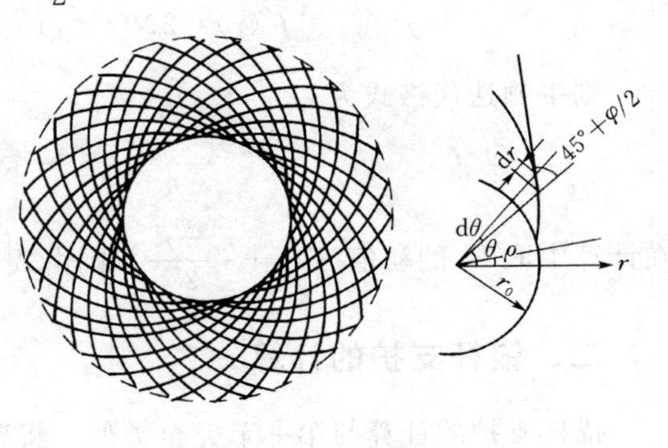

图 6-13　围岩塑性滑移线

同理得另一组滑移线

$$r=r_0 e^{-(\theta-\rho)\cot\alpha} \tag{6-58}$$

塑性区内的塑性滑移线是一组成对交错出现的螺旋线。

二、$\lambda<0.8$ 时圆形洞室围岩破坏分析

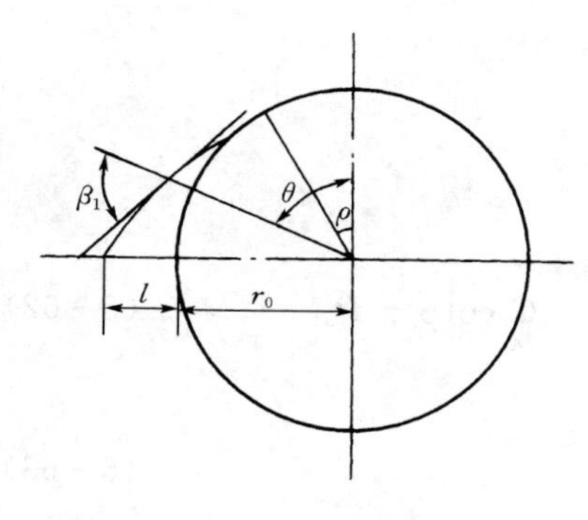

图 6－14　破裂楔体滑移线

试验表明，圆形洞室的围岩破坏具有如下特性。

（1）$\lambda=1$ 时，洞周出现环向破坏，而 $\lambda<1$ 时，则在围岩两侧中间部位出现“破裂楔体”。同时表明，破裂楔体位于围岩塑性区中应力集中系数最高处，亦即位于应力降低和强度丧失最严重的地方。

（2）圆形洞室围岩破裂区随着加荷过程逐渐发展，因此破裂起始角 ρ 随着加荷增大逐渐减小，直至达到最终起始角为止。对 $\varphi=33°$ 的模型材料，在 $\lambda=0.25$ 情况下进行试验，获得最终起始角 $\rho=40°\sim43.5°$，此时继续加载，ρ 值不变（图 6－14）。

（3）模型试验还表明，对 $\lambda\neq1$ 的情况也可采用 $\lambda=1$ 的滑移线方程来计算“破裂楔体”长度 l。当 $\lambda=0.25$ 时，实测 $l=2.7$cm，按 $\lambda=1$ 滑移线方程计算 $l=2.9$cm。因而可采用如下方程计算 l

$$l=r_0\left[e^{(\theta-\rho)\cot\beta_1}-1\right] \tag{6-59}$$

式中　β_1——滑移线切线与所给坐标轴方向的夹角。

三、喷混凝土支护的计算

保证喷层不出现剪切破坏时所需的支护抗力 P_i 为

$$P_i=(P+C\cot\varphi)(1-\sin\varphi)\left(\frac{r_0}{R}\right)^{\frac{2\sin\varphi}{1-\sin\varphi}}-C\cot\varphi \tag{6-60}$$

按照 Robcewicz 提出的剪切破坏理论中有关概念，这里的 P_i 值就相当于保持围岩稳定的最小支护抗力 $P_{i\min}$。

应当指出，式（6－60）中 P_i 要求沿洞周均布，但由于存在被动抗力，这一条件通常能近似满足。

设喷层厚度为 t，喷层沿“破裂楔体”滑移线方向的剪切面积为 $t/\sin\left(45°-\frac{\varphi}{2}\right)$，按外荷与剪切面上剪切强度相等得

$$K_4 P_i \frac{b}{2}=\frac{t\tau_c}{\sin\left(45°-\frac{\varphi}{2}\right)}$$

$$t=\frac{K_4 P_i b\sin\left(45°-\frac{\varphi}{2}\right)}{2\tau_c} \tag{6-61}$$

$$b=2r_0\cos\rho$$

$$\tau_c=0.2f_c$$

式中　K_4——剪切破坏安全系数，$K_4=1.5\sim2.5$；

ρ——“破裂楔体”最终起始角；

τ_c、f_c——混凝土抗剪强度和轴心抗压强度。

除考虑上述剪切破坏形态外，还需验算在 P_i 作用下喷层是否出现压剪破坏，所以喷层厚度尚需满足式（6－30）。

四、锚喷支护的计算与设计

有锚杆作用时，需将式（6－60）改写为

$$P_i=(P+C_1\cot\varphi_1)(1-\sin\varphi_1)\left(\frac{r_0}{R}\right)^{\frac{2\sin\varphi_1}{1-\sin\varphi_1}}-C_1\cot\varphi_1-P_a \tag{6-62}$$

附加支护抗力 P_a 由下式确定

$$P_a=\frac{A_sf_y}{K_1ei} \tag{6-63}$$

此外，还应用锚杆锚固力 F 进行验算

$$P_a=\frac{F}{K_1ei} \tag{6-64}$$

P_a 取式（6－63）、式（6－64）中的较小值。

当喷混凝土中有钢筋网时，则式（6－62）为

$$P_i=(P+C_1\cot\varphi_1)(1-\sin\varphi_1)\left(\frac{r_0}{R}\right)^{\frac{2\sin\varphi_1}{1-\sin\varphi_1}}-C_1\cot\varphi_1-P_a-P_i^t \tag{6-65}$$

其中

$$P_i^t=\frac{A_s\tau_a}{s\dfrac{b}{2}\sin\left(45^\circ-\dfrac{\varphi_1}{2}\right)}$$

式中　τ_a——钢筋抗剪强度；

s——环向钢筋间距。

喷混凝土厚度仍可采用式（6－30）、式（6－61）。

合理的设计要求喷层具有合适厚度，以保证喷层柔性的特点和充分发挥围岩的自承作用。

锚杆配置原则上仍采用全断面配置，但围岩破裂区位于侧向，所以在侧向部位，尤其是侧向上方部位，锚杆应加长加密，而顶底部则可适当减短减稀，尤其是底部，如果没有地面隆起现象发生，也可不设锚杆。侧向锚杆的长度应大于破裂楔体长度 l。

五、算例

某圆形巷道半径为 2m，埋深 300m，$C=0.3\text{MPa}$，$\varphi=40^\circ$，$\lambda=0.5$，岩层平均容重 $\gamma=25\text{kN/m}^3$，喷混凝土设计抗压强度 $f_c=11\text{MPa}$。

不同 λ 值建议的 ρ 值为

$$\lambda=0.2\sim0.5，\rho=50^\circ\sim40^\circ$$
$$\lambda=0.5\sim0.8，\rho=40^\circ\sim35^\circ$$

由 $\lambda=0.5$，得 $\rho=40^\circ$

$$R = r_0 e^{(\theta-\rho)\cot\left(45°+\frac{\varphi}{2}\right)}$$

$$= 2e^{(90°-40°)\cot\left(45°+\frac{40°}{2}\right)} = 3\text{m}$$

$$\frac{b}{2} = r_0\cos 40° = 153\text{cm}$$

$$C\cot\varphi = 0.3\times 1.19 = 0.357\text{MPa}$$

$$\sin 40° = 0.642$$

$$P_i = (P + C\cot\varphi)(1-\sin\varphi)\left(\frac{r_0}{R}\right)^{\frac{2\sin\varphi}{1-\sin\varphi}} - C\cot\varphi$$

$$= (300\times 0.025 + 0.357)(1-0.642)\left(\frac{2}{3}\right)^{\frac{2\times 0.642}{1-0.642}} - 0.357$$

$$= 0.30\text{MPa}$$

K_3 取 1.2，$\tau_c = 0.2f_c$，则

$$t = \frac{K_4 P_i \sin\left(45° - \frac{\varphi}{2}\right)\frac{b}{2}}{\tau_c}$$

$$= \frac{1.5\times 0.30\times 0.423\times 153}{0.2\times 11} = 13.2\text{cm}$$

按式（6－30），并采用 1.2 的安全系数，则

$$t = K_3 r_0\left[\frac{1}{\sqrt{1-\frac{2P_i}{f_c}}} - 1\right]$$

$$= 1.2\times 200\left[\frac{1}{\sqrt{1-\frac{2\times 0.3}{11}}} - 1\right]$$

$$= 6.8\text{cm}$$

故采用 14cm 厚的喷混凝土层。

如采用锚杆支护，可采用 $l=1.5$m 锚杆，锚杆直径 $d=1.4$cm，锚杆间距 0.75m，锚杆采用 HRB335 钢筋，锚杆锚固力 60kN。

锚杆附加支护抗力 P_a（取 $K_1=1.2$）为

$$P_a = \frac{\frac{\pi d^2}{4}f_y}{K_1 ei} = \frac{0.000154\times 380}{1.2\times 0.75\times 0.75} = 0.085\text{MPa}$$

$$\frac{\pi d^2}{4}f_y = 58.52\text{kN} < 60\text{kN}$$

用锚杆锚固后围岩 C 值的提高值为

$$\tau_a = 0.6f_y = 0.6\times 380 = 228\text{MPa}$$

$$C_1 = C + \frac{\tau_a A_s}{ei} = 0.3 + \frac{228\times 1.54\times 10^{-4}}{0.75\times 0.75} = 0.3625\text{MPa}$$

支护抗力 P_i

$$C_1\cot\varphi_1 = 0.3625\times 1.19 = 0.433\text{MPa}$$

$$P_i = (300\times25000\times10^{-6}+0.433)(1-0.642)\left(\frac{2}{3}\right)^{\frac{2\times0.642}{1-0.642}}-0.433-0.085$$

$$=0.145\text{MPa}$$

喷层厚度

$$t=\frac{1.5\times0.145\times0.0423\times153}{0.2\times11}=6.4\text{cm}$$

故选用喷层厚度为 7cm。

如果在锚喷支护基础上再加钢筋网，钢筋网直径 $d=0.6$cm，环向间距 20cm，HRB335 钢筋。

$$P_i^t=\frac{A_s\tau_a}{s\times\dfrac{b}{2}\sin(45^\circ-\dfrac{\varphi_1}{2})}$$

$$=\frac{\dfrac{0.6^2}{4}\times3.14\times228}{20\times153\times0.423}$$

$$=0.0497\text{MPa}$$

$$P_i=0.145-0.05=0.095\text{MPa}$$

喷层厚度

$$t=\frac{1.5\times0.095\times0.423\times153}{0.2\times11}=4.2\text{cm}$$

故选用喷层厚度 5cm。

第七章 地下工程支护结构分析的数值方法

第一节 概 述

通常，地下工程支护结构计算需考虑地层和支护结构的共同作用，一般都是非线性的二维和三维问题，而且，计算还与开挖方法、支护过程等有关。对于这类复杂问题，只有在特殊情况下才可能得到解析解答。近40多年来，计算机技术的迅速发展和普遍使用使数值计算方法有了很大的发展，较好地解决了支护结构计算中数学和力学处理上的困难，其中有限单元法是一种发展最快的数值方法，已经成为分析地下工程围岩稳定和支护结构强度计算的有力工具。

一、地下工程锚喷支护计算中有限元法的特点

(1) 根据地下工程的支护结构与其周围岩体共同作用的特点，通常可把支护结构与岩体作为一个统一的组合体来考虑，将支护结构及其影响范围内的岩体一起进行离散化。

(2) 作用在岩体上的荷载是地应力，主要是重力地应力和构造地应力。在洞室深埋情况下，一般可把地应力简化为均布垂直地应力和水平地应力，加在岩体周边上。地应力的数值原则上应由实测来确定，但由于地应力测试工作费时费钱，工程中一般很少进行测试。对于深埋的洞室，通常的作法是把垂直地应力按重力计算，侧压系数则根据当地地质资料和设计人员经验估计确定。对于浅埋洞室，垂直应力和侧压系数均按重力地应力场计算确定。

(3) 通常可把支护结构材料视作线性的，而岩体及岩体中节理面的应力应变关系视作非线性，因而必须采用材料非线性的有限元法进行分析。

(4) 由于开挖及支护将会导致一定范围内围岩应力状态发生变化，形成新的平衡状态，因而分析围岩的稳定与支护受力状态都必须考虑开挖过程和支护时间早晚对围岩及支护受力的影响。因此计算分析中一般应考虑开挖与支护施工步骤的影响。

(5) 由于地下洞室工程一般轴线很长，因而通常可视作平面应变问题处理，从而使计算大大简化。本章也只限于介绍平面应变问题的计算。

二、单元类型选择和网格划分

单元类型的选择影响到计算的精度、储存量的多少及运算时间的长短，因而要求尽量选择合适的单元类型。

常应变单元是最简单的单元，公式简洁，程序简便，但精度较差，且储存量大，运算时间长。为改善精度，宜选用较高精度的单元，高精度单元采用了高次多项式的位移函数

（二次、三次以上），单元精度有显著提高。但是，高精度单元由于单元自由度和节点数增加，大大增加了总刚度矩阵半带宽，因而增加了储存量和运算时间。对于地下工程计算，宜采用线性应变和二次应变单元。通常认为，采用四节点或八节点的四边形等参元最为适宜，它能适应曲边形的外形，便于进行网格自动剖分，也具有较高的精度。

单元划分的大小、形状和疏密程度也会影响计算的精度，一般来说，网格愈细，精度愈高，但要求机器储存量大，算时长。通常在洞周附近区域，单元布置应当密些，其他区域可疏些，但不宜疏密相差过于悬殊。

单元划分应注意下述几点：

1）单元边界应当划分在材料的分界面上和开挖的分界线上。

2）一个单元内的边长不能相差过于悬殊。

3）单元节点需布置在荷载的突变点及锚杆的端点，便于锚杆和荷载布置。

4）单元划分应充分利用对称性，以减少计算量。

5）单元节点编号应注意到每个单元的编号序数尽量靠近，以减小带宽长度。

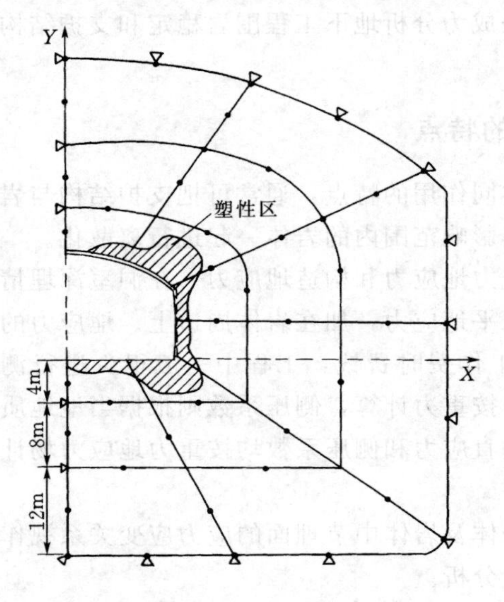

图 7-1　洞室计算范围及单元剖分

三、计算范围的选取

在岩体中开挖洞室，应力重分布的范围是有限的，因而计算的范围是有限的。实践和理论分析表明，对于地下洞室开挖后的应力应变，仅在洞室周围距洞室中心点 3～5 倍洞室开挖宽度（或高度）的范围内存在实际影响。在 3 倍宽度处的应力变化一般在 10%以下，在 5 倍宽度处一般在 3%以下。所以，计算边界可确定在 3～5 倍宽度。图 7-1 示出了洞室计算范围和单元剖分的实例。

当要求计算精度较高或遇到无限域或半无限域问题，可考虑采用有限元和无限元耦合算法。

四、边界条件和初始应力

由于地下洞室工程都是先加荷后开挖的，因而数值计算中一般需采用内部加荷方式计算，即由于开挖而在洞周形成释放荷载，其值就等于沿开挖边界上各点原先的应力（挖洞前的）并以与原来相反的方向作用于开挖边界上，如图 7-2 所示。采用内部加荷计算与外部加荷计算，两者算得的应力值是相同的，但算得的位移可以有较大差别。

所取岩体边界上的位移边界条件通常两侧边界取水平方向固定，铅直方向自由，下边界约束情况一般按铅直方向固定，水平方向自由，如图 7-3 所示。

无论采取何种边界条件（特别是约束边界），都可能同实际情况不完全一致，因而会产生一种误差。这种误差随计算区域的减小而增大，并且在靠近边界处比远离边界处的误差大。这一现象称为“边界效应”。为了减小边界效应对计算结果的影响，在实际问题的处理中，通常将计算区域的对称面取为边界。

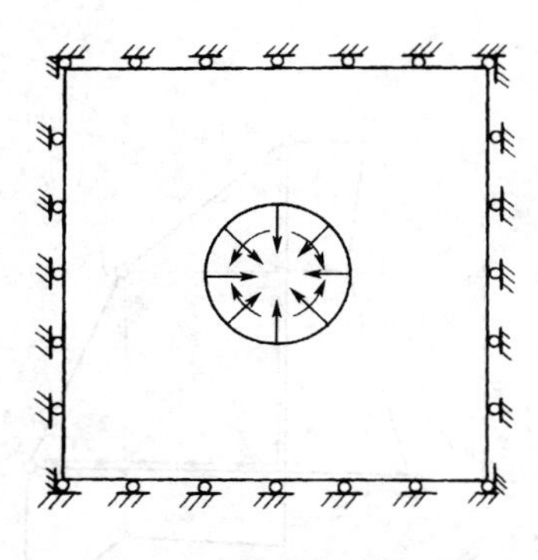

图 7-2　内部加载方式

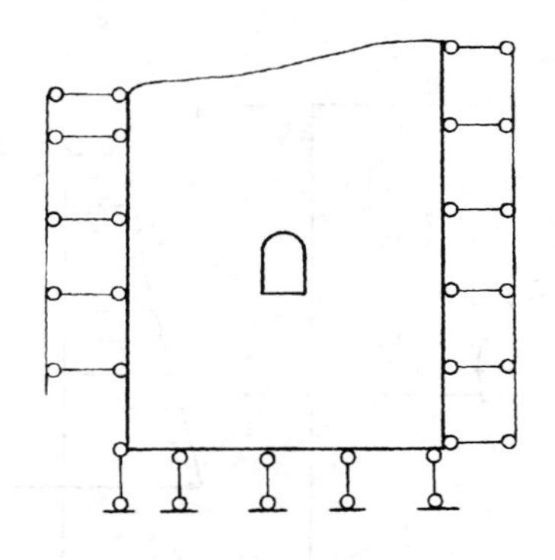

图 7-3　岩体位移边界条件

作用在边界上的初始地应力通常这样考虑：当上部覆盖层厚度不大时，上边界以地面线为自由边界，考虑重力作用，两侧施加三角形分布荷载，侧压系数采用 $\mu/(1-\mu)$（μ 为岩体泊松比）。当覆盖层很厚时，初始应力以均布表示，侧压系数以实测或经验确定。如图 7-4 所示。

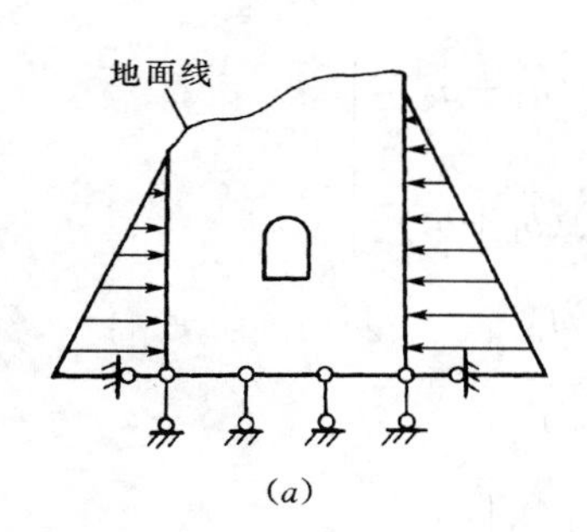

(a)

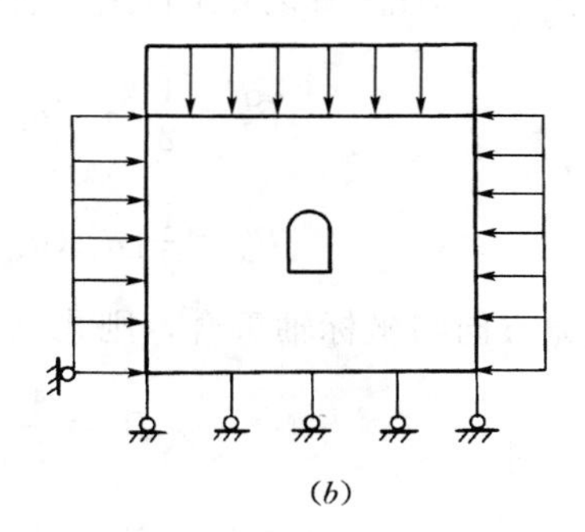

(b)

图 7-4　作用在岩体边界上的初始地应力

五、卸荷释放荷载及卸荷过程模拟

地下工程有限元法多数采用内部加载方法求解，需要求洞周内部边界上的释放荷载，并将其化为节点力。

设沿预计开挖线上各点初始应力 $\{\sigma_0\}_i$ 为已知，在离散化的情况下，可假定沿开挖面上两相邻节点之间的初始应力呈线性变化，如图 7-5 所示。当开挖边界节点按逆时针次序排列时，对于任一开挖边界点 i，开挖引起等效释放荷载（等效节点力）为

$$\left.\begin{aligned}P_x^i&=\frac{1}{6}[2\sigma_x^i(b_1+b_2)+\sigma_x^{i+1}b_2+\sigma_x^{i-1}b_1+2\tau_{xy}^i(a_1+a_2)+\tau_{xy}^{i+1}a_2+\tau_{xy}^{i-1}a_1]\\P_y^i&=\frac{1}{6}[2\sigma_y^i(a_1+a_2)+\sigma_y^{i+1}a_2+\sigma_y^{i-1}a_1+2\tau_{xy}^i(b_1+b_2)+\tau_{xy}^{i+1}b_2+\tau_{xy}^{i-1}b_1]\end{aligned}\right\}\quad(7-1)$$

其中　　$a_1=x_{i-1}-x_i\quad a_2=x_i-x_{i+1}\quad b_1=y_i-y_{i-1}\quad b_2=y_{i+1}-y_i$

若初始应力为均匀应力场，则式（7-1）简化为

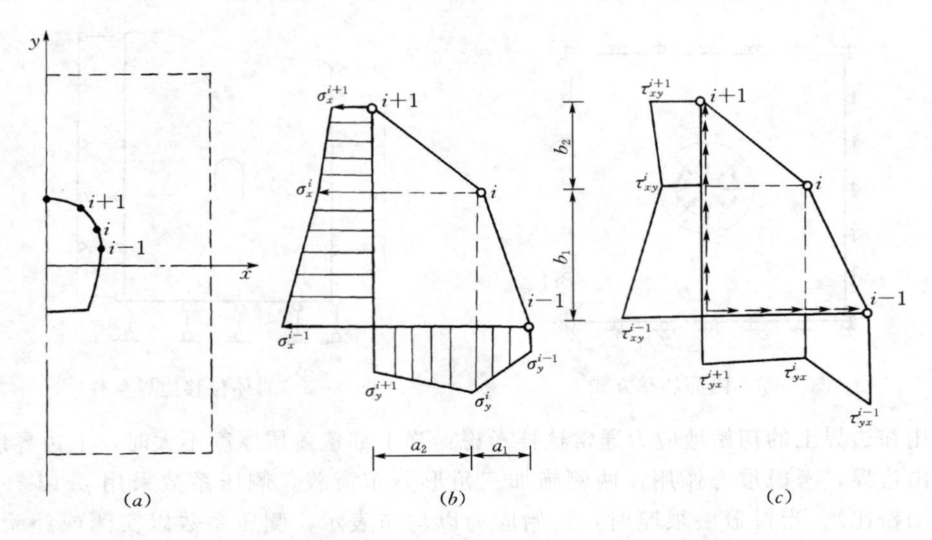

图 7-5　开挖边界线上应力及等效节点力计算图

(a) 洞形；(b) 初始正应力等效荷载；(c) 初始剪应力等效荷载

$$\left.\begin{aligned}P_x^i&=\frac{1}{2}[\sigma_{x0}(b_1+b_2)+\tau_{xy}(a_1+a_2)]\\P_y^i&=\frac{1}{2}[\sigma_{y0}(a_1+a_2)+\tau_{xy}(b_1+b_2)]\end{aligned}\right\}\tag{7-2}$$

若初始主应力方向与坐标轴重合，则式（7-2）化为

$$\left.\begin{aligned}P_x^i&=\frac{1}{2}[\sigma_{x0}(b_1+b_2)]\\P_y^i&=\frac{1}{2}[\sigma_{y0}(a_1+a_2)]\end{aligned}\right\}\tag{7-3}$$

当覆盖层厚度不大时，初始垂直应力按 γy 计算，水平应力按 $\lambda\gamma y$ 计算。洞周释放荷载数值上等于该点的自重应力，但方向指向洞内，根据静力等效原则，将此分布力转换为作用在周边节点上的集中力。若以 y 轴向下、x 轴向右为正，可得节点力为

$$\left.\begin{aligned}P_x^i&=\frac{\lambda\gamma}{6}\sum_{n=i}^{i+1}(y_n-y_{n-1})(y_n+y_{n-1}+y_i)\\P_y^i&=\frac{\gamma}{6}\sum_{n=i}^{i+1}(x_{n-1}-x_n)(y_n+y_{n-1}+y_i)\end{aligned}\right\}\tag{7-4}$$

六、开挖施工步骤的模拟

地下洞室开挖在力学上可以认为是一个应力释放和回弹变形问题。为了模拟开挖效应，求得开挖洞室后围岩中的应力状态，可以将开挖释放掉的应力作为等效荷载加在开挖后洞室的周边上，开挖施工步骤的模拟方法如下。

（1）按照施工要求划分好开挖顺序，如图 7-6 所示。

（2）按照洞室埋深的地质构造特点，进行开挖前的应力分析，求出围岩中的初始地应

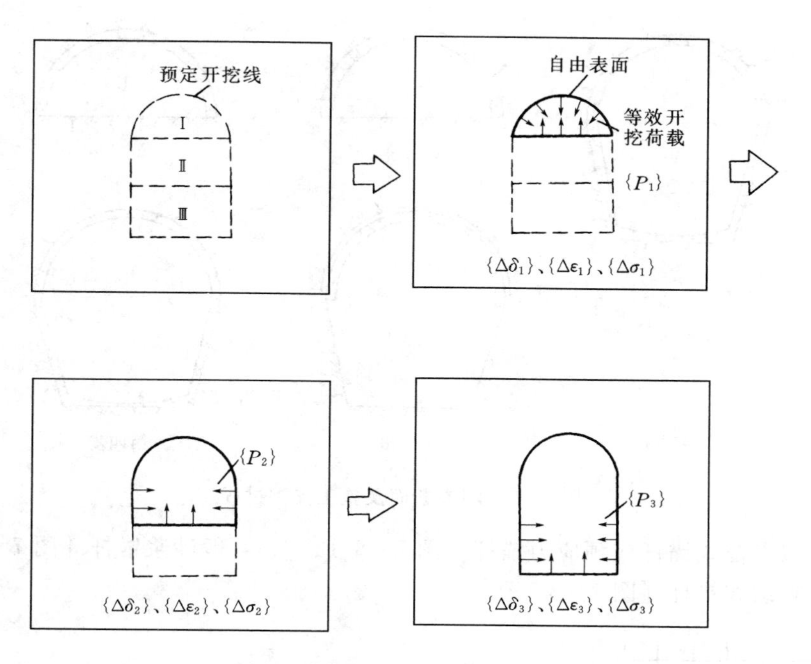

图 7-6　施工开挖模拟

力场 $\{\sigma_0\}$ 和位移场 $\{\delta_0\}$，刚开挖前的应力状态可作为原始数据直接输入。

(3) 根据每次开挖的尺寸，变更有限元网格形状，去掉被挖掉的单元。根据去掉单元现时的应力值，求出被开挖出的自由表面各节点处，由这些单元作用的节点力，将与这些节点力大小相等、方向相反的力 $\{P_i\}$ 作用于自由表面相同的节点上，这些力 $\{P_i\}$ 就是等效开挖释放荷载。

(4) 在等效开挖释放荷载作用下进行分析，求出该开挖步骤后，围岩中的位移 $\{\Delta\delta_n\}$，应变 $\{\Delta\varepsilon_n\}$，应力 $\{\Delta\sigma_n\}$，并叠加于以前的状态上。若不是最终开挖步骤，则重复步骤 (3) 工作，直到最后一个开挖步骤结束为止。

七、支护过程模拟

为了模拟支护过程，在确定离散化网格时，必须要考虑各步施工的情况及结构特征。图 7-7 所示为一地下洞室，开挖及支护分上、下两部分进行。首先是开挖上部，上部开挖完成后，就进行衬砌支护，然后才能进行下部的开挖及支护。每一步开挖，即把该部分的单元作为“空单元”(即令刚度接近于零)。每一步衬砌施工，即把与该部分衬砌对应的单元（开挖后已是“空单元”）重新赋予衬砌材料的参数。如图 7-7 所示，全部计算分四步完成，把每一步的结果叠加即得到最终结果。需特别指出的是：把开挖部分以空单元取代，可能导致方程“病态”，为此，可同时把与被挖去的节点相对应的方程从总刚度方程中消去，即令这些节点的位移为零，并修改方程。

至于模拟支护与衬砌的单元，通常有杆单元、连续体单元及接触面单元等。一维杆单

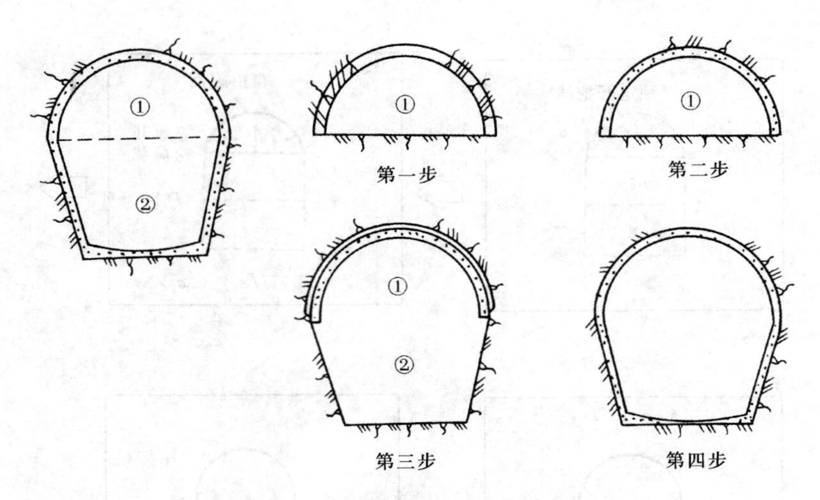

图 7-7　洞室断面及施工支护过程

元可用于模拟点锚式锚杆或预应力锚杆［图 7-8（a）］、一般砂浆锚杆［图 7-8（b）］及预应力全长黏结式锚杆［图 7-8（c）］。

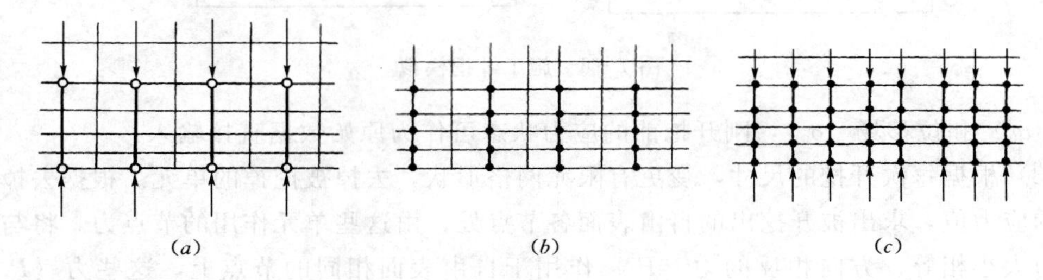

图 7-8　锚杆的计算模拟

（a）点锚式锚杆；（b）砂浆锚杆；（c）黏结式锚杆

连续体单元用于模拟衬砌及喷层，在现浇衬砌与岩体之间可能产生相对滑移，这时本衬砌与岩体之间需加上接触面单元，允许两者之间产生相对滑移。

八、有限元法计算的可信度及判断围岩稳定的方法

有限元法作为一种广泛应用的数值解法，其计算的准确性与精度是不用怀疑的。然而应用于地下工程中，计算结果往往与实际有一定距离，因而目前有许多人认为，用有限元计算锚喷支护判断围岩稳定性，在定性上是可以信赖的，但在定量上只能作为设计部门的参考依据。一般来说，有限元法获得的围岩稳定计算结果的可靠性，取决于下述三个因素。

1）岩体参数取值的可靠性和准确度，主要是地应力和岩体力学参数。

2）围岩力学模型选用的正确性。

3）有限元的正确剖分和非线性计算的收敛情况。

根据有限元计算结果，如何合理地判断围岩的稳定性也是当前尚未解决的一个问题。

目前采用的判断围岩稳定性方法有如下三种。

(1) 超载系数法。将外荷载乘以系数 K 值，并逐步增大 K 值进行反复计算，直到计算不能收敛为止，即认为围岩失稳，K 值为安全系数。

(2) 材料安全储备法。将材料的主要强度特征值，如 C、φ 乘以 K 值，逐步降低 K 值并反复计算到围岩失稳（即计算不能收敛）为止，$1/K$ 就是安全度。

(3) 经验类比法。将计算所得洞壁位移值或塑性区范围与按经验所得的围岩失稳时的允许位移值或允许的塑性区大小进行对比，由此确定围岩稳定性的安全度。

显而易见，上述各种计算方法所得的安全度是不一样的，并且都缺乏严格的理论根据。

第二节 支护结构单元刚度矩阵

在地下工程支护结构有限元分析中，最常采用的有限单元包括：线单元、面单元和体单元三大类型。二节点线单元和以它们为基础发展而成的面单元和体单元均属线性单元，三节点或多节点线单元和以它们为基础发展而成的面单元或体单元均属高阶单元。为了将围岩和支护结构离散化，往往采用各种类型单元的组合：二（三）节点杆单元用以模拟锚杆（或厚度不大的喷层）；二（三）节点梁单元用以模拟喷射混凝土层；各种面单元和体单元分别用于二维和三维分析；特殊的节理单元用以模拟岩体中节理、断层、软弱夹层、层面等不连续界面。本节主要讨论四边形等参元、等参杆单元以及几种特殊的节理单元的刚度矩阵。

一、平面四边形等参单元

1. 几何变换

设曲线四边形 1234（图 7-9（a）中实线所示），它可用各种方法近似表示。以四个角点为结点，并以直线联系（图 7-9（a）中虚线所示）来近似代替，由此原来曲边四边形就可近似用斜直线四边形代替。用等分四边的两族直线将四边形单元分割，并以两族直线的中心为原点建立 $\xi o \eta$ 坐标系，此称为单元的局部坐标系，而 xoy 称为整体坐标系。沿 ξ 及 η 增大方向规定 ξ 轴及 η 轴，并取斜直线四边形上的 ξ 值及 η 值分别为 ± 1。对于单元内的任一点 P，其局部坐标相应为（ξ_P，η_P），如图 7-9（a）所示，$\xi_P=\dfrac{1}{2}$，$\eta_P=\dfrac{1}{2}$。与此同时，P 点在整体坐标系中的坐标应为（x_P，y_P），即（ξ_P 与 η_P）与（x_P，y_P）一一对应，同样，四个结点的坐标在两个坐标系中也是一一对应的。

如果在另一图中，把局部坐标系 $\xi o \eta$ 画成正交的直线坐标系，则斜直线四边形就变为每边长为 2 单位的正方形 $1'2'3'4'$ [见图 7-9（b）]。我们称正方形 $1'2'3'4'$ 为基本单元，而斜直线四边形 1234 为实际单元。实际单元的四个结点坐标是给定的，而基本单元的四个结点的坐标应为 $1'$（-1，-1），$2'$（1，-1），$3'$（1，1），$4'$（-1，1）。这里结点编号是相互对应的。

对于图 7-9 所示的四边形单元，整体坐标与局部坐标的关系可用双线性多项式表示

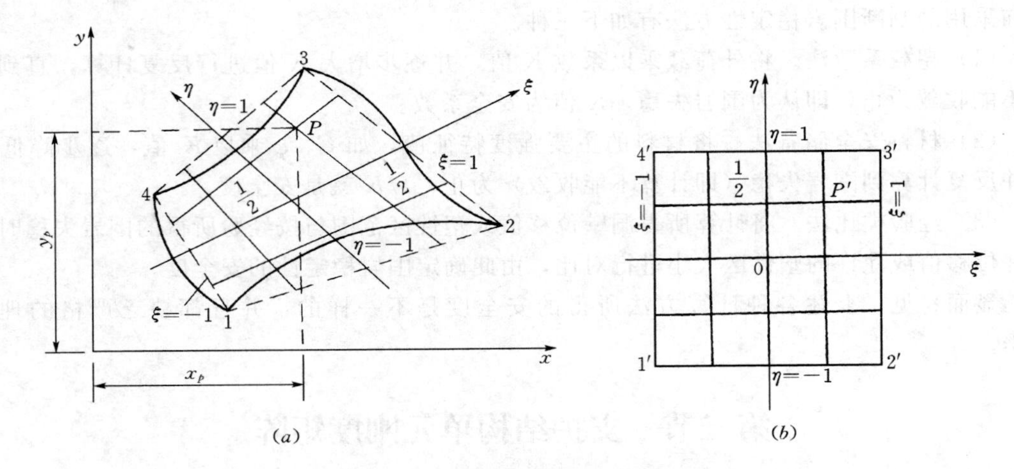

图 7-9　四边形单元几何变换

如下

$$\left.\begin{aligned}x&=a_1+a_2\xi+a_3\eta+a_4\xi\eta\\y&=a_5+a_6\xi+a_7\eta+a_8\xi\eta\end{aligned}\right\}\qquad(7-5)$$

它在四个结点处应与给定的坐标系相等。求解出系数 a_1，a_2，…，a_8，代入式（7-5），并写成插值形式有

$$\left.\begin{aligned}x&=N_1x_1+N_2x_2+N_3x_3+N_4x_4\\y&=N_1y_1+N_2y_2+N_3y_3+N_4y_4\end{aligned}\right\}\qquad(7-6)$$

$$\left.\begin{aligned}N_1&=\frac{1}{4}(1-\xi)(1-\eta),\quad N_2=\frac{1}{4}(1+\xi)(1-\eta)\\N_3&=\frac{1}{4}(1+\xi)(1+\eta),\quad N_4=(1-\xi)(1+\eta)\end{aligned}\right\}\qquad(7-7)$$

式中　N——形函数。

采用二次函数的坐标变换，可以提高描述实际单元曲线边界的精度。二次函数曲线需用三个点才能确定，通常取四边形的四个角点及四边的中点作为结点，形成八结点四边形单元，由此可用八个结点决定的四条二次曲线来近似代替实际单元的曲线边界。

八结点的坐标变换式为

$$\left.\begin{aligned}x&=a_1+a_2\xi+a_3\eta+a_4\xi\eta+a_5\xi^2+a_6\eta^2+a_7\xi^2\eta+a_8\xi\eta^2\\y&=a_9+a_{10}\xi+a_{11}\eta+a_{12}\xi\eta+a_{13}\xi^2+a_{14}\eta^2+a_{15}\xi^2\eta+a_{16}\xi\eta^2\end{aligned}\right\}\qquad(7-8)$$

在八个结点处与给定的八个结点坐标值（x，y）相同，由此可定出 16 个待定系数，则可写如下插值形式

$$\left.\begin{aligned}x&=N_1x_1+N_2x_2+N_3x_3+N_4x_4+N_5x_5+N_6x_6+N_7x_7+N_8x_8\\y&=N_1y_1+N_2y_2+N_3y_3+N_4y_4+N_5y_5+N_6y_6+N_7y_7+N_8y_8\end{aligned}\right\}\qquad(7-9)$$

式（7-9）中的形函数为

$$\left.\begin{aligned}N_1&=\frac{1}{4}(1-\xi)(1-\eta)(-\xi-\eta-1)\\N_2&=\frac{1}{4}(1+\xi)(1-\eta)(\xi-\eta-1)\\N_3&=\frac{1}{4}(1+\xi)(1+\eta)(\xi+\eta-1)\\N_4&=\frac{1}{4}(1-\xi)(1+\eta)(-\xi+\eta-1)\\N_5&=\frac{1}{2}(1-\xi^2)(1-\eta)\\N_6&=\frac{1}{2}(1-\xi^2)(1+\eta)\\N_7&=\frac{1}{2}(1-\eta^2)(1+\xi)\\N_8&=\frac{1}{2}(1-\eta^2)(1-\xi)\end{aligned}\right\}\tag{7-10}$$

应当注意，如果单元的真实边界接近或者就是二次函数，则上述变换可近似精确或精确地表示实际单元的曲线边界。反之，如果曲线中出现了拐点，曲线可能是三次或三次以上的，因而三点插值的二次函数无法精确地表示它，所以划分单元时应使各单元的曲线边界不出现拐点。

2. 位移模式

若以各结点的位移值的插值多项式来近似代表单元上的真实的位移分布规律，则对四结点单元，可采用双线性插值函数，其位移模式为

$$\left.\begin{aligned}u&=a_1+a_2\xi+a_3\eta+a_4\xi\eta\\v&=a_5+a_6\xi+a_7\eta+a_8\xi\eta\end{aligned}\right\}\tag{7-11}$$

其插值形式为

$$\left.\begin{aligned}u&=N_1u_1+N_2u_2+N_3u_3+N_4u_4\\v&=N_1v_1+N_2v_2+N_3v_3+N_4v_4\end{aligned}\right\}\tag{7-12}$$

其中形函数与式（7－7）相同。

八结点单元的位移模式为

$$\left.\begin{aligned}u&=a_1+a_2\xi+a_3\eta+a_4\xi^2+a_5\xi\eta+a_6\eta^2+a_7\xi^2\eta+a_8\xi\eta^2\\v&=a_9+a_{10}\xi+a_{11}\eta+a_{12}\xi^2+a_{13}\xi\eta+a_{14}\eta^2+a_{15}\xi^2\eta+a_{16}\xi\eta^2\end{aligned}\right\}\tag{7-13}$$

插值形式为

$$\left.\begin{aligned}u&=N_1u_1+N_2u_2+N_3u_3+N_4u_4+N_5u_5+N_6u_6+N_7u_7+N_8u_8\\v&=N_1v_1+N_2v_2+N_3v_3+N_4v_4+N_5v_5+N_6v_6+N_7v_7+N_8v_8\end{aligned}\right\}\tag{7-14}$$

其中形函数与式（7－10）相同。

上述单元对坐标变换与位移模式采用了相同的形函数，因此称为等参元。

3. 应变矩阵、应力矩阵与单元刚度矩阵

（1）应变矩阵。根据应变与位移的微分关系，并以四结点为例，可求出

$$\{\varepsilon\}=\begin{bmatrix}\varepsilon_x\\ \varepsilon_y\\ \varepsilon_z\end{bmatrix}=\begin{bmatrix}\frac{\partial u}{\partial x}\\ \frac{\partial v}{\partial y}\\ \frac{\partial u}{\partial y}+\frac{\partial v}{\partial x}\end{bmatrix}=\begin{bmatrix}\frac{\partial N_1}{\partial x} & 0 & \frac{\partial N_2}{\partial x} & 0 & \frac{\partial N_3}{\partial x} & 0 & \frac{\partial N_4}{\partial x} & 0\\ 0 & \frac{\partial N_1}{\partial y} & 0 & \frac{\partial N_2}{\partial y} & 0 & \frac{\partial N_3}{\partial y} & 0 & \frac{\partial N_4}{\partial y}\\ \frac{\partial N_1}{\partial y} & \frac{\partial N_1}{\partial x} & \frac{\partial N_2}{\partial y} & \frac{\partial N_2}{\partial x} & \frac{\partial N_3}{\partial y} & \frac{\partial N_3}{\partial x} & \frac{\partial N_4}{\partial y} & \frac{\partial N_4}{\partial x}\end{bmatrix}\begin{Bmatrix}u_1\\ v_1\\ u_2\\ v_2\\ u_3\\ v_3\\ u_4\\ v_4\end{Bmatrix} \tag{7-15}$$

式（7－15）可简写为

$$\{\varepsilon\}=[B_1\quad B_2\quad B_3\quad B_4]=[B]\{\delta\} \tag{7-16}$$

式中　$[B]$——几何矩阵。

其中

$$[B_i]=\begin{bmatrix}\frac{\partial N_i}{\partial x} & 0\\ 0 & \frac{\partial N_i}{\partial y}\\ \frac{\partial N_i}{\partial y} & \frac{\partial N_i}{\partial x}\end{bmatrix}\quad (i=1,2,3,4) \tag{7-17}$$

因为 N_1 与 x，y 都是 ξ，η 的函数，由复合函数求导规则，得出

$$\frac{\partial N_i}{\partial \xi}=\frac{\partial N_i}{\partial x}\ \frac{\partial x}{\partial \xi}+\frac{\partial N_i}{\partial y}\ \frac{\partial y}{\partial \xi}$$

$$\frac{\partial N_i}{\partial \eta}=\frac{\partial N_i}{\partial x}\ \frac{\partial x}{\partial \eta}+\frac{\partial N_i}{\partial y}\ \frac{\partial y}{\partial \eta}$$

写成矩阵形式为

$$\begin{Bmatrix}\frac{\partial N_i}{\partial \xi}\\ \frac{\partial N_i}{\partial \eta}\end{Bmatrix}=\begin{bmatrix}\frac{\partial x}{\partial \xi} & \frac{\partial y}{\partial \xi}\\ \frac{\partial x}{\partial \eta} & \frac{\partial y}{\partial \eta}\end{bmatrix}\begin{Bmatrix}\frac{\partial N_i}{\partial x}\\ \frac{\partial N_i}{\partial y}\end{Bmatrix}=[J]\begin{Bmatrix}\frac{\partial N_i}{\partial x}\\ \frac{\partial N_i}{\partial y}\end{Bmatrix} \tag{7-18}$$

式中　$[J]$——雅可比矩阵。

将式（7－6）代入，则为

$$[J]=\begin{bmatrix}\frac{\partial x}{\partial \xi} & \frac{\partial y}{\partial \xi}\\ \frac{\partial x}{\partial \eta} & \frac{\partial y}{\partial \eta}\end{bmatrix}=\begin{bmatrix}\sum_{i=1}^{4}\frac{\partial N_i}{\partial \xi}x_i & \sum_{i=1}^{4}\frac{\partial N_i}{\partial \xi}y_i\\ \sum_{i=1}^{4}\frac{\partial N_i}{\partial \eta}x_i & \sum_{i=1}^{4}\frac{\partial N_i}{\partial \eta}y_i\end{bmatrix}$$

$$=\begin{bmatrix}\frac{\partial N_1}{\partial \xi} & \frac{\partial N_2}{\partial \xi} & \frac{\partial N_3}{\partial \xi} & \frac{\partial N_4}{\partial \xi}\\ \frac{\partial N_1}{\partial \eta} & \frac{\partial N_2}{\partial \eta} & \frac{\partial N_3}{\partial \eta} & \frac{\partial N_4}{\partial \eta}\end{bmatrix}\begin{bmatrix}x_1 & y_1\\ x_2 & y_2\\ x_3 & y_3\\ x_4 & y_4\end{bmatrix} \tag{7-19}$$

式（7－18）可变化为

$$\begin{Bmatrix} \dfrac{\partial N_i}{\partial x} \\ \dfrac{\partial N_i}{\partial y} \end{Bmatrix} = [J]^{-1} \begin{Bmatrix} \dfrac{\partial N_i}{\partial \xi} \\ \dfrac{\partial N_i}{\partial \eta} \end{Bmatrix} \tag{7-20}$$

由上式求得$\dfrac{\partial N_i}{\partial x}$，$\dfrac{\partial N_i}{\partial y}$，代入式（7－17）求得［$B_i$］，再由式（7－16）求得应变｛ε｝。

（2）应力矩阵。根据虎克定律可得

$$\{\sigma\} = [D]\{\varepsilon\} = [D][B]\{\delta\} = [S]\{\delta\} \tag{7-21}$$

式中应力矩阵［S］可写成为

$$[S] = [S_1 \quad S_2 \quad S_3 \quad S_4]$$

$$[S_i] = [D][B_i]$$

（3）单元刚度矩阵。四边形单元的刚度矩阵为

$$[K]^e = \iiint_v [B]^T[D][B]\mathrm{d}v = \iint_S [B]^T[D][B]\mathrm{d}x\mathrm{d}yt$$

$$= t\int_{-1}^{1}\int_{-1}^{1}[B]^T[D][B]\,|J|\,\mathrm{d}\xi\mathrm{d}\eta$$

而［K］^{e} 可分块写为

$$[K]^e = \begin{bmatrix} K_{11} & K_{12} & K_{13} & K_{14} \\ K_{21} & K_{22} & K_{23} & K_{24} \\ K_{31} & K_{32} & K_{33} & K_{34} \\ K_{41} & K_{42} & K_{43} & K_{44} \end{bmatrix} \tag{7-22}$$

其中

$$[K_{rs}] = t\int_{-1}^{1}\int_{-1}^{1}[B_r]^T[D][B_s]\,|J|\,\mathrm{d}\xi\mathrm{d}\eta \tag{7-23}$$

$$(r=1,\ 2,\ 3,\ 4;\quad s=1,\ 2,\ 3,\ 4)$$

上述式中，［K］^{e} 为 8×8 方阵，［K_{rs}］为 2×2 方阵，［B_r］^{T} 为 2×3 矩阵，［D］为 3×3 矩阵，［B_s］为 3×2 矩阵，｜J｜为相应于式（7－19）雅可比矩阵的雅可比行列式。

式（7－23）通常用高斯积分法计算，可参阅有关书籍。

二、等参杆单元

等参杆单元用于平面单元和杆件单元混合使用以及地下工程支护结构与地层共同作用情况。对于平面曲杆系统，杆单元如图 7－10 所示。

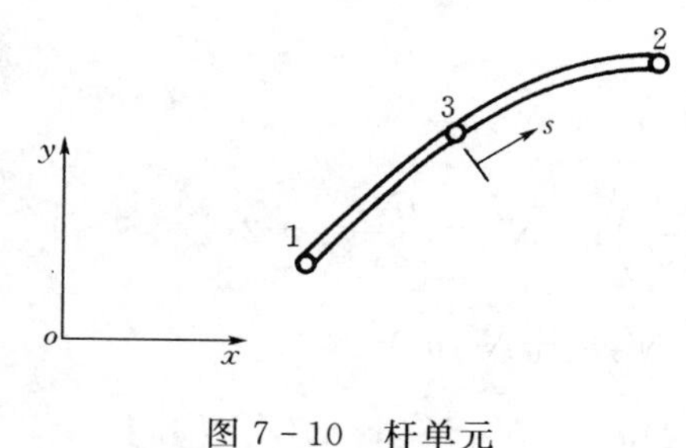

图 7－10　杆单元

1. 等参杆单元的位移模式

$$\left.\begin{aligned} u &= N_1u_1 + N_2u_2 + N_3u_3 \\ v &= N_1v_1 + N_2v_2 + N_3v_3 \end{aligned}\right\} \tag{7-24}$$

坐标变换

$$\left.\begin{aligned} x &= N_1x_1 + N_2x_2 + N_3x_3 \\ y &= N_1y_1 + N_2y_2 + N_3y_3 \end{aligned}\right\} \tag{7-25}$$

其中

$$N_1 = \frac{1}{2}s(s-1),\quad N_2 = \frac{1}{2}s(s+1),\quad N_3 = (1-s^2)$$

2. 等参杆单元的应变和应力

设单元的应变为 ε，当单元的微分元 δl 变化到（$\delta l+\varepsilon\delta l$）时，新的增量可表示为

$$(\delta l+\varepsilon\delta l)^2=\left(\delta x+\frac{\partial u}{\partial s}\delta s\right)^2+\left(\delta y+\frac{\partial v}{\partial s}\delta s\right)^2$$

式中　s——局部坐标。

上式两边同除 $(\delta l)^2$ 得

$$(1+\varepsilon)^2=\left(\frac{\delta x}{\delta l}+\frac{\partial u\delta s}{\partial s\delta l}\right)^2+\left(\frac{\delta y}{\delta l}+\frac{\partial v\delta s}{\partial s\delta l}\right)^2$$

注意到 $\left(\frac{\delta x}{\delta l}\right)^2+\left(\frac{\delta y}{\delta l}\right)^2=1$，并略去高阶微量得

$$\varepsilon=\left(\frac{\delta x}{\delta l}\right)\left(\frac{\partial u\delta s}{\partial s\delta l}\right)+\left(\frac{\delta y}{\delta l}\right)\left(\frac{\partial v\delta s}{\partial s\delta l}\right) \tag{7-26}$$

其中

$$\delta x=\frac{\partial x}{\partial s}\delta s,\quad \delta y=\frac{\partial y}{\partial s}\delta s,\quad \frac{\delta x}{\delta l}=\frac{\partial x\delta s}{\partial s\delta l};\quad \frac{\delta y}{\delta l}=\frac{\partial y\delta s}{\partial s\delta l}$$

$$\delta l=\sqrt{(\delta x)^2+(\delta y)^2}=\sqrt{\left(\frac{\partial x}{\partial s}\right)^2+\left(\frac{\partial y}{\partial s}\right)^2}\,\delta s$$

$$\frac{\delta s}{\delta l}=\frac{1}{\sqrt{\left(\frac{\partial x}{\partial s}\right)^2+\left(\frac{\partial y}{\partial s}\right)^2}}=\boldsymbol{\Psi}(s)^{-\frac{1}{2}}$$

$$\boldsymbol{\Psi}(s)=\left(\frac{\partial x}{\partial s}\right)^2+\left(\frac{\partial y}{\partial s}\right)^2$$

则

$$\varepsilon=\frac{\left(\frac{\partial x}{\partial s}\right)\left(\frac{\partial u}{\partial s}\right)+\left(\frac{\partial y}{\partial s}\right)\left(\frac{\partial v}{\partial s}\right)}{\boldsymbol{\Psi}(s)} \tag{7-27}$$

其中

$$\frac{\partial x}{\partial s}=\frac{\partial\sum_{i=1}^{3}N_ix_i}{\partial s}=N'_1x_1+N'_2x_2+N'_3x_3$$

$$\frac{\partial u}{\partial s}=\frac{\partial\sum_{i=1}^{3}N_iu_i}{\partial s}=N'_1u_1+N'_2u_2+N'_3u_3$$

$$N'_1=\frac{\partial N_1}{\partial s}=\left(s-\frac{1}{2}\right);\quad N'_2=\frac{\partial N_2}{\partial s}=\left(s+\frac{1}{2}\right);\quad N'_3=\frac{\partial N_3}{\partial s}=-2s$$

$$\begin{aligned}\left(\frac{\partial x}{\partial s}\right)\left(\frac{\partial u}{\partial s}\right)&=(N'_1x_1+N'_2x_2+N'_3x_3)(N'_1u_1+N'_2u_2+N'_3u_3)\\&=(N'_1N'_1x_1+N'_1N'_2x_2+N'_1N'_3x_3)u_1+(N'_1N'_2x_1+N'_2N'_2x_2\\&\quad+N'_2N'_3x_3)u_2+(N'_1N'_3x_1+N'_2N'_3x_2+N'_3N'_3x_3)u_3\end{aligned}$$

同理，可得到 $\left(\frac{\partial y\partial v}{\partial s\,\partial s}\right)$ 的表达式。

$$\begin{aligned}\boldsymbol{\Psi}(s)=&(N'_1)^2(x_1^2+y_1^2)+(N'_2)^2(x_2^2+y_2^2)+(N'_3)^2(x_3^2+y_3^2)\\&+2(N'_1N'_2)(x_1x_2+y_1y_2)+2(N'_1N'_3)(x_1x_3+y_1y_3)\\&+2N'_2N'_3(x_2x_3+y_2y_3)\end{aligned}$$

矩阵表达式为

$$\{\varepsilon\}=[B]\{\delta\}^e$$

其中

$$\{\delta\}^e=[u_1\quad v_1\quad u_2\quad v_2\quad u_3\quad v_3]^T$$

$$[B]=\frac{1}{\Psi(s)}\begin{bmatrix}\left(s-\frac{1}{2}\right)^2x_1+\left(s-\frac{1}{2}\right)\left(s+\frac{1}{2}\right)x_2-2s\left(s-\frac{1}{2}\right)x_3\\ \left(s-\frac{1}{2}\right)^2y_1+\left(s-\frac{1}{2}\right)\left(s+\frac{1}{2}\right)y_2-2s\left(s-\frac{1}{2}\right)y_3\\ \left(s-\frac{1}{2}\right)\left(s+\frac{1}{2}\right)x_1+\left(s+\frac{1}{2}\right)^2x_2-2s\left(s+\frac{1}{2}\right)x_3\\ \left(s-\frac{1}{2}\right)\left(s+\frac{1}{2}\right)y_1+\left(s+\frac{1}{2}\right)^2y_2-2s\left(s+\frac{1}{2}\right)y_3\\ -2s\left(s-\frac{1}{2}\right)x_1-2s\left(s+\frac{1}{2}\right)x_2+4s^2x_3\\ -2s\left(s-\frac{1}{2}\right)y_1-2s\left(s+\frac{1}{2}\right)y_2+4s^2y_3\end{bmatrix}^T$$

杆件横截面可取为常数或用等参形式：

$$A(s)=N_1A_1+N_2A_2+N_3A_3$$

$$\{\sigma\}=[D][B]\{\delta\}^e$$

对于一维杆件 $[D]=[E]$。单元刚度矩阵为

$$[K]^e=\int_l EA[B]^T[B]\mathrm{d}l=\int_{-1}^{1}EA[B]^T[B]\Psi(s)^{\frac{1}{2}}\mathrm{d}s \tag{7-28}$$

三、无厚度节理单元—Goodman 节理单元

无厚度节理单元用于模拟岩体中单独的具有中等规模的节理裂隙，它是一段由两个直接接触的平面构成的四结点单元体。如图 7-11 所示。

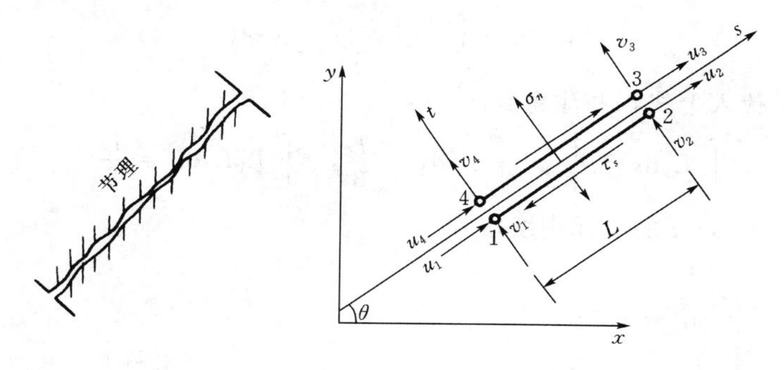

图 7-11　无厚度节理单元

节理的应力—应变关系对局部坐标（s，t）可写为

$$\begin{Bmatrix}\tau_s\\ \sigma_n\end{Bmatrix}=\begin{bmatrix}K_s & 0\\ 0 & K_n\end{bmatrix}\begin{Bmatrix}\Delta u_s\\ \Delta v_n\end{Bmatrix} \tag{7-29}$$

式中　τ_s、σ_n——切向和法向应力；

K_s、K_n——节理的切向和法向刚度；

Δu_s、Δv_n——单元两侧对应结点的相对切向和法向位移。

通常我们仍借用应变的概念，把节理两壁相对的法向位移 Δv_n 称为法向应变，以 ε_n 表示；相对切向位移 Δu_s 称为切向应变，用 ε_s 表示。故式（7-29）简写为

$$\{\sigma_j\}=[D']\{\varepsilon_j\}$$

假定位移沿节理长度 L 呈线性变化。对于图 7-11 所示的局部坐标，单元结点力及结点位移矢量为

$$\{\delta'\}=[u_1 \quad v_1 \quad u_2 \quad \cdots \quad v_4]^T$$
$$\{F'\}=[F_{1s} \quad F_{1t} \quad F_{2s} \quad \cdots \quad F_{4t}]^T$$

对于沿节理长度上任一点 s 处的应变 ε_n 及 ε_s，根据定义可写为界面两侧相应位移之差值，即

$$\begin{aligned}\varepsilon_s &= u_{上}-u_{下}=\left[u_4+(u_3-u_4)\frac{s}{L}\right]-\left[u_1+(u_2-u_1)\frac{s}{L}\right]\\ &=-\left(1-\frac{s}{L}\right)u_1-\frac{s}{L}u_2+\frac{s}{L}u_3+\left(1-\frac{s}{L}\right)u_4\end{aligned}$$

$$\varepsilon_n=v_{上}-v_{下}=-\left(1-\frac{s}{L}\right)v_1-\frac{s}{L}v_2+\frac{s}{L}v_3+\left(1-\frac{s}{L}\right)v_4$$

写成矩阵形式

$$\begin{Bmatrix}\varepsilon_s\\ \varepsilon_n\end{Bmatrix}=\begin{bmatrix}-L_1 & 0 & -L_2 & 0 & L_2 & 0 & L_1 & 0\\ 0 & -L_1 & 0 & -L_2 & 0 & L_2 & 0 & L_1\end{bmatrix}\{\delta'\}$$

其中

$$L_1=1-\frac{s}{L},\quad L_2=\frac{s}{L}$$

或简写为

$$\{\varepsilon_j\}=[B]\{\delta'\}$$

单元刚度矩阵可由一般化公式导出，对局部坐标有

$$[K']^e=\int_0^L[B]^T[D'][B]\mathrm{d}s$$

将 $[D']$ 和 $[B]$ 代入上式，并注意到

$$\int_0^L L_1^2\mathrm{d}s=\frac{L}{3},\quad \int_0^L L_2^2\mathrm{d}s=\frac{L}{3},\quad \int_0^L L_1L_2\mathrm{d}s=\frac{L}{6}$$

则可得到对局部坐标 s—t 的单元刚度矩阵

$$[K']^e=\frac{tL}{6}\begin{Bmatrix}2K_s & & & & & & & \\ 0 & 2K_n & & & & & & \\ K_s & 0 & 2K_s & & & \text{(对称)} & & \\ 0 & K_n & 0 & 2K_n & & & & \\ -K_s & 0 & -2K_s & 0 & 2K_s & & & \\ 0 & -K_n & 0 & -2K_n & 0 & 2K_n & & \\ -2K_s & 0 & -K_s & 0 & K_s & 0 & 2K_s & \\ 0 & -2K_n & 0 & -K_n & 0 & K_n & 0 & 2K_n\end{Bmatrix} \tag{7-30}$$

式中　t——沿纵轴 Z 方向的宽度 b，对平面应变问题 $t=1$。

对式（7－30）进行坐标变换可得到整体坐标的单元刚度矩阵 $[K']^e$。由图 7－11 所示的几何关系可知，对任意结点 i 有如下变换关系

$$\begin{Bmatrix} u'_i \\ v'_i \end{Bmatrix} = \begin{bmatrix} \cos\theta & \sin\theta \\ -\sin\theta & \cos\theta \end{bmatrix} \begin{Bmatrix} u_1 \\ v_1 \end{Bmatrix}$$

或

$$\{\delta'_i\} = [T_0]\{\delta_i\} \quad (i=1,2,3,4)$$

由此可得结点位移及结点力的变换关系为

$$\{\delta'_i\} = [T]\{\delta\}$$

$$\{F'\} = [T]\{F\}$$

式中　$\{\delta'\}$、$\{F'\}$——局部坐标下的结点位移及结点力矢量；

$\{\delta\}$、$\{F\}$——整体坐标下的结点位移及结点力矢量。

变换矩阵 $[T]$ 为

$$[T] = \begin{bmatrix} [T_0] & & & 0 \\ & [T_0] & & \\ & & [T_0] & \\ 0 & & & [T_0] \end{bmatrix}$$

此变换矩阵为正交矩阵，具有如下特性

$$[T]^{-1} = [T]^T$$

由此可将单元结点力与结点位移之间关系写为

局部坐标　$$\{F'\} = [K']^e\{\delta'\}$$

整体坐标　$$\{F\} = [K']^e\{\delta\}$$

从而可得到

$$\{F'\} = [K']^e\{\delta'\} = [T]\{F\} = [T][K']^e\{\delta\}$$

所以

$$[T][K']^e\{\delta\} = [K']^e[T]\{\delta\}$$

$$\{K'\}^e\{\delta\} = [T]^{-1}[K']^e[T]\{\delta\} = [T]^T[K']^e[T]\{\delta\}$$

故整体坐标下的单元刚度矩阵为

$$[K']^e = [T]^T[K']^e[T] \tag{7-31}$$

上述节理单元的不足是由于无厚度，计算中可能发生节理上下面相互“嵌入”的现象，必须对这种嵌入量作人为的限制，以免导致较大误差。此外，当节理面的上下面发生相对转角时，也将产生误差。Goodman 后来对节理单元作了修正，考虑到相对转角的影响，假定以节理单元的中点作为计算点，则其应力—应变关系为

$$\{\sigma_j\} = \begin{Bmatrix} \tau_s \\ \sigma_n \\ M_0 \end{Bmatrix} = \begin{bmatrix} K_s & 0 & 0 \\ 0 & K_n & 0 \\ 0 & 0 & K_w \end{bmatrix} = \begin{Bmatrix} \Delta u_s \\ \Delta v_n \\ \Delta w \end{Bmatrix}$$

其中

$$K_w = \frac{1}{4}L^3K_n$$

式中　M_0——节理中点力矩；

Δw——相对转角，以节理的 3、4 结点的平面逆时针转为正。

仍假定位移沿长度线性变化，可导出局部坐标下节理单元刚度矩阵为

$$[K']^e=\frac{tL}{6}\begin{bmatrix} K_s & 0 & K_s & 0 & -K_s & 0 & -K_s & 0 \\ 0 & 2K_n & 0 & 0 & 0 & 0 & 0 & -2K_n \\ K_s & 0 & K_s & 0 & -K_s & 0 & -K_s & 0 \\ 0 & 0 & 0 & 2K_n & 0 & -2K_n & 0 & 0 \\ -K_s & 0 & -K_s & 0 & K_s & 0 & K_s & 0 \\ 0 & 0 & 0 & -2K_n & 0 & 2K_n & 0 & 0 \\ -K_s & 0 & -K_s & 0 & K_s & 0 & K_s & 0 \\ 0 & -2K_n & 0 & 0 & 0 & 0 & 0 & 2K_n \end{bmatrix} \tag{7-32}$$

对整体坐标的转换同式（7－31）。

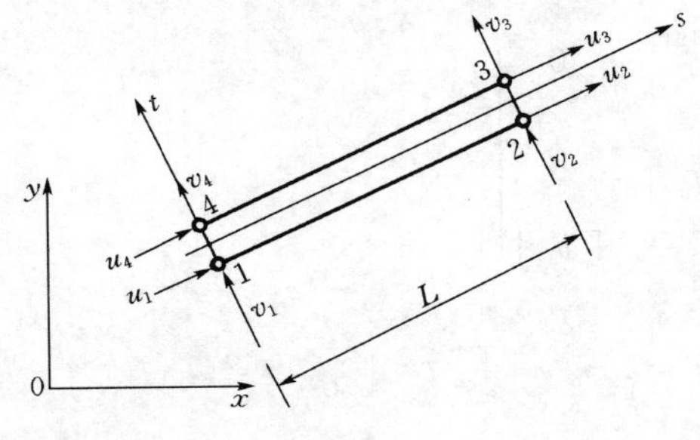

图 7－12　等厚度夹层单元

四、等厚度夹层单元

等厚度夹层单元用于模拟岩体中存在的软弱夹层以及复合衬砌中的防水层。具有一定厚度的夹层单元实际上是一个长矩形单元（图 7－12），单元的结点位移矢量、应变矢量及应力应变关系（s—t 坐标）为

$$\{\delta'\}=[u_1\quad v_1\quad u_2\quad \cdots\quad v_4]^T$$

$$\{\varepsilon'\}=[\varepsilon_{ss}\quad \varepsilon_{nn}\quad \varepsilon_{ns}]^T$$

$$\begin{Bmatrix}\sigma_{ss}\\ \sigma_{nn}\\ \sigma_{ns}\end{Bmatrix}=\begin{bmatrix}D_{11} & D_{12} & D_{13}\\ D_{21} & D_{22} & D_{23}\\ D_{31} & D_{32} & D_{33}\end{bmatrix}\begin{Bmatrix}\varepsilon_{ss}\\ \varepsilon_{nn}\\ \varepsilon_{ns}\end{Bmatrix}$$

由于单元厚度 h 同长度 L 相比甚小，可以认为沿厚度 h 方向应变为常量。因此，应变分量可写为

$$\varepsilon_{ss}=(u_1-u_2)L$$

$$\varepsilon_{nn}=\frac{1}{h}\left[(v_4-v_1)+\frac{S}{L}(v_3-v_2)-\frac{S}{L}(v_4-v_1)\right]$$

$$=\frac{1}{h}\left[-\left(1-\frac{S}{L}\right)v_1-\frac{S}{L}v_2+\frac{S}{L}v_3+\left(1-\frac{S}{L}\right)v_4\right]$$

$$\varepsilon_{sn}=\frac{1}{h}\left[(u_4-u_1)+\frac{S}{L}(u_3-u_2)-\frac{S}{L}(u_4-u_1)\right]+\frac{1}{L}(v_2-v_1)$$

$$=\frac{1}{h}\left[-\left(1-\frac{S}{L}\right)u_1-\frac{S}{L}u_2+\frac{S}{L}u_3+\left(1-\frac{S}{L}\right)u_4\right]+\frac{1}{L}v_2-\frac{1}{L}v_1$$

写成矩阵形式有

$$\{\varepsilon'\}=\frac{1}{h}\begin{bmatrix} -\frac{h}{L} & 0 & \frac{h}{L} & 0 & 0 & 0 & 0 & 0 \\ 0 & -L_1 & 0 & -L_2 & 0 & L_2 & 0 & L_1 \\ -L_1 & -\frac{h}{L} & -L_2 & \frac{h}{L} & L_2 & 0 & L_1 & 0 \end{bmatrix}\{\delta'\}$$

或
$$\{\varepsilon'\}=[B']\{\delta'\} \tag{7-33}$$

其中
$$L_1=1-\frac{S}{L},\quad L_2=\frac{S}{L}$$

将式（7-33）中的几何矩阵［B'］代入求单元刚度矩阵的一般公式即可得在局部坐标下的单元刚度矩阵

$$[K']^e=\int_v [B']^T[D'][B']\mathrm{d}v = A\int_L [B']^T[D'][B']\mathrm{d}s$$

式中　A——垂直于 s 轴的横截面积；

［D'］——可以采用一般平面问题的弹性矩阵。

在 ε_{ss}、ε_{nn} 及 ε_{ns} 中，ε_{ss} 远较其他两个应变分量小，对于软弱夹层可能趋于 0。因此，应力应变关系相应地简化为

$$\begin{Bmatrix}\sigma_{sn}\\ \sigma_{nn}\end{Bmatrix}=\begin{Bmatrix}\tau_s\\ \sigma_n\end{Bmatrix}=\begin{bmatrix}D_s & 0\\ 0 & D_n\end{bmatrix}=\begin{Bmatrix}\varepsilon_{sn}\\ \varepsilon_{nn}\end{Bmatrix}$$

于是单元刚度矩阵可导出与无厚度节理情形仅差 $1/h$ 倍的形式

$$[K']^e=\frac{tL}{6h}\begin{bmatrix}2D_s & & & & & & & \text{（对称）}\\ 0 & 2D_n & & & & & & \\ D_s & 0 & 2D_s & & & & & \\ 0 & D_n & 0 & 2D_n & & & & \\ -D_s & 0 & -2D_s & 0 & 2D_s & & & \\ 0 & -D_n & 0 & -2D_n & 0 & 2D_n & & \\ -2D_s & 0 & -D_s & 0 & D_s & 0 & 2D_s & \\ 0 & -2D_n & 0 & D_n & 0 & D_n & 0 & 2D_n\end{bmatrix} \tag{7-34}$$

其中 D_s 和 D_n 为弹性矩阵中划去与 ε_{ss} 相应的行列所剩下的元素。对平面应变问题可取下式

$$D_s=G=E/2(1+\mu)$$
$$D_n=E(1-\mu)/[(1+\mu)(1-2\mu)]$$

对平面应力问题可取下式

$$D_s=G$$
$$D_n=E/(1-\mu^2)$$

等厚度夹层单元只适用于厚度较薄的情况，如软弱夹层较厚，宜作一般低强度介质处理，采用普通单元。

五、层状岩体单元

层理发育的沉积岩或均质各向岩体受一组十分发育的节理面切割等都是层状岩体。由于层面或节理面密集分布，采用节理单元来模拟这类单元是困难的。因此，采用另一种方法总体地考虑节理对岩体的影响，把岩体视为等效的正交异性体，这就是所谓“等效连续体”的方法。

取图 7-13 所示的任意四边形单元，对于沿层面方向的“破坏”特征及层面的力学性

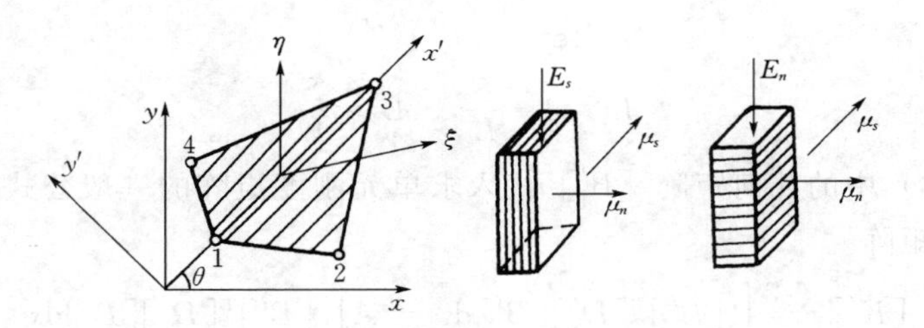

图 7-13　任意四边形层状岩体单元

态，采用以层面方向为 x' 轴及层面法向为 y' 轴的局部坐标建立基本计算公式。局部坐标及整体坐标下的应力矢量分别为

$$\{\sigma'\}=[\sigma'_x \quad \sigma'_y \quad \tau'_{xy}]$$
$$\{\sigma\}=[\sigma_x \quad \sigma_y \quad \tau_{xy}]$$

应力的坐标转换关系为

$$\begin{Bmatrix}\sigma'_x\\ \sigma'_y\\ \tau'_{xy}\end{Bmatrix}=\begin{bmatrix}\cos^2\theta & \sin^2\theta & 2\sin\theta\cos\theta\\ \sin^2\theta & \cos^2\theta & -2\sin\theta\cos\theta\\ -\sin\theta\cos\theta & \sin\theta\cos\theta & \cos^2\theta-\sin^2\theta\end{bmatrix}\begin{Bmatrix}\sigma_x\\ \sigma_y\\ \tau_{xy}\end{Bmatrix}$$

或
$$\{\sigma'\}=[T_1]\{\sigma\}$$

应力的逆变换为
$$\{\sigma\}=[T_1]^{-1}\{\sigma'\}=[L_0]\{\sigma'\}$$

$$[L_0]=\begin{bmatrix}\cos^2\theta & \sin^2\theta & -2\sin\theta\cos\theta\\ \sin^2\theta & \cos^2\theta & 2\sin\theta\cos\theta\\ \sin\theta\cos\theta & -2\sin\theta\cos\theta & \cos^2\theta-\sin^2\theta\end{bmatrix}$$

根据上述的应力转换，由等效原则（即坐标变换前后，其应变能不变）可知

$$\{\sigma'\}^T\{\varepsilon'\}=\{\sigma\}^T\{\varepsilon\}$$

故
$$([T_1]\{\sigma\})^T\{\varepsilon'\}=\{\sigma\}^T\{\varepsilon\}$$
$$\{\varepsilon'\}=([T_1]^T)^{-1}\{\varepsilon\}=([T_1]^{-1})^T\{\varepsilon\}=[L_0]^T\{\varepsilon\}$$

由此可得应变的变换关系为

$$\{\varepsilon\}=([L_0]^T)^{-1}\{\varepsilon'\}=[T_1]^T\{\varepsilon'\}$$

在局部坐标系下，单元的应力—应变关系为

$$\{\sigma'\}=[D']\{\varepsilon'\}$$

将前述 $\{\sigma'\}$ 与 $\{\varepsilon'\}$ 表达式代入得

$$[T_1]\{\sigma\}=[D'][L_0]^T\{\varepsilon\}$$
$$\{\sigma\}=[T_1]^{-1}[D'][L_0]^T\{\varepsilon\}=[L_0][D'][L_0]^T\{\varepsilon\}=[D]\{\varepsilon\}$$

故弹性矩阵的变换形式为

$$[D]=[L_0][D'][L_0]^T \tag{7-35}$$

对图 7-13 所示的层状单元，$[D']$ 写为

$$[D']=\frac{E_s}{m}\begin{bmatrix}1-n\mu_n^2 & & (\text{对称})\\ \mu_s+n\mu_n^2 & 1-n\mu_n^2 & \\ 0 & 0 & \dfrac{mG_{sn}}{E_s}\end{bmatrix}$$

$$n=E_n/E_s$$
$$m=(1+\mu_s)(1-\mu_s-2n\mu_n^2)$$

式中　E_s——各向同性面内的弹性模量；

E_n——垂直于层面方向的弹性模量。

上述弹性常数与层面间距有关，假设层面间距为 h，层面之间的岩石是各向同性的，则岩体的有关参数为

$$E_s=E,\quad \mu_s=\mu,\quad E_n=\frac{1}{\left(\dfrac{1}{E}+\dfrac{1}{K_nh}\right)}$$

$$G_{sn}=\frac{1}{\left[\dfrac{2(1+\mu_s)}{E}+\dfrac{1}{K_sh}\right]},\quad \mu_n=E_n\mu/E_s$$

整体坐标下的单元刚度矩阵仍可由一般化公式导出，即

$$[K]^e=\int_v[B]^T[D][B]\mathrm{d}v \tag{7-36}$$

只是对层状岩体，上述公式中的弹性矩阵［D］应采用式（7-35）给出的形式。

第三节　岩土材料非线性本构模型简介

岩土材料的应力应变特性是非常复杂的，建立完全符合岩土变形的本构关系表达式非常困难，迄今为止，人们仅能使这些表达式部分地满足岩土材料的变形特征。目前，在岩土工程界常用的本构模型主要有非线性弹性模型和弹塑性模型，本节予以简要介绍。

一、Duncan-Chang 非线性弹性模型

Duncan-Chang 模型是建立在全量应力应变关系基础上的岩土本构关系模型，此模型也常称双曲线模型。

由土样常规三轴压缩固结试验所得的 $\sigma_1-\sigma_3$ 与 ε_1 的关系曲线可知，土体本构关系曲线的形状非常接近于双曲线，并可用以下函数关系式拟合

$$\sigma_d=\sigma_1-\sigma_3=\frac{\varepsilon_1}{a+b\varepsilon_1} \tag{7-37a}$$

或
$$\frac{\varepsilon_1}{\sigma_d}=a+b\varepsilon_1 \tag{7-37b}$$

常数 a、b 由下面方法确定。

由式（7-37a），当 $\varepsilon_1\rightarrow\infty$ 时，$\sigma_d=(\sigma_1-\sigma_3)_f=\dfrac{1}{b}$，从图 7-14 可以看出，$\dfrac{1}{b}$是该曲线的渐近线，$\sigma_d$ 称为理想状态的极限强度。但是土体的压缩变形不可能很大，当变形到达某一数值时，土体实际上已达到屈服强度 S_0。设 $R_f=S_0/\sigma_d$，称为破坏比，建议值为 0.75～1.0，则

$$\frac{1}{b}=\frac{S_0}{R_f}$$

由式（7－37a）对 ε_1 求导，并令 $\varepsilon_1=0$ 得

$$\frac{1}{a}=\frac{\mathrm{d}(\sigma_1-\sigma_3)}{\mathrm{d}\varepsilon_1}\bigg|_{\varepsilon_1=0}=E_0$$

式中　E_0——土体初始弹性模量。

把系数 a、b 表达式代入式（7－37a）得

$$\sigma_1-\sigma_3=\frac{\varepsilon_1}{\dfrac{1}{E_0}+\dfrac{\varepsilon_1 R_f}{S_0}} \tag{7-38}$$

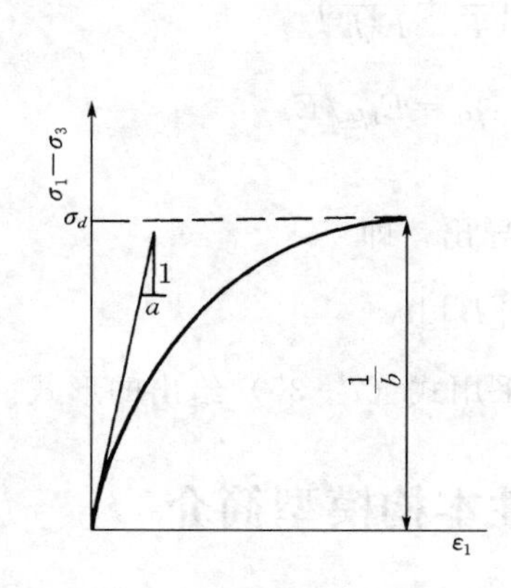

图 7－14　参数 a、b 的确定

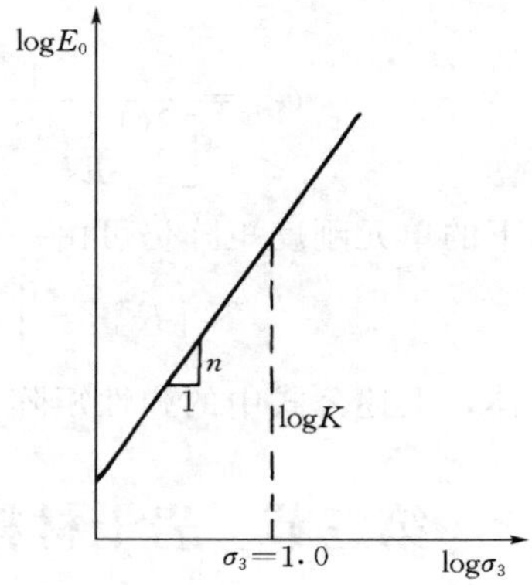

图 7－15　材料常数 k、n 的确定

由上式对 ε_1 求导并注意三轴试验中 σ_3 为常数得切线模量为

$$E_t=\frac{\mathrm{d}(\sigma_1-\sigma_3)}{\mathrm{d}\varepsilon_1}=\frac{\dfrac{1}{E_0}}{\left(\dfrac{1}{E_0}+\dfrac{\varepsilon_1 R_f}{S_0}\right)^2} \tag{7-39}$$

从式（7－38）、式（7－39）两式解得

$$E_t=\left[1-\frac{R_f(\sigma_1-\sigma_3)}{S_0}\right]^2 E_0 \tag{7-40}$$

根据试验 E_0 的计算式可表达为

$$E_0=Kp_a\left(\frac{\sigma_3}{p_a}\right)^n \tag{7-41}$$

式中　p_a——大气压；

K、n——材料常数，可从图 7－15 中得到。

设土体服从莫尔—库仑屈服条件，即

$$(\sigma_1-\sigma_3)_f=\frac{2C\cos\varphi+2\sigma_3\sin\varphi}{1-\sin\varphi} \tag{7-42}$$

由于 $S_0=(\sigma_1-\sigma_3)_f$，把式（7－41）、式（7－42）代入式（7－40）得

$$E_t=Kp_a\left(\frac{\sigma_3}{p_a}\right)^n\left[1-\frac{R_f(1-\sin\varphi)(\sigma_1-\sigma_3)}{2C\cos\varphi+2\sigma_3\sin\varphi}\right]^2 \tag{7-43}$$

用同样方法可得切线泊松比 μ_t。

设轴向应变 ε_1 和侧向应变 ε_3 之间也是双曲线关系，见图 7-16，即

$$\varepsilon_1=\frac{\varepsilon_3}{f+d\varepsilon_3} \tag{7-44a}$$

或

$$\varepsilon_3=(f+d\varepsilon_3)\varepsilon_1 \tag{7-44b}$$

同理，系数 $f=\mu_0$，$d=\dfrac{1}{\varepsilon_1}$。初始泊松比 μ_0 也可由试验得出

$$\mu_0=G-F\log\left(\frac{\sigma_3}{p_a}\right) \tag{7-45}$$

式中　G、F 可从图 7-17 的试验曲线得到。

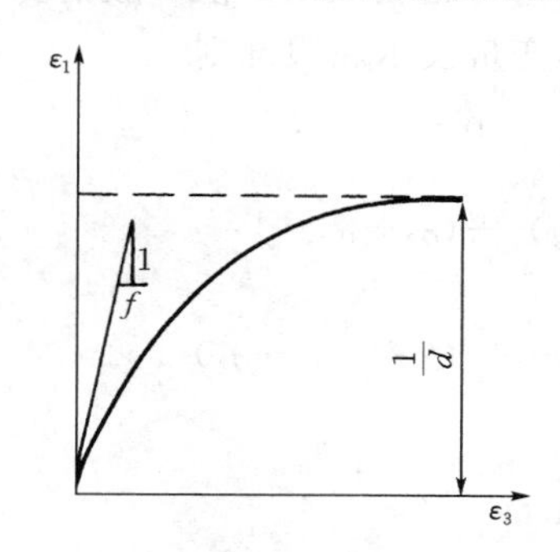

图 7-16　ε_1 与 ε_3 关系曲线

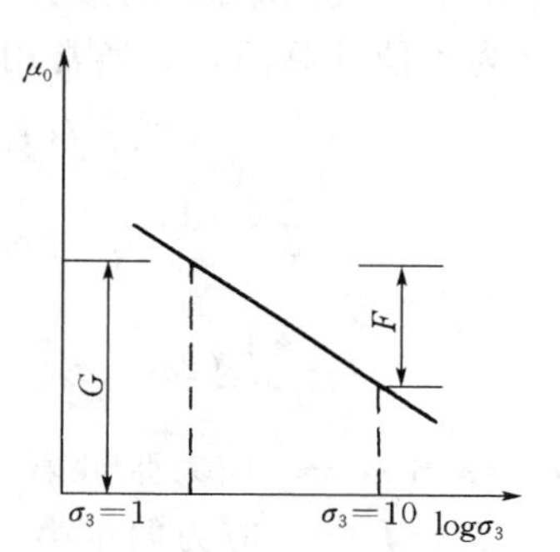

图 7-17　G、F 常数确定

由式（7-44a）对 ε_1 求导得

$$\mu_t=\frac{d\varepsilon_3}{d\varepsilon_1}=\frac{\mu_0}{(1-\varepsilon_3 d)^2}$$

由式（7-38）、式（7-41）及上式可得

$$\mu_t=\frac{G-F\log(\sigma_3/p_a)}{\left\{1-\dfrac{(\sigma_1-\sigma_3)d}{Kp_a\left(\dfrac{\sigma_3}{p_a}\right)^n\left[1-\dfrac{R_f(1-\sin\varphi)(\sigma_1-\sigma_3)}{2C\cos\varphi+2\sigma_3\sin\varphi}\right]}\right\}^2} \tag{7-46}$$

从式（7-43）、式（7-46）得到的 E_t 和 μ_t 即可组成弹性矩阵［D_t］，其元素是随不同应力水平而变化的，其中 8 个系数 K、n、R_f、C、φ、F、G 和 d 的值均可由试验予以确定。卸载路径可以与加载路径一样，也可以假定在卸载瞬时 G_t 突然增加到初始剪切模量 G_0。

二、弹塑性模型

弹塑性体可以分为理想塑性、应变硬化及应变软化三种应力状态。弹塑性材料的一个显著特点是当应力超过屈服点后，应力应变关系呈非线性状态，且加载与卸载的应力路径不一样。对于复杂应力状态材料进行弹塑性分析要有三个基本要求：①需要建立一个符合材料特性的屈服准则；②需要一个确定应力和塑性应变增量相对关系的流动法则；③需要

一个确定屈服后应力状态的硬化定律。

1. 屈服准则

物体受荷载作用后，随着荷载作用增大，由弹性状态过渡到塑性状态，这种过渡叫作屈服。而把物体内某一点开始产生塑性应变时所必须满足的条件叫做屈服准则。屈服准则一般用一函数表示，称为屈服函数。屈服函数在主应力空间中表现为一个曲面，因此也称为屈服面。

理想塑性条件下，屈服准则与应力有关，通常写成下式

$$f(\sigma_{i,j})=0$$

在简单拉压情况下，应用单向拉伸或压缩强度即可作为屈服准则。但一般情况下，它与应力分量有关。为了使计算简化，通常用应力张量不变量表示屈服准则

$$f(I_1,\quad J_2,\quad J_3)=0$$

$$J_2=\frac{1}{6}[(\sigma_1-\sigma_2)^2+(\sigma_2-\sigma_3)^2+(\sigma_3-\sigma_1)^2]$$

$$J_3=\frac{1}{27}(2\sigma_1-\sigma_2-\sigma_3)(2\sigma_2-\sigma_1-\sigma_3)(2\sigma_3-\sigma_1-\sigma_2)$$

式中　$I_1=\sigma_1+\sigma_2+\sigma_3$——应力张量第一不变量；

J_2、J_3——应力偏量第二、第三不变量。

岩土材料一般是强化材料或软化材料，岩石大部分是软化材料。对于这种材料，屈服准则还与历史上是否曾经加荷有关，因而屈服准则除与应力有关外，还与物体过去的加荷历史有关。因此，这时的屈服准则（称为加载准则 ϕ）还与加荷的历史有关，其表达式为

$$\phi(\sigma_{ij},H_\alpha)=0$$

式中　H_α——表征由于塑性变形而引起物质结构变化的参量，一般称为硬化参量，它们与塑性变形的历史有关，可以是塑性应变的各分量、塑性剪应变、塑性体应变及塑性功等，这些参量都能表征其加荷的历史。

目前，理想塑性屈服准则常用的有10多种，但在岩土工程中应用较广泛的有莫尔—库仑（Morh-Coulomb）准则和德鲁克—普拉格（Drucker-Prager）准则，鉴于莫尔—库仑准则在计算上存在的困难，弹塑性有限元程序中大都采用德鲁克—普拉格屈服准则。为了便于弹塑性本构方程的程序实施，徐干成、郑颖人等提出了一种理想塑性屈服准则的统一表达式，并提出了莫尔—库仑等面积圆屈服准则的概念。统一表达式即将各屈服准则写成广义冯·米赛斯（Von Mises）屈服条件形式，采用德鲁克—普拉格准则（即莫尔—库仑屈服准则内切圆）相同的方法编制程序。对于类似莫尔—库仑这样在 π 平面上为非圆形的屈服曲线，则可用广义冯·米赛斯圆曲线去逼近。

统一表达式为

$$f=\alpha' I_1+\sqrt{J'_2}-k'=0 \tag{7-47}$$

式中　α'、k'——应力不变量的函数，其值列于表7-1。

表 7-1　　**屈服准则统一表达式系数 α'、k' 值**

屈服条件			α'	k'	J'_2
π 平面上曲线形状	广义米赛斯	外接圆	$\frac{2\sin\varphi}{\sqrt{3}(3-\sin\varphi)}$	$\frac{6C\cos\varphi}{\sqrt{3}(3-\sin\varphi)}$	J_2
		内接圆	$\frac{2\sin\varphi}{\sqrt{3}(3+\sin\varphi)}$	$\frac{6C\cos\varphi}{\sqrt{3}(3+\sin\varphi)}$	J_2
		内切圆	$\frac{\sin\varphi}{\sqrt{3}\sqrt{3+\sin^2\varphi}}$	$\frac{\sqrt{3}C\cos\varphi}{\sqrt{3+\sin^2\varphi}}$	J_2
		等面积圆	$\frac{\sin\varphi}{\sqrt{3}(\sqrt{3}\cos\theta_\sigma^*-\sin\theta_\sigma^*\sin\varphi)}$	$\frac{\sqrt{3}C\cos\varphi}{\sqrt{3}\cos\theta_\sigma^*-\sin\theta_\sigma^*\sin\varphi}$	J_2
	米赛斯		0	C	J_2
	广义屈瑞斯加	对应外接圆	$\frac{\sin\varphi}{\cos\theta_\sigma(\sqrt{3}-\sin\varphi)}$	$\frac{3C\cos\varphi}{\cos\theta_\sigma(\sqrt{3}-\sin\varphi)}$	J_2
		对应内接圆	$\frac{\sin\varphi}{\cos\theta_\sigma(\sqrt{3}+\sin\varphi)}$	$\frac{3C\cos\varphi}{\mathrm{con}\theta_\sigma(\sqrt{3}+\sin\varphi)}$	J_2
		对应内切圆	$\frac{\sin\varphi}{2\cos\theta_\sigma\sqrt{3+\sin^2\varphi}}$	$\frac{3C\cos\varphi}{2\cos\theta_\sigma\sqrt{3+\sin^2\varphi}}$	J_2
	屈瑞斯加		0	$\frac{C}{\cos\theta_\sigma}$	J_2
	莫尔—库仑		$\frac{1}{3}\tan\bar{\varphi}g'(\theta_\sigma)$	$\bar{C}g'(\theta_\sigma)$	J_2
	辛克维兹—潘迪		$\frac{1}{3}\tan\bar{\varphi}g''(\theta_\sigma)$	$\bar{C}g''(\theta_\sigma)$	J_2
子午面上曲线形状	双曲线		$\frac{1}{3}\tan\bar{\varphi}g''(\theta_\sigma)$	$\bar{C}g''(\theta_\sigma)$	$J_2+\left[\frac{a\tan\bar{\varphi}}{g''(\theta_\sigma)}\right]^2$
	抛物线		$\frac{1}{3a}\frac{[g''(\theta_\sigma)]^2}{\sqrt{J_2}}$	$\frac{d}{a}\frac{[g(\theta_\sigma)]^2}{\sqrt{J_2}}$	J_2
	椭圆		$\left[\tan^2\bar{\varphi}\frac{I_1}{9}-\frac{2}{3}(a-a_1)\tan^2\bar{\varphi}\right]\times\frac{[g''(\theta_\sigma)]^2}{\sqrt{J_2}}$	$\tan\bar{\varphi}(2a-\bar{C}\tan\bar{\varphi})\times\bar{C}\frac{[g''(\theta_\sigma)]^2}{\sqrt{J_2}}$	J_2

其中
$$\tan\bar{\varphi}=\frac{6\sin\varphi}{\sqrt{3}(3-\sin\varphi)},\quad \bar{C}=\frac{6C\cos\varphi}{\sqrt{3}(3-\sin\varphi)}$$

对于 π 平面上的莫尔—库仑屈服曲线有

$$g'(\theta_\sigma)=\frac{3-\sin\varphi}{2\sqrt{3}\left(\cos\theta_\sigma-\frac{1}{\sqrt{3}}\sin\theta_\sigma\sin\varphi\right)} \tag{7-48a}$$

式中　θ_σ——π 平面上应力矢量与 σ'_2 轴垂线间的夹角，即

$$\theta_\sigma=\frac{1}{3}\sin^{-1}\left[-\frac{3\sqrt{3}}{2}\frac{J_3}{(J_2)^{3/2}}\right]\quad\left(-\frac{\pi}{6}\leqslant\theta_\sigma\leqslant\frac{\pi}{6}\right)$$

式中　J_2、J_3——应力偏量第二、第三不变量。

为避免 $\theta_\sigma=\pm\dfrac{\pi}{6}$ 处屈服曲线的奇异点，可采用辛克维兹—潘迪的修圆公式

$$g''(\theta_\sigma)=\frac{2K}{(1+K)-(1-K)\sin3\theta_\sigma},\quad K=\frac{3-\sin\varphi}{3+\sin\varphi} \tag{7-48b}$$

π 平面上各屈服曲线形状如图 7-18 所示。

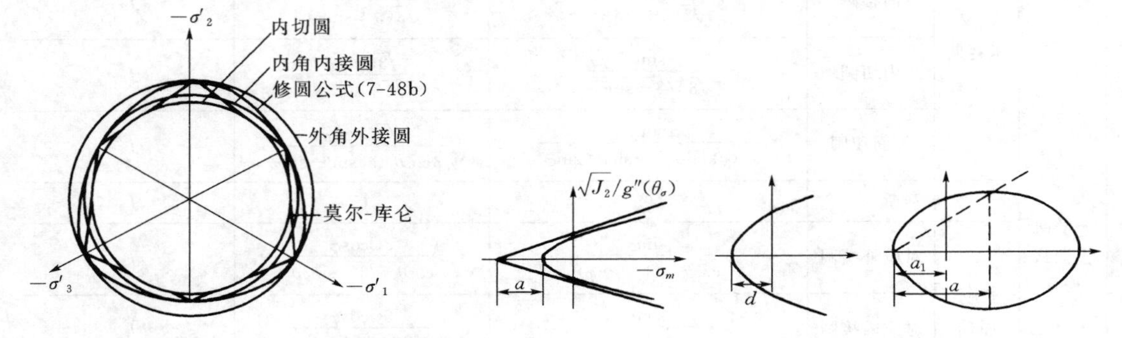

图 7-18　π 平面上屈服曲线比较　　　　图 7-19　子午面上屈服曲线比较

子午平面上屈服曲线有零次型、一次型和二次型，二次型屈服曲线可以是双曲线、抛物线和椭圆，如图 7-19 所示。

对于 π 平面上非圆形屈服曲线，可找出一个面积与非圆屈服曲线围成的面积相等的圆屈服曲线，按此圆屈服曲线算得的结果与非圆屈服曲线的真实值最为接近，我们称此圆屈服曲线为非圆屈服曲线的等面积圆屈服准则。

对于莫尔—库仑准则，按照两者面积相等的原理有

$$\theta_\sigma^*=\sin^{-1}\left[\frac{\dfrac{-2A}{3}\sin\varphi+\sqrt{\dfrac{4A^2}{9}\sin^2\varphi-4\left(\dfrac{\sin^2\varphi}{3}+1\right)\left(\dfrac{A^2}{3}-1\right)}}{2\left(\dfrac{\sin^2\varphi}{3}+1\right)}\right] \tag{7-49a}$$

其中

$$A=\sqrt{\frac{\pi(9-\sin^2\varphi)}{6\sqrt{3}}}$$

根据统一屈服准则表达式（7-47）可得

$$\left.\begin{aligned}\alpha'&=\frac{\sin\varphi}{\sqrt{3}(\sqrt{3}\cos\theta_\sigma^*-\sin\theta_\sigma^*\sin\varphi)}=\frac{2\sqrt{3}\sin\varphi}{\sqrt{2\sqrt{3}\pi(9-\sin^2\varphi)}}\\ k'&=\frac{\sqrt{3}C\cos\varphi}{\sqrt{3}\cos\theta_\sigma^*-\sin\theta_\sigma^*\sin\varphi}=\frac{6\sqrt{3}C\cos\varphi}{\sqrt{2\sqrt{3}\pi(9-\sin^2\varphi)}}\end{aligned}\right\} \tag{7-49b}$$

然后按照德鲁克—普拉格准则采用的方法编制程序，不但程序编制简单，而且可以获得足够的精度。

2. *流动法则*

流动法则是塑性理论中的一个重要法则，塑性应变增量 $d\varepsilon_{ij}^p$ 与应力增量无关，但与应力存在如下关系

$$d\varepsilon_{ij}^p=d\lambda\,\frac{\partial f}{\partial\sigma_{ij}}$$

式中　$d\lambda$——一个非负的系数；

f——屈服函数，上式称为流动法则。

由此式可见，塑性应变增量方向总是与屈服面正交。

对岩土材料，上式需改为

$$d\varepsilon_{ij}^{p}=d\lambda\frac{\partial g}{\partial\sigma_{ij}}$$

$$g=g(I_1,\quad J_2,\quad J_3)$$

式中　g——塑性势函数或塑性势面。

因而，塑性应变增量方向与塑性势面正交。当 $g=f$ 时，上述流动法则为相关联流动法则，否则称为非相关联流动法则。

3. 硬化定律

已知对于硬化（或软化）材料，屈服面（即加载面）将随着硬化参量 H_α 变化而不断扩大（或缩小）。通常，称屈服面随硬化参量而变化的关系为硬化定律。

理想塑性材料屈服准则与应力历史无关，亦即屈服准则与硬化参量无关，因而不必引入硬化定律。

4. 加卸载准则

材料进入塑性后，加载状态和卸载状态的本构关系是不同的。对于理想塑性材料，应力在屈服面上移动称为加载状态，即 $df=0$；应力由屈服面回到屈服面内，称为卸载状态，即 $df<0$；对于硬化材料，应力由一屈服面进入到另一屈服面，称为加载状态，此时 $\frac{\partial\phi}{\partial\sigma_{ij}}d\sigma_{ij}>0$。应力在屈服面上移动称为中性变载，此时 $\frac{\partial\phi}{\partial\sigma_{ij}}d\sigma_{ij}=0$，并且不产生塑性变形；应力由屈服面回到屈服面内称为卸载状态，$\frac{\partial\phi}{\partial\sigma_{ij}}d\sigma_{ij}<0$。上述 $df=0$，$df<0$ 即为理想塑性材料的判断准则。

而

$$\frac{\partial\phi}{\partial\sigma_{ij}}d\sigma_{ij}>0,\quad \frac{\partial\phi}{\partial\sigma_{ij}}d\sigma_{ij}=0,\quad \frac{\partial\phi}{\partial\sigma_{ij}}d\sigma_{ij}<0$$

即为硬化材料的加卸载判别准则。

三、剑桥模型

剑桥模型描述了应变增量与有效应力之间的弹塑性本构关系，可看作是弹塑性模型的推广，该模型从试验和理论上较好地阐明了土体弹塑性特性，尤其考虑了土的塑性体积变形，因而一般认为，剑桥模型的问世，标志着土体本构理论发展新阶段的开始。

剑桥模型是由英国剑桥大学 Roscoe 及其同事于 1963 年提出的，之后 Burland（1965）对其进行了修正，提出了修正剑桥模型，下面主要介绍修正剑桥模型。

修正剑桥模型根据能量方程，重新导得了剑桥模型的屈服曲线，该屈服曲线在 p'—q 坐标上为一椭圆（图 7-20），其表达式为

$$p'\left[\frac{(q/p')^2+M^2}{M^2}\right]=p'_0 \tag{7-50a}$$

其中

$$p'=\frac{1}{3}(\sigma'_1+\sigma'_2+\sigma'_3)$$

$$q=\frac{1}{\sqrt{2}}[(\sigma'_1-\sigma'_2)^2+(\sigma'_2-\sigma'_3)^2+(\sigma'_3-\sigma'_1)^2]^{\frac{1}{2}}$$

$$M=\frac{6\sin\varphi'}{3-\sin\varphi'}$$

式中　φ'——土体有效摩擦角。

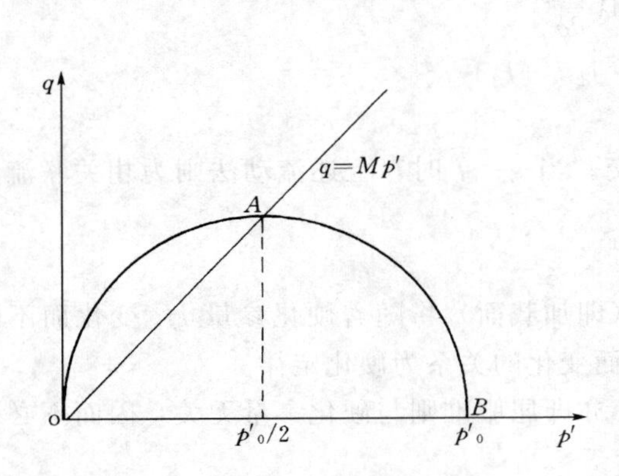

图 7-20　修正剑桥模型的屈服面

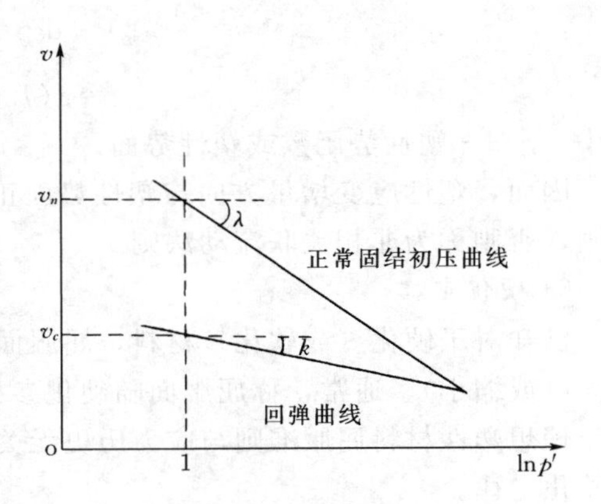

图 7-21　等向压缩与膨胀

将式（7-50a）写成下式

$$p'\left(1+\frac{\eta^2}{M}\right)=p'_0 \tag{7-50b}$$

其中

$$\eta=q/p'$$

方程式（7-50b）两边取对数

$$\ln p'_0=\ln p+\ln\left(1+\frac{\eta^2}{M}\right) \tag{7-51}$$

由图 7-21 等向压缩与膨胀曲线所示，$p'=1$ 处的塑性比容变化为

$$\Delta v^p=v_c-v_n=-(\lambda-k)\ln p'_0$$

故相应的塑性体应变为

$$\varepsilon_v^p=-\frac{\Delta v^p}{v_c}=\frac{\lambda-k}{v_c}\ln p'_0 \tag{7-52}$$

或

$$\ln p'_0=\frac{v_c}{\lambda-k}\varepsilon_v^p$$

由式（7-52）和式（7-51）可得

$$\varepsilon_v^p=\frac{\lambda-k}{v_c}\left[\ln p'+\ln\left(1+\frac{\eta^2}{M^2}\right)\right] \tag{7-53}$$

上式是全量型的塑性体应变与应力 p'、q 的本构关系，对其微分后，可得增量型的关系

$$\mathrm{d}\varepsilon_v^p=\frac{\lambda-k}{v_c}\left(\frac{\mathrm{d}p'}{p'}+\frac{2\eta\mathrm{d}\eta}{M^2+\eta^2}\right)$$

按上式加上弹性应变增量 $\mathrm{d}\varepsilon_v^e$ 后可得

$$\mathrm{d}\varepsilon_v=\frac{\lambda-k}{v_c}\left[\frac{\lambda\mathrm{d}p}{(\lambda-k)p}+\frac{2\eta\mathrm{d}\eta}{M^2+\eta^2}\right] \tag{7-54}$$

另外，剑桥模型塑性能量可表示为

$$dW^p = p' d\varepsilon_v^p + q d\bar{\gamma}^p \tag{7-55}$$

由图 7-20，在 A 点，$d\varepsilon_v^p = 0$，$q = Mp'$，于是有

$$(dW^p)_{q=Mp'} = p' M d\bar{\gamma}^p$$

在 B 点，$q=0$，$d\bar{\gamma}^p = 0$，于是有

$$(dW^p)_{q=0} = p' d\varepsilon_v^p$$

满足上两式的普遍表达式可写为

$$dW^p = p'[(d\varepsilon_v^p)^2 + (Md\bar{\gamma}^p)^2]^{1/2} \tag{7-56}$$

结合式（7-55）和式（7-56）可得

$$\frac{d\varepsilon_v^p}{d\bar{\gamma}^p} = \frac{M^2 - \eta^2}{2\eta}$$

考虑到 $d\bar{\gamma}^e = 0$，则有

$$d\bar{\gamma} = d\bar{\gamma}^p = \frac{2\eta}{M^2 - \eta^2} d\varepsilon_v^p$$

将式（7-54）代入上式有

$$d\bar{\gamma} = \frac{\lambda - k}{v} \frac{2\eta}{M^2 - \eta^2}\left(\frac{dp'}{p'} + \frac{2\eta d\eta}{M^2 + \eta^2}\right) \tag{7-57}$$

联合式（7-54）与式（7-57）得到剑桥模型的弹塑性矩阵

$$\begin{Bmatrix} d\varepsilon_v \\ d\bar{\gamma} \end{Bmatrix} = \frac{\lambda - k}{vp'} \frac{2\eta}{M^2 + \eta^2} \begin{bmatrix} \frac{\lambda}{\lambda - k} \frac{M^2 + \eta^2}{2\eta} & 1 \\ 1 & \frac{2\eta}{M^2 - \eta^2} \end{bmatrix} \begin{Bmatrix} dp' \\ dq \end{Bmatrix} \tag{7-58}$$

由式（7-58）可见，弹塑性矩阵中所有的元素均不为零，表示剑桥模型可考虑剪胀（缩）性。

剑桥模型除了弹性参数外，只有三个模型参数，即 λ、k、M（或 φ'），这三个参数均可利用常规三轴试验测定。

四、饱和砂土弹塑性动本构模型

该模型由国内徐干成、谢定义、郑颖人等提出，它基于 Prevost 提出的套叠屈服面概念，采用各向同性硬化和运动硬化组合的硬化准则，以振动残余孔压作为硬化参量，建立一套屈服面胀缩平移以及弹塑性模量随硬化参量而变化的实用描述方法。

1. 破坏面和屈服面

破坏面采用莫尔—库仑等面积圆锥破坏面，即

$$F = \left[\frac{3}{2} s_{ij} s_{ij}\right]^{\frac{1}{2}} - I_1 k_2 = 0 \tag{7-59}$$

其中

$$I_1 = \sigma_{11} + \sigma_{22} + \sigma_{33}$$

$$s_{ij} = \sigma_{ij} - \frac{\sigma_{kk}}{3}\delta_{ij}$$

$$k_2 = g'(\theta_\sigma^*) k_1$$

式中　I_1——有效应力张量第一不变量；

s_{ij}——偏应力张量；

k_1——材料的破坏参数；

k_2——表示材料的等效破坏参数；

$g'(\theta_\sigma^*)$ 见式（7-48a）；

θ_σ^* 表达式见式（7-49a）。

模型采用各向异性塑性硬化模量场理论，引入套叠屈服面场，屈服函数为

$$f=\left[\frac{3}{2}(s_{ij}-\alpha_{ij}^{(m)})(s_{ij}-\alpha_{ij}^{(m)})\right]^{\frac{1}{2}}-I_1k_2^{(m)}=0 \tag{7-60}$$

式中：$\alpha_{ij}^{(m)}$、$k_2^{(m)}$ 为第 m 个屈服面运动硬化和各向同性硬化参数。式（7-60）表示一族莫尔—库仑等面积圆锥屈服面，在应力空间中的形状如图 7-22 所示。

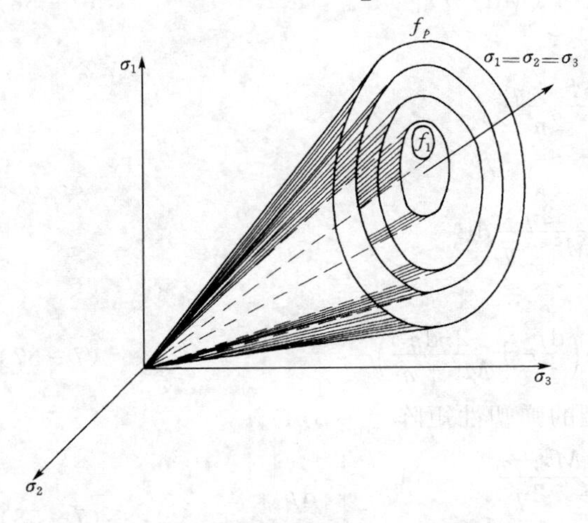

图 7-22　套叠屈服面在应力空间中的分布

2．塑性流动法则及其硬化定律

令 g 为塑性势函数，Q_{ij} 和 P_{ij} 分别表示屈服面 f 和塑性势面 g 外法线单位张量，即

$$Q_{ij}=\frac{\partial f/\partial\sigma_{ij}}{\dfrac{\partial f}{\partial\sigma_{ij}}\dfrac{\partial f}{\partial\sigma_{ij}}},\quad P_{ij}=\frac{\partial g/\partial\sigma_{ij}}{\dfrac{\partial g}{\partial\sigma_{ij}}\dfrac{\partial g}{\partial\sigma_{ij}}}$$

那么塑性应变分量可写为

$$d\varepsilon_{ij}^p=d\lambda P_{ij} \tag{7-61}$$

式中　$d\lambda$——塑性应变增量的大小；

P_{ij}——塑性应变增量的方向，计算 P_{ij} 的规则称为流动法则。

为方便起见，将 P_{ij} 分解为偏分量 P_{ij}^s 和球分量 P_{ij}^v，即

$$P_{ij}=P_{ij}^s+P_{kk}^v\delta_{ij}$$

其中

$$P_{ij}^s=\frac{\left[\dfrac{\partial g}{\partial\sigma_{ij}}-\dfrac{1}{3}\left(\dfrac{\partial g}{\partial\sigma_{kl}}\delta_{kl}\right)\delta_{ij}\right]}{\left(\dfrac{\partial g}{\partial\sigma_{kl}}\dfrac{\partial g}{\partial\sigma_{kl}}\right)^{\frac{1}{2}}}$$

$$P_{kk}^v=\frac{\dfrac{1}{3}\dfrac{\partial g}{\partial\sigma_{kl}}\delta_{kl}}{\left(\dfrac{\partial g}{\partial\sigma_{kl}}\dfrac{\partial g}{\partial\sigma_{kl}}\right)^{\frac{1}{2}}}$$

同理 Q 也可写成如下形式

$$Q_{ij}=Q_{ij}^s+Q_{kk}^v\delta_{ij}$$

如 $P_{ij}=Q_{ij}$，则流动法则为相关联，否则为非相关联。本模型采用相关联流动法则。

对于硬化定律，本模型采用各向同性硬化与运动硬化组合形式，表达式为

$$\left.\begin{aligned}d\alpha_{ij}&=\left\{a\,d\varepsilon_{kl}^p\delta_{kl}+b\left(\frac{2}{3}de_{kl}^p de_{kl}^p\right)^{\frac{1}{2}}\right\}\mu_{ij}\\ dk&=c\,d\varepsilon_{kl}^p\delta_{kl}+d\left(\frac{2}{3}de_{kl}^p de_{kl}^p\right)^{\frac{1}{2}}\end{aligned}\right\} \tag{7-62}$$

其中 $\mathrm{d}\varepsilon_{kl}^{p}\delta_{kl}=3\mathrm{d}\lambda P_{kk}^{v}$，$\mathrm{d}e_{ij}^{p}=\mathrm{d}\lambda P_{ij}^{s}$

砂土在循环荷载作用下，屈服面随应力点一起移动，一方面屈服面在偏应力空间中作平移运动，另一方面，屈服面在移动过程中，其尺寸大小 $k^{(m)}=I_1k_2^{(m)}$ 要胀缩，屈服面的胀缩平移规律可以用一个反映循环加载期间应力应变历史的硬化参量来表示。本模型采用总偏应变路径长度作为硬化参量，即

$$\bar{\varepsilon}=\int\left(\frac{2}{3}\mathrm{d}e_{ij}\mathrm{d}e_{ij}\right)^{\frac{1}{2}}$$

总应变路径长度是一个单调增加的不变量，另一方面，不排水饱和砂土在循环荷载作用下土中残余孔压也是一个单调增加的不变量。事实上，偏应变路径长度可以用残余孔压累积值来表示，故可采用残余孔压值作为硬化参量，而把屈服面的瞬时平移量、胀缩量及相应的弹塑性模量变化表示为归一化孔压的函数。

3. 增量应力应变方程

假设砂土材料的弹性性质是线弹性且各向同性，非线性和各向异性的影响在材料的塑性中考虑，弹性性质由广义虎克定律描述，即

$$\mathrm{d}\sigma_{ij}=E_{ijkl}(\mathrm{d}\varepsilon_{kl}-\mathrm{d}\varepsilon_{kl}^{p})\tag{7-63}$$

$$E_{ijkl}=\left(K-\frac{2G}{3}\right)\delta_{ij}\delta_{kl}+G(\delta_{ik}\delta_{jl}+\delta_{il}\delta_{jk})$$

式中　K、G——弹性体积模量和剪切模量。

土材料在外载作用下进入塑性流动期间应力点始终保持在屈服面 $f(\sigma_{ij},\alpha_{ij},k)=0$ 上，即必须满足如下相容条件

$$\mathrm{d}f=\frac{\partial f}{\partial\sigma_{ij}}\mathrm{d}\sigma_{ij}+\frac{\mathrm{d}f}{\partial\alpha_{ij}}\mathrm{d}\alpha_{ij}+\frac{\mathrm{d}f}{\partial k}\mathrm{d}k=0\tag{7-64}$$

将式（7－62）代入上式得塑性加载系数为

$$\mathrm{d}\lambda=\frac{Q_{ij}E_{ijkl}\mathrm{d}\varepsilon_{kl}}{H_0-\frac{1}{N}\left[\beta_1\frac{\partial f}{\partial\alpha_{ij}}\mu_{ij}+\beta_2\frac{\partial f}{\partial k}\right]}$$

其中

$$H_0=KQ_{ij}\delta_{ij}P_{kl}\delta_{kl}+2GP_{kl}^{s}Q_{kl}^{s}$$

$$\beta_1=3aP_{kk}^{v}+b\left(\frac{2}{3}P_{kl}^{s}P_{kl}^{s}\right)^{\frac{1}{2}}$$

$$\beta_2=3cP_{kk}^{v}+\mathrm{d}\left(\frac{2}{3}P_{kl}^{s}P_{kl}^{s}\right)^{\frac{1}{2}}$$

令 $H'=-\frac{1}{N}\left[\beta_1\frac{\partial f}{\partial\alpha_{ij}}\mu_{ij}+\beta_2\frac{\partial f}{\partial k}\right]$，则 $\mathrm{d}\lambda$ 可写为

$$\mathrm{d}\lambda=\frac{Q_{ij}E_{ijkl}\mathrm{d}\varepsilon_{kl}}{H'+H_0}$$

式中　H'——塑性硬化模量。

组合式（7－61）、式（7－63）及上式可得

$$\mathrm{d}\sigma_{ij}=\left(E_{ijkl}-\frac{E_{ijkl}P_{kl}Q_{ij}E_{ijkl}}{H'+H_0}\right)\mathrm{d}\varepsilon_{kl}\tag{7-65}$$

式（7－65）即为砂土材料在循环加载条件下，一般形式的弹塑性应力应变关系表达式。

由于本模型采用偏平面应力空间和各向同性应力空间共同来描述屈服面在应力空间中的运动，即假定在某一计算时段内，屈服面只在与该时段有效平均应力张量相应的偏平面内随循环应力点运动，到下一个计算时段，土体中残余孔压要改变，因而平均应力张量也相应改变，各套叠屈服面要发生胀缩，此时屈服面再在与改变后的平均应力张量相应的平面内运动，随计算时段的变化依次类推。故下面有关公式将在与某一平均应力张量对应的偏平面空间中来讨论。

由式（7-60）求得$\frac{\partial f}{\partial \sigma_{ij}}$，$\frac{\partial f}{\partial \alpha_{ij}}$及$\frac{\partial f}{\partial k}$代入$H'$表达式可得塑性模量为

$$H'^{(m)}=\beta_1 Q_{ij}^{(m)}\mu_{ij}^{(m)}+\sqrt{\frac{2}{3}}\beta_2$$

由相容条件式（7-64）可得塑性加载系数为

$$\mathrm{d}\lambda=\frac{H_0}{H'^{(m)}+H_0}\sqrt{\frac{3}{2}}\frac{(s_{ij}-\alpha_{ij}^{(m)})\mathrm{d}\varepsilon_{ij}}{I_1 k_2^{(m)}}$$

式中　$H_0=2G$。

然后由式（7-65）可写出增量应力应变关系为

$$\mathrm{d}\sigma_{ij}=\left(K-\frac{2G}{3}\right)\mathrm{d}\varepsilon_{kk}\delta_{ij}+2G\mathrm{d}\varepsilon_{ij}-(2G-H^{(m)})\frac{3}{2}\frac{s_{ij}-\alpha_{ij}^{(m)}}{[I_1 k_2^{(m)}]^2}(s_{kl}-\alpha_{kl}^{(m)})\mathrm{d}\varepsilon_{kl}$$

或

$$\mathrm{d}e_{ij}=\frac{\mathrm{d}s_{ij}}{2G}+\frac{3}{2H'^{(m)}}\frac{s_{ij}-\alpha_{ij}^{(m)}}{[I_1 k_2^{(m)}]^2}(s_{kl}-\alpha_{kl}^{(m)})\mathrm{d}s_{kl} \tag{7-66}$$

式中　$H^{(m)}$——弹塑性剪切模量。

$$H^{(m)}=\frac{1}{\frac{1}{2G}-\frac{1}{H'^{(m)}}}$$

4. *屈服面在应力空间中的运动*

式（7-59）定义的破坏面是应力空间中的一个几何边界，应力点及所有内屈服面都不得越过该几何边界，所有屈服面在应力空间中可随应力点一起平移，而不发生形状改变或发生旋转，在加卸载过程中，各屈服面依次相互接触、推移，但不得相交。在任一个瞬时，屈服面的排列由加卸载时控制每一个屈服面平移和胀缩规律的参数以及屈服面方程确定，当向土体施加一个应力（应变）张量时，对应的应变（应力）增量由屈服面的胀缩量和平移量来决定，其中的胀缩量和平移量由下式获得

$$\mathrm{d}\alpha_{ij}^{(m)}=\mathrm{d}\lambda\beta_1\mu_{ij}^{(m)} \tag{7-67}$$

$$\mathrm{d}[I_1 k_2^{(m)}]=\mathrm{d}\lambda\beta_2$$

其中

$$\beta_1=b\left[\frac{2}{3}Q_{kl}^{s(m)}Q_{kl}^{s(m)}\right]^{\frac{1}{2}},\quad \beta_2=\mathrm{d}\left[\frac{2}{3}Q_{kl}^{s(m)}Q_{kl}^{s(m)}\right]^{\frac{1}{2}}$$

首先，在各向同性应力轴空间中，当循环荷载的作用引起残余孔压的不断累积，土体中有效应力不断减小，有效应力张量第一不变量也相应减小，屈服面不断朝应力空间原点移动，直至饱和土样达到液化为止。所以套叠屈服面在应力空间中的胀缩规律由残余孔压累积值控制。

其次，在偏应力空间中，各屈服面随着偏应力张量的变化（对应某一有效平均应力）

发生平移和胀缩，并假设发生的平移和胀缩满足如下条件

$$\frac{s_{ij}-\alpha_{ij}^{(m)}}{k^{(m)}}=\frac{s_{ij}-\alpha_{ij}^{(m-1)}}{k^{(m-1)}}=\cdots=\frac{s_{ij}-\alpha_{ij}^{(1)}}{k^{(1)}} \tag{7-68}$$

即各屈服面在平移过程中按比例膨胀或缩小以免发生相互重叠或交叉，如图 7－23 所示。屈服面的瞬时平移量为

$$d\alpha_{ij}^{(m)}=d\xi\mu_{ij}^{(m)} \tag{7-69}$$

$$\mu_{ij}=s_{ij}^{(m+1)}-s_{ij}^{(m)} \tag{7-70}$$

式中　$d\xi$——屈服面中心移动距离大小；

$\mu_{ij}^{(m)}$——第 m 个屈服面中心移动的方向张量。

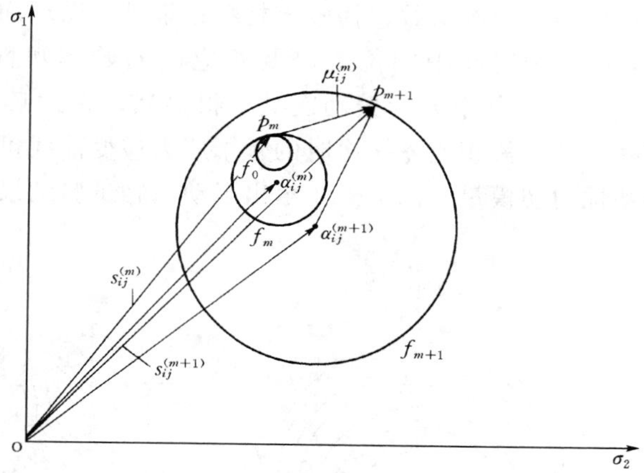

图 7－23　偏平面上屈服面的平移规则

结合式（7－68）和式（7－70）有

$$\mu_{ij}=\frac{1}{[I_1k^{(m)}]}\times\{(I_1k_2^{(m+1)}-I_1k_2^{(m)})s_{ij}-(\alpha_{ij}^{(m)}I_1k_2^{(m+1)}-\alpha_{ij}^{(m+1)}I_1k_2^{(m)})\}$$

式（7－69）中的 $d\xi$ 由运动以后的屈服面在新的应力点上仍保持 Prager 相容条件式（7－64）得

$$d\xi=\frac{\left(\frac{3H^{(m)}}{2}\right)(s_{ij}-\alpha_{ij}^{(m)})de_{ij}-I_1k_2^{(m)}d[I_1k_2^{(m)}]}{[I_1k_2^{(m+1)}][I_1k_2^{(m)}]-\frac{3}{2}(s_{ij}-\alpha_{ij}^{(m+1)})(s_{ij}-\alpha_{ij}^{(m)})}$$

另外，如果应力点因卸载或反向加载而离开屈服面 f_m，则应力点首先在 f_1 屈服面内移动，随后应力点在相反方向再次到达 f_1，然后 f_1 随应力点一起依次朝 f_2，f_2，…，f_m 移动，相应的塑性模量依次为 $H'^{(1)}$，$H'^{(2)}$，…，$H'^{(m)}$。此时仍然用方程式（7－66）计算应变增量张量，但需将塑性模量换为卸载及反向加载时塑性模量的相应值。

5. 模型在常规振动试验条件下的简化及其参数确定

对于某一瞬时的计算时段，不排水饱和砂土在循环荷载作用下的屈服函数如式（7－60），该函数在三维应力空间中描述了一族顶点在坐标原点，其轴线在应力空间中可转动的锥面，但对循环动三轴、动扭剪及动单剪试验条件，该屈服函数可进一步简化为

$$\{[(\sigma_y-\sigma_x)-(\alpha_y^{(m)}-\alpha_x^{(m)})]^2+(\sqrt{3}\tau_{xy}-\sqrt{3}\alpha_{xy}^{(m)})^2\}^{\frac{1}{2}}-I_1k_2^{(m)}=0$$

相应地，应力应变关系式（7－66）可简化为

$$\left.\begin{aligned}d\bar{\gamma}&=\frac{2}{3H^{(m)}}dq\\ d\gamma_{xy}&=\frac{2}{H^{(m)}}d\tau_{xy}\end{aligned}\right\} \tag{7-71}$$

$$\bar{\gamma}=\frac{2}{3}(\varepsilon_y-\varepsilon_x)$$

$$q=\sigma_y-\sigma_x$$

式中 $\bar{\gamma}$——广义剪应变；

q——广义剪应力；

$H^{(m)}$——屈服面 f_m 相应的弹塑性剪切模量。

模型所需的参数包括砂土材料在不排水循环加载之前，屈服面场中各屈服面的初始尺寸，在应力空间中的位置以及相应的初始弹塑性剪切模量，即 $k^{(m)}\mid_{n=0}$，$\alpha_{ij}^{(m)}\mid_{n=0}$ 及 $H^{(m)}\mid_{n=0}$，其中 n 为振动次数。很显然，在循环加载之前，土中残余孔压为零，因此，零残余孔压累积或零振次时的骨干应力应变曲线可完全确定各初始屈服面的位置、尺寸及弹塑性剪切模量。图 7-24 示出了动三轴试验结果确定模型参数的方法。

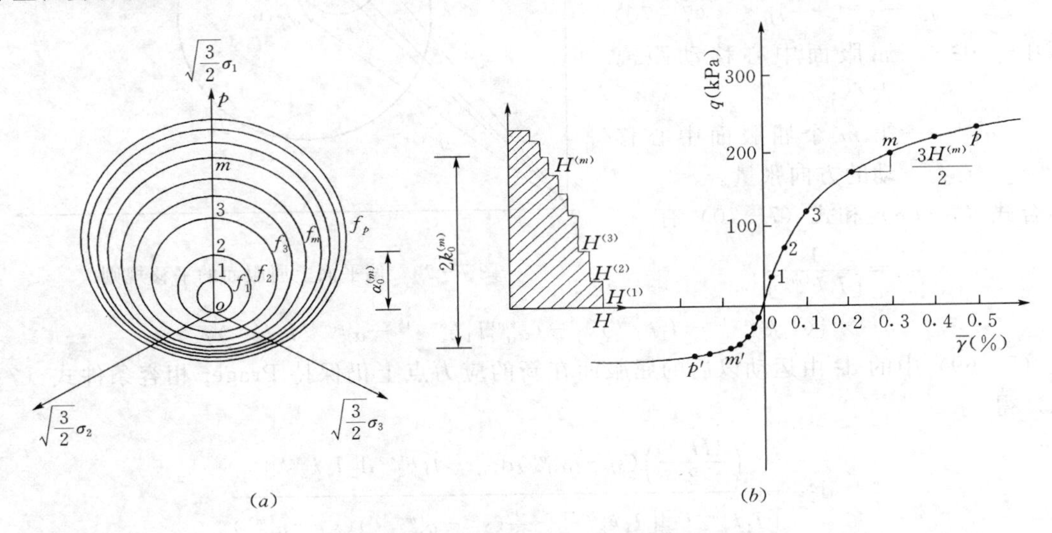

图 7-24 动三轴试验模型参数确定

6. 屈服面和相应弹塑性模量的变化规律

既然循环加载试验的初始骨干曲线已经确定，那么在循环荷载作用期间，屈服面的位置和尺寸在应力空间中的变化及弹塑性模量的改变就可由这些骨干加载曲线随加载的继续而发生的变化来确定，因为土样在循环荷载作用下，只要把动荷载的峰值点，即应力反向点的应力应变关系确定出来，而各应力反向点之间的加卸载应力应变滞回曲线可按照各向异性塑性理论来确定。如图 7-24 所示，当应力点从 o 点开始在 f_1 内移动，相应的模量为 $H^{(1)}$，当应力点到达 f_1 之后，拖着 f_1 朝 f_2 移动，直至与 f_2 接触，在这之间，相应的模量为 $H^{(2)}$。如果屈服面随应力点运动到 f_m，然后开始卸载，应力点仍然在 f_1 内运动，直至相反方向与 f_1 接触，在这之间相应的模量仍用 $H^{(1)}$，只是需要用当前残余孔压所对应的骨干曲线段中的 $H^{(1)}\left(\frac{u}{\sigma'_{30}}\right)$代替，依此类推，不管是加载还是卸载，只要应力点到达那个区域，就用相应于当前孔压值及所在屈服面对应的弹塑性模量即可。

第四节 非线性问题有限元基本解法

岩石及其节理的应力应变关系或荷载位移曲线一般都是非线性的，因而计算中需要求

解非线性方程组。有限元法求解非线性问题都是以线性问题的处理方法为基础，通过一系列的线性运算来逼近真实的非线性解，这种逼近的实现有以下几种方法：

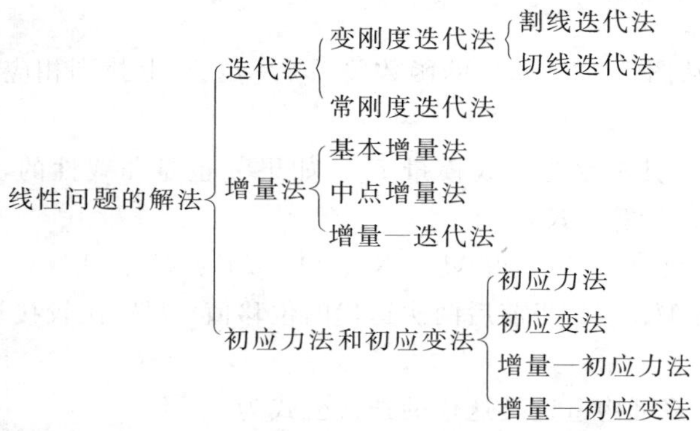

在以上方法中，迭代法和基本增量法是基础，其他方法都是直接或间接地在它们的基础上构造的。原则上，这些方法都可用来求解非线性弹性问题；对于非线性弹塑性问题，由于采用的是增量型本构方程，因此更适宜采用以增量法为基础的求解方法，如本节后面要介绍的增量初应力法和增量初应变法。对于非线弹性问题，本节只介绍割线迭代法和基本增量法，其余分析方法可参见其他有关资料。

一、非线性弹性问题分析方法

1. 割线迭代法

割线迭代法是根据 σ—ε 曲线的割线模量和泊松比修正总刚矩阵 $[K]$，进行迭代试算的方法。

如图 7-25（a）所示 σ—ε 曲线，它是由试验得到的，这条曲线可以用方程进行拟合，即得到函数表达式 $\sigma=f(\varepsilon)$。用图 7-25（b）抽象地表示结构上的结点荷载与结点位移的关系，设结构上作用荷载为 $\{R\}$，相应的位移 $\{U\}$ 应该是确定的，如图中的 M 点。但我们无法一下确定 M 点，因为图 7-25（a）中的 E、μ 均是变量，因此，只能用迭代试算的方法逐步逼近 M 点。其步骤如下：

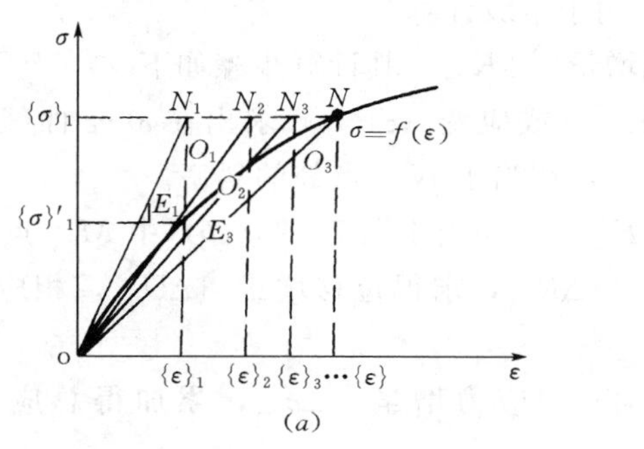

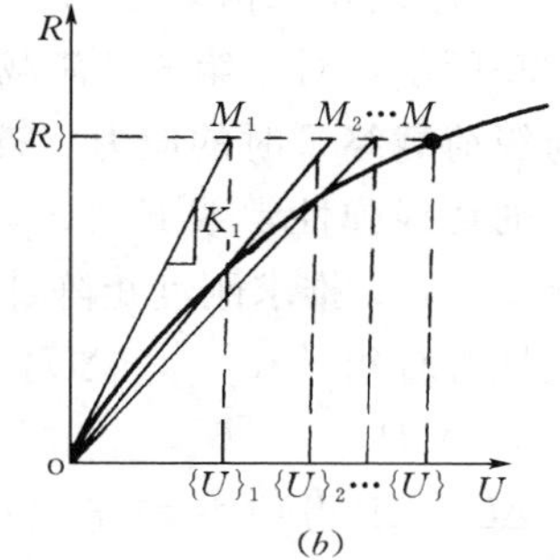

图 7-25　割线迭代法

（1）第一次试算时，取 E、μ 为初始切线值 E_1、μ_1，由此计算出刚度矩阵 $[K]_1$。

（2）施加全部荷载 $\{R\}$，由 $\{R\}=[K_1]\{U\}_1$，解得第一次近似位移 $\{U\}_1$，如图

7-25（b）中的 M_1 点。

（3）由 $\{U\}_1$ 求各单元应变 $\{\varepsilon\}_1$，并用 E_1、μ_1 求得第一次的近似应力 $\{\sigma\}_1$，如图 7-25（a）中 N_1 点。

（4）根据 $\{\varepsilon\}_1$ 从图 7-25（a）的函数关系 $\sigma=f(\varepsilon)$ 上找到相应的应力 $\{\sigma\}'_1$，如图 7.25（a）中 O_1 点。

（5）作割线 $\overline{OO_1}$，其斜率为割线模量 E_2，如果 μ 也是非线性的，则求得相应的割线泊松比 μ_2。以 E_2、μ_2 计算 $[K]_2$。

（6）重复上述（2）～（5），得 M_2、N_2、O_2、M_3、N_3、O_3、…点，它们愈来愈接近曲线上的真实解答点 M、N。当前后两次迭代的位移值 $\{U\}$ 比较接近，误差小于允许值时，则计算结束。

根据上述计算步骤可构造这类迭代的迭代公式为

$$[K]_1\{U\}_1=\{R\}$$

$$[K(\{U\}_{i-1})]_i\{U\}_i=R \quad (i=2,3,\cdots,m)$$

当

$$\frac{|\{U\}_i-\{U\}_{i-1}|}{|\{U\}_i|}\leqslant\varepsilon_0$$

则认为迭代收敛于真实解，计算结束。上式中的 ε_0 为允许误差，m 为迭代次数。

2. 基本增量法

增量法是将全部荷载分为若干级荷载增量，逐级施加于结构；在每级荷载下，假定材料是线弹性的，根据前级荷载的计算结果确定本级荷载下的材料弹性常数和刚度矩阵，从而求得各级荷载作用下的位移、应变和应力增量。将它们累加起来就是全部荷载作用下的总位移、总应变和总应力。这种方法相当于用分段的直线来逼近曲线，当荷载划分较小时，能收敛于真实解。

增量法概念比较直观，而且由于荷载是逐级施加的，因此可以模拟施工加荷过程，计算结果可以清楚地反映施工各阶段的变形和应力情况，它比一次加荷的迭代法具有更大的优越性，因此而使用较广。

基本增量法，对每级荷载增量，以前一级荷载终了时的应力状态从 σ—ε 曲线上求弹性常数 E、μ（一般用切线值 E_t、μ_t），用于本级计算。

如图 7-26 所示，对于第 i 级荷载增量 $\{\Delta K\}_i$，其计算步骤如下

（1）用前级荷载终了时的应力 $\{\sigma\}_{i-1}$（或应变 $\{\varepsilon\}_{i-1}$）求出在 σ—ε 曲线上对应位置处（N_{i-1}点）的切线弹性常数 E_{i-1}、μ_{i-1}，相当于 N_{i-1}点处的斜率。

（2）用 E_{i-1}、μ_{i-1} 推求刚度矩阵 $[K]_{i-1}$，相当于图 7-26（b）中 M_{i-1}点处的斜率。

（3）解线性方程组 $[K]_{i-1}\ \{\Delta U\}_i=\{\Delta R\}_i$，求得位移增量 $\{\Delta U\}_i$，相应的总位移为 $\{U\}_i=\{U\}_{i-1}+\{\Delta U\}_i$。

（4）由 $\{\Delta U\}_i$ 求得应变增量 $\{\Delta\varepsilon\}_i$ 和应力增量 $\{\Delta\sigma\}_i$，累加得总应变和总应力 $\{\varepsilon\}_i=\{\varepsilon\}_{i-1}+\{\Delta\varepsilon\}_i$，$\{\sigma\}_i=\{\sigma\}_{i-1}+\{\Delta\sigma\}_i$。

对各级荷载重复上述步骤，待所有各级荷载施加完后，即可求得最后的解答。由图 7-26 可见，这种解法是从原点出发的折线，最后的应力和应变如 N'点所示，位移如 M'点所示，它们虽与实际曲线都有相当大的距离，但随着加荷级数的增多，它们能接近实际曲线。

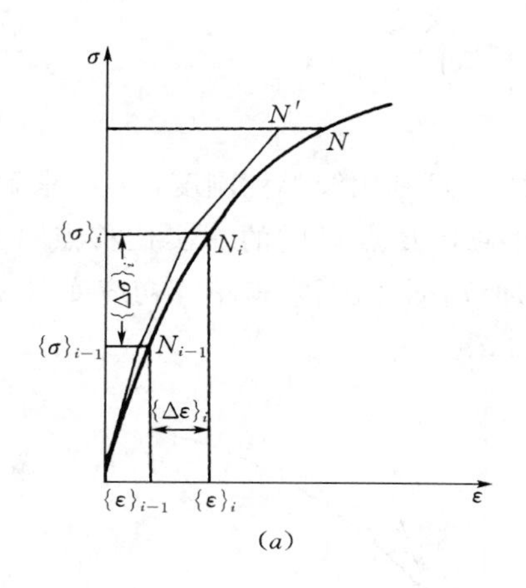

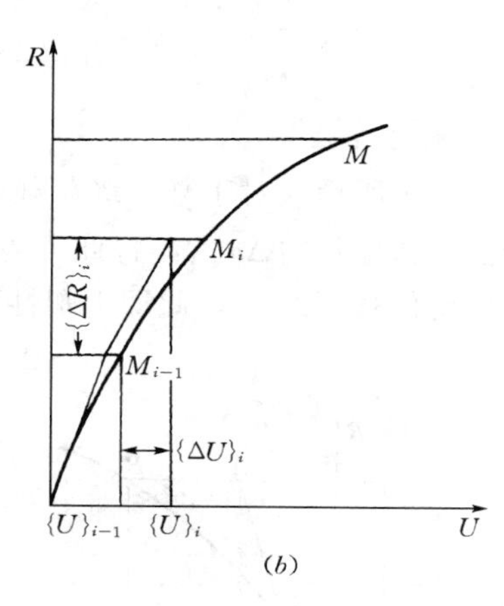

图 7-26　基本增量法

二、非线性弹塑性分析方法

对于增量弹塑性本构关系，其求解方法通常采用增量法与初应力法或初应变法相结合的方法，即增量初应力法和增量初应变法。在求解过程中，对于进入屈服的单元应采用弹塑性矩阵 $[D_{ep}]$ 取代前述的弹性矩阵。

1. *增量初应力法*

这是由 O. C. 辛克维兹等人提出的求解弹塑性非线性问题的方法，其基本要点是采用增量加载，各级荷载下，用初应力法进行迭代求解，使其收敛于该级荷载下的真实应力增量和位移增量。

增量初应力法的实施可按下述步骤进行。

(1) 对每一级荷载或每次迭代的附加荷载，首先按线弹性分析求得单元应力增量 $\{\Delta\sigma_i\}_j$ 及应变增量 $\{\Delta\varepsilon_i\}_j$。在此，$i$ 表示荷载增量次数，j 表示迭代次数。

(2) 求得各单元当前的应力值

$$\{\sigma_i\}_j=\{\sigma_i\}_{j-1}+\{\Delta\sigma_i\}_j$$

并按相应的塑性条件 $f(\sigma_{ij},\alpha)=0$ 判别各单元是否屈服（$f\geqslant0$）。对于屈服单元，修正其应力增量，并计算出初应力 $\{\Delta\sigma_0\}_j$，这里下标 0 表示应力增量 $\{\Delta\sigma_0\}_j$ 为初应力，则

$$\{\Delta\sigma'_i\}=[D_{ep}]\{\Delta\varepsilon_i\}_j$$

$$\{\Delta\sigma'_0\}_j=\{\Delta\sigma_i\}_j-\{\Delta\sigma'_i\}_j$$

(3) 在本次增量及本次迭代后屈服单元的实际应力按下式进行调整

$$\{\sigma'_i\}_j=\{\sigma_i\}_{j-1}+\{\Delta\sigma'_i\}_j=\{\sigma_i\}_j-\{\Delta\sigma_0\}_j$$

(4) 由计算的单元初应力 $\{\Delta\sigma_0\}_j$ 计算单元的等效附加荷载（$\{\Delta R\}_0=\int_v[B]^T\{\Delta\sigma_0\}\mathrm{d}v$），并按节点累加求得系统总体的附加荷载 $\{\Delta R\}_0$。

(5) 在 $\{\Delta R\}_0$ 作用下重复 (1) ～ (4) 步的计算，直到所有单元都收敛到规定的精度，再施加下一级荷载增量，至全部荷载增量计算完为止。

每级荷载下迭代收敛精度可由前后两次迭代应力相对误差来控制，即

$$\left|\frac{\{\sigma_i\}_j-\{\sigma_i\}_{j-1}}{\{\sigma_i\}_j}\right|\leqslant \text{eps}$$

2. 增量初应变法

如图 7-27 所示，对于某一级荷载增量 $\{\Delta R\}_i$，可利用线弹性刚度 $[K]$ 求解对应于 A 点的线性位移增量 $\{\Delta u\}_A$，将此计算位移向曲线上 B 点对应的真实位移点 $\{\Delta u\}_B$ 修正，计算出初位移 $\{\Delta u\}_0$，此即由塑性引起的附加位移，进而求得单元初应变 $\{\Delta\varepsilon\}_0$。

$$\{\Delta\varepsilon\}_0=[B]\{\Delta u\}_0$$

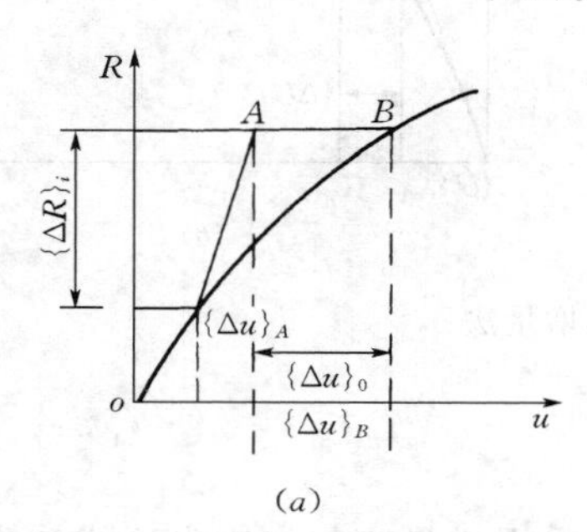

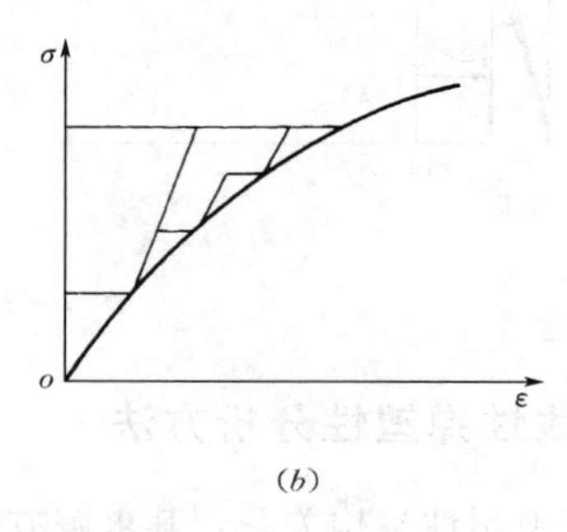

图 7-27　增量初应变法

因此，欲在弹性解的基础上得到真实位移 $\{\Delta u\}_B$，必须对系统施加一相当于产生 $\{\Delta u\}_0$ 的附加荷载。又因 $\{\Delta\varepsilon\}_0$ 与 $\{\Delta u\}_0$ 是相对应的，因此这一附加荷载可由各单元的初应变求得

$$\{\Delta R\}_0=\sum_e\iint_v[B]^T[D]\{\Delta\varepsilon\}_0\mathrm{d}v$$

等效结点荷载 $\{\Delta R\}_0$ 的意义在于使弹性系统的位移达到非线性要求的位移，并保持系统原有平衡状态所必须的、假想的荷载。据 $\{\Delta R\}_0$ 即可按下式求得塑性附加位移

$$[K]\{\Delta u^p\}=\{\Delta R\}_0$$

现在的问题是在每次迭代运算中，如何确定相应的初应变增量 $\{\Delta\varepsilon_0\}$，从而据此求得 $\{\Delta R\}_0$ 以进行下一次的迭代。一般有两种途径，即所谓的常应力法和常应变法。

增量常刚度法求解非线性问题的基本方程可写成如下形式

$$[K]\{\Delta u_i\}_j=\{\Delta R\}_i+\sum_{j=1}^m\{\Delta R\}_{0j}$$

式中　i——荷载增量次数；

j——本次增量内的迭代次数。

在每一级荷载增量开始时可假定附加荷载的初值 $\{\Delta R_0\}$ 等于零，即先以线弹性求解出系统的位移增量 $\{\Delta u_i\}_0$ 以及与之对应的单元应力和应变增量

$$\{\Delta\varepsilon_i^e\}_0=[B]\{\Delta\sigma_i\}_0$$

$$\{\Delta\sigma_i\}_0=[D]\{\Delta\varepsilon_i\}_0$$

由塑性条件判断单元是否屈服，对于已处于塑性范围的单元由前弹塑性本构关系求得与之对应的全应变增量

$$\{\Delta\varepsilon_i^{ep}\}=[D_{ep}]^{-1}\{\Delta\sigma_i\}$$

由此可得本次迭代后的初应变

$$\{\Delta\varepsilon_0\}_i=\{\Delta\varepsilon_i^{ep}\}-\{\Delta\varepsilon_i^e\}$$

下次迭代的等效附加荷载可按下式求得

$$\{\Delta R_0\}=-\sum_e\int_v[B]^T[D_{ep}]\{\Delta\varepsilon_0\}\mathrm{d}v$$

式中　Σ——对所有塑性单元的等效结点荷载进行叠加。

在 $\{\Delta R_0\}$ 作用下进行下一次迭代，至收敛到要求的精度后再进行下一级荷载增量的计算。一般以前后两次迭代应变计算的误差小于规定的 eps 值作为迭代收敛标准，即

$$\left|\frac{\{\Delta\varepsilon_j^{ep}\}_i-\{\Delta\varepsilon_{j-1}^{ep}\}_i}{\{\Delta\varepsilon_j^{ep}\}_i}\right|\leqslant \mathrm{eps}$$

以上的迭代运算是每次迭代后保持其应力增量 $\{\Delta\sigma_i\}$ 不变而修正 $\{\Delta\varepsilon_i\}$，故称为“常应力法”。此外，也可以采用“常应变法”进行迭代，计算格式上与上述颇为类似，在每一次迭代中先计算出单元应变 $\{\Delta\varepsilon_i\}$，并以此作为全应变。对于进入塑性的单元可由弹塑性本构关系求得应力增量

$$\{\Delta\sigma_i\}=[D_{ep}]\{\Delta\varepsilon_i\}$$

于是，单元的初应变为

$$\{\Delta\varepsilon_0\}=\{\Delta\varepsilon^p\}=\{\Delta\varepsilon_i\}-[D]^{-1}\{\Delta\sigma_i\}$$

此后由 $\{\Delta\varepsilon_0\}$ 计算 $\{\Delta R_0\}$ 以及有关运算均与前面的“常应力法”相同。

第五节　岩体弹塑性有限元分析

根据流动法则不难推出材料处在塑性阶段时的应力—应变关系。应变增量 $\mathrm{d}\varepsilon$ 可分为弹性应变增量 $\mathrm{d}\varepsilon^e$ 和塑性应变增量 $\mathrm{d}\varepsilon^p$，即

$$\{\mathrm{d}\varepsilon\}=\{\mathrm{d}\varepsilon^e\}+\{\mathrm{d}\varepsilon^p\}=[D]^{-1}\{\mathrm{d}\sigma\}+\mathrm{d}\lambda\left\{\frac{\partial g}{\partial\sigma}\right\}\tag{7-72}$$

在加载时，应力点必须保持在加载面上，故有 $\mathrm{d}\phi=0$，即

$$\frac{\partial\phi}{\partial\sigma_{ij}}\mathrm{d}\sigma_{ij}+\frac{\partial\phi}{\partial H_\alpha}\mathrm{d}H_\alpha=0\tag{7-73}$$

在塑性理论中，令

$$\mathrm{d}\lambda=\frac{1}{A}\frac{\partial\phi}{\partial\sigma_{ij}}\mathrm{d}\sigma_{ij}=-\frac{1}{A}\frac{\partial\phi}{\partial H_\alpha}\mathrm{d}H_\alpha\tag{7-74}$$

则

$$A\mathrm{d}\lambda=-\frac{\partial\phi}{\partial H_\alpha}\mathrm{d}H_\alpha\tag{7-75}$$

式中　A——硬化参数 H_α 的函数，称为硬化函数，由选定的硬化定律确定。

由式（7－73）及式（7－75）得

$$\left\{\frac{\partial\phi}{\partial\sigma}\right\}^T\{\mathrm{d}\sigma\}-A\mathrm{d}\lambda=0\tag{7-76}$$

将式（7－72）两边同乘$\left\{\frac{\partial\phi}{\partial\sigma}\right\}^T[D]$，并利用式（7－76）得

$$\left\{\frac{\partial\phi}{\partial\sigma}\right\}^T[D]\{\mathrm{d}\varepsilon\}=\left\{\frac{\partial\phi}{\partial\sigma}\right\}^T\{\mathrm{d}\sigma\}+\left\{\frac{\partial\phi}{\partial\sigma}\right\}^T[D]\left\{\frac{\partial g}{\partial\sigma}\right\}\mathrm{d}\lambda$$

$$=A\mathrm{d}\lambda+\left\{\frac{\partial\phi}{\partial\sigma}\right\}^T[D]\left\{\frac{\partial g}{\partial\sigma}\right\}\mathrm{d}\lambda$$

由此得

$$\mathrm{d}\lambda=\frac{\left\{\frac{\partial\phi}{\partial\sigma}\right\}^T[D]\{\mathrm{d}\varepsilon\}}{A+\left\{\frac{\partial\phi}{\partial\sigma}\right\}^T[D]\left\{\frac{\partial g}{\partial\sigma}\right\}} \tag{7-77}$$

将上式代入式（7－72）得

$$\{\mathrm{d}\sigma\}=\left[[D]-\frac{[D]\left\{\frac{\partial g}{\partial\sigma}\right\}\left\{\frac{\partial\phi}{\partial\sigma}\right\}^T[D]}{A+\left\{\frac{\partial\phi}{\partial\sigma}\right\}^T[D]\left\{\frac{\partial g}{\partial\sigma}\right\}}\right]\{\mathrm{d}\varepsilon\}$$

$$=([D]-[D_p])\{\mathrm{d}\varepsilon\}=[D_{ep}]\{\mathrm{d}\varepsilon\} \tag{7-78}$$

式中　$[D]$、$[D_p]$、$[D_{ep}]$——弹性矩阵、塑性矩阵和弹塑性矩阵。

已知加载条件的通式为

$$\phi=\phi(\sigma_m,\quad\sqrt{J_2},\quad J_3,\quad H_\alpha)=0$$

塑性势面通常亦具有类似形式

$$g=g(\sigma_m,\quad\sqrt{J_2},\quad J_3,\quad H_\alpha)=0$$

上两式中，$\sigma_m=\frac{1}{3}(\sigma_1+\sigma_2+\sigma_3)$。

由上述弹塑性应力应变推导可知，只需求得A、$\frac{\partial\phi}{\partial\sigma_{ij}}$、$\frac{\partial g}{\partial\sigma_{ij}}$即能求出弹塑性矩阵。在理想塑性条件下，$A=0$，$\phi=f=g$。下面列出第三节中所述的理想塑性中常用10多种屈服准则的增量本构关系。

由于屈服准则f可写成σ_m，J_2，J_3的函数，可得f对应力的导数为

$$\frac{\partial f}{\partial\sigma_{ij}}=\frac{\partial f}{\partial\sigma_m}\frac{\partial\sigma_m}{\partial\sigma_{ij}}+\frac{\partial f}{\partial\sqrt{J_2}}\frac{\partial\sqrt{J_2}}{\partial\sigma_{ij}}+\frac{\partial f}{\partial J_3}\frac{\partial J_3}{\partial\sigma_{ij}}$$

或

$$\frac{\partial f}{\partial\sigma_{ij}}=c_1\frac{\partial\sigma_m}{\partial\sigma_{ij}}+c_2\frac{\partial\sqrt{J_2}}{\partial\sigma_{ij}}+c_3\frac{\partial J_3}{\partial\sigma_{ij}} \tag{7-79}$$

其中

$$c_1=\frac{\partial f}{\partial\sigma_m},\quad c_2=\frac{\partial f}{\partial\sqrt{J_2}},\quad c_3=\frac{\partial f}{\partial J_3}$$

各种屈服准则的 c_1、c_2 及 c_3 表达式列于表 7-2。

表 7-2　　各种屈服条件的不变量导数

屈服条件	$c_1=\frac{\partial f}{\partial \sigma_m}$	$c_2=\frac{\partial f}{\partial \sqrt{J_2}}$	$c_3=\frac{\partial f}{\partial J_3}$
米赛斯条件	0	1	0
广义米赛斯条件　外角圆锥	$\frac{6\sin\varphi}{\sqrt{3}\,(3-\sin\varphi)}$	1	0
广义米赛斯条件　内角圆锥	$\frac{6\sin\varphi}{\sqrt{3}\,(3+\sin\varphi)}$	1	0
广义米赛斯条件　内切圆锥	$\frac{\sqrt{3}\sin\varphi}{\sqrt{3+\sin^2\varphi}}$	1	0
屈瑞斯卡条件	0	$\cos\theta_\sigma\,(1+\tan\theta_\sigma\tan3\theta_\sigma)$	$\frac{\sqrt{3}\sin\theta_\sigma}{2\,(\sqrt{J_2})^2\cos3\theta_\sigma}$
广义屈瑞斯卡条件	$3a$	$\cos\theta_\sigma\,(1+\tan\theta_\sigma\tan3\theta_\sigma)$	$\frac{\sqrt{3}\sin\theta_\sigma}{2\,(\sqrt{J_2})^2\cos3\theta_\sigma}$
莫尔—库仑条件	$\sin\varphi$	$\cos\theta_\sigma\left[1+\tan\theta_\sigma\tan3\theta_\sigma+\frac{1}{\sqrt{3}}\sin\varphi\,(\tan3\theta_\sigma-\tan\theta_\sigma)\right]$	$\frac{\sqrt{3}\left(\sin\theta_\sigma+\frac{1}{\sqrt{3}}\cos\theta_\sigma\sin\varphi\right)}{2\,(\sqrt{J_2})^2\cos3\theta_\sigma}$
辛克维兹—潘德条件　双曲线	$-2\tan^2\bar{\varphi}\sigma_m+2\bar{C}\times\tan\varphi$	$\frac{2\sqrt{J_2}}{A^2}\left[\left(\cos\theta_\sigma-\sin\theta_\sigma\frac{\sin\varphi}{\sqrt{3}}\right)^2+\left\{\frac{\sin\varphi}{\sqrt{3}}\cos2\theta_\sigma+\frac{1}{2}\sin2\theta_\sigma\right.\times\left(1-\frac{\sin^2\varphi}{3}\right)\left.\right\}\tan3\theta_\sigma\right]$	$\frac{\left(\sin\varphi\cos2\theta_\sigma+\frac{\sqrt{3}}{2}\sin2\theta_\sigma\right)\left(1-\frac{\sin^2\varphi}{3}\right)}{A^2\sqrt{J_2}\cos3\theta_\sigma}$
辛克维兹—潘德条件　抛物线	$\frac{1}{a}$		
辛克维兹—潘德条件　椭圆	$2\tan^2\bar{\varphi}\sigma_m-2(a-a_1)\tan^2\bar{\varphi}$		
辛克维兹—潘德条件　双曲线	$-2\tan^2\bar{\varphi}\sigma_m+2\bar{C}\times\tan\bar{\varphi}$	$\frac{\sqrt{J_2}}{2K^2}[(1+K)-(1-K)\times\sin3\theta_\sigma][(1+K)+2(1-K)\times\sin3\theta_\sigma]$	$\frac{3\sqrt{3}[1+K-(1-K)\times\sin3\theta_\sigma](1-K)}{4\sqrt{J_2}K^2}$
辛克维兹—潘德条件　抛物线	$\frac{1}{a}$		
辛克维兹—潘德条件　椭圆	$2\tan^2\bar{\varphi}\sigma_m-2(a-a_1)\tan^2\bar{\varphi}$		

式 (7-79) 中有

$$\frac{\partial\sigma_m}{\partial\sigma_{ij}}=\frac{1}{3}[1\quad 1\quad 1\quad 1\quad 1\quad 1]^T$$

$$\frac{\partial\sqrt{J_2}}{\partial\sigma_{ij}}=\frac{\partial\sqrt{J_2}}{\partial J_2}\frac{\partial J_2}{\partial\sigma_{ij}}=\frac{1}{2\sqrt{J_2}}[s_x \quad s_y \quad s_z \quad 2\tau_{xy} \quad 2\tau_{zx} \quad 2\tau_{yz}]^T$$

$$\frac{\partial J_3}{\partial\sigma_{ij}}=\begin{Bmatrix} s_y s_z-\tau_{yz}^2 \\ s_z s_x-\tau_{zx}^2 \\ s_x s_y-\tau_{xy}^2 \\ 2(\tau_{xy}\tau_{xz}-s_x\tau_{xy}) \\ 2(\tau_{yz}\tau_{yx}-s_y\tau_{yz}) \\ 2(\tau_{zx}\tau_{zy}-s_z\tau_{zx}) \end{Bmatrix}+\frac{1}{3}J_z\begin{Bmatrix}1\\1\\1\\1\\1\\1\end{Bmatrix}$$

令式（7-78）中［D_p］表达式的分母项为 S_0，即

$$S_0=A+\left\{\frac{\partial\phi}{\partial\sigma}\right\}^T[D]\left\{\frac{\partial\phi}{\partial\sigma}\right\}=A+S_1\bar{\sigma}_x+S_2\bar{\sigma}_y+S_3\bar{\sigma}_z+S_4\bar{\tau}_{xy}+S_5\bar{\tau}_{yz}+S_6\bar{\tau}_{zx}$$

$$[D]\left\{\frac{\partial\phi}{\partial\sigma}\right\}=[S_1 \quad S_2 \quad S_3 \quad S_4 \quad S_5 \quad S_6]^T$$

$$\left\{\frac{\partial\phi}{\partial\sigma}\right\}[D]=[S_1 \quad S_2 \quad S_3 \quad S_4 \quad S_5 \quad S_6]$$

其中
$$S_i=D_{i1}\bar{\sigma}_x+D_{i2}\bar{\sigma}_y+D_{i3}\bar{\sigma}_z \quad (i=1,2,3)$$

D_{i1}，　D_{i2}，　D_{i3}　$(i=1,2,3)$均为$[D]$中的元素

$$S_4=G\bar{\tau}_{xy}, \quad S_5=G\bar{\tau}_{yz}, \quad S_6=G\bar{\tau}_{zx}$$

$\bar{\sigma}_x$，$\bar{\sigma}_y$，…，$\bar{\tau}_{zx}$可由加载函数中偏导求出，在理想塑性情况下，可由式（7-79）求得。最后可得塑性矩阵［D_p］为

$$[D_p]=\frac{1}{S_0}\begin{bmatrix} S_1^2 & & & & & \text{(对称)} \\ S_1S_2 & S_2^2 & & & & \\ S_1S_3 & S_2S_3 & S_3^2 & & & \\ S_1S_4 & S_2S_4 & S_3S_4 & S_4^2 & & \\ S_1S_5 & S_2S_5 & S_3S_5 & S_4S_5 & S_5^2 & \\ S_1S_6 & S_2S_6 & S_3S_6 & S_4S_6 & S_5S_6 & S_6^2 \end{bmatrix} \tag{7-80}$$

对于平面应变问题，雷依斯（S. F. Reyes）采用 Drucker-Prager 准则导出了以下形式的弹塑性矩阵

$$[D_{ep}]=\begin{bmatrix} D_{11} & D_{12} & D_{13} \\ D_{21} & D_{22} & D_{23} \\ D_{31} & D_{32} & D_{33} \end{bmatrix} \tag{7-81}$$

其中
$$D_{11}=2G(1-h_2-2h_1\sigma_x-h_2\sigma_x^2)$$
$$D_{22}=2G(1-h_2-2h_1\sigma_y-h_2\sigma_y^2)$$
$$D_{33}=2G\left(\frac{1}{2}-h_3\tau_{xy}^2\right)$$
$$D_{12}=D_{21}=-2G[h_2+h_1(\sigma_x+\sigma_y)+h_3\sigma_{xy}]$$
$$D_{13}=D_{31}=-2G(h_1\tau_{xy}+h_3\sigma_x\tau_{xy})$$

$$D_{32}=D_{23}=-2G(h_1\tau_{xy}+h_3\sigma_y\tau_{xy})$$

$$h_1=\frac{\left(\frac{3k\alpha}{2G}-\frac{I_1}{6\sqrt{J_2}}\right)}{\left[\sqrt{J_2}\left(1+9\alpha^2\frac{k}{G}\right)\right]}$$

$$h_2=\frac{\left(\alpha-\frac{I_1}{6\sqrt{J_2}}\right)\left(\frac{3k\alpha}{G}-\frac{I_1}{3\sqrt{J_2}}\right)}{1+9\alpha^2\frac{k}{G}}-\frac{3\mu Kk}{E\sqrt{J_2}\left(1+9\alpha^2\frac{k}{G}\right)}$$

$$h_3=\frac{1}{\left[2J_2\left(1+9\alpha^2\frac{k}{G}\right)\right]}$$

$$K=\frac{E}{3(1-2\mu)}\quad G=\frac{E}{2(1+\mu)}$$

$$\alpha=\frac{\sin\varphi}{\sqrt{3}\sqrt{3+\sin^2\varphi}}\quad k=\frac{\sqrt{3}C\cos\varphi}{\sqrt{3+\sin^2\varphi}}$$

式中　E、μ——材料的弹性常数。

第六节　地下洞室锚喷支护弹塑性边界元——有限元耦合计算法

一、边界元弹塑性问题的基本方程

在弹塑性问题中，基本方程为

$$\dot{\varepsilon}_{ij}=\dot{\varepsilon}^e_{ij}+\dot{\varepsilon}^p_{ij}\tag{7-82}$$

$$\dot{\sigma}_{ij,i}+\dot{b}_j=0\tag{7-83}$$

$$\dot{t}_i-\dot{\sigma}_{ij}n_j=0\tag{7-84}$$

n_j 为边界上外法线方向余弦。

如果我们将塑性应变 $\dot{\varepsilon}^p_{ij}$ 看作初应变，然后应用 Hook's 定律，则

$$\dot{\sigma}_{ij}=\sigma^e_{ij}-\dot{\sigma}^p_{ij}=2G\dot{\varepsilon}_{ij}+\frac{2G}{1-2\mu}\dot{\varepsilon}_{ll}\delta_{ij}-\dot{\sigma}^p_{ij}\tag{7-85}$$

将式（7－85）代入式（7－83）、（7－84）并考虑式（7－82）得

$$\dot{u}_{j,ll}+\frac{1}{1-2\mu}\dot{u}_{l,lj}=-\frac{\dot{\bar{b}}_j}{G}\tag{7-86}$$

及
$$\frac{2G\mu}{1-2\mu}\dot{u}_{l,l}n_i+G(\dot{u}_{i,j}+\dot{u}_{j,i})n_j=\dot{\bar{t}}_i\tag{7-87}$$

其中
$$\dot{\bar{b}}_j=-\dot{\sigma}^p_{ij,i}+\dot{b}_j\tag{7-88}$$

$$\dot{\bar{t}}_i=\dot{\sigma}^p_{ij}+\dot{t}_i\tag{7-89}$$

式中　$\dot{\bar{b}}_j$、$\dot{\bar{t}}_j$——假想体力和面力。

由式（7－86）、式（7－87）可见，除 $\dot{\bar{b}}_j$ 和 $\dot{\bar{t}}_j$ 是假想体力和面力外，它们与弹性问题的Navier方程相同，因此，我们可以从弹性问题的边界积分方程导出弹塑性问题的边界积分方程。

弹性问题中，增量形式的边界积分方程为

$$C_{ij}\dot{u}_j+\int_\Gamma T_{ij}^*\dot{u}_j\mathrm{d}\Gamma=\int_\Gamma U_{ij}^*\dot{t}_j\mathrm{d}\Gamma+\int_\Omega U_{ij}^*\dot{b}_j\mathrm{d}\Omega \tag{7-90}$$

对于光滑边界，$C_{ij}=\delta_{ij}/2$。在式（7－90）中，将 b_j 和 $\dot{t}_j$ 看作假想的，然后分部积分得

$$C_{ij}\dot{u}_j+\int_\Gamma T_{ij}^*\dot{u}_j\mathrm{d}\Gamma=\int_\Gamma U_{ij}^*\dot{t}_j\mathrm{d}\Gamma+\int_\Omega U_{ij}^*\dot{b}_j\mathrm{d}\Omega+\int_\Omega \varepsilon_{ij}^*\dot{\sigma}_{jk}^p\mathrm{d}\Omega \tag{7-91}$$

体内位移为

$$\dot{u}_i=\int_\Gamma U_{ij}^*\dot{t}_j\mathrm{d}\Gamma-\int_\Gamma T_{ij}^*\dot{u}_j\mathrm{d}\Gamma+\int_\Omega U_{ij}^*\dot{b}_j\mathrm{d}\Omega+\int_\Omega \varepsilon_{ijk}^*\dot{\sigma}_{jk}^p\mathrm{d}\Omega \tag{7-92}$$

式中　U_{ij}^*、T_{ij}^*、ε_{ijk}^*——基本解。

对于二维平面应变问题，则有

$$U_{ij}^*=\frac{-1}{8\pi G(1-\mu)}[(3-4\mu)\ln r\delta_{ij}-r_{,i}r_{,j}] \tag{7-93}$$

$$T_{ij}^*=\frac{-1}{4\pi(1-\mu)r}\left\{[(1-2\mu)\delta_{ij}+2r_{,i}r_{,j}]\frac{\partial r}{\partial n}-(1-2\mu)(r_{,i}n_j-r_{,j}n_i)\right\} \tag{7-94}$$

$$\varepsilon_{jki}^*=\frac{-1}{8\pi(1-\mu)Gr}\{(1-2\mu)(r_{,k}\delta_{ij}+r_{,j}\delta_{ik})-r_{,i}\delta_{jk}+2r_{,i}r_{,j}r_{,k}\} \tag{7-95}$$

式中　$r=r(s,\ g)$——荷载作用点 s 和场内点 g 之间的距离。

为了获得式（7－91）及式（7－92）中的体积分和面积分，需将边界离散成面单元，将区域内部预计出现塑性应变的区域划分成一系列内部网格，通过线性插值函数将面力和表面位移表示为结点值，则式（7－91）及式（7－92）可以写成下式

$$[H][\dot{U}]=[G][\dot{T}]+[D][\dot{\sigma}^p] \tag{7-96}$$

$$[\dot{U}T]=[GT][\dot{T}]+[HT][\dot{U}]+[DT][\dot{\sigma}^p] \tag{7-97}$$

式中　$[\dot{U}]$、$[\dot{T}]$——边界结点的位移和面力矩阵；

$[\dot{U}T]$——内部结点的位移矩阵；

$[\dot{\sigma}^p]$——内部网格中初应力矩阵；

其余为系数矩阵。

二、计算初应力的系数矩阵

对于平面应变问题，式（7－96）、式（7－97）中的系数矩阵［D］和［DT］均由各内部网格的元素组成，对于第 l 个网格，其元素可写为

$$d^l=\int_{\Omega_l}\varepsilon^* N\mathrm{d}\Omega \tag{7-98}$$

式中　Ω_l——网格的体积；

N——插值函数。

对如图 7-28（a）所示的坐标系，ε^* 为

$$\varepsilon^* = \begin{bmatrix} \varepsilon_{111}^* & \varepsilon_{221}^* & 2\varepsilon_{121}^* \\ \varepsilon_{112}^* & \varepsilon_{222}^* & 2\varepsilon_{122}^* \end{bmatrix} \tag{7-99}$$

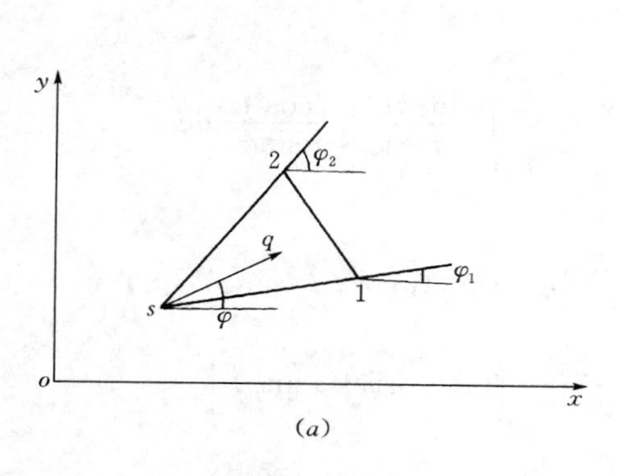

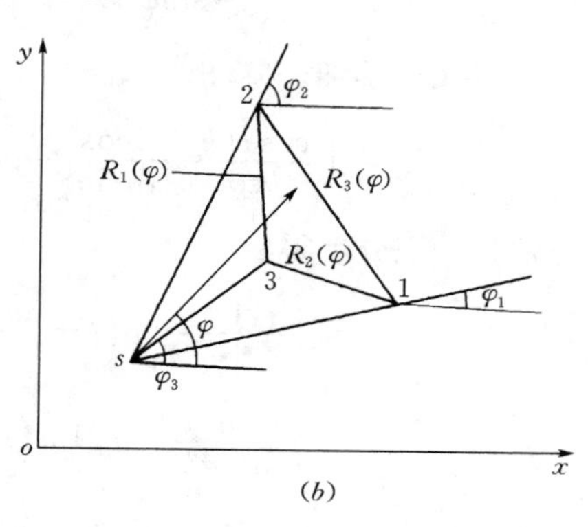

图 7-28　网格奇异点的处理

相应地初应力为

$$\dot{\sigma}^p = [\dot{\sigma}_{11}^p \quad \dot{\sigma}_{22}^p \quad \dot{\sigma}_{12}^p]^T \tag{7-100}$$

这里采用三角形网格，故式（7-98）成为

$$d^l = \int_{\Omega_l} \varepsilon^* \mathrm{d}\Omega \tag{7-101}$$

ε^* 中的元素可写为

$$\varepsilon_{jki}^* = \frac{1}{r}\Psi_{jki}$$

将上式代入式（7-101）并考虑到 $\mathrm{d}\Omega = r\mathrm{d}r\mathrm{d}\varphi$ 有

$$d_{jki}^l = \int_{\Omega i} \Psi_{jki}\,\mathrm{d}r\mathrm{d}\varphi \tag{7-102}$$

下面讨论两种情况。

（1）当奇异点 s 与三角形其中一个角点重合时，式（7-102）成为

$$d_{jki}^l = \int_{\varphi_1}^{\varphi_2}\int_0^{R(\varphi)} \Psi_{jki}\,\mathrm{d}r\mathrm{d}\varphi = \int_{\varphi_1}^{\varphi_2} R(\varphi)\Psi_{jki}\,\mathrm{d}\varphi \tag{7-103}$$

其中
$$R(\varphi) = \frac{-2A}{b_s\cos\varphi + a_s\sin\varphi}$$

$$a_s = x_\beta - x_\alpha,\quad b_s = y_\alpha - y_\beta,\quad A = \frac{1}{2}(b_1a_1 - b_2a_1)$$

对于 $\alpha=2$、3、1 和 $\beta=3$、1、2 时，$s=1$、2、3。

（2）当奇异点 s 不与三角形其中一角点重合时，式（7-102）成为［图 7-28（b）］：

$$d_{jki}^l = \int_{\varphi_1}^{\varphi_2}\int_{R_1(\varphi)}^{R_3(\varphi)} \Psi_{jki}\,\mathrm{d}r\mathrm{d}\varphi + \int_{\varphi_1}^{\varphi_2}\int_{R_1(\varphi)}^{R_3(\varphi)} \Psi_{jki}\,\mathrm{d}r\mathrm{d}\varphi \tag{7-104}$$

其中
$$R_\alpha(\varphi) = \frac{2A|\gamma_2|}{b_\alpha\cos\varphi + a_\alpha\sin\varphi}$$

$$\gamma_\alpha=\frac{1}{2A}(2A_\alpha^0+b_\alpha x_s+a_s y_s),\quad 2A_\alpha^0=x_\beta y_t-x_t y_\beta$$

t、α、β之间的关系与s、α、β之间的关系相同。

注意到$\frac{\partial r}{\partial x}=\cos\varphi$，$\frac{\partial r}{\partial y}=\sin\varphi$以及$\varepsilon_{jki}^*$表达式，我们可以将式（7－103）和式（7－104）用下面其中一种形式写出

$$I_1=\int\frac{\cos\varphi(k+2\cos^2\varphi)}{b\cos\varphi+a\sin\varphi}\mathrm{d}\varphi,\quad I_2=\int\frac{\sin\varphi(k+2\cos^2\varphi)}{b\cos\varphi+a\sin\varphi}\mathrm{d}\varphi$$

式中k为常数，积分后得

$$I_1=\frac{1}{(a^2+b^2)}\Big[b\Big(k+\frac{3a^2+b^2}{a^2+b^2}\Big)\varphi+\cos\varphi(a\cos\varphi+b\sin\varphi)$$
$$-\frac{a^3}{a^2+b^2}\ln a^2+a\Big(k+\frac{2a^2}{a^2+b^2}\Big)\ln(b\cos\varphi+a\sin\varphi)\Big]$$
$$I_2=\frac{1}{(a^2+b^2)}\Big[a\Big(k+\frac{a^2-b^2}{a^2+b^2}\Big)\varphi+\cos\varphi(a\sin\varphi-b\cos\varphi)$$
$$+\frac{a^2b}{a^2+b^2}\ln a^2-b\Big(k+\frac{2a^2}{a^2+b^2}\ln(b\cos\varphi+a\sin\varphi)\Big)\Big]$$

将积分限代入后，可得［D］和［DT］中所有元素的解析表达式。

三、地下洞室弹塑性边界元、有限元耦合公式

开挖洞室之前，围岩在初应力场（σ_{ij}^0）作用下处于平衡状态。由于开挖，岩体中产生释放应力（σ'_{ij}），总应力为

$$\sigma_{ij}=\sigma_{ij}^0+\sigma'_{ij}\tag{7-105}$$

洞壁释放的表面力为

$$[T]=[F]-[P]\tag{7-106}$$

［F］以有限元模拟喷层有

$$-[F]=[K][\dot{U}]\tag{7-107}$$
$$[P]=[M][\sigma_{ij}^0]\tag{7-108}$$

式中　F——喷层支承力；

$[\dot{U}]$——加喷层后洞壁的位移；

$[P]$——与初应力［σ_{ij}^0］相应的面力；

$[M]$——与边界点法向余弦有关的矩阵。

将式（7－106）、式（7－107）、式（7－108）代入式（7－96）和式（7－97）解联立方程有

$$\left.\begin{aligned}[\dot{U}]&=[X][\dot{\sigma}^p]+[\dot{Y}]\\ [\dot{U}T]&=[XT][\dot{\sigma}^p]+[\dot{Y}T]\end{aligned}\right\}\tag{7-109}$$

其中
$$[X]=[A][D],\quad [\dot{Y}]=-[A][G][\dot{P}]$$
$$[XT]=[DT]-([GT][K]-[HT])[A][D]$$
$$[\dot{Y}T]=([GT][K]-[HT])[A][G][\dot{P}]-[GT][\dot{P}]$$
$$[A]=([H]+[G][K])^{-1}$$

四、数值执行

将所施加的外载分成若干级，每一级荷载的迭代过程如下：

(1) 如果不是第一次迭代，令 $[\dot{\sigma}^p]=0$，否则令 $[\dot{Y}]=0$， $[\dot{Y}T]=0$，由式（7－109）计算各结点的位移 $[\Delta u]$。

(2) 由 $[\Delta u]_i$ 求单元应变增量 $[\Delta\varepsilon^e]$ 和应力增量 $[\Delta\sigma^e]$。

(3) 由 $[\Delta\varepsilon^e]$ 求真实应力增量 $[\Delta\sigma]$。

(4) 计算初始应力增量 $[\Delta\sigma^p]=[\Delta\sigma^e]+[\Delta\sigma]$，检查是否收敛。

(5) 累积位移和真实应力
$$[u]_i=[u]_{i-1}+[\Delta u]_i$$
$$[\sigma]_i=[\sigma]_{i-1}+[\Delta\sigma]_i$$

(6) 从第 (2) 步开始继续计算下一个网格，直到所有网格都计算为止。

(7) 回到第 (1) 步作新的迭代。

迭代至每一网格都收敛为止，然后再加下一级荷载，重新开始上述 7 个步骤，直到荷载加完为止。

第七节　黏弹性锚喷支护洞室围岩稳定性预测分析

目前国内外地下工程支护设计主要应用经验法，我国多数地下工程甚至完全依赖工程类比法，处于定性设计水平。及时有效地分析与预测围岩稳定性，根据获得的现场量测信息进行反馈修正和完善原设计，使地下工程支护设计向定性与定量结合的设计水平发展，是地下工程界亟待解决的一个重要技术问题。近 40 多年来，岩石力学对地下工程作了严密精确的理论分析，但由于模型输入参数等原因，使得理论计算结果很难用作确切的设计依据；工程类比法一般能提供定性规律上比较接近实际的判断，但工程经验都有一定的局限性，不能普遍地实施和指导；现场量测试验可较正确地判断岩体的强度和变形，但因费用较昂贵及试验结果离散性大等因素也使得不足以为设计提供所需的有用的信息；位移反分析法得到的结果虽更能全面、真实地反映围岩性态，但其计算结果的收敛性、稳定性和多解性以及最佳测点数、位置选择和可靠度研究等问题都亟待进一步解决。综上所述，单纯应用理论、经验或现场量测方法都不能解决洞室围岩稳定分析的预测问题，较好的方法是将在洞室施工过程中的现场量测信息加以处理，通过力学计算结果与工程类比经验相结合，反馈于施工决策和支护设计，实现信息化设计与施工的动态管理。

本节采用理论分析、新奥法工程专家经验、原位测试资料三者相结合的方法，以边界元理论为力学计算工具，以工程类比定性内容为修正依据，讨论地下洞室设计、施工和现场量测一体化的分析方法。主要内容是，利用 Robcewicz 公式计算地下洞室锚喷支护抗力，并用围岩级别系数进行修正；以黏弹性模型模拟围岩，建立黏弹性边界元法预测地下洞室围岩变形的实用方法。

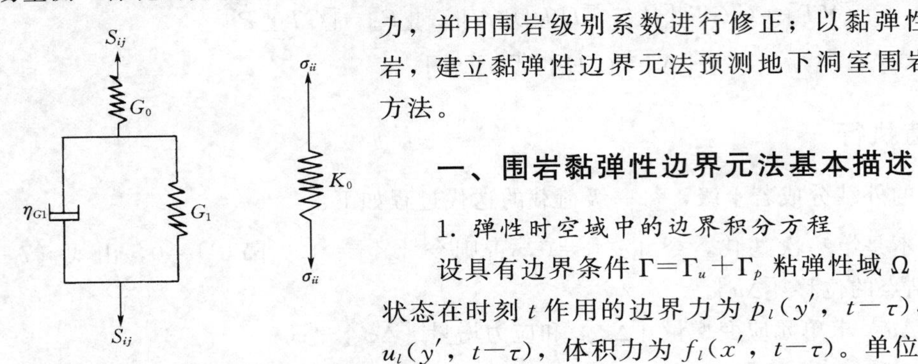

图 7-29　Kelvin-Voigt 流变模型

一、围岩黏弹性边界元法基本描述

1. 弹性时空域中的边界积分方程

设具有边界条件 $\Gamma=\Gamma_u+\Gamma_p$ 粘弹性域 Ω 中，待求应力状态在时刻 t 作用的边界力为 $p_l(y',\ t-\tau)$，边界位移为 $u_l(y',\ t-\tau)$，体积力为 $f_l(x',\ t-\tau)$。单位作用力在 τ 时刻的位移场为 $U_{kl}^*(x,\ y';\ \tau)$，相应的平衡力为 $T_{kl}^*(x,\ y';\ \tau)$，则对于线性黏弹性材料（图7-29），应用推广形式的虚功原理可得

$$\int_\Gamma\int_0^l p_l(y',t-\tau)\frac{\partial U_{kl}^*(x,y';\tau)}{\partial\tau}\mathrm{d}\tau\mathrm{d}\Gamma(y')+\int_\Omega\int_0^l f_l(x',t-\tau)\frac{\partial U_{kl}^*(x,x';\tau)}{\partial\tau}\mathrm{d}\tau\mathrm{d}\Omega(y')$$

$$=\int_\Gamma\int_0^t u_l(y',t-\tau)\frac{\partial T_{kl}^*(x,y';\tau)}{\partial\tau}\mathrm{d}\tau\mathrm{d}\Gamma(y')+\int_\Omega\int_0^l u_l(x',t-\tau)\frac{\partial T_{kl}^*(x,x';\tau)}{\partial\tau}\mathrm{d}\tau\mathrm{d}\Omega(x') \tag{7-110}$$

式中　$T_{kl}^*(x,\ y;\ t)=\delta_{kl}\delta(x,\ y)H(t)$；

δ——Dirac delt 函数；

$H(t)$——单位步长函数。

分步积分式（7-110）并略去体积力项，则得黏弹性时空域中的边界积分方程为

$$u_k(x,t)+\int_\Gamma\left[T_{kl}^*(x,y';t)u_l(y',0)+\int_0^l T_{kl}^*(x,y';t-\tau)\frac{\partial u_l(y',\tau)}{\partial\tau}\mathrm{d}\tau\right]\mathrm{d}\Gamma(y')$$

$$=\int_\Gamma\left[U_{kl}^*(x,y';t)p_l(y',0)+\int_0^l U_{kl}^*(x,y';t-\tau)\frac{\partial u_l(y',t)}{\partial\tau}\mathrm{d}\tau\right]\mathrm{d}\Gamma(y') \tag{7-111}$$

式中　$U_{kl}^*(x,\ y';\ t)$，$T_{kl}^*(x,\ y';\ t)$——图 7-29 所示黏弹性材料的开尔文解。

即

$$U_{kl}^*(x,y';t)=\frac{G_0+G_1}{G_0G_1}(A_{kl}^{(1)}+A_{kl}^{(2)})$$

$$+\frac{3(G_0+G_1)}{(3K_0+4G_0)\alpha}(A_{kl}^{(1)}-A_{kl}^{(2)})-\frac{1}{G_1}\exp\left(-\frac{G_1}{\eta_{G1}}t\right)(A_{kl}^{(1)}+A_{kl}^{(2)})$$

$$-\frac{12G_0^2}{(3K_0+4G_0)^2\alpha}\exp\left(-\frac{\alpha}{\eta_{G1}}t\right)(A_{kl}^{(1)}-A_{kl}^{(2)}) \tag{7-112}$$

$$T_{kl}^*(x,y';t)=\frac{1}{(3K_0+4G_0)\alpha}\{3G_0G_1(B_{kl}^{(1)}-B_{kl}^{(3)})+[6K_0(G_0+G_1)+2G_0G_1]B_{kl}^{(2)}\}$$

$$+\frac{9K_0G_0^2}{(3K_0+4G_0)^2\alpha}\exp\left(-\frac{\alpha}{\eta_{G1}}\right)(B_{kl}^{(1)}-2B_{kl}^{(2)}-B_{kl}^{(3)}) \tag{7-113}$$

其中 $A_{kl}^{(2)}=\frac{1}{4\pi}\frac{\partial r}{\partial x_k}\frac{\partial r}{\partial x_l}$， $\alpha=\frac{3K_0(G_0+G_1)+4G_0G_1}{3K_0+4G_0}$， $A_{kl}^{(1)}=\frac{1}{4\pi}\ln\left(\frac{1}{r}\right)\delta_{kl}$

$B_{kl}^{(1)}=\frac{1}{2\pi r}\frac{\partial r}{\partial n}\delta_{kl}$， $B_{kl}^{(2)}=-\frac{1}{2\pi r}\frac{\partial r}{\partial n}\frac{\partial r}{\partial x_k}\frac{\partial r}{\partial x_l}$， $B_{kl}^{(3)}=-\frac{1}{2\pi r}\left(\frac{\partial r}{\partial x_l}n_l-\frac{\partial r}{\partial x_l}n_k\right)$

2. 使用时间差分法求解黏弹性边界积分方程

将式（7－112）和式（7－113）代入式（7－111），对时间函数实施后差分（$\Delta t_n=t_n-t_{n-1}$），并假设 $u_l(x,t)$ 和 $p_l(x,t)$ 在 Δt_n 内为线性，最后可得增量形式的边界积分方程为

$$
\begin{aligned}
&\left\{c_{kl}+\frac{1}{\Delta t_n}\frac{\eta_{G1}}{\alpha}\left[1-\exp\left(-\frac{\alpha}{\eta_{G1}}\Delta t_n\right)\right]d_{kl}\right\}\Delta u_l(x,t_n)\\
&+\int_\Gamma\left\{\frac{3G_0G_1}{(3K_0+4G_0)\alpha}(B_{kl}^{(1)}-B_{kl}^{(3)})+\frac{6K_0(G_0+G_1)+2G_0G_1}{(3K_0+4G_0)\alpha}B_{kl}^{(2)}\right.\\
&\left.+\frac{1}{\Delta t_n}\frac{9K_0G_0^2}{(3K_0+4G_0)^2\alpha}\frac{\eta_{G1}}{\alpha}\left[1-\exp\left(\frac{\alpha}{\eta_{G1}}\Delta t_n\right)\right](B_{kl}^{(1)}-2B_{kl}^{(2)}-B_{kl}^{(3)})\right\}\Delta u_l(x,t_n)\mathrm{d}\Gamma\\
&-\left[1-\exp\left(-\frac{\alpha}{\eta_{G1}}\Delta t_n\right)\right]\mathrm{d}_{kl}\varphi_l(t_{n-1})\\
&-\int_\Gamma\left[1-\exp\left(-\frac{\alpha}{\eta_{G1}}\Delta t_n\right)\right]\frac{9K_0G_0^2}{(3K_0+4G_0)^2\alpha}(B_{kl}^{(1)}-2B_{kl}^{(2)}-B_{kl}^{(3)})\varphi_l(t_{n-1})\mathrm{d}\Gamma\\
&=\int_\Gamma\left\{\frac{G_0+G_1}{G_0G_1}(A_{kl}^{(1)}+A_{kl}^{(2)})+\frac{3(G_0+G_1)}{(3K_0+4G_0)\alpha}(A_{kl}^{(1)}-A_{kl}^{(2)})\right.\\
&-\frac{1}{\Delta t_n}\frac{\eta_{G1}}{G_1^2}\left[1-\exp\left(-\frac{G_1}{\eta_{G1}}\Delta t_n\right)\right](A_{kl}^{(1)}+A_{kl}^{(2)})\\
&\left.-\frac{1}{\Delta t_n}\frac{12G_0}{(3K_0+4G_0)^2\alpha}\frac{\eta_{G1}}{\alpha}\left[1-\exp\left(-\frac{\alpha}{\eta_{G1}}\Delta t_n\right)\right](A_{kl}^{(1)}-A_{kl}^{(2)})\right\}\Delta p_l(x,t_{n-1})\mathrm{d}\Gamma\\
&+\int_\Gamma\left[1-\exp\left(-\frac{G_1}{\eta_{G1}}\Delta t_n\right)\right]\frac{1}{G_1}(A_{kl}^{(1)}+A_{kl}^{(2)})\Psi_l^{(1)}(t_{n-1})\mathrm{d}\Gamma\\
&+\int_\Gamma\left[1-\exp\left(-\frac{\alpha}{\eta_{G1}}\Delta t_n\right)\right]\frac{12G_0^2}{(3K_0+4G_0)^2\alpha}(A_{kl}^{(1)}-A_{kl}^{(2)})\Psi_l^{(2)}(t_{n-1})\mathrm{d}\Gamma
\end{aligned}
\tag{7-114}
$$

其中
$$\varphi_l(x,t_n)=\frac{1}{\Delta t_n}\frac{\eta_{G1}}{\alpha}\left[1-\exp\left(-\frac{\alpha}{\eta_{G1}}\Delta t_n\right)\right]\Delta u_l(x,t_n)+\exp\left(1-\frac{\alpha}{\eta_{G1}}\Delta t_n\right)\varphi_l(t_{n-1})\tag{7-115}$$

$$\Psi_l^{(1)}(x,t_n)=\frac{1}{\Delta t_n}\frac{\eta_{G1}}{G_1}\left[1-\exp\left(-\frac{G_1}{\eta_{G1}}\Delta t_n\right)\right]\Delta p_l(x,t_n)+\exp\left(-\frac{G_1}{\eta_{G1}}\Delta t_n\right)\Psi_l^{(1)}(t_{n-1})\tag{7-116}$$

$$\Psi_l^{(2)}(x,t_n)=\frac{1}{\Delta t_n}\frac{\eta_{G1}}{\alpha}\left[1-\exp\left(-\frac{\alpha}{\eta_{G1}}\Delta t_n\right)\right]\Delta p_l(x,t_n)+\exp\left(-\frac{\alpha}{\eta_{G1}}\Delta t_n\right)\Psi_l^{(2)}(t_{n-1})\tag{7-117}$$

式（7－114）表明，当前时步位移值可使用前一时步相应值计算获得，用矩阵形式可表示为

$$[H]\{\Delta u\}_{(n)}-\{\varphi\}_{(n-1)}=[G]\{\Delta p\}_{(n-1)}+\{\Psi\}_{(n-1)}^{(1)}+\{\Psi\}_{(n-1)}^{(2)}\tag{7-118}$$

式中　$\{\varphi\}$，$\{\Psi\}^{(1)}$ 和 $\{\Psi\}^{(2)}$——黏性引起的似荷载项。

式（7-118）两边同乘以 $[G]^{-1}$ 得

$$[G]^{-1}[H]\{\Delta u\}_{(n)}=\{\Delta p\}_{(n-1)}+[G]^{-1}[\{\varphi\}_{(n-1)}+\{\Psi\}_{(n-1)}^{(1)}+\{\Psi\}_{(n-1)}^{(2)}] \tag{7-119}$$

将式（7-119）两边同乘质量分布矩阵 $[M]$ 有

$$[M][G]^{-1}[H]\{\Delta u\}_{(n)}=[M]\{\Delta p\}_{(n-1)}+[M][G]^{-1}[\{\varphi\}_{(n-1)}+\{\Psi\}_{(n-1)}^{(1)}+\{\Psi\}_{(n-1)}^{(2)}] \tag{7-120}$$

由此可看出，方程式（7-119）等效于有限元描述，且黏弹性分析类似于弹性分析的描述。

3. *初始条件确定及计算结果修正*

对于黏弹性问题，在 $t=0$ 时刻，初始条件可由问题的弹性分析计算获得。具体方法是，洞室周边锚喷支护抗力用 Robcewicz 实用计算公式进行计算，并用围岩级别修正系数和典型工程量测资料统计获得的综合修正系数进行修正。

（1）等效圆形断面洞室锚喷支护的法向抗力 P_{i1}。在利用黏弹性边界元法分析计算锚喷支护洞室时，可用数据输入的方法对各边界单元分别施加法向均布荷载，作为黏弹性分析的初始条件。

等效圆形断面洞室锚喷支护抗力 P_{i1} 可按下式计算，即

$$P_{i1}=P_H+P_W+P_G+P_{st} \tag{7-121}$$

式中　P_H、P_W、P_G、P_{st}——喷射混凝土层、钢筋网或钢拱架、锚杆的抗力以及岩体抗滑阻力。

$$P_H=\frac{2d\tau_s}{b\sin\alpha_s} \tag{7-122}$$

式中　d、τ_s、α_s——喷层的厚度、抗剪强度及剪切角。

$$P_W=2F_W\tau_W/(b\sin\alpha_W) \tag{7-123}$$

式中　F_W、τ_W、α_W——每米隧道钢筋网或钢拱架的截面积、抗剪强度、剪切角。

$$P_G=2aF_G\sigma_t\cos\beta/(etb) \tag{7-124}$$

式中　a——剪切楔体弧长之半；

F_G、σ_t、β、e、t——锚杆截面积、材料强度、平均倾角、纵向间距、横向间距。

$$P_{st}=2(s\tau_{st}\cos\Psi-s\sigma_n\sin\Psi)/b \tag{7-125}$$

式中　s、τ_{st}、σ_n、Ψ——滑移面计算长度、剪应力、正应力、平均倾角。

$$b=2r_0\cos\alpha$$

$$\alpha=45°-\frac{\varphi}{2}$$

式中　r_0——洞室半径；

φ——摩擦角。

（2）非圆形断面洞室锚喷支护法向抗力。李世辉利用有限元程序就洞室不同高跨比、不同侧压力系数、不同围岩级别以及不同混凝土喷层作了 100 多组不同条件组合，300 多个算例的计算。由计算结果统计分析得出，洞室周边锚喷支护抗力的最大值 P_{i2} 主要与洞室高跨比、侧压力系数、围岩级别及等效圆形断面洞室锚喷支护抗力有关，近似计算公式为

$$P_{i2}=K_R\left(\frac{H}{L}\right)^A\left(\frac{P_H}{P_V}\right)^B P_{i1} \tag{7-126}$$

式中　A、B——指数，由统计计算得出，$A=1.25$，$B=0.25$；

K_R——围岩级别修正系数，也由统计计算得出。

经典型工程验证得出的Ⅰ～Ⅴ级围岩级别修正系数 K_A 及综合修正系数 K_C（$K_C=K_A\cdot K_R$）各值见表7-3。

表7-3　围岩修正系数及综合修正系数

围岩分类	Ⅴ	Ⅳ	Ⅲ	Ⅱ	Ⅰ
K_R	1.753	0.882	0.486	0.926	0.954
K_A	1.225	0.848	0.928	0.216	0.105
K_C	2.143	0.748	0.451	0.2	0.1

（3）非圆形洞室锚喷支护抗力沿洞周的分布。

除了洞室高跨比、侧压力系数及围岩类别三个因素外，洞室形状及锚喷支护参数沿洞周配置的变化，对支护抗力沿洞周的分布也有较大的影响。李世辉等经大量有限元计算，初步统计出锚喷支护抗力沿洞周的分布规律为

1）支护抗力最大值 P_{i2} 可近似由式（7-126）计算，最小值可近似取 P_{i2} 的倒数。

2）对Ⅰ、Ⅱ级围岩，支护抗力沿洞周可近似看作均布。

3）在一个象限内，一部分单元的支护抗力大于平均值，另一部分单元小于平均值。

4）支护抗力的均值点在断面上出现的位置与高跨比 H/L 和本象限内所取单元数 N 有关，其单元号 N_{av} 可近似取 $N_{av}=INT\left[\frac{N}{(H/L)^{0.6}+1}\right]$。

5）抗力的分布曲线取折线形式，洞周收敛分析结果与实测资料接近较好。

（4）计算结果的修正。将以上所得支护抗力 P_{i2} 施加于每一个边界单元进行计算时，由于 P_{i2} 未能全面反映锚喷支护对围岩的加固作用，也未考虑喷层的切向力，同时只进行一次线弹性边界元分析，不能反映开挖、锚喷两个阶段中空间效应对位移和应力的影响。为此，需要通过各级围岩的一些典型工程实例数据的反馈分别得出修正系数 K_A，将 P_{i2} 乘以 K_A，即得比较符合该级围岩洞室工程实际的锚喷支护抗力 P_{i3}，并将 K_A 与 K_R 之积定义为该级围岩的综合修正系数 K_C

$$P_{i3}=K_C\left(\frac{H}{L}\right)^A\left(\frac{P_H}{P_V}\right)^B P_{i1} \tag{7-127}$$

具体修正方法为：选取既有实测岩体物理力学参数、工程结构参数、铅垂地应力、侧压力系数等数据，取洞室周边收敛计算值与典型工程实测值是否一致作为判断标准，当分析所得洞周控制点（侧墙中部、拱顶、底中）的位移值与实测值不一致时，对该级围岩的支护抗力乘以综合修正系数 K_C，使计算洞周控制点位移和方向与典型工程实测值相近。

（5）黏弹性边界元法数值计算实施格式。如上所述，对于黏弹性问题，在 $t=0$ 时刻，初始条件可由问题的弹性计算获得，因此，$\varphi_l(t)$，$\Psi_l^{(1)}$，$\Psi_l^{(2)}$ 等函数的初始条件可由弹性计算获得的位移和面力设定，即 $\varphi_l(0)=u_l(x,0)$，$\Psi_l^{(1)}(0)=p_l(x,0)$，$\Psi_l^{(2)}(0)=p_l(x,0)$。在时刻 $t=t_n$，黏弹性域内某一点的解答可按下列步骤计算得到

1）由于黏性引起的似荷载项［方程（7-120）右边第二项］可通过前一时步 $t=t_{n-1}$ 时的各值 $\varphi_l(t_{n-1})$，$\Psi_l^{(1)}(t_{n-1})$，$\Psi_l^{(2)}(t_{n-1})$ 计算获得。

2）使用方程（7-120）可计算当前时步（$t=t_n$）的增量位移 $\Delta u_l(x, t_n)$。

3）使用方程（7-119），由增量位移 $\Delta u_l(x, t_n)$ 可计算面力增量 $\Delta p_l(x, t_n)$。

4）计算 $u_l(x, t_n)=u_l(x, t_{n-1})+\Delta u_l(x, t_n)$ 和 $p_l(x, t_n)=p_l(x, t_{n-1})+\Delta p_l(x, t_n)$。

5）使用方程（7-115）～（7-117）计算当前时步的 $\varphi_l(t_n)$，$\Psi_l^{(1)}(t_n)$，$\Psi_l^{(2)}(t_n)$ 各值。

6）重复步骤 1）～5）直到计算所要求的时步为止。

二、算例

如图 7-30 所示，某国防地下工程，为一直墙拱形地下洞室。洞室毛洞宽 $L=3.3$m，高 $H=4.5$m，埋深 99m；作用的地应力 $P_{xx}=2.18$MPa，$P_{zz}=2.389$MPa；围岩为Ⅴ级软岩，岩体的力学计算参数为：等效变形模量 $E=350$MPa，泊松比 $\mu=0.4$；围岩以三单元黏弹性模型模拟，计算参数为：$G_0=200$MPa，$G_1=70$MPa，$K_0=540$MPa，$\eta_{G1}=700$MPa；锚喷支护计算参数为：喷射混凝土厚度 $d=10$cm，喷射混凝土轴心抗压强度 $f_c=14$MPa，钢筋网直径 $d_W=8.48$mm，钢筋网横向间距 $a=20$cm，锚杆直径 $d_G=18$mm，锚杆抗拉设计强度 $f_y=280$MPa，锚杆的纵横排距 $e\times i=100$cm×100cm。

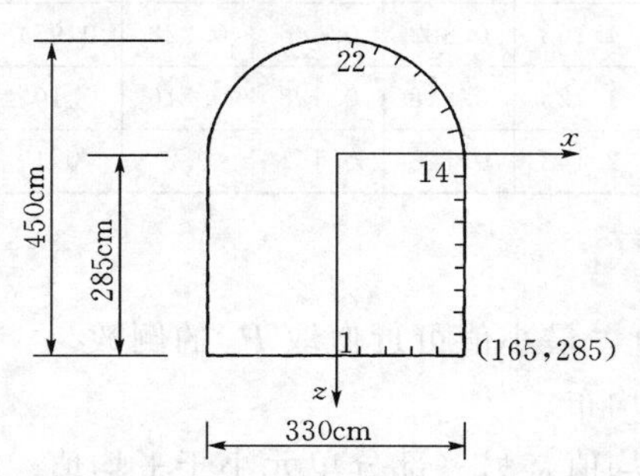

图 7-30　地下洞室的边界单元划分

首先利用所编程序进行锚喷支护洞室弹性边界元计算，由于问题对称性，只取洞室的一半进行分析即可。将所分析的右半边洞室边界划分为 22 个边界单元。由式（7-121）计算得到的锚喷支护抗力 $P_{i1}=0.42$MPa，经典型工程量测数据综合修正后可得各边界单元 x 和 z 向的锚喷支护分布抗力，如 18 号单元，$p_x=0.484$MPa，$p_z=0.397$MPa。考虑到地下洞室开挖后由于地应力的释放在洞室周边产生的释放荷载，则施加锚喷支护之后，可计算得到洞室周边各单元上的面力以及单元中点的位移。再将面力和位移作为黏弹性边界元计算的初始条件，按前述黏弹性边界元理论可预测锚喷支护地下洞室的残余流变变形，所得到的洞室周边各边界单元中点位移随时间 t 变化的计算结果如表 7-4 所示。

由计算结果可看出，当 $t=90$d 时，第 11 号边界单元收敛计算值 $\Delta u_x=3.1\times2=6.2$cm，而拱顶底垂直收敛计算值 $\Delta u_z=2.284-0.563=1.71$cm。而该洞室净空变化长期观测数据为：$t=87$d 时，水平收敛观测值为 6.5cm，$t=99$d 时垂直收敛观测值为 2.815cm。比较计算值和观测值可知，两者还是比较接近的。

表 7-4　　洞周边界残余变形预测值　　单位：cm

边界单元号	$t=4$d		$t=40$d		$t=90$d	
	u_x	u_z	u_x	u_z	u_x	u_z
1	−0.0464	−1.5428	−0.053	−1.575	−0.0685	−2.284
2	−0.1430	−1.5307	−0.161	−1.743	−0.2086	−2.265
3	−0.2428	−1.5065	−0.276	−1.715	−0.359	−2.229
4	−0.36	−1.474	−0.409	−1.687	−0.533	−2.182

续表

边界单元号	$t=4\text{d}$		$t=40\text{d}$		$t=90\text{d}$	
	u_x	u_z	u_x	u_z	u_x	u_z
5	−0.52	−1.4243	−0.592	−1.622	−0.768	−2.108
6	−1.154	−0.9468	−1.314	−1.078	−1.708	−1.401
7	−1.5425	−0.8513	−1.756	−0.969	−2.283	−1.259
8	−1.7743	−0.8063	−2.02	−0.918	−2.625	−1.193
9	−1.931	−0.674	−2.199	−0.781	−2.858	−0.946
10	−2.035	−0.446	−2.317	−0.501	−3.013	−0.891
11	−2.095	−0.299	−2.285	−0.302	−3.10	−0.523
12	−2.114	−0.091	−2.317	−0.087	−3.13	−0.238
13	−2.096	−0.011	−2.386	−0.021	−3.102	−0.081
14	−2.037	0.237	−2.319	0.248	−3.015	0.256
15	−1.937	0.402	−2.205	0.483	−2.868	0.614
16	−1.796	0.382	−2.044	0.435	−2.658	0.565
17	−1.615	0.281	−1.839	0.319	−2.391	0.416
18	−1.387	0.235	−1.579	0.267	−2.068	0.347
19	−1.078	0.294	−1.227	0.335	−1.596	0.435
20	−0.802	0.331	−0.913	0.377	−1.187	0.491
21	−0.506	0.361	−0.576	0.412	−0.748	0.536
22	−0.175	0.381	−0.199	0.433	−0.259	0.563

第八章　现场量测和监控设计

第一节　监控设计的原理与方法

鉴于地下工程的受力特点及其复杂性，自20世纪50年代以来，国际上就开始通过对地下工程的量测来监视围岩和支护的稳定性，并逐渐应用现场量测结果来校正和修改设计。近年来，现场量测与力学计算紧密配合，已形成了一整套监控设计（或称信息设计）的原理与方法，这种方法因其适应地下工程的特点，能结合现场量测技术、计算机技术以及岩土力学理论，在铁路隧道、公路隧道和军事地下工程等领域得到了广泛的应用。

监控设计原理主要是通过现场测试获得关于围岩稳定性和支护系统工作状态的数据，通过分析量测数据的变规律，或基于量测数据的力学分析以确定支护系统的设计和施工对策。这一过程可称为监控设计或信息化设计，此外，它还包含着施工监视的含义在内。

监控设计通常包含两个阶段：初始设计阶段和修正设计阶段。初始设计一般应用工程类比法或理论计算方法进行。修正设计则应根据现场量测所得数据，进行分析或力学运算而得最终设计参数与施工对策。

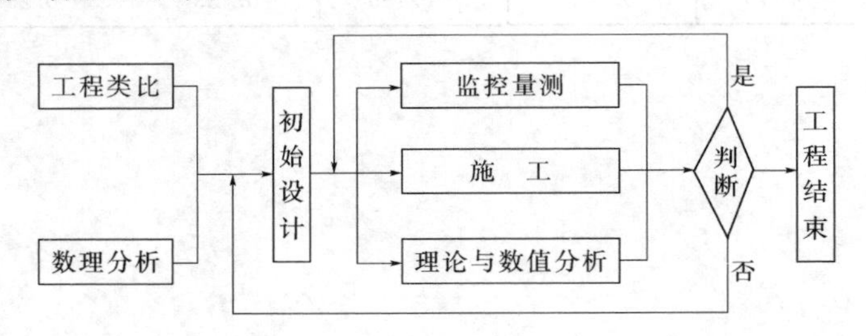

图8-1　监控设计流程图

监控设计内容包括现场量测、量测数据处理及量测数据反馈三个方面，现场量测包括选择量测项目、量测手段、量测方法及测点布置等内容。数据处理包括分析研究处理目的、处理项目和处理方法以及测试数据的表达形式。量测数据反馈一般有定性反馈（或称经验反馈）与定量反馈（或称理论反馈）。定性反馈是根据人们的经验以及理论上的推理所获得的一些准则，直接通过量测数据与这些准则的比较而反馈于设计与施工。定量反馈是以测试所得的数据作为计算参数，通过力学计算进行反馈。定量反馈也有两种方式：一种是直接以测试数据作为计算参数进行反馈计算；另一种是根据测试数据反推出一般计算方法中的计算参数，然后再按一般计算方法进行反馈计算，即所谓反分析法。监控设计的流程如图8-1所示。

第二节　现场量测的目的、内容和手段

一、现场量测的目的和意义

现场量测和监视是监控设计中的主要一环，也是目前国际上流行的新奥地利隧道施工法中的重要内容。归结起来，量测的目的是掌握围岩稳定与支护受力，变形的动态或信息，并以此判断设计、施工的安全与经济。具体来说，有如下几点。

1. 提供监控设计的依据和信息

建设地下工程，必须事前查明工程所在地的岩体产状、性状以及物理力学性质，为工程设计提供必要的依据和信息，这就是工程勘察的目的。但地下工程是埋入地层中的结构物，而地层岩体的变化往往又千差万别，因此仅仅靠事前的露头调查及有限的钻孔来预测其动向，常常不能充分反映岩体的产状和性状。此外，目前工程勘察中分析岩体力学性质的常规方法是用岩样进行室内物理力学试验。众所周知，岩块的力学指标与岩体的力学指标有很大不同，因此，必须结合工程，进行现场岩体力学性态的测试，或者通过围岩与支护的变位与应力量测反推岩体的力学参数，为工程设计提供可靠依据。当然，现场的变位与应力量测不只是为了提供岩体力学参数，它还能提供地应力大小，围岩的稳定度与支护的安全度等信息，为监控设计提供合理依据和计算参数。

2. 指导施工，预报险情

在国内外的地下工程中，利用施工期间的现场测试，预报施工的安全程度，是早已采用的一种方法。对那些地质条件复杂的地层，如塑性流变岩体，膨胀性岩体，明显偏压地层等，由于不能采用以经验作为设计基准的惯用设计方法，所以施工期间须通过现场测试和监视，以确保施工安全，此外在拟建工程附近有已建工程时，为了弄清并控制施工的影响，有必要在施工期间对地表及附近已建工程进行测试，以确保已建工程安全。

近 20 年来，随着新奥地利施工方法的推广，在软弱岩体中现场测试更成为工程施工中一个不可缺少的内容。除了预见险情外，它还是指导施工作业，控制施工进程的必要手段。如应根据量测结果来确定二次支护的时间，仰拱的施作与否及其支护时间，地下工程开挖方案等。这些施工作业原则上都应通过现场量测信息加以确定和调整。

3. 作为工程运营时的监视手段

通过一些耐久的现场测试设备，可对已运营的工程进行安全监视，这样可对接近危险值的区段或整个工程及时地进行补强、改建，或采取其他措施，以保证工程安全运营，这是一个在更大范围内受到重视和被采用的现场测试内容。如我国一些矿山井巷中利用测杆或滑尺来测顶板的相对下沉，当顶板相对位移达到危险值时，电路系统即自动报警。

4. 用作理论研究及校核理论，并为工程类比提供依据

以前地下工程的设计完全依赖于经验，但随着理论分析手段的迅速发展，其分析结果越来越被人们所重视，因而对地下工程理论问题的物理方面——模型及参数，也提出了更高的要求，理论研究结果须经实测数据检验。因此系统地组织现场测试，研究岩体和结构的力学形态，对于发展地下工程理论具有重要意义。

5. 为地下工程设计与施工积累资料

现场量测数据及反馈指导改进设计与施工资料，可作为工程竣工资料存档备查，可为日后工程维护、病售整治提供参考，亦可为同类条件其他工程借鉴。

二、现场量测的内容与项目

1. 现场观测

现场观测包括开挖撑子面附近的围岩稳定性，围岩构造情况，地下水情况，支护变形与稳定情况及校核围岩分类。

2. 岩体力学参数测试

岩体力学参数测试包括抗压强度，变形模量，粘聚力，内摩擦角及泊松比。

3. 应力应变测试

应力应变测试包括岩体原岩应力，围岩应力、应变，支护结构的应力、应变及围岩与支护和各种支护间的接触应力。

4. 压力测试

压力测试包括支撑上的围岩压力和渗水压力。

5. 位移测试

位移测试包括围岩位移（含地表沉降），支护结构位移及围岩与支护倾斜度。

6. 温度测试

温度测试包括岩体温度，洞内温度及气温。

7. 物理探测

物理探测包括弹性波（声波）测试和视电阻率测试。

上述监测项目，一般分为必测项目和选测项目，如表 8-1 所示。表中 1～4 项为必测项目，5～11 项为选测项目。必测项目是现场量测的核心，它是设计、施工等所必要进行的经常性量测；选测项目是由于不同地质、工程性质等具体条件和对现场量测要索取的数据类型而选择的测试项目。由于条件的不同和要取得的信息不同，在不同的工程中往往采用不同的测试项目。但对于一个具体工程来说，对上述列举的项目不会全部应用，只是有目的地选用其中的几种。

表 8-1　　隧道现场监控量测项目及量测方法

序号	项目名称	方法及工具	布置	量测间隔时间			
				1～15d	16d～1个月	1～3个月	大于3个月
1	地质和支护状况观察	岩性、结构面产状及支护裂缝观察或描述，地质罗盘等	开挖后及初期支护后进行	每次爆破后进行			
2	周边位移	各种类型收敛计	每10～50m一个断面，每断面2～3对测点	1～2次/d	1次/2d	1～2次/周	1～3次/月
3	拱顶下沉	水平仪、水准尺、钢尺或测杆	每10～50m一个断面	1～2次/d	1次/2d	1～2次/周	1～3次/月
4	锚杆或锚索内力及抗拔力	各类电测锚杆、锚杆测力计及拉拔器	每10m一个断面，每个断面至少做3根锚杆	—	—	—	—

续表

序号	项目名称	方法及工具	布　置	量测间隔时间			
				1～15d	16d～1个月	1～3个月	大于3个月
5	地表下沉	水平仪、水准尺	每5～50m一个断面，每断面至少7个测点；每隧道至少两个断面；中线每5～20m一个测点	开挖面距量测断面前后<2*B*时，1～2次/d； 开挖面距量测断面前后<5*B*时，1次/2d； 开挖面距量测断面前后>5*B*时，1次/周			
6	围岩体内位移（洞内设点）	洞内钻孔中安设单点、多点杆式或钢丝式位移计	每5～100m一个断面，每断面2～11个测点	1～2次/d	1次/2d	1～2次/周	1～3次/月
7	围岩体内位移（地表设点）	地面钻孔中安设各类位移计	每代表性地段一个断面，每断面3～5个钻孔	同地表下沉要求			
8	围岩压力及两层支护间压力	各种类型压力盒	每代表性地段一个断面，每断面宜为15～20个测点	1～2次/d	1次/2d	1～2次/周	1～3次/月
9	钢支撑内力及外力	支柱压力计或其他测力计	每10榀钢拱支撑一对测力计	1～2次/d	1次/2d	1～2次/周	1～3次/月
10	支护、衬砌内应力、表面应力及裂缝量测	各类混凝土内应变计、应力计、测缝计及表面应力解除法	每代表性地段一个断面，每断面宜为11个测点	1～2次/d	1次/2d	1～2次/周	1～3次/月
11	围岩弹性波测试	各种声波仪及配套探头	在有代表性地段设置	—	—	—	—

注　*B*为隧道开挖宽度。

在某些工程中，由于特殊需要，还要增测一些一般不常用而对工程又很重要和必须的测试项目。如底鼓量测，岩体力学参数量测，原岩应力量测等。

三、量测手段

现场量测手段，按其仪器（表）的物理效应的不同，可分为下述几种类型。

（1）机械式：如百分表，千分表，挠度计，测力计等。

（2）电测式：电阻型，电感型，电容型，差动型，振弛型，压电、电磁型等。

（3）光弹式：光弹应力计，光弹应变计。

（4）物探式：弹性波法——地震波、电火花、声波（超声波），形变电阻率法。

第三节　围岩应力应变量测

一、测试原理

岩体作为大地的构造体来说，它的各部位都处在一定的应力状态下，这种应力一般称

为原岩应力。由于洞室的开挖，改变了部分岩体的原岩应力状态，而把岩体中原岩应力改变的范围称为围岩，其应力称为围岩应力。在开挖前进行钻孔或在开挖后在洞室内紧跟掌子面钻孔，在孔中按要求埋设各种类型的应力计、应变计，对围岩应力、应变进行观测。能够及时、较好地掌握围岩内部的受力与变形状态，进而判断围岩的稳定性。围岩应力重分布与时间和空间有关——即时间效应与空间效应。及时地提供支护作用力，能有效地调整和控制应力重分布的过程和结果。

二、测试方法

围岩应力的量测常采用应力解除法进行，基本原理是：当需要测定岩体中某点的应力状态时，人为地将该处的岩体单元与周围岩体分离。此时岩体单元上所受的应力将被解除。该单元体将产生弹性恢复的应变值或变形值，用传感器测量这一应变和位移，再根据应力和应变或位移之间的关系计算围岩应力。

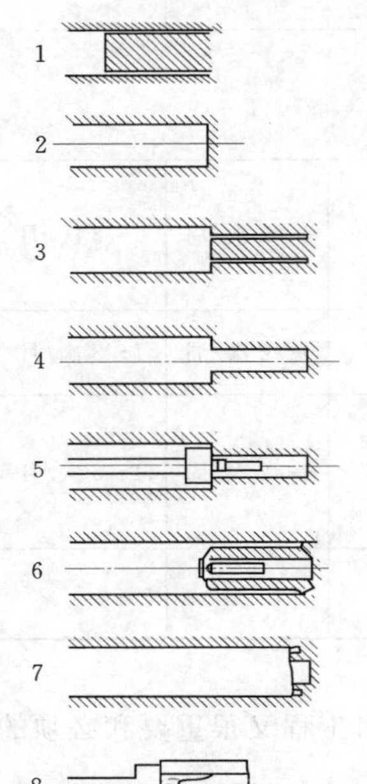

图 8－2　应力解除法钻孔及量测传感器安设示意图

1. 应力解除法的实施步骤（见图 8－2）

（1）套钻大孔（$D=118$mm）。

（2）取岩芯并将孔底磨平。

（3）套钻小孔（$d=36$mm）。

（4）取小孔岩芯。

（5）粘贴元件测初读数。

（6）应力解除。

（7）取岩芯。

（8）测终读数。

2. 应力解除法的测量方法

（1）孔径变形法。测量应力解除前后钻孔直径的变化 Δd，最早由美国矿业局（USBM）首创和采用。国内可采用中国科学院武汉岩土力学研究所研制的 36－2 型孔径变形计进行测量。这种方法要求在能取得完整岩芯的岩体中进行，一般至少要能取出大孔直径 2 倍长度的岩芯。

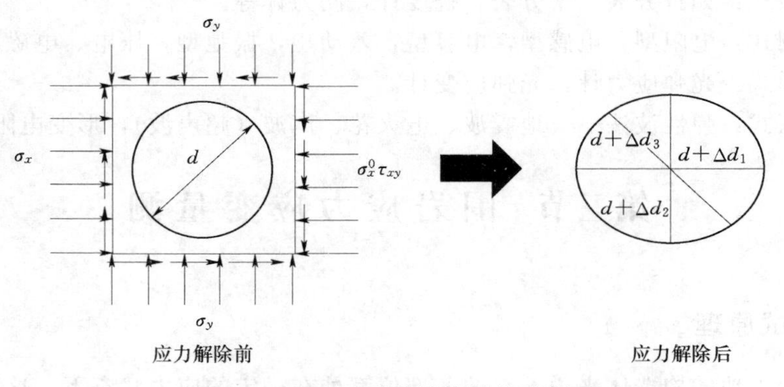

图 8－3　孔径变形法计算原理示意图

如图 8-3 所示，根据弹性力学，围岩应力解除前后钻孔直径变化与围岩应力关系为：

$$\Delta d=\frac{(1-\mu^2)}{E}d[(\sigma_x+\sigma_y)+2(\sigma_x-\sigma_y)\cos2\theta+4\tau_{xy}\sin2\theta]$$

取三个不同 θ_i，可得到三个不同方向的直径变化 Δd_i，形成以下的三元一次方程组

$$\begin{cases}\Delta d_1=\dfrac{1-\mu^2}{E}d[(\sigma_x+\sigma_y)+2(\sigma_x-\sigma_y)\cos2\theta_1+4\tau_{xy}\sin2\theta_1]\\\Delta d_2=\dfrac{1-\mu^2}{E}d[(\sigma_x+\sigma_y)+2(\sigma_x-\sigma_y)\cos2\theta_2+4\tau_{xy}\sin2\theta_2]\\\Delta d_3=\dfrac{1-\mu^2}{E}d[(\sigma_x+\sigma_y)+2(\sigma_x-\sigma_y)\cos2\theta_3+4\tau_{xy}\sin2\theta_3]\end{cases}$$

求解上述方程组可得围岩应力 σ_x、σ_y、τ_{xy}。

要测定一点的其他三个应力分量，需要采用三孔交汇法，工作量比较大，不宜采用。

（2）孔壁应变法。如图 8-4 所示，该方法是通过测量应力解除后钻孔壁上的应变，来计算钻孔壁上的应力分量，再利用钻孔壁上的应力分量与围岩应力之间的关系建立方程组求得围岩应力。

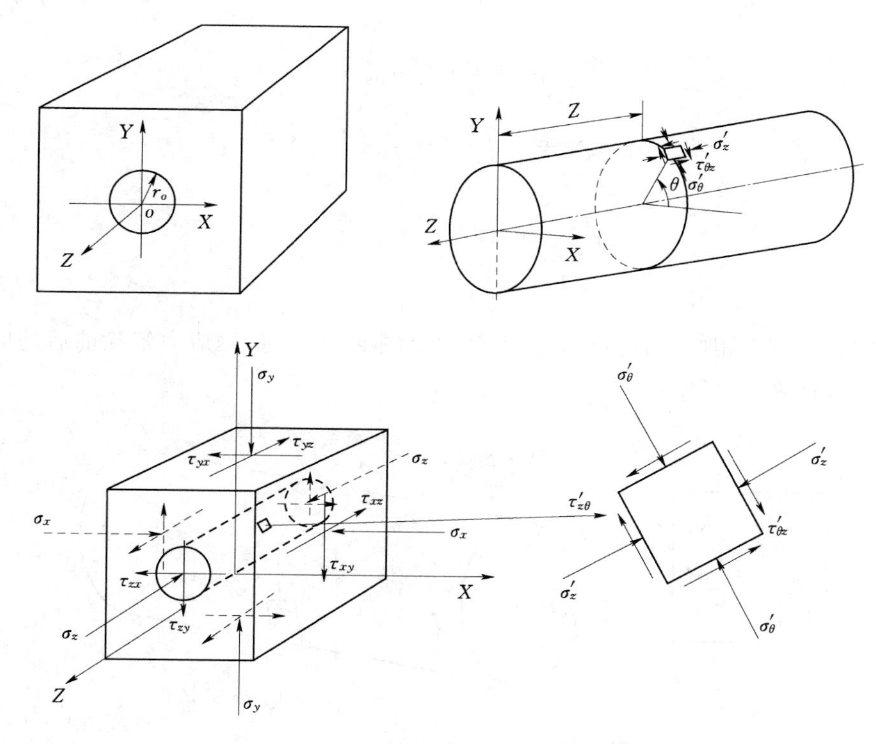

图 8-4　孔壁应变法计算原理示意图

孔壁应力与单元体原始地应力关系为：

$$\sigma_z'=-\mu[2(\sigma_x-\sigma_y)\cos2\theta+4\tau_{xy}\sin2\theta]+\sigma_z$$

$$\sigma_\theta'=\sigma_x+\sigma_y-2(\sigma_x-\sigma_y)\cos2\theta-4\tau_{xy}\sin2\theta$$

$$\tau_{z\theta}'=2\tau_{yz}\cos\theta-2\tau_{zx}\sin\theta$$

取 θ 分别为：π、π/2、7π/4，代入以上 3 个公式，得以下 9 个方程：

$$\begin{cases}\sigma'_{z1}=-2\mu(\sigma_x-\sigma_y)+\sigma_z\\ \sigma'_{\theta1}=-\sigma_x+3\sigma_y\\ \tau'_{z\theta1}=-2\tau_{yz}\end{cases}$$

$$\begin{cases}\sigma'_{z2}=2\mu(\sigma_x-\sigma_y)+\sigma_z\\ \sigma'_{\theta2}=3\sigma_x-\sigma_y\\ \tau'_{z\theta2}=-2\tau_{zx}\end{cases}$$

$$\begin{cases}\sigma'_{z3}=4\mu\tau_{xy}+\sigma_z\\ \sigma'_{\theta3}=\sigma_x+\sigma_y+4\tau_{xy}\\ \tau'_{z\theta3}=\sqrt{2}(\tau_{yz}+\tau_{zx})\end{cases}$$

上述九个方程任取 6 个联立求解可得围岩应力的 6 个分量。

$$\begin{cases}\sigma_x=\dfrac{1}{8}(3\sigma'_{\theta2}+\sigma'_{\theta1})\\ \sigma_y=\dfrac{1}{8}(3\sigma'_{\theta1}+\sigma'_{\theta2})\\ \sigma_z=\sigma'_{z1}+\dfrac{\mu}{2}(\sigma'_{\theta2}-\sigma'_{\theta1})\\ \tau_{xy}=-\dfrac{1}{8}(\sigma'_{\theta1}+\sigma'_{\theta2}-2\sigma'_{\theta3})\\ \tau_{yz}=-\dfrac{1}{2}\tau'_{z\theta1}\\ \tau_{zx}=-\dfrac{1}{2}\tau'_{z\theta2}\end{cases}$$

孔壁应力通过在相应位置点粘贴应变片（见图 8－5），量测应力解除前后的应变变化采用以下公式计算：

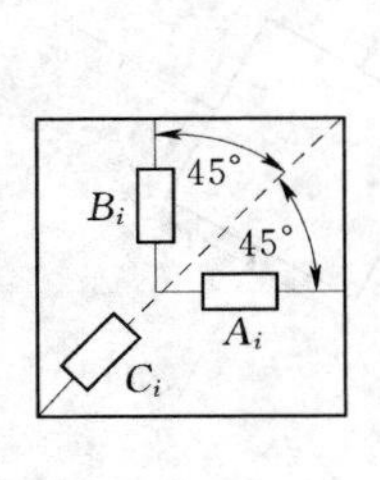

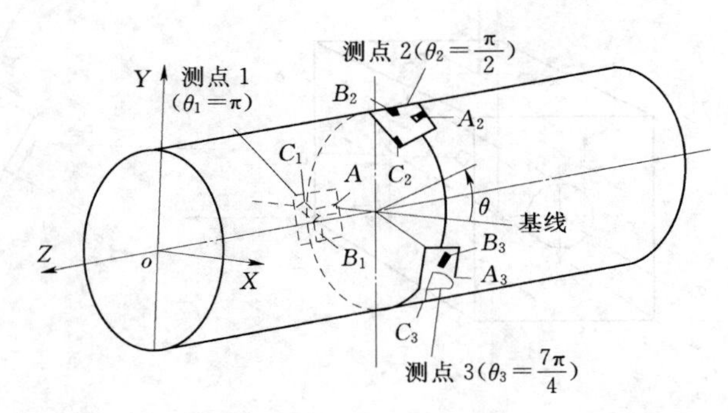

图 8－5　孔壁应变片粘贴示意图

$$\sigma'_{zi}=\frac{E}{2}\left(\frac{\varepsilon_{Ai}+\varepsilon_{Bi}}{1-\mu}+\frac{\varepsilon_{Ai}-\varepsilon_{Bi}}{1+\mu}\right)$$

$$\sigma'_{\theta i}=\frac{E}{2}\left(\frac{\varepsilon_{Ai}+\varepsilon_{Bi}}{1-\mu}+\frac{\varepsilon_{Bi}-\varepsilon_{Ai}}{1+\mu}\right)$$

$$\tau'_{z\theta i}=\frac{E}{2}\left(\frac{2\varepsilon_{Ci}-(\varepsilon_{Ai}+\varepsilon_{Bi})}{1+\mu}\right)$$

孔壁应变的量测采用三轴应变计，国际岩石力学与工程学会制定的地应力测量建议方法中定名为CSIR型应变计。常用的空心包体式三轴应变计结构图见图8-6。

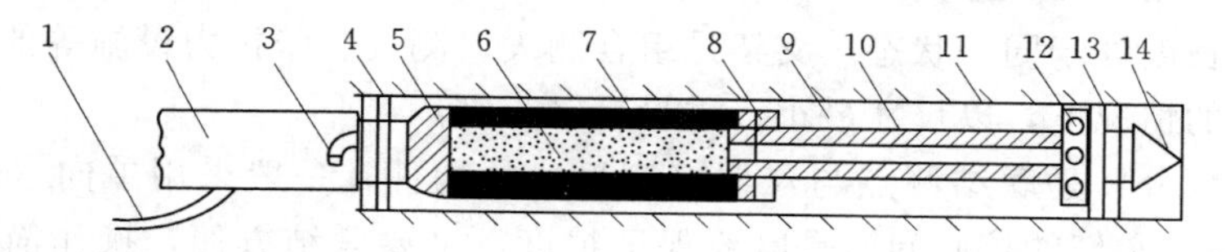

图8-6 空心包体式三轴应变计结构图

1—应变计电缆；2—安装杆；3—连接销；4、13—密封圈；5—环氧树脂筒；6—空腔、内装粘结剂；7—电阻应变花；8—固定销；9—应变计与空壁之间的空隙；10—活塞；11—岩石钻孔壁；12—出胶径向孔；14—导向头

第四节 位 移 量 测

在地下工程测试中，位移量测包括围岩表面位移量测、围岩内部位移量测和地表下沉量测，是评价围岩与地层稳定最常用、且简便经济的手段。测试成果可直接指导施工，验证设计、评价围岩与支护的稳定性。

一、围岩表面位移量测

（一）净空相对位移测试（收敛测试）

洞室内壁面两点连线方向的位移之和称为“收敛”，此项量测称为“收敛量测”。收敛值为两次量测的距离之差。收敛量测是地下洞室施工监控量测的重要项目，收敛值是最基本的量测数据，必须量测准确，计算无误。

1. 测试原理

洞室的开挖，改变了岩体的初始应力状态，由于围岩应力重分布及洞壁应力释放的结果，使围岩产生了变形，洞壁有不同程度的向内净空位移，在开挖后的洞壁（含顶、底）上，及时安设测点，采用不同的观测手段，观测其两测点的相对位移值，如图8-7所示。

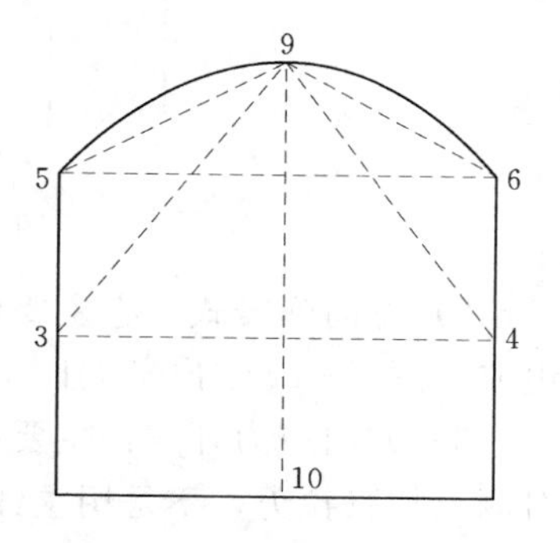

图8-7 净空位移测线示意

2. 测试手段

净空相对位移测试观测手段较多，但基本上都是由壁面测点、测尺（测杆）、测试仪器和联结部分等组成。

（1）壁面测点：由埋入围岩壁面30～50cm的埋杆与测头组成，由于观测的手段不同，测头有多种形式，一般为销孔测头与圆球测头。它代表围岩壁面变形情况，因而要求对测点加工要精确，埋设要可靠，在测头管理中要精心。

（2）测尺（测杆）：一般是用打孔的钢卷尺、或金属管对围岩壁面某两点间的相对位移测取粗读数。除对测尺的打孔、测杆的加工要精确外，在观测中，还要注意测尺（杆）

长度的温度修正。

（3）测试仪器：是净空位移测试的主要构成部分，一般由测表、张拉力设施与支架组成。测表多为量程 10mm、30mm 的百分表或游标尺，用此对净空变化量进行精读数，张拉力设施一般采用重锤、弹簧或应力环，观测时由它对测尺进行定量施加拉力，使每次施测时测尺本身长度处于同一状态。支架是组合测表、测尺、张拉力设施等的综合结构，在满足测试要求的情况下，以尺寸最小、重量最轻为宜。

（4）联结部分：是联结测点与仪器（测尺）的构件，一般采用单向（销接）或万向（球铰接）联结，它们的核心问题是既要保证精度，又要联结方便，操作简单，能作任意方向测试。

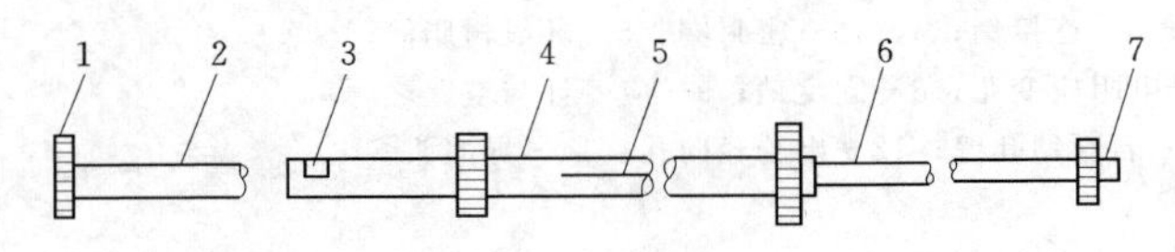

图 8-8　位移测杆构造示意图

1—平面接触端；2—杆身；3—游标；4—活动杆；5—读尺；6—接杆；7—球形接触端

工程中常用的手段有如下几种：

（1）位移测杆：它是由数节可伸缩的异径金属管组成，管上装有游标尺或百分表，用以测定测杆两端测点间的相对位移。该位移测杆适用于小断面洞室观测，如图 8-8 所示。

（2）净空变化测定计（收敛计）：目前国内收敛计种类较多，大致可分为如下三种。

1）单向重锤式：它主要由支架、百分表、钢尺（带孔）、连接销、测杆、重锤等部分组成。图 8-9 示出了 SWJ—81 型隧道净空变化测定计。

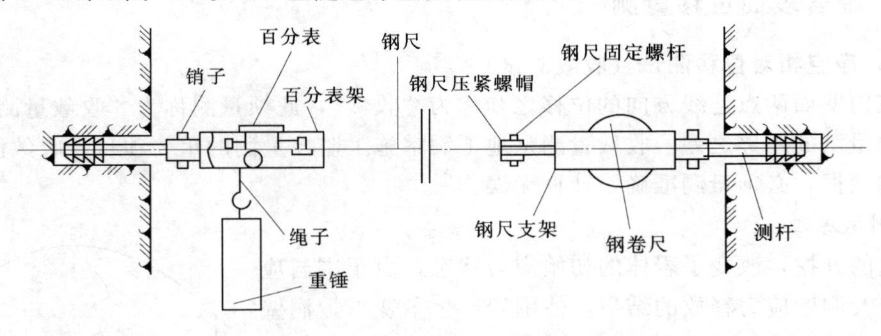

图 8-9　SWJ—81 型隧道净空变化测定计

2）万向弹簧式：它主要由支架、百分表、带孔钢尺、弹簧、连接球铰、测杆等部分组成。图 8-10 示出了 QJ—81 型球铰式隧道净空变化测定计。

3）万向应力环式：主要由应力环、带孔钢尺、球铰、测杆等部分组成。主要特点是对测尺加张拉力，不是用重锤或弹簧，而是用经国家标定的量力元件应力环，致使该类收敛计测试精度高、性能稳定、操作方便。图 8-11 示出了 GSL 钢环式收敛计结构示意图。

净空相对位移计算：

$$U_n = R_n - R_0$$

式中　U_n——第 n 次量测时净空相对位移值；

R_n——第 n 次量测时的观测值；

R_0——初始观测值。

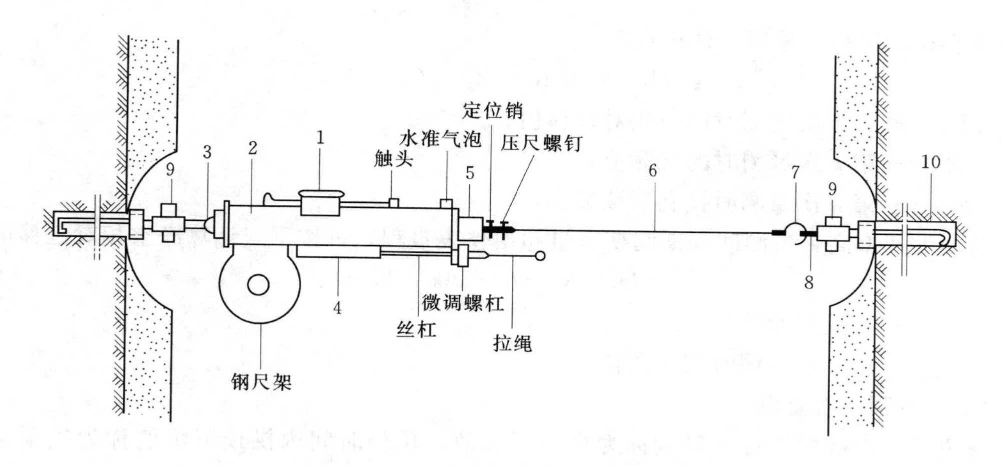

图 8-10 QJ—81 型球铰式隧道净空变化测定计

1—百分表；2—收敛计架；3—钢球；4—弹簧秤；5—内滑管；6—带孔钢尺；7—连接挂钩；8—羊眼螺栓；9—连接销；10—预埋件

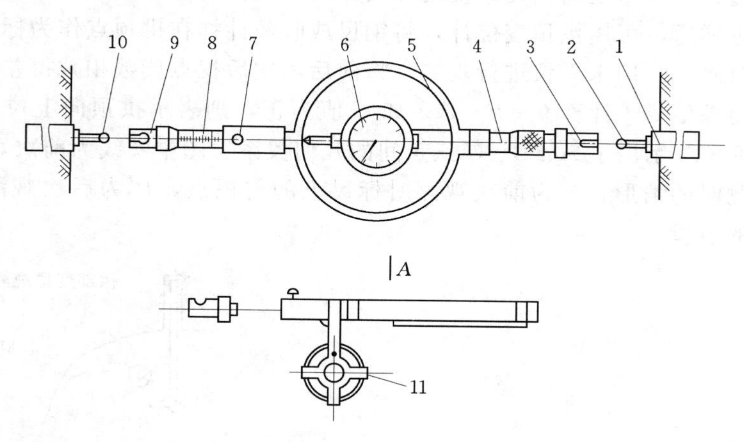

图 8-11 GSL 钢环式收敛计结构示意图

1—埋腿；2—测点；3—球铰接头；4—螺旋测微器；5—钢环测力计；6—百分表；7—定位按钮；8—钢带尺；9—球铰接头；10—测点；11—尺架

测尺为普通钢尺时，还需消除温度的影响，尤其当洞室净空大（测线长），温度变化大时，应进行温度修正，其计算式为

$$U_n = R_n - R_0 - \alpha L(t_n - t_0)$$

式中 t_n——第 n 次量测时温度；

t_0——初始量测时温度；

L——量测基线长；

α——钢尺线膨胀系数（一般 $\alpha = 12 \times 10^{-6}/℃$）。

当净空相对位移值比较大，需要换测试钢尺孔位时（即仪表读数大于测试钢尺孔距时），为了消除钻孔间距的误差，应在换孔前先读一次，并计算出净空相对位移值（U_n）。换孔后应立即再测一次，从此往后计算即以换孔后这次读数为基数（即新的初读数 R_{n0}），

此后净空相对位移（总值）计算式为

$$U_k=U_n+R_k-R_{n0}\quad (k>n)$$

式中　U_k——第 k 次量测时净空相对位移值；

R_k——第 k 次量测时的观测值；

R_{n0}——第 n 次量测时换孔后读数。

若变形速率高，量测间隔期间变形量超出仪表量程，可按下式计算净空相对位移值：

$$U_k=R_k-R_0+A_0-A_k$$

式中　A_0——钢尺初始孔位；

A_k——第 k 次量测时钢尺孔位。

（二）拱顶下沉量测

隧道拱顶内壁的绝对下沉量称为拱顶下沉值，单位时间内拱顶下沉值称为拱顶下沉速度。

1. 量测方法

对于浅埋隧道，可由地面钻孔，使用挠度计或其他仪表测定拱顶相对地面不动点的位移值。对于深埋隧道，可用拱顶变位计，将钢尺或收敛计挂在拱顶点作为标尺，后视点可视为设在稳定衬砌上，用水平仪进行观测，将前后两次后视点读数相减得差值 A，两次前视点读数相减得差值 B，计算 $C=B-A$；如 C 值为正，则表示拱顶向上位移；反之表示拱顶下沉。图 8－12 示出了 A、B、C 三量间的几何关系。图中实线为前次观测时的情形，虚线为后次观测时的情形，P 为前次观测时标尺上的前视点，P' 为后次观测时 P 点在垂直方向上移到的位置。

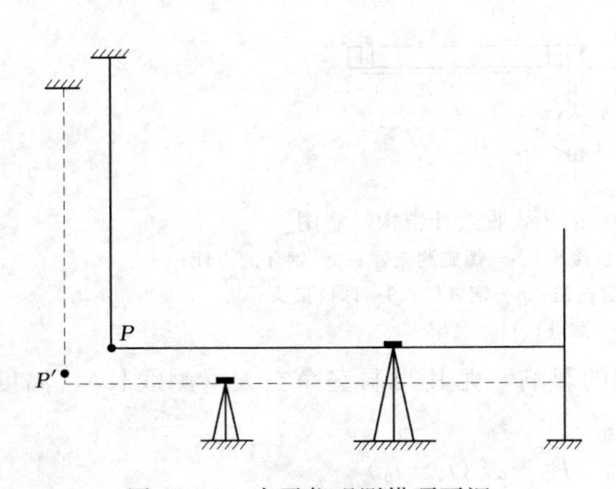

图 8－12　水平仪观测拱顶下沉

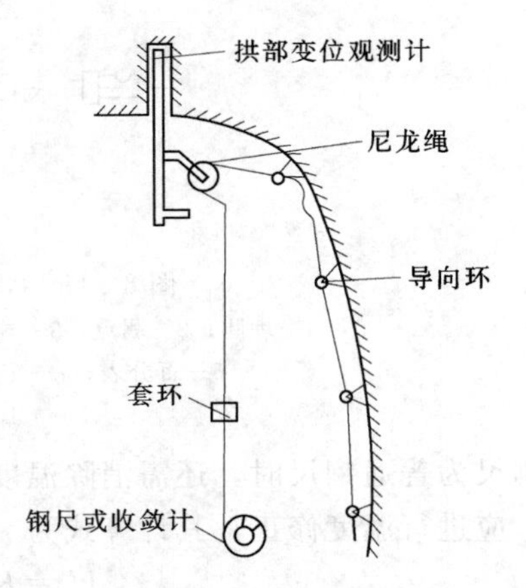

图 8－13　拱部变形观测图

2. 量测仪器

拱顶下沉量测主要用隧道拱部变位观测计。新奥法量测中，要求观察拱部下沉量。由于隧道净空高，使用机械式测试方法很不方便，使用电测方法造价又很高，铁道科研部门设计了隧道拱部变位观测计。其主要特点是，当锚头用砂浆固定在拱顶时，钢丝一头固定在挂尺轴上，另一头通过滑轮可引到隧道下部，测量人员可在隧道底板上测量，如图 8－13 所示。测量时，用尼龙绳将钢尺拉上去，不测时收在边上，不致影响施工，测点布

置又相对固定。

（三）围岩表面位移非接触测量

非接触测量是以光电、电磁等技术为基础，在不接触被测物体表面的情况下，得到物体表面参数信息的测量方法。由于无须接近测点，该法避免了传统接触式观测必须触及测点才能观测的缺点，是地下工程变形观测技术的发展方向。

目前实现基于光学方式的非接触观测一般有三种途径：第一种是以精密测角的空间前方交会原理为基础，由数台电子经纬仪联合进行的三维解析测量；第二种是三维近景摄影测量；第三种则是以角度、距离同时测量的流动极坐标法为基础，采用一台全站仪的自由三维工作站。

1. 基本原理

光学三维测量的基本方法可以分为两大类：被动三维测量和主动三维测量。

被动三维测量采用非结构光照明方式，它根据被测空间点在不同位置所拍摄的像面上的相互匹配关系，来解算空间点的三维坐标。采用双摄像机的系统与人眼双目立体视觉的原理相似，因此，该方法常用于对三维目标的识别、理解，以及位置、形态的分析等领域。

主动三维测量采用结构光照射方式，由于三维面形对结构光场的调制，可以从携带有三维面形信息的观察光场中解调得到三维面形数据。这种方法具有较高的测量精度，因此大多数以三维面形测量为目的的三维测量系统都采用主动三维测量方式。结构光通常采用调制过的扇面激光光源和以白光为光源的投影光栅方式，又分别称为激光法三维测量和投影光栅法三维测量。激光光源具有亮度高、方向性强和单色性好，易于实现调制等优点，所以在三维测量领域得到广泛应用；白光光源的结构光照明方式具有成本低、结构简单的优点，特别在面结构光照明的三维测量中得到越来越多的应用。

2. 测量仪器

在地下工程中应用较多的非接触测量仪器主要是全站仪。全站仪是一种集光、机、电为一体的新型测角仪器，与光学经纬仪比较电子经纬仪将光学度盘换为光电扫描度盘，将人工光学测微读数代之以自动记录和显示读数，使测角操作简单化，且可避免读数误差的产生。电子经纬仪的自动记录、储存、计算功能，以及数据通信功能，进一步提高了测量作业的自动化程度。

全站仪采用了光电扫描测角系统，其类型主要有：编码盘测角系统、光栅盘测角系统及动态（光栅盘）测角系统等三种。电子全站仪由电源部分、测角系统、测距系统、数据处理部分、通信接口及显示屏、键盘等组成。全站仪结构原理图如图 8-14 所示。

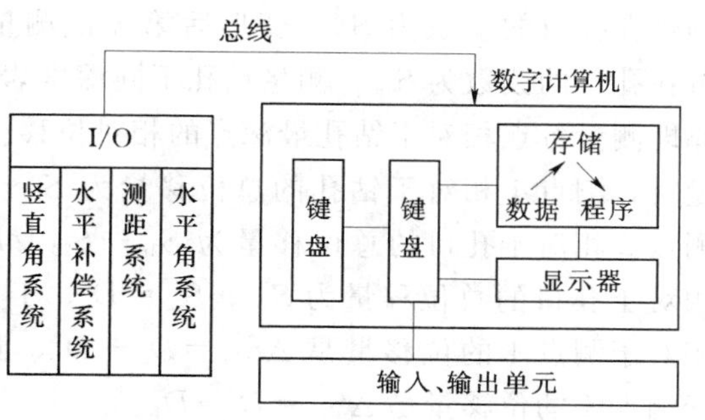

图 8-14 全站仪结构原理图

全站仪与光学经纬仪区别在于度盘读数及显示系统，电子经纬仪的水平度盘和竖直度盘及其读数装置是分别采用两个相同的光栅度盘（或编码盘）和读数传感器进行角度测量

的。根据测角精度可分为0.5″，1″，2″，3″，5″，10″等几个等级。

全站仪按其外观结构可分为积木型和整体型；全站仪按测量功能可分为经典型全站仪、机动型全站仪、无合作目标性全站仪和智能型全站仪；全站仪按测距可以分为短距离测距全站仪、中测程全站仪和长测程全站仪。

3. 量测方法

隧道拱顶及边墙测点相对位移量测时，可无需建立三维坐标系，全站仪自由设站后直接读取测点坐标即可。

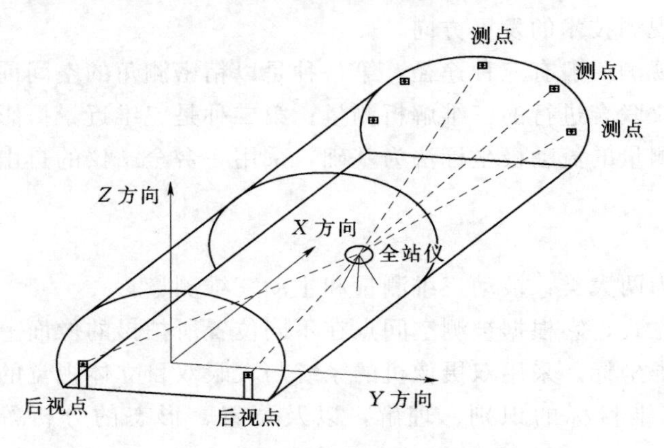

图 8-15　局部三维坐标系建立示意图

隧道拱顶及边墙测点三维绝对位移量测时，应建立独立局部三维坐标系，一般Z轴为竖直方向，X、Y轴平行于隧道轴线和垂直于隧道轴线，局部三维坐标系可参照图8-15。

隧道周壁测点三维绝对位移量测时，有自由设站和固定设站两种方式，一般应采用全站仪自由设站三维绝对位移量测法。

二、围岩内部位移量测

由于洞室开挖引起围岩的应力变化与相应的变形，距临空面不同深度处是各不相同的。围岩内部位移量测，就是观测围岩表面、内部各测点间的相对位移值，它能较好地反映出围岩受力的稳定状态，岩体扰动与松动范围。该项测试，是位移观测的主要内容，一般工程都要进行这项测试工作。

（一）测试原理

埋设在钻孔内的各测点与钻孔壁紧密连接，岩层移动时能带动测点一起移动（见图8-16）。变形前各测点钢带在孔口的读数为S_{i0}，变形后第n次测量时各点钢带在孔口的读数为S_{in}。测量钻孔不同深度岩层的位移，亦即测量各点相对于钻孔最深点的相对位移。第n次测量时，测点1相对于钻孔的总位移量为$S_{1n}-S_{10}=D_1$，测点2相对于孔口的总位移量为$S_{2n}-S_{20}=D_2$，测点i相对于孔口的总位移量为$S_{in}-S_{i0}=D_i$。于是，测点2相对于测点1的位移量是$\Delta S_{2n}=D_2-D_1$，测点i相对于测点1的位移量是$\Delta S_{in}=D_i-D_1$。

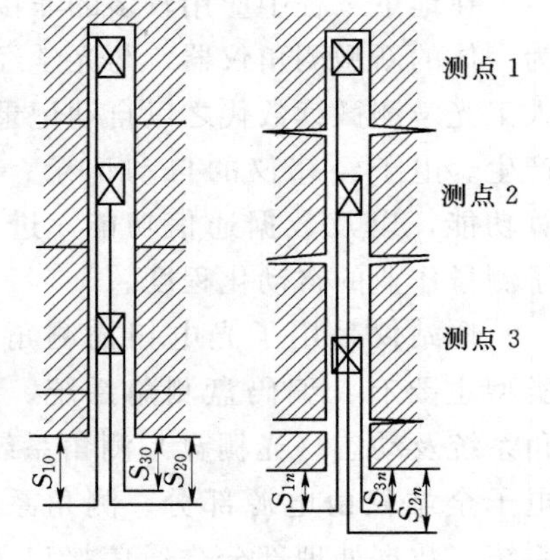

图 8-16　围岩内位移量测

当在钻孔内布置多个测点时，就能分别测出沿钻孔不同深度岩层的位移值。测点1的深度愈大，本身受开挖的影响愈小，所测出的位移值愈接近绝对值。

(二）量测手段

国内围岩内部位移测试类型、手段很多，通常采用钻孔伸长计或位移计，由锚固、传递、孔口装置、测试仪表等部分组成。

(1）锚固部分。把测试元件与围岩锚固为一整体，测试元件的变位即为该点围岩的变位。常用的型式有：楔缝式、胀壳式、支撑式、压缩木式、树脂或砂浆浇筑式及全孔灌注式等，如图8－17～图8－19所示。由于具体测试要求，使用环境的不同，而采用的锚固方式也不尽相同，一般情况下，软岩、干燥环境采用胀壳式、支撑式、砂浆灌注式为好，而硬岩、潮湿环境采用楔缝式、压缩木式较好。

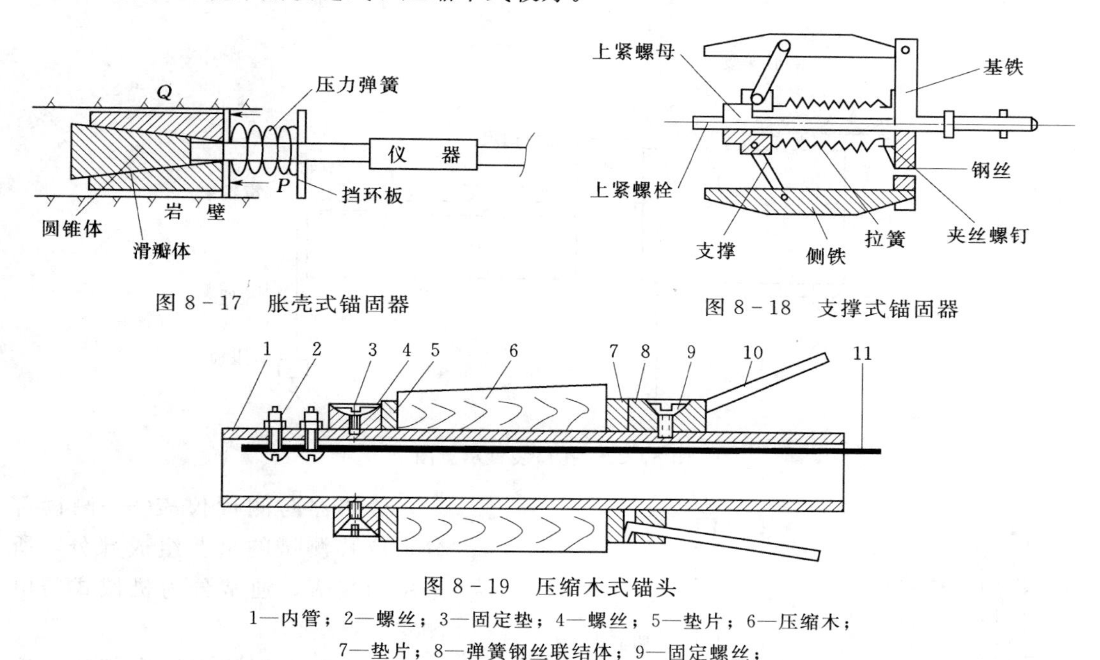

图8－17　胀壳式锚固器

图8－18　支撑式锚固器

图8－19　压缩木式锚头

1—内管；2—螺丝；3—固定垫；4—螺丝；5—垫片；6—压缩木；
7—垫片；8—弹簧钢丝联结体；9—固定螺丝；
10—弹簧钢丝；11—测量钢尺

(2）传递部分。把各测点间的位移进行准确的传递，从传递位移的构件可分为直杆式、钢带式、钢丝式等。从传递位移的方式可分为并联式和串联式。

(3）孔口装置部分。为了量测的具体实施而在孔口处设的必要装置。一般包括在孔口设置基准面及其固定，孔口保护，导线隐蔽及集线箱等。如图8－20～图8－22所示。

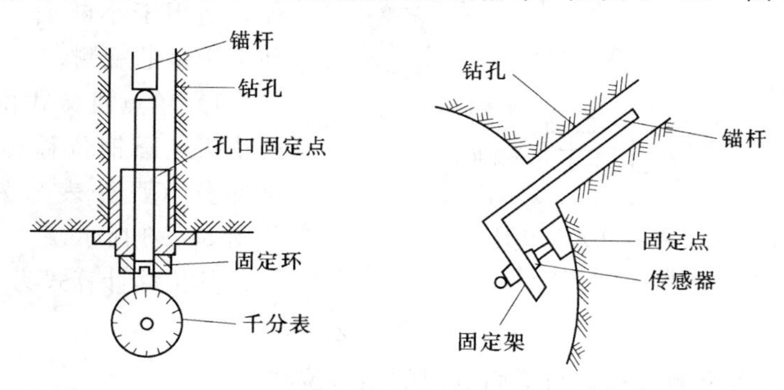

图8－20　直杆式伸长计孔口固定装置图

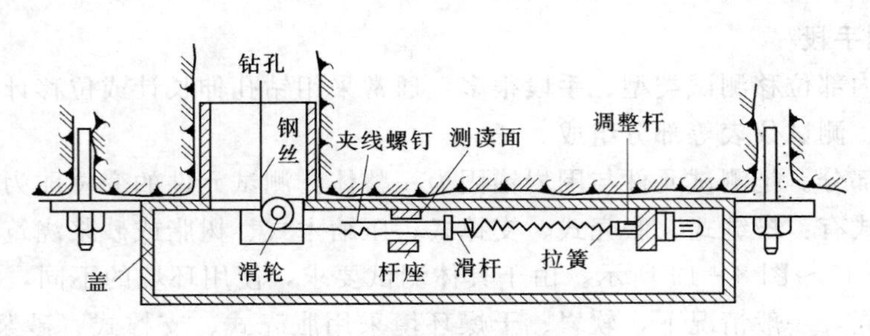

图 8-21　钢丝式伸长计孔口固定装置

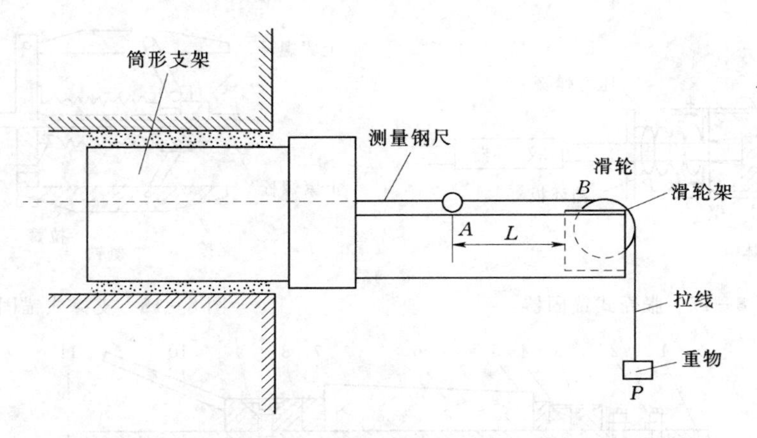

图 8-22　孔口装置示意图

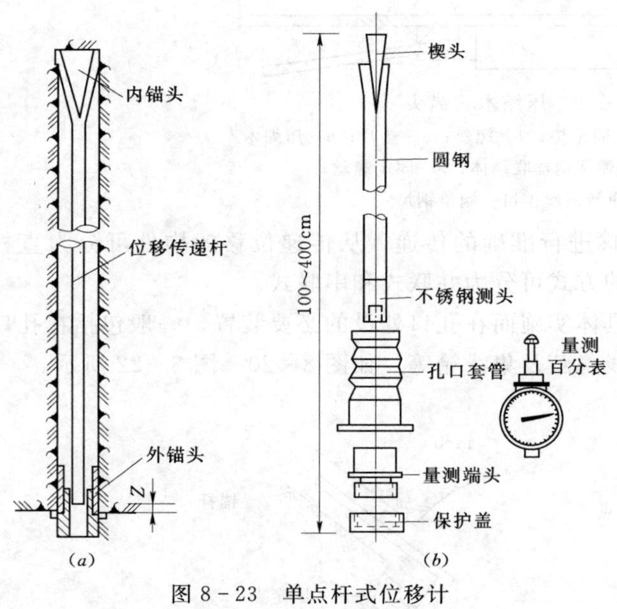

图 8-23　单点杆式位移计
(a) 原理图；(b) 构造图

传感器与测读仪表——测读部分是位移测试的重要组成部分，所采用的仪表，通常分为机械式与电测式。

工程中常用的围岩内部位移测试仪器有如下几种：

(1) 机械式位移计：机械式位移计，结构简单，稳定可靠，价格低廉，但一般精度偏低，观测不方便，适用于小断面，外界干扰小的地下洞室的观测。

1) 单点机械式位移计：由楔缝式锚头、圆钢位移传递杆、孔口测读部分（百分表与外锚头）组成。如图 8-23 所示。

其位移计算式为

$$U_i = Z_0 - Z_i$$

式中　U_i——第 i 次量测时孔口与锚固点间的相对位移；

Z_0——初读数；

Z_i——第 i 次测读时百分表读数。

当锚固点为不动点时，此时 U_i 即为孔口（壁面）的绝对位移值。

2）机械式两点位移计：这种位移计有两个内锚头，两根金属测杆分别同两个锚头连接，用百分表分别量测两测杆外端测点和孔口端面（观测基准面）间的相对位移变化。如图 8-24 所示。

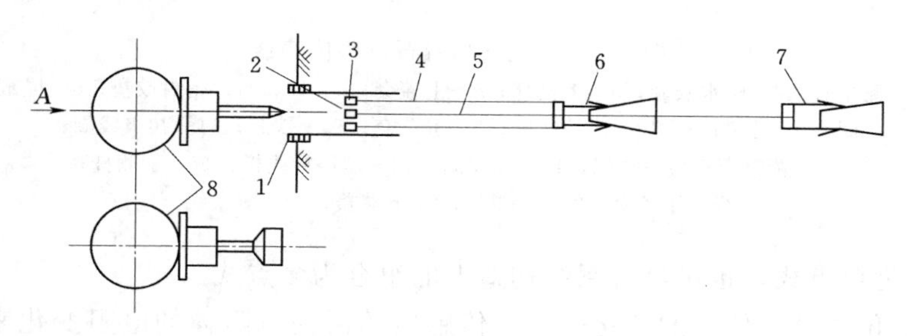

图 8-24　WYJ—Ⅱ机械式两点位移计

1、2、3—壁面、深部及浅部测量基准；4、5—浅部、深部连杆；6、7—浅部、深部锚固头；8—手持式百分表架

3）多点机械式位移计：在同一钻孔中，设多个锚头（测点），通过相应的位移传递杆或传递钢丝、传递钢带等，可以了解各测点（不同孔深处）至孔口间沿钻孔方向上的位移状态，如图 8-25 所示。

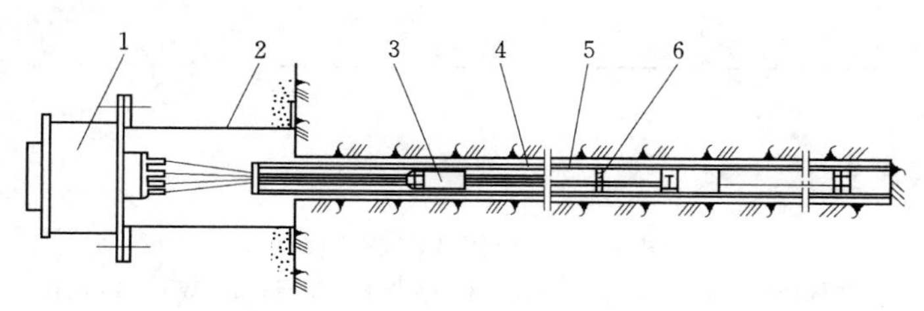

图 8-25　DWJ—Ⅰ型深孔六点伸长计结构原理示意图

1—位移测定器；2—圆形支架；3—锚固器；4—保护套管；5—砂浆；6—定位器

（2）电测式位移计：电测式位移计，是把非电量的位移量通过传感器（一次仪表）的机械运动转化为电量变化信号输出，再由导线传送给接收仪（二次仪表）接受并显示。这种装置施测方便，操作安全，能够遥测，适应性强。但受外界影响较大，稳定性较差，费用较高。

1）电感式位移计：利用电磁互感原理，传感器在恒定电压情况下，铁芯的位移变化可由二次绕组线圈的电压变化进行准确地反映，再由二次仪表测读。电感式位移计，因使用需要和不同的位移传递系统与孔口设施而制成单点式或多点式。图 8-26 示出了 YJ—L 岩石位移测定仪与传感器。

2）差动式位移计：由差动变压器式位移传感器、电缆及位移测量仪组成，根据使用

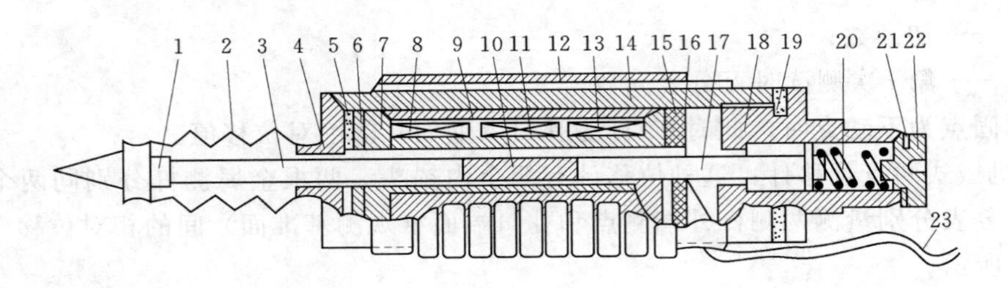

图 8-26　YJ—L 岩石位移传感器

1—测量头；2—防水胶套；3—上测杆；4—上盖套；5、19、21—密封胶垫；6—屏蔽圈；7—骨架；8、13—次级线圈；9—屏蔽套；10—铁芯；11—初级线圈；12—调整套；14—外壳；15—橡皮圈；16—印刷接线板；17—下测杆；18—下盖套；20—弹簧；22—下端盖；23—测量线

上的要求，可为单点式，也可经过系统构造上的组合为多点式。

3）电阻式位移计：位移的变化是通过传感器的滑动电阻体的电阻变化来反映的，再由导线传给二次仪表，有的可经过仪表内部率定，直接读出位移测试值。电阻式位移计抗外界干扰能力强，性能稳定，价格便宜。但灵敏度差，在一般情况下能满足测试要求。如图 8-27 所示。

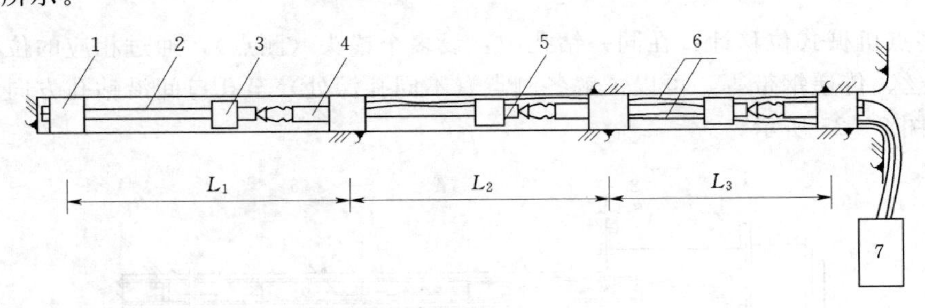

图 8-27　电阻式多点位移计

1—锚固压缩木；2—位移传递杆；3—硬杂木定位器；4—WY—40 位移传感器；5—位移测点；6—测试导线；7—WD—83A 位移测定仪

三、地表下沉量测

洞顶地表沉降测试，是为了判定地下工程建筑对地面建筑物的影响程度和范围，并掌握地表沉降规律，为分析洞室开挖对围岩力学形态的挠动状况提供信息。一般是在浅埋情况下观测才有意义，如跨度 6～10m，埋深 20～50m 的黄土洞室，地表沉降才几毫米。

地表下沉量可采用水准仪加平板测微器或全站仪来量测。

第五节　支护结构的应力应变量测

地下洞室支护的类型很多，但支护目的与作用都是为岩体提供支护力，调节围岩受力

状态，充分发挥围岩的自承能力，促使围岩稳定，保证地下空间的正常使用。通过对支护的应力应变测试，不仅可直接提供关于支护结构的强度与安全度的信息，且能间接了解到围岩的稳定状态，并与其他测试手段相互验证。

一、锚杆轴力量测

锚杆轴力量测的目的在于掌握锚杆实际工作状态，结合位移量测，修正锚杆的设计参数。主要使用的是量测锚杆。量测锚杆的杆体是用中空的钢材制成，其材质同锚杆一样。量测锚杆主要有机械式和电阻应变片式两类。

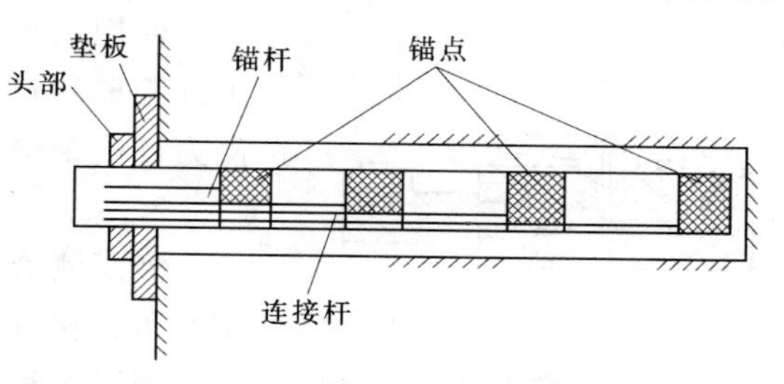

图 8-28　量测锚杆构造与安装

机械式量测锚杆是在中空的杆体内放入四根细长杆，将其头部固定在锚杆内预计的位置上（图 8-28）。量测锚杆一般长度在 6m 以内，测点最多为 4 个，用千分表直接读数，量出各点间的长度变化，而后被测点间距除得出应变值，再乘以钢材的弹性模量，即得各测点间的应力。由此可了解锚杆轴力及其应力分布状态，再配合以岩体内位移的量测结果就可以设计锚杆长度及锚杆根数，还可以掌握岩体内应力重分布的过程。图 8-29 示出了一个量测实例。

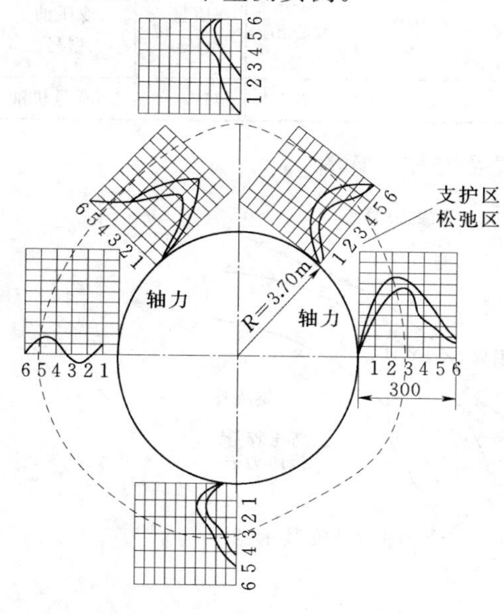

图 8-29　锚杆轴力量测实例

电阻应变片式量测锚杆是在中空锚杆内壁或在实际使用的锚杆上轴对称贴四块应变片，以四个应变片的平均值为量测应变值，这样可消除弯曲应力的影响，测得的应变值乘以钢材的弹性模量可得该点的应力。

二、钢支撑压力量测

如果隧道围岩类别低于Ⅳ类，隧道开挖后常需要采用各种钢支撑进行支护。量测围岩作用在钢支撑上的压力，对维护支架承载能力、检验隧道偏压、保证施工安全、优化支护参数等具有重要意义。例如，通过压力量测，可知钢支撑的实际工作状态，从钢支撑的性能曲线上可以确定在此压力作用下钢支撑所具有的安全系数，视具体情况确定是否需要采取加固措施。

1. 测力计分类

围岩作用于钢支撑上的压力可用多种测力计量测。根据测试原理和测力计结构的不同，测力计可分类如下：

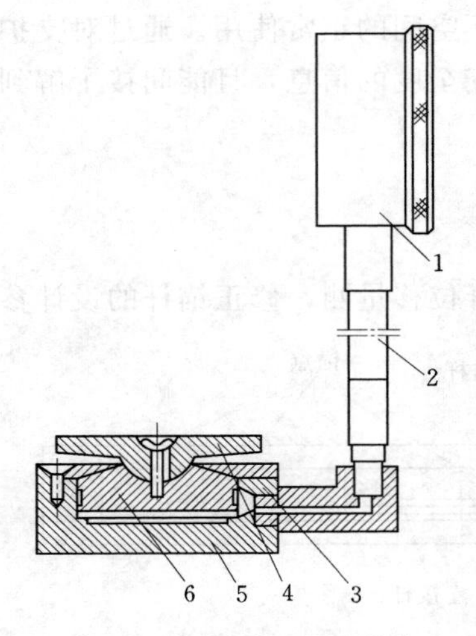

图 8－30 液压测力计结构
1—压力表；2—高压胶管；3—压盖；4—调心盖；5—油缸底座；6—活塞

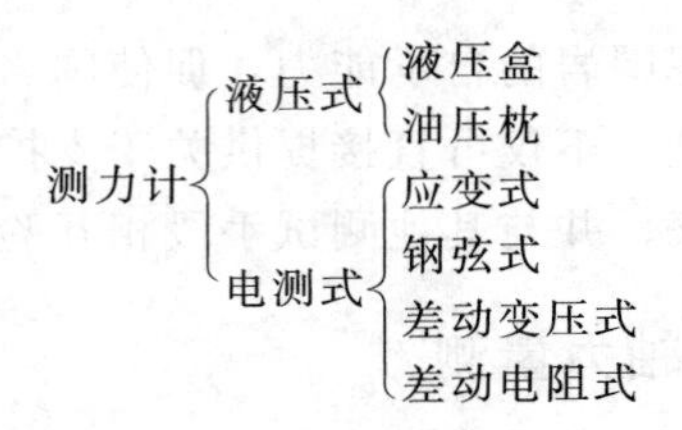

液压式测力计的优点是结构简单、可靠，现场直接读数，使用比较方便。电测式测力计的优点是测量精度高，可远距离和长期观测。这里仅以液压式测力计为例，介绍测力计的结构原理和压力测试方法。

2. *液压测力计结构原理*

液压测力计结构如图 8－30 所示，主要由油缸、活塞、调心盖、接管式高压软管、减震器和压力表组成。除此之外，为了在组装时排净系统中空气，在油缸壁上设有球形排气阀。在使用中突然卸载时，为了不使压力表损坏，还设有螺钉减震装置。表 8－2 为常用的 HC45 型液压测力计技术规格。

表 8－2　　HC45 型液压测力计技术规格

额定载荷 (kN)	承载面积 (m^2)	额定油压 (MPa)	配用压力表规格 (MPa)	油缸内径 (mm)	压力表外径 (mm)	精度 (%)	允许偏心角 (°)	质量 (kg)	液压油型号
450	0.0135	57.3	0～60	100	100	5	5	12.5	≥30 号机油

图 8－31 和图 8－32 分别示出了测力计的布置及安装示意图。

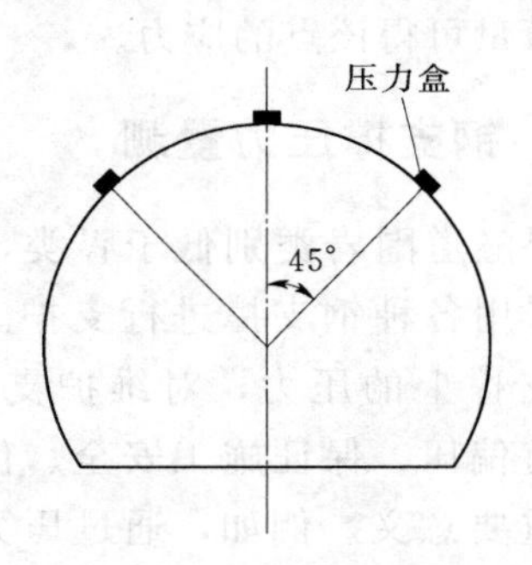

图 8－31 测力计的布置

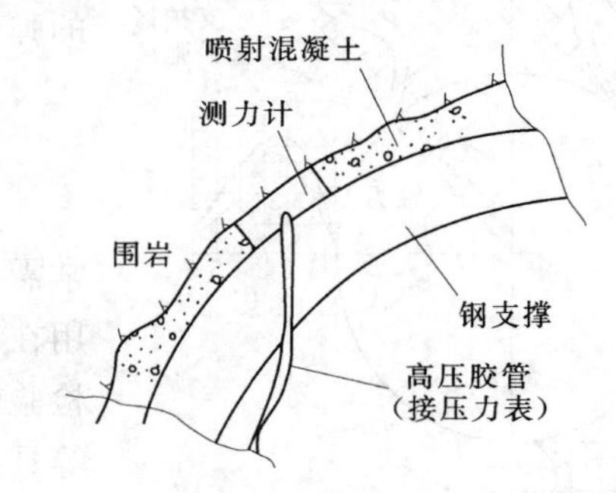

图 8－32 测力计安装示意图

三、围岩压力与衬砌间接触应力测试

通常情况下，是指围岩与支护、或喷层与现浇混凝土间的接触应力的测试。它能反应出支护所承受的“山岩压力”（亦即支护给山体的抗力），接触应力的量值和分布形态，除了同围岩与支护结构的特性有关外，又与两者间的接触条件有很大关系（如密贴、回填等）。

1. 量测仪器

围岩压力与衬砌间接触应力常采用以下三种仪器进行量测。

（1）钢弦式压力盒。钢弦式测试技术属“非电量电测法”的范畴，测试工作系统一般由钢弦式传感器（或调频弦式传感器）和钢弦频率测定仪组成，如图 8-33 所示。其实质是传感器中有一根张紧的钢弦，当传感器受外力作用时，弦的内应力发生变化，自振频率也相应地发生变化，弦的张力越大，自振频率越高，反之，自振频率就越低。因此，钢弦自振频率的变化反映了加于钢弦传感器上外力的变化。如能测出钢弦频率的变化，就可以利用它测定施加于传感器上的外力。钢弦式测试的基本原理就是利用钢弦的这种性质，将力转换成钢弦的固有频率的变化而进行测量的。

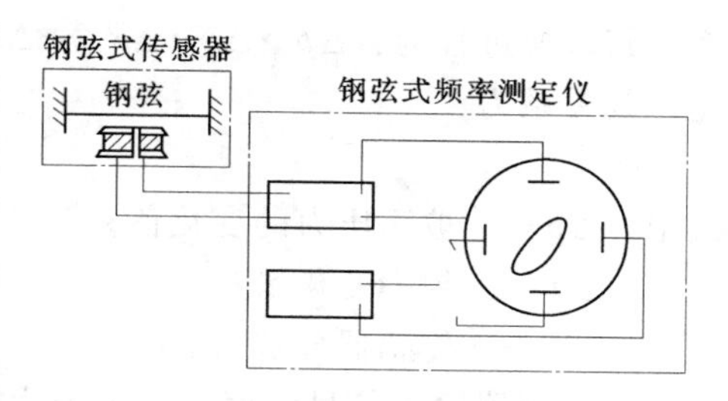

图 8-33 钢弦式测试系统

一般测量钢弦频率的方法是使钢弦在电磁力的作用下激振，起振后将振动频率转换成电量，再进行频率测量。频率与压力盒受力的关系为

$$f^2-f_0^2=KP$$

式中 f——压力盒受压后钢弦的频率；

f_0——压力盒未受压时钢弦的初频；

P——压力盒薄膜所受的压力；

K——压力盒系数。

钢弦式压力盒，作为一种弹性受力元件，具有性能稳定，便于远距离、多点观测，受温度与其他外界条件干扰小的优点。但它也存在着工作条件与标定条件不一致的弱点，还存在着与埋设介质间的刚度匹配、压力盒的边缘效应等问题。因而，除了在软黏土介质中能测得较为满意的结果外，一般情况下都不理想。近年来，为了克服上述缺点，国内外都作了不少工作，改单膜为双膜式压力盒，或者在薄膜前设沥青囊。国内钢弦式压力盒品种很多。图 8-34 示出了 Jx 型压力盒。

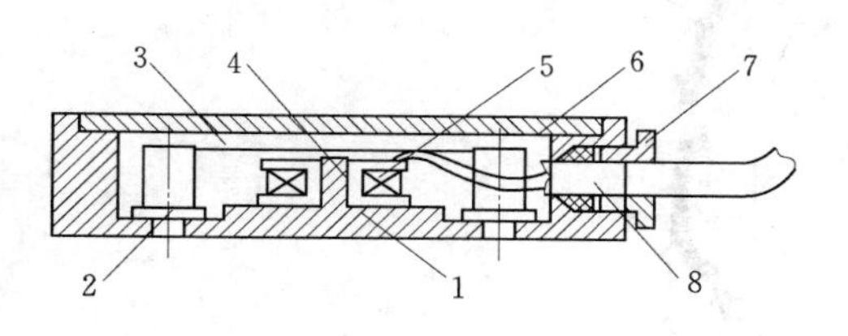

图 8-34 Jx 型钢弦压力盒

1—弹性薄板；2—钢弦柱；3—钢弦；4—铁芯；5—线圈；6—盖板；7—密封塞；8—电缆

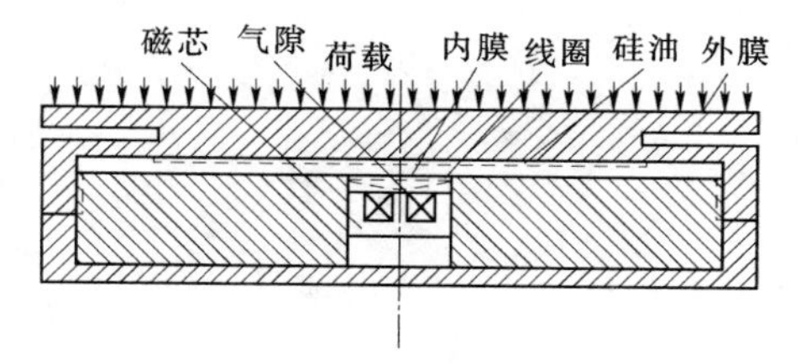

图 8-35 变磁阻调频式土压力传感器

（2）变磁阻调频式土压力传感器。采用变磁阻传感元件与 L—C 振荡原理，薄膜混合集成振荡电路，体积小，与谐振电容一起装在传感器的后腔；同传感器元件合为一体，构成变磁阻调频式土压力传感器，如图 8-35 所示。

其工作原理为：当压力作用于承压板上时，通过油层传到传感单元的二次膜上，使之产生变形，改变了磁路气隙、磁阻和线圈电感，从而改变了 L—C 振荡电路的输出信号频

率，其转换过程为：$\Delta p \rightarrow \Delta\delta \rightarrow \Delta R_m \rightarrow \Delta L \rightarrow \Delta f$。若制作工艺得当，$\Delta f$ 的变化与 Δp 成正比，其关系为

$$\Delta p = K\Delta f$$

式中　Δp——被测压力的变化值；

Δf——频率变化量；

K——传感器分辨力。

该传感器输出信号幅度大，抗干扰能力强，灵敏度高，适于遥测。但它也同钢弦式压力盒一样，在硬介质中应用，亦存在刚度匹配问题，效果不太理想。

(3) 格鲁茨尔（Clözel）压力盒（应力计）。它是一种液压式压力计，传感元件为一扁平油腔，通过油压泵加压，由油压表可直接测得油腔的压力（应力）——即接触压力（应力），如图 8-36 所示。

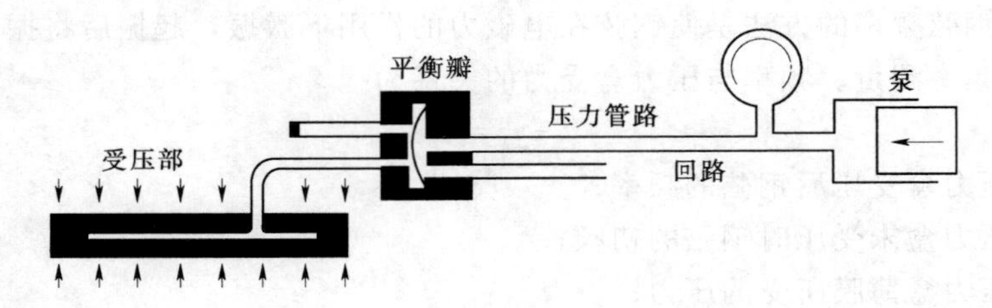

图 8-36　格鲁茨尔压力盒

该种压力盒，不但用于接触式应力测试，亦能用于同种介质内部应力测试，如图 8-37 所示。

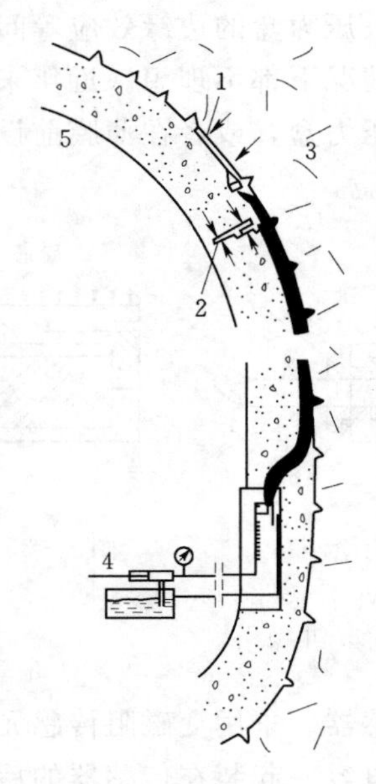

图 8-37　衬砌内安装压力盒

1—油压盒（CR）用于量测径向压力；2—油压盒（GT）用于量测切向压力；3—岩体；4—安装压力盒；5—隧洞

2. 压力盒的类型及安装

钢弦式传感器根据它的用途、结构形式和材料不同，一般有多种类型。国产常用压力盒类型、使用条件及优缺点列于表 8-3。

表 8-3　　压力盒类型及使用特点

工作原理	结构及材料	使用条件	优　缺　点
单线圈激振型	钢丝卧式 钢丝立式	测土、岩土压力，测土压力	(1) 构造简单； (2) 输出间歇非等幅衰减波，故不适用动态测量和连续测量，难于自动化
双线圈激振型	钢丝卧式	测水、土、岩压力	(1) 输出等幅波，稳定，电势大； (2) 抗干扰能力强，便于自动化； (3) 精度高，便于长期使用
钨丝压力盒	钢丝立式	测水、土压力	(1) 刚度大，精度高，线性好； (2) 温度补偿好，耐高温； (3) 便于自动化记录
钢弦摩擦压力盒	钢丝卧式	测井壁与土层间摩擦力	只能测与钢筋同方向的摩擦力
钢筋应力计	钢弦	测钢筋中应力	比较可靠
钢筋应变计	钢弦	测混凝土变形	比较可靠

隧道围岩压力与衬砌间接触应力的量测通常将钢弦式压力传感器分别埋设在围岩与喷射混凝土之间及喷射混凝土与二次衬砌之间。围岩与喷射混凝土之间的压力盒是在喷射混凝土之前埋设，喷射混凝土与二次衬砌之间的压力盒在挂防水板之前进行安设，安装示意图如图 8-38、图 8-39 所示。分别测取围岩对喷射混凝土的压力及围岩对二次模注混凝土衬砌的压力，量测采用频率计进行。

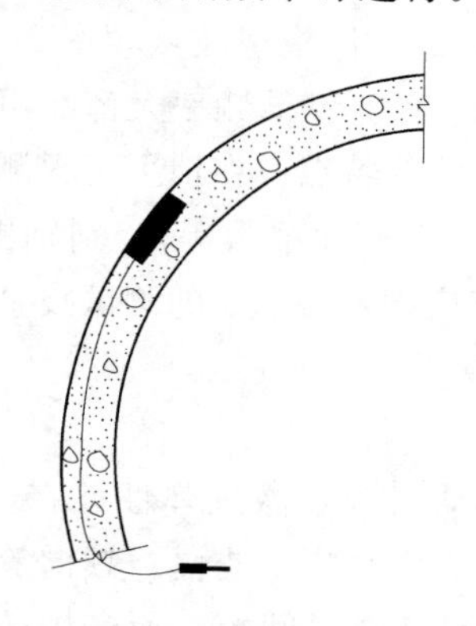

图 8-38　围岩压力传感器布置示意图

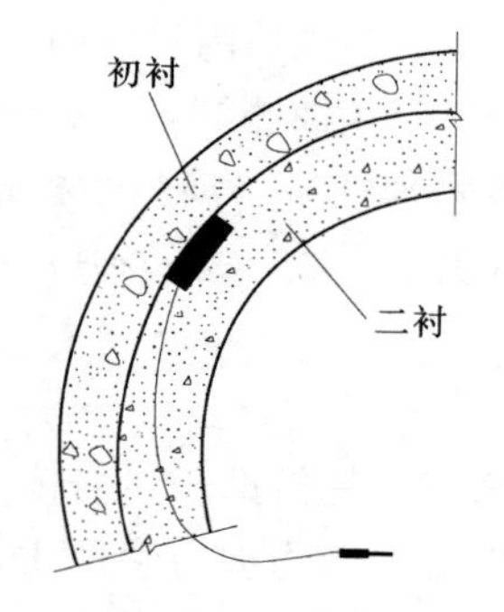

图 8-39　初喷与二衬之间接触压力传感器布置示意图

四、支护衬砌内应力

衬砌内应力量测包括喷射混凝土内应力和模注二次衬砌内应力，通常采用钢弦式应力计进行量测，其原理同钢弦式压力盒。

1. 喷射混凝土内应力量测

围岩初喷混凝土后，在喷射混凝土表面固定应力计，然后再复喷，将传感器全部覆盖并使传感器居中，如图 8－40 所示，待复喷混凝土达到初凝强度时开始测取读数。

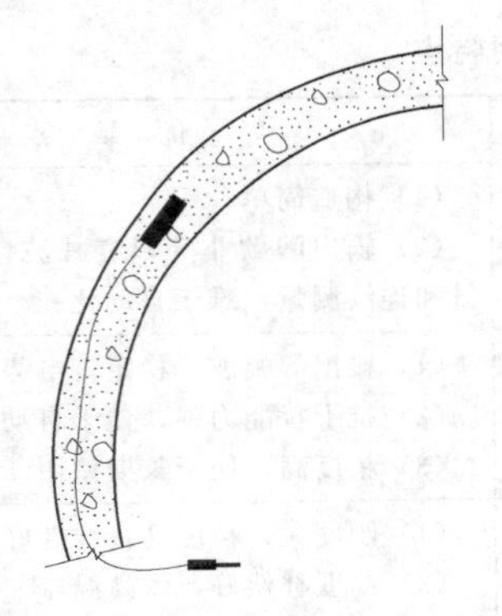

图 8－40　初喷内应力传感器布置示意图

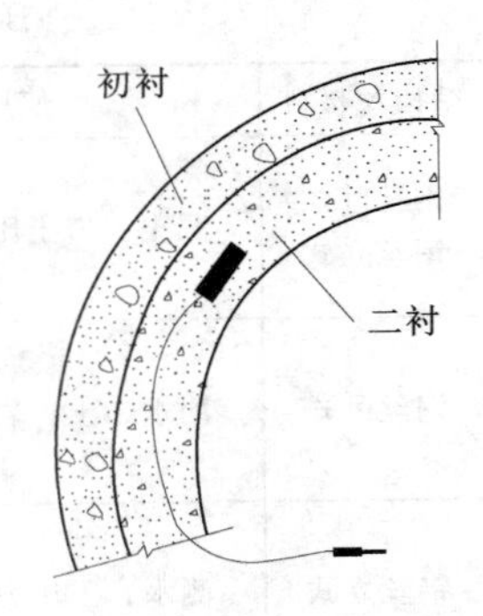

图 8－41　二衬内应力传感器布置示意图

2. 模注二次衬砌内应力量测

二次衬砌应力量测与喷射混凝土轴向应力量测基本相同，设在同一个断面上。传感器埋设在二次衬砌混凝土内，如图 8－41 所示，二次衬砌内应力测点位置与喷射混凝土内应力的测点位置相对应。

第六节　围岩声波测试

围岩声波测试，是地球物理探测方法中的一种，通常泛指声波（频率 2～20kHz）和超声波（20kHz 以上）测试，因目前国内岩体测试中激发的弹性波频率大都在声波范围内，故一般称为声波测试。声波测试，具有快速、简易、经济等特点，在地下工程测试中，被广泛地用来测定岩体物理性质（动弹性模量、岩体强度、完整性系数等），判别围岩稳定状态，提供工程围岩分类的参数。是一种应用性很强、具有广阔发展前景的测试技术。

一、基本原理

岩体声波测试，是借助于对岩体（岩石）施加动荷载，激发弹性波在介质中的传播，来研究岩体（岩石）的物理力学性质及其构造特征，从波速、波幅、频谱等几个主要方面进行表征。岩体虽非理想弹性介质，但如果作用小且持续时间短，所产生的质点位移量也非常小，一般不超过其弹性变形范围，在这种特定条件下，则可把岩体视为弹性介质，这是所以能用弹性波法对岩体进行测试的基础。目前在声测指标中应用较普遍的是纵波速度，次之为横波速度和波幅变化的观测。在岩体中，波的传播速度与岩体的密度及弹性常数有关，受岩体结构构造、地下水、应力状态的影响，一般说来有如下规律：①岩体风化、破碎、结构面发育则波速低衰减快，频谱复杂；②岩体充水或应力增加则波速增高，衰减减少，频谱简化；③岩体不均匀性和各向异性使波速与频谱的变化也相应地表现出不

均一性和各向异性。

利用上述原理，在岩体中造成一小扰动，根据所测得的弹性波（声波）在岩体中的传播特性与正常情况相比，即可判定岩体受力后的形态。

二、测试仪器

声波测试的主要测试仪器是声波仪及换能器（亦称声测探头）。声波仪是进行声波测试的主要仪器设备，它的主要部件是发射机与接收机。发射机根据使用要求，能向声波测试探头输出一定频率的电脉冲，向探头输出能量。接收机将探头所接收到的微量讯号，经过放大，并在示波管上反映出来。接收机不仅要求能够正确显示声波波形，而且要求在测得声波时能直接测得发射探头发射后到达接收探头的时间间隔，以便计算波速。纵波与横波主要根据起始波到达的时间及其波形特性辨别。目前国内应用的声波仪主要有 SYC—Z 岩石参数测定仪及 YB4—四线岩体波速仪等。图 8 - 42 示出了声波测试仪器的工作原理。

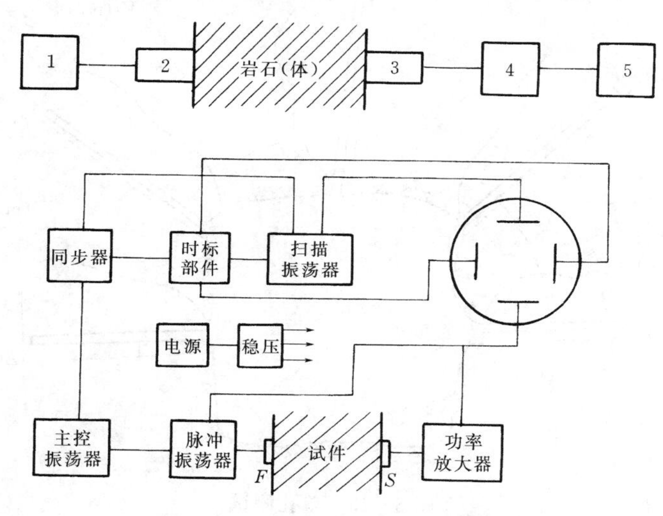

图 8 - 42 声波测试仪器工作原理图

1—振荡器；2—发射换能器；3—接收换能器；4—放大器；5—显示器

声波测试探头（换能器），按其功能可分为发射换能器和接收换能器，其主要元件都是压电陶瓷，主要功能是将声波仪输出的电脉冲变为声波能，或将声波能变为电信号输送给接收机。发射换能器要求具有较高的发射能量（效率），接收换能器要求具有较高的灵敏度。两种换能器通常是专用的，各用其长，但有时可互相使用。国内换能器种类较多，按其结构可分为增压式、喇叭式和弯曲式等。增压式主要用于岩体钻孔测试中，其优点是在较宽的频带内有较高的灵敏度，但由于钢管侧面有缝，使径向振动声场分布不均匀，方向性很强；喇叭式（夹心式）主要用于岩体（岩石）表面测试或岩柱的透测测试中；弯曲式则主要用于室内小试件高频超声测试。

三、围岩声波测试项目及其测试方法

1. 测试项目

地下工程岩体中可采用声波测试的项目很多，主要有：①地下工程位置的地质剖面检

测（声波测井），用以划分岩层，了解岩层破碎情况和风化程度等；②岩体力学参数测定，如弹性模量、抗压强度等；③围岩稳定状态的分析，如测定围岩松动圈大小等；④判定围岩的分类等级，如测定岩体波速和完整性系数等。后两者是围岩声测中的两个重要项目。

2. 测试方法

(1) 围岩松动圈的测定。围岩松动圈是设计地下工程和评定围岩稳定性的重要参数之一。测定松动圈的原理，主要是声波传播速度决定于岩体完整性程度。完整岩体的波速一般较高，而在应力下降、裂隙扩张的松动区波速相对下降，因而在围岩压密区（应力升高区）和松动区之间会出现明显的波速变化。应当指出，松动区不等于塑性区，它是塑性区中岩体松弛部分。

测试方法有单孔法（图 8-43）和双孔法（图 8-44）。

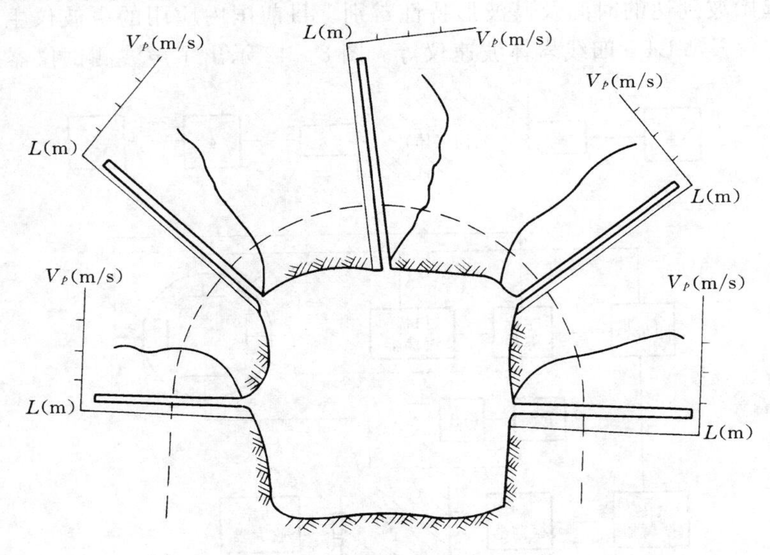

图 8-43　单孔测试

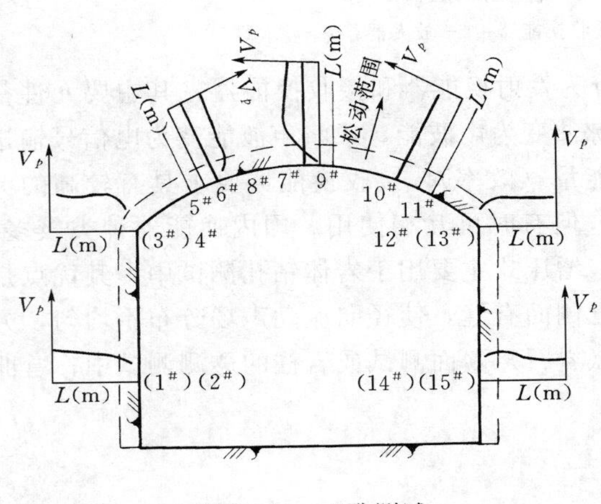

图 8-44　双孔测试

单孔测量是用风钻在岩体中打一小孔，将发射换能器和接收换能器组装在一起，放入充满液体的测孔中。换能器的组装有一发一收、一发二收、二发二收等。通常采用一发二收，如图 8-45 所示，该组合由一个发射换能器和两个接收换能器组成，固定三组相对位置，以两个接收换能器为实测距离。观察顺序为发射后，先读取至“收$_2$”的纵、横波走的时间 t_{p2} 和 t_{s2}，再读取至“收$_1$”的 t_{p1} 和 t_{s1}。不难证明下式：

$$V_p=\frac{\mathrm{d}f}{t_{p2}-t_{p1}}=\frac{\mathrm{d}f}{\Delta t_p}=\frac{ec}{\Delta t_p}$$

$$V_s=\frac{\mathrm{d}f}{t_{s2}-t_{s1}}=\frac{\mathrm{d}f}{\Delta t_s}=\frac{ec}{\Delta t_s}$$

测试时，不断移动换能器，即可获得孔深与波速的关系曲线。

双孔测试是目前应用较广的方法，它受局部岩体的影响小，一般采用双孔同步，单发单收的方式。在测试断面的测试部位，打一对小孔，孔间距离一般为1～1.5m，在一孔中放入发射换能器，另一孔中放入接收换能器，平行移动这两个换能器，即可得声波与孔深的曲线关系。

根据实测资料，波速与孔深关系曲线类型大致可归纳为四种类型，如图 8-46 所示。

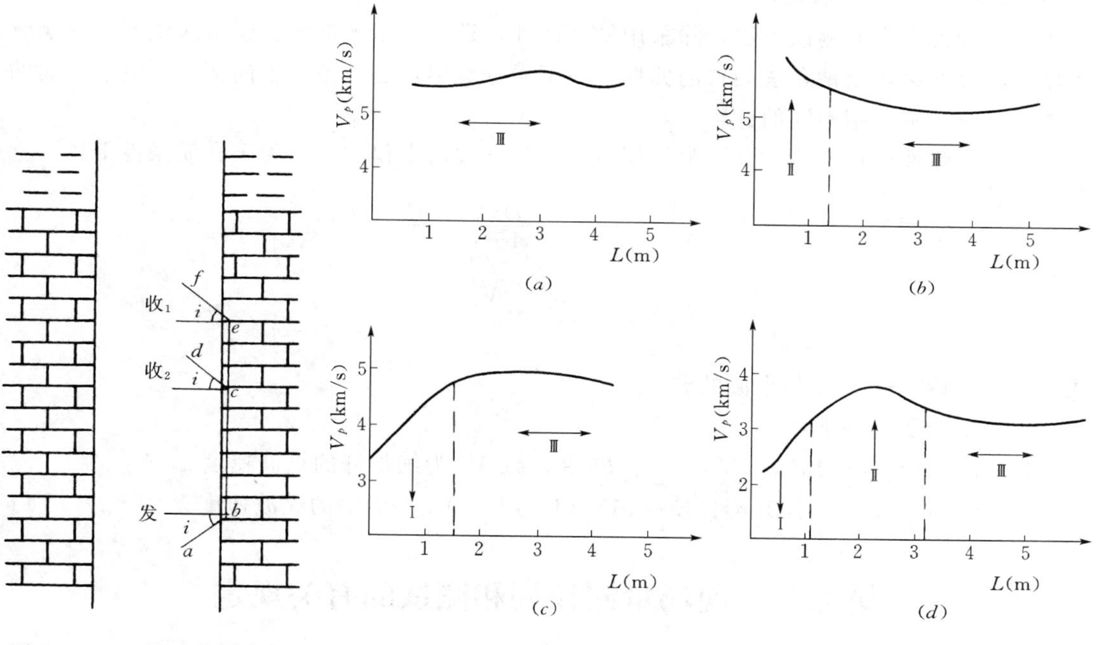

图 8-45　一发二收示意图

图 8-46　波速与孔深关系曲线类型

1）“—”型，无明显分带，表示围岩较完整。

2）“/”型，无松弛带，有应力升高，表示围岩较坚硬。

3）“┌”型，无应力升高带，有松弛带，但应分清是爆破松动还是围岩进入塑性松动。

4）“凸”型，松弛带，应力升高带均有。

实测的 V_p—L 曲线形态有时比上述四种曲线更为复杂，而且也不能单纯根据曲线形态来确定松动区范围，还必须考虑排除岩性及各向异性的影响。应当指出，若能在洞室工程开挖前后与支护前后作不同时期的声波测试，就能更加准确地判定围岩的稳定状态和松动区范围及其发展过程。

（2）围岩分类的声波测试。在当前国内外的围岩分类中，常引用岩体纵波速度以及岩体与岩块波速比的平方作为围岩分类的判据。通常，岩体的波速越高，表明岩体越坚硬，弹性性能越强，结构上越完整，所含较弱的结构面越少。但有时波速并不反映岩体完整性好，如有些破碎硬岩的波速高于完整性较好的软岩，因此还要采用岩体完整性系数 $K_v=$

$\left(\frac{V_{mp}}{V_{rp}}\right)^2$来反映岩体的完整性，$V_{mp}$为岩体纵波速度，$V_{rp}$为岩块的纵波速度，$K_v$愈接近于1，表示岩体愈完整。

在软岩与极其破碎的岩体中，有时无法取出完整而扰动不严重的岩块，不能测取岩块的纵波速度，这时可用相对完整系数$K_x=\left(\frac{V_{mp}}{V_{zp}}\right)^2$代替$K_v$进行判断，$V_{zp}$为岩体纵波速度最大值，在具体工程中，要结合岩体结构、岩体应力状况分析应用，如软弱完整岩体应力高的情况下，测出的V_{zp}偏高，K_x值偏小。若岩体极破碎，岩体应力又小的情况下，测出的V_{zp}偏低，K_x值偏高。

围岩分类中声波测试方法，除采用钻孔法外，还可采用锤击法。锤击法受开挖影响较明显，测得波速比用钻孔法测得的偏低。在围岩分类中，必须考虑不同情况下测取波速的差异，而应分别采用不同的标准。

（3）动弹性模量的测试。动弹性模量是用弹性波法求得的，在无限介质条件下：

$$E_d=\rho V_p^2\ \frac{(1+\mu)(1-2\mu)}{1-\mu}$$

或

$$E_d=\rho V_s^2\ \frac{3V_p^2-4V_s^2}{2V_p^2-V_s^2}$$

式中　V_s、V_p——横波与纵波的波速。

在有限介质条件下：

1）棒［$\lambda\geqslant(5\sim10)d$，$l/d>3$］：$E_d=\rho V_b^2$，$V_b$为细长杆的纵波速度。

2）板（$\lambda\leqslant0.1l$，$\lambda>10\delta$）：$E_d=\rho V_e^2(1-\mu^2)$，V_e为板中的纵波速度。

第七节　现场量测计划和测试的有关规定

现场量测计划是量测工作中的重要一环，它必须是在初步调查的基础上，依据地下工程的地质条件、工程概况、量测目的、施工进程和经济效果而编制。

一、量测项目的确定和量测手段的选择

量测项目的选择主要是依据围岩条件，工程规模及支护的方式。我国锚喷支护规范中规定，Ⅳ、Ⅴ类不稳定围岩及大跨度洞室Ⅲ类围岩应进行监控量测。监控量测中的应测项目是必须量测的，选测项目则视工程要求及其具体情况择其部分进行量测。通常，包括围岩内部位移，围岩松动区及锚杆轴力的量测等。在特殊地段或对一些重大工程还应进行喷层内切向应力或围岩与喷层间接触压力的量测。对特殊地段及特殊工程有时要求增测一些项目。如浅埋工程应增测地表沉降；塑性流变地层应增测底鼓位移；而对需要深入进行理论分析的重大工程，还需增测岩体力学参数及地应力等。表8-4列出了按围岩条件而确定量测项目的重要性等级，这种划分方法摘自日本《新奥法设计施工指南》，可供参考。表中A类为必须进行的量测项目，B类是根据情况选用的量测项目。

表 8-4　　各种围岩条件量测项目的重要性

围岩条件 \ 项目	A 类量测				B 类量测					
	洞内观察	净空变位	拱顶下沉	地表和围岩内下沉	围岩内部位移	锚杆轴力	衬砌应力	锚杆拉拔试验	围岩试件试验	洞内测弹性波
硬岩（断层等破碎带除外）	◎	◎	◎	△	△*	△*	△	△	△	△
软岩（不发生强大塑性地压）	◎	◎	◎	△	△*	△*	△*	△	△	△
软岩（发生强大塑性地压）	◎	◎	◎	△	◎	◎	○	△	○	△
土砂	◎	◎	◎	◎	○	△*	△*	○	◎（土质试验）	△

注　◎：必须进行的项目。
○：应进行的项目。
△：必要时进行的项目。
△*：这类项目的量测结果对判断设计是否保守很有作用。

量测手段的选用，应根据量测项目及国内量测仪器的现状来选用。一般应选择简单、可靠、耐久、成本低的量测手段。要求选择的被测物理量概念明确、量值显著、便于进行分析和反馈。通常情况下，是选择机械式手段与电测式手段相结合使用。

二、量测部位的确定和测点的布置

1. 量测间距

应测项目的量测间距，在国家锚喷支护规范中，对应测项目与选测项目的量测间距已有规定，见表 8-5。在具体工程测试中，量测间隔还要根据围岩条件、埋深情况、工程进展等进行必要的修正。

选测项目的测点纵向间距一般为 200～500m，或在几个典型地段选取测试断面，增测项目的测试断面应视需要而定。表 8-6 列出了地表下沉（隧道中线上）测点的纵向间距。

表 8-5　净空位移、拱顶下沉的测点间距

条　件	量测断面间距（m）
洞口附近	10
埋深小于 $2D$	10
施工进展 200m 前	20（土砂围岩减小到 10）
施工进展 200m 后	30（土砂围岩减小到 20）

注　D 为洞室跨度。

表 8-6　　地表下沉量测的测点纵向间距

埋深 h 与洞室跨度 D 关系	测点间距（m）
$2D<h$	20～50
$D<h<2D$	10～20
$h<D$	5～10

2. 测点的布置

（1）净空位移的测线布置。净空位移的测线布置见表 8-7 及图 8-47。

表 8-7　　净空变化量测基线布置表

施工方法＼地段	一般地段	特殊地段			
		洞　口	埋深小于 $2D$	膨胀或偏压地段	实施 B 类量测地段
全断面	1～2 条水平基线	1～2 条水平基线	三条三角形基线	三条基线	三条基线
短台阶	二条水平基线	二条水平基线	四条基线	四条基线	四条基线
多台阶	每台阶一条水平基线	每台阶一条水平基线	外加二条斜基线	外加两条斜基线	外加两条斜基线

注　D 为开挖宽度。

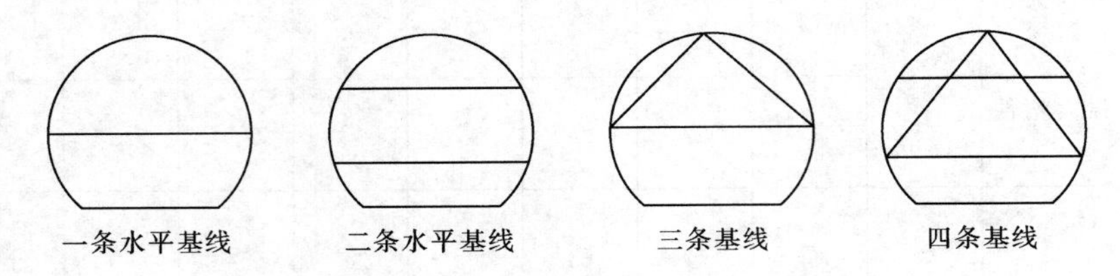

图 8-47　净空变化量测基线布置

拱顶下沉量测的测点，一般可与净空位移测点共用，这样可节省安设工作量，更重要的是使测点统一在一起，测试结果能互相校验。

（2）围岩位移测孔的布置。围岩位移测孔布置，除应考虑地质、洞形、开挖等因素外，一般应与净空位移测线相应布设。测孔布置见图 8-48。

（3）锚杆轴力量测锚杆的布置。量测锚杆要依据具体工程中支护锚杆的安设位置、方式而定。如是局部加强锚杆，要在加强区域内有代表性位置设量测锚杆，若为全断面设系统锚杆（不含底板），在断面上布置位置可参见图 8-48 围岩位移测孔布置方式进行。

（4）衬砌应力量测布置。衬砌应力量测，除应与锚杆受力量测孔相对应布设外，还要在有代表性的部位设测点，如图 8-49 所示。

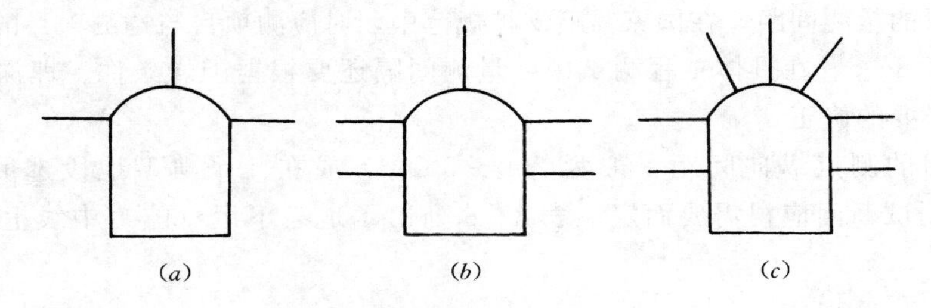

图 8-48　围岩内部位移测孔布置
(a) 三测孔；(b) 五测孔；(c) 七测孔

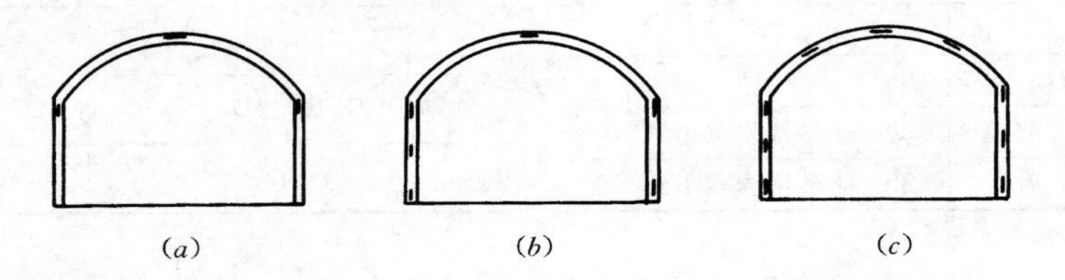

图 8-49　衬砌应力量测点布置
(a) 三测点；(b) 六测点；(c) 九测点

(5) 接触应力测点布置。接触应力测点的布置根据围岩级别不同可布置为3点、5点或7点。埋设压力盒总的要求是：接触紧密和平稳，防止滑移，不损伤压力盒及引线，且需在上面盖一块厚6～8mm、直径与压力盒直径大小相等的铁板。常见压力盒的布设方式如图8-50所示。

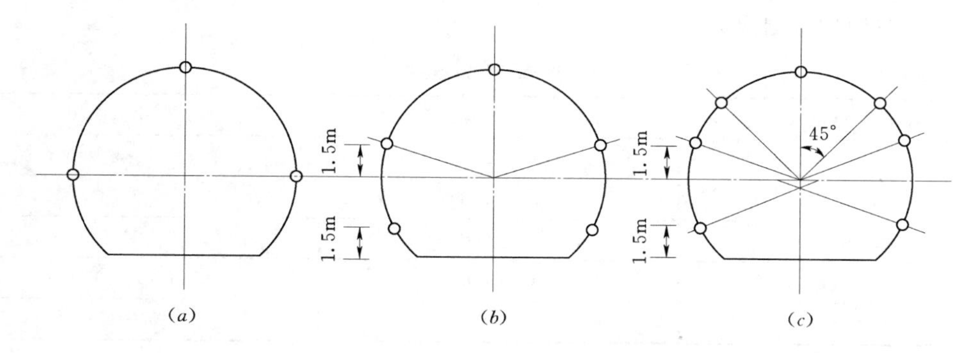

图8-50　压力盒的布置

(6) 地表、地中沉降测点布置。地表、地中沉降测点，原则上应布置在洞室中心线上，并在与洞室轴线正交平面的一定范围内布设必要数量的测点，见图8-51。并在有可能下沉的范围外设置不会下沉的固定测点。

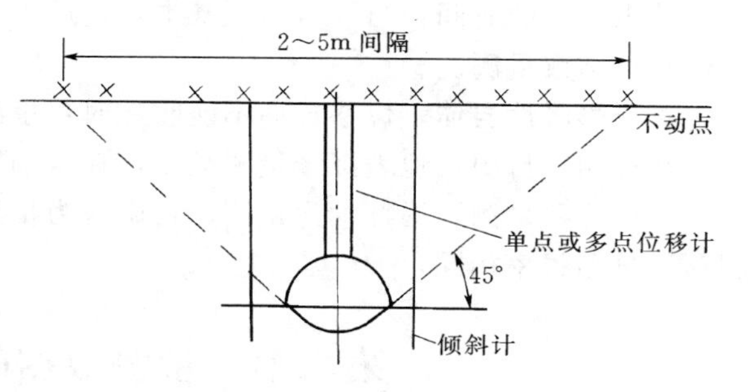

图8-51　地表下沉测点布置

(7) 声波测孔布置。声波测试的目的是测试围岩松动范围与提供分类参数验证围岩分类，要求测孔位置要有代表性，见图8-52。在每个部位上测孔位置，要兼顾单孔、双孔两种测试方法，还要考虑到围岩层理、节理与双孔对穿测试方向的关系。有时在同一个部位上，可成直角形布设三个测孔，以便充分掌握围岩构造对声测结果的影响。

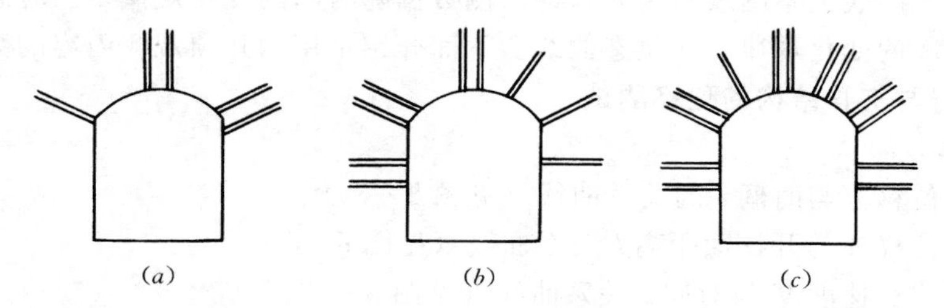

图8-52　声波测试测孔布置

(a) 五测孔；(b) 九测孔；(c) 十三测孔

三、测试实施计划

测点安装应尽快进行，以尽量及早获得靠近推进工作面的动态数据。一般规定，应测项目测点的初读数，应在爆破后24h内，并在下一循环爆破前取得。测读初读数时，测点位置距开挖工作面距离不应超过 2m，实际上有的已安设在距开挖掌子面 0.5m 左右的断面上，观测效果更好，但需加强测点的保护。

量测频率主要根据位移速率和测点距开挖面距离而定，一般按表 8-8 选定，即元件埋设初期测试频率要每天 1～3 次，随着围岩渐趋稳定，量测次数可以减少，当出现不稳定征兆时，应增加量测次数。

表 8-8　　位移量测频率表

位移速率（mm/d）	距开挖工作面距离	测试频率（次/d）
>5	(0～1)B	1～3
1～5	(0～2)B	1
0.5～1	(2～4)B	1
0.2～0.5	(2～5)B	1/(1～3)
<0.2	(2～5)B	1/(7～15)

注　B 为开挖断面宽度（m）。

结束量测的时间：当围岩达到基本稳定后，以 1 次/3d 的频率量测 2 周，若无明显变形，则可结束量测。

对于膨胀性岩体，位移长期不能收敛时，量测主变形速率小于每月 1mm 为止。

在选测项目中，地表沉降量测频率，在量测区间内原则上是 1～2d 一次。

围岩位移量测，锚杆抽力量测、衬砌应力量测等的量测频率，原则上与同一断面内应测项目量测频率相同。

第八节　量测数据的整理与处理

一、量测数据的整理

现场量测数据是随时间和空间变化的，一般称为时间效应与空间效应。在量测现场，要及时地用变化曲线关系图表示出来，即量测数据随时间的变化规律——时态曲线，或者量测数据随距离的变化规律——位态曲线。下面介绍常用的几项观测内容的数据整理。

（一）围岩与支护结构的位移测试

1. 净空位移测试

（1）绘制位移 u 与时间 t 的关系曲线（见图 8-53）。

（2）绘制位移 u 与开挖面距离 l 关系曲线（见图 8-54）。

（3）绘制位移速度 V 与时间 t 关系曲线（见图 8-55）。

这三条曲线，不一定每条测线都要绘制，一般情况下有第一条曲线就能满足要求。

2. 围岩内位移测试

（1）绘制孔内各测点（L_1，L_2，…）位移与时间关系曲线（见图 8-56）。

（2）绘制不同时间（t_1，t_2，…）位移与深度（测点位置 l）关系曲线（见图 8-57）。

（二）围岩径向应变测试

（1）绘制不同时间（t_1，t_2，…）应变与深度的关系曲线（见图 8-58）。

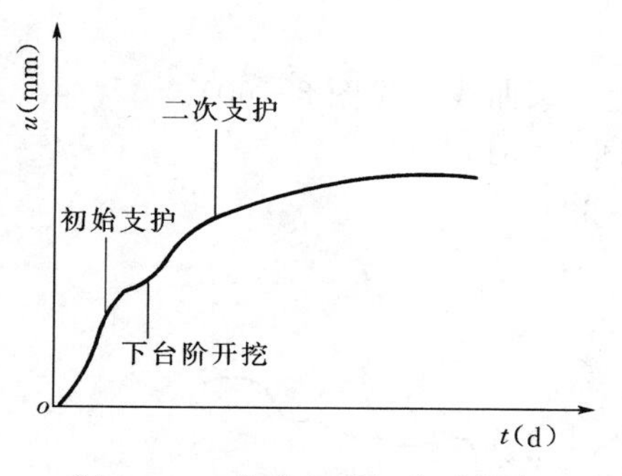

图 8-53　位移与时间关系曲线

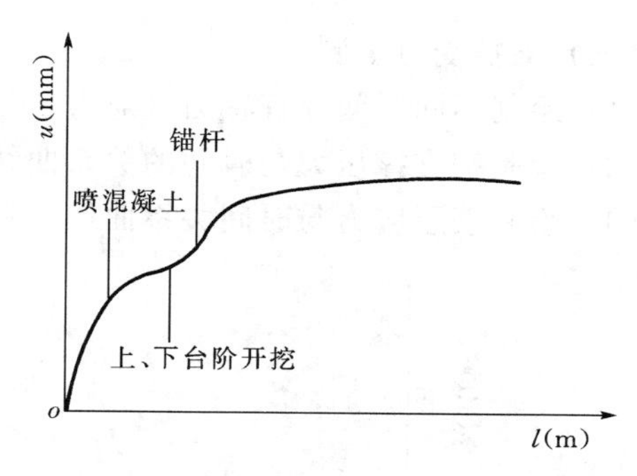

图 8-54　位移与开挖面距离关系曲线

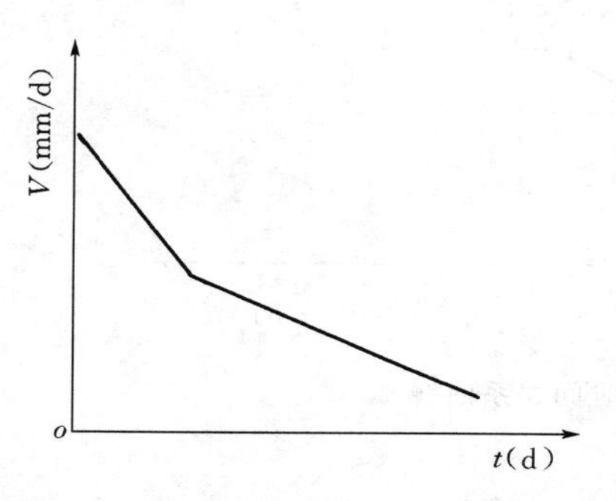

图 8-55　位移速度与时间关系曲线

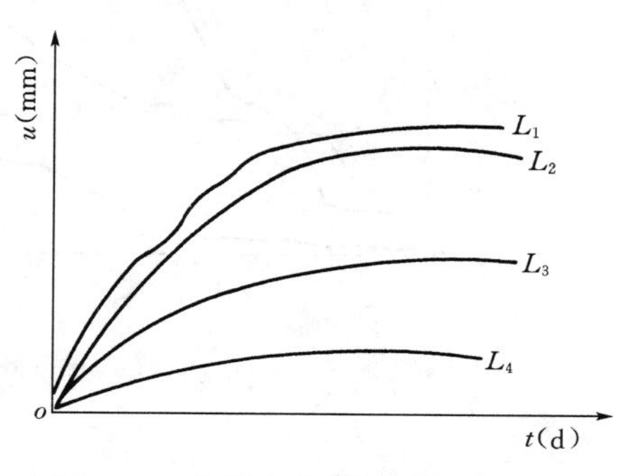

图 8-56　各测点位移与时间关系曲线

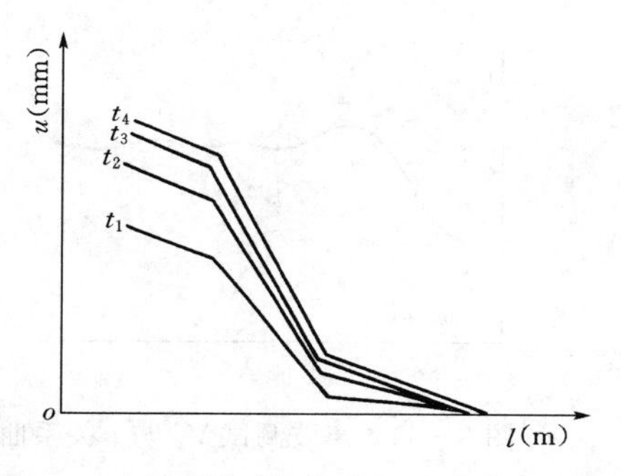

图 8-57　不同时间位移与深度关系曲线

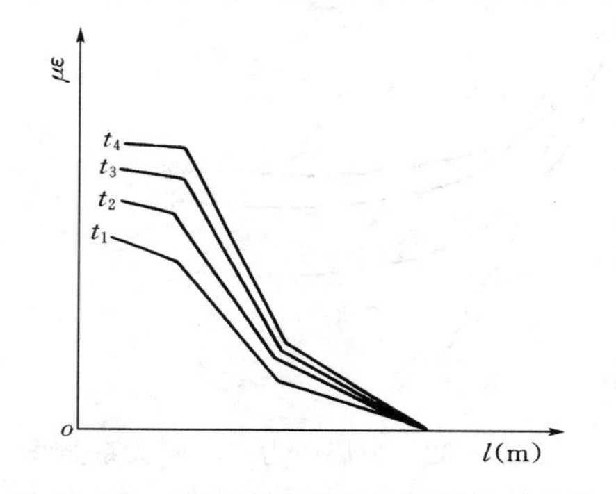

图 8-58　不同时间应变与深度关系曲线

(2) 绘制围岩内不同测点的应变与时间关系曲线（见图 8-59）。

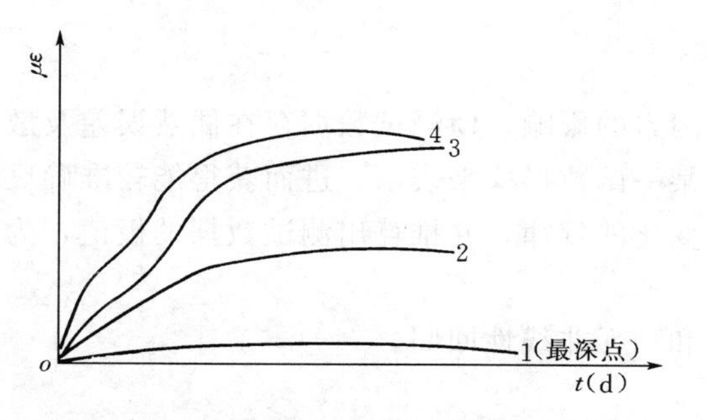

图 8-59　不同测点应变与时间关系曲线

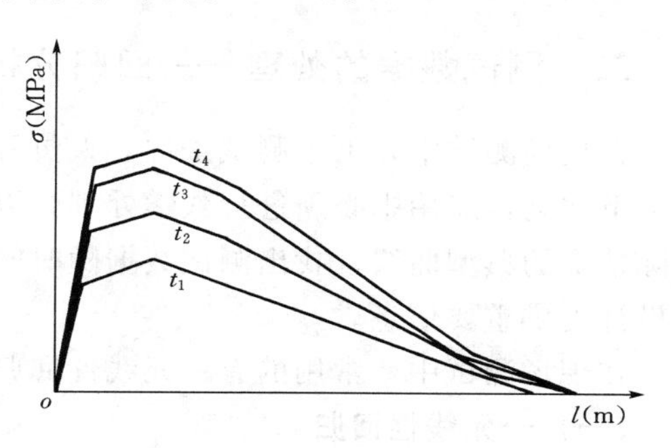

图 8-60　不同时间锚杆轴应力与深度关系曲线

（三）支护受力量测

（1）绘制不同时间锚杆轴力（应力 σ）与深度关系曲线（见图 8－60）。

（2）绘制钢支撑压力与时间的关系曲线（见图 8－61）。

（3）绘制喷层应力与时间关系曲线（见图 8－62）。

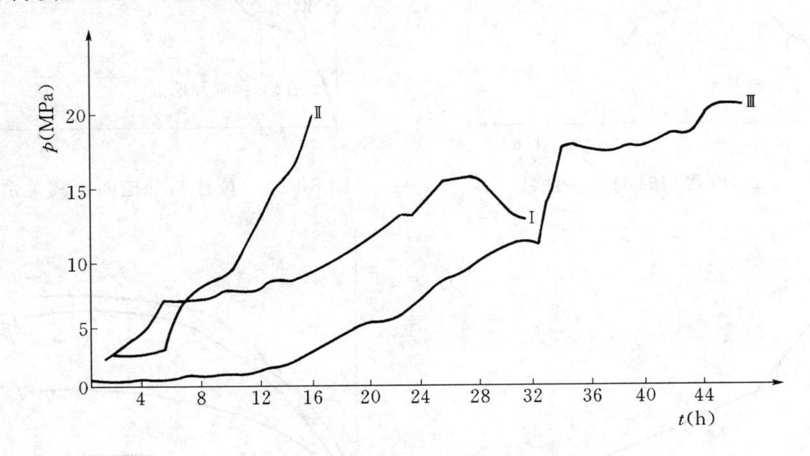

图 8－61　钢支撑压力与时间关系曲线

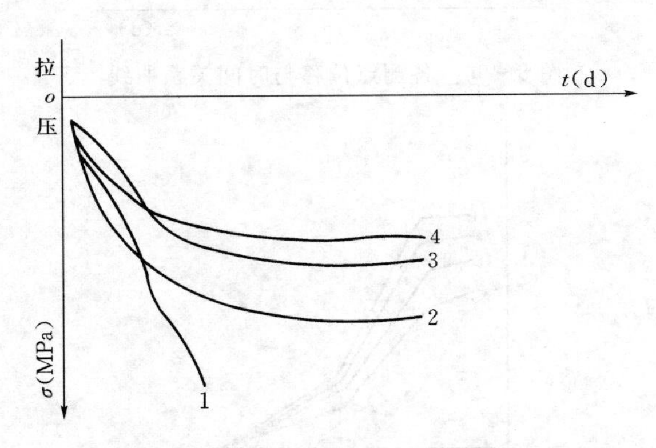

图 8－62　喷层应力与时间关系曲线

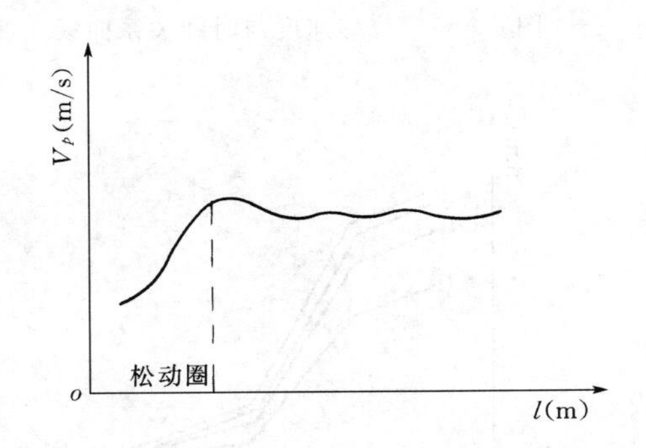

图 8－63　声波测试 V_p 与 l 关系曲线

（四）声波测试

绘制各测孔波速与测孔深度关系曲线（见图 8－63）。

二、测试数据的处理——回归分析

在现场测试中，由于测试条件、人员等因素的影响，使测试数据存在偶然误差及散点图上下波动，应用中必须进行数学处理，以某一函数形式来表示，进而获得能较准确反映实际情况的典型曲线，找出测试数据随时间变化的规律，并推算出测试数据的极值，为监控设计提供重要信息。

在现场测试中，常用的有一元线性回归和一元非线性回归。

（一）一元线性回归

一元线性回归是研究被测物理量随时间呈线性变化的规律。令被测物理量（如位移）

为 y，观察时间为 x，则可用一直线函数式表示两变量的关系，即

$$\hat{y}=a+bx \tag{8-1}$$

实测数据散点一般都不在一条直线上，要使选择的直线与实际散点相差最小，需用最小二乘法原理。若自变量 x 取某个值 x_i，对应的实测值为 y_i，回归计算所得的 y 值为 $\hat{y}_i$，则有 $\hat{y}_i=a+bx_i$，使平方和达到最小的回归是最好的，即

$$\sum_{i=1}^{n}(y_i-\hat{y}_i)^2=\sum_{i=1}^{n}(y_i-a-bx_i)^2 \quad (i=1,2,\cdots,n)$$

由微积分中求极值的方法可得 a、b 值：

$$a=\overline{y}-b\overline{x}$$

$$b=\frac{L_{xy}}{L_{xx}}$$

其中

$$\overline{x}=\frac{1}{n}\sum_{i=1}^{n}x_i$$

$$\overline{y}=\frac{1}{n}\sum_{i=1}^{n}y_i$$

$$L_{xx}=\sum_{i=1}^{n}(x_i-\overline{y})^2$$

$$L_{xy}=\sum_{i=1}^{n}(x_i-x)(y_i-\overline{y})$$

另有

$$L_{yy}=\sum_{i=1}^{n}(y_i-\overline{y})^2$$

由上述计算可以得出从数学意义上讲的最佳回归线，但任何两个变量 x、y 的一组实测数据 x_i、y_i（$i=1$，2，…，n）之间不管是否存在线性关系，都可按上述计算步骤配出一条直线 $\hat{y}=a+bx$。但是实际上只有当 x、y 之间存在某种线性关系时，配出的直线才有意义。判别其有无意义，在实用上是靠专业技术人员的经验，但从数学上讲就是用一个相关系数 r 来表示。相关系数 r 的绝对值越接近 1，数据 x 和 y 的线性关系越好，r 接近于 0，即说明数据 x 和 y 间没有线性关系或有非线性关系。一般情况 r 介于 0～1 之间。

$$r=\frac{L_{xy}}{\sqrt{L_{xx}L_{yy}}} \tag{8-2}$$

在实际应用中，r 值究竟为多大时，才算线性较好，一般可用相关系数检验表（表 8－9）进行查对。表中 5％和 1％表示显著性水平，n 为观测点数。为达到线性要求，r 值应大于或等于表中所列数值。

相关系数 r 只揭示了两变量之间的相关性如何，为了掌握实测数据与回归线上相应值的波动状况，进一步了解用回归线来反映与预报实测数据的精度，尚需用剩余标准离差 S 来衡量，即

$$S=\sqrt{\frac{1}{n-2}\sum_{i=1}^{n}(y_i-\hat{y}_i)^2} \tag{8-3}$$

说明置信度为 95％的点子散落范围为 $\hat{y}\pm 2S$，结合具体工程中观测数据的情况，由 $\pm 2S$ 值的大小，可以判别回归线精度的高低。

表 8-9　相关系数检验表

$n-2$	5%	1%	$n-2$	5%	1%	$n-2$	5%	1%
1	0.997	1.000	11	0.553	0.684	25	0.381	0.487
2	0.950	0.990	12	0.532	0.661	30	0.349	0.449
3	0.878	0.959	13	0.514	0.641	35	0.325	0.418
4	0.811	0.917	14	0.497	0.623	40	0.304	0.393
5	0.754	0.874	15	0.482	0.606	50	0.273	0.354
6	0.707	0.834	16	0.468	0.590	60	0.250	0.325
7	0.666	0.798	17	0.456	0.575	70	0.232	0.302
8	0.632	0.765	18	0.444	0.561	80	0.217	0.283
9	0.602	0.735	19	0.433	0.549	90	0.205	0.267
10	0.576	0.708	20	0.423	0.537	100	0.195	0.254

（二）一元非线性回归

在现场测试中，两个变量之间往往不是线性关系，而是某种曲线关系，此时可进行一元非线性回归分析，其步骤如下：

（1）根据测试值的散点图特征，选用某一曲线函数进行回归分析。

（2）将选定的曲线函数进行变换和取代，使其变为线性函数形式。

（3）仿照一元线性回归的方法求得回归曲线。

（4）如果选用的曲线函数剩余标准离差不理想，则可改用另一曲线函数按照上述步骤进行回归分析。

工程试验、观测数据回归分析常用的几种函数形式见表 8-10。

表 8-10　回归分析中常用的几种函数形式

函数类型	函数形式	常数	渐近线	线性函数	变换公式
双曲函数	$\frac{1}{y}=a+b\frac{1}{x}$	$a>0$，$b>0$	$y=\frac{1}{a}$	$y'=a+bx'$	$y'=\frac{1}{y}$，$x'=\frac{1}{x}$
对数函数	$y=a+b\lg x$	$a>0$，$b>0$	$x=0$	$y=a+bx'$	$x'=\lg x$
对数函数	$y=a+b\ln(x+1)$	$a>0$，$b>0$	$x=-1$	$y=a+bx'$	$x'=\ln(x+1)$
指数函数	$y=ae^{\frac{b}{x}}$	$a>0$，$b<0$	$y=a$	$y'=a'+b'x'$	$y'=\ln y$，$x'=\frac{1}{x}$ $a'=\ln a$，$b'=-b$
指数函数	$y=a(1-e^{-x^2})$	$a>0$	$y=a$	$y=ax'$	$x'=1-e^{-x^2}$
幂函数	$y=ax^b$	$a>0$ $0<b<1$		$y'=a'+bx'$	$y'=\lg y$，$x'=\lg x$ $a'=\lg a$

（三）一元非线性回归分析算例

某试验工程，进行了变形观测，其拱脚部位收敛位移观测数据见表 8-11。

表 8-11　拱脚处收敛位移实测值

x_i (d)	1.33	2	4	6	8	10	13	16	20	25	27	30	32
y_i (mm)	1.51	3.69	8.21	9.25	10.02	10.44	10.57	10.77	10.96	11.09	11.26	11.34	11.37

按上述步骤对该组观测数据进行回归分析。

（1）据实测数据作出散点图（见图8-64）。

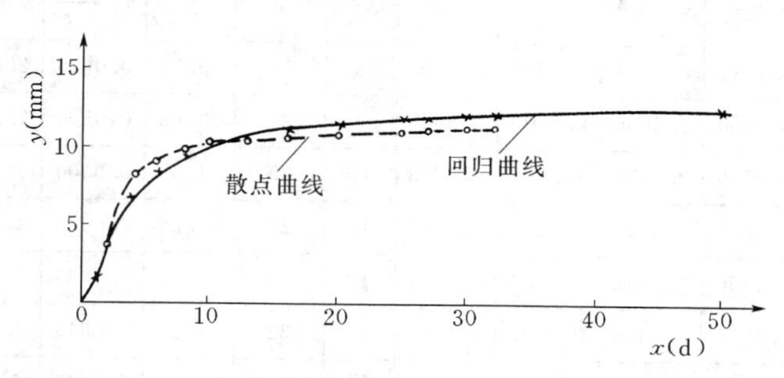

图8-64　实测散点曲线及回归函数曲线

从散点图的分布形状看，开始一段时间位移增长速度很快，以后逐渐减速，直到基本稳定。又由具体工程情况知，经锚喷支护洞室能够达到稳定状态，即收敛位移有一渐近值，因而选择指数函数进行回归分析，即

$$y=ae^{-\frac{b}{x}} \tag{8-4}$$

（2）求未知参数 a、b。对式（8-4）取自然对数，并令 $y'=\ln y$，$x'=\frac{1}{x}$，则

$$y'=a'+b'x' \tag{8-5}$$

其中

$$a'=\ln a，\ b'=-b$$

用列表计算方法，求出 a' 与 b'（见表8-12）

$$N=13$$

$$\overline{x'}=\frac{1}{N}\sum x'=\frac{2.2246}{13}=0.1711$$

$$\overline{y'}=\frac{1}{N}\sum y'=\frac{27.5136}{13}=2.1164$$

$$L_{x'x'}=\sum x'^2-\frac{1}{N}\ (\sum x')^2=0.9486-\frac{1}{13}\ (2.2246)^2=0.5619$$

$$L_{y'y'}=\sum x'y'-\frac{1}{N}\ (\sum x')\ (\sum y')\ =3.1749-\frac{1}{13}\times 2.2246\times 27.5136=-1.5333$$

$$b'=\frac{L_{x'y'}}{L_{x'x'}}=-\frac{1.5333}{0.5619}=-2.6999$$

$$a'=y'-bx'=2.1164+2.6999\times 0.1711=2.5784$$

于是有

$$a=e^{a'}=13.1760$$

$$b=-b'=2.6999$$

式（8-4）写为

$$\hat{y}=13.1760e^{-2.6999/x} \tag{8-6}$$

表 8-12 收敛位移回归计算表

编号	x	y	$x'=\frac{1}{x}$	$y'=\ln y$	x'^2	$x'y'$	编号	x	y	$x'=\frac{1}{x}$	$y'=\ln y$	x'^2	$x'y'$
1	1.33	1.51	0.7519	0.4121	0.5653	0.3099	8	16	10.77	0.0625	2.3768	0.0039	0.1485
2	2	3.69	0.5000	1.3056	0.2500	0.6528	9	20	10.96	0.0500	2.3943	0.0025	0.1197
3	4	8.21	0.2500	2.1054	0.0625	0.5263	10	25	11.09	0.0400	2.4060	0.0016	0.0962
4	6	9.25	0.1667	2.2246	0.0278	0.3708	11	27	11.26	0.0370	2.4213	0.0014	0.0897
5	8	10.02	0.1250	2.3046	0.0156	0.2881	12	30	11.34	0.0333	2.4283	0.0011	0.0809
6	10	10.44	0.1000	2.3456	0.0100	0.2346	13	32	11.37	0.0313	2.4310	0.0010	0.0760
7	13	10.57	0.0769	2.3580	0.0059	0.1814	Σ	194.33	120.48	2.2246	27.5136	0.9486	3.1749

(3) 将实测值与回归曲线上的对应值进行比较，并计算剩余标准离差，评价回归精度(见表 8-13)。

表 8-13 回归分析计算值与实测值比较及剩余标准离差计算表

x_1(d)	1.33	2	4	6	8	10	13	16	20	25	27	30	32	50
y_1 (mm)	1.51	3.69	8.21	9.25	10.02	10.44	10.57	10.77	10.96	11.09	11.26	11.34	11.37	
$\hat{y}_i$ (mm)	1.73	3.42	6.71	8.40	9.40	10.06	10.71	11.13	11.51	11.83	11.92	12.04	12.11	12.48
$y_i-\hat{y}_i$	−0.22	0.27	1.50	0.85	0.62	0.38	−0.14	−0.36	−0.55	−0.74	−0.66	−0.70	−0.74	
$(y_i-\hat{y}_i)^2$	0.049	0.075	2.254	0.720	0.382	0.146	0.018	0.130	0.305	0.544	0.439	0.493	0.548	Σ 6.100

$$S=\sqrt{\frac{1}{N-2}\sum_{i=1}^{N}(y_i-\hat{y}_i)^2}=\sqrt{\frac{1}{13-2}\times 6.1}=0.7447$$

$$2S=0.7447\times 2=1.4894$$

从实测值与回归计算值相比较看出，除个别点外，大多数相差较小。一方面说明回归函数选择合适；另一方面也说明具体测试中观测误差小。由剩余标准离差分析得出，用指数函数预报拱脚收敛位移值，有 95%的散点误差在 1.49mm 之内，基本满足工程应用精度要求。

三、量测数据分析管理与反馈系统

(一) 系统简介

量测数据分析管理与反馈系统主体框架采用 Java 语言编写，利用 Windows 操作系统下的 Access 数据库来存储与管理数据。通过 Java 语言中的数据库接口连接两者，最后完成整个系统的开发。

系统主要包括三个部分：系统数据库设计、系统后台主体程序设计和系统 GUI 可视化界面设计。系统数据库主要存放监测项目的基本信息和监测数据，系统后台主体程序设

计完成数据的存储操作、计算、分析处理等功能，系统 GUI 可视化界面设计则是完成与用户的交互操作的界面设计。

量测数据分析管理与反馈系统具有监测数据操作与存储、回归分析、时态曲线图、报表生成、分析与预测专家库、反分析 6 个方面的功能，如图 8-65 所示。该系统具有以下特点：

（1）友好的用户界面，设计简单实用的表单，采用 Windows 平台的命令按钮进行操作，采用方便灵活的下拉式菜单实现系统的菜单结构。

（2）能够按地表沉降、周边位移、拱顶下沉、锚杆内力、接触压力、衬砌应力、钢支撑内力、围岩内部位移等量测项目方便地输入现场监控量测采集到的数据，同时要求输入量测日期、距掌子面距离等工程情况数据，自动完成数据的转换计算，以表格、图形等多种视图显示出来。

（3）能够向数据库中添加新的量测数据，按要求的项目查询数据，对输入失误的数据进行修改和删除。

（4）根据监测数据生成时间效应、空间效应曲线，并对其进行回归分析。

（5）系统能自动生成报表，计划采用周报表和量测成果表两种形式。

（6）整合隧道施工技术规范，根据分析与预测专家库，提供监测数据的分析与反馈结果，直接生成施工指导意见。

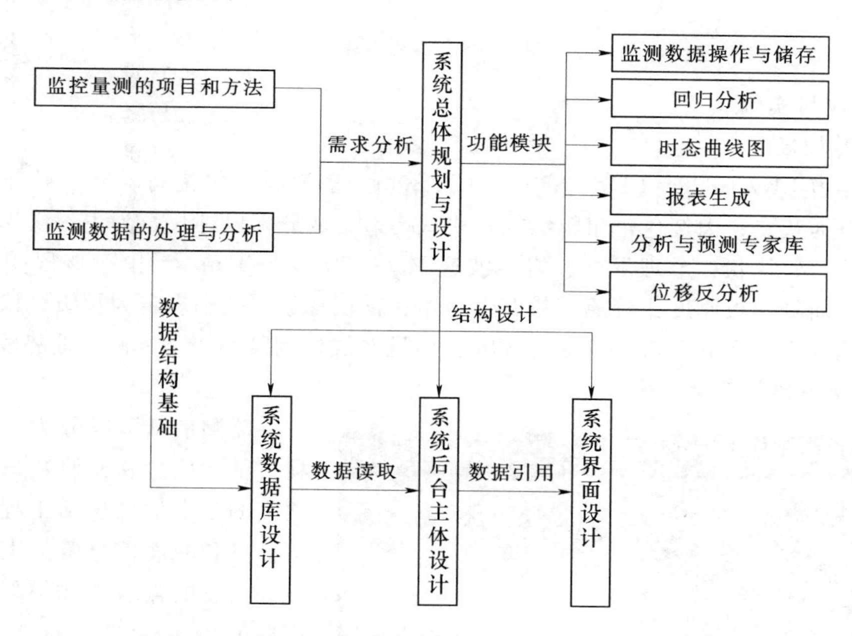

图 8-65　系统总体规划与设计图

系统主界面如图 8-66 所示，由 3 部分组成：菜单栏与工具栏，树形项目管理器和主窗口。而主窗口又包括数据显示窗口和数据录入窗口。在数据显示窗口中又提供了不同的视图，例如，拱顶下沉的界面就包含数据、曲线图、报表和分析与预测 4 个视图，这 4 个视图从不同方面反映了某断面下拱顶下沉监测数据的位移量与变化趋势。

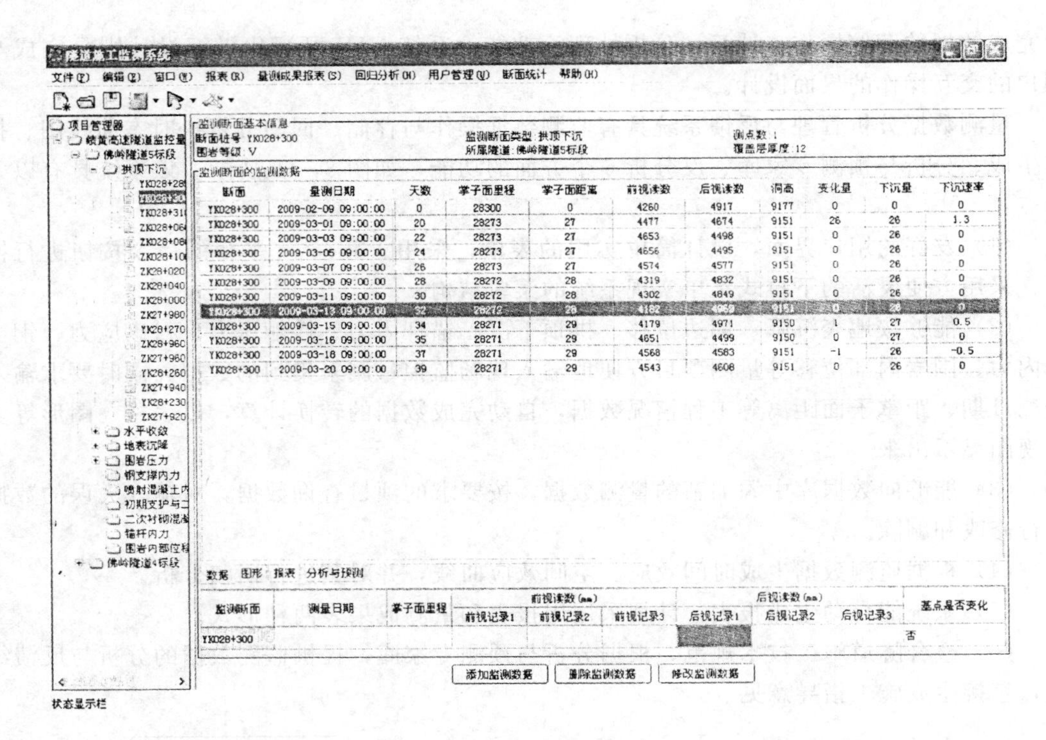

图 8－66　系统主界面

（二）应用实例

1. 工程概况

广福隧道 LK7＋800～LK7＋880 段，长 80m，多为弱风化花岗岩体，局部为偏强风化状。岩石为灰白、肉红色，粗粒结构，块状构造。成分多以钾长石为主，次为石英，岩芯多呈短柱、碎块状，节理发育。岩体波速 $V_p=2700\sim3000$m/s，由于该段受构造影响比较严重，而且顶板厚度比较薄，易发生坍塌、冒顶现象，故围岩定为Ⅳ级。该段埋深较浅，平均埋深不足 20m，最大埋深为 30m，而且左线外侧紧邻一条水沟，地势较低。

2. 数据操作与存储

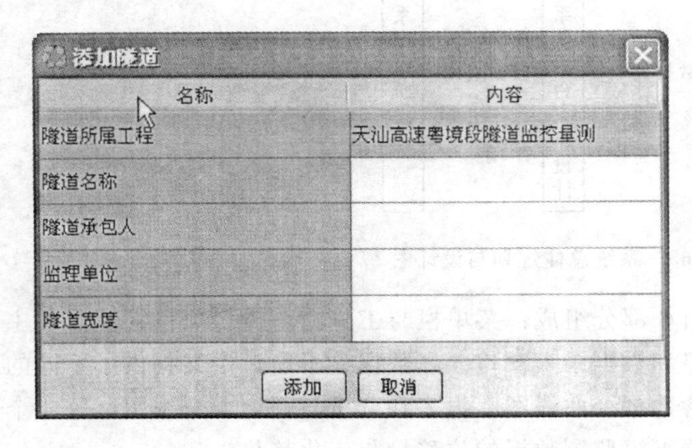

图 8－67　隧道添加窗口

监测信息可以分为两类：监测项目基本信息和监测数据。而监测项目的基本信息包括工程信息，隧道信息和断面信息等。工程信息和隧道信息的输入方式类似，以隧道信息的输入为例。对于选定的工程，界面主窗口的下方将出现“添加隧道”、“删除隧道”、“修改隧道”的按钮，点击“添加隧道”，随即弹出隧道添加窗口，如图 8－67 所示。按要求输入后点击“添

加”按钮，监测数据将自动存储至数据库中。

添加监测断面的方式和添加隧道时十分类似，但添加监测断面时，必须在已有的监测项目选项中选择正确的监测项目，如图 8－68 所示。

不同监测项目的监测数据输入方式稍微有些差别。如图 8－69、图 8－70 分别为拱顶下沉、围岩压力监测数据的录入窗口。值得注意的是，对于选测项目而言，在添加选测项目的监测断面时，需要设定频率计的标定系数和初始频率，这两个数据是关系到之后所有监测数据计算结果的准确性，没有特殊情况，强烈建议不要修改这两个数据。

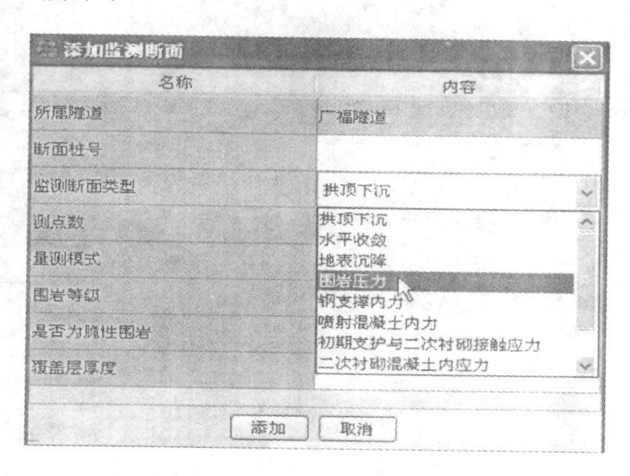

图 8－68　监测断面添加窗口

监测数据的操作与存储功能模块也包含了监测数据的显示。在界面的主窗口，提供了多个显示视图，默认的视图为数据显示窗口，也就是将数据通过表格的形式显示出来。拱顶下沉的数据显示窗口如图 8－71 所示。至于其他的显示视图，将在另外的功能模块中详细介绍。

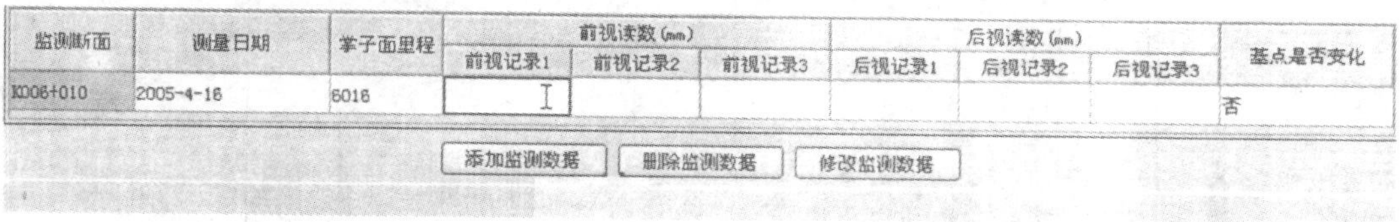

监测断面	测量日期	掌子面里程	前视读数(mm)			后视读数(mm)			基点是否变化
			前视记录1	前视记录2	前视记录3	后视记录1	后视记录2	后视记录3	
K006+010	2005-4-16	6016							否

添加监测数据　删除监测数据　修改监测数据

图 8－69　拱顶下沉数据录入

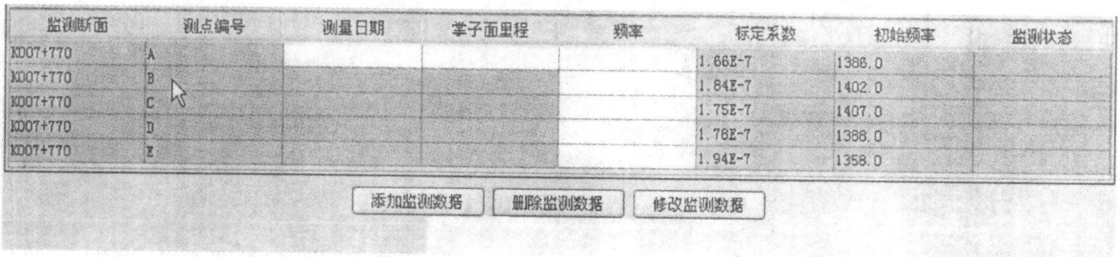

监测断面	测点编号	测量日期	掌子面里程	频率	标定系数	初始频率	监测状态
K007+770	A				1.66E-7	1388.0	
K007+770	B				1.84E-7	1402.0	
K007+770	C				1.75E-7	1407.0	
K007+770	D				1.78E-7	1388.0	
K007+770	E				1.94E-7	1358.0	

添加监测数据　删除监测数据　修改监测数据

图 8－70　围岩压力数据录入

3. 监测数据回归分析

在所有的监测项目中，只有拱顶下沉和水平收敛需要进行回归分析。回归分析功能可以在菜单栏或工具栏中实现，也能在显示窗口的报表视图中点击“回归分析”按钮，系统将自动弹出回归分析的曲线图及回归函数。如图 8－72 所示。在回归曲线图的下方，回归函数和相关系数都已经列出。

4. 监测数据趋势曲线图

为了更直观地表现各监测数据随时间或空间变化而变化的趋势，该监测系统在主窗

监测断面的监测数据

. 断面	量测日期	天数	掌子面里程	掌子面距离	前视读数	后视读数	洞高	变化量	下沉量	下沉速率
LK007+980	2005-03-29 09:00:00	0	7975	5	5601	2100	7701	0	0	0
LK007+980	2005-03-30 09:00:00	1	7975	5	5695	2005	7700	1	1	1
LK007+980	2005-03-31 09:00:00	2	7975	5	5621	2076	7697	3	4	3
LK007+980	2005-04-01 09:00:00	3	7975	5	5708	1988	7696	1	5	1
LK007+980	2005-04-02 09:00:00	4	7975	5	5707	1988	7695	1	6	1
LK007+980	2005-04-03 09:00:00	5	7975	5	5691	2004	7695	0	6	0
LK007+980	2005-04-04 09:00:00	6	7975	5	5544	2150	7694	1	7	1
LK007+980	2005-04-05 09:00:00	7	7975	5	5576	2117	7693	1	8	1
LK007+980	2005-04-06 09:00:00	8	7975	5	5293	2400	7693	0	8	0
LK007+980	2005-04-07 09:00:00	9	7975	5	5242	2450	7692	1	9	1
LK007+980	2005-04-08 09:00:00	10	7975	5	5297	2395	7692	0	9	0
LK007+980	2005-04-09 09:00:00	11	7975	5	5241	2450	7691	1	10	1
LK007+980	2005-04-10 09:00:00	12	7975	5	5214	2476	7690	1	11	1
LK007+980	2005-04-11 09:00:00	13	7975	5	5287	2403	7690	0	11	0
LK007+980	2005-04-12 09:00:00	14	7975	5	5235	2455	7690	0	11	0
LK007+980	2005-04-13 09:00:00	15	7975	5	5348	2342	7690	0	11	0
LK007+980	2005-04-14 09:00:00	16	7975	5	5280	2410	7690	0	11	0
LK007+980	2005-04-15 09:00:00	17	7975	5	5205	2485	7690	0	11	0

数据　图形　报表　分析与预测

图 8-71　拱顶下沉监测数据

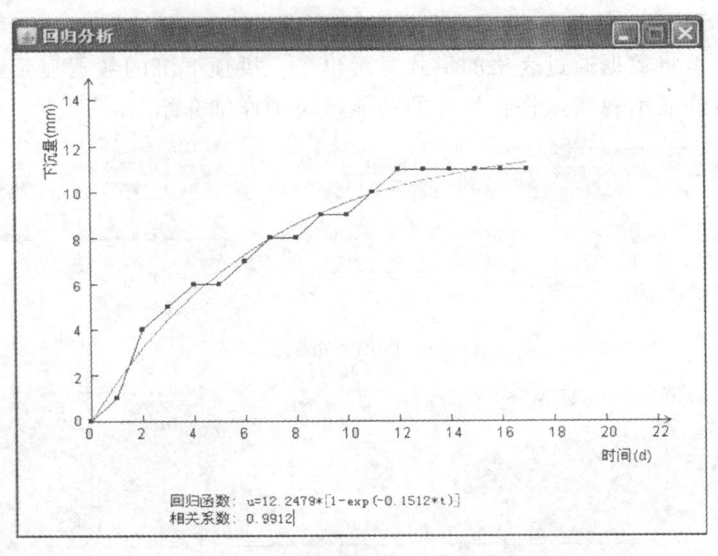

图 8-72　监测数据回归分析曲线

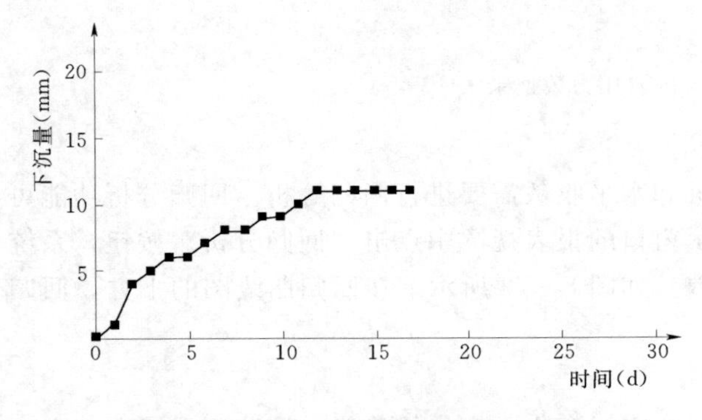

图 8-73　拱顶下沉监测数据时态曲线

口视图中提供了“图形”视图，选中该选项卡，就会在主窗口中显示时态曲线或空间状态线。图 8-73 和图 8-74 分别为拱顶下沉和钢支撑内力的时态曲线图。

由于选测项目一般有多个测点，为了表现出各测点之间的位置关系及相对变化量，选测项目还有另一种形式的状态曲线图。如图 8-75 所示。

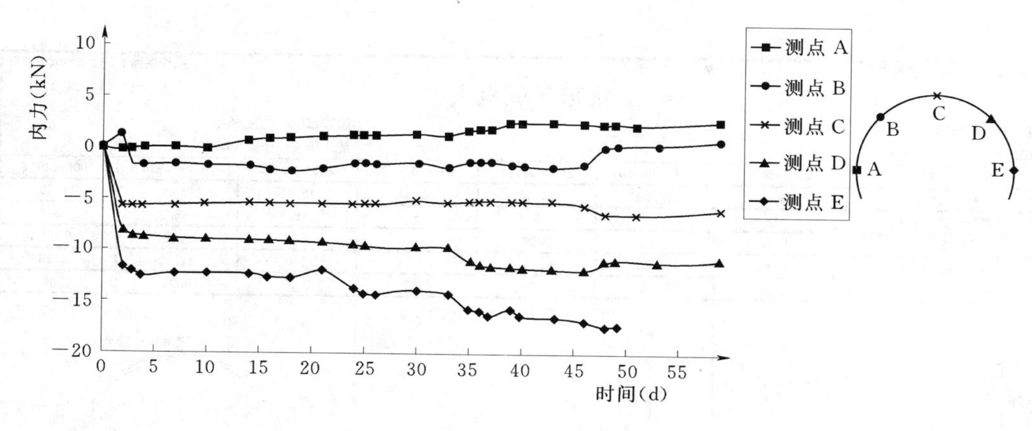

图 8－74　钢支撑内力时态曲线

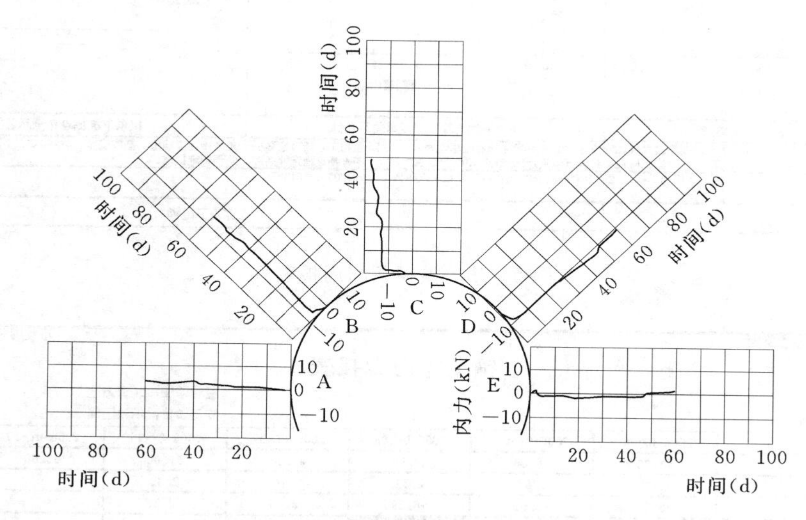

图 8－75　钢支撑内力监测断面状态曲线图

5．报表功能模块

报表功能模块是比较实用的一项功能。系统自动生成的表格，格式统一，效率高，同时错误率也比较低。在使用报表功能后，监测工作的效率便大大提高了。

报表分为两类：第一种是周报表，每周报一次，不同的监测项目便有不同的报表格式，如图 8－76、图 8－77 所示分别为拱顶下沉和钢支撑内力的周报表；第二种是成果报表，即在监测工作完成以后，对所有监测数据生成的一张总成果表，如图 8－78 所示为钢支撑内力量测成果表。

6．监测数据分析与预测专家系统功能模块

公路隧道施工中的监控量测数据必须通过量化分析或经验比对，才能反映出施工过程中所遇到的问题。分析与预测专家库功能模块主要就是完成这部分工作。不同监测项目的数据分析方法不同。依据规范规定和其他理论研究成果，系统在分析与预测专家功能模块的设计过程中，通过程序语言算法来完成分析过程，最终实现该功能。

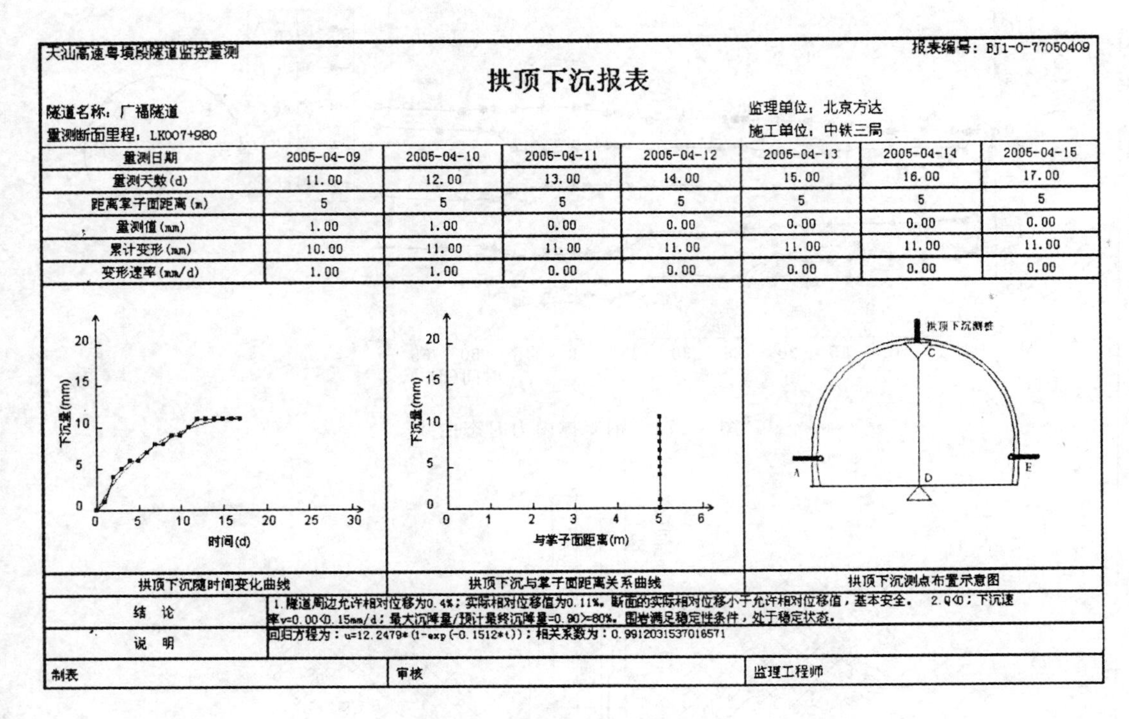

天汕高速粤境段隧道监控量测　　报表编号：BJ1-0-77050409

拱顶下沉报表

隧道名称：广福隧道　　监理单位：北京方达

量测断面里程：LK007+980　　施工单位：中铁三局

量测日期	2005-04-09	2005-04-10	2005-04-11	2005-04-12	2005-04-13	2005-04-14	2005-04-15
量测天数(d)	11.00	12.00	13.00	14.00	15.00	16.00	17.00
距离掌子面距离(m)	5	5	5	5	5	5	5
量测值(mm)	1.00	1.00	0.00	0.00	0.00	0.00	0.00
累计变形(mm)	10.00	11.00	11.00	11.00	11.00	11.00	11.00
变形速率(mm/d)	1.00	1.00	0.00	0.00	0.00	0.00	0.00

结论：1.隧道周边允许相对位移为0.4%；实际相对位移值为0.11%。断面的实际相对位移小于允许相对位移值，基本安全。　2.Q<0；下沉速率v=0.00<0.15mm/d；最大沉降量/预计最终沉降量=0.90>80%。围岩满足稳定性条件，处于稳定状态。

说明：回归方程为：u=12.2479*(1-exp(-0.1512*t))；相关系数为：0.9912031537016571

制表　　审核　　监理工程师

图 8－76　拱顶下沉周报表

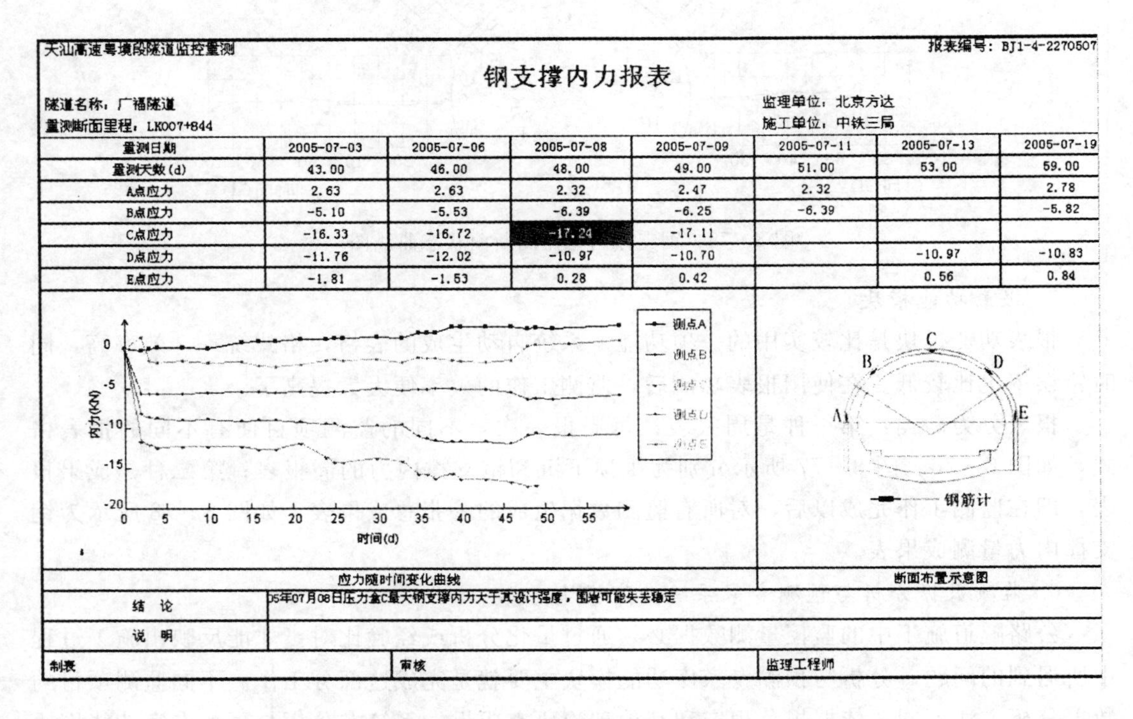

天汕高速粤境段隧道监控量测　　报表编号：BJ1-4-2270507

钢支撑内力报表

隧道名称：广福隧道　　监理单位：北京方达

量测断面里程：LK007+844　　施工单位：中铁三局

量测日期	2005-07-03	2005-07-06	2005-07-08	2005-07-09	2005-07-11	2005-07-13	2005-07-19
量测天数(d)	43.00	46.00	48.00	49.00	51.00	53.00	59.00
A点应力	2.63	2.63	2.32	2.47	2.32		2.78
B点应力	-5.10	-5.53	-6.39	-6.25	-6.39		-5.82
C点应力	-16.33	-16.72	-17.24	-17.11			
D点应力	-11.76	-12.02	-10.97	-10.70		-10.97	-10.83
E点应力	-1.81	-1.53	0.28	0.42		0.56	0.84

结论：05年07月08日压力盒C最大钢支撑内力大于其设计强度，围岩可能失去稳定

说明：

制表　　审核　　监理工程师

图 8－77　钢支撑内力监测周报表

天油高速粤境段隧道监控量测　　　　报表编号：227

钢支撑内力量测成果表

建设单位：天油高速公路公司　　　　监理单位：北京方达

承 包 人：中铁三局　　　　监测单位：中交公路规划设计院

隧道名称：广福隧道　　　　断面桩号：LK007+844

量测日期	量测天数	应力					备注
		测点1	测点2	测点3	测点4	测点5	
2005-05-21	0.0	0.0	0.0	0.0	0.0	0.0	第一次量测
2005-05-23	2.0	-0.31	-5.67	-11.62	-8.3	1.4	
2005-05-24	3.0	0.0	-5.67	-12.02	-8.57	-1.53	
2005-05-25	4.0	0.15	-5.67	-12.41	-8.7	-1.81	
2005-05-28	7.0	0.15	-5.67	-12.28	-8.97	-1.53	
2005-05-31	10.0	0.0	-5.53	-12.28	-8.84	-1.81	
2005-06-01	11.0	0.77	-5.39	-12.28	-9.1	-1.67	
2005-06-06	16.0	0.92	-5.39	-12.68	-8.97	-2.09	
2005-06-08	18.0	0.92	-5.53	-12.68	-8.97	-2.23	
2005-06-11	21.0	1.08	-5.39	-11.89	-9.24	-1.95	
2005-06-14	24.0	1.08	-5.53	-13.6	-9.5	-1.53	

图 8－78　钢支撑内力监测总成果表

分析与预测的结论也在主窗口中显示。在主窗口的视图选项卡中选择“分析与预测视图”，系统自动给出监测数据分析与预测的结论。

拱顶下沉和水平收敛都是对位移的监测，通过 4 个方面来分析，如图 8－79 所示。

监测断面的监测数据

1. 回归分析

分析：采用负指数函数对监测数据回归。

结论：回归方程为：u=12.2479*(1-exp(-0.1512*t))

2. 隧道允许相对位移

分析：围岩类别为III类；覆盖层高度为40m；围岩为脆性围岩；隧道宽度为10.25m。

根据规范得隧道周边允许相对位移为0.4%；实际相对位移值为0.11%。

结论：实际相对位移值<允许相对位移值，隧道基本安全，具体状态请参考其余参数。

3. 稳定性判断

分析：根据回归分析方程系数，得Q<0；下沉速率v=0.00<0.15mm/d；最大沉降量/预计最终沉降量=0.90>=80%。

结论：围岩满足稳定性条件，处于稳定状态

4. 二次衬砌时间控制

分析：围岩及初期支护变形已经基本稳定。

结论：围岩及初期支护变形已基本稳定，允许二次衬砌施工

数据　图形　报表　分析与预测

图 8－79　拱顶下沉监测数据分析与预测结论

对于选测项目，比如钢支撑内力等，通常是将物理量（比如内力）与设计强度相比较，当物理量比较大时，系统将判定其失稳。钢支撑内力的分析与预测的结论见图 8－80。

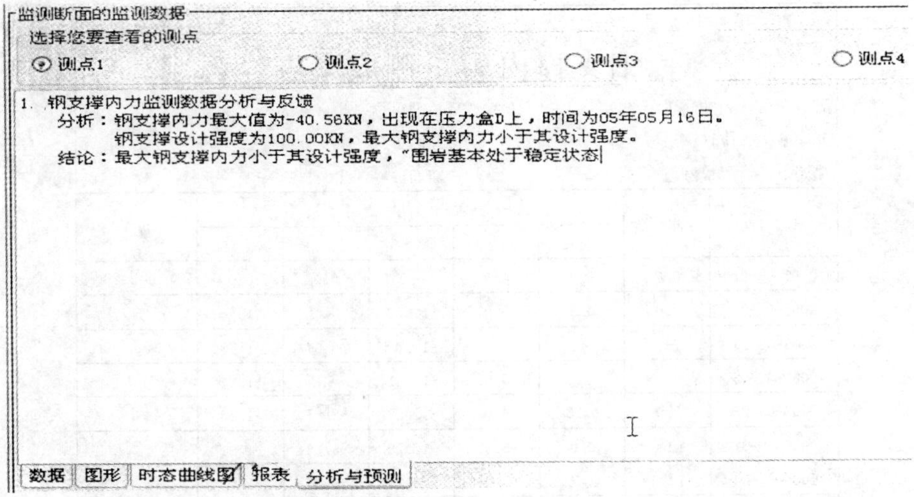

监测断面的监测数据
选择您要查看的测点
⊙ 测点1　○ 测点2　○ 测点3　○ 测点4

1. 钢支撑内力监测数据分析与反馈
分析：钢支撑内力最大值为-40.56KN，出现在压力盒D上，时间为05年05月16日。
钢支撑设计强度为100.00KN，最大钢支撑内力小于其设计强度。
结论：最大钢支撑内力小于其设计强度，"围岩基本处于稳定状态

数据　图形　时态曲线图　报表　分析与预测

图 8－80　钢支撑内力监测数据分析与预测

在生成监测数据周报表的时候，在报表的结论一栏中也包含了监测数据分析与预测专家库结论的内容，如前述图 8－76 和图 8－77 所示将分析与预测结论直接显示在周报表中，直观明确，便于施工或设计单位了解隧道施工过程中围岩的稳定性状况，指导隧道安全施工。

第九节　施工监控及量测数据的分析与应用

一、施工监控

在地下工程建设中，由于围岩自身属性及其受力状况十分复杂，初拟选的支护参数往往带有一定的盲目性，尤其不能适应地质和施工情况的变化。20 世纪 60 年代起，一些发达国家在推行新奥法于隧道设计施工的基础上，通过对施工开挖和支护过程中的量测，以一些量测值进行反演分析，用来监控围岩和支护的动态及其稳定与安全，根据及时获得的量测信息进一步修改和完善原设计，并指导下阶段施工。目前，由于计算机技术的飞速发展，在量测数据采集、数据处理与分析及反演计算，正演数值计算等方面都可由计算机来实现。借助于互联网技术，可将现场的施工信息及时传到远在数十乃至上百公里以外的设计和技术主管部门，以便迅速发出下一步施工指令。这种施工，监测和设计于一体的施工方法即称为施工监控，又称信息化施工方法。

在施工监控中，位移反分析法为其核心，其基本原理是：以现场量测的位移作为基础信息，根据工程实际建立力学模型，反求实际岩体的力学参数、地层初始地应力以及支护结构的边界荷载等。广义的反分析法还包括在此之后，利用有限元、边界元等数值方法，进行正分析，据此进行工程预测和评价，并进行工程决策和决定采取措施，最后进行监测并检验预测结果。如此反复，达到优化设计，科学施工之目的。图 8－81 示出了一种施工

监控系统的组成框图。

二、量测数据的分析

根据量测获得的位移——时间曲线，即能看出各时刻的总位移量、位移速度以及位移加速度的趋势等。但要衡量围岩的稳定性，除了量测值外，还必须有判断围岩稳定性的准则，这些准则可以由总位移量、位移速率或位移加速度等表示，其值一般由经验或统计数据给定。

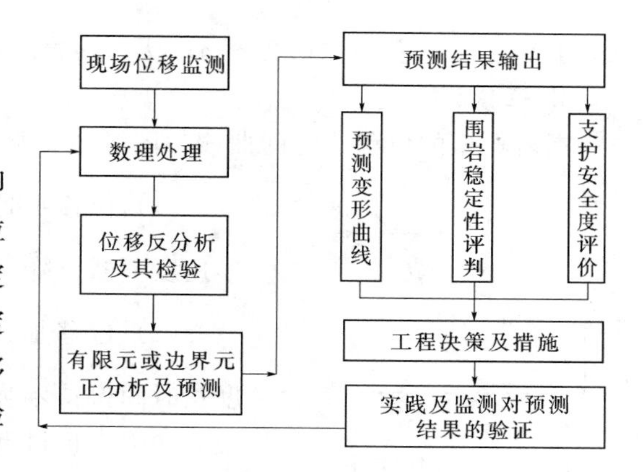

图 8－81　施工监控系统组成框图

1. 围岩壁面位移分析

用总位移量表示的围岩稳定准则通常以围岩内表面的收敛值、相对收敛值或位移值等表示。《公路隧道施工技术规范》（JTJ 042—1994）第 9.3.4 条规定，隧道周边壁任意点的实测相对位移值或用回归分析推算的总相对位移值均应小于表 8－14 所列数值。拱顶下沉值亦可参照应用。

日本新奥法设计施工指南提出，按测得的总位移值或从测得数据预计的最终位移值，确定围岩类别（见表 8－15）。

表 8－14　　隧道周边相对位移值　　%

覆盖层厚度（m） 围岩类别	＜50	50～300	＞300
Ⅳ	0.10～0.30	0.20～0.50	0.40～1.20
Ⅲ	0.15～0.50	0.40～1.20	0.80～2.00
Ⅱ	0.20～0.80	0.60～1.60	1.00～3.00

注　1. 相对位移值是指实测位移值与两测点间距离之比，或拱顶位移实测值与隧道宽度之比。
2. 脆性围岩取表中较小值，塑性围岩取表中较大值。
3. Ⅰ、Ⅴ、Ⅵ类围岩可按工程类比初步选定允许值范围。
4. 本表所列位移值可在施工过程中通过实测和资料积累作适当修正。

2. 位移速度

位移速度也是判别围岩稳定性的标志。开挖通过量测断面时位移速度最大，以后逐渐降低，一般情况下，初期位移速度约为总位移值的 1/4～1/10。日本新奥法设计施工指南提出，当位移速度大于 20mm/d 时，就需要特殊支护。有的则以初期位移速度，即开挖后 3～7d 内的平均位移速度来确定允许位移速度，以消除空间作用及开挖方式的影响。

表 8－15　　净空变化值　　单位：mm

围岩类别	单线隧道	双线隧道
I_s—特$_s$	＞75	＞150
I_N	25～75	50～150
I_N-V_N	＜25	＜50

注　I_N-V_N 为一般围岩，I_s 为塑性围岩，特$_s$ 为膨胀性围岩。

目前，围岩达到稳定的标准通常都采用位移速率。如我国《锚杆喷射混凝土技术规范》（GBJ 86—85）中以收敛速率为 0.1～0.2mm/d，拱顶下沉速率为 0.07～0.15mm/d 作为围岩稳定的标志之一。法国新奥法施工标准中规定：当月累计收敛量小于 7mm，即

每天平均变形速率小于0.23mm，认为围岩已达基本稳定。

3. 位移加速度

围岩典型的位移—时间曲线如图8-82所示。由图可见：

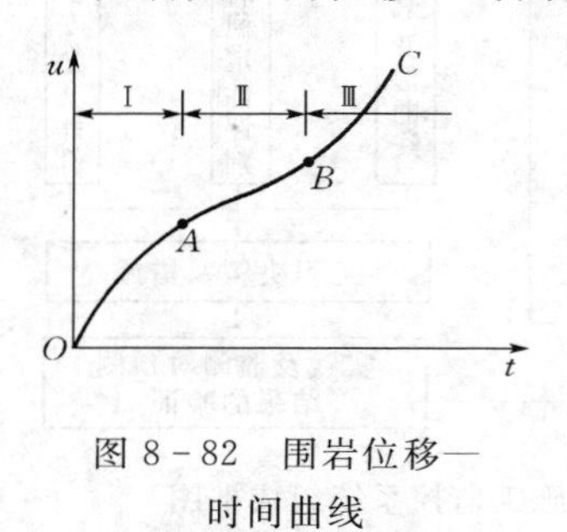

图8-82　围岩位移—时间曲线

(1) 位移加速度为负值$\left(\frac{d^2u}{dt^2}<0\right)$，即$\overset{\frown}{OA}$段标志围岩变形速度不断下降，表明围岩变形趋向稳定。

(2) 位移加速度为零$\left(\frac{d^2u}{dt^2}=0\right)$，$\overset{\frown}{AB}$段曲线标志变形速度长时间保持不变，表明围岩趋向不稳定，须发出警告，要及时加强支护衬砌。

(3) 位移加速度为正值$\left(\frac{d^2u}{dt^2}>0\right)$，$\overset{\frown}{BC}$段曲线标志围岩变形速度增加，表明围岩已处于危险状态，须立即停止开挖，迅速加固支护衬砌或采取措施加固围岩。

4. 围岩内位移及松动区的分析

围岩内位移与松动区的大小一般用多点位移计量测，按此绘制各位移计的围岩内位移图（见图8-83），由图即能确定围岩的松动范围。由于围岩洞壁位移量与松动区大小一一对应，相应于围岩的最大允许变形量就有一个最大允许松动区半径，当松动区半径超过此允许值时，围岩就会出现松动破坏，此时必须加强支护或改变施工方式，以减少松动区范围。

5. 锚杆轴力量测分析

根据量测锚杆测得的应变，即可得到锚杆的轴力。锚杆轴力在洞室断面各处是不同的，根据日本隧道工程的实际调查，可以发现：

(1) 锚杆轴力超过屈服强度时，净空位移值一般超过50mm。

(2) 同一断面内，锚杆轴力最大值多数在拱部45°附近到起拱线之间的锚杆。

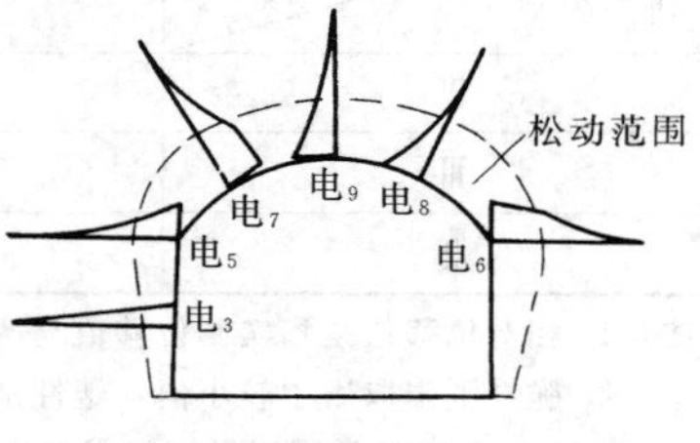

图8-83　围岩内部位移图

(3) 拱顶锚杆，不管净空位移值大小如何，出现拉力的情况是不少的。

6. 围岩压力量测分析

根据围岩压力分布曲线立即可知围岩压力的大小及分布状况。围岩压力大，表明喷层受力大，这可能有两种情况：一是围岩压力大但围岩变形量不大，表明支护时机，尤其是仰拱的封底时间过早，需延迟支护和仰拱封底时机，让原岩释放较多的应力；二是围岩压力大，且围岩变形量也很大，此时应加强支护，以限制围岩变形。当测得的围岩压力很小但变形量很大时，则还应考虑是否会出现围岩失稳。

7. 喷层应力分析

喷层应力主要是指切向应力，因喷层径向应力不大。喷层应力反映喷层的安全度，设计者据此调整锚喷参数，特别是喷层厚度。喷层应力是与围岩压力密切相联系的，喷层应力大，可能是由于支护不足，亦可能是仰拱封底过早，其分析与围岩压力的分析大致相似。

8. 地表下沉量测分析

地表下沉量测主要用于浅埋洞室，是为了掌握地面产生下沉的影响范围和下沉值而进行的。地表下沉曲线可以用来表征浅埋隧道的稳定性，同时亦可以用来表征对附近地表已建建筑物的影响。

横向地表下沉曲线如左右非对称，下沉值有显著不同时，多数是由于偏压地形，相邻隧道的影响以及滑坡等引起。故应附加其他适当量测，仔细研究地形、地质构造等影响。

9. 物探量测分析

物探量测主要指声波法量测。按测试结果绘制的声波速度可以确定松动区范围及其动态，并应与围岩内位移图获得的松动区相对照，以综合确定松动区范围。

三、量测数据在监控设计中的应用

1. 评价围岩稳定性

评价围岩稳定性主要是应用围岩位移、位移速率及围岩位移加速度（由变位—时间曲线看出）等数据。我国锚喷支护规范规定，当隧洞支护上任何部位的实测收敛相对值达到表 7-14 中所列的数值 70%，或用回归分析进行预报的总收敛相对值接近表 7-14 所列数值时，必须立即采用补强措施，并改变原支护设计参数。从监视施工中围岩稳定的角度看，尤应注意围岩位移加速度的出现。这时应采取紧急加固措施。对于浅埋隧道则应根据地表下沉量来判断围岩稳定性。

2. 评价围岩达到稳定的标准，确定最终支护时间及仰拱灌注的时间

我国锚喷支护规范规定，隧道最终支护时间应在围岩达到稳定以后，即应满足下述要求：

（1）周边收敛速度明显下降。

（2）收敛量已达总收敛量的 80%～90%。

（3）收敛速率小于 0.1～0.2mm/d，或拱顶位移速率小于 0.07～0.15mm/d。

一般软弱围岩仰拱灌注时间可在围岩稳定以后，最终支护之前进行；而对于极差的围岩及塑性流变地层，当位移量和位移速度很大时，为维持围岩稳定，仰拱灌注应尽早进行。通常，封底后位移速度会迅速下降，围岩会逐渐趋于稳定，否则应加强支护。当围岩变形量不大，而围岩压力与喷层应力很大时，则应适当延迟封底时间，以提高支护的柔性。

3. 调整施工方法与支护时机

当测得的位移速率或位移量超过允许值时，除加强支护外还应调整施工方法，如缩短台阶层数，提前锚喷支护的时间和仰拱封底时间。如这种方案仍未能使变形速度降至允许值之下，则应对开挖面进行加固，如采用先支护（斜插锚杆、钢筋，钢插板等）稳定顶部围岩，用喷射混凝土及锚杆等稳定掌子面。

4. 调整锚杆支护参数

锚杆参数包括锚杆长度、直径、数量（即间距）及钢材种类等。

当围岩位移速率或位移量超过允许值时，一般应增加锚杆的长度。如果拉拔力足够时，增加锚杆直径亦能起到一定效果，且施工方便。

锚杆长度应大于测试所得的松动区范围，并留有一定富裕量。如量测显示锚杆后段的拉应变很小和出现压应变时，可适当减小锚杆的长度。

当锚杆轴向力大于锚杆屈服强度时，应优先考虑改变锚杆材料，采用高强钢材。增加锚杆数量或直径也可获得降低锚杆应力的效果。

根据质量检验中所进行的锚杆抗拔力试验，当抗拔力小于锚杆屈服强度时，可考虑改变锚杆材料或缩小其直径。但要注意，设计安全度亦会由此降低。

5. 调整喷层厚度

初始喷层厚度一般在5～10cm左右。当初始喷层厚度较小，喷层应力大或围岩压力大，喷层出现明显裂损时，应适当加厚初始喷层厚度。若喷层厚度已选得较大时，则可增加锚杆数量，调整锚杆参数或调整施工方法，改变仰拱封底时间以减小初始喷层受力状况。

如测得的最后喷层内的应力较大，而达不到规定安全度时，必须增加最后喷层的厚度或改变二次支护的时间。

6. 调整变形余裕量，修改开挖断面尺寸

根据测得的收敛值或位移值，调整变形余裕量。当收敛值超过允许值，但喷射混凝土未出现明显开裂时，可增大变形余裕量。

第九章　地下工程施工变形预测的人工智能方法

地下工程施工过程中通过对岩土结构位移的实时监测，可以及时了解岩土结构稳定状态的变化情况，一来可以按照需要对其进行稳定性控制，二者也可以利用位移反分析方法来预测岩土结构荷载的未来变化情况。

目前，变形预测方法可归结为：① 经验法；② 理论解析法；③ 数值计算法；④ 实测数据分析法。经验法有一定的使用限制条件的限制，而理论解析法和数值计算法则主要取决于计算模型能否真实反映岩体实际特性。实测数据分析法则是以施工中实际监测围岩变形数据为基础，采用各种分析方法进行拟合后预测后期变形的一种方法，因其能较好地反映工程实际情况，在各种地下工程中得到了广泛应用。然而，地下工程施工具有以下特殊性：①由于施工环境的恶劣性和工序的不规范性，通常施工中进行大范围和高密度的监测是不现实的，即监测数据是极其有限的；②受监测人员水平和仪器限制，系统误差在所难免，通常变形监测数据变化波动较大，在许多情况下采用曲线拟合法无法回归，即监测数据极少且准确性不高。其次，变形受很多不确定性因素的影响，而这些因素和变形之间的关系也是很难用某个确定的数学函数来描述的。如何从有限的数据中提取出内在的规律，便成为工程技术人员面临的艰巨任务，其本质是数据挖掘问题。

基于此点认识，许多科技人员将人工神经元网络引入到岩土工程领域并取得了丰硕的成果。人工神经网络在学习样本数量有限时，预测精度难以保证，学习样本数量很多时，又可能陷入“维数灾难”，泛化性能不高。如何找到一种在有限样本情况下，精度既高同时泛化性能也强的机器学习算法十分重要。本章介绍两种新的人工智能预测方法，即支持向量机回归算法和进化——自适应神经模糊推理系统算法。

第一节　地下工程施工变形预测方法综述

1. 经验法

经验法也可以分为两类：一类是基于本隧道工程施工变形监测基础上的数学回归法，即用某一函数 $f(x,y)$来对监测数据的变形一时间散点图进行拟合，拟合出某个函数之后以此函数对位移进行推测，这种方法是现阶段在隧道施工中最常用的方法，实现简单，易于掌握，但这种方法存在以下问题。

（1）在施工初期阶段围岩处于急剧变形期，但受监测数据个数的限制，以有限的几个实测数据，无论采用哪种函数都很难高精度的拟合监测数据，由此带来的问题是这种方法只能在变形趋于平稳以后才有较高的预测精度，即一般只作为预测累计变形量使用，在急剧变形期无法使用，如果开挖过程中地质条件变化较大，这种方法更难以使用。

(2) 变形受很多不确定性因素的影响，而这些因素和变形之间的关系也是很难用某个确定的数学函数来描述的。

经验法中的另一类就是经验公式法，这种经验公式是建立在以往其他一些隧道施工变形监测基础之上的，在综合考虑围岩的物理力学特性、工程地质条件和施工方法得来的，如地铁隧道地面沉降预测的Peck修正公式等。这种方法由于能够提供一个明确的数学公式，相比较而言操作最简单，但也隐含了如下一些问题。

(1) 这种方法其实是一种由其他工程到本工程的类比推理，由于岩土材料自身构造的极端非线性和赋存条件的高度复杂性，这种简单类比的准确度是不可能有多高的。

(2) 经验公式法只是粗略地给出了预测变形的计算公式和范围，有的在使用时甚至要根据附加条件，由使用者查表综合确定计算参数，这就造成了极大的人为误差，当工程的支护形式、施工方式和工程地质条件变化较大时，基本无法应用。

2. 理论解析法

理论解析法即借用经典的固体力学理论，对隧道工程的材料性质、工程地质和施工方法作一些适当合理的简化，然后套用经典固体力学中现成的理论模型来对隧道变形作出计算预测，这种方法试图从岩土工程本身发生的物理力学过程来解决这个问题。但这种方法存在以下问题。

(1) 岩土材料自身构造上是高度非线性的，其赋存的地质环境也是高度非线性的，这两点决定了岩土工程和经典固体力学中的研究对象相去甚远。

(2) 岩土材料的本构关系迄今为止是一个尚待解决的难题，套用任何经典固体力学的本构模型都是不准确的。

(3) 隧道工程的形状复杂，不是经典固体力学中的一些简单形状能够套用的。

(4) 经典固体力学理论一般很难给出三维空间中的解析解，只能把隧道工程简化成平面问题来解决，而并不是所有的隧道工程都可以简化成平面问题，同时由于采用二维计算，这就无法考虑隧道施工过程中复杂的空间和时间效应。

(5) 解析法无法考虑隧道支护中的各种支护方式，如喷锚支护、钢拱架、注浆管棚和二次支护等。

(6) 绝大多数情况下，隧道工程在数学上是根本无法给出解析解的。即便给出，这种建立在从材料性质、边界条件、洞室形状到本构方程、计算参数和施工方法的大量简化基础上的解析结果对工程指导极其有限。

3. 数值计算法

数值计算法考虑了理论解析法的缺点，试图用计算机模拟的方法来克服试验经费的限制和理论解析法的不可解析性，采用有限元、有限差分、边界元、离散元等数值迭代的方法无限逼近真实解，和理论解析法比较起来，数值法有以下优点。

(1) 数值法对岩土材料性质不必做太多的简化，通过不同的求解格式和设计的各种界面接触单元，数值法可以较好地模拟岩土材料的非均质性。

(2) 通过预先设计的各种结构单元，数值法可以成功地模拟各种支护形式。

(3) 数值法可以把计算区域拓展到三维空间，不必强制性的把所有隧道工程都简化为平面问题，同时也可以通过单元删减的方式来模拟不同的施工方法，这就非常好地考虑了

隧道开挖的复杂空间和时间转换效应。

（4）数值法可以建立各种峒室形状、各种赋存环境下的比较逼真的三维计算模型，因而其解比解析法具有更高的可信度。

如同理论解析法一样，由于岩土本构模型的不确定性和模型参数取值的不可靠性，导致数值法也只能在较大程度上接近真实解而很难获得真实解，但无疑数值法拓宽了岩土力学问题的求解范畴，使许多原本难以把握的岩土力学问题在一定程度上得到解决。

4. 实测数据分析法

实测数据分析法就是利用已开挖的隧道现场监测变形数据，通过建立数据模型来预测后继开挖变形数值，可以分为以下几类。

（1）统计分析法。统计分析法以实测数据为基础，利用所测量的变形数据和影响因素，用回归分析的方法建立两者之间的函数关系，利用这种函数关系来进行位移预报，还可进行变形的物理解释，这与经验法中的数学回归法很相似。这种方法存在以下问题：

1）在回归分析时，选用何种因子系，用何种表达式只是一种推测，而且影响变形因子的多样性和不可测性，使回归分析在一些情况下受到限制。

2）这种方法用平均曲线进行拟合、预报，不足以准确反映观测值的离散性和随机波动性。回归模型是一种静态模型，只是反映了变形值相对于自变量之间在同一时刻的相关性，而没有体现变形观测序列的时序性、相互依赖性和变形的持续性。

（2）时间序列分析法。隧道变形是在各种荷载（力）作用下的动态连续过程，岩土体是具有惯性、记忆和时序的动态系统，变形值不仅依赖于同时刻的，而且还依赖于过去的输入变量的值，变形还不断受到外界环境的影响，在各种荷载作用下发生能量的转移和变化。当变形的成因分析不可能把一切因子都赋予清晰的物理概念而始终离不开一个经验型参数的时候，在许多因子的关系普遍存在得到的信息不充分，很难建立明确的函数关系的情况下，可以采用时间序列分析的方法。由实测数据形成一个离散的随机时间序列，利用时间序列分析建立数学模型来逼近、模拟和揭示岩土体的变形规律和动态特性，已成为现阶段隧道变形预测的主要手段。

传统的时间序列分析方法主要由线性模型、AR 模型、ARMA 模型、ARIMA 模型和门限自回归 SETAR 等参数模型，这些方法本质上仍属于回归分析，即利用某一确定的模型函数来表达变量间的关系，由于岩土结构的复杂性，它所涉及的工程地质条件及岩土特性参数通常是不完全定量的，甚至是随机的、模糊的，故难以用确定性的数学模型描述，其模型本身参数也是难以识别的。

（3）灰色系统理论。由于岩土体的变形是受众多因素共同作用的结果，很难确定某一原因或因素在其中所起的确切作用，因此将岩土体视为一个系统，运用灰色系统理论来进行位移的预测预报。

灰色系统理论认为：部分信息已知，部分信息未知的系统为灰色系统，系统的行为现象尽管是朦胧的、数据是杂乱的，但它是有序的，具有整体功能，貌似杂乱无章的数据背后隐藏着内在规律，可以通过对数据的科学处理找到这种规律。

灰色系统中应用最多的是 GM(1，1) 模型，该模型先对原始数据经过一次累加生成新数列，这种处理目的在于减弱数据列的随机性，一般需对原始数据列采用分段均值选

优，滑动平均处理的方法来得到建模用的数据列。再利用微分方程来拟合新数列，最后对数据进行累减还原建立模型，并在此基础上进行变形预测。

灰色系统理论存在以下问题：

1）该方法要求累加生成的新数据列具有灰指数规律，然而，一个非负的时间序列其累加生成数列事实上常常不具指数规律，即便有，也只能是一定程度上的近似，用指数方程来拟合本身就有较大偏差，累加生成和累减还原更加大了这种偏差。

2）建模用的数据序列要求是非负的，如果实测数据全部为负，可以很方便地处理。但如果实测数据有正有负，比如连拱隧道中隔墙的水平变形，这时其累加生成数列根本不具备任何指数规律性，不能用灰色系统建模。

3）理论和实践研究证明，灰色系统仅仅是一个粗糙的指数模型，在岩土工程中要慎用，灰色系统的后检验差方法也有问题，不存在真正有效或改进的灰色建模方法。

(4）人工神经元网络方法。岩体被各种构造形迹（断层、节理、层理、破碎带等）切割成局部连续，宏观不连续的地质体，随切割程度的不同，形成松散体—弱面体—连续体的一个序列，这种序列结构比任何一种熟知的工程材料都要复杂得多，几乎在岩体材料内部到处都存在变化，加上岩体材料赋存环境的特殊性，岩石工程所涉及的力学问题往往是多场（应力场、温度场、渗流场）耦合，多相（固、液、气）影响下的地质构造与工程结构相互作用的耦合问题。同时，岩石力学和工程面对的是“数据不准和数据有限”的问题，这不仅是指输入模型的基本参数（如原岩应力、材料性能等）很难准确地给出，而且能对过程（特别是非线性过程）的演化提供的反馈信息或者能校正模型的测量信息并不多。工程岩体的变形破坏特征是极其复杂，且多数是高度非线性和不确定的。影响岩土体系统特性的各要素之间存在着非常复杂的关系，岩土力学参数和变形之间的关系是很难用一个确定的代数方程或数学表达式来描述。

人工神经网络是一种具有大量连接的并行分布式处理器，它可以通过学习获取知识并解决问题的能力，且知识是分布存储在连接权（对应于生物神经元的突触）中。人工神经元网络将人脑的不确定性思维、反馈思维和系统思维的优点引入算法程序之中，在自学习、非线性动态处理、自适应识别方面显示出强大的生命力，将其运用于岩土工程无疑能取得较之上述确定性方法更好的效果，实际上，现阶段人工神经元网络已被广泛应用于岩土工程的各个领域。

但是，由于自身算法理论上的缺陷，人工神经元网络应用于岩土工程变形预测存在如下问题：

1）人工神经元网络是一种大样本学习机器，良好的机器学习性能是建立在海量样本学习之上的。但由于地下工程施工条件的恶劣性，通常情况下大范围和高密度的监控量测是不现实的；同时由于岩土材料自身构造上的极端复杂性和施工过程的不规范性，还受到监测仪器和监测人员操作水平的限制，经常导致现场量测数据的较大误差或数据的残缺不全，造成岩土工程监测信息通常准确性都不高。也就是说对类似于隧道的岩土工程而言，一方面能够获得的监测信息在数量上是有限的，另一方面，即使这有限的监测数据也是很不可靠的，这些量少质差的样本能否保证建立的人工神经网络模型的准确性无法保证。

2）人工神经元网络还存在“过拟合”的问题，即高精度的网络训练并不能保证高精

度的推广预测，通常情况下训练精度高的网络其推广性能反而较差，这为使用者带来了较大的困难。

3）由于它不是凸二次优化算法，不能保证得到的极值解是全局最优解。

支持向量机（Support Vector Machine，简称 SVM）是一种以结构风险最小化原理为基础的新的机器学习算法，具有其他以经验风险最小化原理为基础的算法难以比拟的优越性，同时由于它是一个凸二次优化问题，能够保证得到的极值解是全局最优解，因而近年来受到了广泛关注。核函数和相关参数的选取是支持向量机方法应用能否成功的关键，目前，这一问题还没有得到彻底解决，还处于不断摸索完善过程中。

通过以上分析以及从类似隧道的岩土工程的实际情况来看，基于人工智能技术来建立预测模型无疑能够取得比传统各种方法更好的预测效果，人工智能方法具有其他方法难以相比的突出优势，这也是其近年来越来越受到欢迎的原因所在。

第二节　支持向量机回归算法

传统统计模式识别的方法都是在样本数目足够多的前提下进行研究的，所提出的各种方法只有在样本数趋向无穷大时其性能才有理论上的保证。而在多数实际应用中，样本数目通常是有限的，这时许多方法都难以取得理想的效果。直到 20 世纪 90 年代中期，有限样本情况下的机器学习理论研究才逐渐成熟起来，形成了一个较完善的理论体系——统计学习理论（Statistical Learning Theory，简称 SLT）。在此理论的基础上发展出了一种新的机器学习算法——支持向量机，这种算法在解决小样本、非线性及高维模式识别问题表现出许多特有的优势，并能够推广应用到函数拟合、概率密度估计等其他机器学习问题中。虽然 SLT 和 SVM 方法中尚有许多问题需要进一步研究，但很多学者认为，它们正在成为继模式识别和神经网络之后机器学习领域新的研究热点，并将推动机器学习理论和技术的重大进展。

一、机器学习的基本问题和方法

1. 机器学习问题的表示

如图 9－1 所示，机器学习问题可以形式化地表示为：已知变量 y 和 x 之间存在一定的未知依赖关系，即存在一个未知的联合概率 $F(x,y)$（y 和 x 之间的确定性关系可以看作是一个特例），机器学习就是根据 n 个独立同分布观测样本

$$(x_1,y_1),(x_2,y_2),\cdots,(x_n,y_n) \qquad (9-1)$$

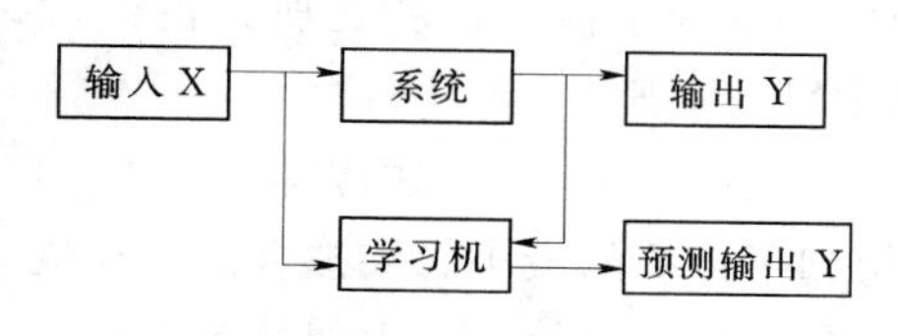

图 9－1　机器学习的基本模型

在一组函数$\{f(x,w)\}$中求一个最优的函数 $f(x,w_0)$，使预测的期望风险最小

$$R(w)=\int L(y,f(x,w))\mathrm{d}F(x,y) \qquad (9-2)$$

其中　$\{f(x,w)\}$——预测函数集，$w\in\Omega$ 为函数的广义参数，故$\{f(x,w)\}$可以表示任何函数集；

$L(y,f(x,w))$——由于用 $f(x, w)$ 对 y 进行预测而造成的损失。

不同类型的学习问题有不同形式的损失函数。预测函数通常也称作学习函数、学习模型或学习机器。

有3类基本的机器学习问题：模式识别、函数逼近和概率密度估计。

对模式识别问题，系统输出就是类别标号。在两类情况下，$y=\{0,1\}$或$y=\{-1,1\}$是二值函数，此时预测函数称作指示函数，损失函数的基本定义可以是

$$L(y,f(x,w))=\begin{cases}0 & if \quad y=f(x,w) \\ 1 & if \quad y\neq f(x,w)\end{cases} \tag{9-3}$$

类似地，在函数拟合问题中，y 是连续变量，它是 x 的函数，这时损失函数可以定义为

$$L(y,f(x,w))=(y-f(x,w))^2 \tag{9-4}$$

只要把函数的输出通过一个域值转化为二值函数，函数拟合问题就可以转变为模式识别问题。

对概率估计问题，学习的目的是根据训练样本确定 x 的概率分布。记估计的密度函数为 $p(x,w)$，则损失函数可以定义为

$$L(p(x,w))=-\log p(x,w) \tag{9-5}$$

2. 经验风险最小化

对式（9-2）定义的期望风险最小化，必须依赖关于联合概率 $F(x, y)$ 的信息，但在实际的机器学习问题中预先并不知道先验概率和条件概率密度，只能利用样本式（9-1）的信息，故期望风险无法直接计算和最小化。

由概率论中大数定理的思想，自然想到用算术平均代替式（9-2）中的数学期望，定义

$$R_{emp}(w)=\frac{1}{n}\sum_{i=1}^{n}L(y_i,f(x_i,w)) \tag{9-6}$$

来逼近式（9-2）定义的期望风险。由于 $R_{emp}(w)$ 是用已知的训练样本（即经验数据）定义的，故称作经验风险。用对参数 w 求经验风险 $R_{emp}(w)$ 的最小值代替求期望风险 $R(w)$的最小值，这就是所谓的经验风险最小化（Experiential Risk Minimization，简称ERM）原则。

在函数拟合问题中，将式（9-4）定义的损失函数代入式（9-6）并使其最小化，就得到了传统的最小二乘拟合法；在概率密度估计中，采用式（9-5）的损失函数的经验风险最小化方法就是最大似然方法。

可以发现，从期望风险到经验风险最小化并没有可靠的理论依据，只是直观上合理的想当然做法。$R_{emp}(w)$ 和 $R(w)$ 都是 w 的函数，大数定理只说明了（在一定条件下）当样本趋于无穷多时 $R_{emp}(w)$ 将在概率意义上趋近于 $R(w)$，并没有保证使 $R_{emp}(w)$ 最小的 w^* 与使 $R(w)$ 最小的 w'^* 是同一个点，更不能保证 $R_{emp}(w^*)$ 能够趋近于 $R(w'^*)$。即使有办法使这些条件在样本数无穷大时得到保证，也无法认定在这些前提下得到的经验风险最小化方法在样本数有限时仍能得到好的结果。

3. 复杂性与推广能力

学习机器对未来输出进行正确预测的能力称为推广性。某些情况下，当训练误差过小反而会导致推广能力的下降，这就是所谓的过学习（overfitting）问题。之所以出现这种现象，一个原因是因为学习样本不充分，另一个原因是学习机器设计不合理，这两个问题是相互关联的。用一个复杂的模型去拟合有限的样本，结果导致丧失了推广性。在很多情况下，即使已知问题中的样本来自某个比较复杂的模型，但由于训练样本有限，用复杂的预测函数对样本学习的效果通常也不如用相对简单的预测函数，当有噪声存在时更是如此。

有限样本情况下学习精度和推广性之间的矛盾似乎不可调和，复杂的学习机器在降低学习误差的同时也降低了推广性。

二、统计学习理论

统计学习理论被认为是目前针对小样本统计估计和预测学习的最佳理论，它从理论上系统研究了经验风险最小化原则成立的条件、有限样本情况下经验风险与期望风险的关系及如何利用这些理论找到新的学习原则和方法等问题。

1. 学习过程一致性的条件

学习过程的一致性：记 $f(x, w^*)$ 为在式（9－1）的 n 个独立同分布样本下在函数集中使经验风险取最小的预测函数，由它带来的损失函数为 $L(y,f(x,w^*|n))$，相应的最小经验风险值为 $R_{emp}(w^*|n)$。记 $R(w^*|n)$为在 $L(y,f(x,w^*|n))$下的式（9－2）所取得的真实风险值（期望风险值）。当下面两式成立时称这个经验风险最小化学习过程是一致的

$$R(w^*|n)\xrightarrow[n\to\infty]{}R(w_0) \tag{9-7a}$$

$$R_{emp}(w^*|n)\xrightarrow[n\to\infty]{}R(w_0) \tag{9-7b}$$

式中　$R(w_0)=\inf R(w)$——实际可能的最小风险，即式（9－2）的下确界或最小值。

学习理论关键定理：对于有界的损失函数，经验风险最小化学习一致的充要条件是经验风险在如下意义上一致地收敛于真实风险

$$\lim_{n\to\infty}P[\sup_{w}(R(w)-R_{emp}(w))>\varepsilon]=0,\forall\varepsilon>0 \tag{9-8}$$

式中　P——概率；

$R_{emp}(w)$，$R(w)$——在 n 个样本下的经验风险和对于同一 w 的真实风险。

学习理论关键定理把学习一致性的问题转化为式（9－8）的一致收敛问题。由于在学习过程中，经验风险和期望风险都是预测函数的函数（泛函），目标不是用经验风险去逼近期望风险，而是通过求使经验风险最小化的函数来逼近能使期望风险最小化的函数，因此其一致性条件比传统统计学中的一致条件更严格。

虽然学习理论关键定理给出了经验风险最小化原则成立的充要条件，但并没有给出什么样的学习方法能够满足这些条件。为此统计学习理论定义了一些指标来衡量函数集的性能，其中最重要的是 VC 维。

2. 函数集的学习性能与 VC 维

定义以下几个概念。

随机熵：指示函数集对某个样本集能实现的不同分类组合数目的对数，记为 $H(Z_n)$，即

$$H(Z_n)=\ln N(Z_n) \tag{9-9}$$

指示函数集的熵：指示函数集在所有样本数为 n 的样本集上的随机熵的期望值叫做指示函数集在样本数 n 上的熵，记作 $H(n)$，即

$$H(n)=E(\ln N(Z_n)) \tag{9-10}$$

生长函数：函数集的生长函数 $G(n)$ 定义为其在所有可能的样本集上的最大随机熵，即

$$G(n)=\ln \max_{z_n} N(Z_n) \tag{9-11}$$

退火的 VC 熵：
$$H_{ann}(n)=\ln E(N(Z_n)) \tag{9-12}$$

定理 1：函数集学习过程双边一致收敛的充要条件是

$$\lim_{n\to\infty}\frac{H(n)}{n}=0 \tag{9-13}$$

定理 2：函数集学习过程收敛速度快的充分条件是

$$\lim_{n\to\infty}\frac{H_{ann}(n)}{n}=0 \tag{9-14}$$

定理 3：函数集学习的一致收敛的充要条件是对任意的样本分布，都有

$$\lim_{n\to\infty}\frac{G(n)}{n}=0 \tag{9-15}$$

定理 1、2、3 被称作学习理论的三个里程碑，在不同程度上回答了在什么条件下一个遵循经验风险最小化原则的学习机器，当样本数趋向无穷大时收敛于期望风险最小的最优解，而且收敛的速度是快的。

定理 4：所有函数集的生长函数或者与样本数成正比，即

$$G(n)=nln2 \tag{9-16}$$

或者以下列样本数的某个对数函数为上界，即

$$G(n)\leqslant h\left(\ln\frac{n}{h}+1\right),n>h \tag{9-17}$$

VC（Vapnik and Chervonenkis）维：假如存在一个有 h 个样本的样本集能够被一个函数集中的函数按照所有可能的 2^k 种形式分为两类，则称函数集能够把样本数为 h 的样本集打散。指示函数集的 VC 维就是用这个函数集中的函数所能够打散的最大样本集的样本数目。

3. 推广性的界

定理 5：对两类分类问题，对指示函数集中的所有函数（当然也包括使经验风险最小的函数），经验风险和实际风险之间至少以概率 $1-\eta$ 满足如下关系

$$R(w)\leqslant R_{emp}(w)+\frac{1}{2}\sqrt{\varepsilon} \tag{9-18}$$

当函数集包含无穷多个元素（即参数 w 有无穷多个取值可能）时

$$\varepsilon=\alpha_1\frac{h\left(\ln\frac{\alpha_2 n}{h}+1\right)-\ln(\eta/4)}{n} \tag{9-19a}$$

当函数集中包含有限多个（N个）元素时

$$\varepsilon=2\frac{\ln N-\ln\eta}{n} \tag{9-19b}$$

式中　h——函数集的VC维。

定理6：对于函数集中的所有函数（包括使经验风险最小化的函数），下列关系至少以概率$1-\eta$成立

$$R(w)\leqslant R_{emp}(w)+\frac{B\varepsilon}{2}\left(1+\sqrt{1+\frac{4R_{emp}(w)}{B\varepsilon}}\right) \tag{9-20}$$

由定理5和定理6可知，经验风险最小化原则下学习机器的实际风险是由两部分组成的，可以写为

$$R(w)\leqslant R_{emp}(w)+\Phi\left(\frac{n}{h}\right) \tag{9-21}$$

其中前一部分为训练样本的经验风险，后一部分称为置信范围。

当n/h较小时，置信范围较大，用经验风险近似真实风险就有较大的误差，学习机器的推广性较差；反之，经验风险最小化的解就接近实际的最优解。另一方面，对特定问题，样本数n是固定的，学习机器的VC维越高（即复杂性越高），置信范围越大，导致真实风险与经验风险之间可能的差就越大。故在设计学习机器时，不但要使经验风险最小化，还要使VC维尽量小，从而缩小置信范围。

4. 结构风险最小化

从前面讨论可见，在有限样本情况下，传统机器学习方法是无法同时最小化经验风险和置信范围的。下面介绍一种新的策略来解决这个问题。

如图9-2所示，首先把函数集$S=\{f(x,w),w\in\Omega\}$分解为一个函数子集序列

$$S_1\subset S_2\subset\cdots\subset S_k\subset\cdots\subset S$$

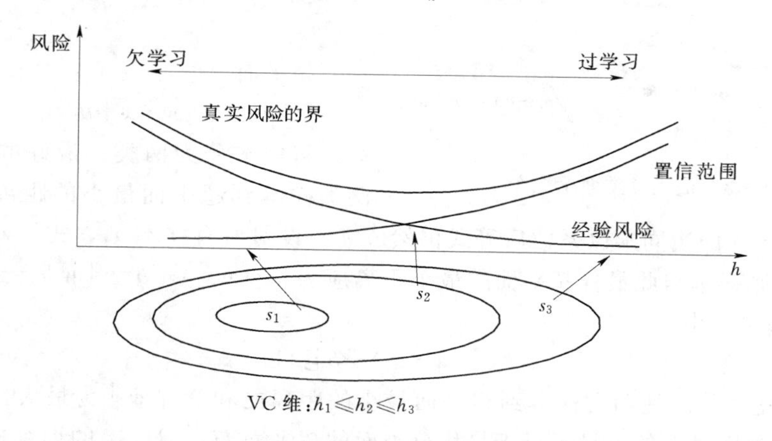

图9-2　有序风险最小化示意图

使各个子集能够按照Φ的大小排列，也就是按照VC维的大小排列，即

$$h_1 \leqslant h_2 \leqslant \cdots \leqslant h_k \leqslant \cdots$$

这样在同一个子集中置信范围就相同；在每一个子集中寻找最小经验风险，通常它随着子集复杂度的增加而减小。选择最小经验风险与置信范围之和最小的子集，就可以达到期望风险的最小，这个子集中使经验风险最小的函数就是要求的最优函数，这种思想叫做结构风险最小化（Structural Risk Minimization）或有序风险最小化原则，简称 SRM 原则。

在结构风险最小化原则下，学习机器的设计过程包括两方面任务：

（1）选择一个适当的函数子集。

（2）从这个子集中选择一个函数使经验风险最小。

第一步相当于模型选择，第二步相当于确定了函数形式后的参数估计。

三、支持向量机算法

统计学习理论是由 V. N. Vapnik 等人在 20 世纪 70 年代末提出的一种有限样本的统计理论。这个理论针对小样本统计问题建立了一套新的理论体系，在这种体系下的统计理论规则不仅考虑对渐进性能的要求，而且追求在现有有限信息的条件下得到最优结果。

支持向量机算法是到目前为止统计学习理论最成功的实现。它是建立在统计学习理论的 VC 维理论和结构风险最小原理基础上的，根据有限的样本信息在模型的复杂性和学习能力之间寻求最佳折中，以期获得最好的推广能力。

1. 支持向量分类（Support Vector Classification，简称 SVC）算法

对分类问题，支持向量机算法根据区域中的样本计算该区域的决策曲面，由此确定该区域中未知样本的类别。

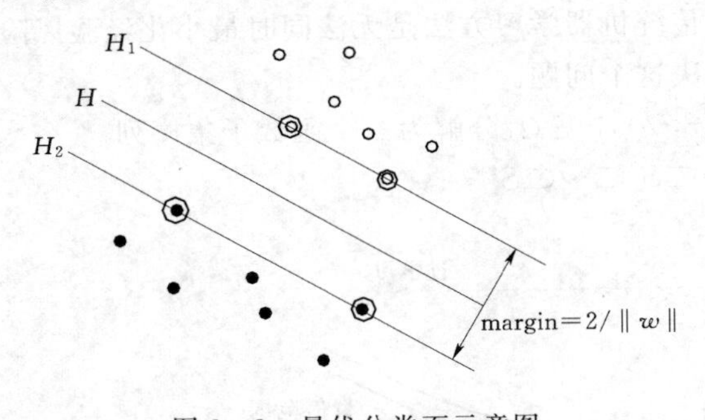

图 9-3　最优分类面示意图

（1）线性可分。以两类线性可分为例。如图 9-3 所示，设有 n 维样本向量，某区域的 K 个样本及其所属类别表示为

$$(x_1, y_1), (x_2, y_2), \cdots, (x_k, y_k) \in R^n \times \{\pm 1\} \tag{9-22}$$

超平面

$$\boldsymbol{w} \cdot \boldsymbol{x} + b = 0 \tag{9-23}$$

将样本分为两类。最好的超平面应使两类样本到超平面最小的距离为最大。在式（9-23）中，两边同乘以系数后等式仍然成立。设对所有样本 x_i，式 $|(\boldsymbol{w} \cdot \boldsymbol{x}_i) + b|$ 的最小值为 1，则样本与此最佳超平面的最小距离应为 $|(\boldsymbol{w} \cdot \boldsymbol{x}_i) + b| / \|\boldsymbol{w}\| = 1/\|\boldsymbol{w}\|$。最佳超平面应满足约束

$$y_i[(\boldsymbol{w} \cdot \boldsymbol{x}_i) + b] \geqslant 1 \tag{9-24}$$

w、b 优化条件应使两类样本到超平面最小的距离之和 $2/\|\boldsymbol{w}\|$ 为最大。这两类样本中离分类 w、b 面最近的点且平行于最优分类面的超平面 H_1、H_2 上的训练样本，就是式（9-24）中使等号成立的那些样本，它们叫做支持向量。最优分类面问题可以表示成如下的约束优化问题，即在式（9-24）的约束下，求函数

$$\phi(w)=\frac{1}{2}\|w\|^2=\frac{1}{2}(w\cdot w) \tag{9-25}$$

的最小值。定义如下的 Lagrange 函数

$$L(w,b,\alpha)=\frac{1}{2}(w\cdot w)-\sum_{i=1}^{k}\alpha_i\{y_i[(w\cdot x_i)+b]-1\} \tag{9-26}$$

其中，$\alpha_i>0$ 为 Lagrange 系数，问题是对 w、b 求 Lagrange 函数的极小值。对式（9－26）分别求 w、b 的偏微分，并令它们等于零，就可以把原问题转化为较简单的对偶问题，对 α_i 求下列函数的最大值

$$Q(\alpha)=\sum_{i=1}^{k}\alpha_i-\frac{1}{2}\sum_{i,j=1}^{k}\alpha_i\alpha_j y_i y_j(x_i\cdot x_j) \tag{9-27}$$

约束条件

$$\left.\begin{aligned}&\sum_{i=1}^{k}y_i\alpha_i=0\\&\alpha_i\geqslant 0,i=1,\cdots,k\end{aligned}\right\} \tag{9-28}$$

若 α_i^* 为最优解，则

$$w^*=\sum_{i=1}^{k}\alpha_i^* y_i x_i \tag{9-29}$$

即最优分类面的权系数向量是训练样本向量的线性组合。这是一个不等式约束下二次函数极值问题，存在唯一解。根据 Kuhn-Tucker 条件，这个优化问题的解必须满足

$$\alpha_i[y_i(w\cdot x_i+b)-1]=0,i=1,\cdots,k \tag{9-30}$$

故对多数样本 α_i^* 将为零，取值不为零的 α_i^* 对应于使式（9－24）等号成立的样本即支持向量，它们通常只是全体样本中的很少一部分。求解上述问题后得到的最优分类函数是

$$f(x)=\mathrm{sgn}\{(w^*\cdot x)+b^*\}=\mathrm{sgn}\left\{\sum_{i=1}^{k}\alpha_i^* y_i(x_i\cdot x)+b^*\right\} \tag{9-31}$$

sgn() 为符号函数。由于非支持向量对应的 α_i 均为 0，因此式中的求和实际上只对支持向量进行。而 b^* 是分类的阈值，可以由任意一个支持向量用式（9－24）求得（因为支持向量满足其中的等式），或通过两类中任意一对支持向量取中值求得。

（2）线性不可分。在式（9－24）中增加一个松弛项 $\varepsilon_i\geqslant 0$，成为

$$y_i[(w\cdot x_i)+b]-1+\varepsilon_i\geqslant 0 \tag{9-32}$$

在这一条件下使分类间隔最大就可以使错分样本数最小，这样得出的优化问题与可分情况下基本相同，只是式（9－28）变为

$$\left.\begin{aligned}&\sum_{i=1}^{k}y_i\alpha_i=0\\&C\geqslant\alpha_i\geqslant 0,i=1,\cdots,k\end{aligned}\right\} \tag{9-33}$$

其中 C 为一个常数，用于控制对错分样本惩罚的程度。这种情况下的分类面称为广义最优分类面。最后得到的最优分类函数线性可分几乎完全相同。

（3）非线性分类。在这种情况下，先用一非线性映射 Φ 把数据从原输入空间 R^n 映射到一个高维特征空间 Ω，再在高维特征空间建立优化超平面。高维特征空间 Ω 的维数可

能是非常高的。SVM 巧妙地解决了这一问题。在线性分类中，其寻优函数式和分类函数式只涉及训练样本之间的内积运算。在高维特征空间 Ω，原优化问题中的内积运算就变成了新空间中的内积运算。实际上，没有必要知道采用的非线性变换的形式，只需要它的内积运算即可。只要一种运算满足 Mercer 条件，它就可以作为特征空间的内积，通过它可以实现十分复杂的非线性分类，而计算复杂度没有增加。此时式（9－27）可写为

$$Q(\alpha)=\sum_{i=1}^{n}\alpha_i-\frac{1}{2}\sum_{i,j=1}^{n}\alpha_i\alpha_j y_i y_j K(\boldsymbol{x}_i,\boldsymbol{x}_j) \tag{9-34}$$

其中 $K(\boldsymbol{x}_i, \boldsymbol{x}_j)$ 为内积函数，且有

$$K(\boldsymbol{x}_i,\boldsymbol{x}_j)=\phi(\boldsymbol{x}_i)\cdot\phi(\boldsymbol{x}_j) \tag{9-35}$$

相应的分类函数为

$$f(x)=\mathrm{sign}n\left(\sum_{i=1}^{n}\alpha_i^* y_i K(\boldsymbol{x}_i,\boldsymbol{x})+b^*\right) \tag{9-36}$$

$K(\boldsymbol{x},\boldsymbol{y})$称为核函数，常用的核函数有

1）线性核函数（linear kernel function）

$$K(\boldsymbol{x},\boldsymbol{y})=\boldsymbol{x}\cdot\boldsymbol{y} \tag{9-37}$$

2）多项式核函数（polynomial kernel function）

$$K(\boldsymbol{x},\boldsymbol{y})=(\boldsymbol{x}\cdot\boldsymbol{y}+1)^d\quad(d=1,2,\cdots) \tag{9-38}$$

3）径向基函数核函数（radical basic function，简称 RBF）

$$K(\boldsymbol{x},\boldsymbol{y})=\exp\left(-\frac{\|\boldsymbol{x}-\boldsymbol{y}\|^2}{2\sigma^2}\right) \tag{9-39}$$

4）Sigmoid 核函数

$$K(\boldsymbol{x},\boldsymbol{y})=\tanh[\nu(\boldsymbol{x}\cdot\boldsymbol{y})+c] \tag{9-40}$$

5）指数函数核函数（Exponential Radial Basis Function，简称 erbf）

$$K(\boldsymbol{x},\boldsymbol{y})=\exp\left(-\frac{\|\boldsymbol{x}-\boldsymbol{y}\|}{2\sigma^2}\right) \tag{9-41}$$

6）傅立叶函数（Fourier）核函数

$$K(\boldsymbol{x},\boldsymbol{y})=\frac{\sin\left(N+\frac{1}{2}\right)(\boldsymbol{x}-\boldsymbol{y})}{\sin\left(\frac{1}{2}(\boldsymbol{x}-\boldsymbol{y})\right)} \tag{9-42}$$

7）样条函数（spline）核函数

$$K(\boldsymbol{x},\boldsymbol{y})=1+\langle\boldsymbol{x},\boldsymbol{y}\rangle+\frac{1}{2}\langle\boldsymbol{x},\boldsymbol{y}\rangle\min(\boldsymbol{x},\boldsymbol{y})-\frac{1}{6}\langle\boldsymbol{x},\boldsymbol{y}\rangle\min(\boldsymbol{x},\boldsymbol{y})^3 \tag{9-43}$$

8）B 样条（Bspline）函数

$$K(\boldsymbol{x},\boldsymbol{y})=B_{2N+1}(\boldsymbol{x}-\boldsymbol{y}) \tag{9-44}$$

9）附加核（Additive Kernels）

$$K(\boldsymbol{x},\boldsymbol{y})=\sum_i K_i(\boldsymbol{x},\boldsymbol{y}) \tag{9-45}$$

10）张量函数（Tensor Product）

$$K(\boldsymbol{x},\boldsymbol{y})=\prod_i K_i(\boldsymbol{x}_i,\boldsymbol{y}_i) \tag{9-46}$$

2. 支持向量回归（Support Vector Regression，简称 SVR）算法

下面主要介绍基于 ε-*insensitive* 损失函数的 ε-SVR 算法，理论已经证明，ε-SVR 算法虽然不是唯一的 SVR 算法，但却是最有效、最常见的支持向量回归算法，现简要介绍如下：

(1) 线性回归。设样本为 n 维向量，某区域的 K 个样本及其值表示为 (x_1, y_1)，(x_2, y_2)，…，$(x_k, y_k) \in R^n \times R$，线性函数设为

$$f(x)=\boldsymbol{w}\cdot\boldsymbol{x}+b \tag{9-47}$$

优化问题是最小化

$$R(\boldsymbol{w},\xi,\xi^*)=\frac{1}{2}\boldsymbol{w}\cdot\boldsymbol{w}+C\sum_{i-1}^{k}(\xi_i+\xi_i^*) \tag{9-48}$$

约束条件为

$$\left.\begin{array}{l} f(\boldsymbol{x}_i)-y_i\leqslant\xi_i^*+\varepsilon \\ y_i-f(x_i)\leqslant\xi_i+\varepsilon \\ \xi_i,\xi_i^*\geqslant 0 \end{array}\right\} \tag{9-49}$$

式 (9-48) 中第一项使函数更为平坦，以提高泛化能力，第二项则为减小误差，C 对两者做出折中。ε 为一正常数。

对这一凸二次优化问题，引入 Lagrange 函数

$$L(\boldsymbol{w},b,\xi,\xi^*,\alpha,\alpha^*,\gamma,\gamma^*)=\frac{1}{2}\boldsymbol{w}\cdot\boldsymbol{w}+C\sum_{i=1}^{k}(\xi_i+\xi_i^*)$$

$$-\sum_{i=1}^{k}\alpha_i[\xi_i+\varepsilon-y_i+f(\boldsymbol{x}_i)]-\sum_{i=1}^{k}\alpha_i^*[\xi_i^*+\varepsilon+y_i-f(\boldsymbol{x}_i)]-\sum_{i=1}^{k}(\xi_i\gamma_i+\xi_i^*\gamma_i^*)$$

其中 α_i，$\alpha_i^*\geqslant 0$，γ_i，$\gamma_i^*\geqslant 0$，$i=1$，…，k

对上式进行偏微分，并令各式等于零，得到

$$\left.\begin{array}{l} \sum_{i=1}^{k}(\alpha_i-\alpha_i^*)=0 \\ \boldsymbol{w}=\sum_{i=1}^{k}(\alpha_i-\alpha_i^*)\boldsymbol{x}_i \\ C-\alpha_i-\gamma_i=0 \\ C-\alpha_i^*-\gamma_i^*=0 \end{array}\right\} \tag{9-50}$$

将式 (9-50) 代入上式，即得优化问题的对偶形式，最大化函数

$$\begin{aligned} W(\alpha,\alpha^*)=&-\frac{1}{2}\sum_{i,j=1}^{k}(\alpha_i-\alpha_i^*)(\alpha_j-\alpha_j^*)(\boldsymbol{x}_i\cdot\boldsymbol{x}_j) \\ &+\sum_{i=1}^{k}(\alpha_i-\alpha_i^*)y_i-\sum_{i=1}^{k}(\alpha_i+\alpha_i^*)\varepsilon \end{aligned} \tag{9-51}$$

约束条件为

$$\left.\begin{array}{l} \sum_{i=1}^{k}(\alpha_i-\alpha_i^*)=0 \\ 0\leqslant\alpha_i,\alpha_i^*\leqslant C \end{array}\right\} \tag{9-52}$$

这也是一个二次优化问题，$\boldsymbol{w}$可由式（9－50）得到，b的求法与分类情况相同。

（2）非线性回归。与非线性分类相似，先使用一个非线性映射把数据映射到一个高维特征空间，再在高维特征空间进行回归，关键问题也是核函数的采用，优化问题成为在式（9－52）的约束下最大化函数

$$W(\alpha,\alpha^*)=-\frac{1}{2}\sum_{i,j=1}^{k}(\alpha_i-\alpha_i^*)(\alpha_j-\alpha_j^*)K(\boldsymbol{x}_i,\boldsymbol{x}_j)$$

$$+\sum_{i=1}^{k}(\alpha_i-\alpha_i^*)y_i-\sum_{i=1}^{k}(\alpha_i+\alpha_i^*)\varepsilon \tag{9-53}$$

此时

$$\boldsymbol{w}=\sum_{i=1}^{k}(\alpha_i-\alpha_i^*)\boldsymbol{\phi}(\boldsymbol{x}_i) \tag{9-54}$$

难以求得显式的表示，但函数$f(x)$可直接表示为

$$f(x)=\sum_{i=1}^{k}(\alpha_i-\alpha_i^*)\boldsymbol{K}(\boldsymbol{x},\boldsymbol{x}_i)+b \tag{9-55}$$

结合Kuhn-Tucker定理和式（9－50），得到

$$\varepsilon-y_i+f(\boldsymbol{x}_i)=0 \quad \text{对于 } \alpha_i\in(0,C) \tag{9-56}$$

$$\varepsilon+y_i-f(\boldsymbol{x}_i)=0 \quad \text{对于 } \alpha_i^*\in(0,C) \tag{9-57}$$

由以上两式可以求出b。令

$$\beta_i=\alpha_i-\alpha_i^* \tag{9-58}$$

当β_i非零时，其对应的训练样本就是支持向量，又由于α_i，$\alpha_i^*\geqslant 0$，故支持向量也就是有一个Lagrange乘子（α_i或α_i^*）大于零的训练样本。

支持向量机作为一种不同于传统机器学习的新算法，它首先通过非线性变换将输入空间变换到一个高维空间，然后在这个新空间中求取最优线性分类面，而这种非线性变换是通过定义适当的内积函数实现的。支持向量机具有以下主要特点：

（1）传统方法先试图将原输入空间降维（特征选择和特征变换），而支持向量机是设法将输入空间升维，以求在高维空间中变得线性可分（或接近线性可分）。升维后只是改变了内积运算，通过引入核函数，并没有使算法复杂性随维数增加而增加，从而避免了维数灾难。

（2）由于是基于结构风险最小化原理，在小样本情况下，其最小值较经验风险最小化原理更接近于期望风险。

（3）SVM方法的分类超平面正好居于两类的正中间，推广性能好，而基于经验风险最小化原理的分类超平面却具有倾向性。

（4）SVM设计的分类器的期望错误率与维数无关，而是取决于训练样本中支持向量的比例。从某种意义上说，压缩了数据，保留了类别信息。

（5）SVM算法最终归结为求解一个凸二次优化问题，能够保证得到的极值解就是全局最优解。

（6）判别函数（拟合函数）由支持向量唯一决定。

第三节　地下工程施工变形预测的支持向量机算法

地下工程变形预测时，首先将变形监测数据分为两部分：一部分作为 SVR 网络训练的学习样本，另一部分作为 SVR 网络训练的测试样本。SVR 网络在训练的过程中通过对学习样本的学习获取隐含在学习样本数据之中的变形一时间规律，同时利用获得的知识对测试样本进行预测，通过比较预测变形与测试样本的实测变形之间的误差不断调整训练过程中 SVR 网络参数，以找到预测变形与测试样本最接近的 SVR 网络参数，这时最优的变形一时间 SVR 智能模型已经建立，将后继开挖的时间点输入该模型，经模型的推广预测能力就可以得到该时间点地下工程变形的预测数据。

为了提高预测精度，通常都采用滚动预测法，即第一次预测完成后，将预测时间点的实测变形分为两部分，一部分添加到网络训练的学习样本中，剩余部分作为新的网络训练测试样本，重新进行网络训练，得到最优的 SVR 模型后，进行地下工程后继开挖的变形预测；如此重复，直到地下工程施工结束。

SVR 是一种小样本学习机器，初次网络训练的学习样本个数可取为 12～20，测试样本个数可取为 3～6 个，即进行初次网络训练时的总样本一般仅需 15～25 个。通常样本数目越大，预测效果会越好。

SVR 网络的推广预测性能与网络自身参数选取紧密相关，主要参数包含：

（1）惩罚参数 C。

（2）核函数类型及相应的核参数。理论已经证明，高斯核函数虽不是唯一的核函数，却是最常用和最有效的核函数。高斯核函数中的核参数为核宽 σ。

（3）误差 ε。在网络训练过程中，采用如下的总方差作为衡量网络训练效果优劣的评价指标

$$E=\sum_{i=1}^{n}(y_i-y_i')^2 \tag{9-59}$$

式中　y_i'——网络训练时第 i 个测试样本的预测值；

y_i——网络训练时第 i 个测试样本的样本值；

n——测试样本的个数。

网络训练的目标是使式 E 值最小，此时的 SVR 网络为训练精度最好的网络。训练精度最好的网络得到以后，将后继开挖需要预测的时间点输入此网络，经网络的外推预测可以得到相对应时间点隧道围岩变形的预测值。

网络训练过程中的优化方法采用变量轮换法。即依次对 C 和 σ 两个参数进行单变量一维搜索，具体实现步骤如下：

（1）初步确定核参数 C，σ，ε 取值区间和每个参数的循环步长。

（2）取 σ，ε 为各自的初值，C 在取值区间上按其循环步长搜索能使 E 取值最小的 C^*。

(3) 将 C 的值取为 C^*，ε 仍取其初值，σ 在取值区间按其循环步长搜索能使 E 最小的 σ^*。

(4) 将 C，σ 的值依次取为 C^* 和 σ^*，ε 在取值区间按其循环步长搜索能使 E 最小的 ε^*。

最优网络参数为 $C=C^*$，$\sigma=\sigma^*$，$\varepsilon=\varepsilon^*$，网络训练和预测流程如图 9-4 所示。

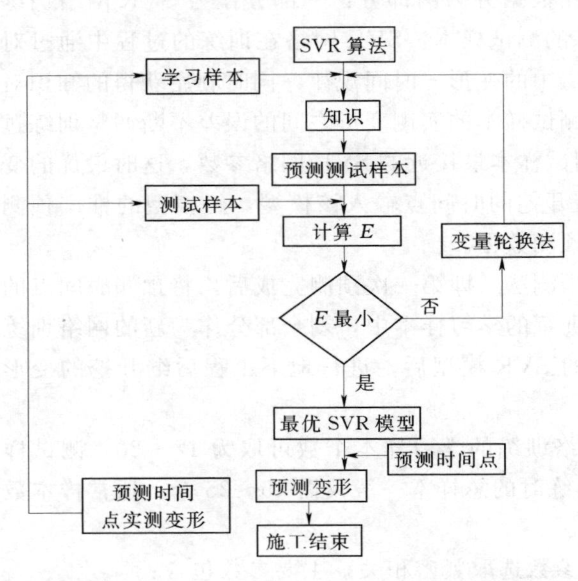

图 9-4　基于 SVR 算法的地下工程变形预测流程图

基于 SVR 算法的地下工程施工变形预测步骤如下：

(1) 从初次实测变形计起，取连续 20 次左右，最多不超过 30 次的实测数据，将其按监测天数——变形值对应，形成一个时间～变形序列，作为训练样本集。

(2) 在训练样本集中从初测起连续取约 15～20 次的实测数据作为 SVR 网络训练的学习样本集。

(3) 将训练样本集中剩下的时间～变形序列作为网络训练过程中测试网络推广能力的测试样本。SVR 程序通过对学习样本集的学习获取隐含在学习样本数据中的变形发展规律，同时通过对测试样本的预测，可以在学习过程中不断调节网络参数，以使训练预测变形数值与测试样本最靠近，这时网络训练效果达到最好，这就是所谓的有监督学习。

(4) 训练完成后，即可开展变形预测，连续预测变形的天数根据用户的需要而定，若要求的预测精度较高，那么连续预测变形天数最好不要超过 4 天；若预测精度要求一般，可适当放宽至 7～10 天；应特别注意当工程地质条件变化较大或施工出现异常时，要严格控制一次连续变形预测的天数。

(5) 在获得上一步变形预测时间点的实测变形后，将这些实测数据加入步 (1) 的训练样本集，组成新的训练样本集。在这个新训练样本集中取最后连续的 3～6 次实测数据作为新的网络训练测试样本集，其余作为学习样本集，按步 (3) 的方法进行新的 SVR 网络训练。

(6) 利用训练好的网络继续变形预测。

(7) 重复步 (5) ～ (6) 的过程，直到变形趋于稳定。

下面以铜黄高速公路富溪连拱隧道为例，介绍隧道变形预测效果。

1. ZK205＋873 断面拱顶下沉

表 9-1 为 ZK205＋873 断面拱顶下沉实测结果，首次预测时，选取前 25 个监测数据作为学习样本，后 4 个数据作为检验样本。采用 RBF 核函数，$C=2875$，$\sigma=13$，$\varepsilon=0.1$。预测结果如表 9-2 所示。

表 9-1　　训练与检验样本（断面里程：ZK205+873）

监测天数（d）	拱顶下沉（mm）	监测天数（d）	拱顶下沉（mm）
1	0	14	9.61
2	2.35	15	12.55
3	0.69	16	13.94
4	0.73	17	14.46
5	0.77	18	15.72
6	0.8	20	17.25
7	1.61	22	17.9
8	2.22	24	18.53
9	2.59	26	19.23
10	2.77	28	19.99
11	7.48	29	19.52
12	10.94	32	21.25
13	10.59		

表 9-2　　拱顶下沉预测结果（断面里程：ZK205+873）

监测天数（d）	实测值（mm）	预测值（mm）	预测相对误差（%）
35	20.78	22.35	7.59
38	22.37	22.83	2.07
41	24.2	22.02	9.02

将第 1～28 天的实测结果作为学习样本，第 29～41 天的监测数据作为检验样本，重新对网络进行训练，得到最优的网络参数为：$C=2947$，$\sigma=927$，$\varepsilon=0.1$。然后再次预测后 3 天的位移发展趋势，预测结果示于表 9-3 和图 9-5。可以看出，时间越长，预测效果越差。

表 9-3　　拱顶下沉预测结果（断面里程：ZK205+873）

监测天数（d）	实测值（mm）	预测值（mm）	预测相对误差（%）
44	25.22	25.99	3.07
47	25.52	27.49	7.73
50	25.73	28.99	12.67

2. ZK205+932 断面拱顶下沉

网络训练样本集如表 9-4 所示，采用 RBF 核函数，$C=1099$，$\sigma=131$，$\varepsilon=0.1$，一次预测其余天数拱顶下沉，预测结果如表 9-5 所示。即使采用一次预测，最大预测相对误差仅为 18.95%，明显由于 BP 神经元网络方法，基本上可以把握拱顶下沉的演化趋势，见图 9-6。

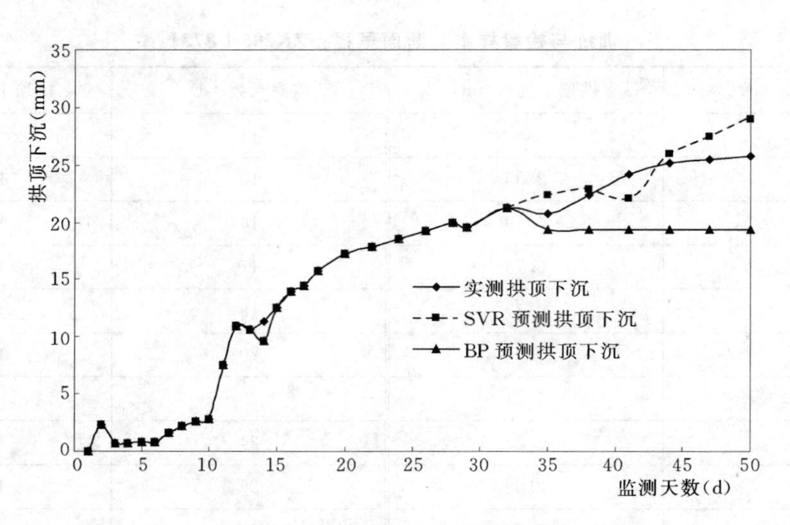

图 9-5　ZK208＋873 监测断面实测与预测拱顶下沉对照图

表 9-4　　训练样本集（断面里程：ZK205＋932）

监测天数 (d)	拱顶下沉 (mm)	监测天数 (d)	拱顶下沉 (mm)
1	0	13	6.16
3	3.28	14	7.93
4	4.3	15	7.12
5	5.81	16	7.08
6	6.67	17	7.82
7	7.33	18	8.16
8	8.72	19	8.59
9	9.53	20	9.11
11	8.95	23	9.44

注　表中后 3 个样本为测试网络训练效果的检验样本。

表 9-5　　拱顶下沉预测结果（断面里程：ZK205＋932）

监测天数 (d)	实测拱顶下沉 (mm)	SVR 预测拱顶下沉 (mm)	SVR 预测相对误差 (%)
26	9.26	9.45	2.12
29	10.4	9.94	4.40
32	10.13	10.41	2.79
34	10.01	10.71	18.95
36	10.32	11.02	6.74
39	11.31	11.44	1.23
41	12.24	11.73	4.17
44	12.72	12.14	4.60

续表

监测天数 (d)	实测拱顶下沉 (mm)	SVR 预测拱顶下沉 (mm)	SVR 预测相对误差 (%)
47	13.35	12.52	6.19
50	13.59	12.89	5.13
53	13.74	13.24	3.61
56	13.86	13.58	2.04
59	14.07	13.89	1.28
61	14.11	14.09	0.15

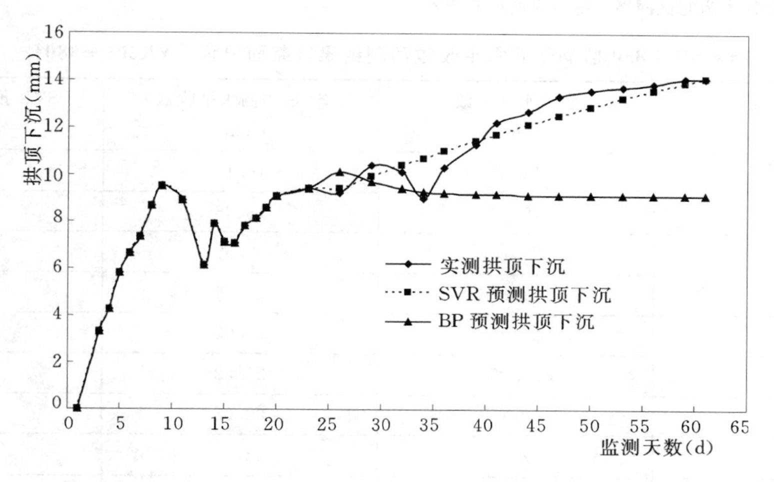

图 9-6　ZK205+932 监测断面实测与预测拱顶下沉对照图

3. YK205+880 断面水平收敛

网络训练样本集如表 9-6 所示，采用 RBF 核函数，$C=4533$，$\sigma=961$，$\varepsilon=1.0$，一次预测后 9 天水平收敛，预测结果如表 9-7 和图 9-7 所示，预测在所有样本点上相对误差都不到 10%，最大仅为 6.67%。SVR 较好地预测了变形继续上升的趋势。

表 9-6　　　　训练样本集（断面里程：YK205+880）

监测天数 (d)	水平收敛 (mm)	监测天数 (d)	水平收敛 (mm)
1	0	8	10.58
2	2.37	9	10.68
3	4.32	11	14.76
4	5.69	13	16
5	7.7	14	15.12
6	8.63	15	15.36
7	9.87	16	15.09

续表

监测天数(d)	水平收敛(mm)	监测天数(d)	水平收敛(mm)
17	16.21	29	14.48
19	15.83	30	15.34
20	15.03	32	15.84
23	14.89	34	18.02
26	14.39	36	18.16
27	15.44	38	17.42
28	14.03		

注　表中后 2 个样本为测试网络训练效果的检验样本。

表 9－7　　YK205＋880 监测断面水平收敛预测结果（断面里程：YK205＋880）

监测天数(d)	实测水平收敛(mm)	SVR 预测水平收敛(mm)	SVR 预测相对误差(%)
39	18.87	18.17	3.70
42	19.98	18.86	5.59
45	20.73	19.55	5.68
48	21.69	20.24	6.67
51	21.96	20.93	4.68
54	22.05	21.62	1.95
56	22.15	22.08	0.32
58	22.19	22.53	1.56
60	22.23	22.99	3.44

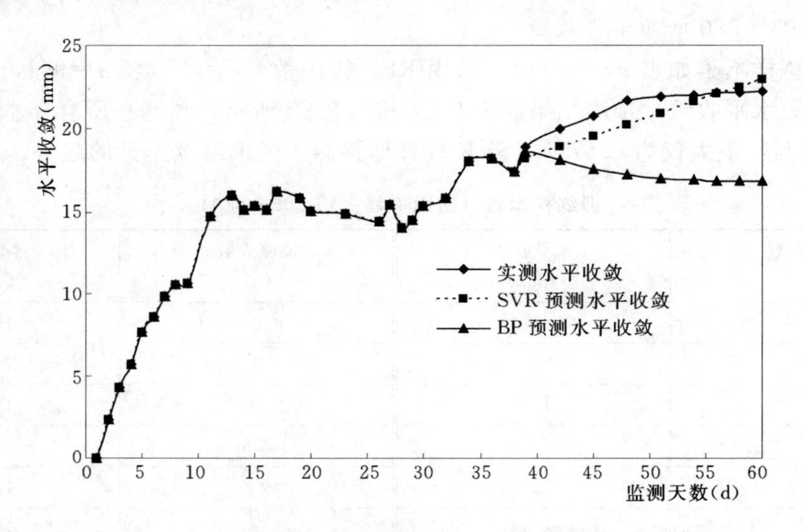

图 9－7　YK205＋880 监测断面实测与预测水平收敛对照图

对富溪连拱隧道变形预测结果可以明显地看出用SVR算法来进行隧道施工变形预测可以取得远优于BP神经网络的结果，从而不但在理论上，而且在实践上证明了SVR算法运用于类似隧道工程等岩土工程施工变形预测的可行性和优越性。

第四节　进化—自适应神经模糊推理系统算法

模糊逻辑与神经网络各有自己的优势，前者从宏观出发，抓住了人脑思维的模糊性特点，在描述高层知识方面有其长处，可以模仿人的综合推断来处理常规数学方法难以解决的模糊信息处理问题，使计算机应用得以扩大到人文、社会科学及复杂系统等领域；后者从微观出发，以生物神经网络为模拟基础，试图在模拟感知、认知、自动学习等方面向前发展一步，使人工智能更能接近人脑的自组织和并行处理等功能。模糊逻辑和神经网络虽然有着本质不同，但二者都是为了处理实际中不确定性、不精确性等引起的系统难以控制的问题。模糊逻辑系统和神经网络都是无模型估计器，它们之间有着密切的联系。如果两者相结合，就能各取所长，共生互补。这实际上是人大脑结构和功能的模拟—大脑神经网络“硬件”拓扑结构＋信息模糊处理“软件”思维功能。

基于神经网络的模糊系统，也称为神经模糊系统。它利用神经网络算法对神经模糊系统的参数进行调整，可以从训练样本中提取模糊规则，实现所谓数据驱动，给出了一种在先验知识不足的情况下模糊规则库的构建方法，同时提高了系统的自适应能力。本节将重点对这种基于神经网络的模糊推理系统进行改进，采用遗传算法对系统模型参数进行优化搜索，以提高优化效率和预测能力。

一、人工神经网络

1. 人工神经网络简介

人工神经网络理论是一门交叉学科，目前正处在迅速发展的阶段。现代的计算机有很强的计算和信息处理能力，但其对模式识别、预测和在复杂环境中作决策等问题的处理能力不强，尤其是它只能按人们事先编制好的程序机械地执行，缺乏向环境学习、适应环境的能力。早在20世纪初，人们已经认识到人脑的工作方式与现在的计算机是不同的，人脑是由大量基本单元（神经元）经过复杂的互相连接而成的一种高度复杂的、非线性的、并行处理的信息处理系统。因此人们自然希望从模仿人脑智能的角度出发，来探寻新的信息表示、存储和处理方式，构造一种更接近人类智能的信息处理系统来解决实际工程和科学研究领域中常规计算机难于解决的问题。这促使人们研究人工神经网络（artificial neural network，简称ANN）系统。

人工神经网络是由大量的、同时也是很简单的处理单元（或称为神经元）广泛地互相连接而形成的复杂网络系统，它通过对连续或断续的输入作状态响应而进行信息处理，是真正模拟人脑信息处理机制的巨型非线性动力学系统，它具有丰富的动力学复杂性。更主要的是它还具有自己的特点，比如高维性、神经元之间的广泛互连性以及自适应性或自组织性等。它使人工脑能够同时并行地分析上千个信息，而不是单独一个接一个地进行分析。例如，对一张图不再逐点地扫描，而是像人眼的神经细胞一样观察整个图像。神经网

络是一种具有大量连接的并行分布式处理器，它具有通过学习获取知识并解决问题的能力，且知识是分布储存在连接权（对应于生物神经元的突触）中，而不是像常规计算机那样按地址存储在特定的存储单元中，因此具有很强的鲁棒性，即由于S型函数的作用，少数元件的破坏不足以损坏整个网络的功能，因此神经网络具有固有的容错性和抗干扰性。ANN的信息处理由神经元之间的相互作用来实现，知识和信息的存储通过调节神经元之间分布式的连接权值来实现。单个神经元的功能是很弱的，但各个神经元之间的相互协同作用使得神经网络具有很强的功能。每个神经元可以是线性的，也可以是非线性的，但各个神经元之间的相互协同作用使得非线性加强。根据目前对大脑的神经网络结构、运行机制，以及单个神经细胞工作原理的了解，基于生物神经系统的分布储存、并行处理、自适应学习这些现象，研究人员构造出了有一定智能的人工神经网络，经过几十年的发展，从理论上对它的计算能力、对任意连续映射的逼近能力、学习能力以及动态网络的稳定性分析上都取得了丰硕的成果。它具有较强的学习能力、计算能力、变结构适应能力、复杂映射能力、记忆能力、容错能力及各种智能处理能力。

2. 人工神经网络模型

在人工神经网络研究领域中，有代表性的网络模型有几十种。随着研究的不断深入，新的模型也在不断推出。目前，研究和应用最多的是四种基本模型，即Hopfield神经网络、多层感知器、自组织神经网络和概率神经网络以及它们的改进模型。

大脑神经网络系统之所以具有思维认识等功能，是由于它是由无数个神经元相互连接而构成的一个极为庞大而复杂的神经网络系统。人工神经网络也是一样，单个神经元的功能是很有限的，只有用许多神经元按一定规则连接构成的神经网络才具有强大的功能。

神经元的模型确定之后，一个神经网络的特性及能力主要取决于网络的拓扑结构及学习方法。人工神经网络有下列几种基本拓扑结构。

(1) 前向网络。网络中的神经元是按层排列的，每个神经元只与前一层的神经元相连。最后一层为输出层，隐含层的层数可以是一层或多层。前向网络在神经网络中应用很广泛，像感知器就属于这种类型。

(2) 从输出到输入有反馈的前向网络。这种网络的特点是，网络本身是前向型的。与基本的前向网络不同，这种网络从输出到输入有反馈回路，Fukushima网络属于这个类型。

(3) 层内互连前向网络。通过层内神经元之间的相互连接，可以实现同一层神经元之间横向抑制或兴奋的机制，从而限制层内能同时动作的神经元数，或者把层内神经元分为若干组，让每组作为一个整体进行运作。例如，可利用横向抑制机理把某层内具有最大输出的神经元挑选出来，从而抑制其他神经元，使之处于无输出的状态。一些自组织竞争型神经网络就属于这个类型。

(4) 互连网络。有局部互连和全互连两种。全互连是网络中的每个神经元都与其他神经元互相连接。局部互连是指这种相互连接是局部的，有些神经元之间没有连接关系。Hopfield网络和Boltzmann机就属于这种互连网络。

前向型网络是人工神经网络的一种主要类型，其代表性网络是三层前向人工神经网络，网络结构如图9-8所示，它由输入层、隐含层、输出层构成。

前向网络具有递阶分层结构，由一些同层神经元间不存在互连的层级组成。从输入层至输出层的信号通过单向连接流通。神经元从一层连接至下一层，不存在同层神经元间的连接，各神经元接受前一层的输入并输出给下一层，没有反馈。前向网络中节点分为两类，即输入单元和计算单元，每一计算单元可有任意多个输入，但只有一个输出（它可耦合到任意多个其他节点做为其输入）。通常前向网络可分为不同的层，第 i 层的输入只与第 $i-1$ 层输出相连，输入层和输出层节点与外界相连，而其他中间层则称为隐层。

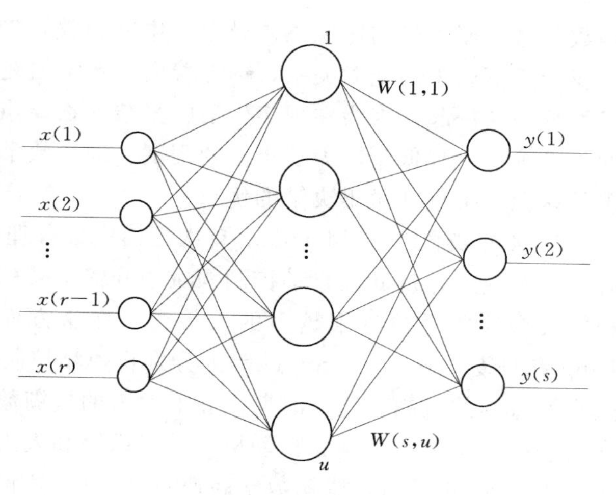

图 9－8　三层前向人工神经网络结构图

3. 人工神经网络的计算原理

以图 9－8 所示的三层前向神经网络为例。网络的输入是 x_1，x_2，…，x_n，根据人工神经网络的基本原理，隐含层各神经元的输入分别是

$$I_j = \sum_{i=1}^{n} w_{ij} + \theta_j \quad (j = 1,2,\cdots,l) \tag{9-60}$$

式中　w_{ij}——输入层神经元 i 与隐含层神经元 j 的连接权；

θ_j——隐含层神经元的阈值。

选择一定的函数 $f(\cdot)$ 作为隐含层神经元的激励函数，则隐含层神经元的输出为

$$O_j = f(I_j) \quad (j=1,2,\cdots,l) \tag{9-61}$$

一般取输出层神经元的闭值为 0，类似可得输出层神经元的输出，也就是整个网络的输出

$$y_k = f'(I'_k) \quad (j=1,2,\cdots,m) \tag{9-62}$$

式中　$I'_k = \sum_{j=1}^{l} \mu_{jk} O_j$，$\mu_{jk}$——隐层神经元 j 与输出层神经元 k 的连接权；

$f'(\cdot)$——输出层神经元的激励函数，通常不同于隐含层神经元的激励函数 $f(\cdot)$。

以上公式是前向人工神经网络的基本计算公式。当输入层神经元与隐含层神经元的连接权 w_{ij}、隐层神经元的阈值 θ_j 和隐含层神经元与输出层神经元的连接权 μ_{jk} 组成的参数集合（w，θ）确定时，通过以上计算公式，就确定了输入输出之间的某种函数逼近关系，即能够在给出一组网络输入值 x_1，x_2，…，x_n 后，求出网络对应的输出值 y_1，y_2，…，y_m。

二、模糊系统

1965 年美国系统工程专家 L. A. Zadeh 教授在其论文《Fuzzy Sets》中提出用“隶属

函数”这一概念来描述现象差异中的中间过渡，突破了德国人 Cantor 创立的古典集合论中属于或不属于的绝对关系，标志着模糊数学的诞生。Zadeh 认为应该重新把模糊性和精确性统一在一起，因为在现实生活中复杂事物要绝对精确是不可能的，实际上只是把所谓的不准确程度降低到了无关重要的程度。他让数学回过头来吸取人脑对于模糊现象进行正确的认识、推理和做出决策的优点。

1974 年英国学者 Mamdani 首次把模糊集合理论用于锅炉和蒸汽机的控制并取得了较好的控制效果，从此在自动控制领域中开辟了模糊控制理论及工程应用的崭新阶段。此后模糊集合的概念被越来越多的人接受，在这方面的研究工作迅速开展起来。英国学者 King 和丹麦学者 Ostergoarel 等人分别将模糊控制器成功用于反应炉的控制和双入双出的热交换过程的控制。这一时期国际上发表的模糊数学及其应用的论文有上千篇，主要集中在自动控制、模式识别、自动机、学习系统和人工智能等方面。

进入 80 年代后，模糊数学高速发展，1984 年国际模糊系统协会（IFSA）成立，并于次年举行了第一届 IFSA 大会。1993 年《IEEE Transactions on Fuzzy System》作为 IEEE 神经网络协会的刊物在美国创刊，标志着模糊系统理论已发展成为一个独立学科。日本在模糊控制技术应用上发展得很快，1987 年 7 月日本工程界将模糊逻辑用于控制仙台市地铁系统后，模糊技术在日本得到广泛应用，许多工业生产控制设备和空调、洗衣机、吸尘器等家用电器都应用了模糊技术，给日本带来了巨大的经济效益。美国航空航天局是美国应用模糊技术的先锋，越来越多的美国工程师摒弃了对模糊技术的偏见，认识到模糊技术摒弃的不是精确，而是无意义的精确，它摒弃了本来就不存在的无宽度的细分界线，它是用极小的模糊代价换来前途无限的技术。

目前模糊系统理论及其应用研究内容涉及模糊基本理论、模糊控制、模糊聚类、模糊状态方程与稳定性分析、模糊数据挖掘、模糊系统建模和模糊系统硬件实现方法等。虽然近些年来模糊系统得到了蓬勃发展，但其理论远未成熟，主要表现在还没有系统的设计方法（包括规则的获取和优化、隶属度函数类型和参数的选取等）、缺乏完善的模糊控制系统稳定性分析方法、自适应能力有限等。模糊技术、神经网络技术和混沌理论作为人工智能的三大支柱，将是下一代工业自动化的基础。将模糊系统和智能领域的其他新技术如神经网络、遗传算法、混沌理论等相结合，向着更高应用层次发展，正成为当前研究的热点之一。

三、模糊系统与人工神经网络的结合技术

模糊逻辑与神经网络各有自己的优势，前者从宏观出发，抓住了人脑思维的模糊性特点，在描述高层知识方面有其长处，可以模仿人的综合推断来处理常规数学方法难以解决的模糊信息处理问题，使计算机应用得以扩大到人文、社会科学及复杂系统等领域；后者从微观出发，以生物神经网络为模拟基础，试图在模拟感知、认知、自动学习等方面向前发展一步，使人工智能更能接近人脑的自组织和并行处理等功能。模糊逻辑和神经网络的比较如表 9-8 所示。

模糊逻辑和神经网络虽然有着本质不同，但二者都是为了处理实际中不确定性、不精确性等引起的系统难以控制的问题。模糊逻辑系统和神经网络都是无模型估计器。神经网

络的映射能力早已为许多学者所证明，近年来，Kosko、Wang、Singh 等人证明了模糊逻辑系统能以任意精度逼近紧致集上的实连续函数，这说明它们之间有着密切的联系。如果两者相结合，就能各取所长、共生互补。这实际上是人大脑结构和功能的模拟—大脑神经网络“硬件”拓扑结构＋信息模糊处理“软件”思维功能。

表 9-8　　模糊逻辑和神经网络的比较

对比项目	神经网络	模糊逻辑
基本组成	神经元	模糊规则
知识获取	样本、算法实例	专家知识、模糊推理
知识表示	分布式表示	隶属度函数
推理机制	学习函数的自控制、并行计算、速度快	模糊规则的组合、启发式搜索、速度慢
推理操作	神经元的叠加	隶属函数的最大—最小运算
自然语言	实现不明确、灵活性低	实现明确、灵活性高
自适应性	通过调整权值学习、容错性高	归纳学习、容错性低
优点	具有自学习、自组织能力	可利用专家的经验
缺点	黑箱模型、难于表达知识	难于学习、推理过程模糊性增加

模糊系统和神经网络的结合方式可以分为三类：引入模糊运算的神经网络，用模糊逻辑增强网络功能的神经网络和基于神经网络的模糊系统。1990 年 Takagi 综述性地讨论了神经网络和模糊逻辑的结合。1992 年 Kosko 在其专著《Neural Network and Fuzzy System》中提出了模糊联想记忆、模糊认知图等重要概念。

引入模糊运算的神经网络，即狭义上的模糊神经网络，在传统神经网络中加入模糊神经元或模糊化网络参数等模糊成分。

基于神经网络的模糊系统，也称为神经模糊系统（NFS，Neural-Fuzzy Systems）。它利用神经网络算法对神经模糊系统的参数进行调整，可以从训练样本中提取模糊规则，实现所谓数据驱动，给出了一种在先验知识不足的情况下模糊规则库的构建方法，同时提高了系统的自适应能力。几种神经模糊系统结构的比较如表 9-9 所示。

表 9-9　　几种神经模糊系统结构的比较

系统名称	提出者	模糊系统类型	网络层次	主要特点
FAM	Kosko	Mamdani	2	模糊规则隐含分布，用模糊联想进行模糊推理
FUN	Sulzberger	Mamdani	3	随机改变学习参数，用代价函数进行评价选择
NEFCON	Nauck 等	Mamdani	3	网络权值采用模糊集合
ARIC	Berenji	Mamdani	5	包含行为选择网络和行为状态评价网络
NNDFR	Takagi 等	Takagi-Sugeno	2	将普通神经网络通过模糊技术进行结构组织
Pi-sigma	王士同	Takagi-Sugeno	4	网络结构有明显物理意义，精度高
ANFIS	Jang	Takagi-Sugeno	5	方便有效，被收入 MATLAB 模糊逻辑工具箱

其中 Jang（1992 年）提出的自适应神经模糊推理系统（Adaptive network-based fuzzy inference system，简称 ANFIS）由于便于实现且效果好，被收入了 MATLAB 的模糊逻辑工具箱，并在非线性系统建模与预报等多个领域得到成功应用。用模糊逻辑增强的

神经网络，是用模糊系统作为辅助工具，增强神经网络的学习能力，克服传统神经网络容易陷入局部极小值的弱点。它首先通过分析网络性能得到启发式知识，然后再将启发式知识用于调整学习参数，从而加快了学习收敛速度，目前这方面的研究还刚刚起步。模糊理论和神经网络的结合技术还在不断地深入发展，将在各个领域获得日益广泛的应用。

四、进化—自适应神经模糊推理系统（GA-ANFIS）

1. 自适应神经模糊推理系统的基本理论

自适应神经模糊推理系统（Adaptive Neuro-Fuzzy Inference System）也称为基于网络的自适应模糊推理系统（Adaptive Network-based Fuzzy Inference System），简称 ANFIS，1993 年由学者 Jang Roger 提出。它融合了神经网络的学习机制和模糊系统的语言推理能力等优点，弥补各自不足，属于神经模糊系统的一种。同其他神经模糊系统相比，ANFIS 具有便捷高效的特点，因而已被收入了 MATLAB 的模糊逻辑工具箱，并已在多个领域得到了成功应用。典型的 ANFIS 的结构如图 9－9 所示，此系统有两个输入 x_1 和 x_2，一个输出 y，规则库由如下两条规则组成

$$\text{If } x_1 \text{ is } A_1 \text{ and } x_2 \text{ is } B_1 \text{ then } z_1 = p_1 x_1 + q_1 x_2 + r_1$$

$$\text{If } x_1 \text{ is } A_2 \text{ and } x_2 \text{ is } B_2 \text{ then } z_2 = p_2 x_1 + q_2 x_2 + r_2$$

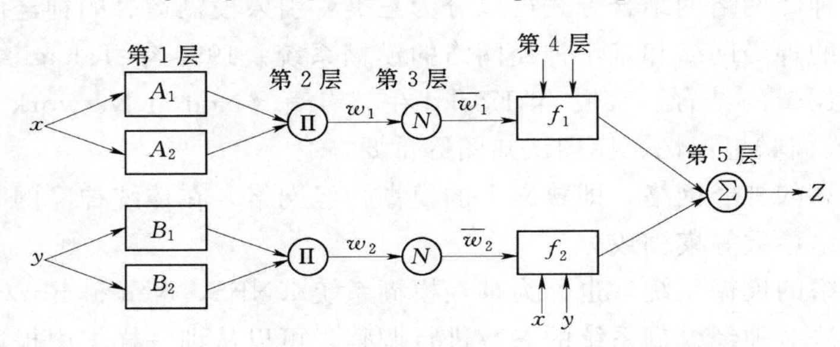

图 9－9　典型的 ANFIS 的结构

其网络结构共 5 层，一般每个输入变量对应两个隶属函数，用于神经网络描述模糊推理系统的神经元函数如下。

层 1：输入节点

输入函数的模糊化，在这一层的每个节点 i 是一个节点函数的自适应节点。

$$O_{1,i} = \mu_{A_i}(x) \quad (i=1,2) \tag{9-63}$$

或者

$$O_{1,i} = \mu_{B_{i-2}}(y) \quad (i=3,4) \tag{9-64}$$

这里 x（或 y）节点 i 的输入，A_i（或 B_{i-2}）是与该节点有关的语言标识（如“小”或“大”）。换句话说，$O_{1,i}$ 是模糊集 A（$=A_1$，A_2，B_1，B_2）的隶属度，并且它确定了给定输入 x（或 y）满足 A 的程度。

层 2：规则节点

在这一层的每个节点是一个标以Π的固定节点，它的输出是所有输入信号的积。

$$O_{2,i} = \omega_i = \mu_{A_i}(x)\mu_{B_i}(y) \quad (i=1,2) \tag{9-65}$$

每个节点的输出标识一条规则的激励强度 ω_i。

层 3：平均节点

在这一层的每个节点是一个标以 N 的固定节点。它的输出是第 i 节点的激励强度与所有规则的激励强度之和的比值。

$$O_{3,i}=\overline{\omega}_i=\frac{\omega_i}{\omega_1+\omega_2} \quad (i=1,2) \tag{9-66}$$

本层的输出称为归一化激励强度。

层 4：结论节点

在这一层的每个节点 i 是一个有节点函数自适应节点。

$$O_{4,i}=\overline{\omega}_i f_i=\overline{\omega}_i(p_i x+q_i y+r_i) \quad (i=1,2) \tag{9-67}$$

式中　　$\overline{\omega}_i$——从层 3 传来的归一化激励强度；

$(p_i x+q_i y+r_i)$——该节点的参数集，称为结论参数。

层 5：输出节点

这一层的节点是一个标以 Σ 的固定节点，它计算所有传来信号之和作为总输出

$$O_{5,i}=\sum\overline{\omega}_i f_i=\frac{\sum_i \omega_i f_i}{\sum_i \omega_i} \quad (i=1,2) \tag{9-68}$$

从 ANFIS 的结构可以看出，ANFIS 属于一种典型的自适应网络，当前件参数固定时，总输出可以表示为后件参数的线性组合，即

$$O_{5,i}=\overline{\omega}_1 f_1+\overline{\omega}_2 f_2=(\overline{\omega}_1 x_1)p_1+(\overline{\omega}_1 x_2)q_1+\overline{\omega}_1 r_1+(\overline{\omega}_2 x_1)p_2+(\overline{\omega}_2 x_2)q_2+\overline{\omega}_2 r_2 \tag{9-69}$$

2. 自适应神经模糊推理系统的训练结构

ANFIS 的训练结构有两种生成方法：人为指定方法和减法聚类方法。

人为指定方法是由操作者根据输入数据情况，为每个输入变量赋予合适的隶属度函数的个数和类型，以及为输出变量指定相应的输出函数类型。

减法聚类方法是一种用来估计一组数据中聚类个数以及聚类中心位置的快速单次数据聚类算法。它将每个数据点作为可能的聚类中心，并根据各个数据点周围数据的密度来计算该点作为聚类中心的可能性。其过程为：被选为聚类中心的数据点周围具有最高数据点密度，同时该数据点附近的数据点不再作为聚类中心；在选出第一个聚类中心后，从剩余的可能作为聚类中心的数据点中，继续采用类似方法选择下一个聚类中心；这一过程一直要持续到所有剩余的数据点作为聚类中心的可能性低于某一阈值时结束。减法聚类方法能够快速地估计出数据集中的聚类集的个数和聚类中心，并按照每一个数据聚类的模糊联系程度自动划分规则，使规则的数目降为最少而数据行为达到最好。减法聚类法的这些特点很好地解决了维数灾难问题，并提高了学习和应用阶段的速度。

3. 进化—自适应神经模糊推理系统算法

模糊算法可利用 MATLAB 程序中的模糊逻辑工具箱，该工具箱只支持一阶或零阶的 Sugeno 系统和单输出系统，并且采用权重平均法，解模糊化及所有规则取单位权重 1。对于解耦的多输出系统，可看成多个单输出系统的简单叠加。当输入参数不多时，可直接

由训练数据调用 genfis1 函数生成；当输入变量较多时，可调用模糊减法聚类函数 genfis2 生成。

Genfis1 函数产生单输出 Sugeno 型模糊推理系统，首先要确定每个输入变量的隶属函数类型，一般采用广义钟型隶属度函数，其表达式为

$$gbell(x;a,b,c)=\frac{1}{1+\left|\frac{x-c}{a}\right|^{2b}} \tag{9-70}$$

该隶属度函数包括 a、b、c 三个拟合参数，输出隶属度函数为一阶 Sugeno 型函数。输出变量隶属函数类型可分为线性函数和常数型函数，一般选用线性函数。

其次要确定每个输入变量的隶属度函数个数，不同的隶属度个数对网络的训练和预测能力有较大影响。

最后指定 ANFIS 系统采用的学习方法。ANFIS 系统有混合型和梯度下降反向传递型两种学习方法。混合型是最小二乘法和梯度下降反向传递法的结合算法。系统缺省设置为混合学习算法，并指定系统学习的训练代数。

ANFIS 网络中包含了待定前件参数（指定隶属度函数中的参数，隶属度函数个数）和后件参数（训练代数等），从以上的分析可见，ANFIS 系统的学习与预测性能和这些参数的选取直接相关，而这是一个多参数的组合最优化问题。

遗传算法作为一种仿生最优化算法具有优秀的全局寻优能力，且具有目标函数不必可微、优化结果不依赖于初始值和隐含并行搜索的特点，迄今已被广泛地应用于求解带有多参数、多变量、多目标和在多区域但连通性较差的 NP-hard 优化问题并取得了良好的应用效果。为此，采用遗传算法来对 ANFIS 系统的模型参数进行最优化搜索以在短时间内寻找到训练效果最优的 ANFIS 模型参数，提高 ANFIS 系统的预测能力。

遗传—自适应神经模糊推理系统混合算法的流程如下（见图 9-10）。

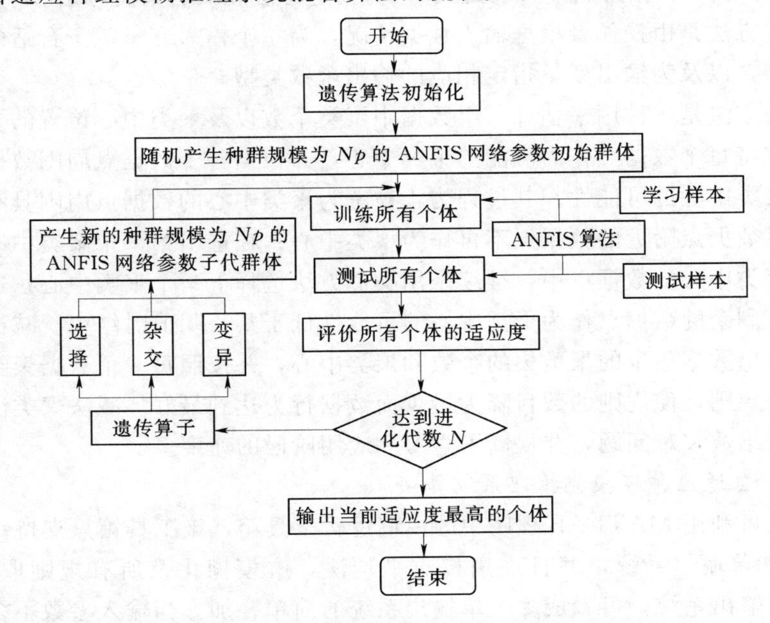

图 9-10　进化—自适应神经模糊推理系统计算流程图

（1）遗传算法初始化，随机生成种群规模为 Np 的 ANFIS 模型参数（隶属函数参数、隶属函数个数和训练代数）的初始群体，计数器记 $g=1$。

（2）ANFIS 系统读入学习样本和测试样本，同时读入初始群体中的各个体模型参数，进行网络学习，并以获得的知识对测试样本进行预测。

（3）测试样本各个体的预测结果传给遗传算法，由遗传算法的适应函数计算每个个体的适应度，进行适应度评价。

（4）判断是否达到预先指定的进化代数，如达到，算法结束，返回当前适应度最高的个体，解码得到最优 ANFIS 模型参数；如未达到进化代数，进入下一步。

（5）选择算子选择初始群体中适应度较高的个体，进行复制，杂交和变异操作，生成个体数为 Np 的 ANFIS 模型参数的子代群体，计数器记 $g=g+1$；计算转入第（2）步。

（6）重复第（2）～（5）步，直到达到指定的进化代数，算法结束，返回最优 ANFIS 模型参数。

此时，ANFIS 系统已经建立起描述输入变量与输出变量之间最优拟合效果的函数关系 $y=f(x_i)$。

第五节　地下工程施工变形预测的进化—自适应神经模糊推理系统

为了提高预测精度，采用滚动预测方法，其基本思路为：

假设要对时间序列$\{x_i,y_i\}(i=1,\cdots,n)$进行预测，现已获得 $p+m$ 个实测位移—时间数据$\{x_i,y_i\}(i=1,2,\cdots,p+m)$，滚动预测法的第一步是用前 p 个样本$\{x_i,y_i\}(i=1,2,\cdots,p)$作为网络训练的学习样本，后 m 个样本$\{x_i,y_i\}(i=p+1,\cdots,p+m)$作为网络训练的测试样本，训练完成后预测其后 t 天$\{x_{p+m+1},\cdots,x_{p+m+t}\}$的位移。第一次预测完成后，保持学习样本数 p、测试样本数 m 和预测天数 t 不变，采用最新采集得来的实测变形数据更新网络训练样本，再按以上方式重新形成学习样本和测试样本进行网络训练、预测，直到第 n 天的变形，以使 ANFIS 网络能够学习到变形发展的最真实规律，提高预测的精度。

由于 ANFIS 是一种小样本学习机器，初次网络训练的学习样本个数可取为 12～20，测试样本个数可取为 3～6，即进行初次网络训练时的总样本一般仅需 15～25 个。为了提高 ANFIS 模型的预测性能，这个数目越大越好。

在网络训练的过程中，算法通过对学习样本学习获取的知识对测试样本进行预测，通过遗传算法来自动调整 ANFIS 网络参数以获得预测性能最好的 ANFIS 模型。遗传算法的种群规模为 20，杂交概率 0.9，变异概率 0.05，进化 100 代，适应度函数定义如下

$$g(x)=\exp\left\{-0.05\times\max\left[\frac{|f(x_i)-y_i|}{y_i}\times 100\%\right]\right\} \tag{9-71}$$

式中　$f(x_i)$——预测时第 i 个测试样本的预测值；

y_i——预测时第 i 个测试样本的实测值。

一、某大跨度地下洞库 1＃洞室围岩内部变形预测

以 1＃洞室拱脚左后测点的围岩位移实测数据制作学习样本和测试样本，取 $p=24$，

$m=16$，$t=8$，围岩变形预测的结果和相对误差如表 9-10 所示。各个测点的实测值与预测值对比曲线分别示于图 9-11、图 9-12、图 9-13。

表 9-10　　1♯洞室拱脚左后测点预测值与实测值对比

监测日期（年-月-日）	测点1（埋深：0m）			测点2（埋深：2.1m）			测点3（埋深：3.5m）		
	预测值	实测值	相对误差	预测值	实测值	相对误差	预测值	实测值	相对误差
2009-09-28	-8.52	-8.64	1.47	-9.13	-9.40	2.83	-9.09	-9.11	0.23
2009-09-29	-8.48	-8.64	1.91	-9.20	-9.35	1.59	-9.12	-9.05	0.81
2009-09-30	-8.44	-8.64	2.33	-9.28	-9.30	0.27	-9.17	-8.99	1.95
2009-10-01	-8.41	-8.67	3.02	-9.37	-9.33	0.43	-9.22	-9.02	2.17
2009-10-02	-8.38	-8.70	3.73	-9.47	-9.36	1.15	-9.27	-9.05	2.43
2009-10-03	-8.34	-8.73	4.41	-9.58	-9.39	1.97	-9.33	-9.08	2.75
2009-10-04	-8.32	-8.76	5.05	-9.69	-9.42	2.87	-9.39	-9.11	3.17
2009-10-05	-8.29	-8.76	5.38	-9.81	-9.42	4.16	-9.46	-9.11	3.92
2009-10-06	-8.83	-8.70	1.49	-9.94	-9.41	5.61	-9.12	-9.11	0.15
2009-10-07	-8.89	-8.73	2.83	-10.01	-9.40	6.49	-9.16	-9.11	0.55
2009-10-08	-8.95	-8.64	0.92	-10.08	-9.58	5.19	-9.21	-9.34	1.38
2009-10-09	-9.02	-8.87	0.85	-10.14	-9.76	3.91	-9.28	-9.56	2.96
2009-10-10	-9.10	-9.10	0	-10.21	-9.65	5.79	-9.37	-9.45	0.85
2009-10-11	-9.18	-8.99	2.12	-10.27	-9.65	6.42	-9.48	-9.45	0.32
2009-10-12	-9.26	-8.99	3.04	-10.33	-9.65	7.05	-9.61	-9.45	1.72
2009-10-13	-9.35	-8.99	4.01	-10.39	-9.65	7.65	-9.77	-9.45	3.37
2009-10-14	-8.72	-8.99	2.91	-9.95	-9.65	3.13	-9.48	-9.57	0.93
2009-10-15	-8.59	-8.99	4.43	-10.05	-9.55	5.19	-9.52	-9.49	0.29
2009-10-16	-8.43	-8.99	6.23	-10.15	-9.46	7.26	-9.56	-9.41	1.56
2009-10-17	-8.26	-8.99	8.09	-10.25	-9.36	9.49	-9.59	-9.33	2.81
2009-10-18	-8.09	-8.99	10.31	-10.36	-9.23	12.23	-9.64	-9.22	4.51
2009-10-19	-7.96	-9.03	12.18	-10.47	-9.09	15.17	-9.68	-9.10	6.32
2009-10-20	-7.83	-9.06	13.94	-10.58	-8.96	18.09	-9.71	-8.99	8.06
2009-10-21	-7.72	-9.10	15.12	-10.69	-8.82	21.30	-9.76	-8.87	9.99
2009-10-22	-9.06	-9.10	0.43	-8.71	-8.82	1.20	-8.53	-8.87	3.85
2009-10-23	-9.06	-9.10	0.39	-8.59	-8.82	2.51	-8.31	-8.87	6.29
2009-10-24	-9.07	-9.10	0.36	-8.48	-8.82	3.79	-8.12	-8.87	8.41
2009-10-25	-9.07	-9.10	0.10	-8.37	-8.72	3.99	-7.97	-8.87	10.19
2009-10-26	-9.07	-9.06	0.46	-8.26	-8.61	4.01	-7.83	-8.87	11.67
2009-10-27	-9.07	-9.03	0.99	-8.16	-8.51	4.18	-7.72	-8.87	12.94
2009-10-28	-9.08	-8.99	1.02	-8.06	-8.80	8.43	-7.63	-8.87	14.02

续表

监测日期（年-月-日）	测点1（埋深：0m）			测点2（埋深：2.1m）			测点3（埋深：3.5m）		
	预测值	实测值	相对误差	预测值	实测值	相对误差	预测值	实测值	相对误差
2009-10-29	−9.08	−8.99	1.06	−7.95	−8.85	10.13	−7.54	−8.81	14.42
2009-10-30	−8.95	−8.99	0.39	−8.36	−8.89	5.98	−9.06	−8.75	3.50
2009-10-31	−8.93	−8.99	1.89	−8.35	−8.89	6.13	−9.15	−8.78	4.21
2009-11-01	−8.91	−9.10	3.41	−8.33	−8.89	6.28	−9.24	−8.81	4.89
2009-11-02	−8.88	−9.22	4.79	−8.32	−8.88	6.33	−9.33	−8.83	5.71
2009-11-03	−8.86	−9.33	6.14	−8.30	−8.88	6.44	−9.43	−8.86	6.39
2009-11-04	−8.84	−9.44	6.38	−8.29	−8.88	6.59	−9.53	−8.83	7.86
2009-11-05	−8.82	−9.44	6.61	−8.28	−8.88	6.75	−9.62	−8.81	9.19
2009-11-06	−8.79	−9.44	6.84	−8.26	−8.88	6.89	−9.72	−8.78	10.67
2009-11-07	−9.64	−9.44	2.05	−8.99	−8.88	1.29	−8.74	−8.75	0.05
2009-11-08	−9.71	−9.44	2.52	−8.99	−8.89	1.20	−8.73	−8.75	0.19
2009-11-09	−9.78	−9.47	2.94	−8.99	−8.89	1.21	−8.72	−8.75	0.36
2009-11-10	−9.85	−9.50	3.33	−8.99	−8.90	1.03	−8.70	−8.74	0.51
2009-11-11	−9.92	−9.53	3.77	−8.99	−8.90	0.95	−8.68	−8.74	0.69
2009-11-12	−9.98	−9.56	3.86	−8.96	−8.91	0.61	−8.67	−8.74	0.89
2009-11-13	−10.05	−9.61	3.89	−8.94	−8.92	0.29	−8.65	−8.74	1.11
2009-11-14	−10.11	−9.67	3.79	−8.92	−8.93	0.15	−8.62	−8.72	1.11
2009-11-15	−9.77	−9.74	0.38	−8.91	−8.94	0.33	−8.73	−8.69	0.49
2009-11-16	−9.83	−9.81	0.42	−8.91	−8.96	0.59	−8.74	−8.67	0.78
2009-11-17	−9.88	−9.87	0.56	−8.90	−8.97	0.76	−8.74	−8.64	1.19
2009-11-18	−9.94	−9.94	0.69	−8.89	−8.98	0.88	−8.75	−8.62	1.46
2009-11-19	−9.99	−10.01	0.13	−8.89	−8.98	0.95	−8.75	−8.60	1.79
2009-11-20	−10.05	−10.01	0.42	−8.88	−8.98	1.03	−8.76	−8.58	2.11
2009-11-21	−10.11	−10.01	0.97	−8.88	−8.98	1.10	−8.77	−8.55	2.54
2009-11-22	−10.16	−10.01	1.52	−8.87	−8.98	1.19	−8.77	−8.51	3.14
2009-11-23	−10.14	−10.01	1.28	−9.00	−9.01	0.11	−8.56	−8.51	0.65
2009-11-24	−10.15	−10.01	1.39	−9.01	−9.04	0.38	−8.55	−8.51	0.52
2009-11-25	−10.16	−10.01	1.46	−9.01	−9.07	0.66	−8.54	−8.51	0.39
2009-11-26	−10.16	−10.01	1.49	−9.01	−9.06	0.51	−8.53	−8.44	1.09
2009-11-27	−10.16	−10.01	1.50	−9.02	−9.04	0.25	−8.52	−8.38	1.70
2009-11-28	−10.16	−10.01	1.50	−9.02	−9.03	0.11	−8.52	−8.31	2.46
2009-11-29	−10.16	−10.01	1.47	−9.02	−9.02	0.04	−8.51	−8.25	3.11
2009-11-30	−10.15	−10.01	1.43	−9.03	−9.01	0.17	−8.49	−8.18	3.91
2009-12-01	−10.15	−10.01	1.39	−9.03	−8.99	0.42	−8.24	−8.12	1.43

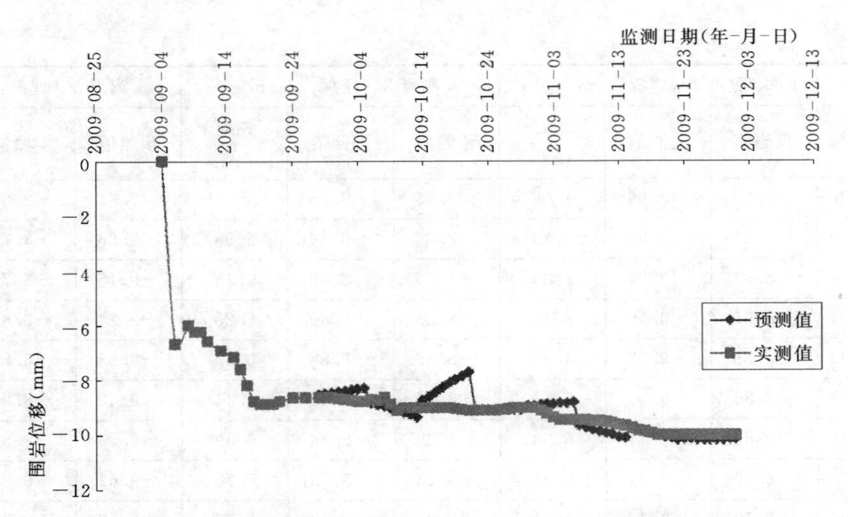

图 9-11 1＃洞室测点 1（埋深：0m）围岩位移预测值和实测值的对比

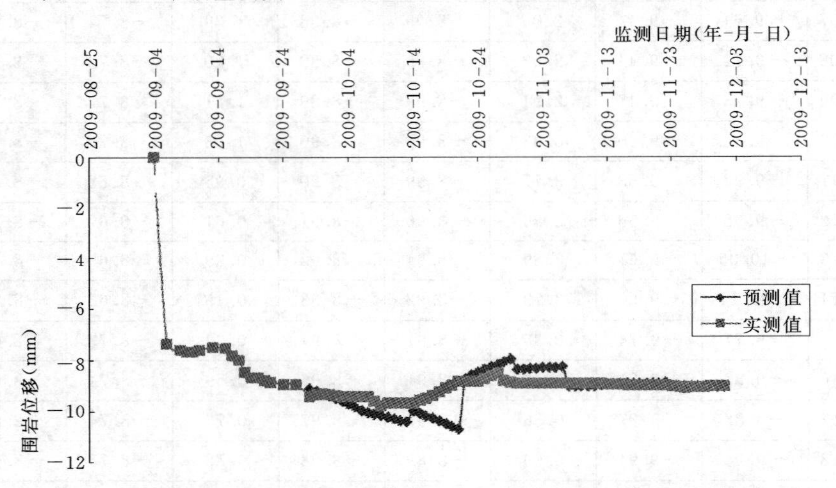

图 9-12 1＃洞室测点 2（埋深：2.1m）围岩位移预测值和实测值对比

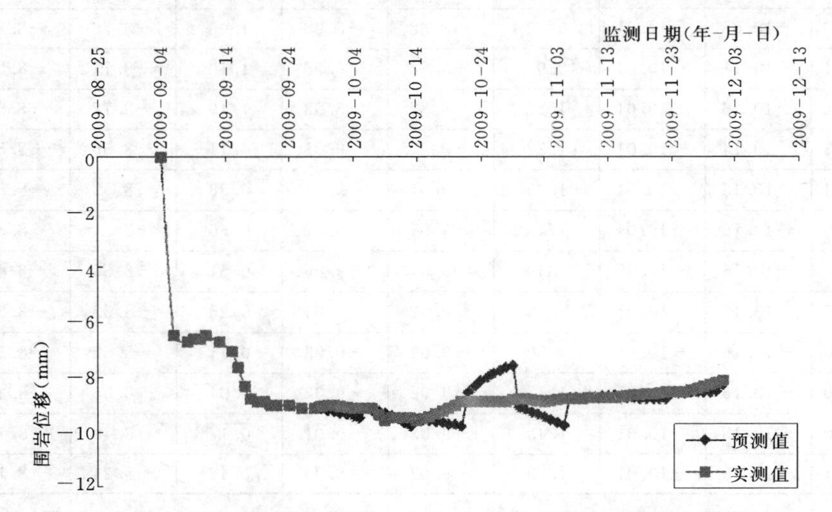

图 9-13 1＃洞室测点 3（埋深：3.5m）围岩位移预测值和实测值对比

二、某大跨地下洞库4#洞室围岩内部变形预测

以4#洞室罐帽拱脚左后测点的围岩位移实测数据制作学习样本和测试样本，取$p=24$，$m=16$，$t=8$，围岩内部变形预测的结果如图9-14、图9-15、图9-16所示。

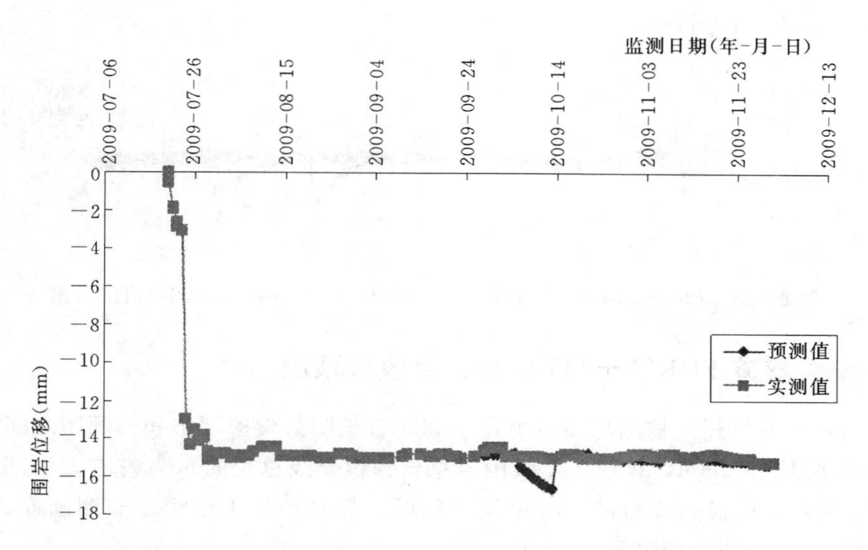

图9-14 4#洞室测点1（埋深：0m）围岩位移预测值和实测值的对比

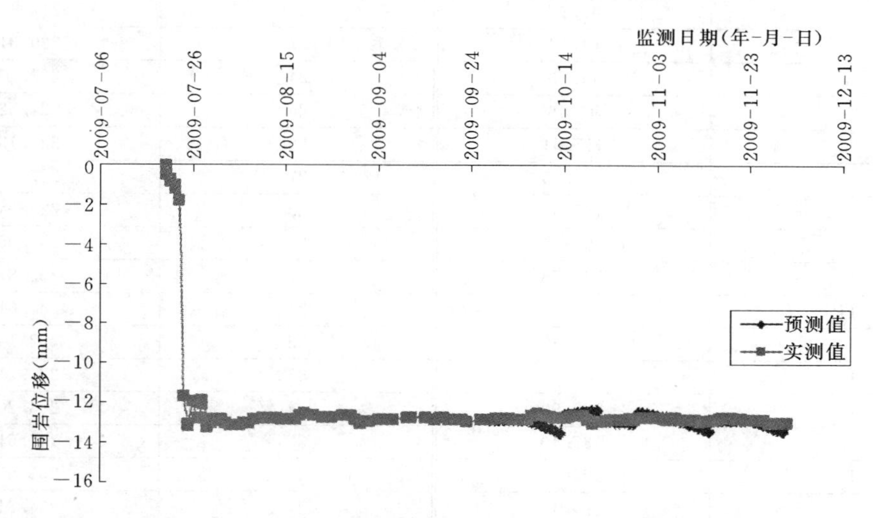

图9-15 4#洞室测点2（埋深：2.1m）围岩位移预测值和实测值的对比

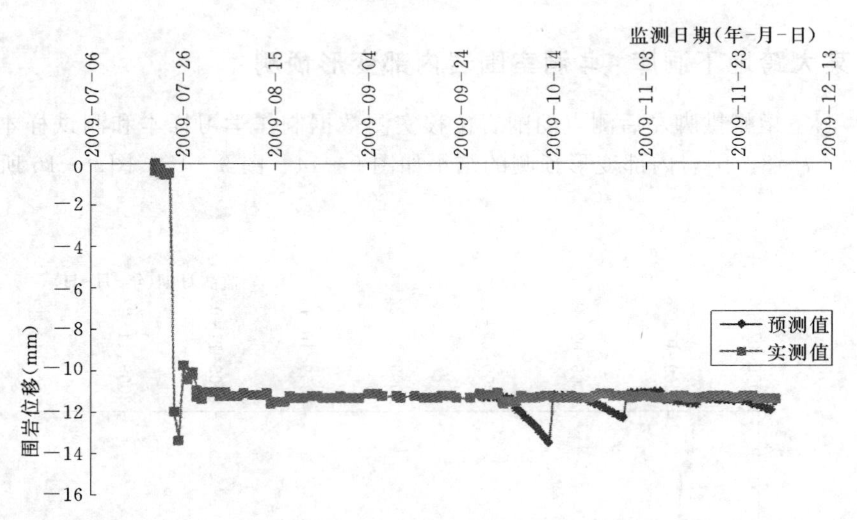

图 9-16 4#洞室测点 3（埋深：3.5m）围岩位移预测值和实测值的对比

三、堡镇隧道 YDK79+117 断面水平收敛预测

宜（昌）—万（州）铁路堡镇隧道位于湖北省长阳县贺家坪镇和榔坪镇之间，左线长 11563m，右线长 11595m，Ⅳ级、Ⅴ级围岩总长约占全线总长的 60%左右。局部地段埋深达到 630m 左右，属极高应力区，隧道围岩软弱，极易产生大变形。监测断面 YDK79+117 实测水平收敛数据如表 9-11 所示。

表 9-11　　堡镇隧道 YDK79+117 断面实测水平收敛

监测天数（d）	水平收敛（mm）	监测天数（d）	水平收敛（mm）
1	32.74	21	214.59
2	49.37	22	217.48
3	61.24	23	220.31
4	71.59	24	222.27
5	92.46	25	224.22
6	115.51	26	226.13
7	131.65	27	227.97
8	142.33	28	229.04
9	152.64	29	230.05
10	160.76	30	230.87
11	166.46	31	231.61
12	170.59	32	232.19
13	174.37	33	232.71
14	180.92	34	233.20
15	187.40	35	233.61
16	193.66	36	233.97
17	199.47	37	234.31
18	203.89	38	234.61
19	208.06	39	234.90
20	211.68	40	235.17

取 $p=12$，$m=3$，$t=5$，经遗传算法搜索，在历次网络训练过程中，优化得出的ANFIS最优超参数如表9-12所示。

表9-12　　历次网络训练最优ANFIS模型参数

训练样本起讫天数	训练代数	隶属度函数个数	a	b	c	适应度
1～16	56	4	253.0399	352.6893	833.0269	0.9822
5～20	2	4	459.6649	478.1764	326.2308	0.8606
9～24	48	5	363.0062	243.4172	412.7984	0.9055
13～28	1	5	407.6708	282.6209	625.8244	0.9469
17～32	34	4	686.5957	538.3565	859.9850	0.9676
21～36	28	4	412.9035	540.9491	807.5176	0.9761

预测结果如表9-13和图9-17所示。

表9-13　　预测结果及误差

监测天数(d)	实测水平收敛(mm)	预测水平收敛(mm)	预测相对误差(%)
17	199.47	202.71	1.62
18	203.89	211.92	3.94
19	208.06	221.76	6.58
20	211.68	232.12	9.66
21	214.59	225.06	4.88
22	217.48	232.57	6.94
23	220.31	240.54	9.18
24	222.27	248.91	11.99
25	224.22	230.80	2.93
26	226.13	235.08	3.96
27	227.97	239.51	5.06
28	229.04	244.08	6.57
29	230.05	234.61	1.98
30	230.87	237.92	3.05
31	231.61	241.43	4.24
32	232.19	245.09	5.56
33	232.71	235.37	1.14
34	233.20	237.22	1.72
35	233.61	239.24	2.41

续表

监测天数 (d)	实测水平收敛 (mm)	预测水平收敛 (mm)	预测相对误差 (%)
36	233.97	241.4	3.18
37	234.31	235.97	0.71
38	234.61	236.88	0.97
39	234.90	237.83	1.25
40	235.17	238.81	1.55

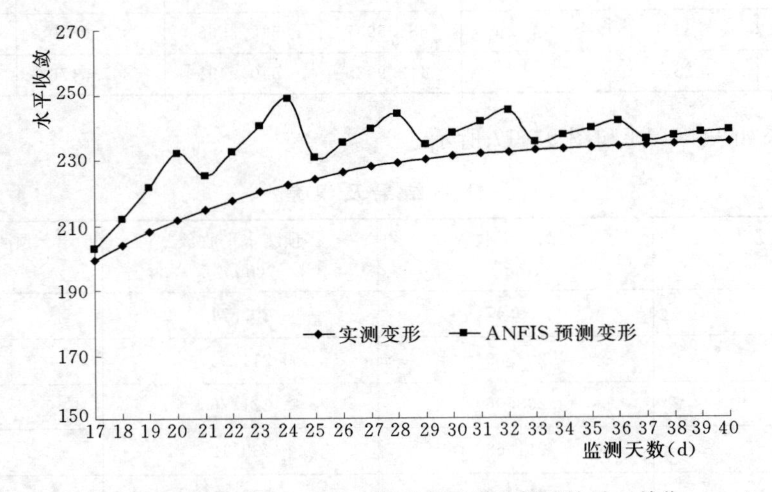

图 9-17　堡镇隧道 YDK79+117 断面水平收敛预测结果（单位：mm）

第十章　弹性地基梁的计算理论

第一节　概　　述

实际工程中，搁置在地基上的梁的实例是非常多的，如铁路钢轨下的枕木，房屋结构中的条形基础，靠山边坡的抗滑桩等都是地基上梁的实例。水面上漂浮的木排也可以看作地基上的梁，此时地基介质为水。地下工程中直墙拱结构的侧墙，油罐结构中的罐壁也是地基上梁的例子。如果假设地基是弹性的，那么上述这样一类梁就叫做弹性地基梁。

显然，弹性地基梁是指搁置在一定弹性性质的地基上的梁，这种梁可以是平放的，也可以是竖放的，地基介质可以是岩石、黏土等固体材料，也可以是水、油之类的液体介质。弹性地基梁是超静定梁，其计算有专门的一套计算理论。

弹性地基梁具有将梁上载荷分布到较大面积的地基上，减少地基所受的压力强度的作用，同时也由于梁的各点都支承在弹性地基上，因而可使梁的变形减少、刚度提高及内力降低。

弹性地基梁与普通梁比较有如下两个区别

（1）普通梁超静定次数是有限的，而弹性地基梁的超静定次数是无限的。普通梁只是在有限个支座处与基础相连，梁所受的支座反力是有限个未知数。因此，普通梁是静定的或是有限次超静定的结构；弹性地基梁与地基连续接触，梁所受的反力是连续分布的，也就是说，弹性地基梁具有无穷多个支座和无穷多个未知反力，因此，弹性地基梁是无穷多次超静定结构。

（2）普通梁的支座通常看作刚性支座，即略去地基的变形，只考虑梁的变形。弹性地基梁则必须同时考虑地基的变形。实际上，梁与地基是共同变形的。一方面梁给地基以压力，使地基沉陷，反过来，地基给梁以相反的压力，限制梁的位移，而梁的位移与地基的沉陷在每一点又必须彼此相等，才能满足变形连续条件。由此看出，地基的变形是考虑还是略去，这是它们的另一个主要区别。

第二节　弹性地基梁的计算模型

由于地基梁搁置在地基上，梁上作用有荷载，地基梁在荷载作用下与地基一起产生沉陷，因而梁底与地基表面存在相互作用反力 σ，σ 的大小与地基沉降 y 有密切关系，很显然，沉降 y 越大，反力 σ 也越大，因此在弹性地基梁的计算理论中关键问题是如何确定地基反力与地基沉降之间的关系，或者说如何选取弹性地基的计算模型问题（图

10－1）。

一、局部弹性地基模型（局部变形理论）

1867 年，德国科学家 E. Winkler 对地基提出如下假设：地基表面任一点的沉降与该点单位面积上所受的压力成正比，即

$$y = \frac{P}{K} \tag{10-1}$$

式中　y——地基的沉陷，m；

K——地基系数，kPa/m，其物理意义为：使地基产生单位沉陷所需的压强；

P——单位面积上的压力强度，kPa。

这个理论实际上是把弹性地基模拟为刚性底座上的一系列独立的弹簧（图 10－2）。当地基表面上某点承受压力 P 时，由于弹簧是彼此独立的，故在该点局部产生沉陷，而在其他地方不产生任何沉陷，因此，这种地基模型称作局部弹性地基模型。

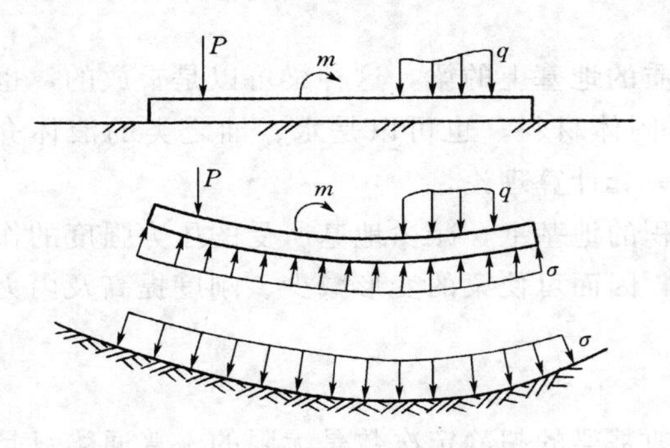

图 10－1　弹性地基梁的受力和变形

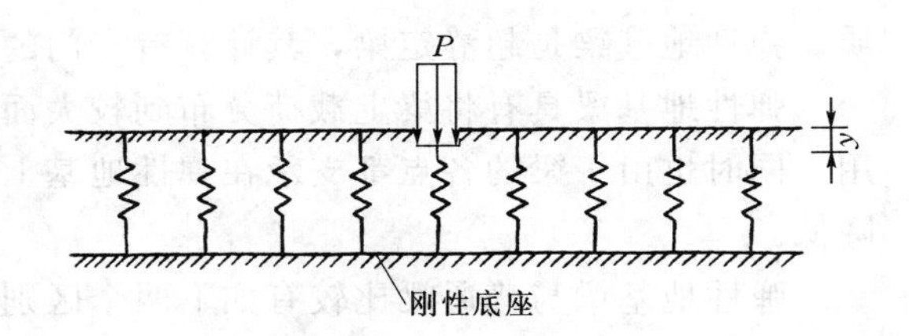

图 10－2　局部弹性地基模型

按局部弹性地基模型计算地基梁时，其缺点是没有反映地基变形的连续性，实际上，当地基表面在某一点承受压力时，不仅在该点会局部产生沉陷，而且也在邻近区域产生沉陷，由于没有考虑地基变形的连续性，所以局部弹性地基模型不能全面地反映地基的实际变形情况，特别对于密实厚土层和整体岩石地基，将会引起较大的误差。局部弹性地基模型虽然存在有缺点，但是由于计算简便，基本能反映地基变形情况，故工程实际中大多采用这一模型。

二、半无限体弹性地基模型（共同变形理论）

为了消除局部地基模型中没有考虑地基变形连续性这个缺点，后来人们又提出了另一种地基模型：把地基看作一个均质，连续，弹性的半无限体，用弹性力学理论来计算沉陷，从而进一步确定地基反力的大小及分布规律。

这个假设的优点是反映了地基的连续整体性，同时也存在着缺点。如其中的弹性假设没有反映土壤的非弹性性质，均质假设没有反映土壤的不均匀性，半无限体假设没有反映地层的分层特点等，此外，这个模型在数学处理上比较复杂，因而在应用上也受到一定的限制。

本章所讨论的弹性地基梁计算理论采用局部弹性地基模型。

第三节　弹性地基梁的挠曲微分方程及其初参数法

一、基本假设

在弹性地基梁的计算理论中，除上述局部弹性地基模型假设外，还需作如下三个假设：

（1）地基梁在外荷载作用下产生变形的过程中，梁底面与地基表面始终紧密相贴，即地基的沉陷或隆起与梁的挠度处处相等。

（2）由于梁与地基间的摩擦力对计算结果影响不大，可以略去不计，因而，地基反力处处与接触面相垂直。

（3）地基梁的高跨比较小，符合平截面假设，因而可直接应用材料力学中有关梁的变形及内力计算结论。

二、弹性地基梁的挠曲微分方程

图 10－3 所示为局部弹性地基上的长为 l、宽为 1 的等截面直梁，在荷载 $q(x)$ 及 Q 作用下，梁和地基的沉陷为 $y(x)$，梁与地基之间的反力为 $\sigma(x)$。

在局部弹性地基梁的计算中，通常以沉陷函数 $y(x)$ 作为基本未知量，地基梁在外荷载 $q(x)$、Q 作用下产生变形，最终处于平衡状态，选取坐标系 xoy，外荷载、地基反力，梁截面内力及变形正负号规定如图 10－3 所示。

为建立 $y(x)$ 应满足的挠曲微分方程，在梁中截取一微段 $\mathrm{d}x$，考察该段的平衡有

$$\sum Y=0$$

$$Q-(Q+\mathrm{d}Q)+Ky\mathrm{d}x-q(x)\mathrm{d}x=0$$

化简得

$$\frac{\mathrm{d}Q}{\mathrm{d}x}=Ky-q(x) \tag{10-2}$$

$$\sum M=0$$

$$M-(M+\mathrm{d}M)+(Q+\mathrm{d}Q)\mathrm{d}x+q(x)\frac{(\mathrm{d}x)^2}{2}-\sigma\frac{(\mathrm{d}x)^2}{2}=0$$

略去二阶微量得

$$Q=\frac{\mathrm{d}M}{\mathrm{d}x} \tag{10-3}$$

将式（10－3）对 x 求导代入式（10－1）得

$$\frac{\mathrm{d}Q}{\mathrm{d}x}=\frac{\mathrm{d}^2M}{\mathrm{d}x^2}=Ky-q(x) \tag{10-4}$$

如果梁的挠度 y 已知，则梁任意截面的转角 θ，弯矩 M，剪力 Q 可按材料力学中的公式来计算，即

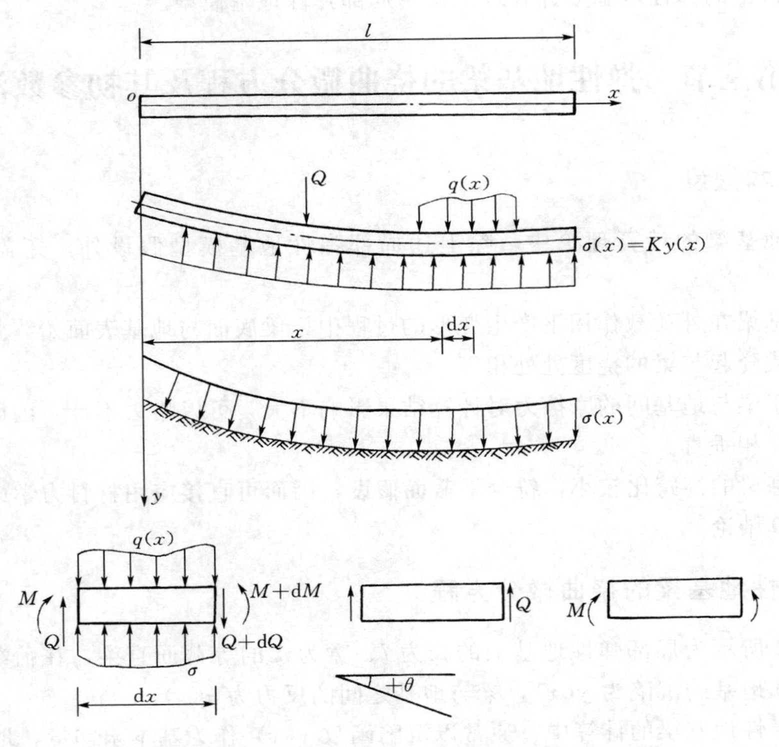

图 10-3　弹性地基梁的微元体分析

$$\left.\begin{aligned}\theta &= \frac{\mathrm{d}y}{\mathrm{d}x}\\ M &= -EI\frac{\mathrm{d}\theta}{\mathrm{d}x} = -EI\frac{\mathrm{d}^2y}{\mathrm{d}x^2}\\ Q &= \frac{\mathrm{d}M}{\mathrm{d}x} = -EI\frac{\mathrm{d}^3y}{\mathrm{d}x^3}\end{aligned}\right\} \tag{10-5}$$

由式（10-5）有$\frac{\mathrm{d}^2M}{\mathrm{d}x^2}=-EI\frac{\mathrm{d}^4y}{\mathrm{d}x^4}$，代入式（10-4）得

$$EI\frac{\mathrm{d}^4y}{\mathrm{d}x^4}+Ky=q(x) \tag{10-6}$$

此即为弹性地基梁的挠曲微分方程。

三、对应齐次微分方程的通解

式（10-6）是一个四阶常系数线性非齐次微分方程，令式中 $q(x)=0$ 即得对应齐次微分方程

$$EI\frac{\mathrm{d}^4y}{\mathrm{d}x^4}+Ky=0 \tag{10-7}$$

由微分方程理论知，方程（10-7）的通解由四个线性无关的特解组合而成。为寻找四个线性无关的特解，令 $y=\mathrm{e}^{sx}$ 并代入式（10-7）有

$$s^4=-\frac{K}{EI}$$

或

$$s^4=\frac{K}{EI}(\cos\pi+i\sin\pi)$$

由复数开方根公式得

$$s_k=\sqrt[4]{\frac{K}{EI}}\left(\cos\frac{\pi+2k\pi}{4}+i\sin\frac{\pi+2k\pi}{4}\right)\quad(k=0,1,2,3)\tag{10-8}$$

令$\sqrt[4]{\dfrac{K}{EI}}=\alpha$，若地基梁宽度为$b$，则有

$$\alpha=\sqrt[4]{\frac{Kb}{EI}}\tag{10-9}$$

α是与梁和地基的弹性性质有关的一个综合参数，反映了地基梁与地基的相对刚度，对地基梁的受力特性和变形有重要影响，通常把α称为特征系数，αl称为换算长度。

在式（10-8）中，分别当$k=0$，1，2，3时，即可得四个线性无关的特解，将其进行组合并引入四个积分常数即得齐次微分方程（10-7）的通解

$$y=e^{\alpha x}(A_1\cos\alpha x+A_2\sin\alpha x)+e^{-\alpha x}(A_3\cos\alpha x+A_4\sin\alpha x)\tag{10-10}$$

利用双曲函数关系：$e^{\alpha x}=\text{ch}\alpha x+\text{sh}\alpha x$，$e^{-\alpha x}=\text{ch}\alpha x-\text{sh}\alpha x$，且令

$$A_1=\frac{1}{2}(B_1+B_2)\quad A_2=\frac{1}{2}(B_2+B_3)$$

$$A_3=\frac{1}{2}(B_1-B_2)\quad A_4=\frac{1}{2}(B_2-B_4)$$

则有

$$y=B_1\text{ch}\alpha x\cos\alpha x+B_2\text{ch}\alpha x\sin\alpha x+B_3\text{sh}\alpha x\cos\alpha x+B_4\text{sh}\alpha x\sin\alpha x\tag{10-11}$$

式中　B_1、B_2、B_3及B_4——待定积分常数。

式（10-10）和式（10-11）均为微分方程（10-7）的通解，在不同的问题中，有各自不同的简便之处。

四、用初参数法确定积分常数

1. 初参数法

由式（10-11），再据式（10-5）有

$$\left.\begin{aligned}
y&=B_1\text{ch}\alpha x\cos\alpha x+B_2\text{ch}\alpha x\sin\alpha x+B_3\text{sh}\alpha x\cos\alpha x+B_4\text{sh}\alpha x\sin\alpha x\\
\theta&=\alpha[-B_1(\text{ch}\alpha x\sin\alpha x-\text{sh}\alpha x\cos\alpha x)+B_2(\text{ch}\alpha x\cos\alpha x+\text{sh}\alpha x\sin\alpha x)\\
&\quad+B_3(-\text{sh}\alpha x\sin\alpha x+\text{ch}\alpha x\cos\alpha x)+B_4(\text{sh}\alpha x\cos\alpha x+\text{ch}\alpha x\sin\alpha x)]\\
M&=2EI\alpha^2(B_1\text{sh}\alpha x\sin\alpha x-B_2\text{sh}\alpha x\cos\alpha x+B_3\text{ch}\alpha x\sin\alpha x-B_4\text{ch}\alpha x\cos\alpha x)\\
Q&=2EI\alpha^3[B_1(\text{ch}\alpha x\sin\alpha x+\text{sh}\alpha x\cos\alpha x)-B_2(\text{ch}\alpha x\cos\alpha x-\text{sh}\alpha x\sin\alpha x)\\
&\quad+B_3(\text{ch}\alpha x\cos\alpha x+\text{sh}\alpha x\sin\alpha x)+B_4(\text{ch}\alpha x\sin\alpha x-\text{sh}\alpha x\cos\alpha x)]
\end{aligned}\right\}\tag{10-12}$$

式(10-12)中积分常数B_1、B_2、B_3、B_4的确定是一个重要环节，梁在任一截面都有四个量(参数)，即挠度y、转角θ、弯矩M、剪力Q，而初始截面$o(x=0)$的四个参数y_0、θ_0、M_0、Q_0就叫做初参数。用初参数法计算弹性地基梁的基本思路是，把四个积分常数改用四个初参数

来表示，这样做的好处是，第一使积分常数具有明确的物理意义，第二根据初参数的物理意义来寻求简化计算的途径。

2. 用初参数表示积分常数

如图 10-4 所示，梁左端的四个边界条件（初参数）为

$$\left.\begin{aligned} y\,|_{x=0} &= y_0 \\ \theta\,|_{x=0} &= \theta_0 \\ M\,|_{x=0} &= M_0 \\ Q\,|_{x=0} &= Q_0 \end{aligned}\right\} \tag{10-13}$$

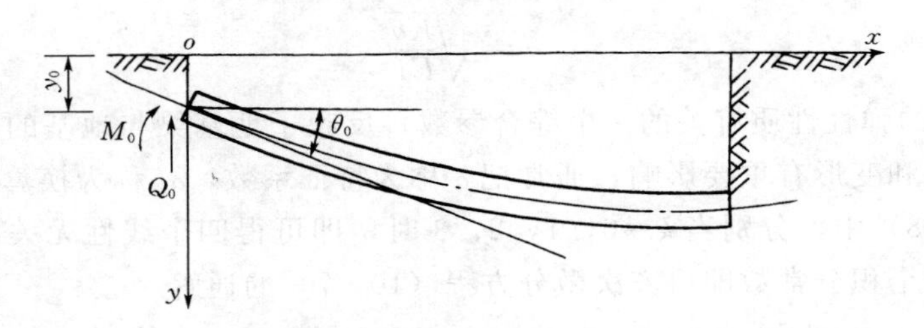

图 10-4 弹性地基梁上作用的初参数

将上式代入式（10-12），解出积分常数得

$$\left.\begin{aligned} B_1 &= y_0 \\ B_2 &= \frac{1}{2\alpha}\theta_0 - \frac{1}{4\alpha^3 EI}Q_0 \\ B_3 &= \frac{1}{2\alpha}\theta_0 + \frac{1}{4\alpha^3 EI}Q_0 \\ B_4 &= -\frac{1}{2\alpha^2 EI}M_0 \end{aligned}\right\} \tag{10-14}$$

再将式（10-14）代入式（10-12）并注意 $\alpha=\sqrt[4]{\frac{Kb}{4EI}}$，则有

$$\left.\begin{aligned} y &= y_0\varphi_1 + \theta_0\frac{1}{2\alpha}\varphi_2 - M_0\frac{2\alpha^2}{bK}\varphi_3 - Q_0\frac{\alpha}{bK}\varphi_4 \\ \theta &= -y_0\alpha\varphi_4 + \theta_0\varphi_1 - M_0\frac{2\alpha^3}{bK}\varphi_2 - Q_0\frac{2\alpha^2}{bK}\varphi_3 \\ M &= y_0\frac{bK}{2\alpha^2}\varphi_3 + \theta_0\frac{bK}{4\alpha^3}\varphi_4 + M_0\varphi_1 + Q_0\frac{1}{2\alpha}\varphi_2 \\ Q &= y_0\frac{bK}{2\alpha}\varphi_2 + \theta_0\frac{bK}{2\alpha^2}\varphi_3 - M_0\alpha\varphi_4 + Q_0\varphi_1 \end{aligned}\right\} \tag{10-15}$$

其中

$$\begin{aligned} \varphi_1 &= \text{ch}\alpha x\cos\alpha x \\ \varphi_2 &= \text{ch}\alpha x\sin\alpha x + \text{sh}\alpha x\cos\alpha x \\ \varphi_3 &= \text{sh}\alpha x\sin\alpha x \\ \varphi_4 &= \text{ch}\alpha x\sin\alpha x - \text{sh}\alpha x\cos\alpha x \end{aligned}$$

φ_1、φ_2、φ_3 及 φ_4 称为双曲线三角函数，它们之间有如下微分关系

$$\frac{d\varphi_1}{dx} = -\alpha\varphi_4$$

$$\frac{d\varphi_2}{dx} = 2\alpha\varphi_1$$

$$\frac{d\varphi_3}{dx} = \alpha\varphi_2$$

$$\frac{d\varphi_4}{dx} = 2\alpha\varphi_3$$

式（10－15）即为用初参数表示的齐次微分方程的解。该式的一个显著优点是式中每一项都具有明确的物理意义，如式（10－15）中第一式中，φ_1 表示当原点有单位挠度（其他三个初参数均为零）时梁的挠度方程，$\frac{\varphi_2}{2\alpha}$ 表示原点有单位转角时梁的挠度方程，等等；另一个显著优点是，在四个待定常数 y_0，θ_0，M_0，Q_0 中有两个参数可由原点端的两个边界条件直接求出，另两个待定初参数由另一端的边界条件来确定，这样就使确定参数的工作得到了简化。

表 10－1 列出了实际工程中常遇到的支座形式及荷载作用下梁端初参数的值。

表 10－1　　**常见支座形式梁端初参数值**

	弹性地基梁	已知初参数	A 端边界条件	待求初参数
自由端	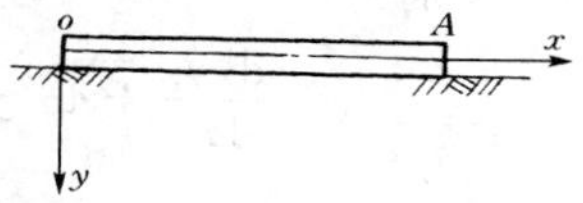	$M_0=0$ $Q_0=0$	$M_A=0$ $Q_A=0$	θ_0 y_0
	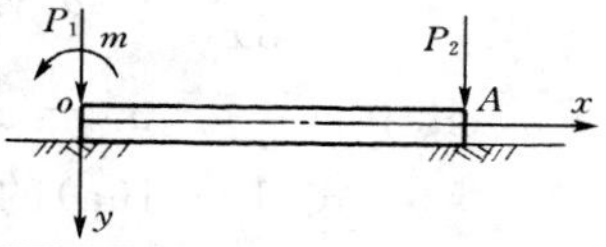	$M_0=-m$ $Q_0=-P_1$	$M_A=0$ $Q_A=P_2$	θ_0 y_0
简支端	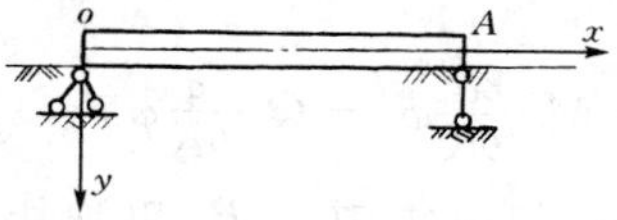	$y_0=0$ $M_0=0$	$y_A=0$ $M_A=0$	θ_0 Q_0
	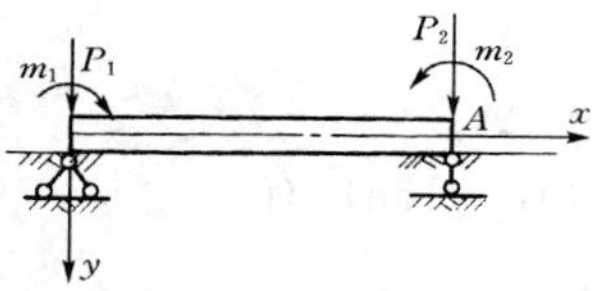	$y_0=0$ $M_0=m_1$	$y_A=0$ $M_A=m_2$	θ_0 Q_0
固定端	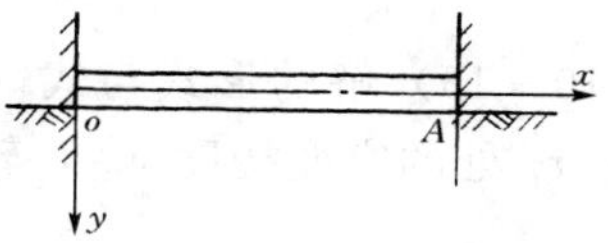	$y_0=0$ $\theta_0=0$	$y_A=0$ $\theta_A=0$	M_0 Q_0
	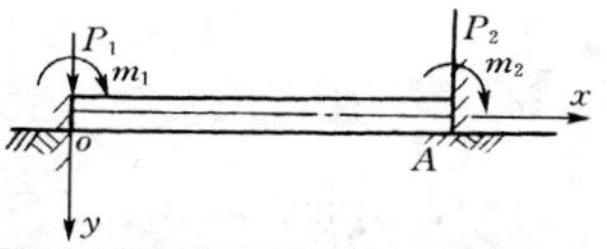	$y_0=0$ $\theta_0=0$	$y_A=0$ $\theta_A=0$	M_0 Q_0

续表

	弹性地基梁	已知初参数	A端边界条件	待求初参数
弹性固定端	o A x y	$y_0=0$	$y_A=0$	$\theta_0=M_0\beta_0$ M_0 Q_0

五、弹性地基梁挠曲微分方程的特解

式（10-7）等价于地基梁仅在初参数作用下的挠曲微分方程，式（10-6）等价于地基梁既有初参数作用，又有外荷载作用的挠曲微分方程，其特解项就是仅在外荷载作用下引起的梁挠度的附加项。下面根据梁上作用的各种形式荷载分别加以讨论。

1. 集中荷载作用的特解项

（1）集中力 P_i 作用的特解项。如图 10-5 为一弹性地基梁，o 端作用有初参数 y_0，θ_0，M_0，Q_0，A 点有集中力 P_i。设 y_1 为 oA 段的挠度表达式，y_2 为 AB 段的挠度表达式，由于梁上无分布荷载作用，故 oA 和 AB 段的挠曲微分方程分别为

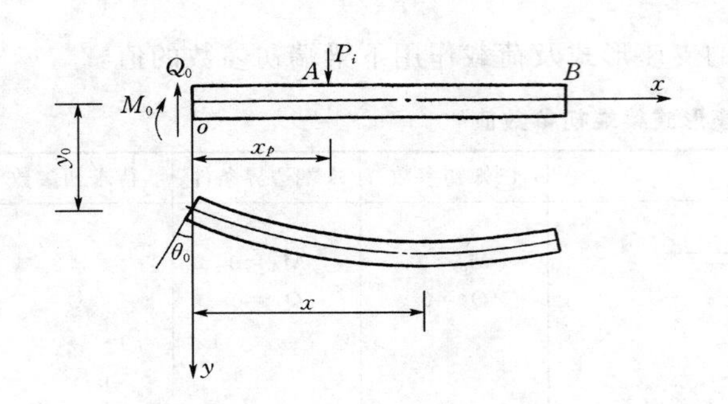

图 10-5　集中力作用于地基梁

$$\frac{d^4 y_1}{dx^4}+4\alpha^4 y_1=0 \tag{10-16a}$$

$$\frac{d^4 y_2}{dx'^4}+4\alpha^4 y_2=0 \tag{10-16b}$$

其中 $$x'=x-x_p$$

式(10-16a)的解可用梁端初参数来表示，即

$$y_1=y_0\varphi_1+\theta_0\frac{1}{2\alpha}\varphi_2-M_0\frac{2\alpha^2}{bK}\varphi_3-Q_0\frac{\alpha}{bK}\varphi_4 \tag{10-17}$$

式（10-16b）的解可用初参数作用下的解 y_1 与由集中力 P_i 单独作用下引起的附加项 Δy_p 叠加，即

$$y_2=y_1+\Delta y_p \tag{10-18}$$

将式（10-18）代入式（10-16b）并考虑式（10-16a）有

$$\frac{d^4\Delta y_p}{dx'^4}+4\alpha^4\Delta y_p=0 \tag{10-19}$$

比较式（10-16a）和式（10-19）知，式（10-19）解的形式与式（10-17）相同，不同之处是 x 换为 x'，四个初参数应解释为 $x=x_p$ 处的突变挠度 y_{A1}，转角 θ_{A1}，弯矩 M_{A1}，剪力 Q_{A1}，故有

$$\Delta y_p=y_{A1}\varphi_{1\alpha(x-x_p)}+\theta_{A1}\frac{1}{2\alpha}\varphi_{2\alpha(x-x_p)}-M_{A1}\frac{2\alpha^2}{bK}\varphi_{3\alpha(x-x_p)}-Q_{A1}\frac{\alpha}{bK}\varphi_{4\alpha(x-x_p)} \tag{10-20}$$

由 A 点的变形连续条件和受力情况有

$$y_{A1}=\theta_{A1}=M_{A1}=0 \quad Q_{A1}=-P_i$$

代入式（10－20）并据式（10－5）得

$$\left.\begin{aligned}\Delta y_p &= P_i\frac{\alpha}{bK}\varphi_{4\alpha(x-x_p)}\\ \Delta\theta_p &= \frac{2\alpha^2P_i}{bK}\varphi_{3\alpha(x-x_p)}\\ \Delta M_p &= -\frac{P_i}{2\alpha}\varphi_{2\alpha(x-x_p)}\\ \Delta Q_p &= -P_i\varphi_{1\alpha(x-x_p)}\end{aligned}\right\}(x\geqslant x_p) \tag{10-21}$$

当 $x<x_p$ 时取特解项为零。

（2）集中力偶 m_i 作用下的特解项。由 P_i 作用下特解项的推导结果可知，挠度附加项形式与初参数 Q_0 作用下的挠度相同，只是坐标起点与符号不同。同理，在集中力偶 m_i 作用下挠度附加项与初参数 M_0 作用下挠度也具有相同的形式，如图 10－6 所示，$M_0=m_i$，故有

$$\left.\begin{aligned}\Delta y_m &= -\frac{2\alpha^2m_i}{bK}\varphi_{3\alpha(x-x_m)}\\ \Delta\theta_m &= -m_i\frac{2\alpha^3}{bK}\varphi_{2\alpha(x-x_m)}\\ \Delta M_m &= m_i\varphi_{1\alpha(x-x_m)}\\ \Delta Q_m &= -m_i\alpha\varphi_{4\alpha(x-x_m)}\end{aligned}\right\}(x\geqslant x_m) \tag{10-22}$$

当 $x<x_m$ 时取特解项为零。

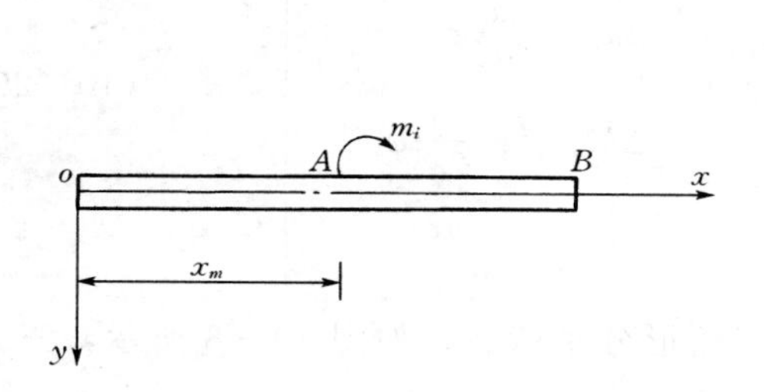

图 10－6　集中力偶作用于地基梁

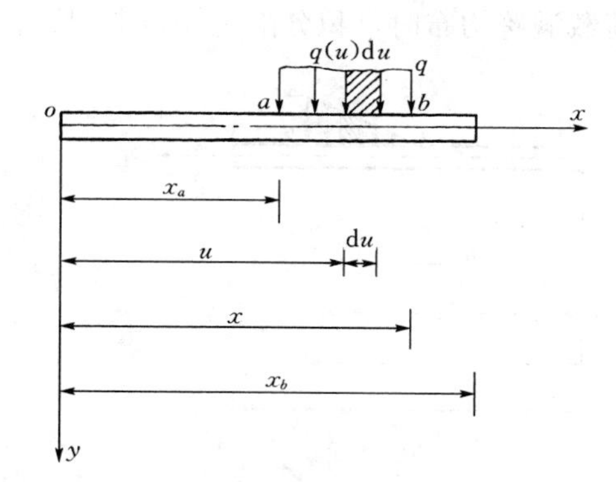

图 10－7　分布荷载作用于地基梁

2. 分布荷载作用下的特解项

分布荷载可分解成多个集中力，按集中力求特解项，为此，在 x 截面左边，离端点的距离为 u 处取微段 du，微段上荷载为 qdu，此微荷载在它右边的截面 x 处引起的挠度特解项为（图 10－7）

$$\mathrm{d}y_q=\frac{\alpha q\,\mathrm{d}u}{bK}\varphi_{4\alpha(x-u)}$$

而 x 截面以左所有荷载引起的特解项为

$$\Delta y_q = \int_{x_a}^{x} \frac{\alpha q}{bK} \varphi_{4\alpha(x-u)} \mathrm{d}u \tag{10-23}$$

下面讨论分布荷载的几种特殊情况。

(1) 均布荷载。如图 10-7，荷载均布于 ab 段，对于 oa 段显然没有附加项，当 $x_a \leqslant x \leqslant x_b$ 时，积分限是$[x_a, x]$，由式 (10-23) 及式 (10-5) 有

$$\left.\begin{aligned}
\Delta y_q &= \frac{q}{bK}\left[1 - \varphi_{1\alpha(x-x_a)}\right] \\
\Delta \theta_q &= \frac{q\alpha}{bK}\varphi_{4\alpha(x-x_a)} \\
\Delta M_q &= -\frac{q}{2\alpha^2}\varphi_{2\alpha(x-x_a)} \\
\Delta Q_q &= -\frac{q}{2\alpha}\varphi_{2\alpha(x-x_a)}
\end{aligned}\right\} \tag{10-24}$$

当 $x \geqslant x_b$ 时，积分限是$[x_a, x_b]$，由式 (10-23) 及式 (10-5) 有

$$\left.\begin{aligned}
\Delta y_q &= \frac{q}{bK}\left[\varphi_{1\alpha(x-x_b)} - \varphi_{1\alpha(x-x_a)}\right] \\
\Delta \theta_q &= -\frac{\alpha q}{bK}\left[\varphi_{4\alpha(x-x_b)} - \varphi_{4\alpha(x-x_a)}\right] \\
\Delta M_q &= \frac{q}{2\alpha^2}\left[\varphi_{3\alpha(x-x_b)} - \varphi_{3\alpha(x-x_a)}\right] \\
\Delta Q_q &= \frac{q}{2\alpha}\left[\varphi_{2\alpha(x-x_b)} - \varphi_{2\alpha(x-x_a)}\right]
\end{aligned}\right\} \tag{10-25}$$

当荷载满跨均布时，积分限是$[0, x]$，故有

$$\left.\begin{aligned}
\Delta y_q &= \frac{q}{bK}(1 - \varphi_1) \\
\Delta \theta_q &= \frac{\alpha q}{bK}\varphi_4 \\
\Delta M_q &= -\frac{q}{2\alpha^2}\varphi_3 \\
\Delta Q_q &= -\frac{q}{2\alpha}\varphi_2
\end{aligned}\right\} \tag{10-26}$$

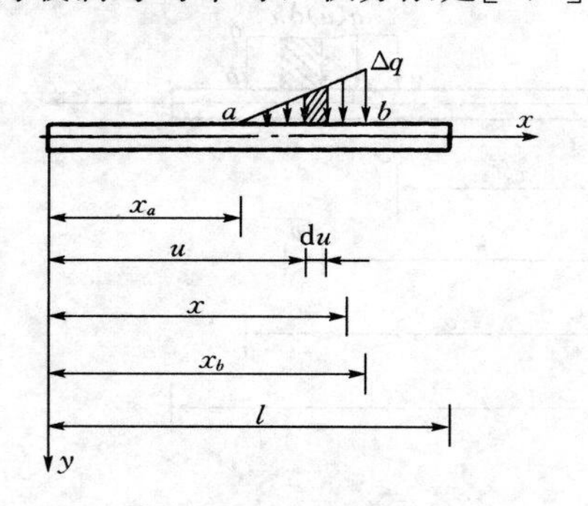

图 10-8　三角形荷载作用于地基梁

(2) 三角形分布荷载。如图 10-8 所示，三角形荷载分布于 ab 段，有

$$\Delta q_u = \frac{u - x_a}{x_b - x_a}\Delta q$$

微段 $\mathrm{d}u$ 上荷载引起的挠度附加项为

$$\Delta y_{\Delta q} = \int_{x_a}^{x} \frac{\alpha \Delta q u}{bK} \varphi_{4\alpha(x-u)} \mathrm{d}u \tag{10-27}$$

当 $x_a \leqslant x \leqslant x_b$ 时，积分限为$[x_a, x]$，由式 (10-27) 及式 (10-5) 得

$$\left.\begin{aligned}\Delta y_{\Delta q}&=\frac{\Delta q}{K(x_b-x_a)}\left[(x-x_a)-\frac{1}{2\alpha}\varphi_{2\alpha(x-x_a)}\right]\\\Delta\theta_{\Delta q}&=\frac{\Delta q}{x_b-x_a}\frac{1}{bK}[1-\varphi_{1\alpha(x-x_a)}]\\\Delta M_{\Delta q}&=-\frac{\Delta q}{x_b-x_a}\frac{1}{4\alpha^3}\varphi_{4\alpha(x-x_a)}\\\Delta Q_{\Delta q}&=-\frac{\Delta q}{x_b-x_a}\frac{1}{2\alpha^2}\varphi_{3\alpha(x-x_a)}\end{aligned}\right\}\qquad(10-28)$$

当 $x\geqslant x_b$ 时，积分限是 $[x_a,\ x_b]$，同理得

$$\left.\begin{aligned}\Delta y_{\Delta q}&=\frac{\Delta q}{K(x_b-x_a)}\left\{(x_b-x_a)\varphi_{1\alpha(x-x_b)}+\frac{1}{2\alpha}[\varphi_{2\alpha(x-x_b)}-\varphi_{2\alpha(x-x_a)}]\right\}\\\Delta\theta_{\Delta q}&=-\frac{\alpha\Delta q}{K(x_b-x_a)}\left\{(x_b-x_a)\varphi_{4\alpha(x-x_b)}-\frac{1}{\alpha}[\varphi_{1\alpha(x-x_b)}-\varphi_{1\alpha(x-x_a)}]\right\}\\\Delta M_{\Delta q}&=\frac{\Delta q}{2\alpha^2(x_b-x_a)}\left\{(x_b-x_a)\varphi_{3\alpha(x-x_b)}+\frac{1}{2\alpha}[\varphi_{4\alpha(x-x_b)}-\varphi_{4\alpha(x-x_a)}]\right\}\\\Delta Q_{\Delta q}&=\frac{\Delta q}{2\alpha(x_b-x_a)}\left\{(x_b-x_a)\varphi_{2\alpha(x-x_b)}+\frac{1}{\alpha}[\varphi_{3\alpha(x-x_b)}-\varphi_{3\alpha(x-x_a)}]\right\}\end{aligned}\right\}\qquad(10-29)$$

当三角形荷载布满全跨时，积分限是 $[0,\ x]$ 有

$$\left.\begin{aligned}\Delta y_{\Delta q}&=\frac{\Delta q}{bKl}\left(x-\frac{1}{2\alpha}\varphi_2\right)\\\Delta\theta_{\Delta q}&=\frac{\Delta q}{bKl}(1-\varphi_1)\\\Delta M_{\Delta q}&=-\frac{\Delta q}{4\alpha^3 l}\varphi_4\\\Delta Q_{\Delta q}&=-\frac{\Delta q}{2\alpha^2 l}\varphi_3\end{aligned}\right\}\qquad(10-30)$$

(3) 梁全跨布满梯形荷载的特解项。如图 10－9 所示的地基梁在梯形荷载作用下的特解项只须把式（10－26）与式（10－30）两式叠加即可。

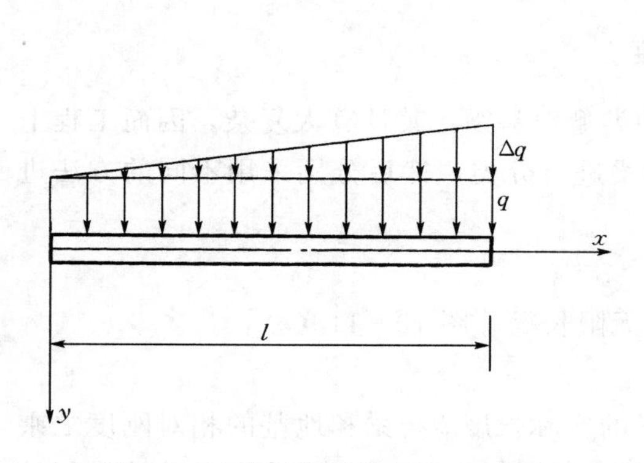

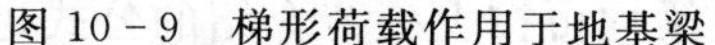
图 10－9　梯形荷载作用于地基梁

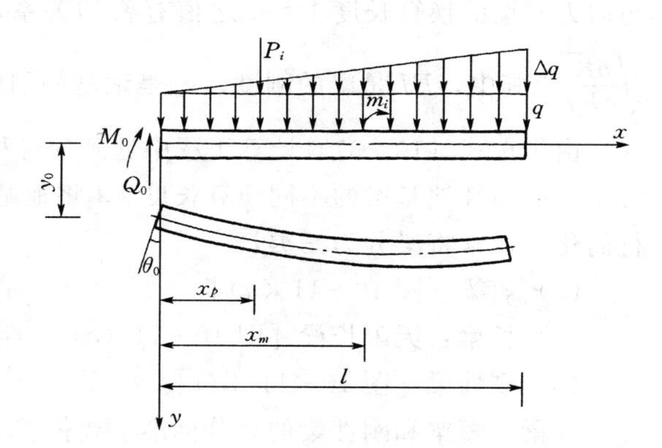

图 10－10　综合荷载作用于地基梁

3. 弹性地基梁在 y_0、θ_0、M_0、Q_0、P_i、m_i、q、Δq 共同作用下挠曲微分方程的通解

如图 10－10 所示的弹性地基梁，同时作用有集中力、力偶、均布载、三角载时，综

合各种荷载的影响，就可得出挠度的一般公式，进行微分运算后，还可得出转角、弯矩及剪力的一般公式，即

$$\left.\begin{aligned}
y &= y_0\varphi_1+\frac{\theta_0}{2\alpha}\varphi_2-\frac{2\alpha^2M_0}{bK}\varphi_3-\frac{\alpha Q_0}{bK}\varphi_4+\frac{\alpha P_i}{bK}\varphi_{4\alpha(x-x_p)}\\
&\quad-\frac{2\alpha^2m_i}{bK}\varphi_{3\alpha(x-x_m)}+\frac{q}{bK}(1-\varphi_1)+\frac{\Delta q}{bKl}\left(x-\frac{1}{2\alpha}\varphi_2\right)\\
\theta &= -\alpha y_0\varphi_4+\theta_0\varphi_1-\frac{2\alpha^3M_0}{bK}\varphi_2-\frac{2\alpha^2Q_0}{bK}\varphi_3+\frac{2\alpha^2}{bK}P_i\varphi_{3\alpha(x-x_p)}\\
&\quad-\frac{2\alpha^3m_i}{bK}\varphi_{2\alpha(x-x_m)}+\frac{\alpha q}{bK}\varphi_4+\frac{\Delta q}{bKl}(1-\varphi_1)\\
M &= \frac{bKy_0}{2\alpha^2}\varphi_3+\frac{bK\theta_0}{4\alpha^3}\varphi_4+M_0\varphi_1+\frac{Q_0}{2\alpha}\varphi_2-\frac{p_i}{2\alpha}\varphi_{2\alpha(x-x_p)}\\
&\quad+m_i\varphi_{i\alpha(x-x_m)}-\frac{q}{2\alpha^2}\varphi_3-\frac{\Delta q}{4\alpha^3l}\varphi_4\\
Q &= \frac{bKy_0}{2\alpha}\varphi_2+\frac{bK\theta_0}{2\alpha^2}\varphi_3-\alpha M_0\varphi_4+Q_0\varphi_1-P_i\varphi_{1\alpha(x-x_p)}\\
&\quad-\alpha m_i\varphi_{4\alpha(x-x_m)}-\frac{q}{2\alpha}\varphi_2-\frac{\Delta q}{2\alpha^2l}\varphi_3
\end{aligned}\right\}\qquad(10-31)$$

式（10－31）中，当 $x<x_p$，$x<x_m$ 时，P_i，m_i 项取值为零。

第四节　弹性地基短梁、长梁及刚性梁

一、弹性地基梁的分类

实际工程中遇到的各种几何尺寸及弹性特征值的地基梁，经计算比较表明，梁的变形与内力和梁的换算长度 $\lambda=\alpha l$ 之值有密切关系，λ 的大小决定于地基梁的相对刚度。$\alpha=\sqrt{\frac{bK}{4EI}}$，其中，$EI$ 是梁的刚度，K 是地基的刚度。

由于按式（10－31）计算工程中遇到的各种类型地基梁，其计算太复杂，因而工程上常常按照弹性地基梁的不同换算长度 λ，将地基梁进行分类，然后分别采用不同的方法进行简化。通常将梁分为三类：

（1）短梁［图 10－11（a）］。

（2）长梁：无限长梁［图 10－11（b）］、半无限长梁［图 10－11（c）］。

（3）刚性梁［图 10－11（d）］。

长梁、短梁和刚性梁的划分标准主要依据梁的实际长度 l 与梁和地基的相对刚度之乘积，划分的目的是为了简化计算。事实上，长梁和刚性梁均可按上一节介绍的公式进行计算，但长梁、刚性梁与短梁相比有其自身的一些特点，较短梁相比，计算可以进一步简化。

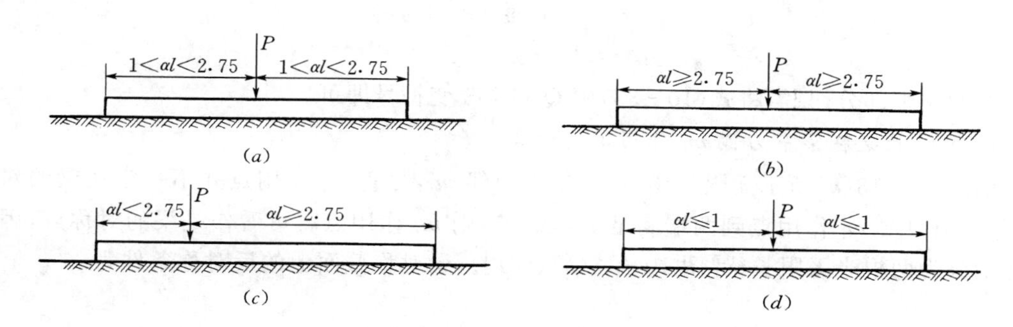

图 10-11　弹性地基梁的分类

(a) 短梁；(b) 无限长梁；(c) 半无限长梁；(d) 刚性梁

二、长梁的计算

1. 无限长梁作用集中力 P_i 的计算

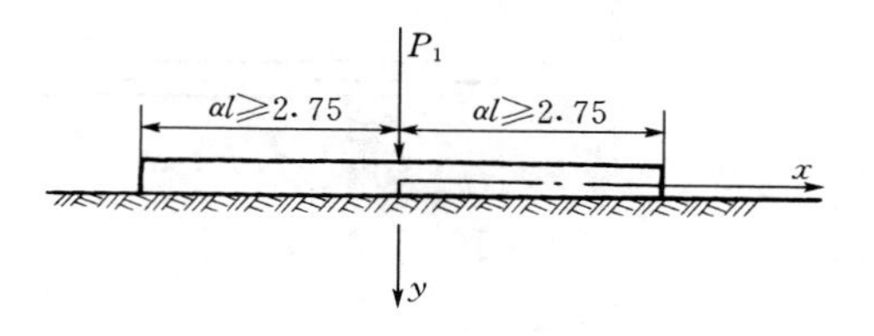

图 10-12　无限长梁作用集中力的计算

如图 10-12 所示，梁上作用有集中力 P_i，由于 P_i 力作用点至梁两端点均满足 $\alpha l \geqslant 2.75$，故把梁看作无限长梁。又因梁上分布载 $q(x)=0$，为便于分析，现采用梁挠曲方程齐次解式的形式，即

$$y = e^{\alpha x}(A_1\cos\alpha x + A_2\sin\alpha x) + e^{-\alpha x}(A_3\cos\alpha x + A_4\sin\alpha x)$$

由条件 $y|_{x\to\infty}=0$ 有：$A_1=A_2=0$；又由对称条件知：$\theta=\left.\dfrac{dy}{dx}\right|_{x=0}=0$，故 $A_3=A_4=A$；考虑地基反力 Ky 与外载 P_i 的平衡条件

$$2KbA\int_0^{\infty} e^{-\alpha x}(\cos\alpha x + \sin\alpha x)dx = P_i$$

$$A = \frac{P_i\alpha}{2Kb}$$

式 (10-10) 可写为

$$y = \frac{P_i\alpha}{2Kb}e^{-\alpha x}(\cos\alpha x + \sin\alpha x) \tag{10-32}$$

最后可得无限长梁右半部分的挠度、转角、弯矩及剪力

$$\left.\begin{aligned} y &= \frac{\alpha P_i}{2bK}\varphi_7 \\ \theta &= -\frac{\alpha^2 P_i}{bK}\varphi_8 \\ M &= \frac{P_i}{4\alpha}\varphi_5 \\ Q &= -\frac{P_i}{2}\varphi_6 \end{aligned}\right\} \tag{10-33}$$

其中

$$\varphi_5 = e^{-\alpha x}(\cos\alpha x - \sin\alpha x)$$

$$\varphi_6 = e^{-\alpha x}\cos\alpha x$$

$$\varphi_7 = e^{-\alpha x}(\cos\alpha x + \sin\alpha x)$$

$$\varphi_8 = e^{-\alpha x}\sin\alpha x$$

对于梁的左半部分，只需将式(10－33)中 Q 和 θ 改变符号即可。

2. 无限长梁在集中力偶 m_i 作用下的计算

如图 10－13(a)所示无限长梁，作用集中力偶 m_i，尽管 m_i 作用点并不一定在梁的对称截面上，但只要 m_i 作用点到两端满足 $\alpha l \geqslant 2.75$，则 m_i 作用点就可看作是梁的对称点，因而可把梁分为两根半无限长梁[图 10－13(b)、(c)]。梁对称截面上的反对称条件为

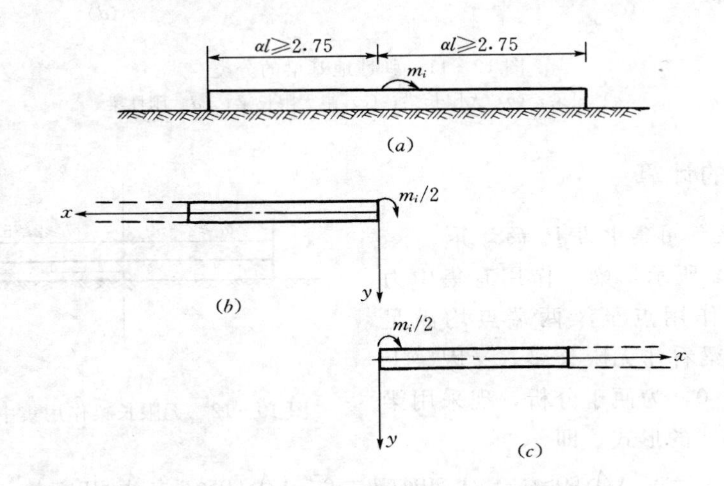

图 10－13　无限长梁作用集中力偶的计算

$$y|_{x=0} = 0$$

$$M|_{x=0} = \frac{m_i}{2}$$

代入式（10－10）得 $A_1 = A_2 = A_3 = 0$ 及 $A_4 = \frac{\alpha^2 m_i}{bK}$，最后得无限长梁右半部分的变形及内力为

$$\left.\begin{aligned} y &= \frac{\alpha^2 m_i}{bK}\varphi_8 \\ \theta &= \frac{\alpha^3 m_i}{bK}\varphi_5 \\ M &= \frac{m_i}{2}\varphi_6 \\ Q &= -\frac{\alpha m_i}{2}\varphi_7 \end{aligned}\right\} \tag{10-34}$$

对于左半部分，只需将上式中 y 及 M 变号即可。

3. 半无限长梁作用初参数的计算

如图 10－14 所示的半无限长梁，梁端作用有初参数，因 $q(x)=0$，故可借助挠曲方程齐次解的结果，为了方便分析，采用式（10－11）的形式

$$y = (B_1\text{ch}\alpha x + B_3\text{sh}\alpha x)\cos\alpha x + (B_2\text{ch}\alpha x + B_4\text{sh}\alpha x)\sin\alpha x$$

由 $y|_{x\to\infty}=0$ 代入上式得

$$B_1\text{ch}\alpha x + B_3\text{sh}\alpha x = 0$$
$$B_2\text{ch}\alpha x + B_4\text{sh}\alpha x = 0$$

故有 $$B_1 = -B_3,\ B_2 = -B_4$$

再由 $M|_{x=0}=M_0, Q|_{x=0}=Q_0$ 得

$$B_1 = -\frac{Q_0}{2EI\alpha^3} - \frac{M_0}{2EI\alpha^2}$$
$$B_2 = \frac{M_0}{2EI\alpha^2}$$

最后得

$$\left.\begin{aligned} y &= \frac{2\alpha}{bK}(-Q_0\varphi_6 - M_0\alpha\varphi_5)\\ \theta &= \frac{2\alpha^2}{K}(Q_0\varphi_7 + 2M_0\alpha\varphi_6)\\ M &= \frac{1}{\alpha}(Q_0\varphi_8 + M_0\alpha\varphi_7)\\ Q &= Q_0\varphi_5 - 2\alpha M_0\varphi_8 \end{aligned}\right\} \quad (10-35)$$

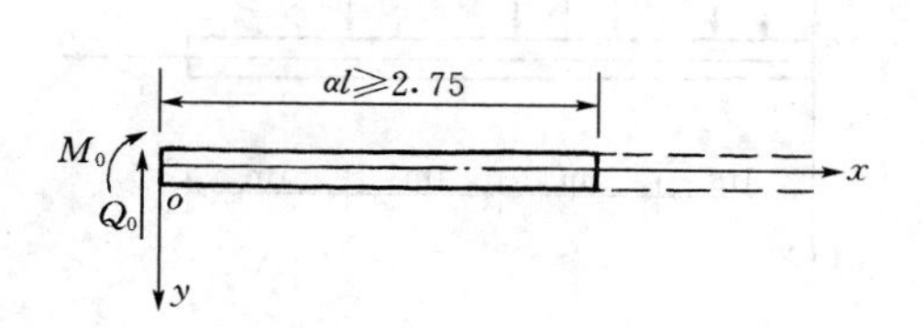

图 10-14　半无限长梁作用的初参数

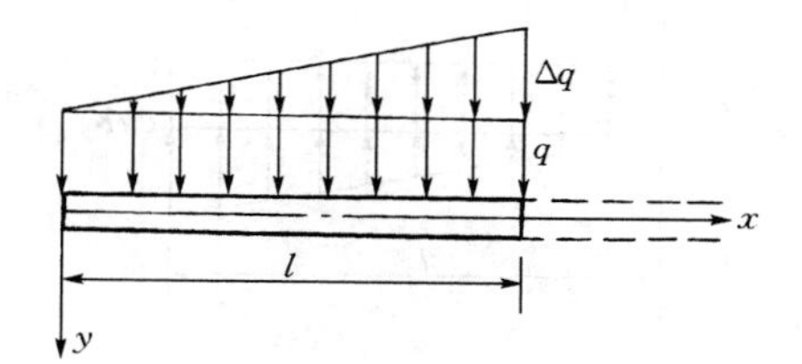

图 10-15　梯形荷载作用于半无限长梁

如梁端作用有初参数 y_0、θ_0，则可得 y_0、θ_0 与 M_0、Q_0 之间的关系为

$$y_0 = -\frac{2\alpha}{bK}(Q_0 + \alpha M_0)$$
$$\theta_0 = \frac{2\alpha^2}{bK}(Q_0 + 2\alpha M_0)$$

4. 半无限长梁在梯形荷载作用下的计算

如图 10-15 所示的半无限长梁，作用分布载 q、Δq，其挠曲方程为式（10-7）。容易验证，$y=\frac{q(x)}{bK}$是式（10-7）的一个特解，故在梯形分布荷载作用下半无限长梁任一截面的变形与内力为

$$\left.\begin{aligned} y &= \frac{q}{bK} + \frac{x}{bKl\Delta q}\\ \theta &= \frac{\Delta q}{bKl}\\ M &= 0\\ Q &= 0 \end{aligned}\right\} \quad (10-36)$$

三、刚性梁的计算

如图 10-16 所示的刚性梁，梁端作用有初参数 y_0 和 θ_0，并有梯形分布的荷载作用，显然，地基反力也呈梯形分布，按静定梁的平衡条件，可得刚性梁的变形与内力为

$$
\begin{aligned}
y &= y_0 + \theta_0 x \\
\theta &= \theta_0 \\
M &= K y_0 \frac{1}{2}x^2 + \frac{K}{6}\theta_0 x^3 - \frac{qx^2}{2} - \frac{\Delta q}{6l}x^3 \\
Q &= x y_0 K + \frac{1}{2}x^2 K\theta_0 - qx - \frac{\Delta q}{2l}x
\end{aligned}
\tag{10-37}
$$

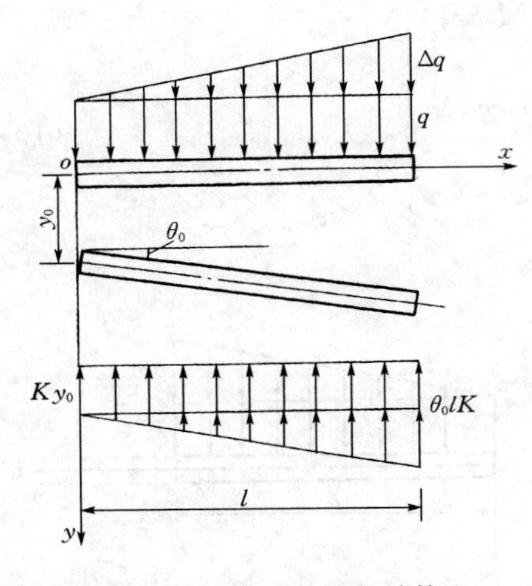

图 10-16　刚性梁的计算

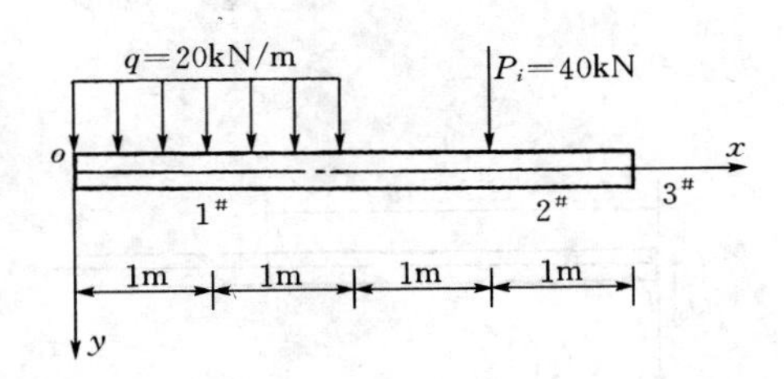

图 10-17　弹性地基梁算例

四、弹性地基梁的算例

【例 1】　如图 10-17 所示，两端自由的弹性地基梁，长 $l=4\text{m}$，宽 $b=0.2\text{m}$，$EI=1333\times10^3\text{N}\cdot\text{m}^2$，地基的弹性压缩系数 $K=4\times10^4\text{kPa/m}$，求梁 1、2 及 3 截面的弯矩。

解：（1）判断梁的类型

$$\alpha=\sqrt[4]{\frac{bK}{4EI}}=1.1067(1/\text{m})$$

考虑 P_i 集中载距右端为 1m，$\alpha l<2.75$，故属短梁。

（2）计算初参数

梁左端条件 $\begin{cases} M_0=0 \\ Q_0=0 \end{cases}$

梁右端条件 $\begin{cases} M_l=0 \\ Q_l=0 \end{cases}$

据式(10-31)中 M、Q 表达式为

$$M_l = \frac{bK}{2\alpha^2}y_0\varphi_{3(\alpha l)} + \frac{bK}{4\alpha^3}\theta_0\varphi_{4(\alpha l)} - \frac{P_i}{2\alpha}\varphi_{2\alpha(l-3)} + \frac{q}{2\alpha^2}[\varphi_{3\alpha(l-2)} - \varphi_{3\alpha(l-0)}] = 0$$

$$Q_l = \frac{bK}{2\alpha}y_0\varphi_{2(\alpha l)} + \frac{bK}{2\alpha^2}\theta_0\varphi_{3(\alpha l)} - P_i\varphi_{1\alpha(l-3)} + \frac{q}{2\alpha}[\varphi_{2\alpha(l-2)} - \varphi_{2\alpha(l-0)}] = 0$$

将各数值代入后得

$$-32238y_0 - 10343\theta_0 + 78.492 = 0$$

$$-41601y_0 - 29130\theta_0 + 99.412 = 0$$

解之得

$$\begin{cases} y_0 = 2.4729\times10^{-3}(\text{m}) \\ \theta_0 = -1.1891\times10^{-4}(\text{rad}) \end{cases}$$

（3）计算各截面的弯矩

$$M_{1\#} = \frac{bK}{2\alpha^2}y_0\varphi_{3(\alpha\cdot1)} + \frac{bK}{4\alpha_3}\theta_0\varphi_{4(\alpha\cdot1)} - \frac{q}{2\alpha^2}\varphi_{3\alpha(1-0)} = -266(\text{N}\cdot\text{m})$$

$$M_{2\#} = \frac{bK}{2\alpha^2}y_0\varphi_{3(\alpha\cdot3)} + \frac{bK}{4\alpha^3}\theta_0\varphi_{4(\alpha\cdot3)} - \frac{P_i}{2\alpha}\varphi_{2\alpha(3-3)} + \frac{q}{2\alpha^2}[\varphi_{3\alpha(3-2)} - \varphi_{3\alpha(3-0)}] = 8135(\text{N}\cdot\text{m})$$

$$M_{3\#} = \frac{bK}{2\alpha^2}y_0\varphi_{3(\alpha\cdot4)} + \frac{bK}{4\alpha^3}\theta_0\varphi_{4(\alpha\cdot4)} - \frac{P_i}{2\alpha}\varphi_{2\alpha(4-3)} + \frac{q}{2\alpha^2}[\varphi_{3\alpha(4-2)} - \varphi_{3\alpha(4-0)}] = 0$$

【例 2】 已知弹性地基梁 DE，长度 l 及弹性特征系数 α 为已知，作用荷载如图 10－18 所示，如果 $\alpha l_{\overline{DA}}$ 与 $\alpha l_{\overline{CE}}$ 均≥2.75，试求 i 截面的挠度 y_i、转角 θ_i、弯矩 M_i 及剪力 Q_i。

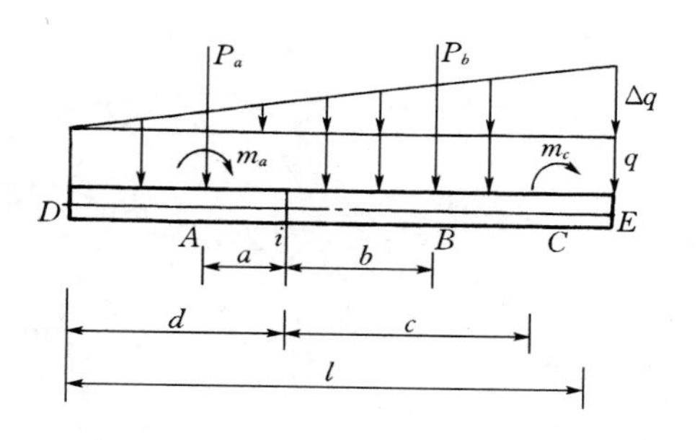

图 10－18　无限长地基梁算例

解：（1）由于 $\alpha l_{\overline{DA}}\geqslant2.75$ 及 $\alpha l_{\overline{CE}}\geqslant2.75$，故为无限长梁。

（2）求出每一荷载单独作用下地基梁的内力和变形，然后再叠加得出地基梁总内力和总变形。应当注意，对于集中力作用情况，要分清所求截面是作用点左边，还是右边，如所求截面在作用点左边，则需将所求得的相应项改变符号。

由式（10－33）和式（10－34）得

$$y_i = \frac{\alpha P_a}{2bK}\varphi_{7(\alpha\cdot a)} + \frac{\alpha^2 m_a}{bK}\varphi_8(\alpha\cdot a) + \frac{\alpha P_b}{2bK}\varphi_{7(\alpha\cdot b)} - \frac{m_c\alpha^2}{bK}\varphi_{8(\alpha\cdot c)} + \frac{q}{bK} + \frac{\Delta q}{bKl}d$$

$$\theta_i = -\frac{\alpha^2 P_a}{bK}\varphi_{8(\alpha\cdot a)} + \frac{\alpha^3 m_a}{bK}\varphi_{5(\alpha\cdot a)} + \frac{\alpha^2 P_b}{bK}\varphi_{8(\alpha\cdot b)} + \frac{\alpha^3 m_c}{bK}\varphi_{5(\alpha\cdot c)} + \frac{\Delta q}{bKl}$$

$$M_i = \frac{P_a}{4\alpha}\varphi_{5(\alpha\cdot a)} + \frac{m_a}{2}\varphi_{6(\alpha\cdot a)} + \frac{P_b}{4\alpha}\varphi_{5(\alpha\cdot b)} - \frac{m_c}{2}\varphi_{6(\alpha\cdot c)}$$

$$Q_i = -\frac{P_a}{2}\varphi_{6(\alpha\cdot a)} - \frac{m_a\alpha}{2}\varphi_{7(\alpha\cdot a)} + \frac{P_b}{2}\varphi_{6(\alpha\cdot b)} - \frac{\alpha m_c}{2}\varphi_{7(\alpha\cdot c)}$$

第十一章　半被覆结构的计算

半被覆结构，一般指地下洞室开挖后，只在拱部构筑拱圈，而侧壁不构筑侧墙（或只砌筑构造墙）的结构。这种结构适用于洞库跨度比较大的情况，一般修建在地层岩石比较稳定、完整性较好的岩层中。

第一节　作用在被覆结构上的荷载

一、荷载的分类

地下结构所承受的荷载，按其作用特点及其使用中可能出现的情况分为以下三类，即主要荷载，附加荷载和特殊荷载。

（1）主要荷载。长期及经常作用的荷载。其中，主要包括：结构自重；回填土层重量；围岩压力；弹性抗力；地下水静水压力和使用荷载。围岩压力是衬砌承受的主要静荷载，也是本节研究的主要内容。弹性抗力是地下结构所特有的一种被动荷载。使用荷载是在使用过程中，作用在衬砌上的荷载，如吊车荷载、设备重量、地下储油库的油压力、车辆、人员等荷重。

（2）附加荷载。非经常作用的荷载。这类荷载包括：灌浆压力；落石荷载；由温度变化或因混凝土收缩所产生的温差应力与收缩应力和施工荷载。如盾构法施工时千斤顶的作用力，装配式衬砌在施工过程中吊装机械的作用力等都属于施工荷载。施工荷载要根据实际情况确定。

（3）特殊荷载。是指偶然可能发生的荷载，如地震力或战时发生的武器动荷载等。

二、荷载的组合

对于一个特定的地下建筑结构，上述几种荷载不一定都存在，也不可能同时作用在某衬砌上。设计中应根据实际可能出现的情况进行荷载组合。所谓荷载组合，即是将有可能同时作用在衬砌上的荷载进行编组，并取其最不利者作为设计荷载，求得最危险截面中所产生的最大内力值，作为选择截面时的依据。

设计中需要考虑那几种组合，这要根据各种荷载可能出现的情况及其影响程度，以及所设计的地下结构的防护等级要求来定。一般来说，主洞室仅考虑主要荷载，包括围岩压力、回填层重量、衬砌自重以及使用荷载等。有防护要求的口部，其荷载按有关规定考虑，与地震荷载组合时，可参照有关抗震设计的具体规定。

三、围岩压力的简化计算图形

在设计衬砌结构时，我们必须将围岩压力进行简化，使得围岩压力以某几种形式作用到衬砌结构上。围岩压力从衬砌结构横断面上来看，按其作用方向的部位不同可以分为：垂直围岩压力、侧向围岩压力和底部围岩压力（图 11－1）。

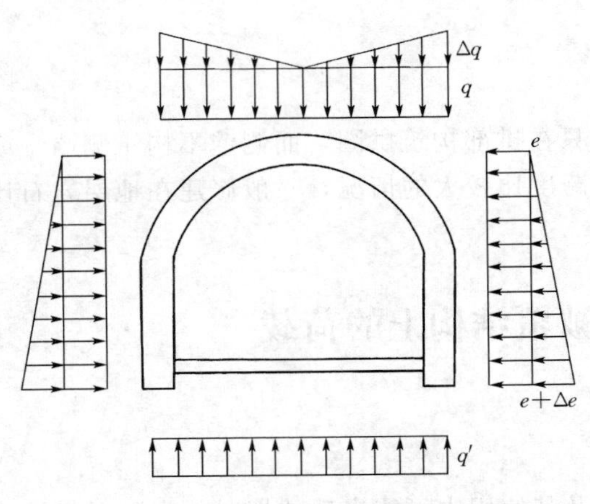

图 11－1 围岩压力的简化计算图形

洞库开挖后，洞顶一部分岩石要坍落，坍落岩石作用在结构上的荷载即为垂直围岩压力，以梯形分布形式作用在拱圈上。洞库侧面的岩石有向下滑动的趋势，滑移结果将挤压侧壁，这就产生了侧向围岩压力，也以梯形分布的形式作用在侧墙和拱圈上。当洞库置于松软地层（如黏土、砂及淤泥等），洞库底板会向上"隆起"，产生"隆起压力"，即底部围岩压力，按均布形式作用在底板上。由于洞库一般都置于较好的地层中，故一般情况下不需考虑底部围岩压力。

四、围岩压力的确定方法

现有国内外围岩分级及围岩压力计算公式较多，下面介绍三种方法。

(一) 应用综合经验公式确定围岩压力

综合经验公式是根据我国地下工程的建设经验，并参照国内各部门现行的围岩分级及围岩压力计算公式加以类比归纳得出的。

综合经验公式确定围岩压力的原则及方法是：

(1) 确定围岩压力时，应综合考虑地质条件、地形条件、洞室埋深、洞室形状及尺寸、施工方法及相邻洞室的间距等因素的影响。

(2) 稳定的围岩可不考虑围岩压力，衬砌仅按维护结构设计。

(3) 基本稳定的围岩，考虑松动岩块局部掉落，设计时以局部加固处理为主，落石位置和大小由地质人员提供。衬砌设计时，可根据具体情况考虑围岩压力。

(4) 稳定性较差和不稳定围岩的中小跨度洞室（<15m），可参照下述综合经验公式确定围岩压力。

1) 围岩垂直压力的计算。围岩垂直压力的综合经验公式为

$$q = 10N_0K_L\gamma \tag{11-1}$$

式中 q——围岩垂直均布压力，kPa；

K_L——跨度修正系数，$K_L=\frac{l_m}{6}$，l_m 为洞库跨度，m；

γ——围岩容重，kN/m^3；

N_0——围岩压力基本值，即毛洞跨度为6m时等效的围岩塌落高度（m），对不同的围岩级别，N_0的取值为

Ⅰ级围岩：$N_0=0.5\sim1.1$m（一般取0.7～0.8m）

Ⅱ级围岩：$N_0=1.1\sim2.5$m（一般取1.4～1.6m）

Ⅲ级围岩：$N_0=2.5\sim6$m（一般取4.0～4.5m）

N_0值还可根据以下情况予以调整：

(a) 当岩体结构整体性较好者取小值，结构面较发育者取大值；结构面多数呈闭合型或干燥者取小值，夹泥充水者取大值；软弱结构面与洞表面的空间组合对岩体稳定性影响小者取小值，反之取大值。

(b) 如施工能及时支护者取小值；爆破震动大，不及时支护者取大值。

(c) 对于Ⅲ级围岩，在各种不利组合情况下，取$N_0>6$m。

2）围岩水平均布压力的计算。根据实测结果，围岩水平均布压力e为

$$\left.\begin{aligned}&\text{Ⅲ 级围岩}:e=(0\sim0.15)q\\&\text{Ⅳ 级围岩}:e=(0.1\sim0.4)q\\&\text{Ⅴ 级围岩}:e=(0.4\sim0.7)q\end{aligned}\right\}\tag{11-2}$$

3）适用条件。本方法原则上适用于稳定性较差或不稳定的Ⅲ～Ⅴ级围岩的压力计算，其洞室跨度不应超过15m且满足$\frac{h_m}{l_m}<1.5$的条件。其中h_m是洞室边墙高度，l_m是毛洞跨度。当$l_m>15$m时，此法仅作为分析比较的参考，应以现场实测为主。

综合经验公式作为岩石地下建筑结构围岩压力的计算公式，吸取了以往地下建筑中按普氏理论计算围岩压力，在工程地质条件好时偏大，坏时偏小的经验；考虑了围岩压力的基本值随跨度的增加而增加的合理性；同时，能按具体的工程地质状况有适当调整的余地。公式本身形式简单，系数较少，运用方便。但由于过去地下工程的实测工作做得不够，往往以定性经验积累为主，因而综合经验公式虽有实用价值，但随着理论研究和实测技术的发展，尚有待提高。

（二）直接荷载确定法

直接荷载确定法，即为我国铁道部《铁路隧道设计规范》（TB 10003—2005）（以下简称《规范》）推荐的计算隧道围岩压力的方法。《规范》将围岩分成六级，它是根据一百余座铁路隧道的400多个坍方调查资料，以工程类比为基础，提出了直接荷载确定法。

1. 围岩垂直均布压力

围岩垂直均布压力按式（11-3）计算

$$q=0.45\times2^{s-1}\gamma\omega\ (\text{kPa})\tag{11-3}$$

其中

$$\omega=1+i(l_m-5)$$

式中　s——围岩级别，例如Ⅳ级围岩，则$s=4$；

γ——围岩容重，kN/m^3；

ω——跨度影响系数；

l_m——毛洞跨度，m；

i——以 $l_m=5$m 的围岩垂直均布压力为准，当 l_m 每增减 1m 时的围岩压力增减率，当 $l_m<5$m 时取 $i=0.2$，$l_m=5\sim15$m 时取 $i=0.1$，$l_m>15$m 时，i 可参照 0.1 采用。

公式（11－3）适用于下列条件：

1）$\frac{H_m}{l_m}<1.7$，其中 H_m 为毛洞高度，m。

2）深埋隧道。

3）不产生显著偏压力及膨胀压力的一般围岩。

4）采用矿山法施工的隧道。

2. 围岩水平压力的确定

围岩水平压力 e 按表 11－1 经验公式计算，其适用条件同式（11－3）。

表 11－1　　围岩水平均布压力　　单位：kPa

围岩级别	Ⅰ～Ⅱ	Ⅲ	Ⅳ	Ⅴ	Ⅵ
水平均布压力 e	0	$<0.15q$	$(0.15\sim0.30)q$	$(0.30\sim0.50)q$	$(0.50\sim1.00)q$

表中 q 见式（11－3）。

在确定围岩水平压力时，主要考虑以下几点：

（1）Ⅰ～Ⅱ级围岩，因围岩稳定，围岩水平压力很难出现，即使有也是由于局部岩块松动引起，故一般可不考虑围岩水平压力。

（2）Ⅲ～Ⅳ级围岩，主要产生围岩垂直压力，因洞室侧壁较稳定，故水平压力通常不会太大。但这两类围岩中，因围岩的不均匀性和不连续性较突出，故仍可能局部出现较大的水平压力，应予注意。

（3）Ⅴ～Ⅵ级围岩，围岩水平压力比较大，对结构设计影响很大，在取值上应极为慎重，有条件时，宜进行实测。

（三）普氏地压理论

普氏地压理论在第三章中已作了简要介绍，这里不再作详细叙述。

苏联学者 M. M. 普罗托吉雅柯诺夫在 1909 年出版的《岩层作用于矿井支架的压力》一书中，创立了塌落拱（压力拱）理论（简称普氏地压理论）。20 世纪 50 年代初期，我国在地下工程设计中引进了普氏地压理论，在之后的二十余年中，普氏地压理论在我国地下工程设计中有着广泛的影响。

普氏地压理论是根据对顿巴斯矿区等矿山坑道的多年观测和在松散介质中的模型试验得出的。它有如下两个基本假定：

第一，认为由于地层中有许多节理、裂隙以及各种夹层等软弱结构面，破坏了地层的整体性，因此，整个岩体在一定程度上可视为松散体。在坚硬岩层中，岩层颗粒之间实际上存在着黏结力，为了考虑这种黏结力的影响，普氏建议加大颗粒间摩擦系数的方法予以考虑，此系数称为“似摩擦系数”。所以，普氏把所有地层（包括坚硬的、塑性的及松散

的地层）都视为具有“似摩擦系数”f_i 的松散体介质，而 f_i 即为地层坚固性系数（或普氏系数），其表达式为

$$f_i = \frac{\sigma\tan\varphi + C}{\sigma} = \frac{\tau}{\sigma} = \tan\varphi + \frac{C}{\sigma}$$

普氏建议：松散土及黏性土，$f_i \approx \tan\varphi$；岩石，$f_i \approx \frac{R_c}{10}$，$R_c$ 为岩石抗压强度（MPa）。

第二，认为洞室开挖后，由于围岩应力重分布，在洞室上方形成抛物形的压力拱，拱内土石的重量就是作用在衬砌上的围岩压力，该围岩压力与压力拱的曲线几何特征、跨度和拱高有关。

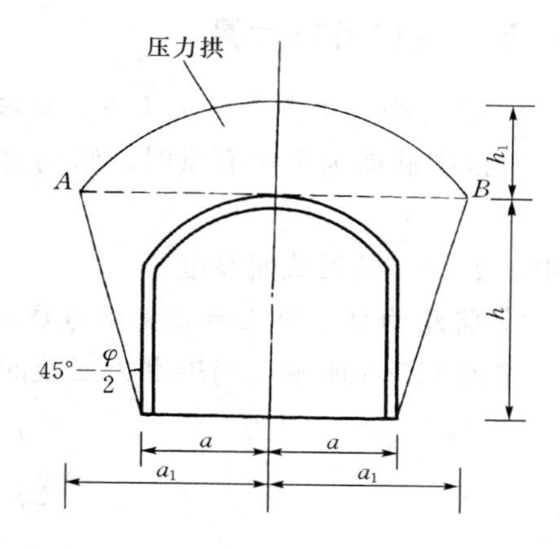

图 11－2　普氏压力拱高度计算简图

根据松散体理论，洞室开挖以后，岩层将产生如图 11－2 所示的破裂面。对于抛物形压力拱，压力拱稳定性安全系数为 2 时，压力拱高度为

$$h_1 = \frac{a_1}{f_i}\ (\text{m})$$

$$a_1 = a + h\tan\left(45° - \frac{\varphi}{2}\right)$$

式中　a——毛洞半跨，m；

h——毛洞高度，m；

a_1——压力拱半跨，m；

φ——岩石内摩擦角。

按普氏理论的第二个假定，作用在衬砌土的垂直均布压力为

$$q = \gamma h_1 (\text{kPa}) \tag{11-4}$$

式中　γ——围岩的容重，kN/m³；

h_1——压力拱高，m。

作用在衬砌上的水平围岩压力为

$$\left.\begin{aligned} e_1 &= \gamma h_1 \tan^2\left(45° - \frac{\varphi}{2}\right) \\ e_2 &= \gamma(h_1 + h)\tan^2\left(45° - \frac{\varphi}{2}\right) \end{aligned}\right\} \tag{11-5}$$

式中　e_1、e_2——洞室拱顶和底部的水平围岩压力。

普氏公式适用于深埋洞室，浅埋或明挖洞室上方岩层形不成压力拱，不能采用普氏公式。此外，凡不能形成压力拱的松软地层（$f_i<0.3$），如流砂、淤泥及饱和松散黏土层也不能采用普氏公式计算。

五、结构自重计算

1. 将衬砌结构自重简化为垂直均布荷载

当拱圈截面为等截面拱时，结构自重荷载为

$$q = \gamma d_0 \tag{11-6}$$

式中　d_0——拱顶截面厚度。

2. 将结构自重简化为垂直均布载和三角形分布载

如图 11-3 所示，当拱圈为变截面拱时，结构自重荷载可选用如下三个近似公式

$$\left.\begin{aligned} q &= \gamma d_0 \\ \Delta q &= \gamma(d_j - d_0) \end{aligned}\right\} \tag{11-7}$$

$$\left.\begin{aligned} q &= \gamma d_0 \\ \Delta q &= \gamma\left(\frac{2d_j}{\cos\varphi_j} - d_0\right) \end{aligned}\right\} \tag{11-8}$$

$$\left.\begin{aligned} q &= \gamma d_0 \\ \Delta q &= \frac{(d_0 + d_j)\varphi_j - 2d_0\sin\varphi_j}{\sin\varphi_j}\ \gamma \end{aligned}\right\} \tag{11-9}$$

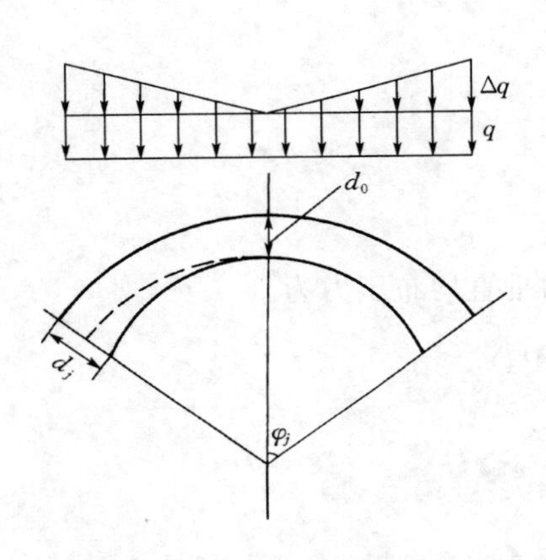

图 11-3　拱圈结构自重计算

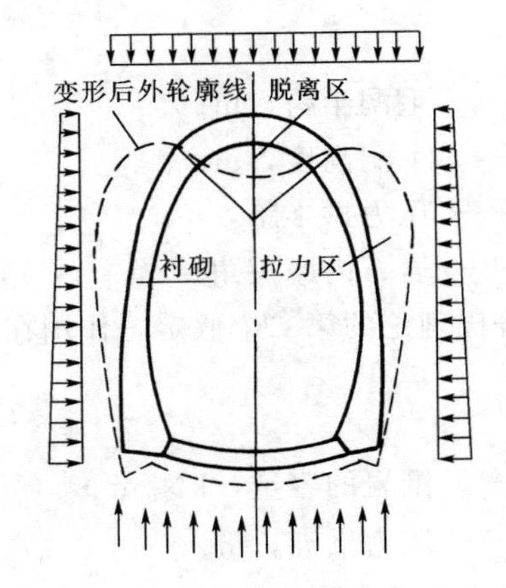

图 11-4　衬砌在外力作用下的变形规律

六、弹性抗力的计算

如图 11-4 所示，衬砌结构在地层压力和自重荷载作用下发生变形，使结构一部分区域脱离岩层，而另一部分外凸挤压岩层，在挤压面上形成相互作用力，该作用力称之为弹性抗力。

弹性抗力的确定方法一般都建立在局部变形理论基础之上，认为荷载与变位之间遵循式（10-1）。

在实际工程中，一般假定弹性抗力按抛物线分布，其零点在 $\varphi_b=45°$ 截面上，最大值在拱脚截面上（图 11－5），即

$$\sigma_j=\sigma_h\sin\varphi_j \qquad (11-10)$$

式中　φ_j——拱脚截面的圆心角；

σ_h——墙顶截面水平向的弹性抗力值。

对于墙顶变位，式（10－1）可写为

$$\sigma_h=Ku_0 \qquad (11-11)$$

式中　u_0——墙顶的水平变位。

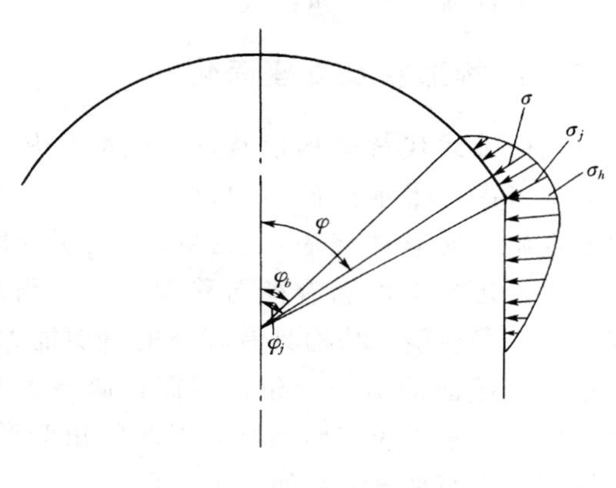

图 11－5　弹性抗力分布

因此，拱顶任一点处的弹性抗力值为

$$\sigma=\sigma_j\frac{\cos^2\varphi_b-\cos^2\varphi}{\cos^2\varphi_b-\cos^2\varphi_j} \qquad (11-12)$$

衬砌结构上除了围岩压力、结构自重和弹性抗力等荷载外，还可能遇到其他形式的荷载，如灌浆压力、混凝土收缩应力、地下静水压力、温差压力及地震荷载等，这些荷载的计算可参阅有关文献。

第二节　半被覆结构的计算简图

地下结构的实际工作情况极其复杂，它不但与结构形式、尺寸和材料有关，而且与所处的工程地质和水文地质条件及施工方法有关，故要完全按照结构的实际情况进行严格计算是非常困难的。为了便于分析结构内力，根据对结构受力与变形产生影响的主要因素，得出能反映结构实际工作状态的、并便于从事计算的简化模型（图形），这种图形称为结构计算简图。

一、结构体系简化

半被覆结构是一个空间问题的拱壳结构，严格说来，应按空间问题来计算，但如果这个空间拱壳结构满足：结构纵长方向大于跨度两倍；结构的形状、承受的荷载大小及分布沿纵长方向不变，则该空间拱壳结构可简化为平面应变问题。

二、荷载简化

作用在半被覆结构上的荷载有：围岩压力、结构自重及弹性抗力。由于半被覆结构一般都修建在比较坚硬的岩层中，因此可不考虑侧向围岩压力。又因一般半被覆结构矢跨比较小$\left(约在\frac{f}{l}=\frac{1}{6}\sim\frac{1}{4}\right)$，说明拱圈两侧弹性抗力作用范围很小，故不予考虑。所以结构

上只包括垂直围岩压力和自重。

三、结构形状及支座简化

以几何轴线代替结构形状，支座简化从两个方面来考虑：①半被覆结构拱脚直接坐落在地层上且施工时整体浇灌，故拱脚与地层间摩擦力很大，认为不可能沿径向移动，可以刚性链杆表示；②混凝土结构具有较强的抗剪能力，故忽略拱脚截面的剪切变位，因而拱脚截面只有轴向应力引起的线变形和弯矩引起的角变形，以弹性固定支座来表示，如图 11－6。

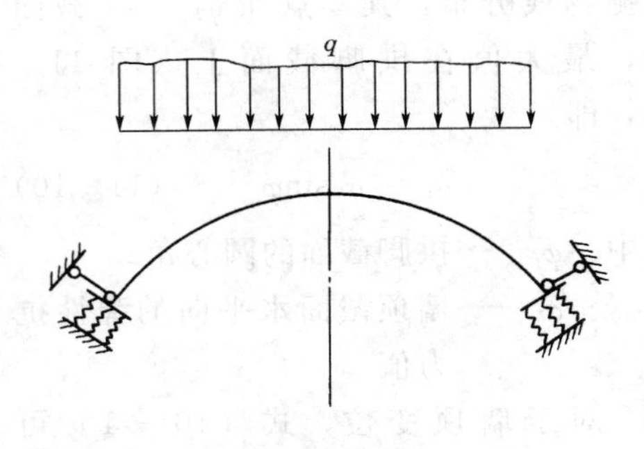

图 11－6　计算简图

第三节　半被覆结构的内力计算

由上节讨论可知，半被覆结构内力计算可归结为一个弹性固定无铰拱的力学分析问题，下面分荷载对称与非对称两个问题进行讨论。

一、对称问题的解

对于结构与荷载均对称问题，在拱顶截面切开，以未知力 X_1、X_2、X_3 代替左右半拱之间的相互作用力（图 11－7），并规定图示未知力方向为正向，转角以拱脚截面向外转为正，水平位移以向外移动为正。

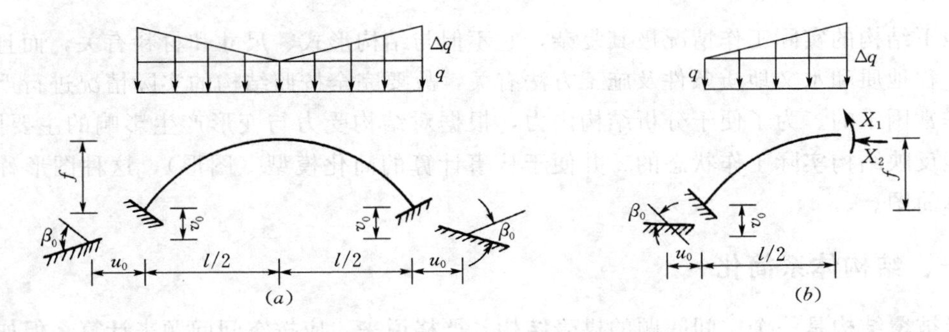

图 11－7　计算简图及基本结构

由于结构和荷载均对称，故 X_3 为零，同时可取半拱为基本结构。转角为 β_0，水平位移为 u_0，垂直位移为 v_0，v_0 仅使拱圈产生整体下沉，对内力并无影响，解题时仅需考虑 β_0 和 u_0。

由拱顶截面相对转角和相对水平位移为零的条件可列出变形协调方程为

$$\left.\begin{aligned} X_1\delta_{11}+X_2\delta_{12}+\Delta_{1P}+\beta_0&=0\\ X_1\delta_{21}+X_2\delta_{22}+\Delta_{2P}+f\beta_0+u_0&=0 \end{aligned}\right\}\qquad(11-13)$$

式中　δ_{ik}——拱顶截面处的单位变位，即拱脚在刚性固定时悬臂端在 $X_k=1$ 作用下沿未知力 X_i 方向产生的变位；

Δ_{iP}——拱顶截面处的载变位，即外载作用下，沿未知力 X_i 方向产生的变位。

二、非对称问题解

对非对称问题，需取全拱为基本结构，拱的内力及拱脚变位的正负号规定与对称问题相同，计算简图与基本结构如图 11－8 所示。

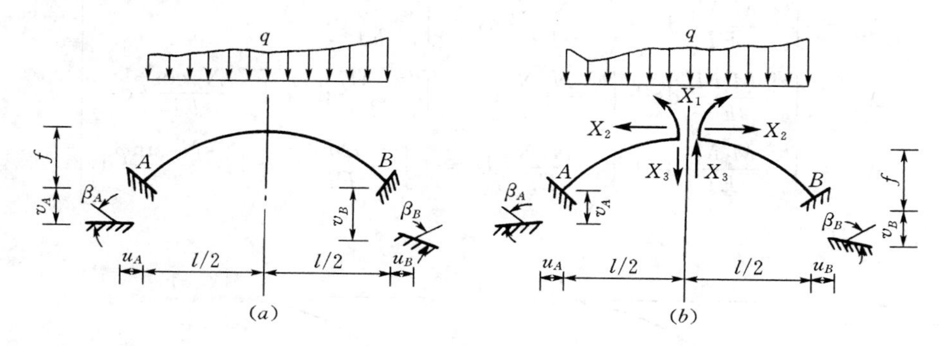

图 11－8　计算简图及基本结构

类似地，由拱顶截面的相对转角、相对水平位移和相对垂直位移为零的条件列出变形协调方程

$$\left.\begin{aligned}&2\delta_{11}X_1+\delta_{12}X_2+(\delta_{13}^{左}+\delta_{13}^{右})X_3+\Delta_{1P}^{左}+\Delta_{1P}^{右}+\beta_A+\beta_B=0\\&\quad 2\delta_{21}X_1+2\delta_{22}X_2+(\delta_{23}^{左}+\delta_{23}^{右})X_3+\Delta_{2P}^{左}+\Delta_{2P}^{右}\\&\quad +u_A+u_B+f(\beta_A+\beta_B)=0\\&(\delta_{31}^{左}+\delta_{31}^{右})X_1+(\delta_{32}^{左}+\delta_{32}^{右})X_2+2\delta_{33}X_3\\&\quad +\Delta_{3P}^{左}+\Delta_{3P}^{右}+\frac{l}{2}(\beta_A-\beta_B)+v_A-v_B=0\end{aligned}\right\}\quad(11-14)$$

式中各符号意义同式（11－13）。又因反对称未知力 X_3 产生的变位 $\delta_{31}=\delta_{13}=\delta_{23}=\delta_{32}=0$。

三、拱顶单位变位与载变位的计算

根据结构力学中位移计算方法，可求得某一点在单位力作用下，沿 k 方向的位移（忽略剪力作用）为

$$\Delta_{kP}=\int_0^s\frac{M_P\overline{M}_K}{EI}\mathrm{d}s+\int_0^s\frac{N_P\overline{N}_K}{EI}\mathrm{d}s\quad(11-15)$$

将 X_1、X_2、X_3 以及荷载作用下结构各截面内力（图 11－9）代入式（11－15）可得

$$
\left.\begin{aligned}
\delta_{11} &= \int_0^{s/2} \frac{M_1^2}{EI}\mathrm{d}s + \int_0^{s/2} \frac{N_1^2}{EF}\mathrm{d}s = \int_0^{s/2} \frac{1}{EI}\mathrm{d}s \\
\delta_{12} = \delta_{21} &= \int_0^{s/2} \frac{M_1 M_2}{EI}\mathrm{d}s + \int_0^{s/2} \frac{N_1 N_2}{EF}\mathrm{d}s = \int_0^{s/2} \frac{y}{EI}\mathrm{d}s \\
\delta_{22} &= \int_0^{s/2} \frac{M_2^2}{EI}\mathrm{d}s + \int_0^{s/2} \frac{N_2^2}{EF}\mathrm{d}s = \int_0^{s/2} \frac{y^2}{EI}\mathrm{d}s + \frac{\cos^2\varphi}{EF}\mathrm{d}s \\
\delta_{33} &= \int_0^{s/2} \frac{M_3^2}{EI}\mathrm{d}s + \int_0^{s/2} \frac{N_3^2}{EF}\mathrm{d}s = \int_0^{s/2} \frac{x^2}{EI}\mathrm{d}s + \int_0^{s/2} \frac{\sin^2\varphi}{EF}\mathrm{d}s \\
\Delta_{1P} &= \int_0^{s/2} \frac{M_1 M_P}{EI}\mathrm{d}s + \int_0^{s/2} \frac{N_1 N_P}{EF}\mathrm{d}s = \int_0^{s/2} \frac{M_P}{EI}\mathrm{d}s \\
\Delta_{2P} &= \int_0^{s/2} \frac{M_2 M_P}{EI}\mathrm{d}s + \int_0^{s/2} \frac{N_2 N_P}{AE}\mathrm{d}s = \int_0^{s/2} \frac{yM_P}{EI}\mathrm{d}s + \int_0^{s/2} \frac{N_P\cos\varphi}{EF}\mathrm{d}s \\
\Delta_{3P} &= \int_0^{s/2} \frac{M_3 M_P}{EI}\mathrm{d}s + \int_0^{s/2} \frac{N_3 N_P}{EF}\mathrm{d}s = -\int_0^{s/2} \frac{xM_P}{EI}\mathrm{d}s + \int_0^{s/2} \frac{N_P\sin\varphi}{EF}\mathrm{d}s
\end{aligned}\right\} \quad (11-16)
$$

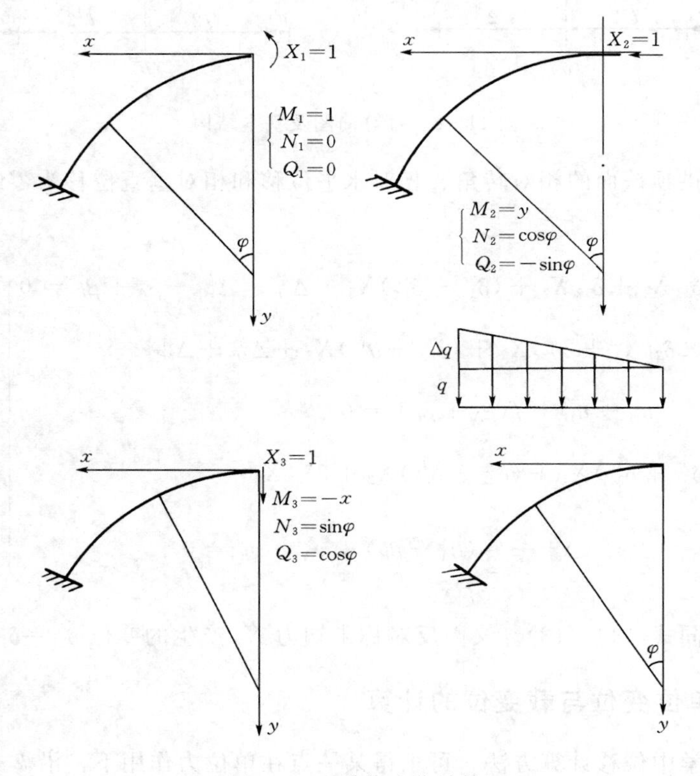

图 11-9　单位变位计算

四、用辛普生法计算变位

如图 11-10（b）所示，求曲线 f（x）在［a，b］上的曲边梯形的面积，可应用精度较高的辛普生方法计算，即把［a，b］分成 n 等分，分别求出 n 个小曲边梯形的面积（每

三点组成的曲线用抛物线代替)，然后求和

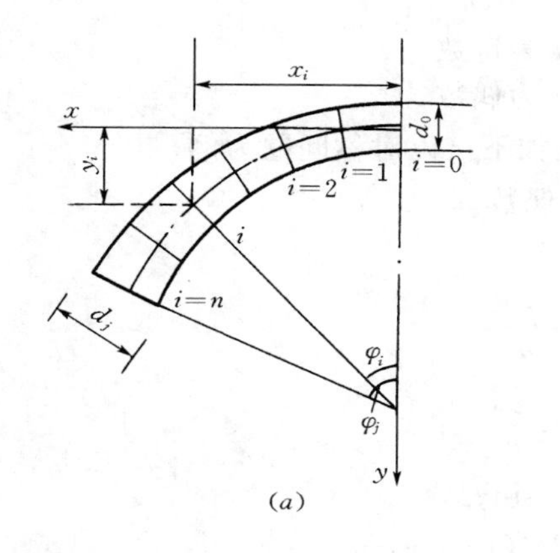

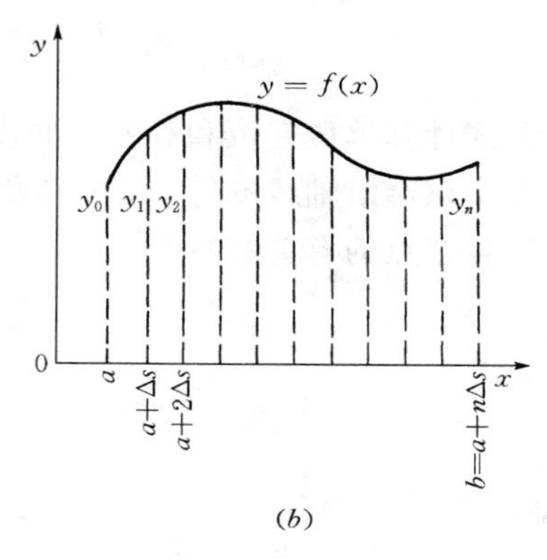

图 11-10　辛普生法计算变位

$$S = \int_a^b f(x)\mathrm{d}x = \sum_{i=0}^{n} y_i \Delta s$$

将各分点的纵坐标代入得

$$\sum_{i=0}^{n} y_i \Delta s = \frac{1}{3}\Delta s\{y_0 + 4[y_1 + y_3 + \cdots + y_{n-1}] + 2[y_2 + y_4 + \cdots + y_{n-2}] + y_n\}$$

$$= \frac{\Delta s}{3}\sum_{i=0}^{n} n_i y_i \tag{11-17}$$

式 (11-17) 即为辛普生公式。利用这个公式时，分段长度 $\Delta s = \frac{s}{n}$ (s 为拱轴线长度)，分段数 n 必须为偶数。

如将拱圈轴线长分为 n 段 [图 11-10 (a)]，则单位变位与载变位计算公式为

$$\left.\begin{aligned}
\delta_{11} &= \frac{\Delta s}{3E}\sum_{i=0}^{n}\frac{n_i}{I_i}\\
\delta_{12} &= \delta_{21} = \frac{\Delta s}{3E}\sum_{i=0}^{n}\frac{n_i y_i}{I_i}\\
\delta_{22} &= \frac{\Delta s}{3E}\sum_{i=0}^{n}\left(\frac{n_i y_i^2}{I_i} + \frac{n_i \cos\varphi_i}{F_i}\right)\\
\delta_{33} &= \frac{\Delta s}{3E}\sum_{i=0}^{n}\left(\frac{n_i x_i^2}{I_i} + \frac{n_i \sin^2\varphi_i}{F_i}\right)\\
\Delta_{1P} &= \frac{\Delta s}{3E}\sum_{i=0}^{n}\frac{n_i M_{Pi}}{I_i}\\
\Delta_{2P} &= \frac{\Delta s}{3E}\sum_{i=0}^{n}\left(\frac{n_i M_{Pi} y_i}{I_i} + \frac{n_i N_{Pi}\cos\varphi_i}{F_i}\right)\\
\Delta_{3P} &= \frac{\Delta s}{3E}\sum_{i=0}^{n}\left(\frac{n_i M_{Pi} x_i}{I_i} + \frac{n_i N_{Pi}\sin\varphi_i}{F_i}\right)
\end{aligned}\right\} \tag{11-18}$$

其中 n_i 为总和系数，取值如下

$$n_i=\begin{cases}1 & i=0,n\\4 & i\text{为奇数}\\2 & i\text{为偶数}\end{cases}$$

应用辛普生公式计算单位变位和载变位的步骤如下（以对称问题为例）：

（1）将半个拱圈沿轴线 n 等分，n 必须是偶数。

（2）计算各个点的有关参数。

圆心角　　$\varphi_i=i\dfrac{\varphi_j}{n}$

分段长　　$\Delta s=R\dfrac{\varphi_j}{n}$

横坐标　　$x_i=R\sin\varphi_i$

纵坐标　　$y_i=R(1-\cos\varphi_i)$

截面高度　　$d_i=d_0+m(1-\cos\varphi_i)$

惯性矩　　$I_i=\dfrac{bd_i^3}{12}$

弯矩　M_i

轴力　N_i

上述参数中，R 为拱轴线圆弧半径；m 为拱圈截面内、外圆的圆心距。

（3）将以上数值代入变位计算公式就可得出单位变位和载变位。

五、拱脚变位的计算

求得单位变位和载变位后，由拱顶截面变形协调方程知，要求出 X_1、X_2 及 X_3，还需求得拱脚截面的转角 β_0、水平位移 u_0 及竖向位移 v_0。

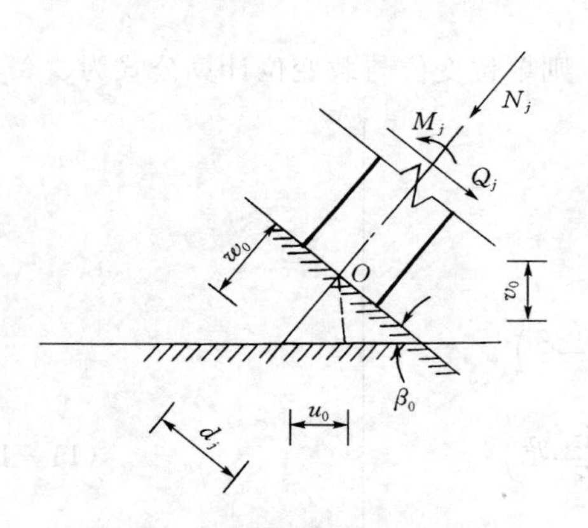

图 11-11　拱脚截面变位计算

在拱脚与地层交界处取出隔离体，截面上受载及变位情况如图 11-11 所示。不考虑截面上剪切力的影响，截面在 M_j 作用下的角位移为 β_0，在 N_j 作用下沿拱轴线方向的压缩变形为 w_0，w_0 可分解为水平变位 u_0 和竖向变位 v_0。

设单位弯矩 $M_j=1$ 作用下拱脚截面产生的转角为 β，单位轴力 $N_j=1$ 作用下拱脚截面的水平变位和垂直变位分别为 u 和 v，则有

$$\left.\begin{aligned}\beta_0&=M_j\beta=(X_1+X_2f\mp X_3\frac{l}{2}+M_{jP})\beta\\u_0&=N_ju=(X_2\cos\varphi_j\mp X_3\sin\varphi_j+N_{jP})u\\v_0&=N_jv=(X_2\cos\varphi_j\mp X_3\sin\varphi_j+N_{jP})v\end{aligned}\right\}\tag{11-19}$$

式中　“－”——适用于左半拱；

"＋"——适用于右半拱；

β、u、v 计算如下：

当单位弯矩作用在拱脚地层上时，地层支承面便绕中心点转动 β 角［见图 11－12 (a)］，拱脚边缘处地层应力为

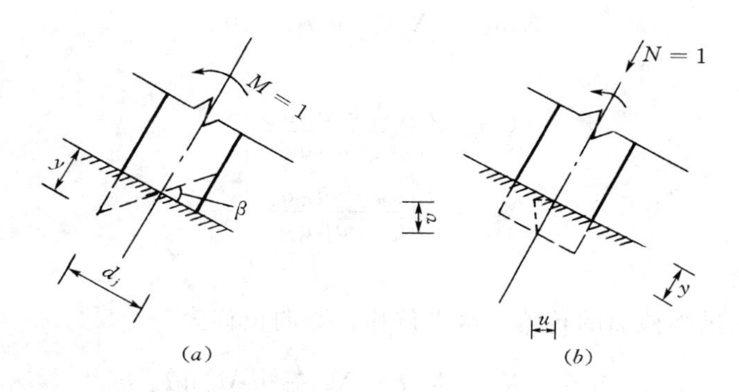

图 11－12　拱脚截面单位变位计算

$$\sigma=\frac{M}{W}=\frac{b}{bd_j^2}$$

又由局部变形理论

$$\sigma=Ky$$

及 $\tan\beta=\dfrac{y}{d_j/2}\approx\beta$ 得

$$\beta=\frac{1}{KI_j} \tag{11－20}$$

式中　I_j——拱脚截面的惯性矩；

b——所取拱脚截面纵向计算长度；

K——围岩弹性抗力系数。

当单位轴力作用在拱脚岩层上时，拱脚截面只产生沿轴向的沉陷，使地层产生均匀的正应力［图 11－12 (b)］，即有

$$\sigma=\frac{1}{bd_j}$$

$$y=\frac{\sigma}{K}=\frac{1}{Kbd_j}$$

则有

$$\left.\begin{aligned}u&=\frac{\cos\varphi_j}{Kbd_j}\\ v&=\frac{\sin\varphi_j}{Kbd_j}\end{aligned}\right\} \tag{11－21}$$

六、计算多余未知力

1. 对称问题

将拱脚变位值式（11－19）中 β_0 及 u_0 代入式（11－13），整理得

$$X_1(\delta_{11}+\beta)+X_2(\delta_{12}+f\beta)+(\Delta_{1P}+M_{jP}\beta)=0$$

$$X_1(\delta_{21}+f\beta)+X_2(\delta_{22}+u\cos\varphi_j+f^2\beta)+(\Delta_{2P}+f\beta M_{jP}+uN_{jP})=0$$

进一步可写成

$$X_1a_{11}+X_2a_{12}+a_{10}=0$$

$$X_1a_{21}+X_2a_{22}+a_{20}=0$$

解之得

$$\left.\begin{aligned}X_1&=\frac{a_{22}a_{10}-a_{12}a_{20}}{a_{12}^2-a_{11}a_{22}}\\X_2&=\frac{a_{11}a_{20}-a_{12}a_{10}}{a_{12}^2-a_{11}a_{22}}\end{aligned}\right\}\tag{11-22}$$

2. 非对称问题

非对称问题的拱脚截面的转角，水平位移，竖向位移为

$$\left.\begin{aligned}\beta_A&=\left(X_1+X_2f-X_3\frac{l}{2}+M_{iP}^{左}\right)\beta\\\beta_B&=\left(X_1+X_2f+X_3\frac{l}{2}+M_{iP}^{右}\right)\beta\\u_A&=(X_2\cos\varphi_j+X_3\sin\varphi_j+N_{jP}^{左})u\\u_B&=(X_2\cos\varphi_j-X_3\sin\varphi_j+N_{jP}^{右})u\\u_A&=(X_2\cos\varphi_j+X_3\sin\varphi_j+N_{jP}^{左})u\\u_B&=(X_2\cos\varphi_j-X_3\sin\varphi_j+N_{jP}^{右})u\end{aligned}\right\}\tag{11-23}$$

将上式代入式（11-14）得

$$\left.\begin{aligned}a_{11}X_1+a_{12}X_2+a_{10}&=0\\a_{21}X_1+a_{22}X_2+a_{20}&=0\\a_{33}X_3+a_{30}&=0\end{aligned}\right\}$$

其中

$$\begin{aligned}a_{11}&=2\delta_{11}+2\beta\\a_{12}&=2\delta_{12}+2f\beta\\a_{10}&=\Delta_{1P}^{左}+\Delta_{1P}^{右}+M_{jP}^{左}\beta+M_{jP}^{右}\beta\\a_{21}&=2\delta_{21}+2f\beta\\a_{22}&=2\delta_{22}+2\cos\varphi_j^{u}+2f^2\beta\\a_{20}&=\Delta_{2P}^{左}+\Delta_{2P}^{右}+N_{jP}^{左}u+N_{jP}^{右}u+M_{jP}^{左}f\beta+M_{jP}^{右}f\beta\end{aligned}$$

解之得

$$\left.\begin{aligned}X_1&=\frac{a_{22}a_{10}-a_{12}a_{20}}{a_{12}^2-a_{11}a_{22}}\\X_2&=\frac{a_{11}a_{20}-a_{12}a_{10}}{a_{12}^2-a_{11}a_{22}}\\X_3&=-\frac{a_{30}}{a_{33}}\end{aligned}\right\}\tag{11-24}$$

七、拱圈内力及计算结果校核

（一）内力计算

拱顶截面多余未知力 X_1、X_2、X_3 求出后，根据平衡条件可确定拱圈任一截面 i 处的内力（图 11－13）。

左半拱：

$$M_i = X_1 + X_2 y_i - X_3 x_i + M_{Pi}^{左}$$

$$N_i = X_2 \cos\varphi_i + X_3 \sin\varphi_i + N_{Pi}^{左}$$

$$Q_i = - X_2 \sin\varphi_i + X_3 \cos\varphi_i + Q_{Pi}^{左}$$

右半拱：

$$M_i = X_1 + X_2 y_i + X_3 x_i + M_{Pi}^{右}$$

$$N_i = X_2 \cos\varphi_i - X_3 \sin\varphi_i + N_{Pi}^{右}$$

$$Q_i = X_2 \sin\varphi_i + X_3 \cos\varphi_i + Q_{Pi}^{右}$$

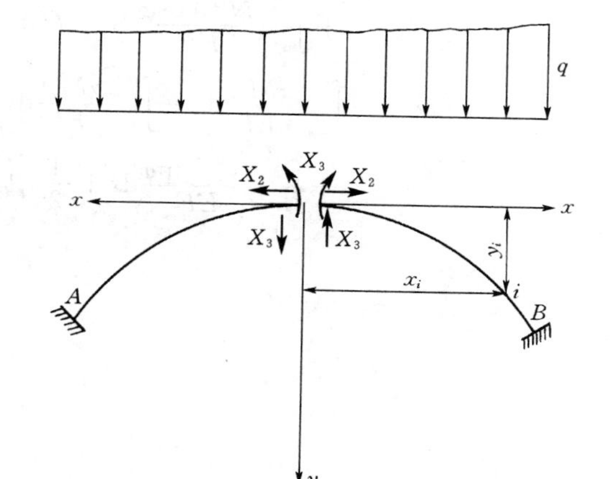

图 11－13　拱圈内力计算

（二）计算结果校核

由于半被覆拱圈的计算过程繁琐，需进行大量数值运算，为了防止运算错误，有必要对计算结果及计算过程进行校核。

1. 对称问题

（1）拱圈顶部单位变位和载变位计算结果校核。

$$\delta_{11} + 2\delta_{12} + \delta_{22} = \int_0^{s/2} \frac{(1+y)^2}{EI} \mathrm{d}s + \int_2^{s/2} \frac{\cos^2\varphi}{EF} \mathrm{d}s$$

$$\Delta_{1P} + \Delta_{2P} = \int_0^{s/2} \frac{(1+y)M_P}{EI} \mathrm{d}s + \int_0^{s/2} \frac{\cos\varphi N_P}{EF} \mathrm{d}s$$

（2）多余未知力 X_1 和 X_2 的校核。通过使 X_1、X_2 满足协调方程进行校核。

（3）拱圈内力校核。

$$\int_0^{s/2} \frac{M\mathrm{d}s}{EI} + \beta_0 = 0$$

$$\int_0^{s/2} \frac{yM}{EI} \mathrm{d}s + \int_0^{s/2} \frac{N\cos\varphi}{EF} \mathrm{d}s + f\beta_0 + u_0 = 0$$

2. 非对称问题

（1）拱顶单位变位和载变位校核。

$$\delta_{11} + \delta_{22} + \delta_{33} + 2\delta_{12} = \int_0^{s/2} \frac{(1+y)^2 + x^2}{EI} \mathrm{d}s + \int_0^{s/2} \frac{1}{EF} \mathrm{d}s$$

$$\Delta_{1P} + \Delta_{2P} + \Delta_{3P} = \int_0^{s/2} \frac{(1-x+y)M_P^{左}}{EI} \mathrm{d}s + \int_0^{s/2} \frac{(1+x+y)M_P^{右}}{EI} \mathrm{d}s$$

$$+ \int_0^{s/2} \frac{(\cos\varphi + \sin\varphi)N_P^{左}}{EF} \mathrm{d}s + \int_0^{s/2} \frac{(\cos\varphi - \sin\varphi)N_P^{右}}{EF} \mathrm{d}s$$

（2）多余未知力校核。通过使 X_1、X_2、X_3 满足变形协调方程来校核。

（3）拱圈内力校核。

$$\int_0^{s/2} \frac{M^{左}}{EI}\mathrm{d}s + \int_0^{s/2} \frac{M^{右}}{EI}\mathrm{d}s + \beta_A + \beta_B = 0$$

$$\int_0^{s/2} \frac{yM^{左}}{EI}\mathrm{d}s + \int_0^{s/2} \frac{yM^{右}}{EI}\mathrm{d}s + \int_0^{s/2} \frac{N^{左}\cos\varphi}{EF}\mathrm{d}s$$

$$+ \int_0^{s/2} \frac{N^{右}\cos\varphi}{EF}\mathrm{d}s + f(\beta_A + \beta_B) + (u_A + u_B) = 0$$

$$-\int_0^{s/2} \frac{xM^{左}}{EI}\mathrm{d}s + \int_0^{s/2} \frac{xM^{右}}{EI}\mathrm{d}s + \int_0^{s/2} \frac{N^{左}\sin\varphi}{EF}\mathrm{d}s$$

$$-\int_0^{s/2} \frac{N^{右}\sin\varphi}{EF}\mathrm{d}s + \frac{1}{2}(\beta_B - \beta_A) + (u_A - u_B) = 0$$

第十二章　直墙拱结构的计算

直墙拱结构是指由拱圈和侧墙作为承重构件的地下结构。直墙拱结构的组成除了拱圈和侧墙外，还有底板。结构与围岩紧密相贴，施工时，衬砌与岩壁间的超挖部分应密实回填，回填方式有干砌块石、浆砌块石、压力灌浆以及混凝土回填等，一般根据工程要求、地质状况及施工条件而定。

直墙拱结构的拱圈和侧墙是整体浇注的，底板和侧墙分别浇注，只有在地质条件很差或地下水压较大情况下才与侧墙整体浇注。

采用直墙拱结构的优点是：整体性和受力性能比较好；由于结构与围岩紧密相贴，所以能有效地阻止围岩继续风化和塌落，毛洞开挖量也小。缺点是排水防潮处理比较困难，不易检修，超挖回填工作量大。

第一节　直墙拱结构的计算简图及计算原理

一、计算简图

直墙拱结构的主要受力构件是拱圈和侧墙，拱圈在外荷载作用下产生变形，如拱顶下凹，拱脚两侧外凸，直墙拱结构在外荷载作用下处于平衡状态时与围岩接触情况如图 12－1（a）所示。直墙拱结构计算简图从如下四个方面考虑。

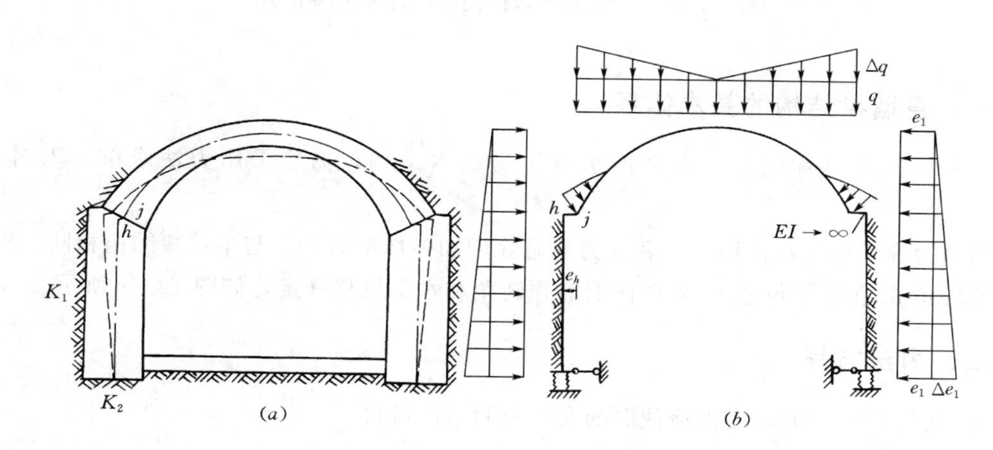

图 12－1　直墙拱结构计算简图

1. 结构简化

直墙拱结构为一个长廊形的空间结构，但是一般直墙拱结构的断面形状、荷载大小与分布及支承情况沿纵向不变且能满足纵长大于跨度二倍的要求，因此可看作平面问题，即沿纵长方向截取单位宽度拱带计算。

2. 结构形状简化

拱圈和侧墙均以轴线代替，但拱脚截面中心 j 点和墙顶截面中心 h 点不重合，相差 e_h 距离，实际施工中，拱脚与墙顶的连接处都要配置一定数量构造钢筋，截面尺寸也较大，故通常认为$\overline{hj}$段的刚度 $EI\rightarrow\infty$。

3. 荷载简化

作用在直墙拱结构上的荷载主要有：地层压力、结构自重和弹性抗力。前两者以梯形分布，后者以抛物线分布。

4. 支座简化

支座简化主要指侧墙部分，侧墙外侧和底面支承在地层上，墙顶受拱脚传来的弯矩，水平力和垂直力作用，使侧墙向地层方向变形，地层给以侧墙水平和垂直的支承反力，这种受力状态与地基梁相同，所以侧墙按弹性地基梁进行计算。侧向地层弹力抗力系数为 K_1，底部为 K_2。另外，墙底与地层间摩擦力很大，不可能发生水平位移，以一水平刚性链杆代替。侧墙在外荷载作用下产生竖向弹性变形，底板与侧墙分别浇注不予考虑。计算简图如图 12－1（b）所示。

二、直墙拱结构的计算原理

在进行直墙拱结构计算时，通常把拱圈和侧墙分开来计算，拱圈按弹性固定在墙顶上的无铰拱计算，侧墙按竖放的弹性地基梁计算，但须考虑拱圈和侧墙的相互制约。

第二节　直墙拱结构的内力计算

一、直墙拱结构的基本体系

这里只讨论对称问题。将拱顶切开作为基本结构，仍然采用力法求解，因对称，$X_3=0$。

拱圈为弹性固定在侧墙上，其受力状态除增加弹性抗力外，与半被覆结构相同。拱脚截面的转角 β_0 和水平位移 u_0 须由侧墙墙顶转角和水平位移确定，如图 12－2 所示。

二、力法方程

对于图 12－2（b），由拱顶截面的变形协调条件可得

$$\left.\begin{aligned}X_1\delta_{11}+X_2\delta_{12}+\Delta_{1P}+\Delta_{1\sigma}+\beta_0&=0\\X_1\delta_{21}+X_2\delta_{22}+\Delta_{2P}+\Delta_{2\sigma}+f\beta_0+u_0&=0\end{aligned}\right\}\qquad(12-1)$$

式中　$\Delta_{1\sigma}$、$\Delta_{2\sigma}$——拱圈上弹性抗力引起的拱顶载变位，其他项的意义同式（11－13）。

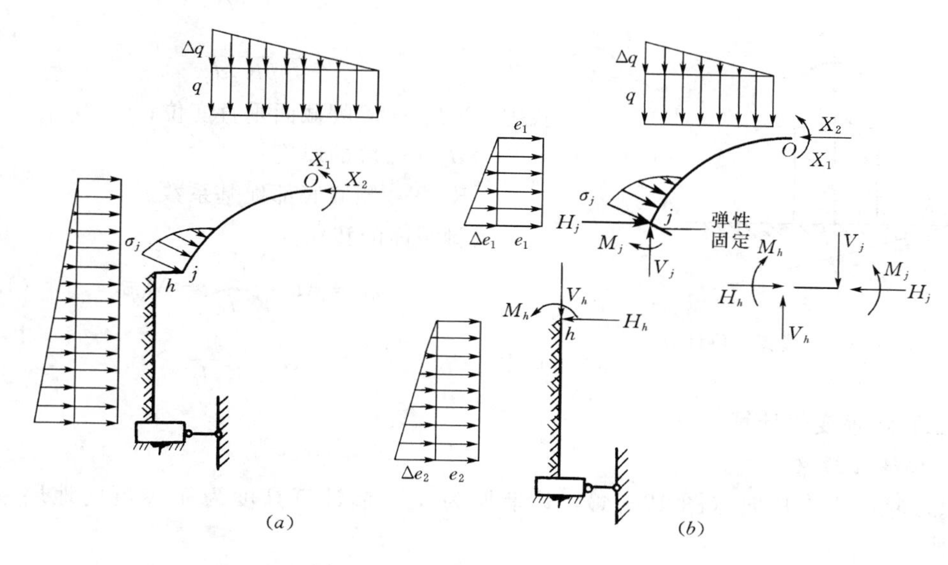

图 12－2　对称问题的基本结构

三、墙顶变位 β_0 和 u_0 的计算

设墙顶在单位力矩 $M_h=1$ 作用下产生的转角为 β_1，水平位移为 u_1；墙顶在 $H_h=1$ 作用下产生的墙顶转角为 β_2，水平位移为 u_2；侧墙在侧向均布载 e_2 作用下产生的墙顶转角为 β_e，水平位移为 u_e，侧向三角载 Δe_2 引起的墙顶转角为 $\beta_{\Delta e}$，水平位移为 $u_{\Delta e}$，因此墙顶在各种荷载作用下的总变位可写为

$$\left.\begin{aligned}\beta_0 &= M_h\beta_1 + H_h\beta_2 + \beta_e + \beta_{\Delta e}\\ u_0 &= M_h u_1 + H_h u_2 + u_e + u_{\Delta e}\end{aligned}\right\} \tag{12-2}$$

其中

$$\left.\begin{aligned}M_h &= X_1 + X_2 f + M_{hP} + M_{h\sigma}\\ H_h &= X_2 + H_{hP} + H_{h\sigma}\end{aligned}\right\} \tag{12-3}$$

$$\left.\begin{aligned}M_{hP} &= -\frac{1}{2}ql\left(\frac{l}{4}+e_h\right)-\frac{1}{4}\Delta ql\left(\frac{l}{6}+e_h\right)-\frac{e_1}{2}f^2-\frac{\Delta e_1}{6}f_2\\ H_{hP} &= -e_1 f-\frac{\Delta e_1}{2}f\end{aligned}\right\} \tag{12-4}$$

式中　$M_{h\sigma}$，$H_{h\sigma}$——由拱部弹性抗力引起的墙顶力矩和墙顶水平力，其值的计算后面专门讨论。

四、墙顶单位变位（β_1，u_1，β_2，u_2）及载变位（β_e，u_e，$\beta_{\Delta e}$，$u_{\Delta e}$）的计算

（一）墙脚变位计算

设墙脚截面求得的垂直反力为 N_G，弯矩为 M_G（图 12－3），则有

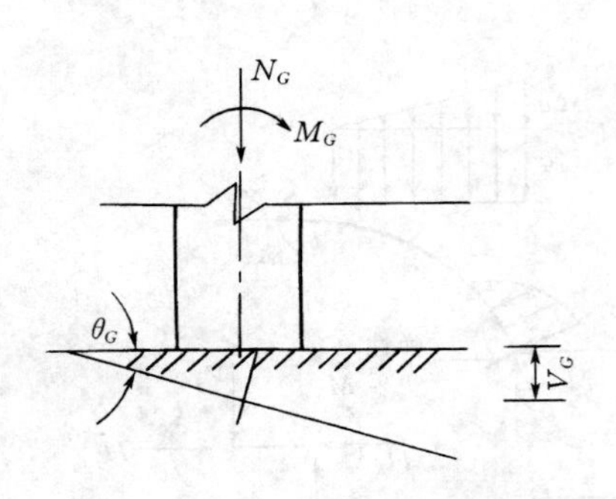

图 12-3 墙脚变位计算

$$\left.\begin{aligned} N_G &= K_2 b V_G d_q \\ V_G &= \frac{N_G}{bK_2 d_q} \end{aligned}\right\} \tag{12-5}$$

式中 V_G——墙脚截面垂直变位；

d_q——墙的厚度；

K_2——侧墙底部地基系数。

墙脚截面的转角为

$$\theta_G = M_G \frac{1}{K_2 I_G} = M_G \beta_G \tag{12-6}$$

其中 $$\beta_G = \frac{1}{K_2 I_G}$$

（二）墙顶变位计算

1. 侧墙为短梁

(1) $M_h=1$ 作用时（图 12-4），设墙厚为 d_q，墙计算高度为 h_y，侧向地层系数为 K_1，则

$$\alpha = \sqrt[4]{\frac{bK_1}{4EI_G}}$$

墙的边界条件为

$$\left.\begin{aligned} M_0 &= -1 \\ Q_0 &= 0 \end{aligned}\right\} \text{ 及 } \left\{\begin{aligned} & y_G = 0 \\ & \theta_G = \begin{cases} M_G\beta_G \\ \theta|_{x=h_y} \end{cases} \end{aligned}\right.$$

由弹性地基梁在梁端初参数作用下 M、θ 及 y 的计算公式得

$$M_G = M|_{x=h_y} = \frac{bK_1}{2\alpha^2} y_0 \varphi_3 + \frac{bK_1\theta_0}{4\alpha^3}\varphi_4 - \varphi_1$$

将上式代入式（12-6）得

$$\theta_G = M_G\beta_G = \left(\frac{bK_1}{2\alpha^2} y_0 \varphi_3 + \frac{bK_1\theta_0}{4\alpha^3}\varphi_4 - \varphi_1\right)\beta_G \tag{12-7}$$

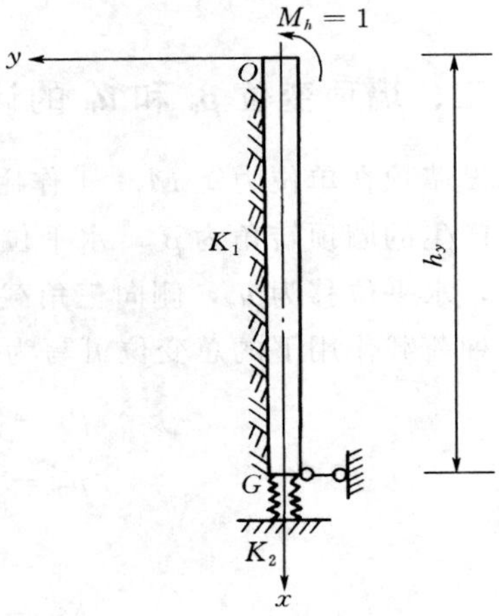

图 12-4 墙顶单位变位计算

$$\theta_G = \theta|_{x=h_y} = -\alpha y_0 \varphi_4 + \theta_0 \varphi_1 + \frac{2\alpha^3}{bK_1}\varphi_2 \tag{12-8}$$

由 $y_G = y|_{x=h_y} = 0$ 得

$$y_0 \varphi_1 + \theta_0 \frac{1}{2\alpha}\varphi_2 + \frac{2\alpha^2}{bK_1}\varphi_3 = 0$$

将上式联立式（12-7）、式（12-8）有

$$\theta_0 = -\frac{4\alpha^3}{bK_1}\frac{\varphi_{11}+\varphi_{12}A}{\varphi_9+\varphi_{10}A}$$

$$y_0 = \frac{2\alpha^2}{bK_1}\frac{\varphi_2}{\varphi_1}\frac{\varphi_{11}+\varphi_{12}A}{\varphi_9+\varphi_{10}A} - \frac{2\alpha^2\varphi_3}{bK_1\varphi_1}$$

其中 $$A = \frac{bK_1\beta_G}{2\alpha^3}$$

$$\varphi_9=\varphi_1^2+\frac{1}{2}\varphi_2\varphi_4$$

$$\varphi_{10}=\frac{1}{2}\varphi_2\varphi_3-\frac{1}{2}\varphi_1\varphi_4$$

$$\varphi_{11}=\frac{1}{2}\varphi_1\varphi_2+\frac{1}{2}\varphi_3\varphi_4$$

$$\varphi_{12}=\frac{1}{2}\varphi_1^2+\frac{1}{2}\varphi_3^2$$

$$\varphi_{13}=\frac{1}{2}\varphi_2^2-\varphi_1\varphi_3$$

由于假设 β_0 向外转为正，u_0 向外移动为正，墙顶转角 β_0 和水平位移也向外为正，故墙顶水平位移 u_1 与 y_0 一致，单位转角 β_1 与 θ_0 差一负号，即

$$\left.\begin{aligned}\beta_1&=\frac{4\alpha^3}{bK_1}\frac{\varphi_{11}+\varphi_{12}A}{\varphi_9+\varphi_{10}A}\\u_1&=\frac{2\alpha^2}{bK_1}\frac{\varphi_{13}+\varphi_{11}A}{\varphi_9+\varphi_{10}A}\end{aligned}\right\}\tag{12-9}$$

（2）$H_h=1$ 作用时（图 12-5），墙的边界条件为

$$\left.\begin{aligned}Q_0&=-1\\M_0&=0\end{aligned}\right\}\quad 及\quad \left\{\begin{aligned}&y_G=0\\&\theta_G=\begin{cases}M_G\beta_G\\ \theta|_{x=hy}\end{cases}\end{aligned}\right.$$

同理可得

$$\theta_0=-\frac{2\alpha^2}{bK_1}\frac{\varphi_{13}+\varphi_{11}A}{\varphi_9+\varphi_{10}A}$$

由 $u_2=y_0$ 及 $\beta_2=-\theta_0$ 有

$$\left.\begin{aligned}u_2&=\frac{2\alpha}{bK_1}\frac{\varphi_{10}+\varphi_{13}A}{\varphi_9+\varphi_{10}A}\\\beta_2&=\frac{2\alpha^2}{bK_1}\frac{\varphi_{13}+\varphi_{11}A}{\varphi_9+\varphi_{10}A}\end{aligned}\right\}\tag{12-10}$$

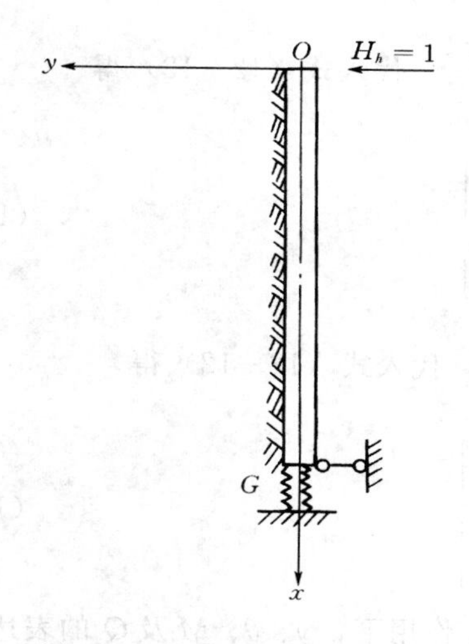

图 12-5　墙顶单位变位计算

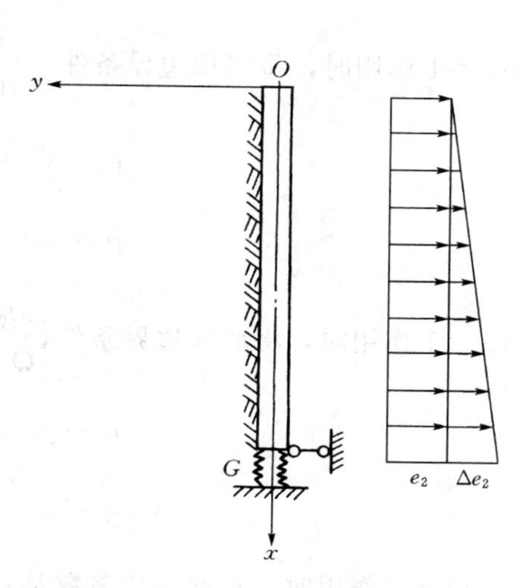

图 12-6　墙顶载变位计算

(3) 侧向荷载 e_2 和 Δe_2 作用时（图 12-6），墙的边界条件为

$$\begin{cases}M_0=0\\Q_0=0\end{cases}\quad 及\quad \begin{cases}y_G=0\\Q_G=\begin{cases}M_G\beta_G\\\theta|_{x=h_y}\end{cases}\end{cases}$$

同理可得

$$\left.\begin{aligned}\beta_e&=-\frac{\alpha}{bK_1}\frac{\varphi_4+\varphi_3A}{\varphi_9+\varphi_{12}A}e_2\\u_e&=-\frac{1}{bK_1}\frac{\varphi_{14}+\varphi_{15}A}{\varphi_9+\varphi_{10}A}e_2\end{aligned}\right\}\tag{12-11a}$$

$$\left.\begin{aligned}\beta_{\Delta e}&=-\frac{\alpha}{bK_1}\frac{\varphi_4+\varphi_3A}{\varphi_9+\varphi_{10}A}\Delta e_2+\frac{1}{bK_1h_y}\frac{\varphi_{14}+\varphi_{10}A}{\varphi_9+\varphi_{10}A}\Delta e_2\\u_{\Delta e}&=\frac{1}{bK_1}\frac{\varphi_1-\frac{1}{2}\varphi_4A}{\varphi_9+\varphi_{10}A}\Delta e_2-\frac{\varphi_2}{2\alpha bK_1h_y}\Delta e_2\end{aligned}\right\}\tag{12-11b}$$

其中

$$\varphi_{14}=\varphi_1^2-\varphi_1+\frac{1}{2}\varphi_2\varphi_4$$

$$\varphi_{15}=\frac{1}{2}(\varphi_2\varphi_3-\varphi_1\varphi_4)+\frac{1}{2}\varphi_4$$

2. 侧墙为长梁

当侧墙满足长梁的条件，梁跨间无集中荷载作用时，墙顶力对墙脚的影响可不计，而墙脚力对墙顶的影响也不计，故可按半无限长梁计算。

将墙顶力作为初参数，则有

$$\left.\begin{aligned}y_0&=-\frac{2\alpha}{bK_1}(Q_0+\alpha M_0)\\\theta_0&=\frac{2\alpha^2}{bK_1}(Q_0+2\alpha M_0)\end{aligned}\right\}\tag{12-12}$$

(1) $M_h=1$ 作用时，将墙顶边界条件 $\begin{cases}M_0=-1\\Q_0=0\end{cases}$ 代入式（12-12）得

$$\left.\begin{aligned}u_1&=y_0=\frac{2\alpha^2}{bK_1}\\\beta_1&=-\theta_0=\frac{4\alpha^3}{bK_1}\end{aligned}\right\}\tag{12-13}$$

(2) $H_h=1$ 作用时，将墙顶边界条件 $\begin{cases}M_0=0\\Q_0=-1\end{cases}$ 代入式（12-12）得

$$\left.\begin{aligned}u_2&=y_0=\frac{2\alpha}{bK_1}\\\beta_2&=-\theta_0=\frac{2\alpha^2}{bK_1}\end{aligned}\right\}\tag{12-14}$$

(3) e_2 和 Δe_2 作用时，长梁在初参数及 e_2、Δe_2 作用下，y、θ、M 及 Q 的表达式为

$$\left.\begin{aligned}
y&=-\frac{2\alpha}{bK_1}(Q_0\varphi_6+M_0\alpha\varphi_5)+\frac{e_2}{bK_1}+\frac{\Delta e_2 x}{bK_1 hy}\\
\theta&=\frac{2\alpha^2}{bK_1}(Q_0\varphi_7+2M_0\alpha\varphi_6)+\frac{\Delta e_2}{bK_1 hy}\\
M&=\frac{Q_0}{\alpha}\varphi_8+M_0\varphi_7\\
Q&=Q_0\varphi_5-2\alpha M_0\varphi_8
\end{aligned}\right\}\qquad(12-15)$$

将边界条件$\begin{cases}M_0=0\\Q_0=0\end{cases}$代入式（12－15）得

$$\left.\begin{aligned}
u_e&=-\frac{e_2}{bK_1}\\
\beta_e&=0\\
u_{\Delta e}&=0\\
\beta_{\Delta e}&=\frac{\Delta e_2}{bK_1 h_y}
\end{aligned}\right\}\qquad(12-16)$$

3. 侧墙为刚性梁

（1）$M_h=1$ 作用时

$$\left.\begin{aligned}
\beta_1&=\frac{\beta_G}{B}\\
u_1&=\frac{\beta_G}{B}h_y
\end{aligned}\right\}\qquad(12-17)$$

（2）$H_h=1$ 作用时

$$\left.\begin{aligned}
\beta_2&=\frac{\beta_G}{B}h_y\\
u_2&=\frac{\beta_G}{B}h_y^2
\end{aligned}\right\}\qquad(12-18)$$

（3）e_2、Δe_2 作用时

$$\left.\begin{aligned}
\beta_e&=-\frac{\beta_G}{B}\frac{e_2 h_y^2}{2}\\
u_e&=-\frac{\beta_G}{B}\frac{e_2 h_y^3}{2}\\
\beta_{\Delta e}&=-\frac{\beta_G}{B}\frac{\Delta e_2 h_y^2}{6}\\
u_{\Delta e}&=-\frac{\beta_G}{B}\frac{\Delta e_2 h_y^3}{6}
\end{aligned}\right\}\qquad(12-19)$$

上述诸式中

$$B=1+\frac{1}{3}bK_1 h_y^3\beta_G$$

$$\beta_G=\frac{12}{K_2 bd_q^3}$$

五、不计弹性抗力时拱顶未知力的计算

在式（12-1）中，令$\Delta_{1\sigma}$及$\Delta_{2\sigma}$为零，则有

$$X_1\delta_{11}+X_2\delta_{12}+\Delta_{1P}+\beta_0=0$$

$$X_2\delta_{21}+X_2\delta_{22}+\Delta_{2P}+f\beta_0+u_0=0$$

式中　δ_{11}、δ_{12}、δ_{21}、δ_{22}——按半个拱圈计算的拱顶处单位变位；

Δ_{1P}、Δ_{2P}——按半个拱圈计算在垂直、水平荷载作用下拱顶处的载变位；

β_0、u_0——墙顶处的角变位和水平变位。

墙顶的弯矩和水平力为

$$\left.\begin{aligned}M_h&=X_1+X_2f+M_{hP}\\H_h&=X_2+H_{hP}\end{aligned}\right\}\tag{12-20}$$

式中　M_{hP}、H_{hP}——由于拱圈上作用的外荷载引起的弯矩和剪力。

由叠加原理有

$$\left.\begin{aligned}\beta_0&=M_h\beta_1+H_h\beta_2+\beta_e+\beta_{\Delta e}\\u_0&=M_hu_1+H_hu_2+u_e+u_{\Delta e}\end{aligned}\right\}\tag{12-21}$$

将式（12-20）代入式（12-21）得

$$\beta_0=X_1\beta_1+X_2(\beta_2+f\beta_1)+\beta_P$$

$$u_0=X_1u_1+X_2(u_2+fu_1)+u_P$$

$$\beta_P=M_{hP}\beta_1+H_{hP}\beta_2+\beta_e+\beta_{\Delta e}$$

$$u_P=M_{hP}u_1+H_{hP}u_2+u_e+u_{\Delta e}$$

将β_0，u_0代入力法方程有

$$a_{11}X_1+a_{12}X_2+a_{10}=0$$

$$a_{21}X_1+a_{22}X_2+a_{20}=0$$

解之得

$$\left\{\begin{aligned}X_1&=\frac{a_{22}a_{10}-a_{12}a_{20}}{a_{12}^2-a_{11}a_{22}}\\X_2&=\frac{a_{11}a_{20}-a_{12}a_{10}}{a_{12}^2-a_{11}a_{22}}\end{aligned}\right.\tag{12-22}$$

其中

$$a_{11}=\delta_{11}+\beta_1$$

$$a_{12}=\delta_{12}+\beta_2+f\beta_1$$

$$a_{10}=\Delta_{1P}+\beta_P$$

$$a_{21}=\delta_{21}+f\beta_1+u_1$$

$$a_{22}=\delta_{22}+f\beta_2+f^2\beta_1+u_2+fu_1$$

$$a_{20}=\Delta_{2P}+f\beta_P+u_P$$

六、考虑弹性抗力作用时拱顶未知力的计算

（一）弹性抗力作用时截面内力表达式

弹性抗力按抛物线分布

$$\sigma=\frac{\cos^2 45^\circ-\cos^2\varphi}{\cos^2 45^\circ-\cos^2\varphi_j}\sigma_j=\frac{1-2\cos^2\varphi}{1-2\cos^2\varphi_j}\sigma_j \tag{12-23}$$

如图 12－7 所示，在 i' 点取出微段 ds，则有

$$P_{i'V}=\sigma \mathrm{d}s\cos\varphi_{i'}$$

$$P_{i'H}=\sigma \mathrm{d}s\sin\varphi_{i'}$$

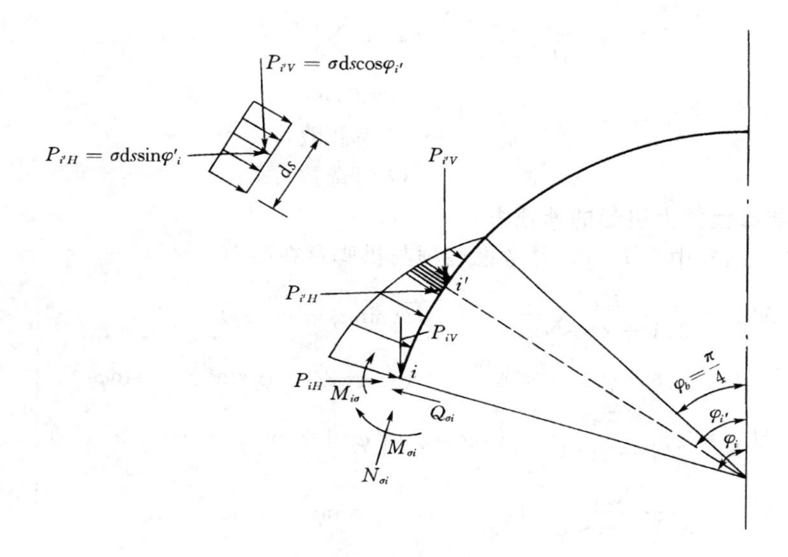

图 12－7　弹性抗力作用时截面内力计算

现在设法用等效集中力 P_{iV}、P_{iH} 及 $M_{i\sigma}$ 来代替拱部分布弹性抗力对某计算截面 i 的影响，即

$$P_{iV}=\int_{\varphi_b}^{\varphi_i}\sigma\cos\varphi R\,\mathrm{d}\varphi$$

$$=\frac{R\sigma_j}{1-\cos^2\varphi_j}(\sqrt{2}-3\sin\varphi_i+2\sin\varphi_i)$$

$$P_{iH}=\int_{\varphi_b}^{\varphi_i}\sigma\sin\varphi R\,\mathrm{d}\varphi$$

$$=\frac{R\sigma_j}{3(1-2\cos^2\varphi_j)}(\sqrt{2}-3\cos\varphi_i+2\cos^2\varphi_i)$$

$$M_{i\sigma}=\int_{\varphi_b}^{\varphi_i}[P_{i'V}R(\sin\varphi_i-\sin\varphi)+P_{i'H}R(\cos\varphi-\cos\varphi_j)]$$

$$=\frac{R^2\sigma_j}{3(1-2\cos^2\varphi_j)}(\sqrt{2}\sin\varphi_i-\sqrt{2}\cos\varphi_i-\sin^2\varphi_i+\cos^2\varphi_i)$$

故 i 截面的内力表达式为

$$\left.\begin{aligned}M_{\sigma i}&=-\frac{R^2\sigma_j}{3(1-2\cos^2\varphi_j)}(\sqrt{2}\sin\varphi_i-\sqrt{2}\cos\varphi_i-\sin^2\varphi_i+\cos^2\varphi_i)\\N_{\sigma i}&=\frac{R\sigma_j}{3(1-2\cos^2\varphi_j)}[\sqrt{2}(\sin\varphi_i-\cos\varphi_i)+2\cos^2\varphi_i-1]\\Q_{\sigma i}&=\frac{R\sigma_j}{3(1-2\cos^2\varphi_j)}[\sqrt{2}(\sin\varphi_i+\cos\varphi_i)-4\cos\varphi_i\sin\varphi_i]\end{aligned}\right\}(\varphi_i\geqslant 45°)\quad(12-24)$$

（二）变位计算

根据变位计算式（11－15），采用辛普生公式可得由于弹性抗力作用而产生的载变位

$$\begin{aligned}\Delta_{1\sigma}&=\frac{\Delta s}{3E}\sum_{i=0}^{n}\frac{n_iM_{\sigma_i}}{I_i}\\\Delta_{2\sigma}&=\frac{\Delta s}{3E}\left(\sum_{i=0}^{n}\frac{n_iM_{\sigma_i}y_i}{I_i}+\sum_{i=0}^{n}\frac{n_iN_{Pi}\cos\varphi_i}{F_i}\right)\end{aligned}\quad(12-25)$$

$$n_i=\begin{cases}1 & (i=0,n)\\2 & (i\text{ 为偶数})\\4 & (i\text{ 为奇数})\end{cases}$$

（三）拱部弹性抗力引起的墙顶力

在式（12－24）中令 $i=j$，并考虑墙顶与拱脚存在距离 e_h 得

$$\left.\begin{aligned}M_{h\sigma}&=\frac{R\sigma_j}{3(1-2\cos^2\varphi_j)}\{-R[\sqrt{2}(\sin\varphi_j-\cos\varphi_j)\\&\quad-\sin^2\varphi_j+\cos^2\varphi_j]-e_h(\sqrt{2}-2\cos^2\varphi_j\sin^2\varphi_j-\sin\varphi_j)\}\\H_{h\sigma}&=\frac{R\sigma_j}{3(1-2\cos^2\varphi_j)}(4\cos\varphi_j\sin^2\varphi_j+2\cos^2\varphi_j-\cos\varphi_j-\sqrt{2})\\V_{h\sigma}&=\frac{R\sigma_j}{3(1-\cos^2\varphi_j)}(\sqrt{2}-2\cos^2\varphi_j\sin\varphi_j-\sin\varphi_j)\end{aligned}\right\}\quad(12-26)$$

（四）求多余未知力

为了求得多余未知力，还需补充一个方程。在墙顶处，由局部变形假设有

$$\sigma_h=K_1u_0=K_1(M_hu_1+H_hu_2+u_e+u_{\Delta e})\quad(12-27)$$

另外，在考虑弹性抗力情况下，拱顶多余未知力可写为

$$\left.\begin{aligned}X_1&=X_{1P}+\overline{X}_{1\sigma}\sigma_j\\X_2&=X_{2P}+\overline{X}_{2\sigma}\sigma_j\end{aligned}\right\}\quad(12-28)$$

式中　$\overline{X}_{1\sigma}$、$\overline{X}_{2\sigma}$——当 $\sigma_j=1$ 作用时拱顶未知力；

X_{1P}、X_{2P}——由荷载作用引起的拱顶未知力，如式（12－22）所示。

同理，单位弹性抗力引起的拱顶多余未知力可写为

$$\left.\begin{aligned}\overline{X}_{1\sigma}&=\frac{a_{22}a_{1\sigma}-a_{12}a_{2\sigma}}{a_{12}^2-a_{11}a_{22}}\\\overline{X}_{2\sigma}&=\frac{a_{11}a_{2\sigma}-a_{12}a_{1\sigma}}{a_{12}^2-a_{11}a_{22}}\end{aligned}\right\}\quad(12-29)$$

其中
$$a_{1\sigma}=\overline{\Delta}_{1\sigma}+\beta_\sigma$$

$$a_{2\sigma}=\overline{\Delta}_{2\sigma}+f\beta_\sigma+u_\sigma$$
$$\beta_\sigma=\overline{M}_{h\sigma}\beta_1+\overline{H}_{h\sigma}\beta_2$$
$$u_\sigma=\overline{M}_{h\sigma}u_1+\overline{H}_{h\sigma}u_2$$

式中　a_{11}、a_{12}、a_{22}——与不计弹性抗力情况相同；

$\overline{\Delta}_{1\sigma}$、$\overline{\Delta}_{2\sigma}$——$\sigma_j=1$ 时拱顶的载变位；

$\overline{M}_{h\sigma}$、$\overline{H}_{h\sigma}$——$\sigma_j=1$ 时墙顶弯矩和水平力。

由式（11－10）有

$$\begin{aligned}\sigma_h&=\frac{\sigma_j}{\sin\varphi_j}=K_1(M_hu_1+H_hu_2+u_e+u_{\Delta e})\\&=K_1[(X_1+X_2f+M_{hP}+\overline{M}_{h\sigma}\sigma_j)u_1+(X_2+H_{hP}+\overline{H}_{h\sigma}\sigma_j)u_2+u_e+u_{\Delta e}]\end{aligned}$$

将式（12－28）代入得

$$\sigma_j=\frac{K_1[(X_{1P}+X_{2P}f+M_{hP})u_1+(X_{2P}+H_{hP})u_2+u_e+u_{\Delta e}]}{\dfrac{1}{\sin\varphi_j}-K_1[(\overline{X}_{1\sigma}+\overline{X}_{2\sigma}f+\overline{M}_{h\sigma})u_1+(\overline{X}_{2\sigma}+\overline{H}_{h\sigma})u_2]}\tag{12-30}$$

七、拱圈与侧墙任意截面的内力

拱圈内力

$$\left.\begin{aligned}M_i&=X_1+X_2y_i+M_{Pi}+\overline{M}_{\sigma i}\sigma_j\\N_i&=X_2\cos\varphi_i+N_{Pi}+\overline{N}_{\sigma i}\sigma_j\\Q_i&=-X_2\sin\varphi_i+Q_{Pi}+\overline{Q}_{\sigma i}\sigma_j\end{aligned}\right\}\tag{12-31}$$

墙顶力

$$\left.\begin{aligned}M_h&=X_1+X_2f+M_{hP}+\overline{M}_{h\sigma}\sigma_j\\H_h&=X_2+H_{hP}+\overline{H}_{h\sigma}\sigma_j\end{aligned}\right\}\tag{12-32}$$

根据第十章弹性地基梁的有关公式可求得侧墙任意截面的内力。

第三节　直墙拱结构的设计计算步骤及实例

一、直墙拱结构的设计计算步骤

（1）计算结构的几何尺寸。

（2）计算作用在结构上的荷载。

（3）计算拱顶变位。

（4）计算侧墙的弹性特征值 α 以及换算长度 $\lambda=\alpha h_y$，判别侧墙所属的类型。

（5）计算墙顶的单位变位。

（6）计算墙顶力 M_h，H_h。

（7）计算拱顶未知力 X_{1P}，X_{2P}，$\overline{X}_{1\sigma}$，$\overline{X}_{2\sigma}$。

(8) 考虑弹性抗力时，计算 σ_j。

(9) 计算拱圈截面内力。

(10) 计算侧墙截面内力。

(11) 绘制内力图，校核计算结果。

(12) 计算拱圈，侧墙截面的内力偏心矩。

(13) 计算拱圈和侧墙各截面的安全系数。

(14) 计算配筋量。

(15) 绘制结构施工图。

(16) 计算工程量。

二、计算实例

(一) 设计基本资料

结构断面如图 12-8 所示。

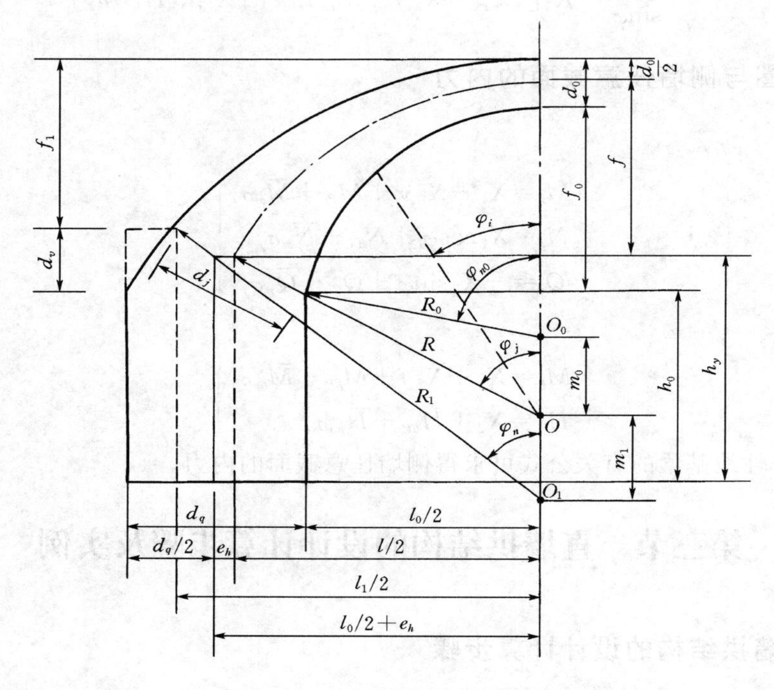

图 12-8　割圆拱衬砌断面图

1. *岩石特征*

岩石为软质石灰岩，机库埋深 $H=50\text{m}$；岩石坚硬系数 $f_i=2$，内摩擦角 $\varphi=65°$，容重 $\gamma=24\text{kN/m}^3$，侧向岩层地基系数 $K_1=2.5\times10^5\text{kPa/m}$，基底岩层地基系数 $K_2=1.25K_1=3.125\times10^5\text{kPa/m}$。

2. *被覆材料*

被覆结构材料采用 C20 混凝土；弹性模量 $E_c=2.55\times10^4\text{MPa}$，容重 $\gamma_c=25\text{kN/m}^3$，

混凝土轴心抗压强度设计值 $f_c=10\text{MPa}$，弯曲抗压强度设计值 $f_{cm}=11\text{MPa}$，抗拉强度设计值 $f_t=1.1\text{MPa}$。

钢筋采用25MnSi钢：强度设计值 $f_y=340\text{MPa}$，弹性模量 $E_s=2.0\times10^5\text{MPa}$。

3. 结构尺寸（图12-8）

净跨 $l_0=14\text{m}$，拱顶厚度 $d_0=0.7\text{m}$，拱脚厚度 $d_j=1.0\text{m}$，内拱矢高 $f_0=3.75\text{m}$，侧墙厚度 $d_g=1.0\text{m}$，内墙高 $h_0=2.75\text{m}$，底板厚度 $d_B=0.12\text{m}$，墙基埋深 $d_m=0.2\text{m}$。

（二）结构几何尺寸计算

1. 拱圈内圆几何尺寸

内圆净跨　　$l_0=14\text{m}$

内圆矢高　　$f_0=3.75\text{m}$

内圆半径　　$R_0=\dfrac{l_0{}^2+4f_0^2}{8f_0}=8.408333(\text{m})$

2. 拱圈轴线圆的几何尺寸

拱脚截面与拱顶截面厚度之差

$$\Delta=d_j-d_0=1-0.7=0.300000(\text{m})$$

轴线圆与内圆的圆心距

$$m_0=\frac{R_0^2-(R_0-0.5\Delta)^2}{2(f_0-0.5\Delta)}=0.347222(\text{m})$$

轴线圆半径

$$R=R_0+m_0+\frac{d_0}{2}=9.105555(\text{m})$$

$$\sin\varphi_j=\frac{l_0/2}{R-d_j/2}=0.813428$$

$$\varphi_j=54.432221^\circ$$

$$\cos\varphi_j=0.581666$$

$$d_h=d_j\sin\varphi_j=0.813428(\text{m})$$

$$d_v=d_j\cos\varphi_j=0.581666(\text{m})$$

计算跨度

$$l=l_0+d_h=14.81328(\text{m})$$

计算矢高

$$f=f_0+\frac{d_0}{2}-\frac{d_v}{2}=3.809167(\text{m})$$

3. 拱圈外圆几何尺寸

外圆跨度　　$l_1=l_0+2d_h=15.626856(\text{m})$

外圆矢高　　$f_1=f_0+d_0-d_v=3.868334(\text{m})$

外圆半径　　$R_1=\dfrac{l_1^2+4f_1^2}{8f_1}=9.825117(\text{m})$

外圆与轴线圆的圆心距

$$m_1=R_1-R-\frac{d_0}{2}=0.369562(\text{m})$$

4. 校核公式

外圆与内圆的圆心距

$$m=m_0+m_1=0.716784(\mathrm{m})$$

$$d_j=\sqrt{R_1^2-(m_1\sin\varphi_j)^2}-\sqrt{R_0^2-(m_0\sin\varphi_j)^2}-m\cos\varphi_j=1.0(\mathrm{m})$$

5. 侧墙的几何尺寸

拱脚中心到侧墙中心线的垂直距离

$$e_h=\frac{d_q}{2}-\frac{d_h}{2}=0.093286(\mathrm{m})$$

侧墙的计算长度（从拱脚中心算起）

$$h_y=h_0+d_B+d_m+\frac{1}{2}d_v=3.360833(\mathrm{m})$$

结构总高

$$h_k=h_y+\frac{1}{2}d_v+f_1=7.520000(\mathrm{m})$$

（三）计算拱顶单位变位

采用分块总和法计算变位，将半拱轴线长10等分，计算过程列于表12－1。

表12－1　　变截面圆拱拱顶单位变位计算

截面号 \ 项目	φ	$\sin\varphi$	$\cos\varphi$	$y=R\times(1-\cos\varphi)$	$F=d_\varphi\times1=d_0+m(1-\cos\varphi)$	d_φ^3	$\frac{1}{I}=\frac{12}{d_\varphi^3}$	n
0	0.000000	0.000000	1.000000	0.000000	0.700000	0.343000	34.985423	1
1	5.443222	0.094859	0.995491	0.041060	0.703232	0.347773	34.505266	4
2	10.886444	0.188863	0.982003	0.163689	0.712900	0.362315	33.120351	2
3	16.329666	0.281164	0.959660	0.367318	0.728915	0.387285	30.984934	4
4	21.712889	0.370928	0.928661	0.649581	0.751135	0.423793	28.315711	2
5	27.216111	0.754348	0.889288	1.008096	0.779357	0.473379	25.349666	4
6	32.659333	0.539643	0.841894	1.439643	0.813328	0.538018	22.304086	2
7	38.102555	0.617071	0.786908	1.940325	0.852741	0.620085	19.352186	4
8	43.545777	0.688934	0.724824	2.505629	0.897242	0.722318	16.613181	2
9	48.988999	0.754584	0.656204	3.130454	0.946427	0.847738	14.155317	4
10	54.432221	0.813428	0.581666	3.809163	1.000000	1.000000	12.000000	1

截面号 \ 项目	$\frac{n}{F}$	$\frac{n}{I}\cos\varphi$	$\frac{n}{I}$	$\frac{n}{I}y$	$\frac{n}{I}y^2$	$\frac{n}{F}\cos^2\varphi$	$\frac{n}{I}(1+y)$	$\frac{n}{I}(1+y)^2$
0	1.428571	1.428571	34.985423	0.000000	0.000000	1.428571	34.985423	34.985423
1	5.688023	5.662376	138.021064	5.667145	0.232693	5.636731	143.688209	149.588047
2	2.805443	2.754953	66.240702	10.854798	1.778765	2.705372	77.095926	89.729558
3	5.487608	5.266238	123.939736	45.525296	16.722261	5.053798	169.46032	231.712589

续表

截面号 \ 项目	$\frac{n}{F}$	$\frac{n}{I}\cos\varphi$	$\frac{n}{I}$	$\frac{n}{I}y$	$\frac{n}{I}y^2$	$\frac{n}{F}\cos^2\varphi$	$\frac{n}{I}(1+y)$	$\frac{n}{I}(1+y)^2$
4	2.662637	2.472687	56.631422	36.786696	23.895939	2.296288	93.418118	154.100752
5	5.132436	4.564214	101.398664	102.219588	103.047158	4.058901	203.618252	408.884997
6	2.459033	2.070245	44.608172	64.219843	92.453647	1.742927	108.828015	265.501504
7	4.690756	3.691193	77.408744	150.198121	291.433169	2.904629	227.606865	669.238156
8	2.229053	1.615671	33.226362	83.252936	208.600971	1.171077	116.479298	408.333206
9	4.226422	2.773395	56.621268	177.250275	554.873832	1.819913	233.871543	965.995650
10	1.000000	0.581666	12.000000	45.710004	174.117039	0.338335	57.710004	277.537047
Σ			145.081557	721.684702	1467.155474	29.156542		3655.606929

故拱顶单位变位为

$$\frac{\Delta s}{3E}=R\frac{\varphi_j}{10}\frac{1}{3E}=1.109035\times10^{-5}$$

$$\delta_{11}=\frac{\Delta s}{3E}\sum_{i=0}^{10}\frac{n_i}{I_i}=8.263215\times10^{-3}$$

$$\delta_{12}=\delta_{21}=\frac{\Delta s}{3E}\sum_{i=0}^{10}\frac{n_i}{I_i}y_i=8.003736\times10^{-3}$$

$$\delta_{22}=\frac{\Delta s}{3E}\left(\sum_{i=0}^{10}\frac{n_i}{I_i}y_i^2+\sum_{i=0}^{10}\frac{n_i}{F_i}\cos^2\varphi_i\right)=16.594624\times10^{-3}$$

校核计算

$$\delta_{ss}=\frac{\Delta s}{3E}\left[\Sigma\frac{n}{I}(1+y)^2+\Sigma\frac{n}{F}\cos^2\varphi\right]$$

$$=1.109035\times10^{-7}(3655.606929+29.156542)=40.865317\times10^{-3}$$

$$\delta_{11}+2\delta_{12}+\delta_{22}=(8.263215+2\times8.003736+16.594624)\times10^{-5}$$

$$=40.865311\times10^{-3}$$

校核计算：$(\delta_{11}+2\delta_{12}+\delta_{22})-\delta_{ss}=(40.865311-40.865317)\times10^{-5}=6\times10^{-9}\approx0$

说明单位变位计算结果正确。

（四）计算拱顶载变位

1. 计算荷载

（1）因岩石坚硬系数 $f_i=2$，属坚硬地层，下面按修正的压力拱理论计算地层压力。

压力拱矢高

$$h_1=\frac{a}{f_i}=4(\text{m})$$

$$H=50\text{m}>(2\sim2.5)h_1=8\sim10(\text{m})(\text{属深埋})$$

$$q_{地}=\gamma h_1=24\times4=96(\text{kPa})$$

$$\Delta q_{地}=\gamma f_1-\gamma h_1=24\times(3.868334-4)=-3.16(\text{kPa})$$

此结果与实际情况不符，现采用均布载 $q_{地}=96\text{kPa}$。

(2) 自重计算

$$q_{自}=\gamma_c d_0=25\times0.7=17.5(\text{kPa})$$

$$\Delta q_{自}=\gamma_c\left(\frac{d_j}{\cos\varphi_j}-d_0\right)=25\times\left(\frac{1}{0.581666}-0.7\right)=25.5(\text{kPa})$$

故

$$q=q_{地}+q_{自}=113.5(\text{kPa})$$

$$\Delta q=\Delta q_{自}=25.5(\text{kPa})$$

需指出，在实际设计计算中，外载还应包括超挖回填引起拱顶的荷载，一般取 30cm 回填物高，因数值较小，此处予以忽略。

2. 计算载变位

先分别计算在均布载和三角载作用下的载变位，然后再叠加，计算过程列于表12－2。

表 12－2　　变截面圆拱拱顶载变位计算

项目 / 截面号	$x=R\sin\varphi$	x^2	x^3	垂直均布载 q		垂直三角载 Δq		垂直均布载 q
				$M'_P=-\frac{1}{2}x^2$ (q)	$N'_P=x\sin\varphi$ (q)	$M''_P=-\frac{x^3}{3l}$ (Δq)	$N''_P=\frac{x^2}{l}\sin\varphi$ (Δq)	$M'_P\frac{n}{I}$ (q)
0	0.000000	0.000000	0.000000	0.000000	0.000000	0.000000	0.000000	0.000000
1	0.746053	0.746053	0.644399	−0.373027	0.081934	−0.014500	0.004777	−51.485583
2	1.719744	2.957376	5.085806	−1.478688	0.324788	−0.114441	0.037705	−97.949331
3	2.560154	6.554390	16.780248	−3.277195	0.719823	−0.377591	0.124405	−406.174683
4	3.377505	11.407542	38.529030	−5.703771	1.252811	−0.866984	0.285645	−323.012663
5	4.164407	17.342288	72.220345	−8.671144	1.904583	−1.625110	0.535424	−879.242417
6	4.913749	24.144929	118.642122	−12.072465	2.651670	−2.669698	0.879583	−538.530595
7	5.618774	31.570620	177.388186	−15.785310	3.467182	−3.991608	1.315112	−1221.921021
8	6.273126	39.352114	246.860743	−19.676057	4.321770	−5.554887	1.830164	−653.763794
9	6.870906	47.209350	324.37100	−23.604675	5.184676	−7.299031	2.404806	−1336.526629
10	7.406714	54.859401	406.327977	−27.429701	6.024829	−9.143235	3.012414	−329.15412
Σ								−5837.763127

项目 / 截面号	垂直均布载 q			垂直三角载 Δq			
	$M'_P\frac{n}{F}y$ (q)	$M'_P\frac{n}{F}\cos\varphi$ (q)	$M'_P\frac{n}{I}(1+y)$ (q)	$M''_P\frac{n}{I}$ (Δq)	$M''_P\frac{n}{I}y$ (Δq)	$N''_P\frac{n}{F}\cos\varphi$ (Δq)	$M''_P\frac{n}{I}(1+y)$ (Δq)
0	0.000000	0.000000	0.000000	0.000000	0.000000	0.000000	0.000000
1	−2.113998	0.463941	−53.599582	−2.001305	−0.082174	0.027049	−2.083479
2	−16.050860	0.894776	−114.000821	−7.580652	−1.242234	0.103876	−8.822935
3	−149.195272	3.790759	−555.369956	−46.798529	−17.189942	0.655146	−63.988467
4	−209.822890	3.097809	−532.835552	−49.098537	−31.893477	0.706311	−80.992014
5	−886.360767	8.692924	−1765.603184	−164.783983	−166.118075	2.443790	−330.902058
6	−775.291807	5.489607	−1313.822402	−119.090348	−171.447586	1.820952	−290.537934
7	−2370.923901	12.798038	−3592.844922	−308.985362	−599.532021	4.854332	−908.517383
8	−1638.089514	6.982558	−2291.853307	−184.568686	−462.460652	2.956943	−647.029338
9	−4183.935135	14.379155	−5520.461764	−413.280390	−1293.755251	6.669477	−1707.035642
10	−1253.811742	3.5044382	−1582.968154	−109.718820	−417.937308	1.752219	−527.656128
Σ	−11485.595886	60.094005	−17323.359644	−1405.906612	−3161.658720	21.990095	−4567.565378

在均布载 q 作用下的载变位

$$\Delta'_{1P}=\frac{\Delta s}{3E}\sum_{i=0}^{10}M'_{Pi}\frac{n_i}{I_i}=-64.742836\times10^{-3}q$$

$$\Delta'_{2P}=\frac{\Delta s}{3E}\left(\sum_{i=0}^{10}M'_{Pi}\frac{n_i}{I_i}y_i+\sum_{i=0}^{10}N'_{Pi}\frac{n_i}{F_i}\cos\varphi_i\right)=-126.712815\times10^{-3}q$$

在三角载 Δq 作用下的载变位

$$\Delta''_{1P}=\frac{\Delta s}{3E}\sum_{i=0}^{10}M''_{Pi}\frac{n_i}{I_i}=-15.591996\times10^{-3}\Delta q$$

$$\Delta''_{2P}=\frac{\Delta s}{3E}\left(\sum_{i=0}^{10}M''_{Pi}\frac{n_i}{I_i}y_i+\sum_{i=0}^{10}N''_{Pi}\frac{n_i}{F_i}\cos\varphi_i\right)=-34.820024\times10^{-3}\Delta q$$

拱顶总载变位为

$$\Delta_{1P}=\Delta'_{1P}+\Delta''_{1P}=(-64.742836q-15.591996\Delta q)\times10^{-3}$$

$$\Delta_{2P}=\Delta'_{2P}+\Delta''_{2P}=(-126.712815q-34.820024\Delta q)\times10^{-3}$$

校核计算

$$\Delta'_{sP}=\frac{\Delta s}{3E}\left[\sum M'_P\frac{n}{I}(1+y)+\sum N'_P\frac{n}{F}\cos\varphi\right]$$

$$=-191.455658\times10^{-3}q$$

$$\Delta'_{1P}+\Delta'_{2P}-\Delta'_{sP}=7\times10^{-9}q\approx0\text{(计算正确)}$$

$$\Delta''_{sP}=\frac{\Delta s}{3E}\left[\sum M''_P\frac{n}{I}(1+y)+\sum N''_P\frac{n}{F}\cos\varphi\right]$$

$$=-50.412021\times10^{-3}\Delta q$$

$$\Delta''_{1P}+\Delta''_{2P}-\Delta''_{sP}=10^{-9}\Delta q\approx0\text{(计算正确)}$$

（五）在荷载作用下多余未知力计算

1. 判别侧墙类型

$$\alpha=\sqrt[4]{\frac{K_1}{4EI}}=\sqrt[4]{\frac{3K_1}{Ed_q^3}}=0.412118$$

$\alpha h_y=1.3506$，故侧墙属于短梁。

2. 计算墙顶单位变位

$$n=\frac{K_2}{K_1}=\frac{1.25K_1}{K_1}=1.25$$

$$A=\frac{6}{nd_q^3\alpha^3}=\frac{6}{1.25\times1.0^3\times0.412118^3}=68.576327$$

$$\varphi_1=\text{ch}\alpha h_y\cos\alpha h_y=0.391997$$

$$\varphi_2=\text{ch}\alpha h_y\sin\alpha h_y+\text{sh}\alpha h_y\cos\alpha h_y=2.431952$$

$$\varphi_3=\text{sh}\alpha h_y\sin\alpha h_y=1.840176$$

$$\varphi_4=\text{ch}\alpha h_y\sin\alpha h_y-\text{sh}\alpha h_y\cos\alpha h_y=1.740406$$

$$\varphi_9=\varphi_1^2+\frac{1}{2}\varphi_2\varphi_4=2.269954$$

$$\varphi_{10}=\frac{1}{2}\varphi_2\varphi_3-\frac{1}{2}\varphi_1\varphi_4=1.896493$$

$$\varphi_{11}=\frac{1}{2}\varphi_1\varphi_2+\frac{1}{2}\varphi_3\varphi_4=2.077986$$

$$\varphi_{12}=\frac{1}{2}\varphi_1^2+\frac{1}{2}\varphi_3^2=1.769955$$

$$\varphi_{13}=\frac{1}{2}\varphi_2^2-\varphi_1\varphi_3=2.235852$$

则

$$\beta_1=\frac{4\alpha^3}{K_1}\left(\frac{\varphi_{11}+\varphi_{12}A}{\varphi_9+\varphi_{10}A}\right)=1.044854\times10^{-3}$$

$$u_1=\beta_2=\frac{2\alpha^2}{K_1}\left(\frac{\varphi_{13}+\varphi_{11}A}{\varphi_9+\varphi_{10}A}\right)=1.486177\times10^{-3}$$

$$u_2=\frac{2\alpha}{K_1}\left(\frac{\varphi_{10}+\varphi_{13}A}{\varphi_9+\varphi_{10}A}\right)=3.867475\times10^{-3}$$

3. 计算外载引起墙顶的弯矩与水平力

$$M_{hP}=-\frac{1}{2}ql\left(\frac{l}{4}+e_h\right)-\frac{l}{4}\Delta q\left(\frac{l}{6}+e_h\right)$$
$$=-28.120649q-9.488707\Delta q$$
$$H_{hP}=0$$

4. 计算多余未知力

$$a_{11}=\delta_{11}+\beta_1=9.308069\times10^{-3}$$
$$a_{12}=\delta_{12}+\beta_2+f\beta_1=13.469936\times10^{-3}$$
$$a_{22}=\delta_{22}+u_2+2f\beta_2+f^2\beta_1=46.944865\times10^{-3}$$
$$a_{10}=\Delta_{1P}+M_{hP}\beta_1+H_{hP}\beta_2$$
$$=(-94.124809q-25.506309\Delta q)\times10^{-3}$$
$$a_{20}=\Delta_{2P}+f(M_{hP}\beta_1+H_{hP}\beta_2)+M_{hP}u_1+H_{hP}u_2$$
$$=(-280.425917q-86.687198\Delta q)\times10^{-3}$$

$$X_1=\frac{a_{22}a_{10}-a_{12}a_{20}}{a_{12}^2-a_{11}a_{22}}=2.509941q+0.116306\Delta q$$

$$X_2=\frac{a_{11}a_{20}-a_{12}a_{10}}{a_{12}^2-a_{11}a_{22}}=5.253337q+1.813203\Delta q$$

（六）弹性抗力作用下多余未知力计算

1. 计算 $\sigma_j=1$ 引起的墙顶截面内力与变位

$$M_{\sigma_j}=-\frac{R^2}{3(1-2\cos^2\varphi_j)}\left[\cos^2\varphi_j-\sin^2\varphi_j+\sqrt{2}(\sin\varphi_j-\cos\varphi_j)\right]=-0.378746$$

$$N_{\sigma_j}=\frac{R}{3(1-2\cos^2\varphi_j)}\left[\sqrt{2}(\sin\varphi_j-\cos\varphi_j)+2\cos^2\varphi_j-1\right]=0.041594$$

$$Q_{\sigma_j}=\frac{R}{3(1-2\cos^2\varphi_j)}\left[\sqrt{2}(\sin\varphi_j+\cos\varphi_j)-4\cos\varphi_j\sin\varphi_j\right]=0.754618$$

所以墙顶内力为

$$\overline{M}_{h\sigma}=M_{\sigma j}-(N_{\sigma j}\sin\varphi_j+Q_{\sigma j}\cos\varphi_j)e_h=-0.422849$$
$$\overline{H}_{h\sigma}=N_{\sigma j}\cos\varphi_j-Q_{\sigma j}\sin\varphi_j=-0.589633$$

$$\overline{V}_{h\sigma}=N_{\sigma j}\sin\varphi_j+Q_{\sigma j}\cos\varphi_j=0.472769$$

墙顶变位

$$\beta_\sigma=\overline{M}_{h\sigma}\beta_1+\overline{H}_{h\sigma}\beta_2=-1.318114\times10^{-3}$$

$$u_\sigma=\overline{M}_{h\sigma}u_1+\overline{H}_{h\sigma}u_2=-2.908819\times10^{-3}$$

2. 计算 $\sigma_j=1$ 时的拱顶载变位

采用分块总和法，将弹性抗力所分布拱轴线长对应圆心角 $\varphi=\varphi_j-45°$四等分

$$\Delta\varphi=\frac{54.432221°-45°}{4}=2.358055°$$

$$\Delta_{1\sigma}=-\frac{4R^3}{E(1-2\cos^2\varphi_j)}\frac{\Delta\varphi}{3}\sum_{i=0}^{4}\frac{n_i[\cos^2\varphi_i-\sin^2\varphi_i+\sqrt{2}(\sin\varphi_i-\cos\varphi_i)]}{[d_0+m(1-\cos\varphi_i)]^3}$$

$$=-0.069598\times10^{-3}$$

$$\Delta_{2\sigma}=-\frac{4R^4}{E(1-2\cos^2\varphi_j)}\frac{\Delta\varphi}{3}\sum_{i=0}^{4}\frac{[\cos^2\varphi_i-\sin^2\varphi_i+\sqrt{2}(\sin\varphi_i-\cos\varphi_i)](1-\cos\varphi_i)n_i}{[d_0+m(1-\cos\varphi_i)]^3}$$

$$+\frac{R^2}{3E(1-2\cos^2\varphi_j)}\frac{\Delta\varphi}{3}\sum_{i=0}^{4}\frac{n_i\cos\varphi_i[2\cos^2\varphi_i-1+\sqrt{2}(\sin\varphi_i-\cos\varphi_i)]}{d_0+m(1-\cos\varphi_i)}$$

$$=-0.248009\times10^{-3}$$

3. 计算 $\sigma_j=1$ 时的多余未知力

$$a_{11}=\delta_{11}+\beta_1=9.308069\times10^{-3}$$

$$a_{12}=a_{21}=\delta_{12}+\beta_2+f\beta_1=13.469936\times10^{-3}$$

$$a_{22}=\delta_{22}+u_2+2f\beta_2+f^2\beta_1=46.944865\times10^{-3}$$

$$a_{1\sigma}=\Delta_{1\sigma}+\beta_\sigma=-1.387712\times10^{-3}$$

$$a_{2\sigma}=\Delta_{2\sigma}+f\beta_\sigma+u_\sigma=-8.177744\times10^{-3}$$

$$\overline{X}_{1\sigma}=\frac{a_{22}a_{1\sigma}-a_{12}a_{2\sigma}}{a_{12}^2-a_{11}a_{22}}=-0.176137$$

$$\overline{X}_{2\sigma}=\frac{a_{11}a_{2\sigma}-a_{12}a_{1\sigma}}{a_{12}^2-a_{11}a_{22}}=0.224738$$

4. 计算弹性抗力

因 $\sigma_h=u_0K_1$ 及 $\sigma_j=\sigma_h\sin\varphi_j=u_0K_1\sin\varphi_j$

$$u_0=(X_1+\overline{X}_{1\sigma}\sigma_j)u_1+(X_2+\overline{X}_{2\sigma}\sigma_j)u_2+(X_2+\overline{X}_{2\sigma}\sigma_j)fu_1$$

$$+M_{hP}u_1+H_{hP}u_2+u_\sigma\sigma_j$$

$$=11.994751\times10^{-3}q+3.348187\times10^{-3}\Delta q-1.029158\times10^{-3}\sigma_j$$

$$\sigma_j=2.009127q+0.563040\Delta q$$

5. 在弹性抗力作用下多余未知力计算

$$X_{1\sigma}=\overline{X}_{1\sigma}\sigma_j=-0.353882q-0.099172\Delta q$$

$$X_{2\sigma}=\overline{X}_{2\sigma}\sigma_j=0.451527q+0.126536\Delta q$$

（七）计算弹性抗力及外载共同作用下多余未知力

$$X_1'=X_1+\overline{X}_{1\sigma}\sigma_j=2.156059q+0.017134\Delta q$$

$$X_2'=X_2+\overline{X}_{2\sigma}\sigma_j=5.704864q+1.939739\Delta q$$

将 $q=113.5\text{kPa}$ 及 $\Delta q=25.5\text{kPa}$ 代入得

$$X_1'=24.514961\times10^4\ \text{N}\cdot\text{m}$$

$$X_2'=69.696540\times10^4\ \text{N}$$

由于弹性抗力引起 9#、10# 截面的内力计算如下

$$M_{\sigma i}=-\frac{R^2\sigma_j}{3(1-2\cos^2\varphi_j)}[\cos^2\varphi_i-\sin^2\varphi_i+\sqrt{2}(\sin\varphi_i-\cos\varphi_i)]$$

$$N_{\sigma i}=-\frac{R\sigma_j}{3(1-2\cos\varphi_j)}[2\cos^2\varphi_i-1+\sqrt{2}(\sin\varphi_i-\cos\varphi_i)]$$

故

$$M_{\sigma 9}=-0.058045q-0.016267\Delta q=-0.700303\times10^4(\text{N}\cdot\text{m})$$

$$M_{\sigma j}=-0.76094q-0.213249\Delta q=-9.180555\times10^4(\text{N}\cdot\text{m})$$

$$N_{\sigma 9}=0.006375q+0.001786\Delta q=0.0769105\times10^4(\text{N})$$

$$N_{\sigma j}=0.082558q+0.023419\Delta q=1.008215\times10^4(\text{N})$$

（八）计算拱圈内力

1. 拱圈任一截面的内力

$$M=X_1'+X_2'y+M_P+M_\sigma$$

$$N=X_2'\cos\varphi+N_P+N_\sigma$$

各截面的内力计算见表 12-3。

表 12-3　　拱圈各截面的 M、N 值

项次 截面号	X_1'	yX_2'	M_σ	$M_P=M_P'+M_P''$	$M=X_1'+X_2'y+M_P+M_\sigma$	N_σ	$\cos\varphi X_2$
0	24.514961	0.000000	0.0	0.000000	24.514961	0.0	69.696540
1	24.514961	2.861740	0.0	−4.270831	23.105870	0.0	69.382278
2	24.514961	11.421102	0.0	−17.074933	18.861130	0.0	68.442211
3	24.514961	25.600793	0.0	−38.159020	11.956734	0.0	66.884982
4	24.514961	45.273548	0.0	−66.948610	2.839899	0.0	64.724459
5	24.514961	70.260803	0.0	−102.561515	−7.785751	0.0	61.980297
6	24.514961	100.338136	0.0	−143.83208	−18.977111	0.0	58.677099
7	24.514961	135.233672	0.0	−189.341869	−29.592969	0.0	54.844765
8	24.514961	174.633672	0.0	−237.488209	−38.339576	0.0	50.517725
9	24.514961	218.181812	−0.700303	−286.525590	−44.529120	0.076911	45.735148
10	24.514961	265.485481	−9.180556	−334.642356	−53.822470	1.008215	40.540108

项次 截面号	$N_P=N_P'+N_P''$	$N=X_2\cos\varphi+N_P+N_\sigma$	$\frac{n}{I}M$	$\frac{ny}{I}M$	$\frac{n\cos\varphi}{F}N$
0	0.000000	69.696540	857.666280	0.000000	99.566456
1	0.942132	70.324410	3189.096762	130.944313	398.203251
2	3.782492	72.224703	1249.374492	204.733749	198.975662

续表

项次 / 截面号	$N_P = N'_P + N''_P$	$N=X_2\cos\varphi+N_P+N_\sigma$	$\frac{n}{I}M$	$\frac{ny}{I}M$	$\frac{n\cos\varphi}{F}N$
3	8.487224	75.372259	1481.914455	544.333854	396.927975
4	14.947800	79.672259	160.827519	104.470500	197.004559
5	22.982348	84.962645	−789.464750	−795.856256	387.78694
6	32.339391	91.016490	−846.534233	−1218.707081	188.426433
7	42.706051	97.550816	−2290.754562	−4444.808345	360.078889
8	53.719008	104.236733	−1273.884631	−3191.882274	168.412267
9	64.978328	110.790387	−2521.295237	−7892.798761	307.265505
10	76.063465	117.611788	−645.869640	−2460.222736	68.410778
Σ			−1428.923545	−19019.793037	2771.059469

2. 校核计算

先计算 β_0 及 u_0

$$M_h = X'_1 + X'_2 f + M_{hP} + M_{h\sigma}\sigma_j = -5.083368q - 2.320864\Delta q$$
$$= -63.61443\times10^4(\text{N}\cdot\text{m})$$

$$H_h = X'_2 + H_{hP} + H_{h\sigma}\sigma_j = 4.520216q + 1.607752\Delta q = 55.404219\times10^4(\text{N})$$

$$V_h = \frac{1}{2}ql + \frac{1}{4}\Delta ql + V_{h\sigma}\sigma_j = 8.356567q + 3.969545\Delta q = 104.969375\times10^4(\text{N})$$

故
$$u_0 = u_1 M_h + u_2 H_h = 119.732133\times10^{-5}(\text{m})$$
$$\beta_0 = \beta_1 M_h + \beta_2 H_h = 15.872688\times10^{-5}(\text{rad})$$

校核计算

$$\int_0^s \frac{M}{EI}ds + \beta_0 = \frac{\Delta s}{3E}\sum_{i=0}^{10}\frac{n_i M_i}{I_i} + \beta_0 = 0.025426\times10^{-3}$$

$$\text{相对误差} = \frac{0.025426\times10^{-3}}{15.872688\times10^{-3}} = 0.16\% < 0.5\%(\text{计算正确})$$

$$\int_0^s \frac{My}{EI}ds + \int\frac{N\cos\varphi}{EF}ds + f\beta_0 + u_0$$
$$= \frac{\Delta s}{3E}\left(\sum_{i=0}^{10}M_i\frac{n_i y_i}{I_i} + \sum_{i=0}^{10}N_i\frac{n_i\cos\varphi_i}{F_i}\right) + f\beta_0 + u_0$$
$$= -180.204142\times10^{-3} + 180.193852\times10^{-3} = -0.010290\times10^{-3}$$

$$\text{相对误差} = \frac{0.01029\times10^{-3}}{180.193852\times10^{-3}} = 0.0057\% < 0.5\%(\text{计算正确})$$

（九）计算侧墙内力

侧墙为短梁，其任一截面的弯矩与轴力为

$$M = -u_0\frac{K_1}{2\alpha^2}\varphi_3 + \beta_0\frac{K_1}{4\alpha^3}\varphi_4 + M_h\varphi_1 + H_h\frac{1}{2\alpha}\varphi_2$$
$$N = V_h + d_q x\gamma_c$$

现将侧墙分为 6 等分

$$\Delta h_y=\frac{h_y}{6}=0.56039(\mathrm{m})$$

侧墙各截面的内力计算见表 12-4。

表 12-4　　侧墙各截面 M、N 值

截面号	x	αx	φ_1	φ_2	φ_3	φ_4	$M_h\varphi_1$ (×10⁴)
11	0.000000	0.000000	1.000000	0.000000	0.000000	0.000000	−63.614430
12	0.560138	0.230844	0.999257	0.461644	0.053287	0.008201	−63.584340
13	1.120276	0.461687	0.992428	0.921975	0.213047	0.065593	−63.132742
14	1.680416	0.692530	0.961685	1.374443	0.478372	0.221181	−61.177043
15	2.240555	0.923374	0.879049	1.802040	0.845737	0.523042	−55.920201
16	2.800694	1.154218	0.705448	2.172189	1.305985	1.016458	−44.876672
17	3.360833	1.385061	0.391995	2.431952	1.840177	1.740410	−24.936538

截面号	$H_h\frac{1}{2\alpha}\varphi_2$ (×10⁴)	$-u_0\frac{K_1}{2\alpha^2}\varphi_3$ (×10⁴)	$\beta_0\frac{K_1}{4\alpha^3}\varphi_4$ (×10⁴)	M_x (N·m) (×10⁴)	$d_q\gamma_h x$ (×10⁴)	N_x (N) (×10⁴)
11	0.000000	0.000000	0.000000	−63.614430	0.000000	104.969375
12	31.031192	−4.695684	0.116234	−37.132598	1.400348	106.369723
13	61.974125	−18.773835	0.929658	−19.002794	2.800695	107.770070
14	92.388516	−42.154439	3.134827	−7.808139	4.201040	109.170415
15	121.131107	−74.526872	7.413142	−1.902824	5.601388	110.570763
16	146.012107	−115.084213	14.406391	0.457613	7.001735	111.971110
17	163.473084	−162.157546	24.667056	1.046056	8.402083	113.371458

校核计算

侧墙底部弹性固定条件为

$$u_G=0,\quad M_G=K_2I_G\beta_G$$

$$u_G=u_0\varphi_1-\beta_0\frac{1}{2\alpha}\varphi_2+M_h\frac{2\alpha^2}{K_1}\varphi_3+H_h\frac{\alpha}{K_1}\varphi_4=0.001454\times10^{-5}\,\mathrm{mrad}\approx0$$

$$\beta_G=\beta_0\varphi_1-M_h\frac{2\alpha^3}{K_1}\varphi_2-H_h\frac{2\alpha^2}{K_1}\varphi_3+u_0\alpha\varphi_4=40.202438\times10^{-5}$$

$$K_2I_G\beta_G=1.046938\times10^4$$

$$M_G=M_{17^\#}=1.046056\times10^4$$

$$相对误差=\frac{(1.046056-1.046938)\times10^4}{1.046056\times10^4}=0.0843\%<0.5\%$$

计算正确。

（十）绘制结构内力图（图 12-9）

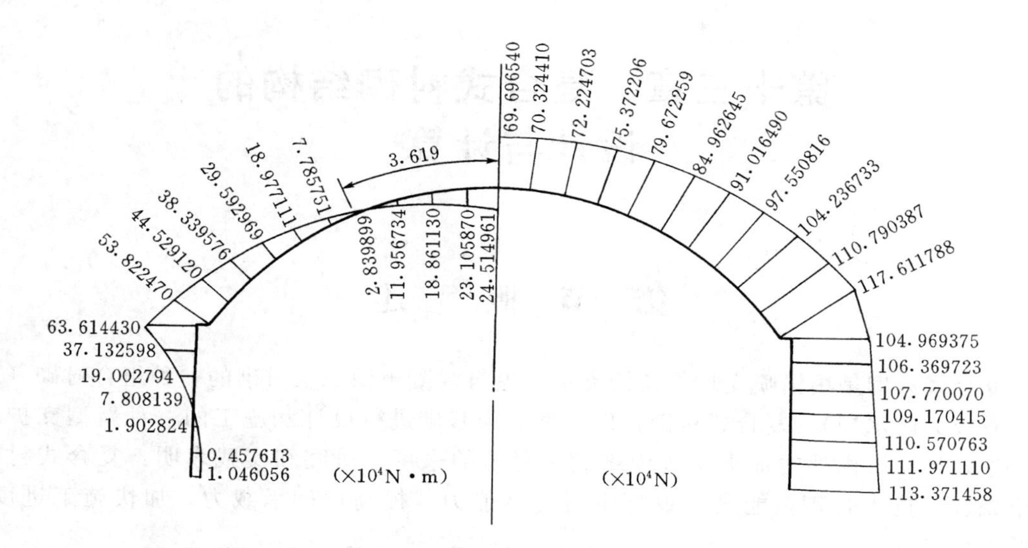

图 12-9　结构内力图

第十三章　复合式衬砌结构的设计与计算

第一节　概　　述

复合式衬砌是用锚喷支护作初期支护，模筑混凝土做二次衬砌的一种组合衬砌（二层间有或无防水层）。复合式衬砌是以新奥法为基础进行设计和施工的一种新型支护结构，近几年在国内外的地下工程中得到了普遍的采用。研究和实践表明：复合式衬砌理论先进、技术合理，能充分发挥围岩自承能力，提高衬砌承载力，加快施工进度，降低工程造价。

一、复合式衬砌受力变形的特点

众所周知，外层为锚喷的复合式衬砌的真实受力状态，不仅与衬砌本身的结构形式有关，而且与围岩特性以及施工程序直接相关。在新奥法施工中，复合式衬砌的施工步骤一般为：断面开挖好以后及时喷混凝土，锚杆或钢拱支架的一种或几种作为初次支护对围岩进行加固，防止有害松动，维护围岩稳定，待初次支护的变形基本稳定后，再模筑二次衬砌。显然，按这样程序建造的复合式衬砌，其主要受力结构是初次支护。而二次衬砌的作用将视围岩特性而异，在坚固地层中，开挖洞室所引起的变形很快就完成，后作的二次衬砌仅作为安全储备，采用施工所允许的最小厚度即可。而在软弱围岩中，洞室结构的围岩通常都具有发生一定的塑性变形及流变变形的特征，因流变所引起的延滞变形发展会持续很长一段时间，二次衬砌后仍有一定变形量，再加上锚杆的腐蚀失效和涌水所造成的围岩物理参数的降低等原因，使二次衬砌不再是一种单纯的安全储备，而成为受力结构的一个组成部分。

一般说来，洞室开挖后施作的支护衬砌将与围岩地层一起发生变形，并由此承受围岩对衬砌结构的表面施加的荷载，围岩则同时受到衬砌结构提供的约束抗力。由这类因素产生的作用在支护上的荷载常称为形变压力，并通常是作用在复合衬砌上的主要荷载。

采用复合式衬砌形成洞室结构时，各层支护将因施作时间不同而具有不同的受力变形特征。其中初期支护设置时间最早，发生的变形量最大，其自身及由其对围岩的加固作用提供的承载能力都将较充分发挥。复合衬砌的二次支护一般都在实测变形量过大、变形速率发展过快，或初期支护的承载能力发挥已经接近极限时（其外观表现为喷层出现裂缝等）施作，承受的荷载为与自施作支护时起发生的变形量相应的形变压力。通常情况下，二次衬砌结构层变形和受力都较小。由此可见，采用复合衬砌时，围岩的变形和应力的分

布将随各层支护的施作而改变，使每层支护承受的荷载的分布规律也有所不同。因此，对复合衬砌研究建立实用计算方法的关键，是确定分层设置支护后围岩的变形和围岩压力的变化规律。

二、新奥法技术与复合衬砌

新奥法（New Austrian Tunnelling Method）是奥地利学者 Rabcewicz 教授等一大批学者和工程技术人员在长期工程经验的基础上创立于 20 世纪 50 年代，并于 1962 年正式命名的一种地下工程施工方法。它的创立，给地下工程实践的科学化和技术经济的合理化带来了根本性变革，因其工艺简单，结构可靠和造价低廉等特点而引起隧道工程界的重视，并已在世界各地的矿山、铁道、水工隧道、军事工程洞库或其他地下建筑工程中推广应用。

日本经过 3 年试验性地下工程的施工后，于 1979 年开始推广这类新技术。目前在日本应用新奥法技术施工的隧道已有近数百座，占隧道总数的 90%，这些隧道的岩质条件有土砂层、膨胀性地层、软弱破碎岩体和硬岩等，有的非常复杂。美国隧道界对新奥法技术也给予了足够的重视。据报道，美国在纽约地铁隧道施工中，按新奥法施工时造价仅为 300 美元/m，而如按惯用的钢拱架与厚壁混凝土衬砌法施工，其造价则高达 700 美元/m。由此可见，在技术方法和成本造价方面，采用新奥法技术都优于矿山法。

新奥法施工，或者复合衬砌支护的基本原理在于：一是充分利用或发挥围岩的自承能力；二是增强围岩的强度，均衡围岩应力的分布，并允许围岩有一定程度的变形，以减小对支护的围岩压力；三是利用现场的监测值进行反馈施工。因此，采用新奥法技术修筑地下工程时认为支护体系中岩体是主要承载单元，并允许岩体发生一定数量的变形。

采用新奥法技术修筑地下工程时，断面可分步开挖，也可全断面一次开挖。采用这类方法施工时，一般在岩体松弛前先向洞壁施作柔性薄层混凝土封闭岩层，必要时，同时用锚杆加固，以稳定围岩。这一工序可重复一二次，有时还在喷层中增设网筋。围岩变形趋于稳定后，再作一层永久支护。施工过程中，通常都辅以位移量测以掌握围岩的稳定状态。遇有位移量或位移速率较大时，可及时采取措施加强支护，以使洞室保持稳定，并确保施工安全。

三、复合式衬砌的国内外研究现状及需研究的问题

新奥法施工，在实际地下工程中的应用获得了非常显著的效果。同时，很多学者为了进一步明确各种支护形式的作用机理，进行了大量的理论和试验研究。如应用形状弹性应变能方法，对围岩的稳定，锚喷支护的设计及其合理施工等课题进行了较系统的研究；利用室内模型试验，对双层衬砌内外层厚度不同时的承载力、在软弱围岩中复合式衬砌结构的破坏形态、复合式衬砌内外层不同时灌注时的极限承载力与同厚度的单层衬砌承载力的比较等课题进行了研究；利用弹塑性或粘弹塑性理论对复合式衬砌整个结构破坏时的极限承载力，围岩与支护的相互作用以及防水层对衬砌承载能力的影响等进行了分析讨论。

但是，由于实际工程中涉及到的岩土地质情况非常复杂，对于支护来说，其作用机

理、围岩与支护的相互作用关系以及复合式衬砌设计施工等方面，尚有诸多的问题需要进一步讨论。如：①洞室围岩变形、应力分布、破坏区域随时间的变化规律；②一次支护和二次支护的作用机理及其作用效果；③复合式衬砌的设计计算方法；④复合衬砌二次支护的模筑时间以及地层与支护刚度的匹配；⑤围岩与支护的相互作用关系等。无论是定性的说明，还是定量的评价都有待于进一步的探讨和研究。

第二节　复合式衬砌的设计

复合式衬砌的设计分为初期支护设计和二次衬砌设计。初期支护一般指锚杆喷射混凝土支护，必要时配合使用钢筋网和钢拱架，初期支护的设计参见前面有关章节。本节主要讨论二次衬砌的设计问题。

一、二次衬砌的主要作用

二次衬砌的作用因不同的围岩级别而异，对于Ⅰ级稳定硬质围岩，因围岩和初期支护的变形很小，且很快趋于稳定，故二次衬砌不承受围岩压力，其主要作用是防水、利于通风和修饰面层；对于Ⅱ级基本稳定的硬质围岩，虽然围岩和初期支护变形小，二次衬砌承受不大的围岩压力，但考虑洞室运营后锚杆钢筋锈蚀、围岩松弛区逐渐压密，初期支护质量不稳定等原因，故施作二次衬砌以提高支护衬砌的安全度；对于Ⅲ～Ⅴ级围岩，由于岩体流变、膨胀压力、地下水等作用，或由于浅埋、偏压及施工等原因，围岩变形未趋于基本稳定而提前施作二次衬砌，此时，二次衬砌主要承受较大的后期围岩形变压力。

二、二次衬砌结构的设计

（一）基本要求

（1）初期支护与二次衬砌之间的密贴程度，对复合式衬砌受力状态会产生影响。当支护与衬砌间有空隙，尤其拱顶灌筑混凝土不密实时，会使拱部围岩压力呈马鞍形分布，即拱顶小而拱腰大，甚至在拱顶附近出现衬砌外侧受拉。

（2）支护与衬砌两层紧密黏结在一起时，两层间能传递径向力和切向力，可按整体结构验算。两层间设有防水层时，按组合结构验算，只传递径向荷载。

（3）为防止洞内漏水，设计时应对二次衬砌的变形予以控制。

（4）支护与衬砌间空隙部分应回填密实。

（二）二次衬砌的计算

由于复合式衬砌分层施作，应考虑时间效应，可考虑按黏弹塑性有限元法进行计算；也可运用弹塑性理论或特征曲线法近似计算复合式衬砌；也可参考我国复合式衬砌围岩压力现场量测数据和模型试验结果及国内外有关资料，对Ⅱ～Ⅴ级围岩，以30％～50％的围岩压力作为二次衬砌的外荷载，按荷载—结构模型进行计算。需要指出，由于对二次衬砌的受力机理研究认识不够深入，加之围岩的地质条件千变万化，实施二次衬砌精确的计算是困难的，应提倡运用简便而实用的计算方法。对于地质条

件复杂的软弱围岩，应将上述几种方法的二次衬砌计算结果进行比较，确定一种合理简便的计算方法。

（三）二次衬砌施作时间的确定

二次衬砌，一般采用模筑混凝土，应在围岩和初期支护变形基本稳定后方可施作，并应具备下述条件：

（1）洞室周边位移速率有明显减缓趋势。

（2）在拱脚以上1m和边墙中部附近的位移速度小于0.1～0.2mm/d，或拱顶下沉速度小于0.07～0.15mm/d。

（3）施作二次衬砌前的位移值，应达到总位移值的80%～90%。

（4）初期支护表面裂缝不再继续发展。

（5）当采取一定措施仍难以符合上列条件时，可提前施作二次衬砌，且应予加强。

当洞室较短且围岩自稳性能较好时，为减少各工序间的干扰，可在整个洞室贯通后再作二次衬砌。

（四）加强二次衬砌的措施

当围岩和初期支护尚未基本稳定而提前施作的二次衬砌，或在浅埋、偏压、膨胀性围岩和不良地质地段施作二次衬砌，均要承受较大的围岩压力，故要求采取如下措施加强二次衬砌：

（1）改变衬砌形状，以适应外荷情况，减少衬砌弯矩，使衬砌断面基本受压。

（2）提高混凝土强度等级，或采用钢筋混凝土、钢纤维混凝土等能提高抗弯曲强度的材料。

（3）修建仰拱使衬砌形成封闭结构，以提高结构的整体刚度，减少围岩变形。

（4）采用超前支护，注浆加固地层等措施，以增加岩体强度，提高围岩整体稳定性。

三、复合式衬砌防水层的设计

地下洞室应根据要求采取防水措施。当有地下水时，初期支护和二次衬砌之间可设置塑料板防水层或采用喷涂防水层，并可采用防水混凝土衬砌。

防水层一般采用全断面不封闭的无压式，有特殊要求时，也可采用全断面封闭的有压式。当地下水较小时，可仅在拱部设置防水层。防水层应在初期支护变形基本稳定后、二次衬砌浇筑前施工。

（一）塑料板防水层

防水层材料应选用抗渗性能好，物化性能稳定，抗腐蚀及耐久性好，并具有足够柔性、延伸率、抗拉和抗剪强度的塑料制品，目前多采用厚1～2mm聚乙烯塑料板。

（二）喷涂防水层

防水层材料可采用沥青、水泥、橡胶和合成树脂等，防水层厚2～10mm。目前多采用阳离子乳化沥青氯丁胶乳作防水层，喷层厚3～5mm。

（三）防水混凝土

防水混凝土的抗渗能力，根据《地下工程防水技术规范》（GB 50108—2008）规定，其抗渗等级不得小于P6。设计时可根据洞室工程埋置深度情况选用相应防水混凝土的抗

渗等级。

第三节　复合式衬砌的计算

目前，对于复合式衬砌的计算，常用的方法有：考虑时间效应的粘弹塑性有限元法、特征曲线近似计算法以及荷载—结构模型计算法等。其中采用特征曲线法计算复合式衬砌，还只限用于确定初期支护的设计参数，荷载—结构模型计算法可参阅本书前面有关章节。本节主要论述考虑时间效应的黏弹塑性有限元法计算复合式衬砌问题。

一、材料流变模型

通常研究材料流变问题方法主要有两种：一是试验法，即通过一系列流变试验，取得试验数据，利用曲线拟合的办法求得经验公式；另一种是理想流变模型法，即将材料抽象成一系列弹簧、阻尼器和滑块等元件组成的模型，元件的不同组合方式代表流变性质不同的材料。流变模型的选择必须满足材料的实际流变特性，即蠕变特性和松弛特性。目前，在地下工程应力分析中都作为加载考虑的，因此，这里仅牵涉到蠕变特性。针对常见围岩流变特性，采用下面三种流变模型：

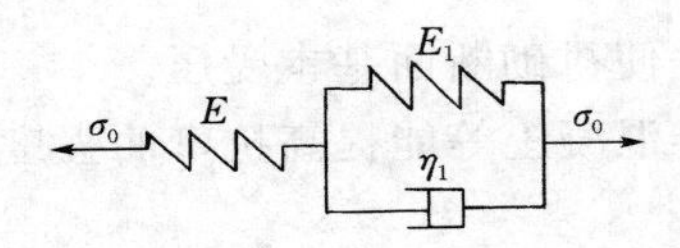

图 13-1　广义开尔文模型

（1）黏弹性模型。实测的洞周位移—时间曲线大部分呈双曲线形，与广义开尔文模型曲线相似，因此以该模型模拟围岩的黏弹性性质，如图 13-1 所示。

在二维有限元数值分析中，要把结构空间离散化，时间也离散化，所以应求出一段时间 $\Delta t_n = t_{n+1} - t_n$ 内的位移增量 $\{\Delta\delta\}^n$，应变增量 $\{\Delta\varepsilon\}^n$ 和应力增量 $\{\Delta\sigma\}^n$。在平面问题中线弹性应力—应变关系为

$$\{\varepsilon_e\} = \frac{1}{E_1}[C]\{\sigma\} \tag{13-1}$$

黏弹性应力—应变关系为

$$\{\varepsilon_{ve}\} = \frac{1}{\eta_1 \dfrac{\mathrm{d}}{\mathrm{d}t} + E_1}[C]\{\sigma\} \tag{13-2}$$

式中　$[C]$ ——泊松比矩阵，对平面应变问题。

$$[C] = \begin{bmatrix} 1 & -\dfrac{\mu}{1-\mu} & 0 \\ -\dfrac{\mu}{1-\mu} & 1 & 0 \\ 0 & 0 & \dfrac{1}{1-\mu} \end{bmatrix} \tag{13-3}$$

$\dfrac{\mathrm{d}}{\mathrm{d}t}$为对时间的微分算子。

在 Δt_n 内黏弹性应变增量 $\{\Delta\varepsilon_{ve}\}^n$，应力增量 $\{\Delta\sigma\}^n$ 为

$$\{\Delta\varepsilon_{ve}\}^n = \{\dot{\varepsilon}_{ve}\}^n \Delta t_n = (\alpha[C]\{\sigma\}^n - \beta\{\varepsilon_{ve}\}^n)\Delta t_n \tag{13-4}$$

$$\{\Delta\sigma\}^n=[D]\{\Delta\varepsilon_e\}=[D](\{\Delta\varepsilon\}^n-\{\Delta\varepsilon_{ve}\}^n) \tag{13-5}$$

式中　$\alpha=\dfrac{1}{\eta_1}$；

$\beta=\dfrac{E_1}{\eta_1}$；

$[D]$——弹性矩阵。

(2) 弹黏塑性模型。围岩的塑性流动可用图 13－2 所示的弹黏塑性模型模拟，在平面问题有

$$\{\varepsilon\}=\{\varepsilon_e\}+\{\varepsilon_{vp}\} \tag{13-6}$$

$$\{\sigma\}=[D]\{\varepsilon_e\} \tag{13-7}$$

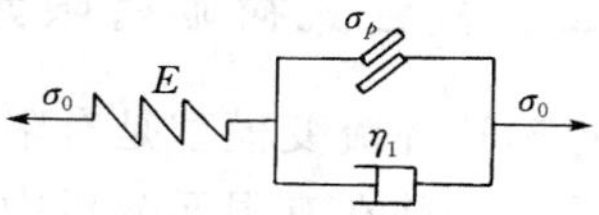

图 13－2　弹粘塑性模型

黏塑性流动法则为

$$\{\dot{\varepsilon}_{vp}\}=\gamma\langle\phi(F)\rangle\frac{\partial F}{\partial\{\sigma\}} \tag{13-8}$$

式中　$\gamma=\dfrac{1}{\eta_2}$——黏塑性系数；

$\phi(F)$——F 的正值单调函数。

$$\langle\phi(F)\rangle=\begin{cases}\phi(F) & F\geqslant 0\\ 0 & F<0\end{cases} \tag{13-9}$$

$\phi(F)$ 的常用形式有

$$\begin{cases}\phi(F)=e^{M\left(\frac{F-F_0}{F_0}\right)}\\ \phi(F)=\left(\dfrac{F-F_0}{F_0}\right)^N\end{cases} \tag{13-10}$$

式中　M、N——任意常数，对岩土类材料，M、N 常取为 1.0；

F——屈服准则。

莫尔—库仑屈服准则为

$$F=\frac{1}{3}\sin\varphi I_1+(\cos\theta_\sigma-\frac{1}{\sqrt{3}}\sin\theta_\sigma\sin\varphi)\sqrt{J_2'}-C\cos\varphi=0 \tag{13-11}$$

德鲁克—普拉格（Drucker-Prager）屈服准则为

$$F=\alpha I_1+\sqrt{J_2'}-k=0 \tag{13-12}$$

其中

$$\alpha=\frac{\sin\varphi}{\sqrt{3}\sqrt{3+\sin^2\varphi}}$$

$$k=\frac{\sqrt{3}\cos\varphi C}{\sqrt{3+\sin^2\varphi}} \tag{13-13}$$

在有限元分析中，需要求出 $\Delta t_n=t_{n+1}-t_n$ 时步内的黏塑性应变增量 $\{\Delta\varepsilon_{vp}\}^n$

$$\{\Delta\varepsilon_{vp}\}^n=\Delta t_n[(1-\Theta)\{\dot{\varepsilon}_{vp}\}^n+\Theta\{\dot{\varepsilon}_{vp}\}^{n+1}] \tag{13-14}$$

式中　$\Theta=0$——向前差分；

$\Theta=\dfrac{1}{2}$——中心差分；

$\Theta=1$——向后差分。

（3）黏弹塑性模型。在弹性变形和塑性变形同时出现的情况下，可用图 13-3 所示的黏弹塑性模型模拟。

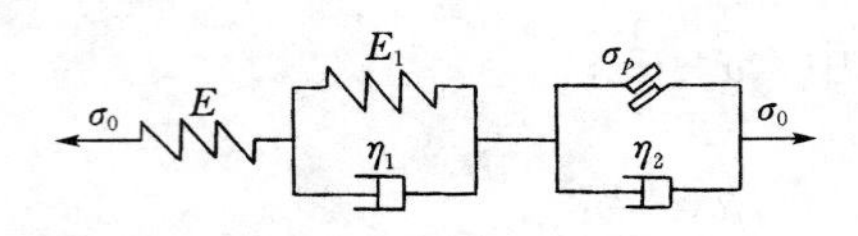

图 13-3　黏弹塑性模型

二、复合式衬砌有限元数值分析

正确选择流变模型是有限元分析的首要条件。此外，还必须了解复合式衬砌的施工步骤和特点，并在有限元分析中加以考虑，才能使分析结果更接近实际、更合理。

（一）复合式衬砌的施工特点

两层衬砌的施工时间是不同的，洞室开挖后，尽可能早地施做外层衬砌—初次支护，在使其有足够的柔性，又能保持围岩稳定的前提下，让围岩产生一定变形，然后根据某个控制条件，如位移绝对值，变形速率或施工安排而施设内层衬砌。内层衬砌的施做时间不同，它在复合衬砌中的作用也各异。在初次支护的变形基本稳定之后再做内层衬砌，只起安全储备作用，如果由于某种原因必须提前施做内层衬砌，则内层衬砌即可能承受很大的荷载。因此，分析中必须反映这些特点。

（二）开挖支护过程的正确模拟

开挖支护过程可以分为几个阶段，即开挖、初次支护、二次支护，而根据围岩的性质不同，有的阶段又可略去。这里对这个过程如下考虑：

（1）为了施工安全，一般情况下开挖后立即锚喷作为初次支护。本节中，初次支护用四节点等参元模拟，其应力从零应力状态开始，锚杆用杆单元模拟。

（2）内层衬砌用四节点等参元模拟，刚施做时，衬砌单元应力为零。在内外层衬砌之间，根据需要还可设置防水层，防水层用有厚度的四节点节理单元模拟。当防水层为敞口式（即仰拱不设防水层或不设内层衬砌）时，两端防水层单元需采用三节点节理单元。由于防水层不能传递切向应力，所以计算时应给节理单元一很小的切向刚度。内层衬砌施做时间可根据施工要求按给定的时间控制，也可按位移增量的大小来控制。

（三）复合式衬砌有限元分析流程图

复合式衬砌有限元分析流程如图 13-4 所示。

设在 $t=t_n$ 时刻的黏性等效节点荷载 $\{\Delta v\}^n$ 已求出，而在 $t=t_{n+1}$ 时刻（或 $\Delta t_n=t_{n+1}-t_n$）的计算步骤如下：

（1）解方程求 $\{\Delta v\}^n$ 引起的黏性位移增量 $\{\Delta\delta\}^{n+1}$ 和总位移 $\{\delta\}^{n+1}$

$$\{\Delta\delta\}^{n+1}=[K_t]^{-1}\{\Delta v\}^n \tag{13-15}$$

$$\{\delta\}^{n+1}=\{\delta\}^n\{\Delta\delta\}^{n+1} \tag{13-16}$$

（2）计算应力增量 $\{\Delta\delta\}^{n+1}$ 和总应力 $\{\delta\}^{n+1}$

$$\{\Delta\delta\}^{n+1}=[D]([B]\{\Delta\delta\}^{n+1}-\{\dot{\varepsilon}_v\}^n\Delta t_n) \tag{13-17}$$

$$\{\sigma\}^{n+1}=\{\sigma\}^n+\{\Delta\sigma\}^{n+1} \tag{13-18}$$

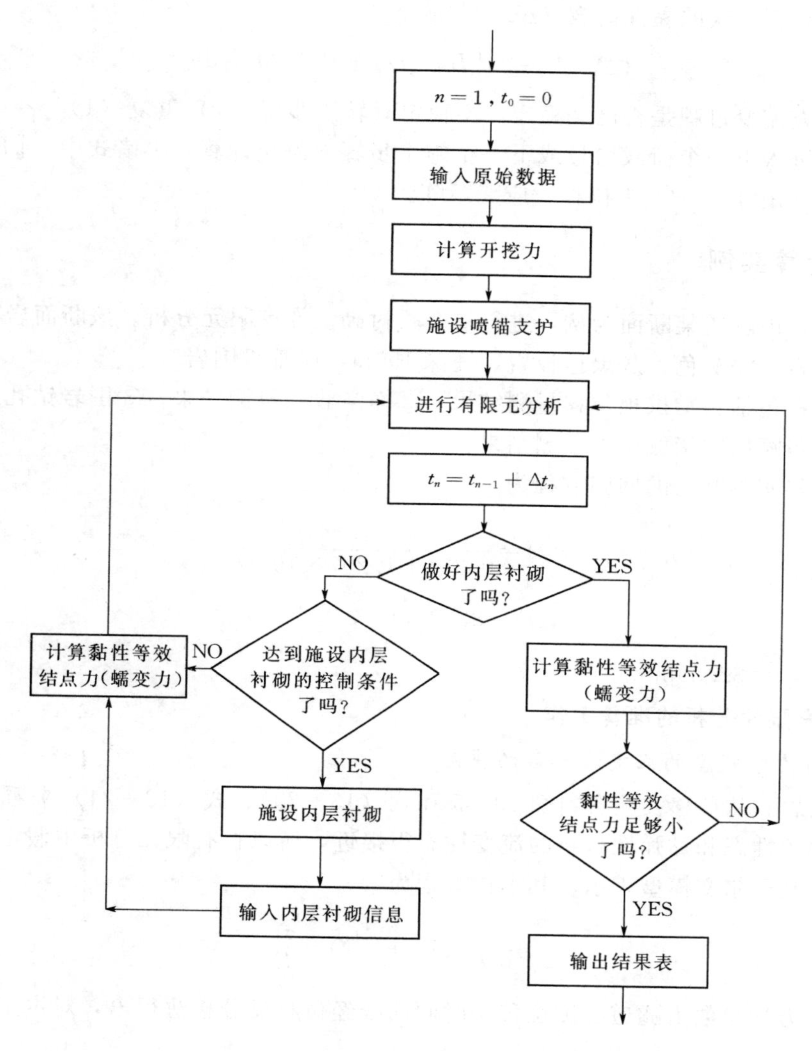

图 13-4　复合式衬砌分析流程图

（3）计算黏性（包括黏弹性和黏塑性）应变增量 $\{\Delta\varepsilon_v\}^{n+1}$ 和 $\{\varepsilon_v\}^{n+1}$

$$\{\Delta\varepsilon_v\}^{n+1}=[B]\{\Delta\delta\}^{n+1}-[D]^{-1}\{\Delta\sigma\}^{n+1} \tag{13-19}$$

$$\{\varepsilon_v\}^{n+1}=\{\varepsilon_v\}^{n}+\{\Delta\varepsilon_v\}^{n+1} \tag{13-20}$$

（4）计算黏性应变率 $\{\dot{\varepsilon}_v\}^{n+1}$

$$\{\dot{\varepsilon}_v\}^{n+1}=\begin{cases}\gamma\langle\phi(F)\rangle\dfrac{\partial F}{\partial\{\sigma\}} & \text{黏塑}\\ \alpha[C]\{\sigma\}^{n+1}-\beta\{\varepsilon_{ve}\}^{n+1} & \text{黏弹}\end{cases} \tag{13-21}$$

（5）计算时间步长 Δt_{n+1}。

（6）计算下一次的黏性荷载 $\{\Delta v\}^{n+1}$

$$\{\Delta v\}^{n+1}=\int_V[B]^{T}[D]\{\dot{\varepsilon}_v\}^{n+1}\Delta t_{n+1}\mathrm{d}v \tag{13-22}$$

（7）检查流变过程是否已经稳定，不稳定时转入步骤（1）重复（1）～（7）步。如果已稳定就进入下一个荷载增量或下一个施工步骤或停止计算。上诸式中，$[K_t]$ 为体系的弹性总刚度矩阵，$[B]$ 为位移—应变矩阵。

三、计算实例

现以大瑶山隧道某断面为例，进行复合式衬砌流变有限元分析。该断面岩石主要为浅灰色石英砂岩，深灰色、灰黑色板岩，埋深190m，属Ⅲ级围岩。

实测资料包括：①拱顶位移量测结果；②净空收敛量测结果；③围岩钻孔位移量测结果；④围岩与喷层间接触压力量测结果。

拱顶位移实测结果的回归方程为

$$u(t)=\frac{t}{0.351+1.207\times10^{-2}t} \tag{13-23}$$

或

$$u(t)=82.85(1-\mathrm{e}^{-0.020424t}) \tag{13-24}$$

稳定值为　$u_\infty=82.85\mathrm{mm}$

（一）有限元分析的准备工作

1. 材料力学模型的假定和参数的决定

（1）围岩。从位移实测资料图13-6和式（13-23）、式（13-24）来看，拱部位移随时间变化的性态和黏弹性材料的流变性态很接近，所以在有限元分析中假定围岩为黏弹性，并用广义开尔文模型表示，其本构方程为

$$\varepsilon=\frac{\sigma_0}{E_1}(1-\mathrm{e}^{-\frac{E_1}{\eta_1}t})+\frac{\sigma_0}{E} \tag{13-25}$$

式中的材料力学参数由隧道实测位移—时间曲线经位移反分析法得出，对本工程实例的Ⅲ级围岩，取：$E=500\mathrm{MPa}$，$\mu=0.25$，$E_1=1000\mathrm{MPa}$，$\beta=\frac{E_1}{\eta_1}=0.05\ 1/\mathrm{d}$。

（2）其他材料参数。支护结构和防水层材料都视为线弹性，取喷射混凝土、模筑混凝土的 $E_c=13400\mathrm{MPa}$，$\mu_c=0.2$；防水层的 $K_n=720\mathrm{MPa}$，$K_s=0.0$。

2. 围岩的初始应力场

因该断面处埋深为190m，且断面尺寸和埋深相比小得多，故假定初始应力场为常应力场：$\sigma_v^0=3.0\mathrm{MPa}$，$\sigma_h^0=2.0\mathrm{MPa}$。

3. 有限元网格

有限元网格如图13-5所示。

（二）计算结果与分析

1. 开挖后立即喷射混凝土（15cm厚）的计算结果

（1）计算所得拱顶位移—时间曲线见图13-6，数据见表13-1。

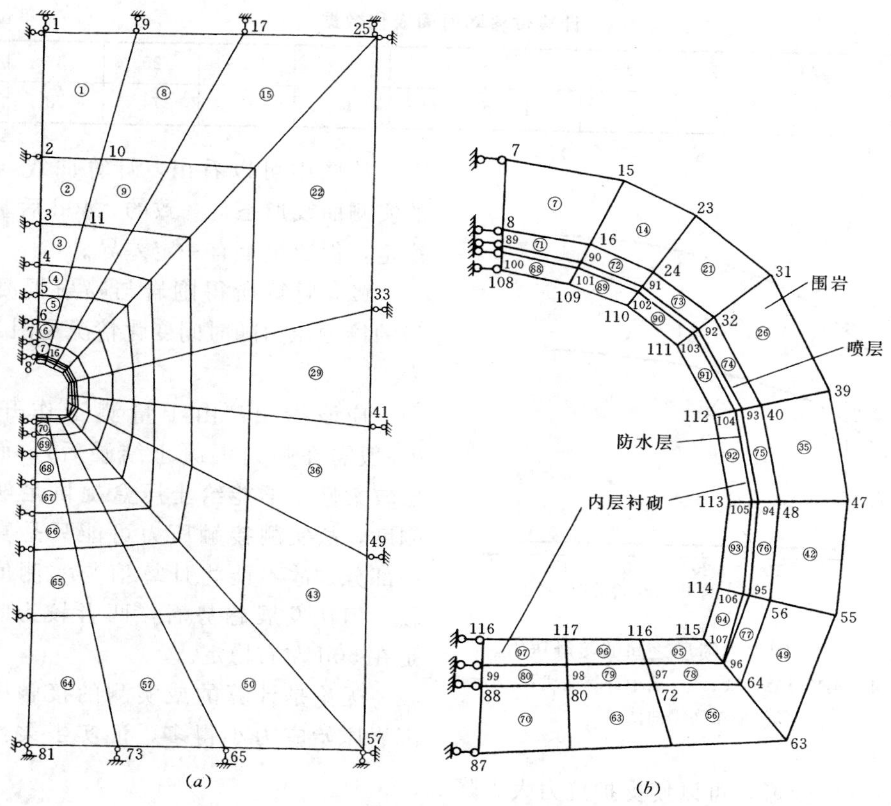

图 13-5　有限元网格及细部布置

(a) 有限元网格；(b) 衬砌布置细部图

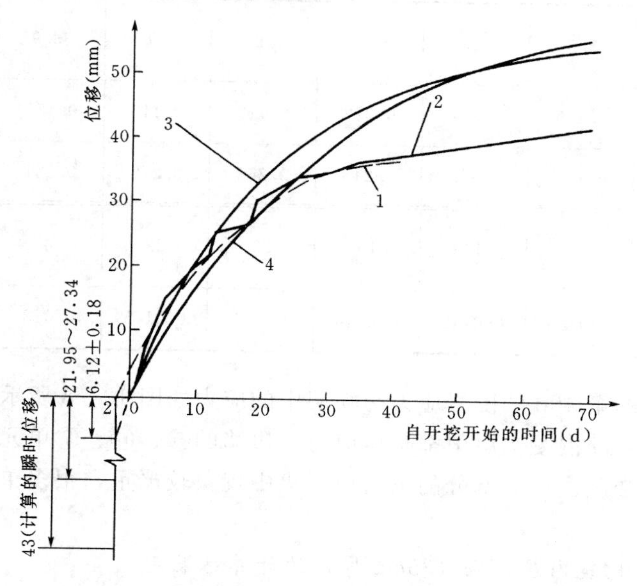

图 13-6　拱顶位移—时间曲线

1—计算曲线；2—实测曲线；3—$u(t)=\dfrac{t}{0.351+0.01207t}$；4—$u(t)=82.85(1-e^{-0.020424t})$

表 13-1　　计算位移随时间变化数据　　单位：mm

时间（d）	瞬间	1.2	2.5	4	7.3	9.2	16.3	25	33	40
拱顶位移	43	45	48	51	56	59	67	74	78	79

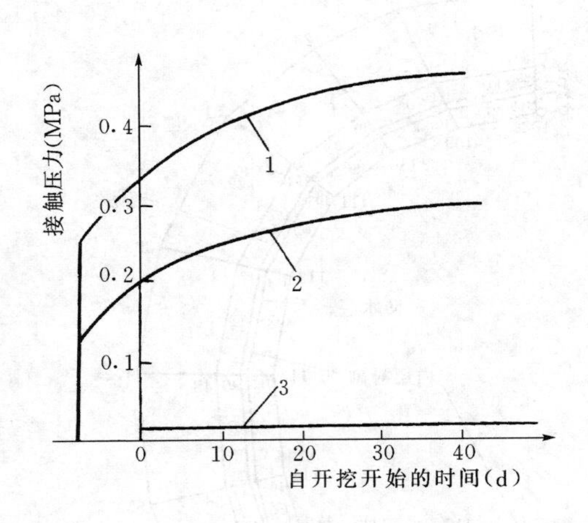

图 13-7　围岩与喷层之间的接触压力
1—拱顶计算曲线；2—墙中计算曲线；
3—墙中实测曲线

从图中可以看出，计算曲线与修正后的实测曲线形态是一致的，40d 后基本趋于稳定，但数量上有一定差异。

(2) 计算所得围岩与喷射混凝土层之间的接触压力随时间变化情况见图 13-7 和表 13-2。

应该指出，由于量测工作开始较晚（一般需在喷射混凝土结硬后），而且，喷层较柔性，不能给土压盒提供足够的支承刚度，故实测接触压力可能只是真实值的一部分。故不能将计算值与实测值直接比较，但从发展趋势看，两者较为吻合，都是在 50d 左右稳定。

无论是计算的或实测的接触压力都较围岩原始应力小得多，证实了柔性支护允许围岩有一定变形，可以使支护抗力大大降低。

表 13-2　　接触压力随时间变化数据　　单位：MPa

时间(d) 部位	瞬　间	5.5	9.3	16.3	22	29	33.9	38	40
拱顶计算值	0.252	0.315	0.347	0.392	0.419	0.442	0.451	0.458	0.461
墙中计算值	0.152	0.193	0.215	0.245	0.263	0.278	0.284	0.289	0.291
时间(d) 部位	8	9	10	15	22	29	32	37	48
墙中实测值	0.014	0.0145	0.0142	0.0145	0.018	0.0175	0.018	0.021	0.0235

(3) 计算所得的第 40d 的围岩应力与喷层中的应力如图 13-8 所示。

从图中可看出，喷混凝土层中都是压应力，边墙的⑤、⑥、⑦单元比较危险，其应力值接近混凝土抗压强度。边墙部分的围岩应力集中现象较严重，很多单元的压应力已超过围岩的抗压强度。

2. 开挖后 40d 砌筑内层衬砌（35cm 厚）的计算结果

砌筑内层衬砌后位移和接触压力的变化情况见表 13-3、表 13-4。从中可见，拱顶位移只增加 0.3mm，墙中收敛值仅增加 0.3mm，但接触压力却增加了 0.14MPa，相对而

言，接触压力增加的数量较位移大很多。这说明围岩后期“残余变形”还很大，但由于内层衬砌的刚度大，故位移较小。

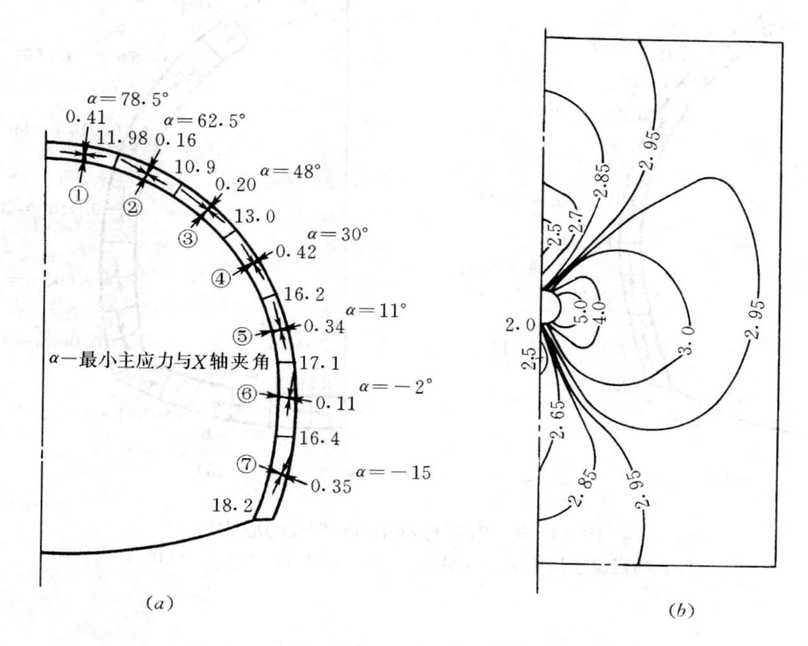

图 13－8　喷层及围岩中的应力计算值

(a) 喷混凝土中应力 (MPa)；(b) 围岩中最大压应力等值线 (MPa)

表 13－3　　第 40 天砌筑内层衬砌后，围岩的位移随时间变化表　　单位：mm

部位＼时间 (d)	40	50	63	74	88	95.6
拱顶位移 (mm)	79.4	79.6	79.65	79.65	79.65	79.7
墙中收敛 (mm)	77.4	77.6	77.69	77.7	77.7	77.7

表 13－4　　40 天砌筑内层衬砌后，接触压力随时间变化表　　单位：mm

部位＼时间 (d)	40	50	63	74	88	95.6
拱顶 (MPa)	0.461	0.564	0.595	0.600	0.601	0.601
墙部 (MPa)	0.291	0.359	0.379	0.383	0.384	0.384

3. 砌筑内层衬砌后第 55.6d 喷混凝土层和内层衬砌中的应力状态 (图 13－9)

从图中可见，喷混凝土中的应力略有增加 (1.75%)，远小于接触压力增加的比例 (30%)，说明增加的接触压力都由内层衬砌所承受，但由于接触压力增加的绝对值很小，故内层衬砌中的应力并不大。

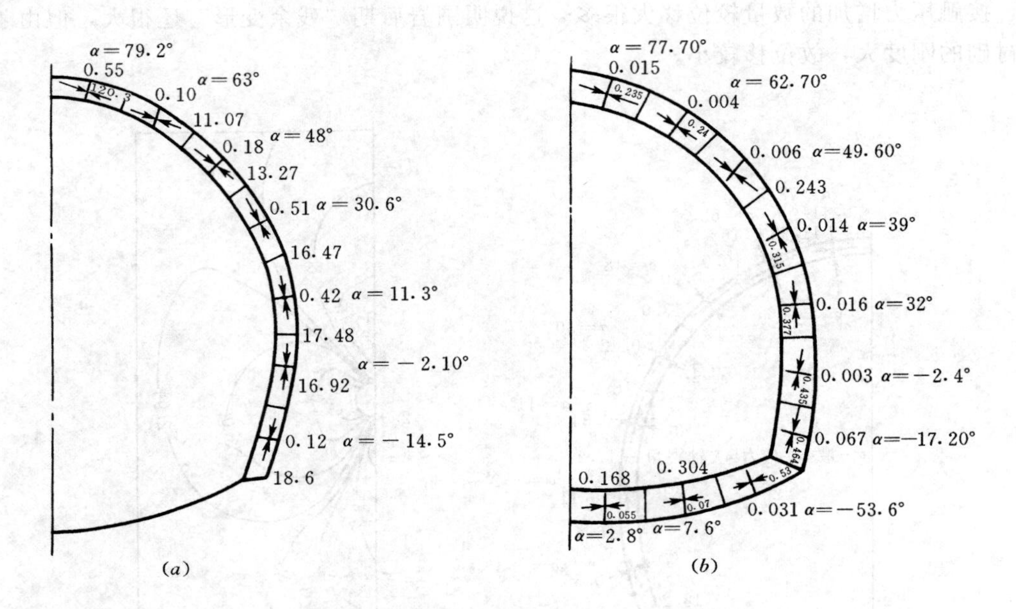

图 13-9　内层衬砌第 55.6 天的应力

(*a*) 喷混凝土层中应力（MPa）；(*b*) 内层衬砌中应力（MPa）

第十四章　地下油罐结构的设计与计算

第一节　地下油罐设计的基本要求和分类

一、设计的基本要求

油罐是油库的主体结构物，对油罐结构最基本的要求如下。

（1）注意合理造型，改善结构的受力性能，使之既能满足强度要求和规定的抗力要求，又能保证在温度应力和地震力的作用下，不致发生破坏。

（2）油罐结构要密闭，保证储藏的油品及油蒸汽不渗不漏，以防止油品损失和环境污染。

（3）确保各类油品在规定的储存期内，不变质不污染，各项技术指标均能达到标准规定的要求。

（4）施工简便，便于实现施工方法的机械化、自动化和标准化。

（5）使用管理方便，便于检查维修，减少维护费用。

（6）利于防火和防爆。

二、地下油罐的分类

（1）按结构材料的不同，分为金属油罐和非金属油罐两大类。

金属油罐是指用金属材料制成的油罐，在我国大多建造钢油罐。根据建造方式不同，又可分为离空式和贴壁式钢油罐，如图 14-1、图 14-2（*a*）所示。

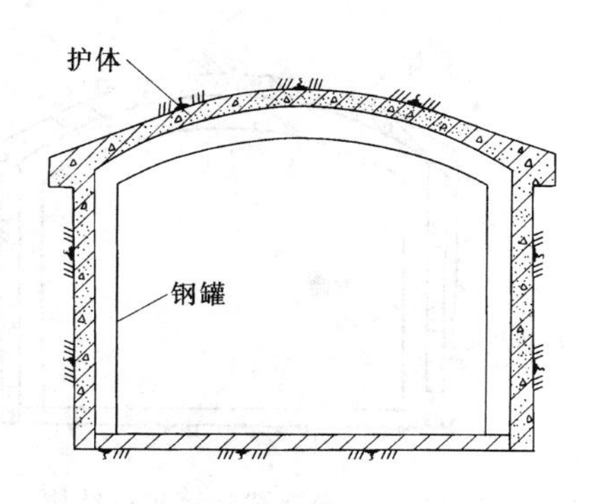

图 14-1　离空式钢油罐

非金属油罐是用非金属材料建造的油罐。军用油库主要是采用钢筋混凝土油罐，如图 14-2（*b*）所示，地方也有采用砖石材料修建的砌体油罐。

（2）按封闭罐内油品方式的不同，可分为钢油罐、钢筋混凝土涂层油罐、钢筋混凝土衬里油罐、防渗混凝土油罐和水封油罐。钢油罐是用钢板来封存罐内油品；钢筋混凝土涂层油罐是在钢筋混凝土罐体的内表面，用涂料涂刷后，形成防渗薄膜，用以封闭罐内油品；钢筋混凝土衬里油罐是在钢筋混凝土罐体内表面加上衬里，来封闭罐内油品；防渗混

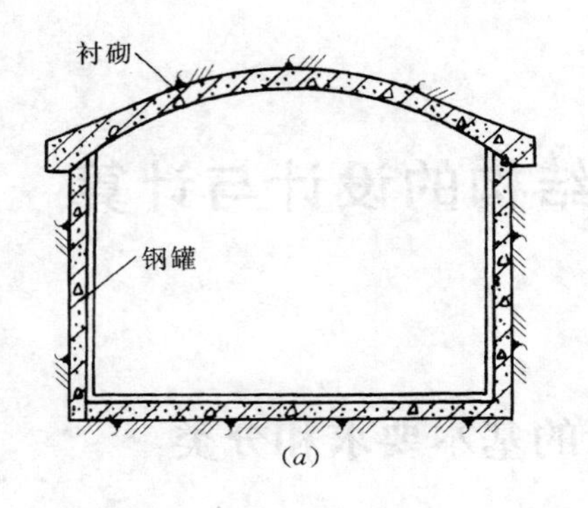

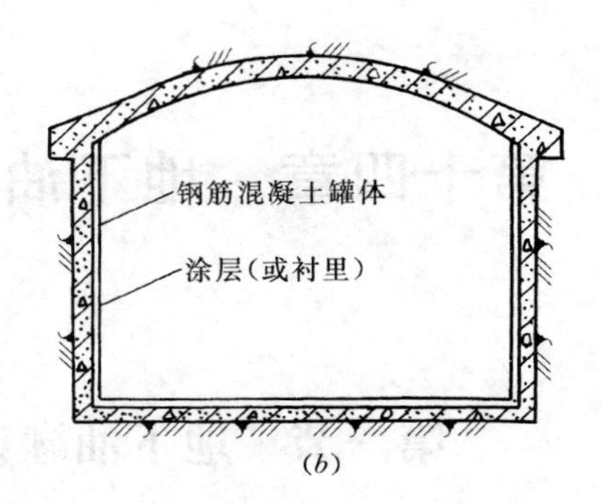

图 14-2

（*a*）贴壁式钢油罐；（*b*）钢筋混凝土油罐

凝土油罐是用防渗混凝土来防止罐内油品的渗漏；水封油罐则是用水来封闭岩洞内的油品。

（3）按开挖方法的不同，分为掘开式油罐和洞库式油罐。

掘开式油罐，其施工方法是先将覆盖层和罐体部位的岩体掘开，然后构筑罐体，最后罐体上覆土，恢复原来地貌。由于掘开式油罐承受动力作用，因而对有防护能力要求的油库宜修建离空式钢油罐。护体应采用整体式钢筋混凝土结构，即壳顶、环梁和罐壁三者连接为整体。掘开式油罐不宜采用涂层钢筋混凝土，因为涂层在动载作用下，可能产生破裂现象，致使油罐无法使用。对于无防护能力要求的油库，掘开式钢油罐一般也要设置护体结构，其壳顶采用钢筋混凝土，而罐壁可采用素混凝土预制块或浆砌块石砌筑，并适当设置钢筋混凝土圈梁，以增强砌体的整体性。

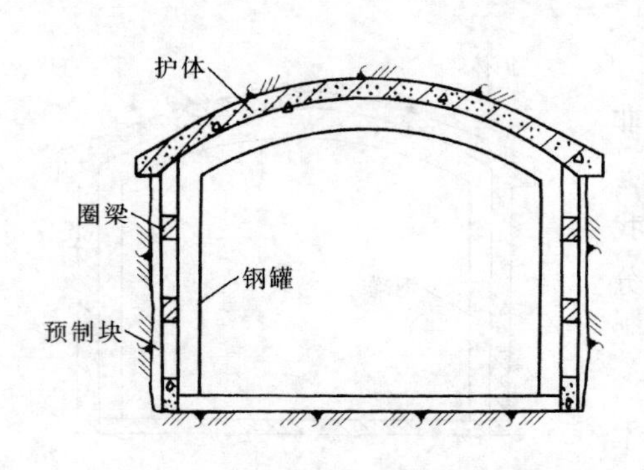

图 14-3　分离式油罐护体结构

洞库式油罐的施工方法，是直接从地下开挖罐体部位的岩石，然后构筑罐体。一般具有较厚的防护层，适用于防护能力要求较高的油罐，军用油库大都采用这种类型。洞库式油罐可做成离空式或贴壁式钢油罐，也可做成钢筋混凝土油罐。离空式油罐的外衬，通常采用钢筋混凝土壳顶，现浇混凝土侧壁或混凝土预制块，浆砌块石砌体的侧壁。贴壁式钢油罐的外衬，通常采用混凝土或钢筋混凝土结构。鉴于洞库式油罐的防护厚较厚，不要求离空式钢油罐外衬或钢筋混凝土油罐具有抗动力性能，所以在围岩比较稳定的情况下，可以做成分离式结构，如图 14-3 所示。

洞库式油罐外衬还可以采用锚喷支护，它具有造价低、节约材料和施工方便等优点。

三、地下油罐结构的组成

地下钢筋混凝土油罐或离空式钢油罐的外衬通常采用立式圆筒形薄壳结构，它由顶盖

（球形薄壳）、环梁（支座环）、罐壁（筒壳）和圆形底板（弹性地基上的圆板）所组成。内力计算时既需将顶盖、环梁、罐壁和底板拆成单个构件计算，同时又要考虑单个构件之间的相互联系。

第二节　地下油罐罐壁的计算

一、罐壁结构微分方程及其解

设有一等厚度罐壁，其高度为 L，罐壁上作用有地层压力 e_1 和 e_2 及液体压力 q_1 和 q_2（图 14－4）。在荷载作用下，如果发生朝地层方向的变位，就会引起地层的弹性抗力，并作为新的荷载施加在罐壁上。对于罐壁的计算，工程实践中，一般采用简化的实用计算方法。

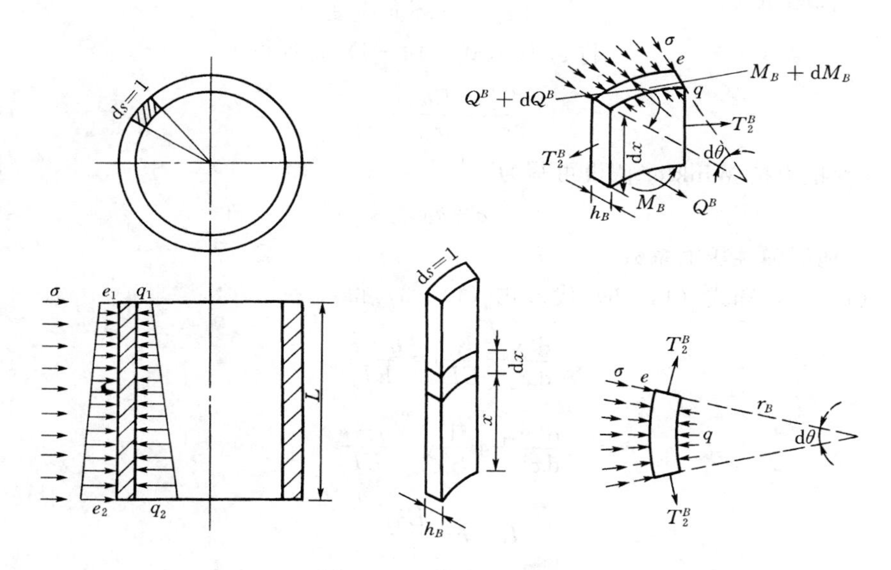

图 14－4　罐壁计算图式

从罐壁中切出单位宽度（ds＝1）的垂直板条按弹性地基梁来分析，在垂直板条上取出高度为 dx 的微元体。该微元体上作用的力有液体压力 q，侧向地层压力 e 以及弹性抗力 σ，径向截面上的环向力 T_2^B，水平截面上的切力 Q^B 及弯矩 M^B。由材料力学可知板条的挠度与荷载的一般微分关系式为

$$p=-\frac{\mathrm{d}^2M}{\mathrm{d}x^2}=EI\frac{\mathrm{d}^4y}{\mathrm{d}x^4} \qquad (14-1)$$

式中　p——板条上的荷载集度；

EI——板条的刚度；

y——板条的挠度。

对于图 14－5 所示的情况，板条上的荷载集度为

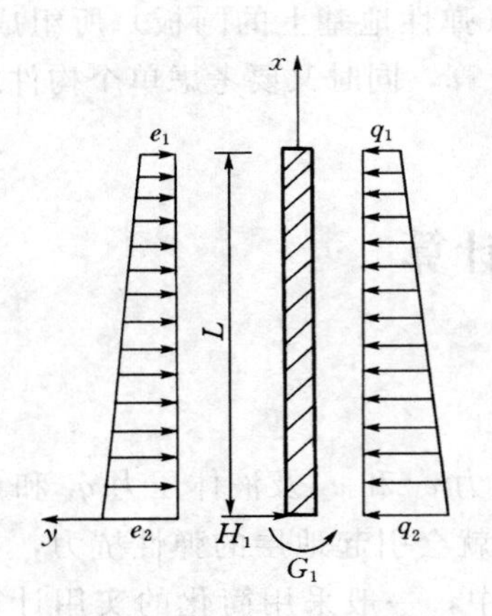

图 14-5　开口油罐罐壁计算图式

$$p=q-e-\sigma-\frac{T_2^B}{r_B} \tag{14-2}$$

将式（14-2）代入式（14-1）得

$$\frac{d^4y}{dx^4}=\left(q-e-\sigma-\frac{T_2^B}{r_B}\right)\frac{1}{EI} \tag{14-3}$$

式中　r_B——筒壳罐壁的半径。

由弹性变形定律可得

$$\frac{T_2^B}{h_B}=E\varepsilon_2 \tag{14-4}$$

其中

$$\varepsilon_2=\frac{2\pi(r_B+y)-2\pi r_B}{2\pi r_B}=\frac{y}{r_B}$$

式中　h_B——罐壁的厚度；

ε_2——环向应变。

将 ε_2 代入式（14-4）整理得

$$\frac{T_2^B}{r_B}=\frac{Eh_B}{r_B^2}y \tag{14-5}$$

地层弹性抗力按 Winkler 假设可写为

$$\sigma=ky \tag{14-6}$$

式中　k——地层弹性压缩系数。

将式（14-5）和式（14-6）代入式（14-3）得：

$$\frac{d^4y}{dx^4}+\frac{K}{EI}y=\frac{q-e}{EI} \tag{14-7}$$

或

$$\frac{d^4y}{dx^4}+4\frac{1}{S_B^4}y=\frac{q-e}{EI} \tag{14-8}$$

$$K=k+\frac{Eh_B}{r_B^2} \tag{14-9}$$

$$S_B=\sqrt[4]{\frac{4EI}{K}} \tag{14-10}$$

式中　K——折算弹性压缩系数；

S_B——弹性特征系数。

当罐壁不受外界地层约束时（如地面油罐或掘开式油罐），则 $k=0$，有

$$K=\frac{Eh_B}{r_B^2} \tag{14-11}$$

将上式代入式（14-10）有

$$S_B=\sqrt[4]{\frac{r_B^2h_B^2}{3}}=0.76\sqrt{r_Bh_B} \tag{14-12}$$

式（14-8）为一个四阶常系数非齐次线性微分方程，其通解为

$$y(x)=\mathrm{e}^{\frac{x}{S_B}}\left(A\cos\frac{x}{S_B}+B\sin\frac{x}{S_B}\right)+\mathrm{e}^{-\frac{x}{S_B}}\left(C\cos\frac{x}{S_B}+D\sin\frac{x}{S_B}\right)+\frac{q-e}{EI}\frac{S_B^4}{4} \tag{14-13}$$

式中　A、B、C、D 四个积分常数可根据罐壁的边界条件决定。

二、开口油罐罐壁内力计算

如图 14-5 所示，罐壁上端为自由端，下端作用有联系力 G_1 和 H_1。

由于罐壁高度 L 很大，一般能满足$\frac{L}{S_B}\geqslant 2.75$，故可将罐壁近似看作无限长弹性地基梁。对于弹性地基长梁，有 $y|_{x\to\infty}=0$，则得 $A=B=0$。另外，由材料力学一般关系式

$$\left.\frac{\mathrm{d}^2y}{\mathrm{d}x^2}\right|_{x=0}=-\frac{G_1}{EI}\quad 和\quad \left.\frac{\mathrm{d}^3y}{\mathrm{d}x^3}\right|_{x=0}=-\frac{H_1}{EI}$$

可得 C 和 D 两个积分常数，即

$$\left.\begin{aligned}C&=-\frac{S_B^3}{2EI}\left(H_1+\frac{G_1}{S_B}\right)\\D&=\frac{S_B^2}{2EI}G_1\end{aligned}\right\} \tag{14-14}$$

于是式（14-13）成为

$$y(x)=\frac{q-e}{EI}\frac{S_B^4}{4}-\frac{G_1S_B^2}{2EI}(\eta_1-\eta_2)-\frac{H_1S_B^3}{2EI}\eta_1 \tag{14-15}$$

其中
$$\eta_1=\mathrm{e}^{-\frac{x}{S_B}}\cos\frac{x}{S_B},\quad \eta_2=\mathrm{e}^{-\frac{x}{S_B}}\sin\frac{x}{S_B}$$

由式（14-5）可写出罐壁任意截面上的环向力 T_2^B 为

$$\begin{aligned}T_2^B&=\frac{Eh_B}{r_B^2}\frac{S_B^4}{4EI}\left\{(q-e)r_B-\frac{2r_B}{S_B^2}[(\eta_1-\eta_2)G_1+\eta_1S_BH_1]\right\}\\&=\left\{(q-e)r_B+\frac{2r_B}{S_B^2}[G_1\eta_2-(G_1+S_BH_1)\eta_1]\right\}\left(1-\frac{k}{K}\right)\\&=T_{20}^B+T_{2附}^B\end{aligned} \tag{14-16}$$

$$M^B=-EI\frac{\mathrm{d}^2y}{\mathrm{d}x^2}=G_1\eta_1+(G_1+S_BH_1)\eta_2 \tag{14-17}$$

$$T_{20}^B=(q-e)r_B\left(1-\frac{k}{K}\right)$$

$$T_{2附}^B=\frac{2r_B}{S_B^2}[G_1\eta_2-(G_1+S_BH_1)\eta_1]\left(1-\frac{k}{K}\right)$$

式中　T_{20}^B——罐壁两端为自由端时，由外荷产生的环向力。

环向力以受拉为正，弯矩以罐壁外缘受拉为正。

三、联系力 G_1 和 H_1 的确定

将罐壁底端视为固定端，根据力法原理，令该处转角及水平变位为零，列出如下基本

方程

$$\left.\begin{aligned}\delta_{11}^{B}G_1+\delta_{12}^{B}H_1+\Delta_{1q}^{B}=0\\ \delta_{21}^{B}G_1+\delta_{22}^{B}H_1+\Delta_{2q}^{B}=0\end{aligned}\right\}\tag{14-18}$$

式中　δ_{11}^{B}、δ_{12}^{B}——由于 $G_1=1$ 和 $H_1=1$ 作用引起罐壁下端的转角；

δ_{21}^{B}、δ_{22}^{B}——由于 $G_1=1$ 和 $H_1=1$ 作用引起罐壁下端的水平变位；

Δ_{1q}^{B}、Δ_{2q}^{B}——由于荷载作用引起罐壁下端的转角和水平变位。

在单位弯矩 $G_1=1$ 作用下，由式（14－15）可得

$$\left.\begin{aligned}\delta_{11}^{B}&=\frac{\mathrm{d}y}{\mathrm{d}x}\bigg|_{x=0}=S_B\\ \delta_{21}^{B}&=-y\Big|_{x=0}=\frac{S_B^2}{2}\end{aligned}\right\}\tag{14-19}$$

在单位水平力 $H_1=1$ 作用下，由式（14－15）可得

$$\left.\begin{aligned}\delta_{12}^{B}&=\frac{\mathrm{d}y}{\mathrm{d}x}\bigg|_{x=0}=\frac{S_B^2}{2}=\delta_{21}^{B}\\ \delta_{22}^{B}&=-y\Big|_{x=0}=\frac{S_B^2}{2}\end{aligned}\right\}\tag{14-20}$$

在荷载（q，e）作用下，同样可得

$$\left.\begin{aligned}\Delta_{1q}^{B}&=\frac{\mathrm{d}y}{\mathrm{d}x}\bigg|_{x=0}=-\frac{S_B^4}{4L}(q_2-q_1-e_2+e_1)\\ \Delta_{2q}^{B}&=-y\Big|_{x=0}=-\frac{S_B^4}{4}(q_2-e_2)\end{aligned}\right\}\tag{14-21}$$

值得指出，式（14－20）及式（14－21）均由规定 y 和水平力 H_1 都以向内为正得到，而式（14－15）规定水平位移 y 向外为正，故需在水平位移前加负号。上述单位变位和载变位均为增大 EI_B（罐壁的刚度）的结果。

将式（14－20）及式（14－21）代入式（14－18），可得

$$\left.\begin{aligned}G_1&=\frac{S_B^2}{2}(q_2-e_2)\left(\frac{S_B}{L}-1\right)-\frac{S_B^3}{2L}(q_1-e_1)\\ H_1&=S_B\left(1-\frac{S_B}{2L}\right)(q_2-e_2)+\frac{S_B^2}{2L}(q_1-e_1)\end{aligned}\right\}\tag{14-22}$$

四、整体式油罐罐壁内力的计算

整体式油罐罐壁上端与支座环相连接，因而罐壁上端也将作用有联系力 G^B 和 H^B（图 14－6）。由 G^B 和 H^B 作用引起罐壁的附加环向内力和径向弯矩，其计算方法与前述相同，且主要是影响罐壁上部范围内。其值为

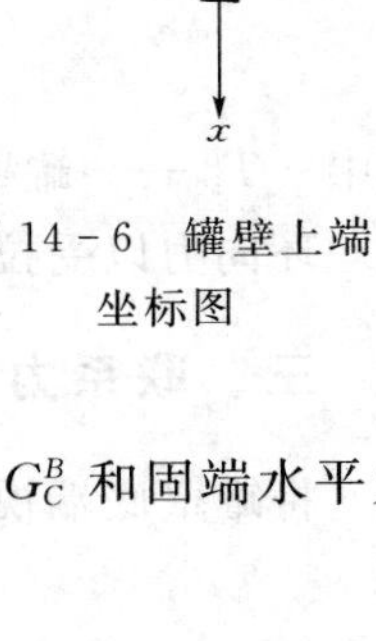

y　H^B　G^B　x

图 14－6　罐壁上端坐标图

$$\left.\begin{aligned}T_{2附}^{B'}&=\frac{2r_B}{S_B^2}[G^B\eta_2-(G^B+S_BH^B)\eta_1]\left(1-\frac{k}{K}\right)\\ M^{B'}&=\eta_1G^B+\eta_2(G^B+S_BH^B)\end{aligned}\right\}\tag{14-23}$$

如果把罐壁顶端视作固定端，则与上述情况相似，顶端的固端力矩 G_C^B 和固端水平力

H_C^B 为

$$\left.\begin{aligned} G_C^B &= \frac{S_B^2}{2}(q_1-e_1)\left(\frac{S_B}{L}-1\right)-\frac{S_B^3}{2L}(q_2-e_2) \\ H_C^B &= S_B\left(1-\frac{S_B}{2L}\right)(q_1-e_1)+\frac{S_B^2}{2L}(q_2-e_2) \end{aligned}\right\} \tag{14-24}$$

在整体式结构中，罐壁的总内力应当是开口油罐中罐壁内力加上式（14－23）中的内力，因此有

$$\left.\begin{aligned} T_{2总}^B &= T_{20}^B + T_{2附}^B + T_{2附}^{B'} \\ M_总^B &= M^B + M^{B'} \end{aligned}\right\} \tag{14-25}$$

第三节　地下油罐顶盖的计算

顶盖结构一般为轴对称的球形薄壳。在地下洞库油罐中，其上作用有均布垂直地层压力 g_1 和沿球壳表面均布的结构自重 g_2，在掘开式油罐中，还可能作用有爆炸冲击波产生的径向压力 g_3，如图 14－7 所示。

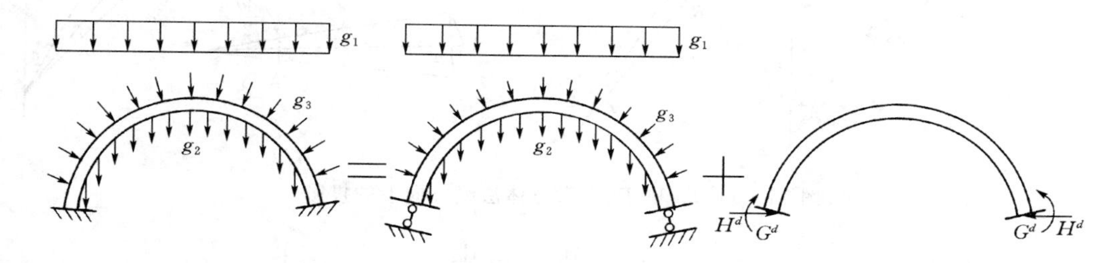

图 14－7　顶盖的计算图式

按照薄壳理论，在周边嵌固的球顶中，截面中的内力将由下列情况产生的内力迭加而成（图 14－7）：①周边简支时外荷载产生的内力；②作用在周边上的力矩和水平力产生的内力。

一、周边简支时外荷载产生的内力

根据弹性理论得知，对于周边简支的薄壳结构，当壳面为一连续光滑的曲面，壳体厚度不变或渐变，荷载连续分布而无突变情况下，壳体中产生的弯矩值可以忽略不计，而只考虑径向和环向内力的作用，此即为弹性理论中壳体计算的无矩理论。此时，壳体中的内力可由静力平衡条件来确定。

今以两个径向平面和两个水平面从球顶上割取一个微分单元体进行分析，如图 14－8 所示。图中，T_{10}^d 为球顶单位宽度上的径向力（受压为正）；T_{20}^d 为球顶单位高度上的环向力（受拉为正）；Q_y 为作用于球顶 $Z—Z$ 截面以上所有外荷载在垂直方向上的投影总和；r 为所讨论截面处的水平圆周半径；R_d 为球顶曲率半径；α 为所讨论截面处所对应的半中心角。将作用在球顶微分体上的环向力 T_{20}^d 和径向力 T_{10}^d 及外荷载均投影到壳体表面法线方向上。T_{10}^d 和 T_{20}^d 在法线方向上的投影如图 14－9 和式（14－26）所示。

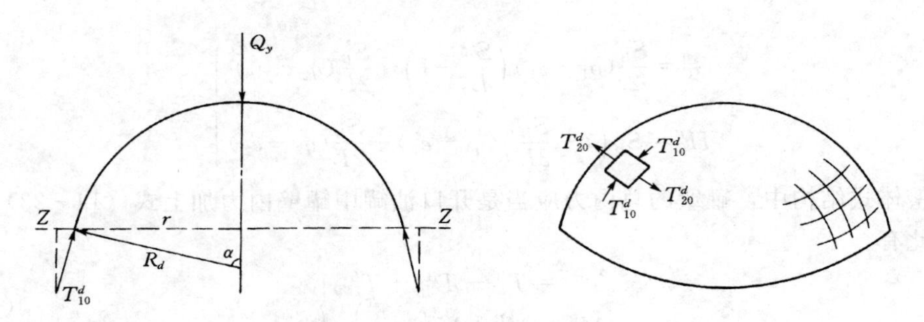

图 14-8　顶盖微分单元体

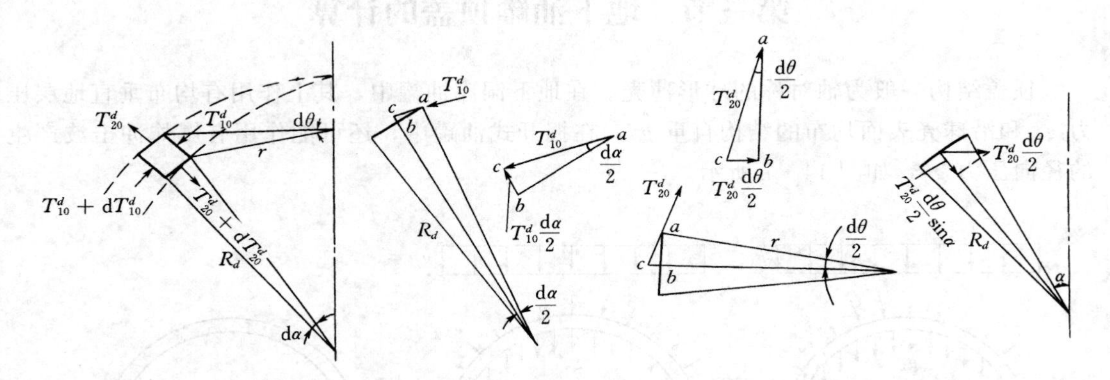

图 14-9　T_{10}^d和T_{20}^d在微分体法线方向上的投影

$$\left.\begin{aligned}&\text{径向力投影}\qquad T_{10}^d\sin\frac{d\alpha}{2}\approx T_{10}^d\frac{d\alpha}{2}\\&\text{环向力投影}\qquad -T_{20}^d\sin\frac{d\theta}{2}\sin\alpha\approx -T_{20}^d\frac{d\theta}{2}\sin\alpha\end{aligned}\right\}\tag{14-26}$$

按力的总和为零的条件得到T_{10}^d和T_{20}^d的关系式

$$\left[T_{10}^d\frac{d\alpha}{2}+(T_{10}^d+dT_{10}^d)\frac{d\alpha}{2}\right]ds_2-\left[T_{20}^d\frac{d\theta}{2}\sin\alpha+(T_{20}^d+dT_{20}^d)\frac{d\theta}{2}\sin\alpha\right]ds_1$$

$$=Zds_1ds_2\tag{14-27}$$

式中　Z——荷载在表面法线方向上的投影。

略去上式中的高阶微小项：$dT_{10}^d ds_2\frac{d\alpha}{2}$和$dT_{20}^d ds_1\frac{d\theta}{2}$，即得

$$T_{10}^d ds_2 d\alpha-T_{20}^d ds_1\sin\alpha d\theta=Zds_1ds_2\tag{14-28}$$

以$d\alpha=\frac{ds_1}{R_d}$，$d\theta=\frac{ds_2}{r}=\frac{ds_2}{R_d\sin\alpha}$代入，得到

$$\left.\begin{aligned}&\frac{T_{10}^d}{R_d}-\frac{T_{20}^d}{R_d}=Z\\ \text{或}\quad &T_{20}^d=T_{10}^d-R_dZ\end{aligned}\right\}\tag{14-29}$$

当球顶在垂直均布载g_1作用下，将有

$$Q_y=\pi r^2 g_1=\pi R_d^2 \sin^2 \alpha g_1$$

由图 14－8 写出$\sum Y=0$的平衡方程，即得径向力

$$T_{10}^d=\frac{Q_y}{2\pi r \sin\alpha}=\frac{1}{2}g_1 R_d \tag{14-30}$$

由图 14－10 可写出

$$Z=(g_1\cos\alpha)\cos\alpha=g_1\cos^2\alpha$$

将 Z 和 T_{10}^d 代入式（14－29）得

$$T_{20}^d=-R_d g_1\cos^2\alpha+\frac{1}{2}g_1 R_d=-\frac{R_d g_1}{2}\cos 2\alpha \tag{14-31}$$

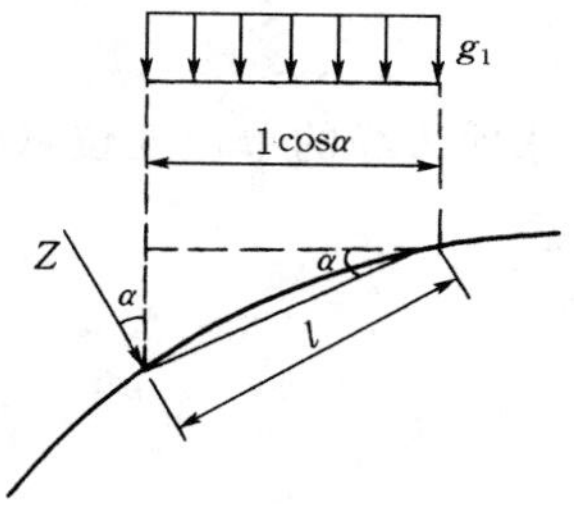

图 14－10　外荷载的分解

同理，可导出在沿球壳表面均布压力 g_2 和径向荷载 g_3 作用下的内力计算公式。

g_2 作用下

$$\left.\begin{aligned}T_{10}^d&=\frac{R_d g_2}{1+\cos\alpha}\\T_{20}^d&=R_d g_2\left[\frac{1}{1+\cos\alpha}-\cos\alpha\right]\end{aligned}\right\} \tag{14-32}$$

g_3 作用下

$$\left.\begin{aligned}T_{10}^d&=\frac{R_d g_3}{2}\\T_{20}^d&=-\frac{R_d g_3}{2}\end{aligned}\right\} \tag{14-33}$$

二、作用在球顶周边上的弯矩 G_d 和水平力 H_d 所产生的内力

G^d 和 H^d 是顶盖和环梁之间的联系力，需要通过变形条件才能求得。这里暂设已知 G^d 和 H^d 情况下，求出由它所引起的球顶上的内力。此外，为了求解 G^d 和 H^d，还需求出球顶边缘上的单位变位和载变位。由 G^d 和 H^d 所引起的球顶内力一般只局限在球顶边缘的附近，因而通常叫做球薄壳的边缘效应。

因为球顶中存在环向力，因此，在球顶中切出一条幅射状的板条分析时，它的受力状态与罐壁相似（图 14－11），只是在径向还有曲率，因而公式推导更为复杂一些。下面略去推导过程，只介绍所推导的结果。

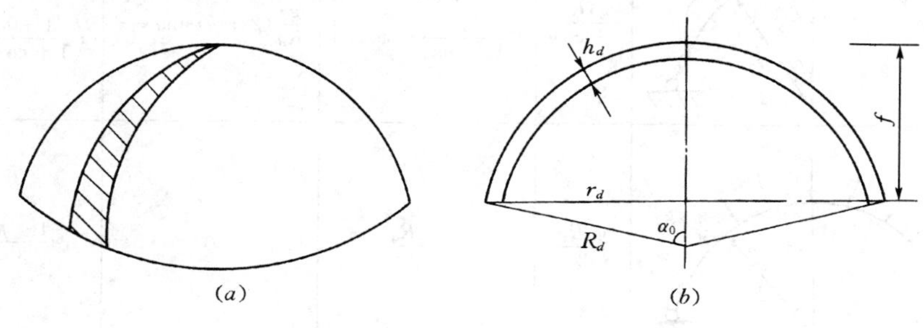

图 14－11　壳顶板条分析

设球顶边缘处的水平半径为 r_d，球顶矢高 f，厚度 h_d，边缘截面所对应的半中心角为 α_0，则有

$$\mathrm{tg}\alpha_0=\frac{r_d}{R_d-f}$$

由于球顶矢跨比很小，因此不考虑球顶上的弹性抗力作用，所以球顶的弹性特征系数为

$$S_d=0.76\sqrt{h_dR_d}$$

球顶边缘的单位变位（增大 EI_d 倍，EI_d 为球顶截面刚度）

$$\left.\begin{aligned}\delta_{11}^d&=\frac{S_d}{\omega_1}\\ \delta_{12}^d&=\delta_{21}^d=-\frac{S_d^2}{2}\frac{\sin\alpha_0}{\omega_1}\\ \delta_{22}^d&=\frac{S_d^3}{2}\frac{\omega_2}{\omega_1}\sin^2\alpha_0\end{aligned}\right\}\tag{14-34}$$

其中

$$\omega_1=1-(0.5-\mu)\frac{S_d}{R_d}\mathrm{ctg}\alpha_0$$

$$\omega_2=1-0.5\frac{S_d}{R_d}\mathrm{ctg}\alpha_0$$

$$I_d=\frac{h_d^3}{12}$$

式中　μ——球顶的泊松比。

在 g_1、g_2 及 g_3 作用下，球壳边缘上的转角、水平位移以及薄膜内力列于表 14－1。

表 14－1　　　　球壳薄膜内力和变位计算公式表

序号	荷载名称	荷载作用图示	径向力 T_{10}^d	环向力 T_{20}^d	角变位 $\Delta_1 g$（增大 EI_d 倍）	水平变位 $\Delta_2 g$（增大 EI_d 倍）
1	均布压力 g_1	g_1, α, R_d	$\frac{g_1R_d}{2}$	$-\frac{g_1R_d}{2}\cos2\alpha$	$\frac{g_1}{2R_d}(3+\mu)\sin2\alpha\frac{S_d^4}{4}$	$\frac{g_1}{2}(\cos2\alpha-\mu)\frac{S_d^4}{4}\sin\alpha$
2	自重 g_2	g_2, α, R_d	$\frac{g_2R_d}{1+\cos\alpha}$	$g_2R_d\times\left[\frac{1}{1+\cos\alpha}-\cos\alpha\right]$	$\frac{g_2}{R_d}(2+\mu)\sin\alpha\frac{S_d^4}{4}$	$-g_2\sin\alpha\times\left(\frac{1+\mu}{1+\cos\alpha}-\cos\alpha\right)\frac{S_d^4}{4}$
3	均布径向压力 g_3	g_3, α, R_d	$\frac{g_3R_d}{2}$	$-\frac{g_3R_d}{2}$	0	$\frac{1-\mu}{8}g_3\sin\alpha S_d^4$

由 G^d 和 H^d 引起的球顶的附加内力的计算原理与罐壁的计算完全相同，故内力计算公式也相似。但在罐壁计算中，规定罐壁外缘受拉的弯矩为正，而球顶规定其内缘受拉的弯矩为正，所以在式（14-16）和式（14-17）中的弯矩项前面都应当加负号。另外，H^d 必须投影到薄壳边缘的径向（图 14-12），由此，径向弯矩 M^d 和附加环向力 $T^d_{2附}$ 为

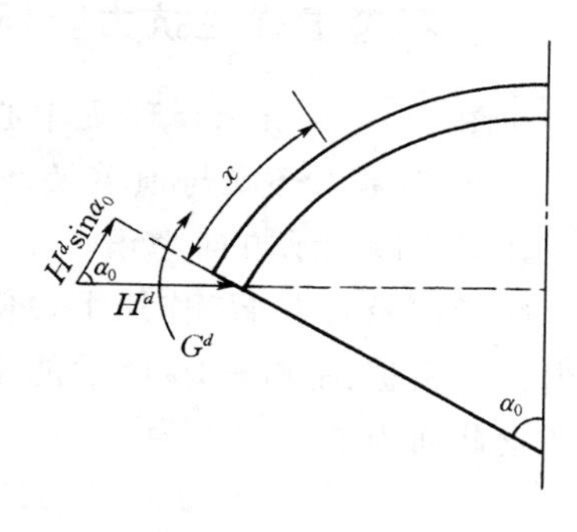

图 14-12　H^d 的分解

$$\left.\begin{aligned}M^d&=G^d\eta_1+(G^d-S_dH^d\sin\alpha_0)\eta_2\\T^d_{2附}&=-\frac{2R_d}{S_d^2}[G^d\eta_2-(G^d-S_dH^d\sin\alpha_0)\eta_1]\end{aligned}\right\}\tag{14-35}$$

式中　η_1、η_2 如式（14-15）所示，其中 x 为由球顶边缘截面算起的弧长。

最后，将上述第一种情况下，由无矩理论计算的薄膜内力和第二种情况下，由边缘弯矩和水平力引起的附加内力叠加，得到了球顶截面的全部内力计算公式，即

$$\left.\begin{aligned}M^d&=G^d\eta_1+(G^d-S_dH^d\sin\alpha_0)\eta_2\\T^d_2&=T^d_{20}+T^d_{2附}\end{aligned}\right\}\tag{14-36}$$

由于边缘弯矩及水平力的作用，对球顶径向力的影响较小，为简便起见，球顶截面径向力仍然可采用 T^d_{10} 值。但对计算影响较大时，则可按薄壳的有矩理论计算径向力

$$T^d_1=T^d_{10}-\left(\frac{2}{S_d}G^d\eta_2+H^d\sin\alpha_0\eta_4\right)\tag{14-37}$$

其中

$$\eta_4=\eta_1-\eta_2$$

第四节　地下油罐环梁的计算

环梁承受顶盖传来的内力，其主要作用是限制顶盖边缘的水平位移，减小顶盖的环向力。整体式地下油罐的环梁可能有两种受力状况：①在掘开式油罐中环梁外围与松散覆土接触，计算中一般不考虑地层对环梁的弹性抗力作用（图 14-13）；②在洞库油罐中，环梁外围是岩石地层，一般需要考虑弹性抗力（图 14-14）。

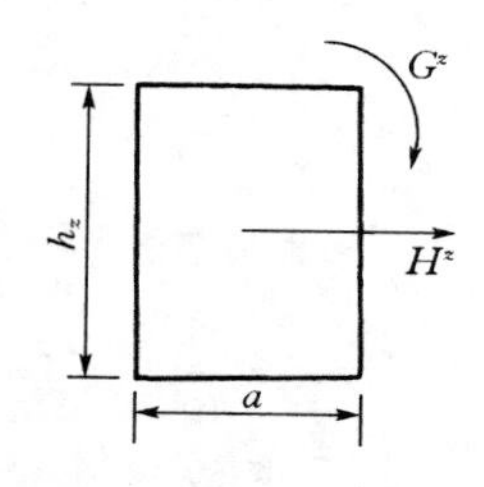

图 14-13　环梁计算
（不考虑弹性抗力）

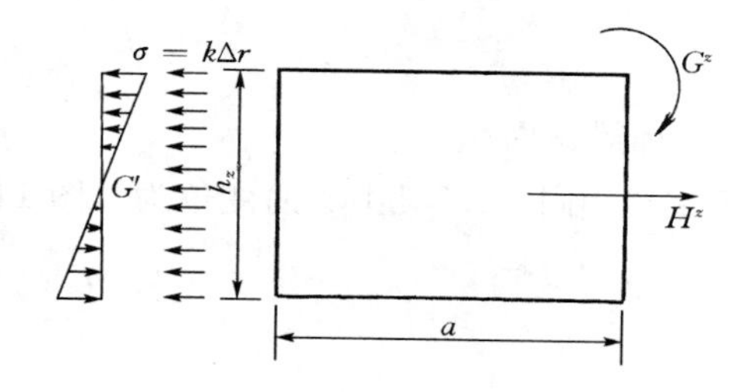

图 14-14　环梁计算
（考虑弹性抗力）

一、不考虑弹性抗力时环梁的计算

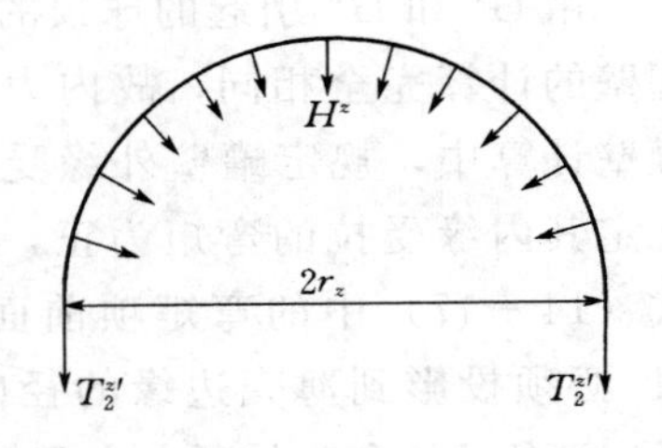

图 14－15　H^z 引起的环梁上的内力

如图 14－13 所示，环梁中心作用有弹性固定力 H^z 和 G^z，它们是由环梁与顶盖及环梁与罐壁的联系力所合成，并规定以图示方向为正。

环梁在径向力 H^z 作用下，使得环梁截面上产生了环向内力，根据图 14－15 所示的平衡条件，由 H^z 作用引起环梁截面内的环向力为

$$T_2^{z'}=-H^z r_z \tag{14-38}$$

在扭矩 G^z 作用下，由图 14－16 可得到横截面上的弯矩 $M^{z'}$：

$$M^{z'}=G^z r_z \tag{14-39}$$

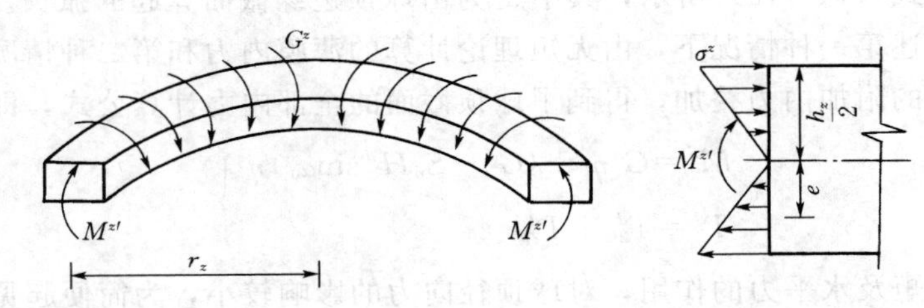

图 14－16　由 G^z 引起的环梁上的内力

由 G^z 引起环梁截面上下边缘的应力为

$$\sigma^z_{\frac{h_z}{2}}=\mp\frac{G^z r_z h_z}{2I_z} \tag{14-40}$$

式中　r_z——环梁的计算半径；

I_z——环梁截面对水平轴的惯性矩。

设向环内方向的水平位移为正，顺时针方向旋转的转角为正，则在水平力 H^z 作用下环梁中心的变位为

$$\left.\begin{aligned}&\text{转角} && \Delta_{1q}^{z'}=0\\ &\text{水平位移} && \Delta_{2q}^{z'}=\frac{H^z r_z^2}{EF_z}\end{aligned}\right\} \tag{14-41}$$

式中　F_z——环梁截面积。

在扭矩 G^z 作用下，环梁中心的变位为（图 14－17）

$$\left.\begin{aligned}\Delta_{1q}^{z'}&=\frac{G^z r_z^2}{EI_z}\\ \Delta_{2q}^{z'}&=0\end{aligned}\right\} \tag{14-42}$$

在式（14－41）和式（14－42）中，分别令 $G^z=1$ 和 $H^z=1$，即可得环梁中心的单位变位

$$\left.\begin{aligned}\delta_{11}^{z'}&=\frac{r_z^2}{EI_z}\\ \delta_{12}^{z'}&=\delta_{21}^{z'}=0\\ \delta_{ZZ}^{z'}&=\frac{r'_z}{EF_z}\end{aligned}\right\}\tag{14-43}$$

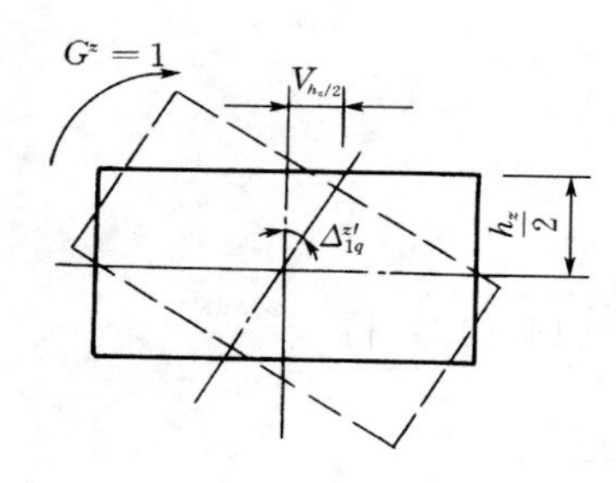

图 14-17　G^z 作用时环梁变位计算

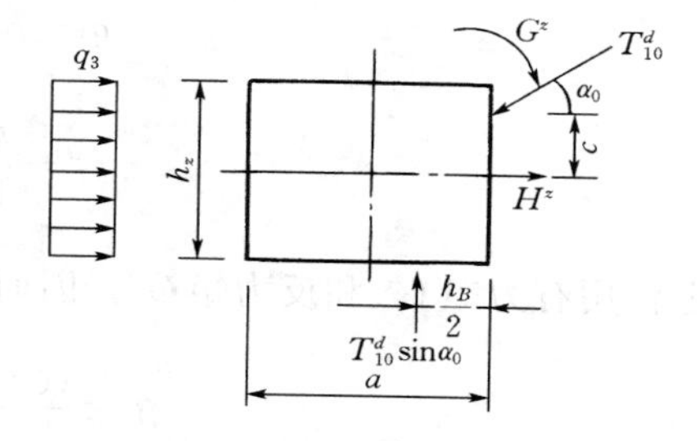

图 14-18　作用在环梁上的内力

环梁上内力计算如图 14-18 所示，q_3 为冲击波超压或地层压力。

环向力　$$T_2^z=-(H^z-T_{10}^d\cos\alpha_0+q_3h_z)r_z=-Hr_z\tag{14-44}$$

弯矩　$$M^z=(T_{10}^d\sin\alpha_0\frac{h_B}{2}-T_{10}^d\cos\alpha_0 c+G^z)r_z=Gr_z\tag{14-45}$$

式中　H、G——环梁真正承受的径向力和弯矩。

二、考虑弹性抗力时环梁的计算

如图 14-14 所示，式（14-38）成为

$$T_2^{z'}=-(H^z-\sigma h_z)r_z\tag{14-46}$$

式中　σh_z——侧向地层总弹性抗力（σ 向外为正）。

由式（14-41）知支座环中心的水平变位为

$$\Delta r=\frac{(H^z-\sigma h_z)r_z^2}{EF_z}$$

接 Winkler 假设有

$$\sigma h_z=k\Delta rh_z=\frac{kh_z(H^z-\sigma h_z)r_z^2}{EF_z}$$

由此解得

$$\sigma h_z=\frac{kh_zH^zr_z^2}{EF_z+kh_zr_z^2}$$

故环梁在水平力（$H^z-\sigma H_z$）作用下的水平变位为

$$\Delta_{2q}^{z'}=\Delta r=\frac{H^zr_z^2}{EF_z+kh_zr_z^2}\tag{14-47}$$

当环梁上作用 G^z 时，在环梁侧面将产生由侧向地层引起的反力矩 G'，其应力分布如

图 14－19 所示。如设边缘应力为 σ_1，则有

$$G'=\left(\frac{1}{2}\sigma_1\frac{h_z}{2}\right)\frac{2h_z}{3}=\frac{\sigma_1 h_z^2}{6}$$

又设地基系数为 k，环梁转角为 β_z，则有

$$\sigma_1=\beta_z\frac{h_z}{2}k$$

可得

$$G'=\frac{h_z^3}{12}k\beta_z \tag{14-48}$$

环梁实际上作用有力矩 G^z 和反力矩 G'，因而由式（14－42）得

$$\beta_z=\frac{(G^z-G')r_z^2}{EI_z}$$

环梁中心在（G^z-G'）作用下的转角为

$$\Delta_{1q}^{z'}=\beta_z=\frac{G^z r_z^2}{EI_z+\frac{h_z^3}{12}kr_z^2} \tag{14-49}$$

如分别令 $G^z=1$，$H^z=0$ 和 $H^z=1$，$G^z=0$，则由式（14－47）和式（14－49），可求得环梁的单位变位为

$$\left.\begin{aligned}\delta_{11}^{z'}&=\frac{r_z^2}{EI_z+\frac{h_z^3}{12}kr_z^2}\\ \delta_{12}^{z'}&=\delta_{21}^{z'}=0\\ \delta_{22}^{z'}&=\frac{r_z^2}{EF_z+kh_zr_z^2}\end{aligned}\right\} \tag{14-50}$$

考虑弹性抗力时，环梁的内力计算如图 14－20 所示。

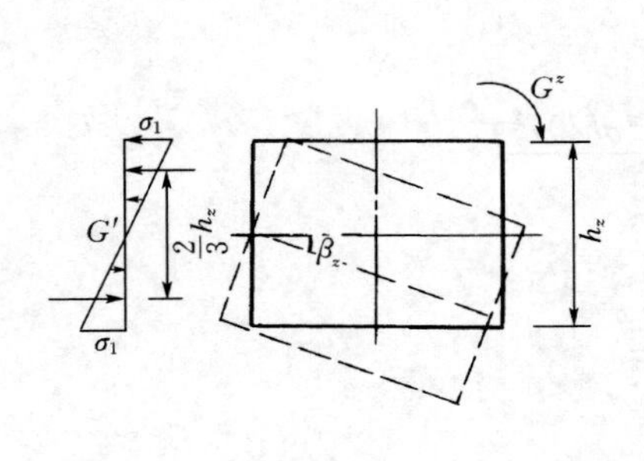

图 14－19

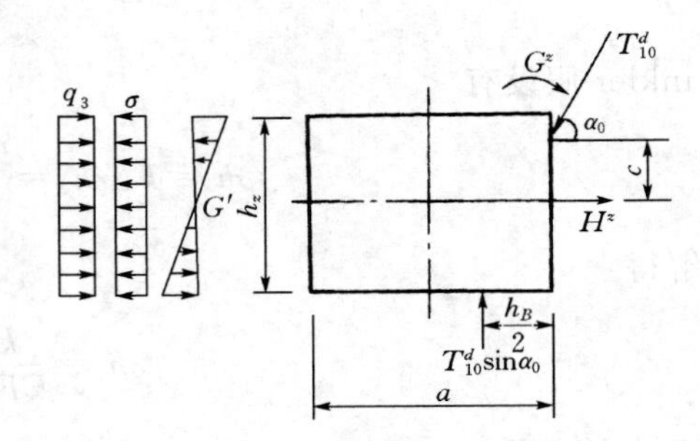

图 14－20　作用在环梁上的力

环梁上真正承受的径向力 H 为

$$H=(H^z-T_{10}^d\cos\alpha_0+q_3h_z-\sigma h_z) \tag{14-51}$$

参照式（14－41）得 $\Delta r=\dfrac{Hr_z^2}{EF_z}$，并按 Winkler 假设：$\sigma h_z=k\Delta rh_z$，可得

$$\sigma h_z=\frac{kh_z(H^z-T_{10}^d\cos\alpha_0+q_3h_z)r_z^2}{EF_z+kh_zr_z^2}$$

式（14－51）可写为

$$H=\frac{H^z-T_{10}^d\cos\alpha_0+q_3h_z}{1+\dfrac{kh_zr_z^2}{EF_z}} \tag{14-52}$$

环梁截面上的真正环向力为

$$T_2^z=-Hr_z \tag{14-53}$$

环梁上真正承受的扭矩为

$$G=G^z+T_{10}^d\sin\alpha_0\frac{h_B}{2}-T_{10}^d\cos\alpha_0c-G' \tag{14-54}$$

将式（14－49）中 G^z 代入 $G^z+T_{10}^d\sin\alpha_0\dfrac{h_B}{2}-T_{10}^d\cos\alpha_0c$，可得

$$\Delta_{1q}^{z'}=\beta_z=\frac{\left(G^z+T_{10}^d\sin\alpha_0\dfrac{h_B}{2}-T_{10}^d\cos\alpha_0c\right)r_z^2}{EI_z+\dfrac{h_z^3}{12}kr_z^2} \tag{14-55}$$

将上式代入式（14－48），并再代入式（14－54），则得

$$G=\frac{G^z+T_{10}^d\sin\alpha_0\dfrac{h_B}{2}-T_{10}^d\cos\alpha_0c}{1+\dfrac{h_z^3}{12EI_z}kr_z^2} \tag{14-56}$$

环梁截面上的真正弯矩为

$$M^z=Gr_z \tag{14-57}$$

第五节　地下油罐底板的计算

油罐的底板为一弹性地基上的圆板，其上作用有均布的液压 q_t，周边作用有罐壁传来的弯矩 G_1 和垂直集中力 T_t，如图 14－21 所示。

T_t 可按下式计算

$$T_t=T_1^d\sin\alpha_0+L_B\gamma_Bh_B$$

式中　L_B——罐壁高度；

h_B——侧壁厚度；

γ_B——侧壁容重。

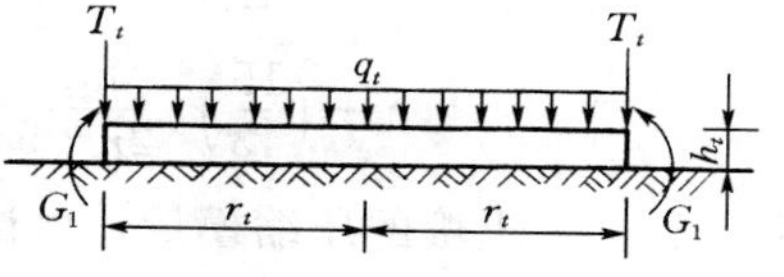

图 14－21　作用在底板上的荷载

关于弹性地基上圆板的内力计算，关键在于如何求得外荷作用下所引起的地基反力。如能将地基反力求出，并把这个反力亦视为外荷作用在圆板上，利用共同变形理论对弹性

地基上的圆板进行分析。

一、均布荷载 q_t 作用下的周边自由板

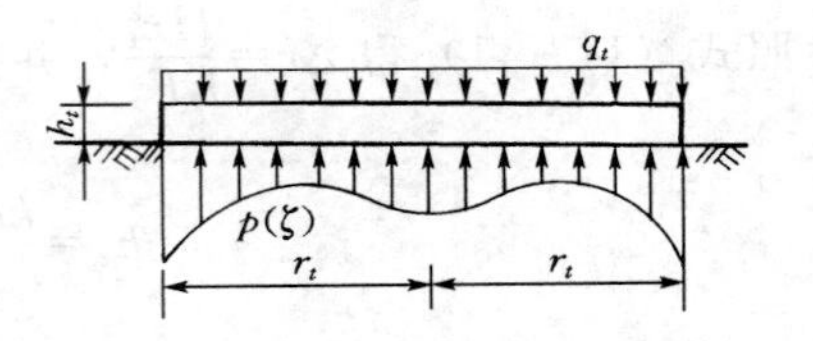

图 14-22　圆形底板地基反力的计算

如图 14-22 所示，弹性地基上半径为 r_t 的周边自由圆板，荷载 q_t 对称分布于整个圆形板面积上。假设地基反力 $p(\zeta)$ 可用无穷级数表示并取前六项，即

$$p(\zeta)=\sum_{n=0}^{5}a_{2n}\zeta^{2n} \tag{14-58}$$

则以极坐标表示的圆板的挠曲微分方程为

$$\left(\frac{d^2}{d\zeta^2}+\frac{1}{\zeta}\frac{d}{d\zeta}\right)\left(\frac{d^2\omega}{d\zeta^2}+\frac{1}{\zeta}\frac{d\omega}{d\zeta}\right)=\frac{r_t^4}{D}[q_t-p(\zeta)] \tag{14-59}$$

$$\zeta=\frac{r}{r_t}$$

$$D=\frac{Eh_t^3}{12(1-\mu^2)}$$

式中　ω——圆板的挠度；

ζ——距圆板中心 r 点的折算距离；

E——材料的弹性模量；

μ——材料的泊松比；

h_t——圆板的厚度。

方程（14-59）的解为

$$\omega=C_1+C_2\ln\zeta+C_3\zeta^2+C_4\zeta^2\ln\zeta+L\zeta^4-\frac{r_t^4}{D}\sum_{n=0}^{5}\frac{a_{2n}}{\lambda_{2n}}\zeta^{2n+4} \tag{14-60}$$

其中
$$L=\frac{q_t r_t^4}{64D},\lambda_{2n}=16(n+2)^2(n+1)^2$$

对于中心无孔的圆板，显然 $C_2=C_4=0$，故

$$\omega=C_1+C_3\zeta^2+L\zeta^4-\frac{r_t^4}{D}\sum_{n=0}^{5}\frac{a_{2n}}{\lambda_{2n}}\zeta^{2n+4} \tag{14-61}$$

当地基表面承受板传来的压力 $p(\zeta)$ 时，其表面沉降为

$$\begin{aligned}v(\zeta)=\frac{2(1-\mu_0^2)r_t}{E_s}\Big[&\frac{a_{2n}}{2n+1}+\left(\frac{1}{2}\right)^2\frac{a_{2n}}{2n-1}\zeta+\left(\frac{3}{8}\right)^2\frac{a_{2n}}{2n-3}\zeta^4\\&+\left(\frac{15}{43}\right)^2\frac{a_{2n}}{2n-5}\zeta^6+\left(\frac{105}{334}\right)^2\frac{a_{2n}}{2n-7}\zeta^8+\left(\frac{945}{3840}\right)^2\frac{a_{2n}}{2n-9}\zeta^{10}\Big]\end{aligned} \tag{14-62}$$

式中　E_s——土壤的压缩模量，由试验确定；

μ_0——土壤的泊松比；

n——序列，分别取 0，1，2，3，4 和 5。

积分常数 C_1 可根据圆板中心（$\zeta=0$）处，板的挠度 ω 和地基沉降 $v(\zeta)$ 相等的条件求得，C_3 可根据板边缘（$\zeta=1$）处，板的径向弯矩为零的条件求得，其值为

$$C_1 = \frac{2(1-\mu_0^2)r_t}{E_t}\sum_{n=0}^{5}\frac{a_{2n}}{2n+1}$$

$$C_3 = 2L\left[\frac{4}{q_t}\sum_{n=0}^{5}X_{2n}a_{2n} - \frac{19}{7}\right]$$

其中

$$X_{2n} = \frac{3n+3+\mu}{2(n+2)(n+1)^2(1+\mu)}$$

因此式（14-61）可写为

$$\omega = \frac{2(1-\mu_0^2)r_t}{E_s}\sum_{n=0}^{5}\frac{a_{2n}}{2n+1} + 2L\left[\frac{4}{q_t}\sum_{n=0}^{5}X_{2n}a_{2n} - \frac{19}{7}\right]\zeta^2 + L\zeta^4 - \frac{r_t^4}{D}\sum_{n=0}^{5}\frac{a_{2n}}{\lambda_{2n}}\zeta^{2n+4} \tag{14-63}$$

根据板的挠度 ω 应恒等于地基沉降 $v(\zeta)$ 的条件，即

$$\omega \equiv v(\zeta) \tag{14-64}$$

以及根据地基土壤的总反力应与总外荷载相平衡的条件，将式（14-62）和式（14-63）分别展开，并令该两式中同幂次的系数值相等，即可得如下方程组

$$\left.\begin{aligned}
&a_0 + \frac{1}{2}a_2 + \frac{1}{3}a_4 + \frac{1}{4}a_6 + \frac{1}{5}a_8 + \frac{1}{6}a_{10} = q_t\\
&K_0a_0 + K_2a_2 + K_4a_4 + K_6a_6 + K_8a_8 + K_{10}a_{10} = -\frac{19}{28}q_tS\\
&L_0a_0 - a_2 + a_4 + \frac{1}{3}a_6 + \frac{1}{5}a_8 + \frac{1}{7}a_{10} = \frac{2}{9}q_tS\\
&\frac{1}{5}a_0 - L_2a_2 + a_4 - a_6 - \frac{1}{3}a_3 - \frac{1}{5}a_{10} = 0\\
&\frac{1}{7}a_0 + \frac{1}{5}a_2 - L_4a_4 + a_6 - a_8 - \frac{1}{3}a_{10} = 0\\
&\frac{1}{9}a_0 + \frac{1}{7}a_2 + \frac{1}{5}a_4 - L_6a_6 + a_8 - a_{10} = 0
\end{aligned}\right\} \tag{14-65}$$

式中

$$S = 3\frac{1-\mu}{1-\mu_0^2}\frac{E_s}{E}\left(\frac{r_t}{h_t}\right)^3$$

$$K_0 = -1 - \frac{19}{28}S$$

$$K_2 = 1 - \frac{31}{168}S$$

$$K_4 = \frac{1}{3} - \frac{43}{504}S$$

$$K_6 = \frac{1}{5} - \frac{11}{224}S$$

$$K_8 = \frac{1}{7} - \frac{67}{2100}S$$

$$K_{10} = \frac{1}{9} - \frac{79}{3528}S$$

$$L_0=-\frac{1}{3}+\frac{2}{9}S$$

$$L_2=-\frac{1}{3}+\frac{8}{225}S$$

$$L_4=-\frac{1}{3}+\frac{128}{11025}S$$

$$L_6=-\frac{1}{3}+\frac{512}{99225}S$$

求解方程组（14－65）即可得到待定常数 a_0，a_2，a_4，a_6 及 a_8。圆板的内力，即径向弯矩 M_r，切向弯矩 M_θ，剪力 Q_r，以及转角 β 可由如下微分关系获得

$$\begin{aligned}M_r&=-\frac{D}{r_t^2}\left(\frac{d^2\omega}{d\zeta^2}+\frac{\mu}{\zeta}\frac{d\omega}{d\zeta}\right)\\&=r_t^2\left[B-\frac{7}{24}A+\frac{19}{96}(a_0-q_t)\zeta^2+\frac{11}{576}a_2\zeta^4+\frac{13}{1728}a_4\zeta^6\right.\\&\quad\left.+\frac{1}{256}a_6\zeta^8+\frac{17}{7200}a_8\zeta^{10}+\frac{19}{12096}a_{10}\zeta^{12}\right]\end{aligned}\tag{14-66}$$

$$\begin{aligned}M_\theta&=-\frac{D}{r_t^2}\left(\frac{1}{\zeta}\frac{d\omega}{d\zeta}+\mu\frac{d^2\omega}{d\zeta^2}\right)\\&=r_t^2\left[B-\frac{7}{24}A+\frac{3}{32}(a_0-q_t)\zeta^2+\frac{11}{576}a_2\zeta^4+\frac{13}{1728}a_4\zeta^6\right.\\&\quad\left.+\frac{1}{256}a_6\zeta^8+\frac{17}{7200}a_8\zeta^{10}+\frac{19}{12096}a_{10}\zeta^{12}\right]\end{aligned}\tag{14-67}$$

$$\begin{aligned}Q_r&=r_t^2\left[\frac{1}{2}(a_0-q_t)\zeta+\frac{1}{4}a_2\zeta^3+\frac{1}{6}a_4\zeta^5+\frac{1}{8}a_6\zeta^7\right.\\&\quad\left.+\frac{1}{10}a_8\zeta^9+\frac{1}{12}a_{10}\zeta^{11}\right]\end{aligned}\tag{14-68}$$

$$\begin{aligned}\beta&=\frac{r_t^3}{D}\left[\left(\frac{1}{4}A-\frac{19}{112}q_t\right)\zeta-\frac{1}{16}(a_0-q_t)\zeta^3-\frac{1}{96}a_2\zeta^5\right.\\&\quad\left.-\frac{1}{288}a_4\zeta_7-\frac{1}{640}a_6\zeta^9-\frac{1}{1200}a_8\zeta^{11}-\frac{1}{1960}a_{10}\zeta^{13}\right]\end{aligned}\tag{14-69}$$

上列各式中

$$B=\frac{19}{96}q_t$$

$$A=\frac{19}{28}a_0+\frac{31}{168}a_2+\frac{43}{504}a_4+\frac{11}{224}a_6+\frac{67}{2100}a_8+\frac{79}{3528}a_{10}$$

由方程组（14－65）可看出，对于某一确定的 S 值，待定常数 a_0，a_2，a_4，a_6，a_8 及 a_{10} 仅与均布荷载 q_t 有关，因此式（14－66）及式（14－67）可进一步写为

$$M_r=K_{Mr}q_tr_t^2\tag{14-70}$$

$$M_\theta=K_{M\theta}q_tr_t^2\tag{14-71}$$

系数 K_{Mr} 及 $K_{M\theta}$ 见表 14－2、表 14－3。

二、边缘力矩 G_1 作用的周边自由板

周边自由的圆板只在边缘力矩 G_1 作用时，式（14－60）由 $q_t=0$ 得积分常数为

$$C_1=\frac{2(1-\mu_0^2)r_t}{E_s}\sum_{n=0}^{5}\frac{a_{2n}}{2n+1}$$

$$C_3=\frac{r_t^4}{D}\left(\frac{3G_1}{7r_t^2}+\frac{1}{8}\sum_{n=0}^{5}X_{2n}a_{2n}\right)$$

故

$$\omega=\frac{2(1-\mu_0^2)r_t}{E_s}\sum_{n=0}^{5}\frac{a_{2n}}{2n+1}+\frac{r_t^4}{D}\left(\frac{3G_1}{7r_t^2}+\frac{1}{8}\sum_{n=0}^{5}X_{2n}a_{2n}\right)\zeta^2-\frac{r_t^4}{D}\sum_{n=0}^{5}\frac{a_{2n}}{\lambda_{2n}}\zeta^{2n+4}\tag{14-72}$$

表 14-2　　K_{Mr} 系 数 表

S \ ζ	0.0	0.1	0.2	0.3	0.4	0.5	0.6	0.7	0.8	0.9	1.0
0.5	0.0539	0.0530	0.0506	0.0465	0.0409	0.0339	0.0259	0.0172	0.0087	0.0019	0
1	0.0510	0.0512	0.0479	0.0441	0.0389	0.0323	0.0248	0.0165	0.0084	0.0018	0
2	0.0460	0.0453	0.0433	0.0399	0.0353	0.0295	0.0227	0.0153	0.0078	0.0018	0
3	0.0419	0.0413	0.0395	0.0365	0.0324	0.0272	0.0211	0.0142	0.0074	0.0017	0
5	0.0357	0.0352	0.0338	0.0314	0.0281	0.0238	0.0186	0.0127	0.0066	0.0016	0
10	0.0253	0.0250	0.0241	0.0227	0.0205	0.0177	0.0141	0.0099	0.0054	0.0014	0
30	0.0112	0.0111	0.0110	0.0107	0.0102	0.0094	0.0080	0.0061	0.0036	0.0011	0
50	0.0069	0.0069	0.0069	0.0069	0.0068	0.0065	0.0058	0.0046	0.0029	0.0009	0
100	0.0033	0.0033	0.0034	0.0036	0.0037	0.0038	0.0036	0.0031	0.0021	0.0008	0
300	0.0010	0.0010	0.0011	0.0011	0.0013	0.0014	0.0015	0.0014	0.0011	0.0005	0
500	0.00059	0.00060	0.00062	0.00067	0.00074	0.00083	0.00091	0.00092	0.00076	0.00034	0
1000	0.00030	0.00031	0.00032	0.00034	0.00037	0.00041	0.00046	0.00048	0.00041	0.00019	0
2000	0.00015	0.00015	0.00015	0.00016	0.00018	0.00020	0.00022	0.00023	0.00020	0.00010	0

注　荷载情况：均布荷载 q_t；支承条件：周边自由；符号规定：下侧受拉为正；r_t 为圆板半径。

表 14-3　　$K_{M\theta}$ 系 数 表

S \ ζ	0.0	0.1	0.2	0.3	0.4	0.5	0.6	0.7	0.8	0.9	1.0
0.5	0.0539	0.0535	0.0523	0.0504	0.0477	0.0443	0.0404	0.0359	0.0313	0.0269	0.0235
1	0.0510	0.0506	0.0495	0.0477	0.0452	0.0421	0.0383	0.0342	0.0298	0.0265	0.0224
2	0.0460	0.0457	0.0447	0.0431	0.0409	0.0381	0.0348	0.0311	0.0271	0.0233	0.0203
3	0.0419	0.0416	0.0408	0.0394	0.0374	0.0349	0.0319	0.0285	0.0249	0.0214	0.0187
5	0.0357	0.0355	0.0348	0.0337	0.0321	0.0301	0.0276	0.0248	0.0216	0.0186	0.0162
10	0.0253	0.0251	0.0247	0.0240	0.0231	0.0217	0.0201	0.0181	0.0159	0.0137	0.0119
30	0.0112	0.0112	0.0110	0.0110	0.0108	0.0104	0.0099	0.0091	0.0081	0.0070	0.0061
50	0.0069	0.0069	0.0069	0.0069	0.0069	0.0068	0.0066	0.0062	0.0056	0.0048	0.0041
100	0.0033	0.0033	0.0033	0.0034	0.0035	0.0036	0.0036	0.0035	0.0032	0.0028	0.0023
300	0.0010	0.0010	0.0010	0.0011	0.0011	0.0012	0.0012	0.0013	0.0012	0.0011	0.0009
500	0.00059	0.00059	0.00060	0.00062	0.0065	0.00070	0.00074	0.00078	0.00076	0.00067	0.00056
1000	0.00030	0.00031	0.00031	0.00032	0.00033	0.00035	0.00038	0.00040	0.00039	0.00035	0.00029
2000	0.00015	0.00015	0.00015	0.00015	0.00016	0.00017	0.00018	0.00019	0.00019	0.00017	0.00014

注　荷载情况：均布荷载 q_t；支承条件：周边自由；符号规定：下侧受拉为正；r_t 为圆板半径。

利用前述相同的方法可得径向弯矩 M_r 及切向弯矩 M_θ

$$M_r = K_{Mr} G_1 \tag{14-73}$$

$$M_\theta = K_{M\theta} G_1 \tag{14-74}$$

系数 K_{Mr} 及 $K_{M\theta}$ 见表 14－4、表 14－5。

表 14－4　　**K_{Mr} 系数表**

S \ ζ	0.0	0.1	0.2	0.3	0.4	0.5	0.6	0.7	0.8	0.9	1.0
0.5	0.9262	0.9275	0.9313	0.9375	0.9458	0.9559	0.9575	0.9789	0.9898	0.9981	1.000
1	0.8602	0.8626	0.8697	0.8813	0.8970	0.9160	0.9314	0.9497	0.9863	0.9951	1.000
2	0.7470	0.7513	0.7640	0.7847	0.8126	0.8467	0.8881	0.9259	0.9641	0.9931	1.000
3	0.6357	0.6595	0.6765	0.7044	0.7424	0.7887	0.8415	0.8971	0.9499	0.9902	1.000
5	0.5072	0.5150	0.5385	0.5769	0.6295	0.6945	0.7692	0.8486	0.9253	0.9846	1.000
10	0.2917	0.3021	0.3333	0.3850	0.4567	0.5472	0.6534	0.7696	0.8842	0.9753	1.000
30	0.0219	0.0318	0.0623	0.1154	0.1943	0.3022	0.4409	0.6076	0.7884	0.9469	1.000
50	−0.0326	−0.0255	−0.0029	0.0388	0.1054	0.2043	0.3422	0.5212	0.7031	0.9874	1.000
100	−0.0442	−0.0440	−0.0330	−0.0147	0.0238	0.0943	0.2125	0.3920	0.6320	0.8864	1.000
300	−0.00126	−0.0140	−0.0176	−0.0216	−0.0210	−0.0032	0.0554	0.1921	0.4445	0.7951	1.000
500	−0.0052	−0.0062	−0.0091	−0.0137	−0.0179	−0.0127	0.0241	0.1350	0.3762	0.7525	1.000
1000	−0.0018	−0.0022	−0.0034	−0.0059	−0.0093	−0.0082	0.0155	0.1054	0.3305	0.7205	1.000
2000	−0.0009	−0.0011	−0.0016	−0.0026	−0.0042	−0.0023	0.0188	0.1010	0.3172	0.7086	1.000

注　荷载情况：边缘力矩 G_1；支承条件：周边自由；符号规定：下侧受拉为正；r_t 为圆板半径。

表 14－5　　**$K_{M\theta}$ 系数表**

S \ ζ	0.0	0.1	0.2	0.3	0.4	0.5	0.6	0.7	0.8	0.9	1.0
0.5	0.9262	0.9268	0.9287	0.9316	0.9357	0.9406	0.9463	0.9525	0.9588	0.9646	0.9690
1	0.8602	0.8613	0.8647	0.8703	0.8778	0.8772	0.8980	0.9097	0.9217	0.9328	0.9411
2	0.7470	0.7490	0.7550	0.7469	0.7784	0.7952	0.8146	0.8358	0.8575	0.8777	0.8905
3	0.6557	0.6564	0.6645	0.6779	0.6961	0.7188	0.7451	0.7741	0.8039	0.8317	0.8525
5	0.5072	0.5109	0.5220	0.5404	0.5656	0.5971	0.6341	0.6751	0.7170	0.7577	0.7877
10	0.2917	0.2967	0.3114	0.3359	0.3698	0.4134	0.4651	0.5234	0.5850	0.6439	0.6883
30	0.0219	0.0266	0.0409	0.0656	0.1019	0.1509	0.2139	0.2901	0.3786	0.4652	0.5556
50	−0.0326	−0.0292	−0.0187	0.0002	0.0297	0.0725	0.1313	0.2077	0.3002	0.3990	0.4776
100	−0.0442	−0.0431	−0.0395	−0.0351	−0.0262	0.0109	0.0553	0.1227	0.2155	0.3254	0.4169
300	−0.0126	−0.0132	−0.0150	−0.0173	−0.0186	−0.0149	0.0011	0.0411	0.1189	0.2372	0.3492
500	−0.0052	−0.0057	−0.0070	−0.0093	−0.0118	−0.0121	−0.0038	0.0258	0.0948	0.2130	0.3322
1000	−0.0018	−0.0020	−0.0026	−0.0037	−0.0053	−0.0061	−0.0012	0.0216	0.0831	0.1997	0.3228
2000	−0.0009	−0.0010	−0.0012	−0.0017	−0.0024	−0.0024	−0.0024	0.0234	0.0819	4.1971	0.3228

注　荷载情况：边缘力矩 G_1；支承条件：周边自由；符号规定：下侧受拉为正；r_t 为圆板半径。

三、边缘力 T_t 作用下的周边自由板

此时，式（14－60）由 $q_t=0$ 得积分常数为

$$C_1=\frac{2(1-\mu_0^2)r_t}{E_s}\sum_{n=0}^{5}\frac{a_{2n}}{2n+1}$$

$$C_2=\frac{r_t^4}{8D}\sum_{n=0}^{5}X_{2n}a_{2n}$$

故

$$\omega=\frac{2(1-\mu_0^2)r_t}{E_s}\sum_{n=0}^{5}\frac{a_{2n}}{2n+1}+\left(\frac{r_t}{8D}\sum_{n=0}^{5}X_{2n}a_{2n}\right)\zeta^2-\frac{r_t^4}{8D}\sum_{n=0}^{5}\frac{a_{2n}}{\lambda_{2n}}\zeta^{2n+4}\qquad(14-75)$$

利用前述相同的方法可得圆板在边缘力 T_t 作用下的内力计算公式为

$$M_r=K_{Mr}T_tr_t\qquad(14-76)$$

$$M_\theta=K_{M\theta}T_tr_t\qquad(14-77)$$

系数 K_{Mr} 及 $K_{M\theta}$ 可见表 14－6、表 14－7。

表 14－6　　K_{Mr} 系数表

S \ ζ	0.0	0.1	0.2	0.3	0.4	0.5	0.6	0.7	0.8	0.9	1.0
0.5	−0.2636	−0.2618	−0.2563	−0.2469	−0.2333	−0.2150	−0.1913	−0.1610	−0.1222	−0.0710	0
1	−0.2475	−0.2459	−0.2413	−0.2333	−0.2215	−0.2056	−0.1884	−0.1567	−0.1201	−0.0706	0
2	−0.2197	−0.2186	−0.2155	−0.2099	−0.2014	−0.1893	−0.1725	−0.1491	−0.1182	−0.0700	0
3	−0.1967	−0.1961	−0.1942	−0.1906	−0.1847	−0.1758	−0.1925	−0.1428	−0.1136	−0.0695	0
5	−0.1598	−0.1598	−0.1597	−0.1561	−0.1573	−0.1534	−0.1457	−0.1320	−0.1084	−0.0683	0
10	−0.1059	−0.1068	−0.1092	−0.1128	−0.1168	−0.1200	−0.1206	−0.1157	−0.1006	−0.0670	0
30	−0.0328	−0.0342	−0.0386	−0.0457	−0.0552	−0.0663	−0.0774	−0.0854	−0.0843	−0.0629	0
50	−0.0139	−0.0151	−0.0189	−0.0254	−0.0347	−0.0464	−0.0595	−0.0714	−0.0758	−0.0604	0
100	−0.0023	−0.0030	−0.0051	−0.0091	−0.0159	−0.0252	−0.0380	−0.0523	−0.0629	−0.0558	0
300	−0.00017	−0.00018	−0.00028	−0.00075	−0.0022	−0.0057	−0.0127	−0.0247	−0.0397	−0.0453	0
500	−0.00030	−0.00027	−0.00021	−0.00021	−0.00060	−0.0022	−0.0066	−0.0160	−0.0308	−0.0405	0
1000	−0.00023	−0.00022	−0.00018	−0.00011	−0.00014	−0.00072	−0.0032	−0.0102	−0.0238	−0.0362	0
2000	−0.00012	−0.00012	−0.00011	−0.000080	−0.000079	−0.00044	−0.0023	−0.0083	−0.0210	−0.0343	0

注　荷载情况：边缘力 T_t；支承条件：周边自由；符号规定：下侧受拉为正；r_t 为圆板半径。

表 14－7　　$K_{M\theta}$ 系数表

S \ ζ	0.0	0.1	0.2	0.3	0.4	0.5	0.6	0.7	0.8	0.9	1.0
0.5	−0.2636	−0.2628	−0.2606	−0.2601	−0.2494	−0.2410	−0.2302	−0.2168	−0.2000	−0.1789	−0.1513
1	−0.2475	−0.2467	−0.2445	−0.2408	−0.2354	−0.2281	−0.2186	−0.2066	−0.1912	−0.1713	−0.1447
2	−0.2197	−0.2192	−0.2177	−0.2151	−0.2113	−0.2059	−0.1986	−0.1889	−0.1759	−0.1582	−0.1330
3	−0.1967	−0.1964	−0.1955	−0.1939	−0.1913	−0.1875	−0.1821	−0.1743	−0.1632	−0.1473	−0.1236
5	−0.1598	−0.1598	−0.1598	−0.1596	−0.1590	−0.1576	−0.1550	−0.1503	−0.1424	−0.1294	−0.1079
10	−0.1059	−0.1063	−0.1075	−0.1093	−0.1114	−0.1135	−0.1150	−0.1148	−0.1117	−0.1031	−0.0848

续表

ζ / S	0.0	0.1	0.2	0.3	0.4	0.5	0.6	0.7	0.8	0.9	1.0
30	−0.0328	−0.0335	−0.0355	−0.0389	−0.0435	−0.0491	−0.0552	−0.0608	−0.0642	−0.0623	−0.0493
50	−0.0139	−0.0144	−0.0163	−0.0193	−0.0236	−0.0292	−0.0375	−0.0425	−0.0479	−0.0482	−0.0372
100	−0.0023	−0.0026	−0.0036	−0.0054	−0.0083	−0.0124	−0.0180	−0.0247	−0.0311	−0.0339	−0.0250
300	−0.00017	−0.00017	−0.00021	−0.00037	−0.00086	−0.0020	−0.0044	−0.0085	−0.0143	−0.0189	−0.0130
500	−0.00030	−0.00029	−0.00025	−0.00023	−0.00032	−0.0078	−0.0021	−0.0050	−0.0099	−0.0149	−0.0099
1000	−0.00023	−0.00022	−0.00021	−0.00017	−0.00016	−0.00029	−0.00095	−0.0029	−0.0070	−0.0120	−0.0078
2000	−0.00012	−0.00012	−0.00012	−0.00010	−0.00010	−0.00017	−0.00065	−0.0023	−0.0060	−0.0109	−0.0070

注　荷载情况：边缘力 T_t；支承条件：周边自由；符号规定：下侧受拉力为正；r_t 为圆板半径。

第六节　分离式地下油罐的内力计算

一、分离式地下油罐的计算简图

分离式油罐常用于围岩稳定性较好的洞库油罐中或作为离空式钢罐的衬砌，其支座环直接坐落在岩石上，而与侧壁分开构筑，同时它的侧向也与岩石紧密接触，所以计算中必须考虑侧向岩石的抗力作用和底部岩石的反力作用。此外，在支座环底部与下面基岩之间存在着摩擦力的作用，与岩石弹性抗力一样，摩擦力也起限制支座环向外位移的作用，而对结构有利。因而计算中予以考虑。计算中略去了支座环侧向与岩石之间的摩擦力，这一垂直方向的力对支座环底部的摩擦力的大小有所影响，因而通常以降低摩擦系数来修正这一影响。图 14－23 示出了分离式结构的计算简图和所取的基本结构。假设在壳顶与支座环的连接处切开，其未知力为水平推力 H 和弯矩 G，采用力法求解即得 G 和 H。分离式油罐的罐壁按开口油池进行计算。

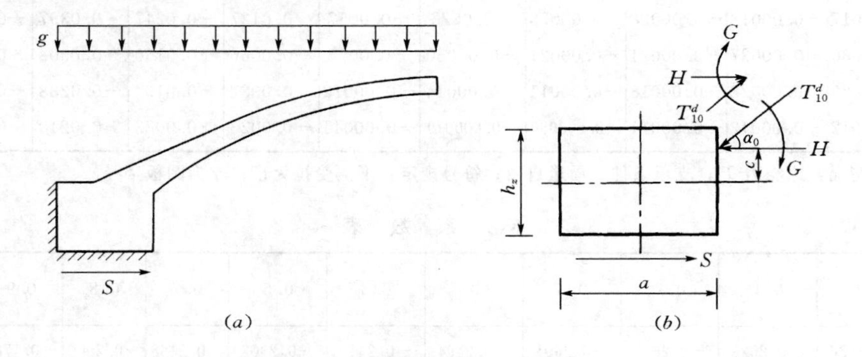

图 14－23
(a) 分离式结构的计算简图；(b) 分离式结构的基本结构

二、支座环内力计算

第四节中已叙述过环梁的内力计算，但分离式油罐支座环的受力情况与上述还有所不

同，这里再作补充说明。

支座环可视为位于弹性地基切口中的刚体，其上作用有壳顶传来的弹性联系力 G、H 和静定内力 T_{10}^{d}，支座环与基岩间的摩擦力 S，以及在上述各种力作用下所引起的侧向岩石抗力 σ，侧向岩石与基底岩石所提供的反弯矩 G'、G''，如图 14－24 所示。基底岩石提供的垂直弹性反力对结构计算没有影响，计算中不用考虑。

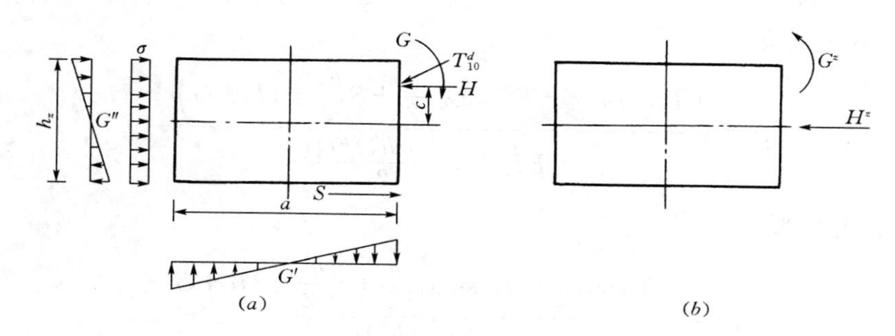

图 14－24

（a）支座环的受力情况；（b）支座环所受的分力

下面求支座环上的内力和变位，其推演过程与第四节完全相同，只是此处多考虑了摩擦力和基岩反弯矩的作用，同时还应注意到这里所设的未知力方向与前述相反。

作用在支座环上的水平力的合力（以向外方向为正）为

$$H^{z}=T_{10}^{d}\cos\alpha_{0}+H-S-\sigma h_{z}\tag{14－78}$$

式中　S——支座环底与基岩间的摩擦力；

H——支座环上的弹性水平推力。

支座环中心处的水平变位为

$$\Delta r_{z}=\frac{H^{z}r_{z}^{2}}{EF_{z}}=\frac{(T_{10}^{d}\cos\alpha_{0}+H-S-\sigma h_{z})r_{z}^{2}}{EF_{z}}\tag{14－79}$$

按 Winkler 假设，侧向岩石的总水平抗力为

$$\sigma h_{z}=k\Delta r_{z}h_{z}=\frac{kh_{z}(T_{10}^{d}\cos\alpha_{0}+H-S-\sigma h_{z})r_{z}^{2}}{EF_{z}}\tag{14－80}$$

将式（14－80）代入，则式（14－79）、式（14－78）可分别写为

$$\Delta r_{z}=\frac{(T_{10}^{d}\cos\alpha_{0}+H-S)r_{z}^{2}}{EF_{x}+kh_{z}r_{z}^{2}}\tag{14－81}$$

$$H^{z}=\frac{T_{10}^{d}\cos\alpha_{0}+H-S}{1+\dfrac{kh_{z}r_{z}^{2}}{EF_{z}}}\tag{14－82}$$

作用在支座环上的总扭矩 G^{z}（以逆时针旋转为正）为

$$G^{z}=T_{10}^{d}\cos\alpha_{0}c-T_{10}^{d}\sin\alpha_{0}\frac{a}{2}+S\frac{h_{z}}{2}+Hc+G-G''-G'\tag{14－83}$$

式中　G——支座环上的弹性弯矩；

$G'=\dfrac{a^{3}}{12}k\beta_{z}$——基岩对支座环的弹性反弯矩；

$G''=\frac{h_z^3}{12}k\beta_z$——侧向岩石对支座环的弹性反弯矩；

β_z——支座环转角。

$$\beta_z=\frac{G^z r_z^2}{EI_z}=\frac{\left(T_{10}^d\cos\alpha_0 c-T_{10}^d\sin\alpha_0\ \frac{a}{2}+S\frac{h_z}{2}+Hc+G-G'-G''\right)r_z^2}{EI_z}$$

将 G' 和 G'' 代入上式有

$$\beta_z=\frac{\left(T_{10}^d\cos\alpha_0 c-T_{10}^d\sin\alpha_0\ \frac{a}{2}+S\frac{h_z}{2}+Hc+G\right)r_z^2}{EI_z+\frac{(a^3+h_z^3)kr_z^2}{12}} \tag{14-84}$$

式（14-83）可写为

$$G^z=\frac{T_{10}^d\cos\alpha_0 c-T_{10}^d\sin\alpha_0\ \frac{a}{2}+S\frac{h_z}{2}+Hc+G}{1+\frac{(a^3+h_z^3)kr_z^2}{12EI_z}} \tag{14-85}$$

上述式中的摩擦力 S 可按下式求得

$$S=\frac{gr_{外}^2}{2r_z}\mu_1 \tag{14-86}$$

式中　g——壳顶上的垂直荷载；

$r_{外}$——支座环的外半径；

μ_1——基岩与支座环底间的摩擦系数。

支座环上的单位变位和载变位可按式（14-84）、（14-81）求得。若令式（14-84）中 $G=1$，其余各项为零，则得支座环中心处的转角

$$\delta_{11}^{z'}=\frac{r_z^2}{EI_z+\frac{(a^3+h_z^3)kr_z^2}{12}} \tag{14-87}$$

令 $G=H=0$，则得支座环中心处的载变位

$$\Delta_{1q}^{z'}=\left(T_{10}^d\cos\alpha_0 c-T_{10}^d\sin\alpha_0\ \frac{a}{2}+S\frac{h_z}{2}\right)\delta_{11}^{z'} \tag{14-88}$$

同时，令式（14-81）中 $H=1$，其余各项为零，则得支座环中心处的单位水平变位

$$\delta_{22}^{z'}=\frac{r_z^2}{EF_z+kh_z r_z^2} \tag{14-89}$$

令 $H=0$，得支座环中心处的载变位

$$\Delta_{2q}^{z'}=\frac{(T_{10}^d\cos\alpha_0-S)r_z^2}{EF_z+kh_z r_z^2} \tag{14-90}$$

三、求壳顶和支座环间的弹性固定力 G 和 H

用力法求解未知力 G、H 时，正则方程如下

$$\left.\begin{aligned}(\delta_{11}^d+\delta_{11}^z)G+(\delta_{12}^d+\delta_{12}^z)H+(\Delta_{1q}^d+\Delta_{1q}^z)=0\\(\delta_{21}^d+\delta_{21}^z)G+(\delta_{22}^d+\delta_{22}^z)H+(\Delta_{2q}^d+\Delta_{2q}^z)=0\end{aligned}\right\} \tag{14-91}$$

式中　δ_{11}^{d}、δ_{12}^{d}、δ_{21}^{d}、δ_{22}^{d}、Δ_{1q}^{d}、Δ_{2q}^{d}——支座环在其截断处的单位变位和载变位（增大 EI_d 倍）。

支座环中心处的单位变位和载变位的计算，已如前述，只须将其中心处的变位值移至截断处，其增大 EI_d 倍后的单位变位与载变位为

$$\left.\begin{aligned}
&\delta_{11}^{z}=\delta_{11}^{z'}EI_d=\frac{r_z^2}{EI_z+\dfrac{(a^3+h_z^3)kr_z^2}{12}}EI_d\\
&\delta_{12}^{z}=\delta_{21}^{z}=(\delta_{21}^{z'}+c\delta_{11}^{z'})EI_d=c\delta_{11}^{z'}EI_d=c\delta_{11}^{z}\\
&\delta_{22}^{z}=(\delta_{22}^{z'}+c^2\delta_{11}^{z'}+2c\delta_{12}^{z'})EI_d=\frac{r_z^2}{EF_z+kh_zr_z^2}EI_d+c^2\delta_{11}^{z}\\
&\Delta_{1q}^{z}=\Delta_{1q}^{z'}EI_d=\left(T_{10}^{d}\cos\alpha_0 c-T_{10}^{d}\sin\alpha_0\ \frac{a}{2}+S\frac{h_z}{2}\right)\delta_{11}^{z}\\
&\Delta_{2q}^{z}=(\Delta_{2q}^{z'}+c\Delta_{1q}^{z'})EI_d=\frac{(T_{10}^{d}\cos\alpha_0-S)r_z^2}{EF_z+kh_zr_z^2}EI_d+c\Delta_{1q}^{z}
\end{aligned}\right\}\tag{14-92}$$

解方程（14-91）可求得弹性固定力 G、H 值。

为了验证计算的准确性，可以用两种不同方法计算支座环截面中心的水平变位。由此得校核公式如下

$$\delta_{22}^{z'}(T_{10}^{d}\cos\alpha_0+H-S)=\delta_{21}^{z}G+\delta_{22}^{z}H+\Delta_{2q}^{z}-c(\delta_{11}^{z}G+\delta_{12}^{z}H+\Delta_{1q}^{z})$$

四、壳顶、支座环和罐壁的内力计算

已知弹性固定力 G、H 后，即可按单个构件的内力计算公式求出壳顶和支座环的内力。壳顶内力按式（14-36）

$$\left.\begin{aligned}
&M^{d}=G\eta_1+(G-S_dH\sin\alpha_0)\eta_2\\
&T_1^{d}=T_{10}^{d}\\
&T_2^{d}=T_{20}^{d}-\frac{2R_d}{S_d^2}[G\eta_2-(G-HS_d\sin\alpha_0)\eta_1]
\end{aligned}\right\}\tag{14-93}$$

支座环内力按式（14-82）和式（14-85）

$$T_2^{z}=H^{z}r_z=\frac{T_{10}^{d}\cos\alpha_0+H-S}{1+\dfrac{kh_zr_z^2}{EF_z}}r_z$$

$$M^{z}=-G^{z}r_z=-\frac{T_{10}^{d}\cos\alpha_0 c-T_{10}^{d}\sin\alpha_0\ \dfrac{a}{2}+S\dfrac{h_z}{2}+Hc+G}{1+\dfrac{\dfrac{a^3}{12}kr_z^2+\dfrac{h_z^3}{12}kr_z^2}{EI_z}}r_z\tag{14-94}$$

分离式油罐的罐体为一四周受弹性地基约束的开口油池，它与整体式油罐不同之处在于罐壁上部与环梁没有联系。罐壁上端自由，下端与底板嵌固，罐壁内力系由罐内液体和罐壁下端弹性固定力 G_1 和 H_1 所引起，其计算公式见上述第二节。

在液压作用下产生的环向力为

$$T_{20}^{B}=q\left(1-\frac{k}{K}\right)r_B\tag{14-95}$$

式中 K 见式(14-9)。

按式(14-16)、式(14-17),在罐壁下端 G_1 和 H_1 作用下,产生的竖向弯矩 M^B 和环向力 $T^B_{2附}$ 为

$$\left.\begin{aligned}M^B&=G_1\eta_1+(G_1+S_BH_1)\eta_2\\T^B_{2附}&=\frac{2r_B}{S_B^2}[G_1\eta_2-(G_1+S_BH_1)\eta_1]\left(1-\frac{k}{K}\right)\end{aligned}\right\}\qquad(14-96)$$

罐壁上的真正环向力是上述两环向力之和

$$T_2^B=T_{20}^B+T^B_{2附}\qquad(14-97)$$

由于罐壁下端视作固定端,按式(14-22)在液压作用下 G_1 和 H_1 为

$$\left.\begin{aligned}G_1&=\frac{S_B^2q_2}{2}\left(\frac{S_B}{L}-1\right)-\frac{S_B^3}{2L}q_1\\H_1&=S_Bq_2\left(1-\frac{S_B}{2L}\right)+\frac{S_B^2}{2L}q_1\end{aligned}\right\}\qquad(14-98)$$

式中 q_1、q_2——作用在罐壁上下端的液压;

L——罐壁高度。

分离式油罐底板的计算见前述第五节。

五、算例

算例为 5000m³ 地下分离式钢筋混凝土衬砌结构。

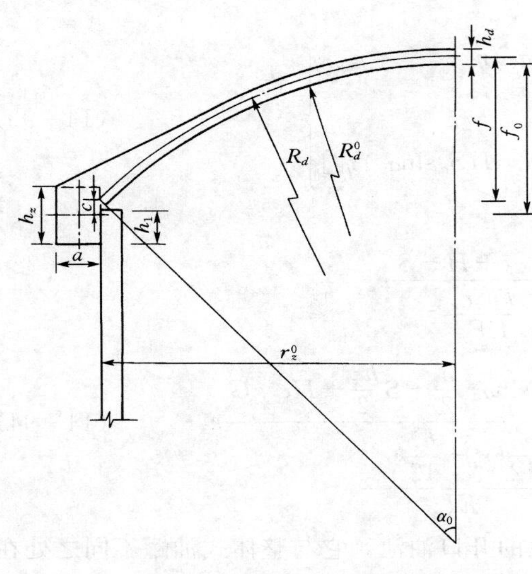

图 14-25 分离式油罐基本尺寸

(一)设计计算资料

1. 地质及结构材料

Ⅱ级围岩

岩石容重 $\gamma=26\text{kN/m}^3$

岩石与混凝土间的摩擦系数 $\mu_1=0.4$

地层弹性压缩系数 $k=1.5\times10^3\text{MPa/m}$

钢筋混凝土容重 $\gamma_c=26\text{kN/m}^3$

钢筋混凝土泊松比 $\mu_c=1/6$

钢筋混凝土弹性模量 $E_c=2.6\times10^4\text{MPa}$

2. 基本尺寸(图 14-25)

支座环净半径 $r_z^0=11.50\text{m}$

壳顶内缘矢跨比 $f_0/2r_z^0=1/6$

支座环高度 $h_z=0.6\text{m}$

支座环宽度 $a=0.8\text{m}$

取 $c=3/8h_z=0.225\text{m}$,$h_d=0.25\text{m}$

（二）几何尺寸计算

壳顶净矢高　$f_0=(f_0/2r_z^0)\times 2r_z^0=1/6\times 2\times 11.5=3.833333(\text{m})$

壳顶净半径　$R_d^0=\dfrac{4(r_z^0)^2+4f_0^2}{8\times f_0}=\dfrac{4\times 11.5^2+4\times 3.833333^2}{8\times 3.833333}=19.166668(\text{m})$

壳顶计算半径　$R_d=R_d^0+\dfrac{h_d}{2}=19.166668+\dfrac{0.25}{2}=19.291668\ (\text{m})$

顶盖周边计算半径　$r_d=r_z^0=11.5(\text{m})$

壳顶周边中心角　$\sin\alpha_0=\dfrac{r_d}{R_d}=\dfrac{11.5}{19.291668}=0.596112,\alpha_0=0.63865(\text{rad})$

壳顶计算矢高　$f=R_d(1-\cos\alpha_0)=19.291668\times(1-0.802901)$
$=3.802368\ (\text{m})$

直边长度　$h_1=c+\left(f-\dfrac{h_d}{2}\right)+\dfrac{h_z}{2}-f_0$

$$=\frac{3}{8}\times 0.6+\left(3.802368-\frac{0.25}{2}\right)+\frac{0.6}{2}-3.833333$$
$$=0.369035(\text{m})$$

支座环外半径　$r_{外}=r_z^0+a=11.5+0.8=12.300000\ (\text{m})$

支座环计算半径　$r_z=r_z^0+\dfrac{a}{2}=11.5+\dfrac{0.8}{2}=11.9\ (\text{m})$

壳顶外缘周边加厚区采用切线相接，其切线长度计算如下（图 14－26）

$AB=r_z^{外}=12.3$

$$OB=R_d-f+\left(\frac{h_z}{2}-c\right)$$
$$=19.291668-3.802368+\frac{0.6}{2}-\frac{3}{8}\times 0.6$$
$$=15.564300$$

$$AO^2=AB^2+BO^2=12.3^2+15.564300^2$$
$$=393.537434$$

$$OC=R_d+\frac{h_d}{2}=19.291668+\frac{0.25}{2}$$
$$=19.416668(\text{m})$$

切线长　$T=AC=\sqrt{AO^2-OC^2}$
$=\sqrt{393.537434-(19.416668)^2}$
$=4.065764(\text{m})$

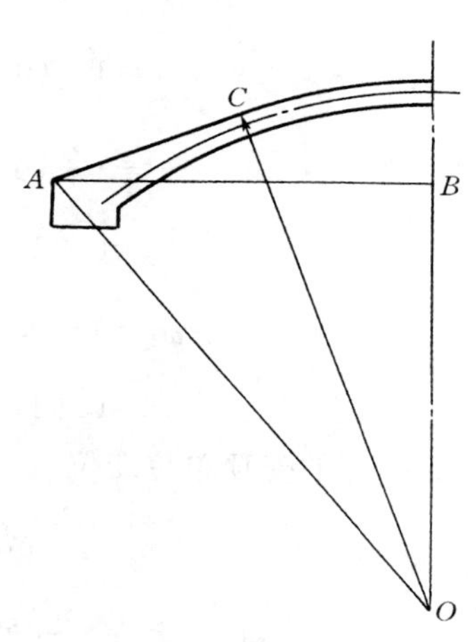

图 14－26　壳顶外缘加厚区切线长度计算

（三）荷载计算

1. 地压荷载

$$g_1=(h_{爆}+h_{填})\gamma$$

式中　$h_{爆}$——围岩爆破松动圈厚度；

$h_{填}$——壳顶超挖回填层的厚度。

对于Ⅰ、Ⅱ级围岩，$h_{爆}$可按下列数值采用

预裂爆破　　0.4～0.6m

光面爆破　　0.6～1.0m

普通爆破　　0.8～1.2m

取 $h_{爆}=0.85\text{m}$，$h_{填}=0.85\text{m}$，则

$$g_1=(0.85+0.85)\times 26=44.2(\text{kPa})$$

2. 自重荷载

$$g_2=h_d\times\gamma_h=0.25\times 26=6.5(\text{kPa})$$

3. 荷载组合(将自重荷载视为垂直均布)

$$g=g_1+g_2=44.2+6.5\approx 50(\text{kPa})$$

(四)内力计算

1. 各构件变位计算

(1)壳顶变位计算。

$$S_d=0.76\sqrt{h_dR_d}=0.76\sqrt{0.25\times 19.291668}=1.669047$$

$$\frac{S_d^2}{2}=(1.669047)^2/2=1.392859$$

$$\frac{S_d^3}{2}=\frac{(1.669047)^3}{2}=2.324747$$

$$\frac{S_d^4}{4}=\frac{(1.669047)^4}{4}=1.940056$$

$$\begin{aligned}\omega_1&=1-(0.5-\mu)\frac{S_d}{R_d}\text{ctg}\alpha_0\\&=1-(0.5-0.166667)\times\frac{1.669047}{19.291668}\times 1.346869\\&=0.961157\end{aligned}$$

$$\begin{aligned}\omega_2&=1-0.5\frac{S_d}{R_d}\cot\alpha_0=1-0.5\times\frac{1.669047}{19.291668}\times 1.346896\\&=0.941736\end{aligned}$$

增大 EI_d 倍的壳顶单位变位

$$\delta_{11}^d=\frac{S_d}{\omega_1}=\frac{1.669047}{0.961157}=1.736498$$

$$\delta_{12}^d=\delta_{21}^d=-\frac{S_d^2}{2}\frac{\sin\alpha_0}{\omega_1}=-1.392859\times\frac{0.596112}{0.961157}=-0.863855$$

$$\delta_{22}^d=\frac{S_d^3}{2}\sin^2\alpha_0\frac{\omega_2}{\omega_1}=2.324747\times 0.596112^2\times\frac{0.941736}{0.961157}=0.809407$$

增大 EI_d 倍的壳顶载变位

$$\begin{aligned}\Delta_{1q}^d&=\frac{g}{2R_d}(3+\mu)\sin 2\alpha_0\frac{S_d^4}{4}\\&=\frac{g}{2\times 19.291668}(3+0.166667)\times 0.957238\times 1.940056\end{aligned}$$

$$=0.152418g$$

$$\Delta_{2q}^{d}=\frac{g}{2}(\cos 2\alpha_0-\mu)\sin\alpha_0\frac{S_d^4}{4}$$

$$=\frac{g}{2}(0.289301-0.166667)\times 0.596112\times 1.940056=0.070913g$$

(2) 支座环变位计算。

支座环中心处的变位

$$F_z=h_z a=0.6\times 0.8=0.48(\text{m}^2)$$

$$E_h F_z=26\times 10^3\times 0.48=12.48\times 10^3$$

$$E_h I_d=E_h\times\frac{bh_d^3}{12}=26\times 10^3\times\frac{0.25^3}{12}=0.033854\times 10^3$$ （取计算宽度 $b=1$）

$$E_h I_z=E_h\times\frac{ah_z^3}{12}=26\times 10^3\times\frac{0.8\times 0.6^3}{12}=0.374400\times 10^3$$

$$\frac{a^3}{12}kr_z^2=\frac{0.8^3}{12}\times 1.5\times 10^3\times 11.9^2=9.063183\times 10^3$$

$$\frac{h_z^3}{12}kr_z^2=\frac{0.6^3}{12}\times 1.5\times 10^3\times 11.9^2=3.823470\times 10^3$$

$$kh_z r_z^2=1.5\times 10^3\times 0.6\times 11.9^2=127.449\times 10^3$$

增大 EI_d 倍的单位变位

$$(\delta_{11}^z)'=\left[\frac{r_z^2}{EI_z+\frac{a^3}{12}kr_z^2+\frac{h_z^3}{12}kr_z^2}\right]EI_d$$

$$=\frac{11.9^2\times 0.033854\times 10^3}{0.374400\times 10^3+9.063183\times 10^3+3.823470\times 10^3}=0.361515$$

$$(\delta_{12}^z)'=0$$

$$(\delta_{22}^z)'=\left[\frac{r_z^2}{EF_z+kh_z r_z^2}\right]EI_d=\frac{11.9^2\times 0.033854\times 10^5}{12.48\times 10^5+127.449\times 10^5}=0.034261$$

$$T_{10}^d=\frac{1}{2}gR_d=\frac{g}{2}\times 19.291668=9.645834g$$

$$T_{10}^d\cos\alpha_0=9.645834g\times 0.802901=7.744650g$$

$$T_{10}^d\sin\alpha_0\frac{a}{2}=9.645834g\times 0.596112\times\frac{0.8}{2}=2.300001g$$

$$T_{10}^d\cos\alpha_0 c=9.645834g\times 0.802901\times 0.225=1.742549g$$

$$S^z=\frac{gr_{外}^2}{2r_z}\mu_1=\frac{g\times 12.3^3}{2\times 11.9}\times 0.4=2.542689g$$

$$S^z\frac{h_z}{2}=2.542689g\times\frac{0.6}{2}=0.762807g$$

增大 EI_d 倍的载变位

$$(\Delta_{1q}^z)'=\left[T_{10}^d\cos\alpha_0 c-T_{10}^d\sin\alpha_0\frac{a}{2}+S^z\frac{h_z}{2}\right]\delta_{11}^{z'}$$

$$=[1.742549g-2.300001g+0.762807g]\times 0.361515$$

$$=0.074239g$$

$$(\Delta_{2q}^{z})'=[T_{10}^{d}\cos\alpha_0-S^{z}]\delta_{22}^{z'}$$

$$=[7.744650g-2.542689g]\times 0.034261=0.178224g$$

转换成支座环边缘处的变位(增大 EI_d 倍)

$$\delta_{11}^{z}=(\delta_{11}^{z})'=0.361515$$

$$\delta_{12}^{z}=(\delta_{12}^{z})'+c(\delta_{11}^{z})'=0+0.225\times 0.361515=0.081341$$

$$\delta_{22}^{z}=(\delta_{22}^{z})'+c^2(\delta_{11}^{z})'+2c(\delta_{12}^{z})'=0.034261+0.225^2\times 0.361515+0$$

$$=0.052563$$

$$\Delta_{1q}^{z}=(\Delta_{1q}^{z})'=0.074239g$$

$$\Delta_{zq}^{z}=(\Delta_{2q}^{z})'+c(\Delta_{1q}^{z})'=0.178224g+0.225\times 0.074239g=0.194928g$$

2. 联系力 M、H 的求解

正则方程为

$$\begin{cases}(\delta_{11}^{d}+\delta_{11}^{z})M+(\delta_{12}^{d}+\delta_{12}^{z})H+(\Delta_{1q}^{d}+\Delta_{1q}^{z})=0\\(\delta_{21}^{d}+\delta_{21}^{z})M+(\delta_{22}^{d}+\delta_{22}^{z})H+(\Delta_{2q}^{d}+\Delta_{2q}^{z})=0\end{cases}$$

$$A_1=\delta_{11}^{d}+\delta_{11}^{z}=1.736498+0.361515=2.098013$$

$$B_1=A_2=\delta_{12}^{d}+\delta_{12}^{z}=-0.863855+0.081341=-0.782514$$

$$B_2=\delta_{22}^{d}+\delta_{22}^{z}=0.809407+0.052563=0.861970$$

$$C_1=\Delta_{1q}^{d}+\Delta_{1q}^{z}=0.152418g+0.074239g=0.226657g$$

$$C_2=\Delta_{2q}^{d}+\Delta_{2q}^{z}=0.070913g+0.194928g=0.265841g$$

即变为

$$\begin{cases}A_1M+B_1H+C_1=0\\A_2M+B_2H+C_2=0\end{cases}$$

解联列方程得

$$M=\frac{B_2C_1-B_1C_2}{B_1^2-A_1B_2}$$

$$=\frac{0.861970\times 0.226657g-(-0.782514)\times 0.265841g}{(-0.782514)^2-2.098013\times 0.861970}=-0.337261g$$

$$H=\frac{A_1C_2-A_2C_1}{B_1^2-A_1B_2}$$

$$=\frac{2.098013\times 0.265841g-(-0.782514)\times 0.226657g}{(-0.782514)^2-2.098013\times 0.861970}=-0.614583g$$

3. 各构件内力计算

(1) 支座环内力计算。

支座环承受的水平推力 H^z

$$H^{z}=\frac{T_{10}^{d}\cos\alpha_0+H-S^{z}}{1+\frac{kh_zr_z^2}{EF_z}}=\frac{7.744650g+(-0.614583g)-2.542689g}{1+\frac{127.449\times 10^3}{12.48\times 10^3}}=0.409139g$$

支座环截面承受的环向拉力 T_2^z

$$T_2^{z}=H^{z}r_z=0.409139g\times 11.9=4.868754g$$

将荷载代入得

$$T_2^z = 4.868754 \times 50 = 243.4377(\text{kN})$$

支座环承受的扭矩 G^z

$$G^z = \frac{T_{10}^d \cos\alpha_0 c - T_{10}^d \sin\alpha_0 \dfrac{a}{2} + S^z \dfrac{h_z}{2} + Hc + M}{1 + \dfrac{\dfrac{a^3}{12}kr_z^2 + \dfrac{h_z^3}{12}kr_z^2}{EI_z}}$$

$$= [1.742549g - 2.300001g + 0.762807g + (-0.614583g) \times 0.225 + (-0.337261g)] \Big/ \left(1 + \frac{9.063183 \times 10^3 + 3.823470 \times 10^3}{0.374400 \times 10^3}\right)$$

$$= -0.007628g$$

由扭矩引起的支座环截面的弯矩

$$M^z = -G^z r_z = -(-0.007628g) \times 11.9 = 0.090773g$$

将荷载代入得

$$M^z = 0.090773 \times 50 = 4.539(\text{kN} \cdot \text{m})$$

（2）壳顶内力计算。

按无矩理论计算内力

径向压力 T_{10}^d　　$T_{10}^d = \dfrac{1}{2} g R_d = 9.645834g$

环向拉力 T_{20}^d　　$T_{20}^d = -\dfrac{1}{2} g R_d \cos2\alpha = -9.645834g\cos2\alpha$

壳顶半圆弧长度 S

$$S = R_d \alpha_0 = 19.291668 \times 0.638650 = 12.320624(\text{m})$$

令 x 为离开顶盖周边的弧长，将半圆轴线分成十等分，现将按无矩理论算得的各截面内力列于表 14－8。

表 14－8　T_{10}^d 和 T_{20}^d 值表

x	α	2α	$\cos2\alpha$	T_{10}^d (10kN)	T_{10}^d (10kN)
0	36°35′31″	73°11′2″	0.289301	9.645834g	−2.790549g
				48.229170	−13.952745
1.232062	32°55′58″	65°51′56″	0.408879	9.645834g	−3.943979g
				48.229170	−19.719895
2.464124	29°16′25″	58°32′50″	0.521796	9.645834g	−5.033158g
				48.229170	−25.165790
3.696186	25°36′52″	51°13′44″	0.626209	9.645834g	−6.040308g
				48.229170	−30.201540
4.928248	21°57′19″	43°54′38″	0.720423	9.645834g	−6.949081g
				48.229170	−34.745405
6.160310	18°17′46″	36°35′32″	0.802898	9.645834g	−7.744621g
				48.229170	−38.723105

续表

x	α	2α	$\cos 2\alpha$	T_{10}^{d} (10kN)	T_{10}^{d} (10kN)
7.392372	14°38′13″	29°16′26″	0.872292	9.645834g	−8.413984g
				48.229170	−42.069920
8.624434	10°58′40″	21°57′20″	0.927474	9.645834g	−8.946260g
				48.229170	−44.731300
9.856496	7°19′7″	14°38′14″	0.967545	9.645834g	−9.332778g
				48.229170	−46.663890
11.088558	3°39′34″	7°19′8″	0.991850	9.645834g	−9.567220g
				48.229170	−47.836100
12.320624	0°00′00″	0°00′00″	1.000000	9.645834g	−9.645834g
				48.229170	−48.229170

按边缘效应计算的内力及总内力

$$M^{d}=M\eta_1+(M-S_dH\sin\alpha_0)\eta_2$$
$$=-0.337261g\eta_1+[-0.337261g-1.669047\times(-0.614583g)\times0.596112]\eta_2$$
$$=-0.337261g\eta_1+0.274212g\eta_2$$

$$T_{2附}^{d}=\frac{-2R_d}{S_d^2}[M\eta_2-(M-S_dH\sin\alpha_0)\eta_1]$$
$$=-\frac{2\times19.291668}{1.669047^2}\left\{-0.337261g\eta_2-\left[-0.337261g-1.669047\times(-0.614583g)\times0.596112\right]\eta_1\right\}$$
$$=4.671203g\eta_2+3.797949g\eta_1$$

$$T_2^d=T_{20}^d+T_{2附}^d$$

令 x 为离开壳顶周边的弧长，将半圆轴线分成十等分，现将各截面弯矩和总环向力分别列于表 14－9 及表 14－10。

说明：上述表列中 $\alpha=\frac{S}{R_d}-\frac{x}{R_d}=\alpha_0-\frac{x}{R_d}$，$\eta_1=e^{-\frac{x}{S_d}}\cos\frac{x}{S_d}$，$\eta_2=e^{-\frac{x}{S_d}}\sin\frac{x}{S_d}$。

绘制壳顶内力图（图 14－27）。

表 14－9　　壳顶截面径向弯矩 M_d 值表

x	α	x/S_d	η_1	η_2	$-0.337261g\eta_1$	$0.274212g\eta_2$	M^d (10^4N·m) 不代入 g 值	M^d (10^4N·m) 代入 g 值
0.000000	36°35′31″	0.0000	+1.000000	0.0000	−0.337261g	0	−0.337261g	−1.686305
1.232062	32°55′58″	0.7382	+0.3543	+0.3190	−0.119492g	+0.087474g	−0.032018g	−0.160090
2.464124	29°16′25″	1.4764	+0.0295	+0.2331	−0.009949g	+0.063919g	+0.053970g	+0.269850
3.696186	25°36′52″	2.2145	−0.0654	+0.0875	+0.022057g	+0.023994g	+0.046051g	+0.230255
4.928248	21°57′19″	2.9527	−0.0513	+0.0100	+0.017301g	+0.002742g	+0.020043g	+0.100215
6.160130	18°17′46″	3.6909	−0.0213	−0.01301	+0.007184g	+0.003567g	+0.003617g	+0.018085

续表

x	α	x/S_d	η_1	η_2	$-0.337261g\eta_1$	$0.274212g\eta_2$	M^d (10^4N·m)	
							不代入 g 值	代入 g 值
7.392372	14°38′13″	4.4291	−0.00338	−0.01144	+0.001140g	−0.003137g	−0.001997g	−0.009985
8.624434	10°58′40″	5.1673	+0.00393	0.00509	−0.001325g	+0.001396g	+0.00071g	+0.000355
9.856496	7°19′7″	5.9055						
11.088558	3°39′34″	6.6436						
12.320624	0°00′00″	7.3818						

表 14－10　　壳顶截面总环向力 T_2^d 值表

x	α	$+3.797949g\eta_1$	$+4.671203g\eta_2$	$T^d_{2附}$ (10kN)		T^d_{20} (10kN)		T^d_2 (10kN)	
				不代入 g 值	代入 g 值	不代入 g 值	代入 g 值	不代入 g 值	代入 g 值
0.000000	36°35′31″	+3.797949g	0	+3.797949g	18.989745	−2.790549g	−13.952745	1.007400g	5.03700
1.232062	32°55′58″	+1.345613g	+1.490114g	+2.835727g	14.178635	−3.943979g	−19.719895	−1.106252g	−5.541260
2.464124	29°16′25″	+0.112039g	+1.088857g	+1.200896g	6.004480	−5.033158g	−25.165790	−3.832262g	−19.161310
3.696186	25°36′52″	−0.248386g	+0.408730g	+0.160344g	0.801720	−6.040308g	−30.201540	−5.879964g	−29.399820
4.928248	21°57′19″	−0.194835g	+0.046712g	−0.148123g	−0.740615	−6.949081g	−34.745405	−7.097204g	−35.486020
6.160310	18°17′46″	−0.080896g	−0.060772g	−0.141668g	−0.708340	−7.744621g	−38.723105	−7.886289g	−39.431445
7.392372	14°38′13″	−0.012837g	−0.053439g	−0.066276g	−0.331380	−8.413984g	−42.069920	−8.480260g	−42.401300
8.624434	10°58′40″	+0.014926g	+0.023776g	+0.038702g	+0.193510	−8.946260g	−44.731300	−8.907558g	−44.537790
9.856496	7°19′7″	+0.10489	−0.0076801			−9.332778g	−46.663890	−9.332778g	−46.663890
11.088558	3°39′34″					−9.567220g	−47.836100	−9.567220g	−47.836110
12.320624	0°00′00″					−9.645834g	−48.229170	−9.645834g	−48.229170

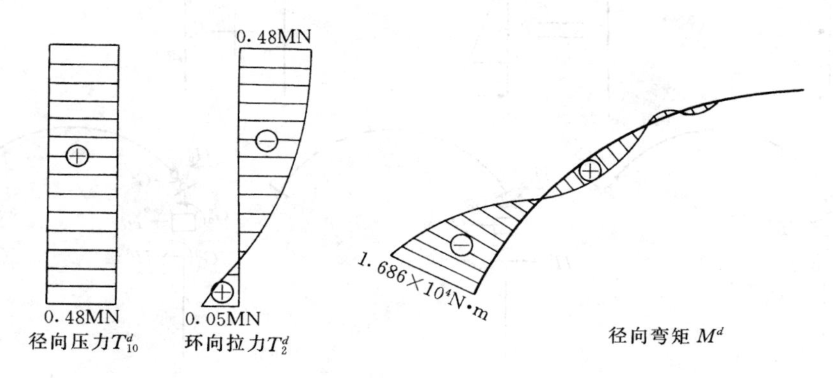

图 14－27　壳顶结构内力图

第七节　整体式油罐结构的内力计算

地下整体式油罐结构常用于下述两种情况：一是用作掘开式离空钢油罐护体结构（图14－28），在巨大的爆炸冲击波载荷作用下，采用顶盖与罐壁整体相连的整体式结构，各构件互相牵制，因而能使环梁内力较分离式油罐结构大大减小；二是用于不稳定岩层中的钢筋混凝土油罐或离空钢油罐的衬砌，由于围岩石质差，环梁必须置于罐壁上（见图14－29）。

整体式油罐采用变位法计算比较方便，如图14－30（*a*）所示，在顶盖、环梁和罐壁连接处分别作用有弹性弯矩 G^d、G^z、G^B 和弹性水平力 H^d、H^z、H^B。求出上述弹性固定力后，即能按上述求出各单个构件的内力。

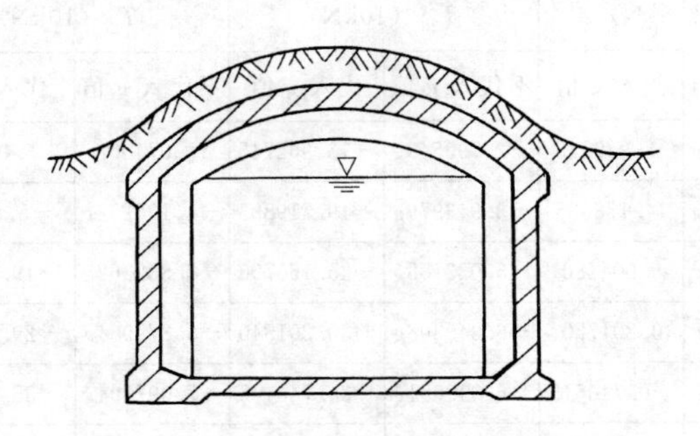

图14－28　掘开式离空钢油罐的护体结构

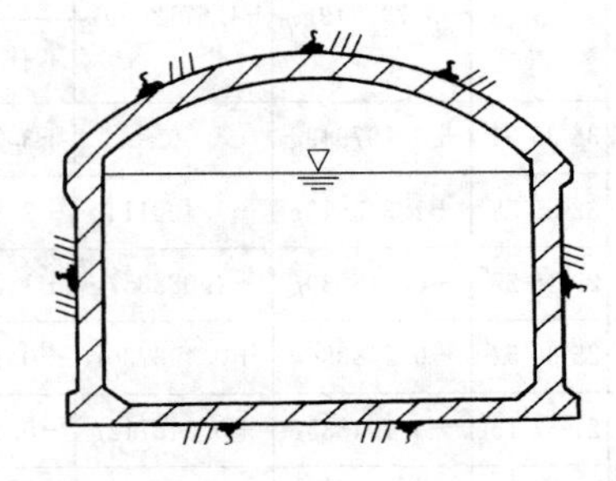

图14－29　地下整体钢筋混凝土油罐

根据变位法的基本原理，计算弹性固定力的步骤如图14－30（*b*）所示，先把顶盖、

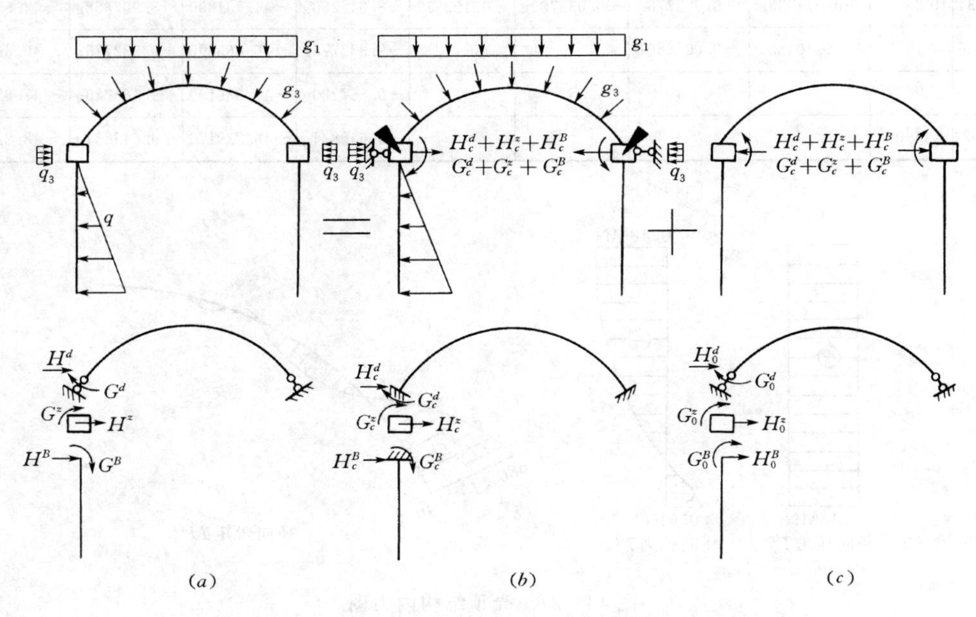

图14－30　用变位法求整体式油罐的弹性固定力

（*a*）弹性固定力；（*b*）结点固定；（*c*）结点放松

环梁和罐壁的联结点固定，求出各构件在结点固定情况下的固端力矩和侧向力（即 G_c^d、G_c^z、G_c^B 和 H_c^d、H_c^z、H_c^B）。由于把结点固定，相当于在结点上施加了固端力矩和固端侧向力。为使结点恢复到原先真实状态，我们又把结点放松，并在结点上施加一个与固端力矩及固端侧向力数值相等方向相反的力，即施加负值的($G_c^d+G_c^z+G_c^B$)和($H_c^d+H_c^z+H_c^B$)[图 14-30（c)]，由此使结点产生了变位。然后我们设法求出结点放松情况下结点的变位，并通过获得的变位再求出结点放松情况下各构件相应的内力 G_0^d、G_0^z、G_0^B 和 H_0^d、H_0^z、H_0^B。显然，结点固定状态与放松状态的迭加就是结点的原先实际状态。因为实际结点上是不受外力的，也并非固定的。当结点固定时，相当于在结点上施加了固端力，而当结点放松时，我们又在结点上施加了反向的固端力，因而两者之和等于结点上施加的外力为零，即等于结点的原先实际状态。所以结点上真正的弹性固定力必然是上述两种情况下内力的迭加，即

$$\left.\begin{aligned}G^d&=G_c^d+G_0^d,\quad H^d=H_c^d+H_0^d\\G^z&=G_c^z+G_0^z,\quad H^z=H_c^z+H_0^z\\G^B&=G_c^B+G_0^B,\quad H^B=H_c^B+H_0^B\end{aligned}\right\}\tag{14-99}$$

一、固端力矩和固端侧向力的计算

根据结点固定的条件，可由如下力法正则方程求出顶盖在环梁中心的固端力矩$G_c^{d\prime}$和固端水平力$H_c^{d\prime}$

$$\begin{aligned}\delta_{11}^{d\prime}G_c^{d\prime}+\delta_{12}^{d\prime}H_c^{d\prime}+\Delta_{1q}^{d\prime}=0\\\delta_{21}^{d\prime}G_c^{d\prime}+\delta_{22}^{d\prime}H_c^{d\prime}+\Delta_{2q}^{d\prime}=0\end{aligned}\tag{14-100}$$

式中　$\delta_{11}^{d\prime}$、$\delta_{12}^{d\prime}=\delta_{21}^{d\prime}$、$\delta_{22}^{d\prime}$、$\Delta_{1q}^{d\prime}$、$\Delta_{2q}^{d\prime}$——顶盖在环梁中心处的单位变位和载变位。可由后述公式计算，联立求解即得 $G_c^{d\prime}$和 $H_c^{d\prime}$。

同理，对由式（14-24）求得罐壁上端的固端力矩 G_c^B 和固端水平力 H_c^B 也需折算到环梁中心，即

$$\left.\begin{aligned}G_c^{B\prime}&=G_c^B-\frac{h_z}{2}H_c^B\\H_c^{B\prime}&=H_c^B\end{aligned}\right\}\tag{14-101}$$

环梁的固端力矩和固端水平力主要由环梁上的侧向压力与顶盖与罐壁传给环梁的静定力所产生（图 14-31），由此得

$$\left.\begin{aligned}G_c^{z\prime}&=T_{10}^d\cos\alpha_0\times c-T_{10}^d\sin\alpha_0\times\frac{a}{2}+T_{10}^d\sin\alpha_0\times\left(\frac{a}{2}-\frac{h_B}{2}\right)\\&=T_{10}^d\cos\alpha_0\times c-T_{10}^d\sin\alpha_0\times\frac{h_B}{2}\\H_c^{z\prime}&=-q_3h_z+T_{10}^d\cos\alpha_0\end{aligned}\right\}\tag{14-102}$$

二、结点放松情况下各构件杆端的内力

结点放松情况下，结点上作用有反向的固端力矩和固端侧向力，因而使结点上产生了水平位移 Δ 和转角 θ（图 14-32）。

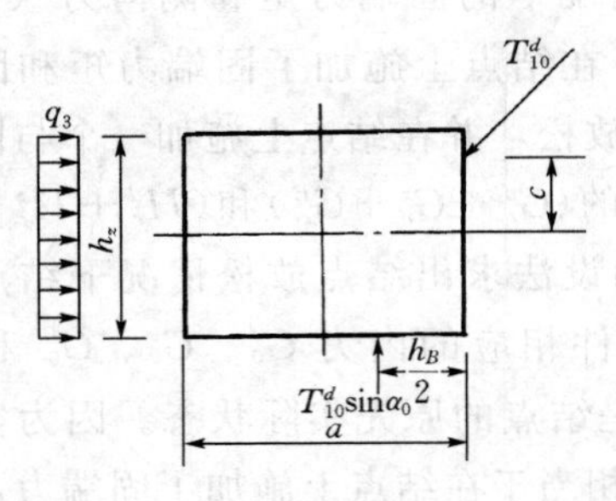

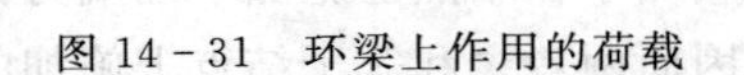
图 14-31　环梁上作用的荷载

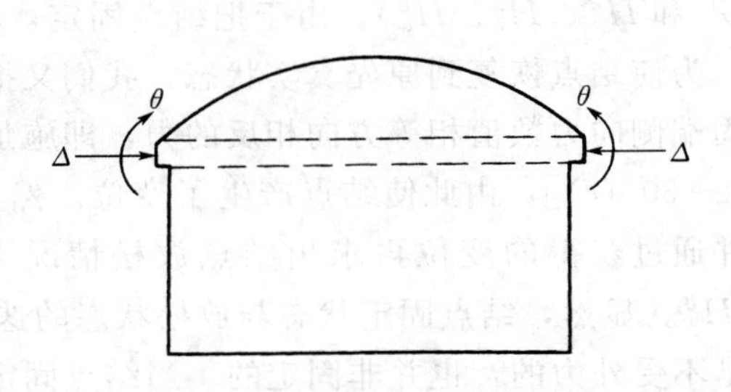

图 14-32　结点产生的水平位移和转角

为计算方便起见，先认为顶盖、罐壁和环梁相交于环梁中心处，并根据该处的平衡条件$\sum G=0$和$\sum H=0$，即可列出下述方程式

$$\left.\begin{aligned}(G_{11}^{d\prime}+G_{11}^{z\prime}+G_{11}^{B\prime})\theta+(G_{12}^{d\prime}+G_{12}^{z\prime}+G_{12}^{B\prime})\Delta+(G_c^{d\prime}+G_c^{z\prime}+G_c^{B\prime})=0\\(H_{21}^{d\prime}+H_{21}^{z\prime}+H_{21}^{B\prime})\theta+(H_{22}^{d\prime}+H_{22}^{z\prime}+H_{22}^{B\prime})\Delta+(H_c^{d\prime}+H_c^{z\prime}+H_c^{B\prime})=0\end{aligned}\right\}\quad(14-103)$$

式中　$G_{11}^{d\prime}$、$G_{11}^{z\prime}$、$G_{11}^{B\prime}$——转角$\theta=1$时，顶盖、环梁和罐壁基本结构在环梁中心处的固端弯矩；

$G_{12}^{d\prime}$、$G_{12}^{z\prime}$、$G_{12}^{B\prime}$——水平位移$\Delta=1$时，顶盖、环梁和罐壁基本结构在环梁中心处的固端弯矩；

$H_{21}^{d\prime}$、$H_{21}^{z\prime}$、$H_{21}^{B\prime}$——转角$\theta=1$时，顶盖、环梁和罐壁基本结构在环梁中心处的固端水平力；

$H_{22}^{d\prime}$、$H_{22}^{z\prime}$、$H_{22}^{B\prime}$——水平位移$\Delta=1$时，顶盖、环梁和罐壁基本结构在环梁中心处的固端水平力；

$G_c^{d\prime}$、$G_c^{z\prime}$、$G_c^{B\prime}$、$H_c^{d\prime}$、$H_c^{z\prime}$、$H_c^{B\prime}$——荷载作用下，顶盖、环梁和罐壁基本结构在环梁中心处的固端弯矩和固端水平力。

联立求解，即得环梁中心处的变位Δ及θ。上述方程中各系数，在$\theta=1$或$\Delta=1$时所产生的固端弯矩和固端水平力，是由基本结构的几何条件决定的，当其几何尺寸一经确定，即可求得，所以一般称之形常数。而在荷载作用下所产生的固端弯矩和固端水平力，一般称为载常数，这在前面已经求出。下面分别求顶盖、环梁和罐壁的形常数。对此可按环梁中心处的变形连续条件求得。例如顶盖的正则方程为

$$\left.\begin{aligned}G^{d\prime}\delta_{11}^{d\prime}+H^{d\prime}\delta_{12}^{d\prime}=\theta\\G^{d\prime}\delta_{21}^{d\prime}+H^{d\prime}\delta_{22}^{d\prime}=\Delta\end{aligned}\right\}\quad(14-104)$$

如果分别令$\theta=1$，$\Delta=0$以及$\theta=0$，$\Delta=1$代入上式，即解得

$$\left.\begin{aligned}G_{11}^{d\prime}&=\frac{\delta_{22}^{d\prime}}{\delta_{11}^{d\prime}\delta_{22}^{d\prime}-(\delta_{12}^{d\prime})^2}\\G_{12}^{d\prime}&=\frac{-\delta_{12}^{d\prime}}{\delta_{11}^{d\prime}\delta_{22}^{d\prime}-(\delta_{12}^{d\prime})^2}=H_{21}^{d\prime}\\H_{22}^{d\prime}&=\frac{\delta_{11}^{d\prime}}{\delta_{11}^{d\prime}\delta_{22}^{d\prime}-(\delta_{12}^{d\prime})^2}\end{aligned}\right\}\quad(14-105)$$

式（14-105）中形常数都是用单位变位来表示的，且均是对环梁中心处而言，而前

述顶盖计算中所指的单位变位却是顶盖边缘处的变位，故需把这些系数折算到环梁中心（图 14-33、图 14-34 及图 14-35）。下面列出环梁中心处的变位与环梁边缘处变位的关系式。

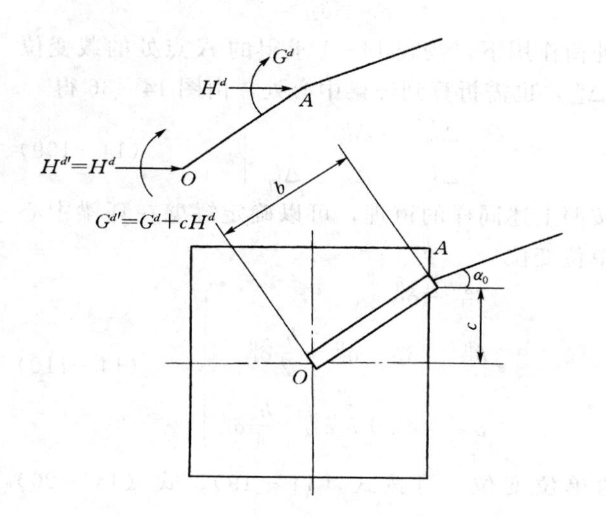

图 14-33　顶盖边缘外载折算至环梁中心

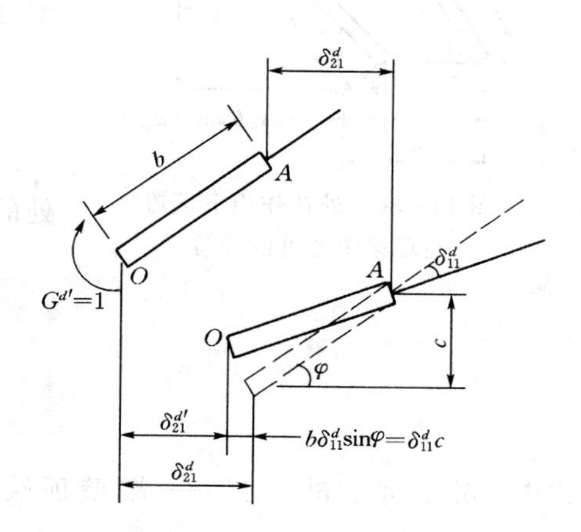

图 14-34　$G^{d'}=1$ 作用下顶盖在环梁中心处的变位

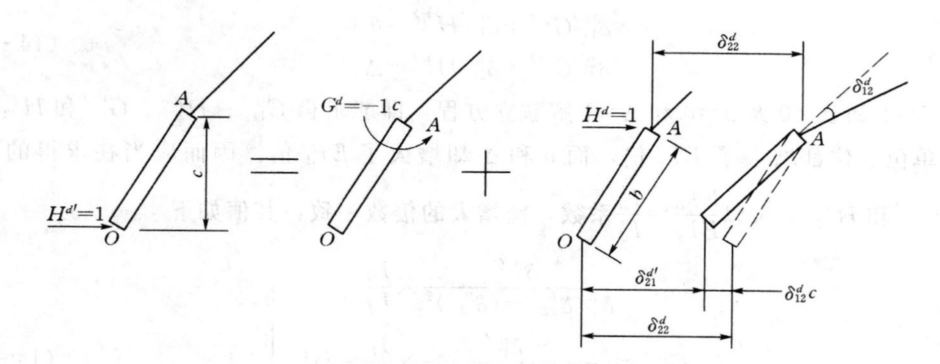

图 14-35　$H^{d'}=1$ 作用下顶盖在环梁中心处的变位

由于环梁宽度大、高度小，故可将环梁视作刚体，即只有位移，没有变形。若把作用在顶盖边缘的力 H^d、G^d 折算到环梁中心 O 处，则有

$$\left.\begin{aligned}H^{d'}&=H^d\\G^{d'}&=G^d+cH^d\end{aligned}\right\}\tag{14-106}$$

在 $G^{d'}=1$ 作用下，顶盖在环梁中心的变位为（见图 14-34）

$$\left.\begin{aligned}\delta_{11}^{d'}&=\delta_{11}^d\\\delta_{21}^{d'}&=\delta_{21}^d-b\delta_{11}^d\sin\varphi=\delta_{21}^d-c\delta_{11}^d\end{aligned}\right\}\tag{14-107}$$

当 $H^{d'}=1$ 作用时，可以用施加于 A 点的力矩 $G^d=-1c$ 与一单位水平力 $H^d=1$ 来代替（图 14-35），故由 $H^{d'}=1$ 作用产生的位移 $\delta_{22}^{d'}$，应等于两力单独作用下所产生位移的

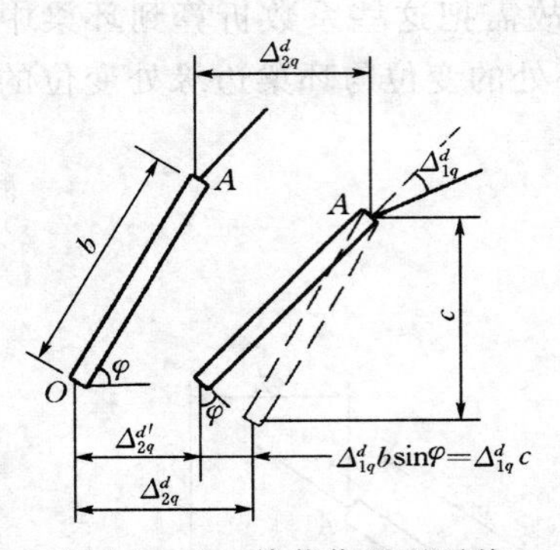

图 14-36　外荷作用下顶盖在环梁中心处的变位

总和，即

$$\begin{aligned}\delta_{22}^{d}{}'&=-(\delta_{21}^{d}-c\delta_{11}^{d})c+(\delta_{22}^{d}-\delta_{12}^{d}c)\\&=\delta_{22}^{d}-2c\delta_{12}^{d}+c^{2}\delta_{11}^{d}\end{aligned}\tag{14-108}$$

其中
$$\delta_{12}^{d}=\delta_{21}^{d}$$

外荷作用下，按表 14-1 求得的 A 点处的载变位 Δ_{1q}^{d} 及 Δ_{2q}^{d}，也需折算到环梁中心处，由图 14-36 得

$$\left.\begin{aligned}\Delta_{1q}^{d}{}'&=\Delta_{1q}^{d}\\\Delta_{2q}^{d}{}'&=\Delta_{2q}^{d}-\Delta_{1q}^{d}c\end{aligned}\right\}\tag{14-109}$$

按照上述同样的道理，可以确定罐壁在环梁中心处的单位变位

$$\left.\begin{aligned}\delta_{11}^{B}{}'&=\delta_{11}^{B}\\\delta_{12}^{B}{}'&=\delta_{21}^{B\prime}=\delta_{21}^{B}+\frac{h_z}{2}\delta_{11}^{B}\\\delta_{22}^{B}{}'&=\delta_{22}^{B}+h_z\delta_{12}^{B}+\frac{h_z^{2}}{4}\delta_{11}^{B}\end{aligned}\right\}\tag{14-110}$$

式中　δ_{11}^{B}、δ_{12}^{B}、δ_{21}^{B}、δ_{22}^{B}——罐壁顶端的单位变位，可按式（14-19）、式（14-20）确定。

同样，可根据罐壁在环梁中心处的变形连续条件，求得环梁中心处罐壁形常数 $G^{B\prime}$ 和 $H^{B\prime}$，即

$$\left.\begin{aligned}\delta_{11}^{B}{}'G^{B\prime}+\delta_{12}^{B}{}'H^{B\prime}&=\theta\\\delta_{21}^{B}{}'G^{B\prime}+\delta_{22}^{B}{}'H^{B\prime}&=\Delta\end{aligned}\right\}\tag{14-111}$$

使 $\theta=1$ 和 $\Delta=0$ 及 $\theta=0$ 和 $\Delta=1$ 解联立方程，即能求得 $G_{11}^{B}{}'$、$H_{21}^{B}{}'$、$G_{12}^{B}{}'$ 和 $H_{22}^{B}{}'$。不过上述单位变位都增大了 EI_B 倍，而 θ 和 Δ 却增大了 EI_d 倍。因而应当在求得的 $G_{11}^{B}{}'$、$H_{21}^{B}{}'$、$G_{12}^{B}{}'$ 和 $H_{22}^{B}{}'$ 上乘以 $\frac{EI_B}{EI_d}=\frac{I_B}{I_d}$ 系数，使增大的倍数一致，其值如下

$$\left.\begin{aligned}G_{11}^{B}{}'&=\frac{\delta_{22}^{B}{}'}{\delta_{11}^{B}{}'\delta_{22}^{B}{}'-(\delta_{12}^{B}{}')^{2}}\times\frac{I_B}{I_d}\\G_{12}^{B}{}'&=\frac{-\delta_{12}^{B}{}'}{\delta_{11}^{B}{}'\delta_{22}^{B}{}'-(\delta_{12}^{B}{}')^{2}}\times\frac{I_B}{I_d}=H_{21}^{B}{}'\\H_{22}^{B}{}'&=\frac{\delta_{11}^{B}{}'}{\delta_{11}^{B}{}'\delta_{22}^{B}{}'-(\delta_{12}^{B}{}')^{2}}\times\frac{I_B}{I_d}\end{aligned}\right\}\tag{14-112}$$

环梁的形常数 $G_{11}^{z}{}'$、$G_{12}^{z}{}'$、$H_{21}^{z}{}'$、$H_{22}^{z}{}'$ 可由公式（14-49）和式（14-47）直接写出，但考虑到转角 θ 和位移 Δ 值都已增大了 EI_d 倍，所以应当乘以 EI_d 即有

$$\left.\begin{aligned}G_{11}^{z}{}'&=\frac{EI_z+\frac{h_z^{3}}{12}kr_z^{2}}{r_z^{2}}\times\frac{1}{EI_d}\\G_{12}^{z}{}'&=H_{21}^{z}{}'=0\\H_{22}^{z}{}'&=\frac{EF_z+kh_zr_z^{2}}{r_z^{2}}\times\frac{1}{EI_d}\end{aligned}\right\}\tag{14-113}$$

当环梁上无弹性抗力作用时 $k=0$。

已知方程式（14－103）中的各系数后，结点变位 Δ、θ 即能求出，将变位乘上各构件相应的形常数，就能得到结点放松时作用在各构件上的内力

顶盖
$$\left.\begin{aligned}G_0^{d\prime}&=\theta G_{11}^{d}{}'+\Delta G_{12}^{d}{}'\\H_0^{d\prime}&=\Delta H_{22}^{d}{}'+\theta H_{21}^{d}{}'\end{aligned}\right\}\qquad(14-114)$$

罐壁
$$\left.\begin{aligned}G_0^{B\prime}&=\theta G_{11}^{B}{}'+\Delta G_{12}^{B}{}'\\H_0^{B\prime}&=\theta H_{21}^{B}{}'+\Delta H_{22}^{B}{}'\end{aligned}\right\}\qquad(14-115)$$

环梁
$$\left.\begin{aligned}G_0^{z\prime}&=\theta G_{11}^{z}{}'\\H_0^{z\prime}&=\Delta H_{22}^{z}{}'\end{aligned}\right\}\qquad(14-116)$$

式中　$G_0^{d\prime}$、$H_0^{d\prime}$——结点放松时，在环梁中心处作用于顶盖的力矩和水平力；

$G_0^{B\prime}$、$H_0^{B\prime}$——结点放松时，在环梁中心处作用于罐壁的力矩和水平力；

$G_0^{z\prime}$、$H_0^{z\prime}$——结点放松时，在环梁中心处作用于环梁上的力矩和水平力。

三、顶盖、环梁和罐壁上的弹性固定力

顶盖、环梁和罐壁在环梁中心处的弹性固定力，可按式（14－99）求得

顶盖
$$\left.\begin{aligned}G^{d\prime}&=(\theta G_{11}^{d}{}'+\Delta G_{12}^{d}{}')+G_c^{d\prime}\\H^{d\prime}&=(\Delta H_{22}^{d}{}'+\theta H_{21}^{d}{}')+H_c^{d\prime}\end{aligned}\right\}\qquad(14-117)$$

环梁
$$\left.\begin{aligned}G^{z\prime}&=\theta G_{11}^{z}{}'+G_c^{z\prime}=G^z\\H^{z\prime}&=\Delta H_{22}^{z}{}'+H_c^{z\prime}=H^z\end{aligned}\right\}\qquad(14-118)$$

罐壁
$$\left.\begin{aligned}G^{B\prime}&=(\theta G_{11}^{B}{}'+\Delta G_{12}^{B}{}')+G_c^{B\prime}\\H^{B\prime}&=(\Delta H_{22}^{B}{}'+\theta H_{21}^{B}{}')+H_c^{B\prime}\end{aligned}\right\}\qquad(14-119)$$

如果把求得的 $G^{d\prime}$ 和 $H^{d\prime}$ 折算到顶盖边缘处，即得顶盖边缘处的内力

$$\left.\begin{aligned}G^d&=G^{d\prime}-cH^{d\prime}\\H^d&=H^{d\prime}\end{aligned}\right\}\qquad(14-120)$$

同理，把 $G^{B\prime}$ 和 $H^{B\prime}$ 折算到罐壁上端的边缘，即得罐壁上端边缘处的内力

$$\left.\begin{aligned}G^B&=G^{B\prime}+H^{B\prime}\frac{h_z}{2}\\H^B&=H^{B\prime}\end{aligned}\right\}\qquad(14-121)$$

四、顶盖、罐壁和环梁的内力

已知作用在各个构件的边缘力后，即可按照单个构件的内力计算公式，分别算出各个截面的内力。

顶盖内力为［按式（14－36）］

$$\left.\begin{aligned}M^d&=G^d\eta_1+(G^d-S_dH^d\sin\alpha_0)\eta_2\\T_1^d&=T_{10}^d\\T_2^d&=T_{20}^d-\frac{2R_d}{S_d^2}[G^d\eta_2-(G^d-H^dS_d\sin\alpha_0)\eta_1]\end{aligned}\right\}\qquad(14-122)$$

罐壁内力为［按式（14－25）］

$$M^B = G^B\eta_1 + (G^B + S_B H^B)\eta_2 + G_1\eta_1 + (G_1 + S_B H_1)\eta_2$$

$$T_2^B = T_{20}^B + \frac{2r_B}{S_B^2}\left[\eta_2 G^B - (G^B + S_B H^B)\eta_1\right]\left(1 - \frac{k}{K}\right) + \frac{2r_B}{S_B^2}\left[\eta_2 G_1 - (G_1 + S_B H_1)\eta_1\right]\left(1 - \frac{k}{K}\right) \tag{14-123}$$

注意，式（14－123）中，等式右边的两个 η_1 和两个 η_2 数值上是不同的，因罐壁顶部和底部的坐标体系不同。

环梁内力为［按式（14－53）和式（14－57）］

$$T_2^z = -\left(\frac{H^z - T_{10}^d\cos\alpha_0 + q_3 h_z}{1 + \dfrac{kh_z r_z^2}{EF_z}}\right) r_z \tag{14-124}$$

$$M^z = \left(\frac{G^z + T_{10}^d\sin\alpha_0\ \dfrac{h_B}{2} - T_{10}^d\cos\alpha_0\, c}{EI_z + \dfrac{h_z^3}{12}kr_z^2}\right) r_z \tag{14-125}$$

当环梁上无弹性抗力时 $k=0$。

除采用上述内力计算进行强度校核外，对壳顶还需按下式进行稳定验算，尤其是有防护要求的掘开式油罐护体结构，因荷载很大，这种稳定性验算是必要的。

$$q_{cr} = 0.06E_c\left(\frac{h_d}{R_d}\right)^2 \tag{14-126}$$

式中　q_{cr}——壳顶临界径向荷载；

E_c——壳顶钢筋混凝土材料的弹性模量；

h_d——壳顶厚度；

R_d——壳顶计算半径。

壳顶实际作用的荷载值必须小于临界荷载。

第十五章　地下工程支护结构可靠度设计

第一节　概　　述

可靠度在工程结构设计中的应用大概从20世纪40年代开始。我国从50年代开始开展了极限状态设计方法的研究工作，50年代中期，采用了前苏联提出的极限状态设计方法。60年代，土木工程界广泛开展结构安全度的研究与讨论。70年代开始在建筑结构领域开展可靠度的理论和应用研究工作，并把半经验半概率的方法应用到工业与民用建筑、水利水电工程、港口工程、公路工程和铁路桥梁等六种有关结构设计的规范中。此后，有关建筑部门开始组织大量科研人员从事结构可靠度设计方法的研究。1984年公布实施的《建筑结构设计统一标准》（GBJ68—84）就完全采用了国际上正在发展和推行的概率统计理论为基础的极限状态设计方法，后来修订成为国家标准《建筑结构可靠度设计统一标准》(GB 50068—2001)。90年代，我国陆续发布施行了作为国家标准的第一层次的《工程结构可靠度设计统一标准》（GB 50153—1992）和第二层次的《铁路工程结构可靠度设计统一标准》（GB 50216—1994）、《水利水电工程结构可靠度设计统一标准》（GB 50199—1994）、《公路工程结构可靠度设计统一标准》(GB/T 50283—1999)。目前，第三层次专业结构设计规范的修订工作也已普遍开展。

我国现行的《铁路隧道设计规范》（TB 10003—2005)，其结构采用“荷载—结构”模式分析内力的半概率定值设计方法。结构计算部分均采用考虑弹塑性的破损阶段设计方法，用安全系数来估计不确定性，隧道衬砌作为承载结构，承受围岩的松动压力。因此，现行的隧道规范还未能与国内外其他标准规范同步。

目前，我国以可靠度理论为基础修订铁路隧道设计规范的工作取得了重大进展，并完成了新的《铁路隧道设计规范》（TB 10003—2005)，但这次铁路隧道设计规范的修订仍然采用了“荷载—结构”模式。

新奥法的应用，使地下隧道工程支护技术发展到了一个新的阶段，在欧美各国及日本，新奥法已得到普遍采用。我国于60年代开始推广使用新奥法技术，2001年修订颁布了国家标准《锚杆喷射混凝土支护技术规范》（GB 50086—2001)。在国防工程建设中，总参谋部编写了《国防工程锚喷支护技术暂行规定》[（84）参工字第343号]，总后勤部基建营防部颁发了《军用物资洞库锚喷支护技术规定（试行)》[（83）营科字第58号]。本章介绍地下工程锚喷支护结构可靠度设计有关内容，以便使锚喷支护结构设计能够与国内外工程结构可靠度设计方法接轨。

第二节　结构可靠度基本理论

一、基本概念

工程设计的目的是使所设计的结构能够完成全部功能要求，并且有足够的可靠性。结构的基本功能是由其用途决定的，性能指标有安全性、适应性和耐久性。一个建筑结构在具有了这三种性能之后，称之为具有可靠性。可靠性是在一定条件下实现的，其定义为：在规定的条件下和规定的时间内，完成预定功能的能力。可靠性是非数量的概念，为了把可靠性作为建筑结构性能的数量化指标，我们将在规定的条件下和规定的时间内完成预定功能的概率称为可靠度。结构完成预定功能的标志由极限状态方程来衡量。结构整体或部分在超过某状态时，结构就不能满足设计规定的某一功能的要求的这种状态，称为结构的极限状态。结构的极限状态一般由状态函数（或称功能函数）加以描述。

设结构状态函数为

$$z=g(x_1,x_2,\cdots,x_n) \tag{15-1}$$

当 $z>0$ 时，结构处于可靠状态；当 $z<0$ 时，结构处于失效状态；当 $z=0$ 时，结构处于极限状态。

结构的可靠度即功能函数 $z>0$ 时的概率为

$$P_s=P(z>0)=\iint\cdots\int_{z>0}f_z(x_1,\cdots,x_n)\mathrm{d}x_1\mathrm{d}x_2\cdots\mathrm{d}x_n \tag{15-2}$$

结构的失效概率即功能函数 $z<0$ 时的概率为

$$P_f=P(z<0)=\iint\cdots\int_{z<0}f_z(x_1,\cdots,x_n)\mathrm{d}x_1\mathrm{d}x_2\cdots\mathrm{d}x_n \tag{15-3}$$

显然有

$$P_s+P_f=1 \tag{15-4}$$

要计算式（15-2）或式（15-3）十分复杂甚至难以求解，且很多的实际结构变量 x_i 的密度函数或者联合密度函数难以确定，故可靠度分析中常用可靠度指标 β 来表示结构的可靠度，β 的定义为

$$\beta=\frac{u_z}{\sigma_z} \tag{15-5}$$

式中　u_z——结构功能函数的均值；

　　　σ_z——结构功能函数的标准差。

由图 15-1 可知，失效概率 P_f 是概率密度函数的尾部与坐标轴所围成的面积（阴影部分面积），结构的可靠度 P_s，即为 $f(z)$ 与 oz 轴所围成的非阴影部分面积。结构可靠度指标 β 的物理意义是：从均值到原点以标准差 σ_z 为度量单位的距离（标准差的倍数，即 $\beta\sigma_z$），可靠度指标 β 值与 P_f 是对应的，可靠度指标 β 值越大，P_f 越小，反之，P_f 越大。

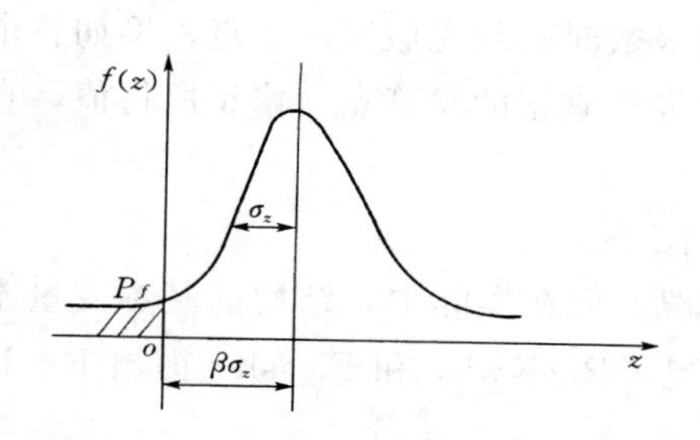

图 15－1 概率密度函数

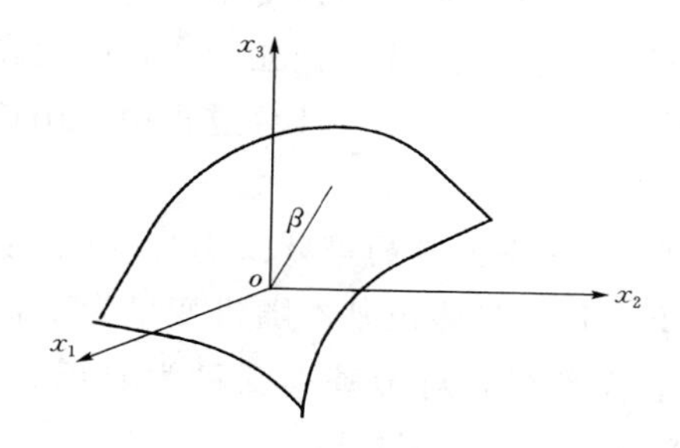

图 15－2 可靠度指标 β 的几何意义

若将正态变量 S、R 变为标准正态随机变量 S'、R'，则可靠度指标的几何涵义就是标准正态坐标系 $S'O'R'$ 中原点到极限状态直线的最短距离，引入到多个正态随机变量情况，可靠度指标就是标准正态空间中原点到极限状态面的最短距离，如图 15－2 所示。

二、可靠度指标 β 的计算方法

1. 哈—林（H—L）法

哈—林法也称为一次二阶矩验算点方法，该法是由 A. M. Hasfer 和 C. Lind 提出的，假设基本随机变量 X_i 是独立正态分布的变量，则式（15－1）代表以基本变量为坐标的 n 维欧氏空间的一个曲面，将功能函数式（15－1）在验算点处泰勒展开，近似地只取到一次项

$$z = g(x_1^*, x_2^*, \cdots, x_n^*) + \sum_{i=1}^{n}(x_i - x_i^*)\left.\frac{\partial g}{\partial x_i}\right|_{x^*} \tag{15-6}$$

由于在极限状态面上，故有

$$g(x_1^*, x_2^*, \cdots, x_n^*) = 0$$

$$u_z = \sum_{i=1}^{n}(u_{xi} - x_i^*)\left.\frac{\partial g}{\partial x_i}\right|_{x^*} \tag{15-7}$$

$$\sigma_z = \left(\sum_{i=1}^{n}\left(\frac{\partial g}{\partial x_i}\right)^2_{x=x^*}\sigma_i^2\right)^{1/2} \tag{15-8}$$

所以可靠度指标为

$$\beta = \frac{\sum_{i=1}^{n}\left.\frac{\partial g}{\partial x_i}\right|_{x^*}(u_i - x_i^*)}{\left[\sum_{i=1}^{n}\left(\frac{\partial g}{\partial x_i}\right)^2_{x=x^*}\sigma_i^2\right]^{1/2}} \tag{15-9}$$

验算点的分量值为

$$x_i^* = u_i + \sigma_{x_i}\alpha_i\beta \tag{15-10}$$

$$\alpha_i = \frac{-\left(\frac{\partial g}{\partial x_i}\right)_{x=x^*}\sigma_{xi}}{\sum_{i=1}^{n}\left(\frac{\partial g}{\partial x_i}\right)^2\sigma_{xi}^2} \tag{15-11}$$

式中 α_i——灵敏度系数。

若已知各个基本随机变量的均值和标准差，可根据以上公式求出可靠度指标值。需要指出的是，验算点并不预先知道，因此在展开泰勒级数时必须先假定一个点，例如各个基本随机变量的均值点，计算过程中，用迭代法逐步逼近真正的验算点，修正所得值，直到结果满意为止。

2. 非正态变量的等效正态化（JC 法）及改进 JC 法

H—L 法是假设基本随机变量为正态分布的情况，但在实际中，结构的基本变量不一定为正态变量，对于基本变量为非正态分布的情况，RacKwitz 和 Fiessler 提出 R—F 法（JC 法）。

JC 法的基本原理为：首先把随机变量 x_i 原来的非正态分布用正态分布代替，但是对于代替的正态分布函数要求在设计验算点 x_i^* 处累积概率分布函数（CPF）值和概率密度函数（PDF）值都和原来的分布函数的 CDF 和 PDF 值相同，然后根据这两个条件求得等效正态分布的均值和标准差，最后用 H—L 法计算可靠度指标值。

由 JC 法基本原理可知某一特定点 x^* 处满足

$$F_x(x^*)=\Phi\left(\frac{x^*-u'}{\sigma'}\right) \tag{15-12}$$

$$f_x(x^*)=\Phi'\left(\frac{x^*-u'}{\sigma'}\right)=\frac{1}{\sigma'}\phi\left(\frac{x^*-u'}{\sigma'}\right) \tag{15-13}$$

由上两式可解得当量均值和标准差为

$$u'_{x_i}=x_i^*-\sigma'_{x_i}\Phi^{-1}[F_{x_i}(x_i^*)] \tag{15-14}$$

$$\sigma'_{x_i}=\phi[\Phi^{-1}(F_{x_i}(x^*))]/f_{x_i}(x_i^*) \tag{15-15}$$

式中　$F_x(\cdot)$、$f_x(\cdot)$ ——原函数和密度函数；

$\Phi(\cdot)$、$\phi(\cdot)$ ——正态函数和正态密度函数；

$\Phi^{-1}(\cdot)$ ——正态函数的反函数。

在实际工程问题中，基本随机变量不仅非正态分布，而且常常是相关的，变量之间的相关性会影响可靠度指标值，对考虑随机变量之间的相关性问题一般采用协方差矩阵将相关变量空间转换为不相关的变量空间，针对应用最广泛的 JC 法，考虑随机变量的分布类型和变量之间的相关性，采用改进 JC 方法进行可靠度分析。

设极限状态方程为（15-1），将其在设计验算点 x_i^* 展开并取线性项得

$$z=g(x_1^*,x_2^*,\cdots,x_n^*)+\sum_{i=1}^{n}(x_i-x_i^*)\left.\frac{\partial g}{\partial x_i}\right|_{x^*} \tag{15-16}$$

则 z 的均值和方差为

$$u_z=\sum_{i=1}^{n}(u_{x_i}-x_i^*)\left.\frac{\partial g}{\partial x_i}\right|_{x^*} \tag{15-17}$$

$$\sigma_z=\left[\sum_{i=1}^{n}\sum_{j=1}^{n}\left.\frac{\partial g}{\partial x_i}\right|_{x^*}\left.\frac{\partial g}{\partial x_j}\right|_{x^*}\rho_{ij}\sigma_{x_i}\sigma_{x_j}\right]^{1/2} \tag{15-18}$$

式中　ρ_{ij}——相关系数。

令灵敏度系数 α_i 为

$$\alpha_i = \frac{\sum_{j=1}^{n} \rho_{ij} \left.\frac{\partial g}{\partial x_j}\right|_{x^*} \sigma_{x_j}}{\left[\sum_{j=1}^{n}\sum_{k=1}^{n} \left.\frac{\partial g}{\partial x_j}\right|_{x^*} \left.\frac{\partial g}{\partial x_k}\right|_{x^*} \rho_{jk}\sigma_{x_j}\sigma_{x_k}\right]^{\frac{1}{2}}} \tag{15-19}$$

则式（15－18）为

$$\sigma_z = \sum_{i=1}^{n} \alpha_i \left.\frac{\partial g}{\partial x_i}\right|_{x^*} \sigma_{x_i} \tag{15-20}$$

所以可靠度指标为

$$\beta = \frac{u_z}{\sigma_z} = \frac{\sum_{i=1}^{n} (u_{xi} - x_i^*) \left.\frac{\partial g}{\partial x_i}\right|_{x^*}}{\sum_{i=1}^{n} \alpha_i \left.\frac{\partial g}{\partial x_i}\right|_{x^*} \sigma_{x_i}} \tag{15-21}$$

式（15－21）可以简化为

$$x_i^* = u_{x_i} - \alpha_i \beta \sigma_{x_i} \tag{15-22}$$

由于非正态分布随机变量的当量正态化并不改变随机变量的线性相关性，所以 ρ_{ij} 在当量正态化过程中保持不变。因此，若 x_i 为非正态分布，则式（15－17）～式（15－22）中 u_{x_i}，σ_{x_i} 相应取等效正态分布的均值 u'_{x_i} 和标准值 σ'_{x_i}。

三、分项系数的计算方法

现行的设计准则，并不采用单一安全系数设计表达式，而一般采用分项系数表达式。实用设计表达式中分项系数的确定方法有如下几种：

1. 林德的 0.75 线性分离法

设 x_1、x_2 为任意的两个变量，令 $v_1 = x_1/x_2$，则分离函数为

$$\Phi_1 = \frac{\sqrt{x_1^2 + x_2^2}}{x_1 + x_2} = \frac{\sqrt{1 + v_1^2}}{1 + v_1} \tag{15-23}$$

林德指出，当 $\frac{1}{3} \leqslant v_1 < 3$，取 $\Phi_1 = 0.75$，相对误差不超过 6%，因而有

$$\sqrt{x_1^2 + x_2^2} = \Phi_1(x_1 + x_2) \approx 0.75(x_1 + x_2) \tag{15-24}$$

这个分离并线性化的公式可用于将可靠度设计表达为分项系数的表达式。

设抗力 R 和荷载 S 均为正态分布，且满足 $\frac{1}{3} \leqslant \frac{\sigma_R}{\sigma_S} < 3$，则

$$m_R - m_S = \beta\sqrt{\sigma_R^2 + \sigma_S^2} \approx 0.75(\sigma_R + \sigma_S)\beta \tag{15-25}$$

将公式中的标准差用变异系数表示，移项整理得

$$(1 - 0.75 v_R \beta) m_R = (1 + 0.75 v_S \beta) m_S \tag{15-26}$$

令

$$r_R = 1 - 0.75 v_R \beta \tag{15-27}$$

$$r_S = 1 + 0.75 v_S \beta \tag{15-28}$$

从而得设计表达式

$$r_R m_R \geqslant r_S m_S \tag{15-29}$$

式中 r_R——抗力分项系数；

r_S——荷载分项系数。

2. 一般分离方法

设有两个任意变量 x_i，x_j，令 $\Phi_i=\dfrac{x_i}{\sqrt{x_i^2+x_j^2}}=\dfrac{x_i}{x}$，$\Phi_j=\dfrac{x_j}{x}$，$\Phi_i$，$\Phi_j$ 称为分离函数，是小于 1 的数，从而有

$$\sqrt{x_i^2+x_j^2}=\frac{x_i^2+x_j^2}{\sqrt{x_i^2+x_j^2}}=\Phi_i x_i+\Phi_j x_j \tag{15-30}$$

对于 n 个变量，分离函数为

$$\Phi_i=\frac{x_i}{\left(\sum\limits_{i=1}^{n}x_i^2\right)^{1/2}} \tag{15-31}$$

同时有

$$\sqrt{\sum_{i=1}^{n}x_i^2}=\frac{\sum\limits_{i=1}^{n}x_i^2}{\sqrt{\sum\limits_{i=1}^{n}x_i^2}}=\sum_{i=1}^{n}\Phi_i x_i \tag{15-32}$$

可将式（15－32）用于分项系数的计算，设极限状态函数为式（15－1），则 Taylor 展开并取一阶近似式得均值和标准差为

$$m_z=g(m_{x_1},m_{x_2},\cdots,m_{x_n}) \tag{15-33}$$

$$\sigma_z=\sqrt{\sum_{i=1}^{n}\left[\left(\frac{\partial g}{\partial x_i}\right)^2\bigg|_{x=m_x}\sigma_{x_i}^2\right]} \tag{15-34}$$

定义分项函数为

$$\Phi_{x_i}=\frac{\dfrac{\partial g}{\partial x_i}\bigg|_{x=m_x}\sigma x_i}{\sqrt{\sum\limits_{i=1}^{n}\left[\left(\dfrac{\partial g}{\partial x_i}\right)^2\bigg|_{x=m_x}\sigma_{x_i}^2\right]}}$$

则有

$$\sqrt{\sum_{i=1}^{n}\left[\left(\frac{\partial g}{\partial x_i}\right)^2\bigg|_{x=m_x}\sigma_{x_i}^2\right]}=\sum_{i=1}^{n}\Phi_{xi}\sigma_{xi} \tag{15-35}$$

根据可靠度指标定义有

$$\beta=\frac{m_z}{\sigma_z}=\frac{g(m_{x_1},m_{x_2},\cdots,m_{x_n})}{\sqrt{\sum\limits_{i=1}^{n}\left[\left(\dfrac{\partial g}{\partial x_i}\right)^2\bigg|_{x=m_x}\sigma_{x_i}^2\right]}} \tag{15-36}$$

故有

$$g(m_{x_1},m_{x_2},\cdots,m_{x_n})=\beta\sqrt{\sum_{i=1}^{n}\left[\left(\frac{\partial g}{\partial x_i}\right)^2\bigg|_{x=m_x}\sigma_x^2\right]}$$

$$=\sum_{i=1}^{n}\Phi_{xi}\sigma_{xi}\beta \tag{15-37}$$

当 g 为线性函数时，可将式（15－37）移项整理得到相应的分项系数表达式。

以上两种方法计算简便，林德线性分离方法只适用于两个变量的标准差比值在 1/3 至 3 的范围，一般分离方法则可推广到使用于多个变量，但这两种方法都只能用于线性极限

状态方程和正态分布的变量。

3. 结构极限状态设计式中分项系数选定的“分位值法”

设结构的极限状态方程为式（15－1），将极限状态方程中各个基本随机变量进行“约化高斯变换”，得以“约化高斯变量”表达的结构状态方程。

在以“约化高斯变量”为坐标的多维高斯空间绘制结构极限状态方程的超曲面内，根据可靠性理论可知

$$\beta_{x_i} = \frac{-\left.\dfrac{\partial G}{\partial x_i}\right|_{p^*} x_i^{*'}}{\left[\sum_{i=1}^{n}\left(\left.\dfrac{\partial G}{\partial x_i}\right|_{p^*} x_i^{*'}\right)^2\right]^{1/2}}\beta \tag{15-38}$$

结构极限状态方程中各个基本变量的“分项可靠度指标”一经求得，即可通过各个基本变量“约化高斯”的反变换求得相应的“设计值”

$$x_{id} = F_{x_i}^{-1}[\Phi(\beta_{xi})] \tag{15-39}$$

式（15－38）和式（15－39）为计算结构极限状态方程设计式中的基本变量“分项可靠度指标 ”和“设计值”的基本计算公式，实际计算时常用迭代法。

结构极限状态方程中各个基本变量在各种计算情况下的“设计值”一经得到，则可按下式计算分项系数

作用效应分项系数
$$r_{x_i} = x_{id}/x_{ik} \tag{15-40}$$

材料抗力分项系数
$$r_{x_i} = x_{ik}/x_{id} \tag{15-41}$$

式中　x_{ik}——基本变量 x_i 的标准值。

第三节　锚喷支护结构荷载效应分析

一、概述

在对地下结构进行可靠度分析时，通常采用 R—S 模式，即将广义作用效应 S 和广义抗力 R 视为随机变量，因而对作用效应 S 的概率特征的分析必不可少。作用效应 S 可通过结构分析得到，传统的分析方法有解析法和数值法，解析法显然不适宜解决地下锚喷支护结构这样的复杂问题，而应采用有限元、边界元及差分法等数值方法。其中，应用最为广泛的为有限元方法，该方法认为材料性能、几何参数、边界条件及荷载都是确定的，这种确定性分析忽视了客观存在的各参数的离散性和变异性，不能够科学地反映地下结构的安全程度。

近年来，随着结构计算理论的发展，用概率方法来考虑各种随机的不确定性因素对结构分析的影响的随机有限元法有了很大的发展，这种方法能够反映各个随机变量对结构可靠度的影响，从而使得计算更为合理。

由于连续介质模型本身的复杂性，因而分析作用效应的统计特征比较困难。Monte-Carlo 有限元法通过计算机产生样本函数模拟系统的输入，可很好地利用现有的有限元程序，但计算工作量大，尤其对非线性问题计算工作量更加可观；摄动随机有限元法利用

Taylor 级数将随机变量在均值处展开，分成确定性部分和随机部分，假定随机变量的扰动是微小的，将位移法的平衡方程转化为递归方程并求解，该法概念明确，计算工作量小，但对于非线性问题及变量变异系数大的问题，将产生较大的误差。以有限元响应面法分析地下工程锚喷支护的作用效应，可避免岩土参数客观存在的不确定性以及可很好地利用已有的非线性有限元程序。

二、基于 Tayler 级数展开随机有限元法分析荷载效应

在结构的线性静力分析中，有限元控制方程为

$$[K]\{u\}=\{F\} \tag{15-42}$$

式中　$[K]$——结构刚度矩阵；

$\{u\}$、$\{F\}$——位移和荷载向量。

$[K]$、$\{F\}$ 一般为几个不确定因素（随机变量）$\{x\}=\{x_1,x_2,\cdots,x_n\}$的函数，可表示为

$$[K]=[K(x_1,x_2,\cdots,x_n)]$$

$$\{F\}=\{F(x_1,x_2,\cdots,x_n)\}$$

$\{u\}$ 是结点位移向量，其中的每一结点位移分量都是随机变量，很明显，$\{u\}$ 也是 $\{x\}$ 的函数

$$\{u\}=u_i(x_1,x_2,\cdots,x_n)$$

在随机变量 $\{x\}$ 的均值的邻域对 u_i 进行 Tayler 级数展开，并略去二次以上的高次项，可得

$$u_i=u_i(\overline{x}_1,\overline{x}_2,\cdots,\overline{x}_n)+\sum_{k=1}^{n}(x_k-\overline{x}_k)\left.\frac{\partial u_i}{\partial x_k}\right|_{\overline{x}_k} \tag{15-43}$$

由上式进一步可得

$$\overline{u}_i=u_i(\overline{x}_1,\overline{x}_2,\cdots,\overline{x}_n) \tag{15-44}$$

$$\sigma_{u_i}^2=\sum_{k=1}^{n}\sum_{l=1}^{n}\left.\frac{\partial u_i}{\partial x_k}\right|_{\overline{x}}\left.\frac{\partial u_i}{\partial x_l}\right|_{\overline{x}}\mathrm{cov}[x_k,x_l] \tag{15-45}$$

式（15－45）中的偏导数由式（15－42）导出

$$\frac{\partial[K]}{\partial x_k}\{u\}+[K]\frac{\partial\{u\}}{\partial x_k}=\frac{\partial\{F\}}{\partial x_k} \tag{15-46}$$

故有

$$\frac{\partial\{u\}}{\partial x_k}=[K]^{-1}\left\{\frac{\partial[F]}{\partial x_k}-\frac{\partial[K]}{\partial x_k}\{u\}\right\} \tag{15-47}$$

由于采用上述方法时，采用了线性展开并忽略了高次项的影响，所以只有当问题是线性且变量变异系数不大时，其计算结果才是较精确的，对于非线性及塑性问题，由于有限元方程需要进行迭代计算，计算工作量加大，而且对变异系数大的问题（一般变异系数超过 0.2），计算精度无法达到要求。

三、基于 Monte-Carlo 有限元法分析荷载效应

Monte-Carlo 法是一类统计方法，它与有限元法的联合使用形成风格独特的统计有限元，该法是随机抽样技巧法，其基本思想是采用伪随机模拟的方法按某种规律产生子样，

然后对子样进行统计，以此来获得问题的解，该法还能克服 Taylor 展开的随机有限元法的不足，可利用现有确定性有限元程序、计算精度高。缺点是计算工作量大。

用 Monte-Carlo 法有限元分析作用效应的概率特征的步骤如下：

(1) 首先用随机抽样法对有关点的每一个随机变量按均匀独立分布产生一系列随机数，然后利用坐标变换将此一系列随机数转化为标准正态分布的随机数，再按各个随机变量不同的分布类型作变换，求得适合各个随机变量分布类型的系列随机数。

(2) 将各个随机变量的随机数逐一代入有限元控制方程并求解，得到一组作用效应的解。

(3) 将这组作用效应的解进行统计分析，得到作用效应的概率特征，并用假设检验方法求出作用效应的概率分布。

用 Monte－Carlo 方法模拟求解，其计算过程流程如图 15－3 所示。

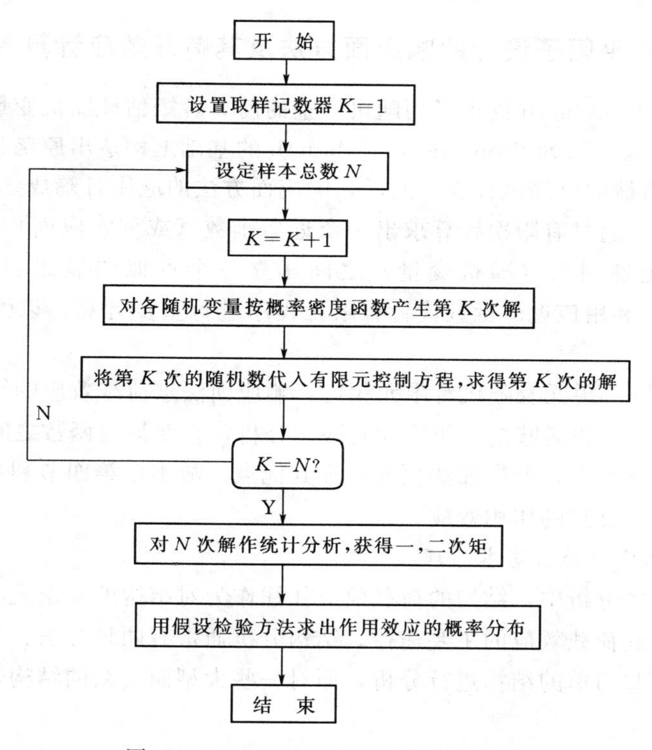

图 15－3　Monte－Carlo 方法计算流程

四、基于二次多项式的响应面方法及其可靠度计算

响应面法是统计学的综合试验技术，用于处理复杂系统的输入（基本变量）和输出（系统响应）的转换关系问题。该方法采用有限的试验通过回归拟合解析表达式来代替真实响应面。对 n 个随机变量的情况，通常采用不含交叉项的二次多项式形式

$$z = g(x) = a + \sum_{i=1}^{n} b_i x_i + \sum_{i=1}^{n} c_i x_i^2 \tag{15-48}$$

式中　a，b_i，c_i——表达式的待定和修正系数。

应用响应面的近似极限状态方程，结合JC方法可以计算可靠度指标及其验算点。具体步骤如下：

（1）假定初始点 $X^l=(x_1^l,x_2^l,\cdots,x_n^l)$，一般取均值点。

（2）利用数值模拟计算功能函数 g（x_1^l，x_2^l，…，x_n^l）以及 $g(x_1^l,\cdots,x_i^l\pm f\sigma_i,\cdots,x_n^l)$ 得到 $2n+1$ 个点估计值。其中系数 f 一般第一步取3，以后各步取1。

（3）解由表达式确定的含有 $2n+1$ 个待定系数的线性方程组，得到近似功能函数。

（4）用JC方法计算可靠度指标 β 及其相应的验算点 x^{*k}。

（5）计算 $|\beta^k-\beta^{k-1}|<\varepsilon$ 是否满足，如果不满足，用插值法计算新的展开点。

$$x_m^k=x^k+(x^{*k}-x^k)\frac{g(x^k)}{g(x^k)-g(x^{*k})}$$

（6）返回步骤2，直至收敛为止。

五、基于二水平因子设计的响应面方法及其荷载效应计算

1981年，E. Rosenblueth 提出了用随机变量的前 n 阶矩估计随机变量函数的前 n 阶矩的近似方法。1985年，F. S. Wong 在 Rosenblueth 的基础上构造出原函数的近似函数（称为响应面），用于边坡的可靠度计算。此后，响应面方法的应用日趋成熟。

有限元响应面法通过有限次计算求出一个近似函数（或称响应面）代替原来的曲面，即响应 Y 与不确定性因素（随机变量）之间建立一个近似的显式表达式 $Y=f$（x_1，x_2，…，x_n），然后利用该近似函数代替有限元程序进行重复计算，以便获得荷载响应统计分析的样本。

与 Monte-Carlo 有限元及随机有限元相比，响应面法求荷载效应的统计特征的计算量比 Monte-Carlo 法小，并能够进行非线性有限元分析，在变量与函数之间缺少代数表达式而依赖数值方法的情况下，响应面法更能发挥其优点。故本章第四节利用随机有限元响应法分析地下工程锚喷支护的作用效应。

1. 随机有限元响应面法基本原理

在结构的可靠性分析中，结构的荷载效应往往作为对结构的要求是必不可少的，而进行结构分析又是得到荷载效应的主要途径。结构分析通常有两种方法：解析法和数值分析法，前者能够对某些简单的结构进行分析，而对一些大型而复杂的结构，往往只能采用数值方法。

结构在不确定因素影响中进行真实的统计分析要求对结构的力学及其不确定性给予精确模拟。对于用数值法进行结构分析，有限元—Monte Carlo 方法可以较好地实现这一点，但由于 Monte Carlo 方法要求进行大量的重复计算得到一个相当大（一般需满足 $N\geqslant 100/P_f$）的样本，因此需要花费较长的计算机时。也有文献提出以有限元计算为基础的响应面方法，既可满足精度要求，又方便实用。

随机有限元响应面法是采用一个适当的修匀函数来近似地表示一个未知函数关系，即用数值计算方法，重复有限次计算，得到相应于所考虑问题不确定性函数的不定性响应的点估计，然后用修匀函数去拟合这些点，使得在所在区间内，响应 Y 和不确定性参数之

间建立一种未知的显式关系

$$Y=f(x_1,x_2,\cdots,x_n) \tag{15-49}$$

而在以后的统计分析中，就可以利用修匀函数来直接计算。

图 15-4 给出了一个具有两个参数 x_1 和 x_2 的响应面例子。图中阴影面表示真实响应面 f（x_1，x_2），近似响应面用 g（x_1，x_2）表示，本例为线性近似，故为一平面。基本思路就是用一个简单的具有显函数形式的修匀函数 g 代替真实响应 f，真实响应 f 的形式并不知道，只知为 x_1 和 x_2 的函数，修匀函数 g 可通过对真实响应 f 极小数目的逐点计算来确定。

因此，响应面方法需要对两个问题进行考虑，即计算点的设计和修匀函数的估计。设计涉及如何在统计因子空间给出最佳的设计点，而估计则如何利用计算所得的 Y 和已知参数 x 来估计修匀函数 g 中的系数。

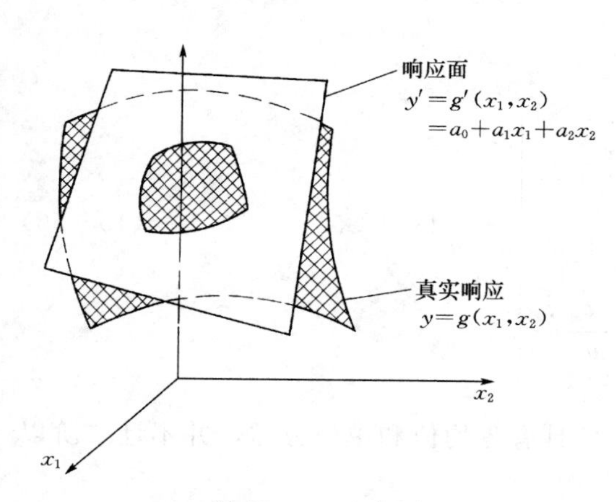

图 15-4 响应面

表 15-1 设计矩阵 [D] 和 [X] 矩阵

设计矩阵[D]			[X] 矩阵							
A	B	C	1	A	B	C	AB	AC	BC	ABC
−	−	−	+	−	−	−	+	+	+	−
+	−	−	+	+	−	−	−	−	+	+
−	+	−	+	−	+	−	−	+	−	+
+	+	−	+	+	+	−	+	−	−	−
−	−	+	+	−	−	+	+	−	−	+
+	−	+	+	+	−	+	−	+	−	−
−	+	+	+	−	+	+	−	−	+	−
+	+	+	+	+	+	+	+	+	+	+

2. 因子设计和系数估计

因子设计可以有许多方法，例如统计学中的正交设计。在响应面法中，作为二级（二水平）因子设计的例子，考虑三个独立变量，用 A、B、C 和 Y 分别表示三因子和响应。其修匀函数的精确拟合为

$$Y=a_0+a_1A+a_2B+a_3C+a_4AB+a_5AC+a_6BC+a_7ABC \tag{15-50}$$

式中：a_0，a_1，…，a_7 8 个系数的估计需要 A、B、C 因子的 8 种组合。设计矩阵 [D] 如表 15-1 所示，其中“+”表示高水平，均值加一个标准差，“−”表示低水平，均值减一个标准差。

根据设计矩阵所列的因子组合，用有限元对所研究的结构物进行线性或非线性分析，即可得到计算点响应值 $\{y\}$，求解方程组得到修匀函数 g 中的系数列阵

$$\{a\}=[D]^{-1}\{y\} \tag{15-51}$$

为了简化计算，根据统计理论及最小二乘法，可以建立一个结构矩阵 [X]，见表 15-1，显然 [X] 满足

$$\sum_{a=1}^{n} x_{aj}=0 \quad (j=1,2,\cdots,l) \tag{15-52}$$

$$\sum_{\alpha=1}^{n} x_{\alpha j} x_{\alpha i} = 0 \quad i \neq j, i, j = 1,2,\cdots,l \tag{15-53}$$

则

$$xx' = \begin{bmatrix} n & 0 & \cdots & 0 \\ 0 & n & \cdots & 0 \\ \cdots & \cdots & \cdots & \cdots \\ 0 & 0 & \cdots & n \end{bmatrix} \tag{15-54}$$

记常数项矩阵为

$$x'Y = \begin{bmatrix} \sum y_\alpha \\ \sum x_{\alpha 1} y_\alpha \\ \vdots \\ \sum x_{\alpha p} y_\alpha \end{bmatrix} = \begin{bmatrix} a_1 \\ a_2 \\ \vdots \\ a_p \end{bmatrix} \tag{15-55}$$

修匀函数的系数最小二乘估计为

$$\{a\} = (x'x)^{-1} x'Y = \begin{bmatrix} \overline{y} \\ \dfrac{\sum x_{\alpha 1} y_\alpha}{n} \\ \vdots \\ \dfrac{\sum x_{\alpha p} y_\alpha}{n} \end{bmatrix} = \frac{1}{n}\{y\}^{\mathrm{T}}[X] \tag{15-56}$$

3. 修匀函数的统计特征

由概率论理论，在式（15-50）中 A、B、C 具有零均值和单位方差，并不计二阶以上的影响，则

$$u_Y = a_0 \tag{15-57}$$

$$\sigma_Y = \sqrt{a_1^2 + a_2^2 + a_3^2} \tag{15-58}$$

第四节　锚喷支护结构可靠度设计

一、设计表达式

对锚喷支护，采用喷层强度检验公式可建立可靠性设计表达式

$$(1+3.65a) f_c \geqslant -(1+a^2)\sigma_2 \quad a = \frac{\sigma_1}{\sigma_2} > 0 \tag{15-59}$$

$$f_c \geqslant \frac{(1+a)^2}{1+3.28a}\sigma_2 \quad a = \frac{\sigma_1}{\sigma_2} < 0 \tag{15-60}$$

式中　f_c——喷射混凝土轴心抗压强度；

σ_1，σ_2——有限元计算的喷层应力，是作用效应，为综合随机变量。

于是，可把强度检验的设计表达式写为

$$r_c^{-1}(1+3.65a) f_c \geqslant -r_\sigma (1+a)^2 \sigma_2 \quad a = \frac{\sigma_1}{\sigma_2} > 0 \tag{15-61}$$

$$r_c^{-1} f_c \geqslant r_\sigma \frac{(1+a)^2}{1+3.28a}\sigma_2 \quad a=\frac{\sigma_1}{\sigma_2}<0 \tag{15-62}$$

式中　r_c——喷射混凝土轴心抗压强度分项系数；

r_σ——喷层应力 σ_2 分项系数，是综合分项系数。

所以对喷层破坏验算时，仅需要确定 r_σ 和 r_c 两分项系数。由于 E、μ、c、ϕ、E_c、μ_c 的分项系数难以确定，本文以后作为综合作用效应分项系数。

二、目标可靠度指标

结构设计时，应根据结构的重要性。破坏性质（延性或脆性）、失效后果等因素选定用于设计的目标可靠度指标 β。目标可靠度指标的选定方法有三种：即从经济观点出发的最优可靠性法、风险水平法和校准法。目标可靠度指标的计算方法中，最优可靠性法虽然是最直接的方法，但工程结构或其他构件的失效或破坏常常伴随人身伤亡以及社会政治影响，这些是不能够做出经济估计的，因此从经济观点出发的最优可靠性法难以适应。风险水平法具有简单直观的优点，然而需要大量统计数据，只有在统计数据非常正确的情况下才有意义。在目前阶段，由于缺乏统计资料，通常采用校准法，该法适用于结构各种极限状态下目标可靠度指标的选定。按校准法确定目标可靠度指标的计算步骤如下：

（1）根据目标可靠度指标的适用范围选择一组具有代表性的结构构件作为校准法的计算对象。

（2）在这一组结构构件中按其在工程中用量的多少和重要性的不同，确定其权系数 W_i，各种结构构件的权系数的总和应符合下式要求

$$\sum_i W_i = 1 \quad (W_i \text{ 为第 } i \text{ 种结构的权系数}) \tag{15-63}$$

（3）确定各结构构件的作用效应和抗力中各基本随机变量的概率分布类型和设计参数。

（4）分别计算按现行设计规范设计的各结构构件的失效概率 P_{fi}。

（5）将求解的各结构构件的失效概率 P_{fi} 乘以权系数，即为按现行规范设计的各种结构的平均失效概率

$$\overline{P}_{f_j} = \sum_i W_i P_{f_i} \tag{15-64}$$

（6）按下式计算结构的目标可靠度指标

$$\beta_{nom} = \Phi^{-1}(1-\overline{P}_{f_i}) \tag{15-65}$$

根据调研确定三种跨度、三种埋跨比以及不同围岩类别组合的地下锚喷支护工程作为计算对象。按随机有限元响应面法分析锚喷支护作用效应，结合式（15－59）和式（15－60）进行可靠性分析，计算结果见表15－2～表15－5。调研得到的工程数量权系数见图15－5。由表15－2～表15－4及图15－5中的权系数确定锚喷支护喷层的目标可靠指标为：β=3.2，即喷层结构破坏时，现行各类围岩标准设计加权平均可靠指标为3.2，与目前一般建筑结构的可靠指标相近。表15－5给出了国际岩土工程标准（讨论稿）规定的目标可靠指标［β］的建议值，表15－6给出了我国建筑结构设计统一标准对结构构件目标可靠指标［β］的建议值。

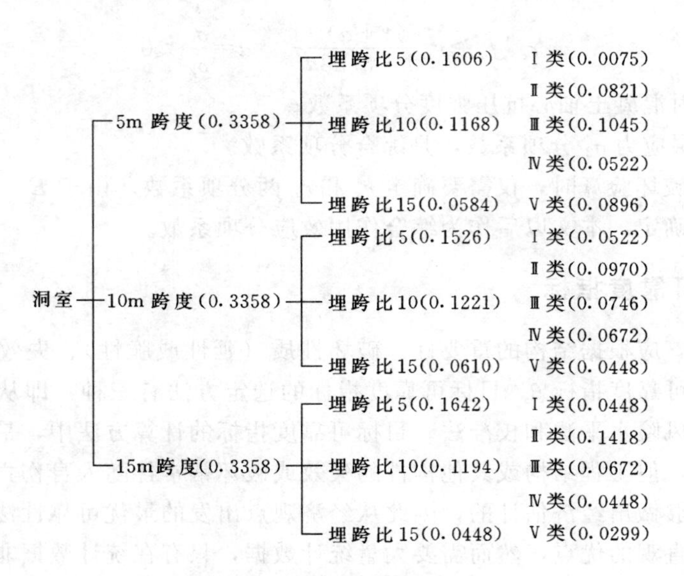

图15-5 层次分析网格权重图

表 15-2　　洞室跨度 5m 时喷层截面破坏失效概率表

围岩类别	Ⅰ	Ⅱ	Ⅲ	Ⅳ	Ⅴ
埋跨比 5	5.58×10^{-7}	7.94×10^{-7}	1.31×10^{-6}	1.83×10^{-6}	1.66×10^{-5}
埋跨比 10	8.77×10^{-7}	1.58×10^{-6}	4.09×10^{-6}	9.77×10^{-6}	4.34×10^{-4}
埋跨比 15	1.51×10^{-6}	3.36×10^{-6}	1.59×10^{-5}	5.90×10^{-5}	0.0102

表 15-3　　洞室跨度 10m 时喷层截面破坏失效概率表

围岩类别	Ⅰ	Ⅱ	Ⅲ	Ⅳ	Ⅴ
埋跨比 5	1.31×10^{-6}	1.24×10^{-6}	3.09×10^{-6}	3.75×10^{-5}	5.57×10^{-4}
埋跨比 10	4.09×10^{-6}	4.71×10^{-6}	3.45×10^{-5}	2.41×10^{-3}	0.0823
埋跨比 15	1.59×10^{-5}	1.73×10^{-5}	3.37×10^{-4}	0.0455	0.3936

表 15-4　　洞室跨度 15m 时喷层截面破坏失效概率表

围岩类别	Ⅰ	Ⅱ	Ⅲ	Ⅳ	Ⅴ
埋跨比 5	6.17×10^{-7}	9.21×10^{-7}	2.11×10^{-6}	1.66×10^{-5}	2.72×10^{-3}
埋跨比 10	2.22×10^{-7}	6.81×10^{-6}	1.08×10^{-4}	8.42×10^{-3}	—
埋跨比 15	6.21×10^{-6}	3.30×10^{-5}	1.22×10^{-3}	0.1423	—

表 15-5　国际岩土工程标准的 [β] 建议值

安全等级	一级	二级	三级
[β]	3.6	3.4	3.2

表 15-6　　统一标准的 [β] 建议值

破坏类型	安全等级		
	一级	二级	三级
延　性	3.7	3.2	2.7
脆　性	4.2	3.7	3.2

对比上述两个标准的规定，我们选用的目标可靠指标与国内延性二级等级相当，与国际三级等级相当。

三、分项系数

取目标可靠指标 $\beta=3.2$，求出喷层截面在不同跨度不同埋深的分项系数如表 15-7～表 15-10 所示。

表 15-7　　洞室跨度 5m 时喷层截面分项系数表

埋跨比	分项系数	围岩类别				
		Ⅰ	Ⅱ	Ⅲ	Ⅳ	Ⅴ
5	r_c	2.777	2.776	2.774	2.769	2.739
	r_σ	1.0074	1.0571	1.0170	1.0261	1.0537
10	r_c	2.776	2.773	2.765	2.744	2.621
	r_σ	1.0123	1.0190	1.0302	1.0078	1.1096
15	r_c	2.773	2.767	2.749	2.697	2.434
	r_σ	1.0182	1.0286	1.0460	1.0778	1.2177

表 15-8　　洞室跨度 10m 时喷层截面分项系数表

埋跨比	分项系数	围岩类别				
		Ⅰ	Ⅱ	Ⅲ	Ⅳ	Ⅴ
5	r_c	2.774	2.774	2.768	2.735	2.666
	r_σ	1.0170	1.0164	1.0267	1.0566	1.0923
10	r_c	2.765	2.764	2.737	2.610	2.385
	r_σ	1.0300	1.0317	1.0555	1.1137	1.2323
15	r_c	2.749	2.748	2.681	2.509	2.187
	r_σ	1.0460	1.0469	1.0855	1.1660	1.2260

表 15-9　　洞室跨度 15m 时喷层截面分项系数表

埋跨比	分项系数	围岩类别				
		Ⅰ	Ⅱ	Ⅲ	Ⅳ	Ⅴ
5	r_c	2.777	2.776	2.771	2.748	2.605
	r_σ	1.0084	1.0130	1.0223	1.0490	1.1156
10	r_c	2.771	2.760	2.712	2.548	—
	r_σ	1.0228	1.0360	1.0701	1.1343	—
15	r_c	2.762	2.737	2.638	2.330	—
	r_σ	1.0347	1.0550	1.1036	1.1931	—

表 15-10　　洞室埋深加权后喷层截面分项系数表

围岩类别	跨度 5m		跨度 10m		跨度 15m	
	r_c	r_σ	r_c	r_σ	r_c	r_σ
Ⅰ	2.7760	1.0110	2.7762	1.0270	2.7728	1.0172
Ⅱ	2.7734	1.0389	2.7656	1.0275	2.7649	1.0271
Ⅲ	2.7665	1.0266	2.7409	1.0479	2.7314	1.0508
Ⅳ	2.7478	1.0287	2.6484	1.0973	2.6183	1.0987
Ⅴ	2.6449	1.1017	2.4767	1.1675	—	—

参　考　文　献

[1] Barton N，Choubey V. The shear strength of rock joint in theory and practice [J]. Rock Mechanics，1977，12：1-54.

[2] Barton N，Lien R，Lunde J. Engineering classification of rock masses for the design of tunnel support [J]. Rock Mechanics，1974 (6)：183-236.

[3] Bieniawski Z T. Rock mass classification in rock engineering [C] //In Exploration forrock engineering：Proc. of the Symp.，ed. Z T Bieniawski. 1，97-106. Capetown：Balkema，1977.

[4] Bieniawski Z T. Engineering Rock Mass Classifications [M]. New York：Wiley，1989.

[5] Hoek E，Brown E T. Practical estimates of rock mass strength [J]. Int. J. RockMech. Ming Sci. &Geomech. Abstr. 1997，34 (8)：1165-1186.

[6] Hoek E，Carranza-Torres C T，Corkum B. Hoek-Brown failure criterion—2002 edition：Proceedings of the 5th North American Rock Mechanics Symp.，Toronto，Canada，2002 (1)，267-273.

[7] Hoek E，Diederichs M. Empirical estimates of rock mass modulus [J]. Int. J RockMech. Min. Sci.，2006，43：203-215.

[8] Hoek E，Marinos P，Marinos V. Characterization and engineering properties oftectonically undisturbed but lithologically varied sedimentary rock masses [J]. Int. J. Rock Mech. Min. Sci.，2005，42 (2)：277-285.

[9] Jaeger J C，Cook N J W. Fundamentals of Rock Mechanics [M]. Third Edition. London：Chapmen and Hall，1979.

[10] Sonmez H，Ulusay R. Modifications to the geological strength index (GSI) and their applicability to stability of slopes [J]. Int J Rock Mech and Mining Sci. 1999，36 (6)：743-760.

[11] Xu Gancheng，Li Chengxue，Analysis of Influence upon the Beijing-Tianjin Intercity High Speed Railway by a Subway Shield Tunnel Crossing below [C] //Sustainable Transportation Systems：Proceedings of the 9th Asia Pacific Transportation development Conference，Published by the American Society of Civil Engineering，2012：438-446.

[12] 工程岩体分级标准（GB 50218—94）. 中华人民共和国国家标准. 北京：中国计划出版社，1995.

[13] 锚杆喷射混凝土支护技术规范（GB 50086—2001）. 中华人民共和国国家标准. 北京：中国计划出版社，2001.

[14] 铁路隧道设计规范（TB 10003—2005）. 中华人民共和国行业标准. 北京：中国铁道出版社，2006.

[15] 公路隧道设计规范（JTG D70—2004）. 中华人民共和国行业标准. 北京：人民交通出版社，2004.

[16] 水利水电工程地质勘察规范（GB 50487—2008）中华人民共和国国家标准. 北京：中国计划出版社，2009.

[17] 国防地下工程围岩分级标准. 中华人民共和国国家军用标准. 总后勤部基建营房部，2013（报批稿）.

[18] 防护工程设计规范（GJBz 20419—98）. 中华人民共和国国家军用使用标准. 北京：中国人民解放军总参谋部武器装备综合论证研究所，1998.

[19] 董学晟，田野，邬爱清. 水工岩石力学 [M]. 北京：中国水利水电出版社，2004.

[20] 段海澎，徐干成，刘保国，富溪偏压连拱隧道围岩与支护结构变形和受力特征分析 [J]，岩石力学与工程学报，2006，25（增2）：3763-3768.

[21] 方昱，刘开云. 隧道监控量测数据分析与管理系统的设计与开发 [J]. 隧道建设，2010，30（3）：231-234.

[22] 李世辉. 隧道围岩稳定系统分析 [M]. 北京：中国铁道出版社，1991.

[23] 刘保国，徐干成. 大跨度高边墙地下洞室分层间隔施工方法 [J]. 岩土力学，2011，32（9）：2759-2764.

[24] 刘培德. 复合式衬砌模型试验研究 [J]. 隧道及地下工程，1986，7（1）：1-8.

[25] 钱七虎，等. 岩土工程师手册 [M]. 北京：人民交通出版社，2010.

[26] 孙钧. 地下工程设计理论与实践 [M]. 上海：上海科学技术出版社，1996.

[27] 孙钧，侯学渊. 地下结构（上、下册）[M]. 北京：科学出版社，1991.

[28] 田执祥，乔春生，等. 基于支持向量机的隧道变形预测方法 [J]. 中国铁道科学，2004，25（1）：86-90.

[29] 王梦恕，等. 中国隧道及地下工程修建技术 [M]. 北京：人民交通出版社，2010.

[30] 徐干成，白洪才，郑颖人，等. 地下工程支护结构 [M]. 北京：中国水利水电出版社，2002.

[31] 徐干成，顾金才，等. 地下洞库围岩外加固抗炸弹侵彻性能研究 [J]. 岩石力学与工程学报，2012，31（10）：2064-2070.

[32] 徐干成，李成学，刘平. 各向异性和非均质地基土上浅基础的极限承载力 [J]. 岩土工程学报，2007，29（2）：164-168.

[33] 徐干成，乔春生，刘保国，等. 富溪双连拱隧道围岩强度及稳定性评价 [J]. 岩土工程学报，2009，31（2）：259-264.

[34] 徐干成，谢定义，郑颖人. 饱和砂土循环动应力应变特性的弹塑性模拟研究 [J]. 岩土工程学报，1995，17（2）：1-12.

[35] 徐干成，谢定义，郑颖人. 一个新的内时参量动孔压模型及其适用性研究 [J]. 水利学报，1995（12）：39-46.

[36] 徐干成. 饱和砂土应力应变控制试验动力特性比较 [J]. 同济大学学报，1999，27（1）：38-42.

[37] 徐干成. 黏弹性边界元法预测锚喷支护隧道围岩稳定性 [J]. 岩土力学，2001，22（1）：12-15.

[38] 徐干成，郑颖人. 岩石工程中屈服准则应用研究 [J]. 岩土工程学报，1990，12（2）：93-99.

[39] 徐干成，郑颖人. 圆形洞室围岩与支护共同作用下的线弹性分析 [J]. 隧道工程，1982（4）：9-17.

[40] 徐干成，郑颖人，谢定义. 饱和砂土动应力应变特性的试验研究 [J]. 土木工程学报，1995，28（2）：63-69.

[41] 于学馥，郑颖人，等. 地下工程围岩稳定分析 [M]. 北京：煤炭工业出版社，1983.

[42] 张弥，王晓东. 铁路隧道复合式衬砌时效数值法 [J]. 铁道学报，1988，10（3）：47-57.

[43] 张志刚，乔春生. 改进的节理岩体变形模量经验确定方法及其工程应用 [J]. 工程地质学报，2006，14（2）：233-238.

[44] 郑颖人，等. 地下工程锚喷支护设计指南 [M]. 北京：中国铁道出版社，1988.

[45] 郑颖人，龚晓南，等. 岩土塑性力学基础 [M]. 北京：中国建筑工业出版社，1989.

[46] 郑颖人，徐干成，高效伟. 锚喷支护洞室的弹塑性边界元有限元耦合计算法 [J]. 工程力学，1989，6（1）：126-135.

[47] 钟桂彤. 铁路隧道 [M]. 北京：中国铁道出版社，2000.